CHASING THE SUN

SUN
追逐太阳

[美] 理查德·科 恩 /著

李红杰 /译

The Epic Story of the Star
That Gives Us Life

湖南科学技术出版社

图书在版编目（ＣＩＰ）数据

追逐太阳 / （美）科恩著；李红杰译. -- 长沙：湖南科学
技术出版社，2016.6
书名原文：Chasing the Sun: The Epic Story of the Star That
Gives Us Life
ISBN 978-7-5357-8852-8

Ⅰ．①追… Ⅱ．①科…②李… Ⅲ．①太阳－研究 Ⅳ.
①P182

中国版本图书馆CIP 数据核字(2015)第 236608 号

Chasing the Sun: The Epic Story of the Star That Gives Us Life

ZHUIZHU TAIYANG
追逐太阳

著　　者：[美]理查德·科恩
译　　者：李红杰
责任编辑：孙桂均　吴　炜
出版发行：湖南科学技术出版社
社　　址：长沙市湘雅路 276 号
　　　　　http://www.hnstp.com
湖南科学技术出版社天猫旗舰店网址：
　　　　　http://hnkjcbs.tmall.com
邮购联系：本社直销科 0731-84375808
印　　刷：长沙鸿和印务有限公司
　　　　　（印装质量问题请直接与本厂联系）
厂　　址：长沙市望城区金山桥街道
邮　　编：410200
出版日期：2016 年 6 月第 1 版第 1 次
开　　本：710mm×1000mm　1/16
印　　张：36.75
插　　页：8
字　　数：650000
书　　号：ISBN 978-7-5357-8852-8
定　　价：88.00 元
（版权所有·翻印必究）

NASA 的 SOHO 卫星在远紫外波段拍摄的太阳。亮点是最活跃的区域，太阳黑子、耀斑和日冕物质抛射均形成于这些区域。

EIT（远紫外成像望远镜）拍摄不同波长上的太阳大气层照片，显示不同温度上的太阳物质形态，从而就有了上述这张颜色变化壮观的太阳照片。在 304 埃波长成像的橘色照片中，明亮处物质的温度为 60000K 到 80000K。在 171 埃波长（蓝色）成像的照片中，明亮处物质的温度为 100000K。195 埃波长（绿色）成像的照片显示的是大约150000K 的物质，284 埃波长（黄色）成像的照片中的物质温度则高达 200000K。

这张太阳剖面图显示了太阳的三大主要区域：内核、过渡区（粒子于此处开始向表面运动）和能量像沸腾粥锅里的泡泡一样的循环对流区。

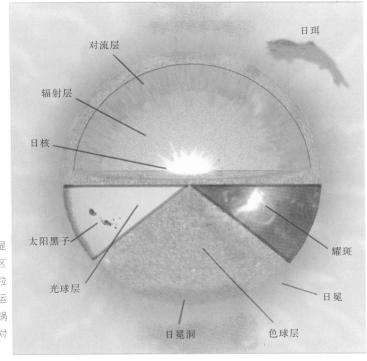

日全食过程中的钻石
环，摄于 1999 年；太阳
从表面高低不平的月亮背
后钻出时就会出现这种钻
石环。

日冕物质抛射
(CME) 就像可以拉
伸、扭曲直至断裂
的橡皮筋一样，释
放出大量的炙热气
体和能量。

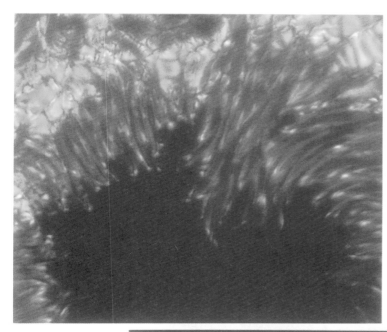

太阳表面温度最低的区域是太阳黑子的黑眼（dark eye）——3800 °F，而表面上其他区域的温度则为 6000 °F。这种大小的太阳黑子可以轻易吞下地球。

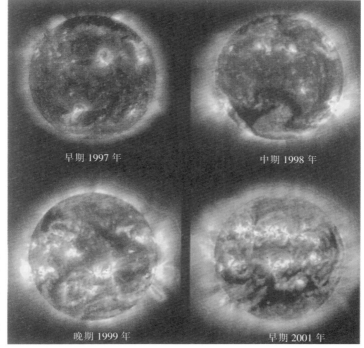

早期 1997 年　　中期 1998 年

晚期 1999 年　　早期 2001 年

在走向太阳极大年的过程中，太阳从相对平静态变成磁环交织态。太阳极大年指 11 年太阳周期中的最活跃的一年。

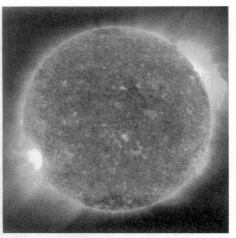

2002 年 1 月 8 日 LASCO C2 拍摄的照片，显示了一场大范围的 CME 以数百万千米每小时的速度向太空中抛撒 10 亿多吨的物质。

SOHO 拍摄的相距几乎太阳直径远的两个活跃区域（图中明亮的区域）的照片，把受与这两个区域有关的强大磁场影响的外延区拍得很清晰。

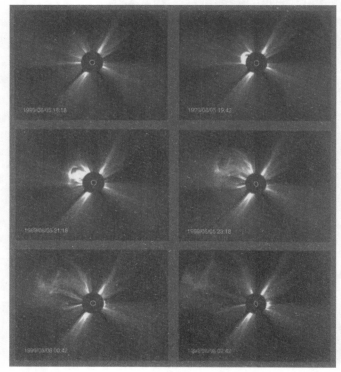

1999 年 8 月 5～6 日 LASCO C3 拍摄的 8 小时 CME 过程。一个黑色圆盘遮住了太阳，以便看清日冕的结构。白圈标出了太阳的大小和位置。

没有两朵相同的雪花，同样也没有两次相同的极光。公元前4世纪，亚里士多德曾描述了"发光云"和像燃烧气体的火焰一样的光——对极光最早的科学解释之一。

2005 年仲夏日的黎明，4:37 摄于富士山山顶。

二见浦的海岸，位于太阳女神天照大神新年这天回家的圣地伊势附近。海中不远处的"夫妇岩"据信居住着伊邪那岐和伊邪那美，日本所有的岛屿均由这对夫妇所生。

北大西洋缅因州海岸落日发出的光柱。阳光被空气中的板状晶体的底部反射，太阳上方就会生出光柱。

1653 年 2 月 23 日，14 岁的路易十四在巴黎上演的《夜之舞》(*Ballet de la Nuit*) 中扮演太阳王的角色——这是他首次被称为太阳王。

　　拉脱维亚里加的太阳
博物馆收藏的三副面具。
在馆主经过十多年的时间
收集了 319 副太阳面具
后，该馆于 2008 年开馆。

前哥伦布时期的一副面具，源于厄瓜多尔 La
Tolita 文化。

印度乌代布尔城市宫殿博物馆 Surya
Chopar 室中的太阳装饰。

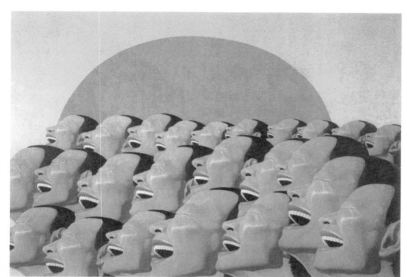

岳敏君的《太阳》(2002年),走的是一种不同寻常的幽默路线——这位获奖中国画家的所有画作均描绘了大笑的人物形象。

《手持向日葵的女孩》(*Girl with a Sunflower*, 1962 年),克罗地亚天真派画家伊凡·拉布辛 (Ivan Rabuzin) 的作品。

印帝人向太阳奉上一只山羊作为祭品，西班牙征服者在远处观看。

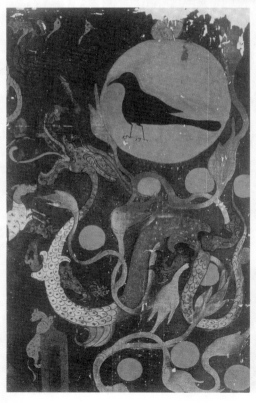

中国神话讲天上有十个太阳（可能是第一个全球变暖神话），为了拯救世间生灵，其中九个被射了下来。这幅图中只画了九个太阳。

《克里米亚海岸的日落》（*Sunset at the Crimean Shores*，1856 年），伊凡·艾瓦佐夫斯基（Ivan Aivazovsky）作。他是当时最多产的美国画家，共创作了 6000 多幅作品。

日本二见浦海边的新年庆祝仪式。背景中可以看到沐浴在第一缕日光中的夫妇岩。仪式中会把铜蛙按特定的方式放置，以把太阳和海水结合起来，寓意多子。

梵·高围绕着
男人在落日前播
种的主题创作了
一定数量内容各
异的作品。通过
这幅 《播种者》
(*The Sower*, 1888
年），他最终捕捉
到了阳光中"最具
生命力的黄色"。

　　J. M. W. 透纳的 《海德堡城堡》 (*Heidelberg Castle*, 1840—1845 年）。这片废墟被视为阿尔卑斯山北方最重要的文艺复兴时期建筑之一。这幅画创作于透纳生命中的最后 10 年，此时太阳在他眼中已不是绚丽的黄色，而是鼓舞人心的白色。

　　罗伊·利希滕斯坦 (Roy Lichtenstein) 的 《落日西沉》 (*Sinking Sun*) 描绘的是加州落日。1964 年这幅画为演员兼导演丹尼斯·霍珀 (Dennis Hopper) 及他当时的妻子布鲁克·海沃德 (Brooke Hayward) 所收藏；2006 年这幅画在苏富比拍卖行以 1570 万美元的价格成交。

　　爱德华·霍珀 (Edward Hopper) 的 《临海的房屋》 (*Rooms by the Sea*, 1951 年) 用阳光来强调孤独。霍珀创作了很多人物临窗或凝视窗外的画作，无一不充满了阳光，按照他的一位资助人的说法，"他总说自己最喜欢画照在房屋侧面的阳光"。

戴维·霍克尼 (David Hockney) 也有自己最喜欢的创作主题，其中之一是加州的游泳池。《更大的水花》(*A Bigger Splash*) 创作于 1967 年夏。一位批评家指出了画中"白色混沌的勃然喷发"，但放在透纳晚年画作旁边的这幅画，表明两位画家拥有相似得惊人的视角。

前　　言

　　如果回过头来进一步理解自然以及人类与太阳之间的关系，我们就是在探索下述问题的全新答案：我们是谁？我们是什么？我们在宇宙中应当位于何处？这又是为什么呢？

　　　　　　　　　——哈罗德·海，太阳能方面的先驱，今年 101 岁[1]

　　世界上满是显而易见的事物，但从没有人看到过。

　　　　　　　　　——《巴斯克维尔的猎犬》中夏洛克·福尔摩斯的台词

　　《天文学和天体物理学百科全书》卷四中太阳的定义为"位于主星序的黄矮星，光谱型为 G_2V，质量为 1.989×10^{30} kg，直径为 1392000 km，光度为 3.83×10^{26} W，绝对目视星等为 $+4.82$"。[2]这当然是太阳的一种定义方式——尽管像伯蒂·伍斯特所说的那样，并不是小孩子一眼就能看明白的一种定义。我们描述太阳的方式太多了，对太阳的理解也不可尽数。公元前 8 世纪到公元前 4 世纪间写下梨俱吠陀的贤者满怀敬畏之心这样设想："只有明亮的光在照耀时，/其余的万物才闪耀光芒；/毫不掩饰自我的光/照亮了整个宇宙。"而殉道的哲学家乔尔丹诺·布鲁诺的描述则带有 16 世纪的放纵："阿波罗，诗人，带箭者，劲弩的射手，皮提亚（Pythian），戴桂冠者，先知，导师，预言家，牧师，以及物理学家……"

　　没有太阳的话，我们都将不复存在。太阳已经存在了 46 亿年，且其燃料足够以目前的速度再燃烧 1000 亿年，但持续的抽搐将把太阳的剩余寿命缩短至 50 亿年。大家都知道，日地平均距离为 9300 万英里（更精确地说是 92955887.6 英里；四舍五入的 44113 英里与主值相比微不足道）（1 英里 $\approx$ 1.61 千米，下同）。太阳中心处的温度维持在 15000000℃（27000000℉）。下面列出一组数字，让大家对太阳有个更深入的认识：单个光子从太阳中心需要经过 150000 年才能到达太阳表面。每秒钟都有 500 万吨物质被转化为核能，相当于 900 亿颗 1 兆吨级氢弹爆炸消耗的质量——用科学家的话说，每秒钟产生的能量为 3.8×10^{33} erg（1erg 相当于一只蚊子飞起来所需的能量）。持续的核反应把能量推向太阳表面，以光和热量的形式释放出去。不过地球只接收了其中的二十二亿分之一，这个数字非常小，120 年前科学界有一个热门话题：这么多能量都去哪儿了？

太阳的质量占整个太阳系的 99.8%。随着时间的流逝，它将无情地自我收缩，体积变小（尽管仍相当于 1300000 个地球），距今约 20 亿年后，它的温度将更低，变成一个"红巨星"，之后突然坍缩成一个"白矮星"（唉，科学语言很少有这么诗意的），地球上所有的生命早已毁灭。再过 1 万亿年，它将进入最终的冷态。

20 世纪 90 年代初期在伦敦经营一家出版社时，我下定决心要对太阳有更多的了解（并非一时的灵光闪现，只是认识到了自己对这个生灵的最终主宰所知甚少），便开始寻找一位作者来创作一部涉及面很广的书——但没有找到。5 年后，我离开英国前往纽约，同时也带去了这一想法，便想搞清楚这期间有没有人已经写了一部解释这团巨大的气态球体是如何产生巨大而广泛的影响的，特别是如何创造并维持了地球上如此多样的生命的书。去纽约公共图书馆检索，发现了 5836 条书名含有"太阳"一词的记录，但没有一本同时兼顾了科学发现的兴奋（伽利略首次发现了太阳黑子，威廉·赫舍尔确认了一颗新行星）和太阳在艺术、宗教、文学、神学、政治中的地位。我想了解竖立在马丘比丘遗址中巨大的太阳碑、莫扎特在歌剧《魔笛》中对太阳的称颂、查理·卓别林在电影《大独裁者》中对希特勒热爱太阳意象的嘲讽，以及西方在 1500 年的时间里坚持太阳绕地球运行的古老观念的原因。但大多数书籍都只专注于某一方面，而本身不是科学家的作者要么对科学不屑一顾，要么兴趣寥寥。

英国随笔作家兼诗人利·亨特（1784—1859 年）曾写道："存在两个世界，一个是能够用线条和尺子测量的世界，另一个是我们用心和想象力去感觉的世界。"柯南·道尔甚至让他的主人公夏洛克·福尔摩斯说过，他不需要了解太阳系，因为这样将会占据留给更实际的内容的大脑空间。[3] 有些人仍赞同这一观点，可能是因为有关太阳的基本知识实在超出了我们的理解范围——这些知识太广太深了。正如科学作家本·博瓦所说："我们并没有进化到可以轻易理解像量子力学、弯曲时空，甚至地球年龄这些知识的地步，更不用说关于宇宙的知识了……比喻可以帮助我们理解，但面对宇宙的浩瀚时，更多地强调这一点而不是我们想象力的局限实在只是一种自我安慰。"[4]

2003 年，我告诉当时正准备写一部 19 世纪初期的英国诸位科学家传记〔这就是后来的《好奇年代》(*The Age of Wonder*)]的传记作家理查德·霍姆斯说,我打算继自己的上一本 3000 年击剑史,写一部关于太阳的书。"啊,"他应声说,"前一本研究的是荣誉,这一本研究的是信仰。"可能他说得对,但我动笔时并没有特定的撰写方案。太阳是 wonderful(惊人的)——字面意思即"full of wonders"(充满了惊奇)——我想对它有更多的了解。

这意味着我必须学习几乎所有种类的科学——对我来说这是一项艰巨的任务,因为我的高中是本笃会僧人教的,他们没有时间给我们讲解科学知识,而关于科学的主要记忆不过是身穿黑袍头顶白发的布兰登神甫(Father Brendan)带着一只大铜锅和一盏本生灯从窗户上爬进教室。正要煎一个鸡蛋的神甫告诉我们,学习科学知识要时刻牢记其实用目的。很多科学家和科学观察家都不同意这一观点——但我吃到了我那一小份鸡蛋。

这本书花了 8 年时间才完成,期间我访问了 6 大洲 18 个国家。(这些年经常有人问我妻子我在哪,她的回答是"啊,他出门追太阳去了"。)有的读者可能会希望我能更深入讲述一些太阳天文学知识,但这本书并不是各种色彩都包含的彩虹——它总有自己的讨论范围。我后来认识到,特别是在西方世界,我们与太阳的关系已经走上了歧途。解开了太阳巨大能量来源之谜,即惊奇的核聚变原理后,我们已经发现了太阳新的惊人之处;但这个过程中一些有价值的东西却丢掉了。

人类曾经认为自己位于宇宙的中心,甚至太阳(以及月亮和行星)也在围绕我们运行。我们是一切的中心。然而我们并没有掌握任何决定我们生命的原初力量,非常清楚自己的无力。因此,正如神话中,无数关于人、神或动物的故事中所生动表现的那样,我们渴望着控制太阳:这种对于超能力的渴望只能通过幻想来满足,别无他法。

几千年后,我们认识到关于自己在宇宙中的地位最早最基本的想法是错的,且宇宙比我们曾经幻想过的大很多。我们不过是沧海一粟。与此同时,我们创造出了远超之前想象的力量,且进入新世纪后的第一个 10 年时间里,太阳科学家相信我们即将走进太阳大发现的黄金时代,即将给出像太阳黑子和太阳风起源、太阳光如何带给我们可用的能量、太阳的磁性粒子和日冕层物质喷发对气候产生什么样的影响这类让人头疼的问题的答案。所以,随着我们对太阳的认识的不断加深,驾驭太阳的能力不断增强,太阳已经没有了最初的神秘性。

美国天文学家约翰·埃迪是这么理解的:

我们总是希望太阳比其他恒星更好，比实际上更好。我们希望它是完美的，而望远镜的诞生却证明太阳并不完美时，我们说："至少它是恒常的。"当发现它并非一成不变的之后，我们说："至少它是规则的。"现在看来太阳并不具有上述任何性质；其他恒星不具备这些性质，我们却仍认为太阳应该具备，这一点反映的更多的是我们自身而不是太阳的问题[5]。

因此这本书部分讲的是宇宙的去神化，只是用太阳作为这一古老但更强有力的过程的代表，并讲到了这种神秘性消失时我们感觉的退化——有时是有意识的，有时是无意识的。

但不止这些。几千年来太阳一直在启发着艺术家进行艺术创作。有时太阳是他们创作的直接主题，有时候太阳只是代表他们想表达的内容的一个符号，赋予他们的作品其他力量无法比拟的一种权威，甚至一种神秘感。经过对这一主题 8 年的研究，我觉得太阳具有仍大大超出我们理解的力量——实际上是神话性力量。我们根本就没能把太阳降格为热切的太阳崇拜者 D. H. 劳伦斯所说的"科学意义上由一团炙热的气体构成的小发光体"。这团气态球仍有大量未解之谜，可能只有神话宏伟的殿宇才能容下我们现在关于太阳毁灭世界、拯救世界的力量，及其最终死亡的知识。

考虑全球变暖：人们都说其科学原理已经明确，是温室气体给地球带来了威胁。我明白，提出温室气体是否是导致我们的环境发生变化的主因这个问题，会给本书打上质疑常识的标记（我的三个孩子反复提醒我这一点）。毫无疑问，我们确实面临着严重的干旱、洪涝、瘟疫和食物短缺，以及物种的加速灭绝和动物行为的突变。不过很多全球前沿太阳科学家都告诉我即将到来的太阳发现"黄金时代"可能会对我们对气候变化的理解产生直接影响，且这种揭示实际上可能会矮化我们目前关于人类活动导致全球变暖的知识。我们会无视这些研究，就好像甚至重大灾难都与我们自己的行为有关而与主宰我们的太阳无关一样吗？

诚然，我们并非无可指责；但我们也不具有那么强大的毁灭能力。感觉好像认为我们还逃不出太阳的掌控是对我们的一种冒犯。但确实是这样。而且太阳当然也没有慈悲之心。

从这本书的写作中我了解到一点，即太阳无处不在。2004 年的一天晚上，在麦迪逊大街的卡莱尔酒店坐着时我发现自己周围是五六个男女猎狐者，都身着红猎装，来这里参加一场盛大晚宴。当晚我了解到，他们这些真正的猎人怕阳光灿烂的天气，因为受热的大气会上升，狐狸的气味也上升，超过猎犬鼻子的高度，猎物得以逃脱。不是从猎人那里了解到，我自己是不会无中生有想到这种关于太阳的细节知识的。

2009 年美国童子军服务计划网站推出了一款以太阳为主题的游戏（尽管是一款没有考虑天文知识的游戏）。"这个游戏就像抢椅子①。"游戏作者写道。

> 椅子比男孩少。多出来的那个男孩代表太阳。其他的男孩分别代表一颗行星（火星、木星等）。太阳绕着椅子转，并喊出行星的名字。被叫到的行星（男孩）站出来，与太阳一起绕着椅子走。当所有的行星都站起来绕椅子走时，教练员喊一声"发射"，所有的孩子便去抢椅子。没抢到椅子的孩子就成了新的太阳。[6]

那么，请在椅子上坐好。发射时间到了。

---

① 译注：musical chairs，英美最古老的一种小游戏，由老师播放音乐（或课文），此时学生围着椅子走，椅子数比学生人数少一个，音乐停止，学生抢坐到椅子上。没有坐上椅子的那个学生接受处罚。

目　　录

第四部分　驾驭太阳

第五部分　在太阳的启发下

第六部分　太阳与未来

日出：富士山

你必须再次成为一个无知的人
用无知的眼睛再看太阳一次
心里想着它把它看清楚。

——华莱士·史蒂文斯，《关于最高虚构的札记》[1]

你不停地跑啊跑，为了追上太阳……

——平克·弗洛伊德

我的目标是在 2005 年的夏至日 6 月 21 日准时到达富士山山顶看日出。然而，不久我了解到，实际情况并没有那么简单：供每年数千名圣徒和游客登山的 5 条主路直到 7 月 1 日才开放，届时山顶积雪才融化，强风才变弱，天气总体上也更好。正式的登山季节由为期一天的盛大纪念仪式揭开帷幕，每个登山口都举行一个这种仪式，仪式场地从附近的一个湖一直铺展到 *owaraji hono*，人们在湖中进行群体性沐浴，而在 *owaraji hono* 则有用稻草做成的 12 英尺（1 英尺≈0.3 米，下同）高的草鞋敬献给天神。草鞋寓意安全、健康和强壮的腿，也提醒人们原来的圣徒是穿着农民的草鞋登山的（而且也把草鞋磨破了）。我决定还是穿步行鞋进山。

还在纽约的公寓时，我就着手向日本警方申请特批的非开放季登山许可，但这种正式文件却很繁琐，需要我的血型和近亲属的详细联系方式，并警告说"攀登富士山并非易事，逢上恶劣天气将会成为一场噩梦"。于是我联系了日本登山协会，协会友好的中川先生说只要我曾接受过非常细心的训练，他就不会表示反对。他还提醒我说，气温和氧含量都可能会出现陡然下降，而且还有大风和落石等实实在在的危险。恐高症是另一个严重的危险，且会导致呕吐和不辨方向的问题。当地有一种说法——"只有傻瓜才会爬富士山两次"，这句话传到东京时就没有了"两次"这两字。不管怎样：能看日出本身就很有诱惑力了。

真正的行程始于 6 月 20 日，出发点是西部小镇伊势（Ise），这里坐落着两大神龛，分别是太阳女神和神话中天皇家族祖先的。前一天，我参观了这两座神龛，二者中较早的一座可追溯至 3 世纪，尽管每隔 20 年它都会在净化和重生仪式中被推倒，之后再重建一个一模一样的。此刻，凌晨 5 点，我踏上了前往新富士（字面意思是"永恒的新生命"）的火车，并将在那里乘坐 3 小时的巴士前往一个山中休息站，再由休息站出发攀爬，目标是海拔 12395 英尺的富士山山顶。

从古代起，富士山就被视为日本的象征。它从本州岛的太平洋岸拔地而起，位于东京西偏南方向 70 英里远处。大约 20 座佛教寺院散落在山坡上，直到主峰——剑峰。几代民族主义者都把富士山壮美与力量的平衡视为日本人是上天选择的东方之民——实际上是世界之民——的证明。一个名为富士子（Fujiko）的教派相信富士山本身就是神。①

富士山由三座火山构成，其中最年轻的一座约一万年前变成了活火山。几千年的时间里，"新富士"喷出的熔岩和其他物质掩盖了另外两座较老的火山，在它们连为一体的山尖上形成了一座 2000 英尺见方的火山锥。现在，地质学家把这座山列为休眠火山——喀拉喀托火山在 1883 年喷发之前休眠了两个世纪——但富士山上次喷发是在 1707 年 11 月 24 日。艾雅法拉火山喷发还是 5 年后的事②：我把富士山喷发从危险名单上划掉了。

火车向新富士开进时，我要乘坐的巴士已经等在火车站外 80 码处了——车上只有司机一人。我下车的站是全线路 10 个车站中的第 5 个，接近于到山顶路程的一半，海拔约 7600 英尺。从窗口向上望去：靠下的 1500 英尺种有庄稼，再往上就变成了草地，没多远就变成了茂密的森林，林中有车站。5 大约 20 分钟后，一个四十五六岁的矮胖男人上了巴士，他留着短发，一脸坚定。聊起来后才知道他是一位来自旧金山的会计师兼电脑分析师，名叫维克多（Victor），也是要登顶的。我提议一起上去。他并不着急回答，而是小心地询问我一些问题，后来又问我有过什么样的登山经验，我承认自己没登过山，并告诉他我已经 58 岁了。他显然很勉强："我们可以试一下，但如果有谁拖了对方后腿，我们就分开走，

---

① 原文注：19 世纪 70 年代以前，女人不允许攀登富士山，而男圣徒则身着白袍登山。1832 年才第一次有女人登顶，但她乔装成了男人。

② 译注：冰岛艾雅法拉火山于 2010 年 3 月 20 日开始了 190 年来的第一次喷发。之后同年 4 月 14 日再次喷发。

如何？"

在第 5 站，不少游客正准备回家——他们是去拍照和逛礼品店的。我一个人溜达时，买了一些克莱门氏小柑橘、一把坚固的红木手杖（带有小小的日本国旗和驱熊铃——我迅速把铃摘了下来，近来没听说过富士山上有熊出没），还有一把便宜的手电筒。不久我看到维克多，他已经全副武装，换上了黑色的登山短裤、黑色的过膝袜子（没有一寸皮肤露在外面），戴上了黑色羊皮手套，穿上了特制的防风衣，防风衣的两肩上装有透明的小水瓶（里面装有不同颜色的液体，并带有塑料吸管）。他左手提着两个泛光的钢钉。"它们是用来滑雪的吗？"我冒昧问道。他给了我一个苦涩的表情，然后坐下来系上黑色皮绑腿以"防止小石头进入靴子"。他检查了高度计、气温表、罗盘，并确认三张地图都备妥了，方便查看。为了表示声援，我检查了自己的夹克，拉直了牛仔裤，并摆弄带有日本国旗的手杖。之后我们就出发了，我们两个人大步跨过通往登山主路的脏兮兮的便道。浓雾掩盖了很大一部分山体，但仍覆盖着积雪的山顶轮廓依然清晰可辨。

我俩边走边聊各自的故事。大约 40 分钟后，他突然停了下来。"高原反应。"他解释说，喝了一小口右肩水瓶里的液体。我很惊讶，但放慢了脚步。维克多落后了几英尺，我们就这样走了一会儿。不久我发现他不只是矮胖——他的身材严重走形。我要是想在山顶看日出，就必须以自己的速度往上爬，所以经维克多同意后，我便一个人出发了。当时刚过下午 6 时，太阳已经很低了——因为当时是夏至前一天，非常安全。我默念道：每年夏天都有上千人爬上去。但越来越难爬，即便较难爬的地方都竖有铁栏杆，栏杆之间连有链条。路标是日语加英语的：**注意落石和大风**。好吧，我会注意落石；但我怎么避风呢？**请沿主路前行**。这个看似简单——实际上并不简单。

太阳落山落得很突然，一股寒意透遍全身，这不是热量损失的寒意，而是我们经常在日落时感受到的孤独的寒意。我打开手电筒，用塑料扎带把它固定在头顶，把双手解放出来。山势变化急剧：有时我发现自己处在一个巨大的混凝土阶梯底部，阶梯有 30 层，每层都很高（我都觉得陡，普通的日本人更觉得陡）。有时会出现 20 英尺的岩板，我要跑几步才能冲过去；或者一连串形状大小各异的灰黑色巨砾，必须从旁边绕过去或从上面爬过去。攀登的倾角也在变化，从 20°的缓坡到非常陡的陡坡，所以我几乎是弯着腰往上爬。山势越来越崎岖不平，根本不可能掌握什么攀爬的节奏，而且保持平衡本身就是一场持续的战斗——呼吸也是。我停下缓口气，扭过头向下看：一大片形状各异的石头，下面是森林，再往下是草地——但没看到维克多，甚至看不到他手电筒发出的光，也没有其他人。我感到了一阵不自觉的战栗。

攀登越来越费力，路标也越来越稀少，所以我不止一次偏离了主路，不得不退回来。岩板和巨砾开始被锈褐色的熔渣和多瘤的石灰岩晶体破碎开来——美丽，但难以行走于其上。有一些满是气孔，就像海绵一样。我捡了一些放进了背包。

我开始感到头晕，没有了前进的力气。高原反应导致了严重的呕吐：即便没有维克多的高度计，我也知道自己已经攀爬了五六英里的路程——并非垂直高度。接下来我开始数着步子走：50——70——75，停上 30 秒后再走 75 步。我路过第 6 站——一个空空的小屋，四壁满是矿石留下的新鲜疤痕——缓慢攀爬陡峭的水泥台阶半个小时后，我来到了第 7 站，也是空的。我知道，第 8 站在夏天只需要再爬半个小时就到了，登山季那里可以为 100 多个人提供住宿。

八时一刻过后几分钟，我跟跟跄跄地来到了第 8 站的竹廊。门开着，一位快70 岁的日本老头不高兴地打量了我一番——非登山季的客人总让人高兴不起来。"脱鞋!"他吼道。他身后踌躇着一位年龄相仿的老妪，可能是他妻子。她看起来较和善一些，用不地道的英语和叽叽喳喳的日语跟我讲好，我可以在这里待上几个小时，但我必须提着靴子前往宿舍，且起身离开时不能闹出动静。

我跟着她来到后面的一排双层床铺，发现我并不是唯一的客人。当地电视台两男两女 4 个记者要拍摄一条新的下坡斜路的建设情况，这条新路距离我爬上来的路很近：我走的是条老路，是 3 条下山路中最危险的一条，很多人都在这条路上丢了性命。其中一个男人能说英语，我们一起轻手轻脚地来到外面，他可以抽烟，我可以跟他分享小柑橘。我要不要在黑暗中一个人爬到山顶呢？由于当时还是六月，他提醒我说，沿途没有灯光。斜瞟了挂在阳台上的气温表后，他推测山顶的气温将低于零度，加上强风的作用，会更冷。我向他表示感谢，两个人又回到了床铺。

三个小时的睡眠很快就过去了——我的电视台朋友遵守了承诺，于午夜把我喊醒，这样我才能赶上时间。日出时间是凌晨 4:37，而我决定在山顶迎接它。已经没有了高原反应，道路看起来也很清楚，我正全速前进时抬头一看，差点惊得滑了一跤。前面不出 20 英尺远亮着一道白光，下面是两道蛇一样的黄色。"你好!"我听到了一个熟悉的声音。这白光我认识，是维克多的手电筒，而蜿蜒的黄色是他夹克领子上的磷光条发出来的。他正坐在一块岩石上，这是我们 8 小时前分手后他第一次停下来。能见到他真好。

他拿出高度计，估算出我们还有 2000 多英尺的路程，所以我们开始赶路，聊天并不多。不久我又把他甩在了后面，瞅了一眼手表：将近凌晨2:30。山势仍很复杂——一会是熔岩泡沫，一会是岩板，过一会又是大块的石头，之后又是人造阶梯。两侧覆盖的积雪在手电筒的照射下闪着光。

稀薄的空气又让我难受起来了，只是这次的疼痛更剧烈，此时我不得不每30步就停下来，休息1分钟。我吃了一些巧克力和最后一点水果，并痛骂自己准备不周：为什么不带一些高原反应药呢？算了，最好的办法是保持一个我能承受的速度前进，但我正在与时间赛跑——两个小时后就日出了，我还要抓紧时间登顶。真希望自己能上去。

"追逐太阳"还有那么远的路要走，我发现自己正在考虑这个问题。这个短语引自塞缪尔·约翰逊给他著名的词典写的前言。他是在抱怨词典编撰者的工作无休无止，发现"一个问题只会引起另一个问题，一本书只能引用另一本书，寻找并不总能找到，找到并不总能理解"。他也是在说所能做的很有限，

1857年的太阳女神天照大神画像，背景是富士山。传说她派孙子平定日本，而她的重孙神武天皇则成了日本第一任天皇。

追求完美就像追逐太阳，当你登上"你看似可以休息的山顶"时，太阳仍和之前一样遥远。我并不是在追求完美；我只是在追求这趟旅途的终点。每走一步似乎都需要坚强的意志，而且我听到平克·弗洛伊德的歌声在脑海中回响："**你不停地跑啊跑，为了追上太阳。**"[2]

现在变成了15步一休息：之后是10步一休息，速度很慢，且步幅远小于之前的埋首阔步。我试着用手杖打出一个节拍来，让悦耳的节奏在石头间跳跃。我不止一次在起伏不平的石面上扭了脚踝。手电筒越来越暗，最终完全熄灭了，但幸运的是已经快4点了——有足够的自然光可看清路面。最后，面前出现了一个雕刻过的木拱，下面是一道石阶，石阶两侧是两个巨大的石狮。[3]我到达了目的

地，日出之地的最高峰。我到了鸟居，即神社的大门，而神圣的弯木梁是用来迎接自然之王太阳，让它像鸟一样在那里栖息的。

我慢慢转过身来，要把下面的一切尽收眼底：富士山的南面一路延伸到海边，而北方和西方则是一片湖泊，沿这两面山坡而下的河流则为火山灰所阻挡。时间刚过凌晨4:30，我伏在地上等待着。天空呈现一团不同质地的淤青；然后突然之间，太阳的一角越过了天际线，把它鲜艳的颜色洒向人间，且这些颜色也在它不断上升时在快速变化，我屏住呼吸，等待着下一抹靛蓝色、紫色或褐色的出现。此时我理解了为什么我们用"把黎明的曙光洒向"我们这种说法表达某件事物带给我们强烈的认知和启发，就如同第一次见到这件事物一样。太阳就像一个新生婴儿一样爬上了地平线，我品味着这一时刻——在一年中最长的一天站在富士山顶品味着，好像这座火山，这整个画面都属于我。我没有感觉到拥有这一切，只是觉得幸运。

我沿着火山口走了一圈半。又过了半个小时我才看到下面出现了一个熟悉的身影。维克多已经脱掉了他的夹克，头上戴着一顶平顶帽。他已经汗流浃背，但白色帽檐仍遮不住他的满面笑容。他，也正要登上富士山——太阳女神自己的山的顶峰。

第一部分
科学之前的太阳

据传英雄射手后羿射下了天上十个太阳中的九个，挽救了世界，随后于公元前 2077—公元前 2019 年统治着中国。

第 1 章
讲故事

日日，月月，年年，在天上和人间都上演着日夜交替、光明黑暗交战等太阳这部剧本的所有情节。我觉得，其中的日出和日落，正是早期神话的主题。

——马克斯·米勒
19 世纪牛津大学教授
他给关于太阳神话的研究带来了变革[1]

人类织就了一张网，抛向天庭，
现在整个天空，尽入人类囊中。

——约翰·多恩[2]

多恩令人敬畏又不乏讽刺的诗句写于哥白尼革命的早期年代，但这些诗句仍很好地描述了人类试图通过讲故事来理解天庭——使之"尽入人类囊中"——的努力。所有的社会都有自己关于太阳的神话，这些神话可以说千差万别——这里的人们认为太阳是个魔术师或骗子，那里的人们则认为是个必定有人带着走的火球，过段时间太阳又成了一条独木舟、一面镜子或一群惊人的野兽。在秘鲁和北智利，很多部落称太阳为印蒂神（god Inti），每天傍晚都沉入海中，游回东方，洗过澡后以新面目重新出现。[3]马被人类驯养之后（公元前第二个千年早期），太阳就被刻画为驾驭四匹火马拉战车的形象。在古印度，太阳、马和战车这一组合被称为"阿鲁沙"（*arushá*），即梵语"明亮的太阳"（希腊语"eros"也有这个意思，它由与"阿鲁沙"相同的起源"太阳马"演化而来）。人们也经常用鸟来描述太阳——隼或鹰，当然还有死亡后从自己的灰烬中重生的不死鸟。在非洲和印度，老虎和狮子也被用来指代太阳，日出由年幼的狮子表示，正午由壮年的狮子

3 表示，日落由年老的狮子表示。在没有狮子的地方，当地的居民会用其他动物来指代太阳：在西方国家占领前的美洲，鹰和豹就代表着太阳。

在不少文化里，刻画太阳的方式不止一种：在埃及，太阳神不只是指拉神（Ra），还有"自行转化的"克普里（Khepri）和"远处的"哈拉凯蒂（Hara-khty）。阿兹特克人用维齐洛波奇特利（Huitzilopochtli，源自一种蜂鸟 huitzilin）来指代午前和正午的太阳，用"冒烟（或发光）的镜子"特斯卡特利波卡（Tez-catlipoca，混沌神）指黄昏或夜晚。太阳持续重生；这样他们总共有一个豹太阳、一个风太阳、一个雨太阳、一个火之雨太阳和第五个太阳神：地震太阳纳纳华特辛（Nanahuatzin，"满身溃伤"）。然而，在这些诞生于往往地理上相隔半个地球、时间上相距千年的各文明的传说中，不管太阳取何种形式——眼睛、翅膀、小船、龙、鱼、鸟——都有一个共同的核心，一个共同点。

有时候人们会把太阳看作一个强大的威胁，所以必须将它驯服。比如，在中国古代的神话中，女神羲和生下十个太阳，这十个太阳同时升上天空，烤焦了庄稼和所有的植物——除了一棵大桑树，即太阳的栖息地，扶桑。每天早上羲和会给其中的一个太阳洗澡，让一只乌鸦驮着它飞向自己。一天，所有的太阳都跑到了天上，地上的生命不堪忍受。各种怪兽在大地上横行：长着长牙的食人怪兽凿齿、利用水和火残害生灵的九婴、能扇起狂风的大鸟大风、大野猪封豨、大蛇修蛇。可怜的人们不停地哀求太阳下山，但它们不予理睬。眼看大劫将至，年轻的射手后羿除掉了凿齿、九婴和大风，将修蛇斩为两段，捕获了封豨，并射下了九个太阳——这是他的丰功伟绩。故事到此就结束了，天空只剩下一个太阳。

《伊索寓言》中的"太阳结婚了"虽有着不同的情节，却讲述了相同的威胁。据说在一个炎热的夏天，太阳要结婚了。所有的飞禽走兽都欢呼雀跃，尤其是青蛙，直到一只智慧的老蟾蜍站出来，请大家安静。他告诉大家："朋友们，你们不应该这么热心。因为太阳自己就能将所有的沼泽晒干，让我们难以忍受，那么它再生出几个小太阳呢？还有我们的日子过吗？"这两个故事都在告诉我们一个道理：好东西也有过多的时候。

几乎所有的古代文明都相信宇宙在未受人类的影响下已经存在不知多少年了。对于太阳来说却并非如此，很多神话中的太阳都是人类创造出来的。比如，亚利桑那州东北部的霍皮人就认为他们把一个鹿皮盾、一张狐狸皮和一条鹦鹉尾

4 巴（生成日出和日落的颜色）抛上天空而创造了太阳。但不管被赋予什么形式或什么角色，太阳很少被刻画成完全不可伤害的（德国一个古老的习俗讲的是禁止人们指向太阳，以免带给它伤害），且在不同文明的传说中，太阳有被从山洞里

解救出来的，有被偷来的，还有的是神或英雄牺牲自我变成的。对于白令海峡的因纽特人来说，万物都是乌鸦圣父（Raven Father）创造的，因为人类太贪婪，他一气之下把太阳藏进了一个袋子。惊恐万状的人们向他进献礼物，他才肯把太阳放在天空一段时间后又把它收起来，如此往复。

所有早期社会都把自然循环进行了人格化，但就太阳来说，不同的文化赋予它的性别也不相同。在罗曼语中，太阳是雄性的；但在日耳曼和凯尔特语中，太阳为女性，月亮为男性：在上巴伐利亚州，人们仍称太阳为"女太阳"①，称月亮为"男月亮"②。对于阿拉伯的鲁瓦拉（Rwala）贝都因人来说，太阳是一个刻薄、害人的老巫婆，她强迫英俊的月亮每月陪睡一次，这样筋疲力尽的月亮就需要另外一个月的时间来恢复。⁴其他的群体，比如爱斯基摩人、切诺基人和优奇人也视太阳为女性，而波兰人则认为太阳是中性的，月亮则为男性。这些不同可能源于气候差异：有些地方白天温和，招人喜爱，人们倾向于把太阳刻画为女性；而统治着寒冷、严酷的夜晚的月亮，则被刻画为男性。在白天热得可怕，夜晚却温和而舒适的赤道地区，太阳和月亮的性别就与前述地区相反。但也有例外：在马来半岛，太阳和月亮都被视为女性，而星星则是月亮的孩子。⁵

太阳神苏利亚（Surya）的战车，由阿伦（Arun）驾驶。阿伦是日出日落时天边的红色的拟人化。③

大多数创世说都把太阳视为最主要的，重要性在月亮和天空之上。《创世纪》中说："上帝创造了两盏大灯，较大的一盏统治白天，较小的一盏统治夜晚。"⁶埃及人称太阳和月亮为"两盏灯"，分别为拉（Ra）神的右眼和左眼——左眼较暗，是因为受了伤。在中南

---

① 译注：原文为德语"Frau Sonne"。
② 译注：原文为德语"Herr Mond"。
③ 译注：印度神话。

美洲居民和孟加拉的蒙达人看来，太阳和月亮是丈夫和妻子。孟加拉人送给太阳一个迷人的称呼叫"星邦加（Sing-Bonga）"，相信他是一位不干涉人类事务的温柔的神。该地区另一个神话把太阳塑造成了一个拥有三只眼睛和四只手臂的男人，妻子因厌烦了他的亮光而抛弃了他。她在太阳的居所布下了恰亚（Chhaya，黑暗），但太阳把自己的亮光减弱为原来的 7/8，从而赢回了妻子的芳心（妥协的精神可使有情人终成眷属的一个有趣的例子）。很多故事讲的都是这种婚姻的烦恼，太阳和月亮注定永远不能快乐地生活在一起。

一些更成熟的古文明有时会问道，如果太阳果真那么强大，为什么又必须遵守严格的规律而不能我行我素？确实只有奴隶才会不断地如此重复。人们想出了很多种传说来解释这种奴隶式的行为。太阳被刻画成飘忽不定的形象，有时候赶得太快，有时候又磨磨蹭蹭，一会儿距离地球太近，一会儿又跑得太远。最早具有双重文化身份的美国西班牙人之一，16 世纪的诗人加西拉索·德·拉·维加，讲述了下面这个关于最伟大的印加帝国征服者瓦伊纳·卡帕克的故事：

> 一天，这位统治者直视阳光，他的大祭司不得不提醒他，他们的宗教禁止这样做。瓦伊纳·卡帕克回答说自己是大祭司的国王和教皇。"你们当中有谁胆敢命令我起床去长途跋涉？"
>
> 大祭司回答说这是不可想象的。
>
> 瓦伊纳·卡帕克继续说："我所有的首长们，不管权力有多大，土地有多广，如果我命令他们谁去遥远的智利，有敢不听的吗？"
>
> 大祭司承认没有哪位首长敢这样做。
>
> 这位印加帝国的征服者说："那么我告诉你，我们的圣父太阳一定有一个更伟大的主人，他命令太阳每天东升西落，永不停息，因为如果太阳是至尊之神的话，他肯定会挑时间停止奔波，休息一下的。"[7]

希腊人同样也不把太阳置于至高的地位；荷马甚至都没在奥林匹斯神族中给太阳神赫利俄斯留个位子。太阳也并非总被视为有益的：在美索不达米亚的神话中，太阳神尼尔加带来了瘟疫和战争，他的武器是热、烘烤似的热风和闪电。在整个人类历史进程中，都存在着一个深深的矛盾：人类离不开太阳的能量，但又希望驯服或诱惑它，从而限制它对我们的影响。

这种影响指的是什么呢？19 世纪后半叶，著名学者弗里德里希·马克斯·米勒把研究的目光对准了太阳。他认为，太阳扎根于语言之中，因此也扎根于所有重要的神话，而不仅仅是那些明显关于太阳的神话中。米勒于 1823 年出生于时为德意志联邦一个小国的首都德绍，是一位诗人的儿子。他最初学习梵文，这激起了他对语言学和宗教的兴趣。他开始翻译神圣的印度诗集《梨俱吠陀》，并于 1846 年前往英国研究印度帝国的档案。为支持英国之行，他写起了小说——第一部小说《德国爱情》（*German Love*）很畅销。他继续待在英国，1854 年被评为牛津大学的现代语言学教授，十四年后被评为比较语言学教授，继而又被评为该校的第一位比较神学教授。他的知识十分渊博，又耗时多年为把 50 本"东方圣书"（*The Sacred Books of the East*）翻译成英文做准备，很可能是这些因素促使乔治·艾略特在小说《米德尔马契》（*Middlemarch*）中以他为原型塑造了卡索邦博士（Dr. Casaubon）这一形象——一个终日埋首于创作《打开所有神话的钥匙》（*The Key to All Mythologies*）一书却终其一生未能杀青的书呆子。《米德尔马契》于 1871 年出版，当时米勒的名声正如日中天。

当时，这位德国出生的牛津学人声名显赫，他的好友及相识包括整整两代的英国学术精英：麦考利、丁尼生、撒克里（Thackeray）、罗斯金、布朗宁、马修·阿诺德、格拉德斯通（Gladstone）和柯曾（Curzon），等等。维多利亚女王两次授予他骑士称号，而他却觉得不合适，拒绝了女王的美意。当他去世时，他的遗孀收到了来自多国国王的慰问。他一生共撰写了超过 50 部著作，所以他留下了"我累了"的临终遗言并不奇怪。

三十岁的马克斯·米勒，当时刚到英国不久。

在名著《论神话的哲学》（1871，*On the Philosophy of Mythology*）一书中，他证明了在全球范围内均可以找到相同种类的故事、相同的传统和神话，而且太阳的出现和消失以及对其作为生命之源的崇拜是大多数神话体系的基础。从文明之初，人类就是围绕着太阳构建其对世界的认知的。

> 我们所谓的早上，古雅利安人称之为太阳或黎明……我们所谓的中午、傍晚、夜晚，我们所谓的春天和冬天，我们所谓的年、时间、一生和永远——古雅利安人统统称之为太阳。聪明的人们不禁会产生疑问：古雅利安人居然有这么多太阳神话，真奇怪。为什么每次我们说"早上好"时都是在传递一个太阳神话……我们报纸的每一期"圣诞专刊"——送别旧年迎接新年——都满载了太阳神话。[9]

在一个多世纪后的今天，我们往往认为米勒的主要论点无疑是正确的。然而在他那个时代，他的观点却大大超前了：他坚持认为所有神话的起源都在于太阳，强调雅利安神话的首要地位，并渴望将*所有的*语言溯源至同一个发端，这些主张在他自己的阵营与持不同意见者之间引发了激烈的论战。他于 1900 年去世，神话起源的太阳派失去了领头羊。不过，尽管现在只有很少一部分人知道米勒的工作，对于我们理解太阳神话来说，他仍是一位重要的人物。

1923 年，伦敦大学学院的文化人类学家威廉·詹姆斯·佩里（1887—1949年）和解剖学家格拉夫顿·埃利奥特·史密斯（1871—1937 年）合著了《太阳之子》（*Children of the Sun*）一书，书中认为在人类历史早期，多数大洲上都出现过认为自己是太阳神后裔的部落，从而再次树立了太阳在世界神话中的地位。作为坚定不移的太阳中心论者①，佩里和史密斯声称"这一事实在人类文明化进程中，特别是在对神话和传统的研究中的重要性，怎么强调都不算过分"。[10]

他们认为，人类首次声称自己是神祇后代发生在公元前 2580 年左右。声称自己是拉神后裔的法老王室成员认为，从前某个时候太阳降临地球，当了国王，因此他们就是太阳的后裔。国王的子民被教导绝不要直视他；雨或阳光是他召唤子民的工具；他是魔法大师，是收成好坏的决定者。[11]埃及人的君权神授观念比其他民族更为深刻——尽管"该死的，我觉得自己正在变成神"。这个玩笑是罗马皇帝韦斯巴芗（9—79 年）临终时开的。

佩里和史密斯发现，印度的阿修罗（Asuras）、印度尼西亚的帖木儿（Timurids）、所罗门圣克里斯托瓦尔的阿巴里胡（the Abarihu of San Cristobal in

---

① 译注：这里的"太阳中心"是指某一文化的神话是以太阳为中心发展起来的，不同于哥白尼的"日心说"。

the Solomons），以及波利尼西亚、新西兰、东太平洋很多地方的居民，以及印加人、玛雅人和很多北美部落，都拥有类似的信仰体系。二人得出的结论是："不管何处，只要存在古文明的统治阶层的痕迹，就会发现他们就是所谓的神，他们具有神的特性，他们通常称自己为太阳之子。"[12]像米勒一样，他们宝贵的洞察力最终发挥过了头（地球上只有一些特别的区域出现过这种由太阳之子统治的国家），不过他们确实证明了一个几千年来都很突出的文化形式。

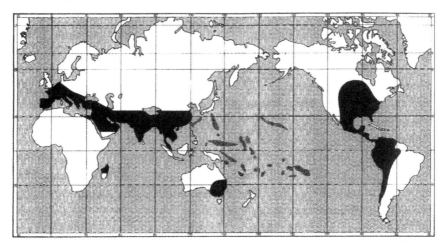

全球太阳文化分布图，显示了出现过太阳之子的区域。

然后佩里和史密斯概括出了下一个文化变迁：这些社会在寻求扩张的过程中变得更加好战，太阳之子也演化成了战神。比如，玛雅人突破危地马拉进入墨西哥南部时，就把残忍和侵略性当作制度纳入到他们的文化中。阿兹特克人也一样："战争，起初是防御性的，后来是*进攻性的*，变成了部落的生活。"[13]他们发现，美拉尼西亚（Melanesia）、波利尼西亚和北美也出现过相同的演化过程。与米勒一样，佩里和史密斯也坚称他们的观点在今后很长一段时间内都将是正确的。只有迄今提到的那些主要的文明绵延了四千多年的时间：尼罗河谷地文明发端于公元前 3200 年，延续到 700 年为伊斯兰教所征服。中国古文明据信可上溯至公元前 2800 年，一直延续至 907 年的唐朝灭亡等等。

1925 年，另一位在重塑太阳神话地位的过程中起到关键作用的学者，先驱精神分析学家卡尔·荣格开始了塑造其哲学框架的两次旅程。在其探访新墨西哥陶斯镇（Taos）普韦布洛印第安人期间，这位 49 岁的旅人与该部落的一位长者进行了深入的交谈。他们坐在长者的屋顶上，长者指着头顶的烈日说："那不就是跑到天上的我们的父亲吗？怎么还会有另外一位神呢？没有太阳什么都不会存在。"

然后荣格问长者太阳有没有可能是由一位不可见的神团出的火球。"长者对我的问题并不惊讶，更没有生气。"荣格写道，[14] "长者只是回答说：'太阳就是至高神。人人都知道这一点。'"

"我们是居住在屋顶上的民族，"长者继续道，"我们是太阳父亲的儿子，按我们的宗教信仰来说，我们每天都帮助我们的父亲穿过天空。这样做并非只是为了我们自己，也是为了整个世界。如果我们不再按我们的信仰去做，十年后太阳就不再升起了。到时候永远都是夜晚。"[15] 在探寻该部落生活的意义和目标的过程中，荣格突然就抓住了太阳神话的中心角色。[16]

荣格受自己的梦的影响，认为人类对光有一种不可抑制的向往；[17] 而几个月后的非洲之行证实了这个理论。这次去非洲是为了研究居住在蒙巴萨和内罗毕之间的高山民族的神话，他发现那里的人们每天都等待"早上太阳的出现"，因为，根据他们的解释，"太阳出现的那一刻是至高神"。在荣格看来，（即便非洲人与普韦布洛人不同，认为太阳是发光的主体，而不是至高神）在距离陶斯镇的普韦布洛这么远的地方每天进行的迎太阳庆祝活动印证了世人普遍具有对光明的这种原始向往。

荣格两次旅行之后的几十年里，很少有人就无文字民族的宗教仪式进行过有组织的研究。但在 1958 年，伟大的罗马尼亚宗教历史学家米尔恰·埃利亚德
10 （1907—1986 年）向当时已有的所有太阳中心观点发起了挑战，他认为太阳"只是人们各种泛宗教活动中一个寻常点"，[18] 并认为在古渔猎文明之后的农业社会，农民根据季节的变化特别是温度和光照进行耕作，太阳神就从"神"变成了"五谷保产者"（fecundator，他的特殊用语）。埃利亚德写道，在所有这些数不清的神话中，只有特定的文明（埃及文明和很多印欧、中美洲文明）才演化出了真正的太阳宗教。

不过在我看来，埃利亚德的观点是建立在荣格的观点之上的，而并没有否定后者。太阳至高的神话在这么多文明中延续了数百年，有的数千年，表明了这些故事在他们的自我感中居于中心地位——也反映了太阳对人类永恒的影响力。

不管怎样，我决定自己探究一番。2004 年 6 月，我踏上了秘鲁之旅，去参观他们的太阳节，一个庆祝印加夏至的古老节日。庆祝仪式在安第斯山往北两英里的库斯科举行，开幕式放在了库斯科市广场的东北角。我到达那里的时候，天空
11 已经打开封口，倾盆大雨从天而降，人群中红的、蓝的、黄的和绿的塑料雨衣与演员们争奇斗艳，而演员们演出的则是灭亡已久的印加宫廷的故事，身着橘色衣

《罗马假日》中奥黛丽·赫本和格利高里·派克站在"真理之口",即罗马科斯梅丁圣母玛利亚教堂里巨大的大理石太阳盘（2 世纪）前。派克解释说,任何说谎的人,把手伸进神的口中都会被咬下来,受到"太阳正义的复仇"。

服的"宫廷贞女"队伍、印加军队（秘鲁常备军,特来支持此次活动）和皇室随扈各逞其能。一个小时后,我们移动了大约 300 码,来到了黄金庭院太阳神殿（Qorikancha）,信使在这里吹响安抚印蒂神（太阳神）的号角,高级牧师用仍有 20％的秘鲁人在说的印第安语言克丘亚语（Quechua）吟诵劝诫。旁边的女人跟我解释说,他们本地的演员已经排练了一个月。她的丈夫,一位珠宝商,扮演一位随从牧师;高级牧师的助手们正忙着嚼口香糖。

那天活动的第三部分,也是最后一部分是在几站地之外的萨克塞华曼（Saqsaywaman,发音类似于英语中的"性感女人",但实际意思却是"饱食的鹰"）举行,那里一排相连的巨石构成了除马丘比丘①外最重要的印加纪念碑。这些陡峭的巨石个头很大——有些重达 90 吨。1533 年至 1621 年间,人们通过放在涂抹了骆马油的树干上滚动的方式把它们从近一千米外的采石场挪过来并排列成蜿蜒的巨蛇的形状;古老宗教的一种强有力的展现,不过仍为西班牙人所允许。每隔五米,石块就被雕凿成"公的"或"母的",分别带有突起或凹陷,但配合

---

① 原文注:在马丘比丘依然矗立着一根石柱,被称为 *intihuatana*,意指"太阳的系留柱",或者按字面意思指"拴日石",其仪式是为了防止太阳逃跑。西班牙侵略者没有发现马丘比丘,但他们毁坏了所有其他的拴日石,从而终结了这种习俗。

得严丝合缝,甚至都不能把锋利的刀片插进去。这个巨大的壁垒构成了主庆祝活动的背景。

我们组的向导——奥迪莉娅,一位近五十岁的女人,收拾得很利索,提到小时候她奶奶(现在94岁高寿了)曾告诉她,石头后面有一座大土山,土山上曾建过一座宫殿和三座天文台。果然,1987年这四座建筑都被发现了。现在发掘仍在进行,还找到了太阳节庆祝活动所用到的328块石头。之后奥迪莉娅教了我们如何向太阳祈祷:身体稍向前倾,满怀敬畏,把脑袋上最柔软的部分对着太阳。她脱下鞋子,伸出手臂,张开手指,使身体同时接触到太阳和地球这两个伟大的生命之源。

我溜达着离开我们小组,被卷入数百人的人流,其中有身着古代传统服饰的当地妇女、装扮成西班牙征服者或斗牛士或只披豹皮的男人、吹着海螺号角或敲着铙钹、弹着吉他、敲着鼓的男孩(没有女孩)。小摊贩在售卖各种商品,从随处可见的美洲狮皮和驼绒挂毯到帽子、古柯叶茶、手指玩偶、明信片、苏打水、蜡烛、旗帜、雨披、照相器具、国际象棋,等等。天空还在下着蒙蒙细雨,所以花哨的塑料雨披卖出去很多。很多人在一片欢腾中跳起舞来,包括一位年逾古稀的干瘦老太婆,也像二十来岁的狂欢者一样团团转个不停。

在紧邻主庆祝区域的一角的流动集市,还有放映机和旋转木马。每隔几米远就有玩杂耍的或街头艺人在表演;小贩们向路人兜售着各式各样的毛衣、项链、胸针;身着鲜艳披肩、串珠和帽子的妇女照看的巨大黑色炖锅里鸡肉正汩汩冒着气泡。喧腾的人群一派祥和:这正是他们的节日。

下午2时,庆祝仪式开始。在这片高地上已经搭起了一座巨大的方形舞台,挂着绘有石头图案的幕帘。高原印第安人从古帝国的四面八方跑过来团聚在他们的领导者周围,而他们的领导者已准备好饮下由发酵玉米酿造的神圣奇查酒(*chicha*)。大约五百当地人加入了领导者的队伍,而台下是喧腾的四万听众。高地的四角都生起了篝火(距离我们最近的那堆不时会发出劈啪声,得不断重新点燃);海螺再次吹响,且更加高亢。仪式主体很像一场基督教圣餐礼,由女孩子扮作印加公主向人们奉上盛在篮子里的神圣面包(同时也忍俊不禁)。他们服饰的夺目光彩令人叹为观止。然而,不再像西班牙入侵之前那样,有印加处女的心脏被剖出敬献给未来,甚至连美洲驼牺牲仪式都是假的——最后这头驼会被放生,咩咩叫着跑开。

在这商业活动背后看似仍有某些真正深刻的东西在捍卫自己的存在:被征服已久的民族自己永不褪色的自豪感,甚至还有一种意味——太阳自身即便已不再神圣，但仍是一种特殊力量。更为绝妙的是，细雨过后，太阳出来了，同时出现在天空的还有一道神奇的彩虹。看来太阳神已经听到了我们的祷告，正式赐予夏至日以荣耀。离开这片神圣的土地时我在想，怎么会有人怀疑太阳对我们的控制性影响呢？从某种根本意义上说，太阳依然是我们组织自己生活的首要根据。

第 2 章

季节颂

> 露西节，白天短了七小时的露西节，
> 是全年的午夜，也是白天的午夜；
> 太阳筋疲力尽，干涸了它的温热，
> 光芒像爆竹样短暂，不再绵绵不绝；
> 世界的全部活力都已熄灭。
>
> ——约翰·多恩，《露西节之夜，最短的白天》，约 1611 年[1]

> 夏至，据说是太阳停止的一天，他想。这个想法，很有趣……就好比宇宙休了一天假，暂时停下来进行反思。我们能够感觉到，时间慢下来了。
>
> ——艾伦·弗斯特，《暗星》（*Dark Star*）[2]

哈克贝利·费恩①飞流直下的过程中，遇到一本《天路历程》（*The Pilgrim's Progress*，一本"关于一个男人离家出走，却没有说明原因"的书），他翻了一遍，认为"内容很有趣，但也很艰涩"。[3]对太阳的研究也会激起人们这样的反应，因为很难解释太阳是如何运作的。我们可以想象它每天东升西落，但不同地方的日出日落时间不同，日出日落所用的时间也不同。正如巴里·洛佩兹在其关于北极的一部伟大的作品中所说："在极北方的冬天里，太阳缓慢地从南方爬出海面，又在几乎同一个地方沉入海面，就像一头鲸在翻身一样……'一天'由早晨、上午、下午、晚上构成已成了一种扎根于我们心中的想当然，我们从没有认真思考过它。"[4]太阳不仅仅是一颗恒星，它对季节的影响也很大。

---

① 译注：马克·吐温的小说《哈克贝利·费恩历险记》的主人公。

一年之间，白天的时间由最长（夏至日，预示着夏天的开始）到最短（冬至日，表明冬天到了）。夏天，太阳更为明亮，攀上更高的天空，缩短了万物的影子；冬天，日出日落都更靠近地平线，阳光弥散，地面上的影子更长。随着一半球因地球倾斜而稳步远离太阳，白天逐渐变短，太阳行经天空的弧线压得更低。冬季的第一天，也就是白天最短的一天，太阳从离赤道最近的地方升起。在一年中白天最长的一天，太阳从距离该半球极点最近的地方升起。在这两天里，太阳看起来都在轨道上停了下来，然后才原路折返。（"太阳的转折点"是一个古老的成语，赫西俄德和荷马都曾用过。）黎明时我们就能看到这种效应，有那么两三天时间，太阳看似逗留了几分钟——因此就有了"solstice"（二至点）一词，它由 *sol*（sun，太阳）和 *stitium*［源自 *sistere*，意指站立不动："armistice"（休战）即"武器静止不动"的意思］构成。

在北半球，春秋两个季节的第一天分别在 3 月 19 到 21 日之间和 9 月 19 日到 21 日之间。这两天是二分点（equinoxe，源自 *aequa nox*，意指等夜），地球上任何地方的昼夜时长均近似相等，且正午时太阳直射头顶，[①] 这两天之后太阳继续前进，3 月 21 日之后向北，9 月 21 日之后向南。很多天文学家以及水手都相信，二分点会带来烈风——如果说这不是一个神话，至少也是一个错误的概念，产生的原因可能在于 9 月下半月刮大风的次数会急剧增加，而此时北半球的飓风季节确实达到高峰（但其原因与太阳却并非这种关系）。这些天文学家和水手并不孤独：记录了尼罗河夏季洪水的希罗多德曾说，冬天埃及的太阳"被狂风从其老路吹走"，之后于春季"回到天空的中间"。

围绕农业组织起来的社会——比如古埃及和古美洲的社会——都专门仔细研究过天空，留意每年都发生些什么，确保对二分点和二至点都做了详细记录。他们做出了极大努力，不过他们的祭司和占星家都认识到，尽管他们能够根据白天和黑夜的进退确定连续不断的季节，但仅仅依靠观测很难确定二至点（由于大自然别的原因，最早和最晚的日出日落并不出现在二至点）。

地球又增加了问题的复杂性。我们地球的轴是倾斜的（以 23°40′ 的倾角绕太阳旋转），就像一个旋转的陀螺，这决定了某时刻地球上任意一点接收到的阳光有多少。地球不仅在自转，其形状也在做细微的改变，旋转轴也在摆动，这个过程称作章动，或"点头"，使得地球的轨道在更大的环和更大的距角间变动。如果地球不作章动，且其轨道是一个真正的圆的话，二分点和二至点将会把一年四

---

① 译注：原文如此。实际上，这两天只有赤道上才会"太阳直射头顶"。

15 等分；但地球的轨道是椭圆，北半球春分到秋分这段时间的时长稍稍大于南半球，一月份地球绕太阳的运行速度比六月份约快 6%。太阳需要（大约数）94 天从春分点走到夏至点，92 天从夏至点走到秋分点，89 天从秋分点走到冬至点，90 天再重新回到春分点。在高纬度地带，仲夏时节接收到的太阳能量可以有20% 的变化，取决于地球的各次章动是互消还是互长。艰涩，但很有趣。

很久以前人们就已经认识到二至点和二分点所展现出来的管控四季的超自然力量，这在不同的文化中引起了不同的反应——生育典礼、篝火节、向诸神献贡品。西欧很多冬天的习俗均传自古罗马人，后者相信他们的丰收之神萨杜恩在谷物收获季之前已经统治了这片土地，因此他们要庆祝冬至日，庆祝萨杜恩承诺夏天会回来，这就有了"农神节"，一个赠送礼物、角色逆转（奴隶责骂主人）的庆典，而且还是公众假日，时间为每年的 12 月 17 日至 24 日。他们通过一个庄严的仪式来庆祝播种和收获，在仪式上他们向太阳敬献一匹赢得了一场盛大战车比赛的战马。历史学家马克罗比乌斯是这样解释这些庆祝活动的：

> 他们把几乎所有的神——至少天上的神——都与太阳关联起来，当然不是因为迷信，而是有其神圣的原因。因为正如老人们所相信的，如果太阳"引导、指挥所有其他的天堂之光"并独力管理所有行星的路线，且如一些人所认为的那样，行星的运动自身并没有……预言人类命运的力量的话，我们就必须承认，管理着这种力量和我们的事物的太阳，创造了我们周围的一切。[5]

从罗马帝国到基督教社会的演变用了几个世纪的时间，罗马帝国的异教仪式也随之演变成了与之类似的基督教仪式。数年的剧变——235—284 年间，先后26 个不同的篡位者掌权罗马帝国——于 312 年达到顶峰，是年康斯坦丁大帝在米尔维安桥（Milvian Bridge）战役中获得了大胜利，结束了半个世纪的内战，重新统一了罗马帝国。康斯坦丁大帝把胜利归功于基督教神灵，不久就皈依了这一新16 宗教，并颁布法令支持基督教的发展。随着太阳神和上帝之子的概念深深植根于民众心中，很多其他习俗现在也都改头换面了。于是，尽管新约并没有指明基督的实际生日（早期的作家往往取春天里的一天），罗马主教利贝里乌斯（Liberius）却于 354 年宣称基督的生日为 12 月 25 日。当时庆祝"圣诞节"的优点显而易见，正如基督教评论员赛勒斯（Syrus）所书：

> 于 12 月 25 日庆祝太阳的生日是异教徒的一个习俗，这天他们点燃灯烛以示欢庆。基督徒们也会参与到这些庄严的仪式和欢庆活动中。相应地，了解到基督徒们也希望有这么一个节日的教会当局接受了建议，正式决定应该在这一天隆重纪念真正的基督生日。[6]

在基督教世界里，圣诞节逐步吸收了其他冬至仪式，太阳形象的转变也是该过程的一部分。[7]因此，曾经绘在亚洲统治者脑袋后面的太阳也变成了基督教先知们的光环。① 之后就产生了一个问题：一周的哪一天应该用来做弥散呢？聪明的神父圣犹斯定向皇帝马可·奥勒留解释说，基督徒们选择礼拜天（Sunday，原意为"太阳日"）作为领圣餐的日子是因为"在被称为礼拜天的这一天，所有居住在城镇或农村的人都聚集在一起……而我们之所以在礼拜天相聚，是因为这是上帝用黑暗和一点点东西创造出世界的第一天"。

在很长一段时间里，节日仍不能完全固定下来。罗马人不确定什么时候庆祝冬至。朱利乌斯·凯撒正式把一年内白天最短的一天定为 12 月 25 日。1 世纪普林尼（Pliny）把这一天定为 12 月 26 日，而他同时代的科卢梅拉（Columella）则定在了 23 日。到了 567 年，图尔会议宣布从圣诞到 1 月 6 日的主显节应当构成一个时间段，到了 8 世纪，就形成了一个连续庆祝 12 天的体系，而主显节——第 13 天——则开始一个新的序列。因此，用罗纳德·赫顿的话说，这样就诞生了"从冬至日到传统（罗马）新年这个时间段，期间政治、教育、商业活动全部搁置，只有和平、私密、家庭、狂欢和慈善：一段神圣的时间，其意义已超越了在任何一种宗教中的意义"。[9]

尽管基督教明显占据霸主地位，很多古老的习俗还是保留了下来。至少在节日期间大吃大喝可能会成为人们庆祝节日的目的——以至于教会的长者们开心担

17

---

① 原文注：最初的基督教艺术因光环来自于异教而没有采用它；但从 4 世纪中叶起，基督画像就多了一个冕或阳光光线。从 6 世纪起，圣母玛利亚和其他圣徒的画像也有了光环，正如罗马皇帝雕像上的那样；而到了 9 世纪基督教就完全吸收了这一符号。一些基督徒们开始不情愿地使用异教词汇"太阳日（Sunday，即礼拜天）"；在说拉丁语的基督教国家，一周的第一天成了"主的一天"——dominica、dimanche、domingo、domenica，之后在大多数说罗曼语的国家也这样，而且永远都这样了。[8]在康斯坦丁大帝统治期间，基督教徒和异教徒都认为一周的第一天是一周的至高点；而在 321 年，康斯坦丁大帝正式宣布太阳日（Sun Day）是一周的圣日后，部分基督徒就认为这是为了他们而设的，便开始称这一天为"太阳日"而不是"主日"。

心人们会把对基督的尊崇抛之脑后。圣格里高利·纳西昂（约276—374年）敦促他的教徒们"用天国的方式而不是尘世的方式来庆祝基督的生日"，抱怨他们"吃喝过度，整天跳舞，装饰门庭"。一百多年后，圣奥古斯丁和利奥教皇也都觉得有必要提醒他们的子民，基督才应该是他们敬拜的对象，而不是太阳；圣帕特里克在其《忏悔录》（Confessio）一书中公开宣称，所有的太阳崇拜者都将永世遭受地狱之苦。

需要提醒读者的是，尽管在西欧之外的很多地方罗马天主教也是压倒性文化，但它绝不是唯一的文化。在11世纪，斯堪的纳维亚人征服了大部分的英格兰，带去了"Yule"一词，即他们自己对冬至庆祝的通俗叫法，很可能源自于"轮子（wheel）"的早期叫法。在几百年的时间里，最神圣的斯堪的纳维亚符号象征一直是"一年的轮子"，其形象为六辐或八辐车轮，或者车轮里的十字，十字的每根臂都代表阳光。很多斯堪的纳维亚人居住在现在的约克郡，他们想建造很大的太阳轮并把它们放到山顶上去，而在中世纪，庆祝活动的游行队伍会用战车或船装载轮子；且在欧洲的某些地方，二至日期间禁用纺车的习俗一直流传到20世纪。睡美人在纺车上刺破手指的故事可能夸张了这种迷信，而七个小矮人可能代表（当时人们认为的）七大行星——中世纪的学说认为七大行星是地球最大的七个仆从。

一部19世纪早期的杂记详细列明了轮子和二至日之间的另一种联系。根据这些作者们的说法，轮子在西欧很多地方都是夏至庆祝活动中的一项不可或缺的内容：

> 在有些地方人们滚动轮子，象征当时位于黄道最高点的太阳开始下降……根据记述，人们把轮子放到山顶上，并从那里滚下来；在此之前已经覆盖在轮子上的干草缠绕在轮子上，人们把干草点着，从远处看滚下来的轮子就像正在下落的太阳。在他们看来，所有坏运气都随着轮子滚跑了。[10]

18

有些庆祝仲夏的舞蹈也包含滚轮子这个动作，而且庆祝活动可能会持续一整月。①

---

① 原文注：在某些国家，对太阳神的崇拜转变成了对圣维特斯（Saint Vitus）的崇拜，这就有了6月15日的圣维特斯节，临近仲夏节。1370年，德国爆发了一场流行性舞蹈病，特别是沿莱茵河谷病情尤为严重，病人会陷入无意识的抽搐。他们可怜的古怪动作与圣维特斯节上的舞蹈动作十分相像，于是这种病就被称作"圣维特斯舞蹈病"。

一幅 19 世纪的雕刻，描绘的是阿尔萨斯庆祝夏至节的人群跳过一堆篝火。

　　燃烧的轮子常常伴有用来再现宇宙创生情景的节日篝火，夏至日和冬至日都有这一传统。至少从 13 世纪开始，仲夏节（Midsummer Day）点燃篝火的习俗在整个欧洲、非洲西北部、日本甚至巴西都已非常普遍。到了 19 世纪中期，南澳洲的康沃尔移民于 6 月 24 日这一天点燃篝火，庆祝传统的欧洲仲夏节——南半球的仲冬节。差不多在同一天，北英格兰的村民们聚集在一起庆祝夏至节，19 "欢快地围着在开阔街道为狂欢而生起的一大堆火"。这堆火通常是用骨头生起来的，所以不管燃烧的是什么，都叫"骨火（Bonefire）"；还有一段不知起于何时的优美布道辞，"施洗者圣约翰尼斯"（*De festo sancti Johannis Baptistae*）：

　　　　为敬拜圣约翰，人们在家中守夜，生起三种火堆：一种是纯骨头，没有木柴，叫作骨火；一种是纯木头，没有骨头，叫作木火，供人坐在旁边或在旁边守夜；第三种是木头加骨头，叫作圣约翰尼斯火。[11]

　　仲夏节是迷人的一天，会上演大量的迷信活动，远比冬至节更加吸引人。受仲夏节的狂欢和愚蠢举动的启发，莎士比亚于夏至日上演了一场《仲夏夜之梦》。挪威宫廷记录了灌饱了自酿浓啤酒的巫婆会在仲夏夜飞上天，且通常是骑在猫背上飞的传说，[12]而在俄罗斯、白俄罗斯和乌克兰，人们相信从烟囱爬出的赤裸女魔

头会飞上天空。于 18 世纪晚期进行创作的弗朗西斯·格罗斯（Francis Grose），
最初是英国一名龙骑兵军官，在转行做艺术家和古董商之前负责抓捕走私者，他
曾写道："仲夏夜所有的未婚女性都禁食，午夜时分她们在桌上铺一块干净的布，
摆上面包、奶酪和啤酒，坐在旁边仿佛要进食的样子，向街的门开着，意中人会
走进屋里，深鞠一躬，喝下她的酒；续杯后他会把杯子留在桌上，再鞠一躬，退
回屋外。"[13] 他还补充道，夏至夜禁食并坐在教堂门廊的人，午夜时分会看到注定
当年要死的教区居民的灵魂去敲教堂的门。

　　在有些国家，仲夏夜的庆祝之火也有辟邪的意味，装饰稻草人或女巫的扫帚
和帽子也有这种意味；而冬至夜笼罩一切的黑暗总能引起人们的恐惧，害怕太阳
会燃烧殆尽，于是人们点起了圣诞柴和光明节灯（后者与阳历和阴历都有关系）。
圣诞节宴会上的野猪头代表旧年正在死去的太阳，而嘴里含着寓意不朽的苹果的
乳猪则代表新的一年。

　　欧洲之外的其他地方的习俗差别很大。在日本，年轻男子被称为"太阳魔
鬼"，脸上涂上代表他们想象中的太阳祖先的图画，从一片农田走向另一片，确
保土壤肥沃，庄稼长势良好。在中国，冬至崇阳，夏至崇阴；很早的时候，人们
会向太阳——连接天地之气——敬献祭品，这祭品通常是人。阿兹特克人相信心
脏保有太阳热量的碎片，为了确保太阳不断发光发热，他们挖出驼背者、侏儒、
俘虏的心脏，将被身体包裹起来的"神圣的太阳碎片"和心脏的欲望释放出来。
甚至体育比赛也起到了它们所起的作用：2005 年访问位于尤卡坦中心的奇琴伊
察运动场时，我看到一块 15 世纪的雕塑，刻画的是玛雅人进行的一场体育比赛
的血腥后果。在一场旨在保证太阳在春分点重生的对抗中，分别代表光明和黑暗
的两队玩起了 ullamaliztli（死亡垒球），游戏中的球代表晚上太阳在地下行走的
路线，选手们必须运用胳膊和屁股防止球落地或飞出场外。可怜的是输掉的一组
的队长，因为输掉将被当作牺牲品，在仪式的高潮阶段用他的血重新赋予太阳和
地球以活力。

　　与所有其他的二至节仪式相比，通过生火在地球上再现太阳这种仪式更为常
见，夏至和冬至都这样。[伊朗人依然过着原来的琐罗亚斯德教的冬至节扎尔达
（Zalda），包括整晚守夜、点火照亮黑暗；西藏和印度西北部的穆斯林居住地也
保有类似的习俗。] 托马斯·哈代在《还乡记》（*The Return of the Native*）一书
中描述了多塞特（Dorset）村民围着一堆篝火的情景，对全球都有的这种现象给
出了一种解释：

在现代墨西哥，这种着火太阳球对抗赛再现了中美洲地区祭拜太阳的游戏，这
种游戏延续了 3000 年，直到西班牙人入侵才停止。

　　看起来就好像生起篝火的人身处某个关于太阳的故事中，就好像这些男
人和男孩突然潜回过去的岁月，把当时这里一个小时内发生的事带回到现在
上演……的确，众所周知，这些未开化的人围着火堆狂欢的习俗直接源自于
德鲁伊特人仪式和撒克逊人仪式的结合，而不是民众为纪念火药阴谋①而发
明的仪式。

　　此外，当冬天迫近，宵禁的钟声响彻寰宇，生火就是男人的本能和抗拒
性反应，表示对这个去了又来的季节的一种自发的、普罗米修斯式的反抗，
因为它意味着一段难熬的时间，带来的是寒冷的黑暗、痛苦和死亡。黑暗混
沌掩来，地球上拴着铁链的众普罗米修斯②说，要有光！[15]

---

　　①　原文注：1605 年 11 月 5 日，盖伊・福克斯（Guy Fawkes）及其同谋者试图炸死国王，炸掉
上议院和下议院的阴谋被发觉，这个阴谋就被称作火药阴谋（Gunpowder Plot）。差点就被炸掉的议
会把开幕式推迟到了次年年初，当时一位下院议员提议每年进行一次感恩，并一直坚持下去。这种感
恩仪式被写进了英国国教的祈祷书里，直到 1859 年才删除。到了 17 世纪 20 年代，每年一次的感恩
节已经成了最重要的国家节日，现在甚至已经超越了国王和女王的生日。19 世纪末期，"到了 10 点
钟，伦敦人点起篝火，放起烟花，从邻郊望去，伦敦就像一团彤红的炉火"。[14] 掠过火堆上方的是游行
队伍所举的福克斯假人，有时候还有教皇假人（假人通常装着活猫，被火焰吞没时会厉声尖叫），而
不再是女巫的扫帚了。

　　②　译注：指男人们。

　　二至日庆祝总是最常见的，但一年中也不乏其他纪念季节变换的节日。法国历史学家埃马纽埃尔·勒华·拉杜里就 1580 年在罗马小镇上举办的一次嘉年华及关于后来被称为圣烛节熊的动物出现的记录写了一本书。每年 2 月 2 日，这种熊都会爬出洞来，张望天空。[16]迷信认为，如果是阴天，这种熊看不到自己的影子，它将会按照冬天正在退去活动；但如果它看到了自己的影子（晴天），就会被吓回到自己的洞里，再过六周的冬天。现在甚至阿尔卑斯山区和比利牛斯山区的人们也相信这一传说，而其他地方则有别的冬眠型动物扮演这一角色——在爱尔兰，圣布莱特日（Saint Bridget's Day，2 月 1 日）的刺猬就扮演这一角色，而宾夕法尼亚和北美其他地方则在每年的 2 月 2 日过土拨鼠日（Croundhog Day）——由法国和德国移民带过去的一种民俗。

　　这一罗马节日及法国的很多其他节日在 1789 法国大革命期间受到了打击。大革命的领导者们决定抛弃传统的基督教节日。周日成了工作日；一种新历法创立了，一道新法律颁布了。新年从哪天开始很好定，因为共和国是 1792 年秋分日宣布成立的。那天（一名革命激进分子向巴黎大会宣布），自由的火焰照亮了法国。新的日期——葡月 1 日——被赋予了一种毫不含糊的"神圣"意味，从全国到处都有的旨在纪念它的活动就可以清楚地看出这一点。法国中南部康塔尔省（革命划分的 83 个省份之一）欧里亚克市（Aurillac）的市政府描述了应该如何庆祝这一光荣时刻：[17]

　　　　之后将会有一辆华美闪亮的十二驾马车出场；这就是太阳马车；它前面是按照新的划分法划分的黄道带和小时的标志；行走在它旁边是身着白色服装的年轻女公民，代表白天的每个小时；另有身着白色服装头戴黑色面纱的女市民代表夜晚的每个小时；马车上则是仍在沉睡的法国之神，身上盖着饰有鸢尾草的纱巾，且偶尔会简单动一动。

　　在大约十年的时间里，法国遍地都在狂热地庆祝这种节日。但这种热忱长久不了，很快原来的历法和节日又恢复了。法国大革命成了历史，寓意生机勃勃的春天的芽月（3 月 21 日到 4 月 19 日）成了左拉 1885 年的一部小说的书名——热月（7 月 19 日到 8 月 17 日）则成了一道龙虾菜名。

　　太阳庆祝超越了时代和文化，但可能其中给人留下的印象最深刻的是北美印第安人的太阳舞，他们通常在 6 月末或 7 月初猎取野牛之前跳这种舞，或为庄稼祈祷阳光时跳这种舞。大部分太阳舞以一座小屋为中心，通常四周环绕着 28 根有分叉的柱子，代表阴历月的 28 天。柱子分叉上架着更多的木桩。一位目击者把这种构造比作"一座篷顶被龙卷风掀掉的马戏团帐篷"。[18]进入小屋的人面朝东方，见证日出。有时候会有很多的小屋——多达七百，里面聚集着一万多人的庆祝者——环成一个周长近十千米的大圆。[19]

对于所有这些部族来说，仪式通常在满月时进行（其他意义暂且不提，太阳舞是为这一对强大的天体举行的仪式）。每个部族都有自己的特点。肖肖尼人和克劳人称他们的仪式为"旱屋（the Thirst Lodge）"，夏安人称之为"（从带来幻觉的意义上讲）药屋（the Medicine Lodge）"，而拉科塔苏族人则把这一仪式称为 *wiwanyag wachipi*，"凝视着太阳的舞蹈"。[20]在亚利桑那州，帕帕戈人围着太阳的象征物沿相反的方向跳舞，并把手伸向太阳，再收回来轻抚胸口，他们相信这样就能获得来自太阳的力量。

这一仪式在提顿苏族人那里得到了最全面的发展。仪式参与者聚集在一个桑拿小屋里，个个汗流浃背，以此实现初步的净化。药人们（medicine men）将祈祷好天气，一位舞蹈引领者将把一根经过装饰的管子、一块加工完美的水牛头骨和一些水牛脂肪放在一起；然后会有一根"太阳柱"（代表一条通天之路）竖起来，会有烟草敬献，而且会有一场祈愿舞蹈。这些准备工作会花上三到四天的时间，期间这些信众会禁食，越来越强烈的饥饿感有时候会带来幻觉。在更复杂的仪式中，参与者将在一根象征太阳的中心柱向西大约 5 米处用灌木做一个舞蹈围屏，并在周围支起一圈帐篷来象征北极光。

在《餐桌礼仪的起源》（*The Origin of Table Manners*）一书中，克劳德·莱维-斯特劳斯探讨了这些舞蹈含糊不明的本质意义：

> 一方面，印第安人向太阳祈祷能眷顾他们……另一方面，他们也挑衅、反抗太阳。他们最后一个仪式是一种疯狂的舞蹈，尽管参与者都已筋疲力尽，但舞蹈还是持续到天黑以后。阿拉帕霍人称这一舞蹈为"与太阳的赌博"，而格若斯-维崔人（Gros-Ventre）则称之为"对太阳的舞蹈"。这种舞蹈的目的是削弱强烈的太阳带来的高热量，因为在舞蹈进行期间，它每天都投下强烈的阳光试图阻止仪式的进行。所以说，这些印第安人认为太阳有双重面孔：对于人类来说不可或缺，同时它的光热又是一种威胁。[21]

这种舞蹈从日出开始，持续五天。第一天早上，大约 50 名强壮的"誓约者"
24 将身体涂上各种颜色，红色象征日落，蓝色象征天空，黄色象征闪电，黑色象征
夜晚，通常还涂上太阳花的图案。他们腰上围着鹿皮或羚羊皮围裙，手腕和脚腕
戴着兔皮腕饰，头发上插着柔软的羽毛，嘴里含着鹰翼骨笛，骨笛上装饰有豪猪
毛或珠子和鹰的羽毛。誓约者们围着象征男性生殖器的柱子，通过击鼓和高歌来
赞颂太阳。他们踮着脚尖或以脚后跟着地的方式跳舞，且一直面朝象征太阳的大
圆环。为了"抛洒热血以参与到宇宙所有生命的重生进程中去"他们将抽打手臂
和大腿两百多次，由 *kuwa kiyapi*（圣人）把 20 厘米长的木扦插进他们的腰背部
或肩膀，然后人们用生皮带系住这些木扦，把他们吊起来，脚趾刚好碰到地面；
有些参与者还会像尸体一样头朝下吊起来——1970 年好莱坞拍的电影《太阳盟》
中理查德·哈里斯所经历的就是这种痛苦。对他们的荣誉的考验是不能叫出声来
或哭出声来。在部落里其他人的督促下，每一个勇敢的誓约者都强忍痛苦直到昏
死过去，或者自己把自己放下来，同时也放弃了誓言，但也表明了自己愿意经历
25 这种痛苦的意愿。放下来之后，再过规定的一段时间，这些舞蹈者将用烟筒抽烟
（"撕开云朵"），享受一次蒸汽浴，并在最后的庆祝宴会上吃喝（按习俗是吃水牛
肉，喝狗肉汤）。

曼丹印第安人（Mandan Indians）的舞蹈仪式奥吉帕（Okipa），此图由画家乔
治·卡特林绘于约 1835 年。最后一个纯种曼丹人于 1971 年去世。

　　至少有十个平原地带的部落的庆祝活动具有上述仪式的主要程式；其他部落的庆祝活动则不含抛洒热血的环节。在外人看来，这种自残很荒谬（热衷于转化未开化的印第安人的耶稣会士们，对这种行为给予了极其强烈的谴责）；但在撰写《圣筒》（*The Sacred Pipe*，1948）一书时曾与拉科塔苏族印第安人首领布莱克·埃尔克（Black Elk）合作的历史学家约瑟夫·埃普斯·布朗，认为跳舞者经历的痛苦等同于基督教忏悔的某些极端形式，在此基础上把太阳舞和太阳舞柱子分别与印度教的禅法和十字架进行了比较。他告诉我们：

　　　　当骇人的仪式中男人实际上被通过其肉身拴在了中心之树（Tree of the Center）上，或者女人从胳膊上割下肉块做祭品时，通过受苦达成的牺牲就完成了，这样世界及万物才能继续存在，生命才能重生，人才能成其为人。因此，太阳舞并不是人类为了自我而进行的仪式：它是对全部生命及其源泉的一种尊敬，这样生命才能继续，四季才能循环，万物才能周而复始。[22]

　　人种学家韦德·戴维斯在其对吉奥瓦印第安人的感人介绍《一条河流》（*One River*）中写道，太阳舞是"他们的生活中迄今最重要的宗教活动。它是对战争的庆祝，是精神上的重生，是整个部落都沾染了太阳的神性的时刻"。[23]但白人的到来则给这种舞蹈带来了威胁。1838 年 11 月 13 日晚上，一场巨大的流星雨照亮了北美大草原的夜空，向整个部落拉响了警报，部落的长者开始预测世界末日，事实证明，这个预测结果对于吉奥瓦印第安人来说是正确的。次年夏天他们与白人士兵有了第一次接触。到 1890 年时东海岸的政府已全面禁止了太阳舞。①

　　在其关于拉科塔苏族印第安人的历史书的末尾，克莱德·霍勒问道："他们到底是因为什么还在跳太阳舞呢？"他给出的理由是："参与到太阳舞中是为了感受到力量，为了达到宗教上的忘我，为了体验到一种基于力量的宗教的本质。"[26]太阳舞将对于神的力量存在于这样一场强烈的感情宣泄中的任何可能的怀疑，都一扫而光。[24]他可能也提到了身体上的宣泄。舞蹈促进了这种放任的、完全非理性的，甚至在性方面的释放和过度狂欢。在《悲剧的诞生》一书中，尼采将舞蹈的狂欢本质与其理性对立面，即平衡、理智和自制对立了起来。[25]华盛顿的官员们并

---

　　①　原文注：戴维斯（获得过《国家地理》的"驻地探险家"称号）曾提出一个观点，即现在的庆典活动已不许再有旧式的那些过分的内容，而是通过咀嚼乌羽玉（peyote，一种仙人掌）来实现觉悟。一个部落成员告诉戴维斯，乌羽玉就像过去的水牛。"它们都是太阳之子。乌羽玉是太阳的化身，就像水牛一样。"

不孤独：都铎王朝和詹姆斯一世时期英国新教徒、米迪（Midi，法国南部地区）的宗教法官、严酷统治南美的征服者，还有国家社会主义（National Socialism，即纳粹主义）的地方长官，都曾试图控制和遏制——如果说不是取缔的话——与太阳相关的舞蹈仪式。

庆祝舞蹈由政府支持的那些国家往往试图将它们固定在特定的时间和地点，而不会允许人们在非指定地点自发进行。这样太阳庆祝更容易管理，而事实上礼拜者们也希望在他们可以聚集并表达敬意的中心站点举行仪式。实物结构——巨石阵（中世纪被称为 Chorea Giganteum，意为"巨人之舞"）、金字塔、南美洲的那些巨型建筑——所有这些场所均体现了人们的信仰，尤其是对太阳的信仰。

第3章
三千见证者

> 移动这些石头是一项大工程
> 其技术值得记录下来
>
> ——帕特·伍德，《达特穆尔》（*Dartmoor*）

> ……诗人，
> 因其称太阳为太阳的认真习惯，
> 而为人们所尊重，这些石像，
> 显然对诗人非虚构的神话提出了质疑，
> 这让诗人对自己的思想谜题更觉不安
>
> ——W. H. 奥登，
> 《石灰岩颂歌》[1]

　　分散在世界各地的 3000 多遗迹，见证了人类对太阳的执念。所有这些遗迹几乎全都是用石头建成的，大多数朝向日出或日落的方向，有些一年只有一次对准太阳的机会，通常是在冬至日或夏至日这一天——尽管吉萨的狮身人面像眺望的永远都是春分日这天日出的方向。不管是巨石阵（建于公元前 30 世纪）、尤卡坦州的玛雅金字塔（12 世纪）、大平原（Great Plains，北美中西部的平原和河谷地区）的巨石柱（19 世纪）①，还是肯尼亚草原上的纳莫拉堂加跳舞石，都是无

---

　　① 原文注：henge（巨石阵英文名称为 Stonehenge），原意为"斜坡"，这里特指新石器时代的一种大型纪念物，它外面是一圈土埂，里面围着土沟，通常还围有一圈竖立的石柱。严格说来，该巨石阵不同于其他这种阵，因为它的土埂和土沟的位置是相反的。[2] "menhir（史前巨石柱）"是单独一根石柱，"megalith（巨石）"指大石头（由 *megas* 和 *lithos* 演化而来，前者意为"巨大的"，后者意为"石头"。）

声的太阳赞颂者。

28 　　大多数社会都极其精心地建起了太阳纪念碑。大多新石器时代中期的墓碑式建筑，在重要时刻均朝向太阳，仅仅英国就保留下来 900 多处，其中最重要的是巨石阵。佩皮斯·塞缪尔于 1668 年参观了巨石阵之后记录说它的石柱"真像故事中讲的那么惊人，真是不虚此行"。然后他又发挥自己的诚实风格补充道："上帝才知道它们是干什么用的。"

巨石阵的大石柱，目前仍是最大的太阳纪念碑。

我去过巨石阵十来次。有时候，它看起来不过是一堆平淡无奇、杂乱无章的大石头。有时候，比如仲夏夜，它又挤满了敬拜者，就像一个乡村集市。但在人群散尽的日出或日落时刻，它就散发出迷人的魅力，你大可以放开自己去想象。阳光平射过来，巨石们焕发出它们的美丽和庄严。因为人们在这里付出了巨大的努力，证明了太阳对他们是多么重要。

今天看到的巨石阵是 5000 多年的建造和自然增生的结果，从土埂到白垩，到木头，最终换成了石头。在最初六个世纪里，人们用两道土埂和一个高低不平、"泛着奶白色光芒的白垩质"土沟圈出一片圆形土地。[3]然后他们又在这个圆圈内挖了 56 个坑，每个坑大约 1 码

29 （1 码≈0.91 米，下同）宽 1 码深。土埂和土沟在东北方向断开形成入口，一根石柱立于入口往里 256 英尺的地方，这就是著名的"踵石"（heel stone，威尔士语 hayil 或斯堪的纳维亚语 hel 的讹误，二者均意为"太阳"）：高 16 英尺（另有 4 英尺埋在地下），周长 8 英尺，重约 35 吨。上次参观是一个仲夏日早上，我站在圆心，看到太阳紧贴着石柱左侧升起：当时就觉得，这地方不仅是一个祭祀

的地方，也是一座天文台。

公元前 24 世纪到公元前 21 世纪的这段时间，人们至少将 82 块石柱——称作蓝砂岩，因为他们认为这些石头在雨天呈蓝色——从 250 英里外的西南威尔士的普雷塞利群山（Preseli Mountains）浮渡、拖曳至圆的中心，组成一个新月形。接下来的 400 年时间里，人们又运来了 30 根巨型石柱，每两根石柱支撑一根楣石，排列成马蹄状，马蹄的开口位于仲夏日出点和冬至日落点的连线上。这些近 7 码高的巨石牌坊——"三石组"（两根竖直石柱支撑一根楣石）——每一组都重约 45～50 吨，来自于"砂岩漂砾（sarsen sandstone）"，这个名词透露了它的异教来源（源自于"Saracen"① 一词）。

首先提到巨石阵的是《盎格鲁历史》（*Historia Anglorum*，1130 年）一书。不过也仅仅是提到而已；直到 1740 年，英国文物专家威廉·斯蒂克利才赋予这一伟大的工程壮举以天文意义，指出巨石阵的中心线指向夏至日的日落点。斯蒂克利（他还提出，巨石阵可能是一个赛马场——这种想法并不愚蠢）之后的各种理论更为大胆、奇特，直到今天：青铜时代的卢尔德②、古德鲁伊特人旧址、日食预测中心、纪念死者的纪念碑兼葬礼和宗教游行线路的一部分（已知有 240 人埋葬在那里）、领导了反抗罗马人的斗争的爱西尼族（Iceni）异教女王博阿迪西亚（Boadicea）之墓、计算历法的装置、观察太阳和月亮的天文台、复杂的潮汐预报装置（很奇特的观点，因为巨石阵位于远离大海的内陆）、属于史前全球知识分子一部分的超级精英的修道院或学院。尽管当前研究的重点已偏向于认为它是一座天文台，用于跟踪月亮和太阳的运动，可能也用于建立历法，但这么多世纪过去了，现在的学者仍不能就巨石阵哪怕一个方面达成坚定的一致。③ 或许，正如考古学家雅克塔·霍克斯说过的一句著名的话"每一代人对巨石阵都有自己的理解——他们眼中的是他们所期望且本该属于他们的巨石阵"。[5]

———————————

① 译注：萨拉森人，罗马帝国时期叙利亚和阿拉伯沙漠的游牧民族中的一支。
② 译注：Lourdés，法国西南部小镇，天主教的主要朝圣地之一。
③ 原文注：很容易认为巨石阵的排列理所当然具有很高的精度，可能是因为运输和抬起这些石柱已是非凡的成就。其建造者运用了会保证预测结果足够精确的技术。相反，现代地图制作者却可能犯下严重的错误：19 世纪早期，美英两国的关系十分紧张，美国花费 113000 美元（时价）的巨资在伊利湖另一边建立了两座堡垒。建造工作进行了 3 年后，进行边界调查的天文学家于 1818 年 10 月发现，国境线就在南方 1 千米处——两座堡垒都建在了加拿大境内。[4]

有这么多不同的理论，我们怎么才能断定这类建筑——不止巨石阵，还有其他纪念碑——的建造目的是什么呢？罗纳德·赫顿苦笑着说："建造和使用这些巨型建筑的人们看似喜欢偏离我们研究得出的他们的每条行为规则，并乐在其中。"[6]他提出，随手指个方向，你都很可能指向了某颗星星或太阳、月亮的某个运行位置。纪念碑也不是根据与地面上的实物契合完好的复杂几何图形设计的："看一眼韦塞克斯巨石阵布局（Wessex superhenges）就会发现这种经典的形状正像一个破旧的汽车轮胎。"[7]很多史前纪念碑显然与夏至或冬至没有关系。比如，复活节岛上的石像，或者说摩艾（*moai*）——总数超过 900，平均高度为 20 英尺——很可能起着某种历法的作用，且是阴历而不是阳历。[8]阿伦岛（Isle of Arran）上的一座墓穴几乎正好朝向仲夏日出点，但该岛上另外 19 座类似的墓穴却朝向其他方向。布鲁斯·查特温在《歌之版图》（*The Songlines*）一书中记录了岛上土著人与粗鲁的澳大利亚人之间的对话：

> 大个子瞥了土著人一眼。"如果他们所说的都是圣地，那澳大利亚岂不是有 3000 亿圣地。"
>
> "差不多，哥们！"瘦小的原住民大声回答说。[9]

爱尔兰博伊奈河北边：纽格莱奇墓的 62 英尺长的过道，每个冬至日阳光都会照进过道。

不过，总的来说，这种建筑较多的是人们有意识地与太阳联系起来建造的，迄今为止的证据证明这一点不容否认；巨石阵可能是这种史前纪念碑皇冠上最大的明珠，而遍布全球的其他纪念碑则是较小的珍珠。我最喜欢的是纽格莱奇墓——莱安格雷纳（Liamh Greine，"太阳之墓"）或"爱尔兰巨石阵"——位于都柏林往北 30 英里的博伊奈河谷（Boyne Valley）。这座可追溯至公元前 33 世纪的巨石阵，建成年代差不多与第一座埃及金字塔相同。从外面看，它不过是一座小山顶上的一堆笨石头。在冬至日的早上 9:02，阳光将穿过 20 码长的长廊一端的一个小窗口，在接下来的 17 分钟里，阳光会爬过过道，最后怪异的阳光会落在这个原本阴暗的长室对面墙上的一块圆形石头上。

弗兰克·德莱尼在 2005 年的小说《爱尔兰》中重现了这一古墓的建造者们的生活。古墓的创造者（"设计师"）在中心室对着过道的地方放置了一个"用沙色石头做的光滑圆盘"，现在又把墓里的长者们召集到一块：

> 过道尽头的方孔边上染上了一层金色，看起来像个装满了光线的盒子。然后，一缕阳光穿过方孔，照亮了进口处的地板。
>
> 长者们看到这一场景惊呆了……阳光不紧不慢稳稳地沿过道弥漫。像男人胳膊一样粗细的金黄色光束，缓缓地流下来——就好像一碗蜂蜜被人不小心打翻了，汇成一条长长的、欢快的溪流……阳光到达墓室边缘后，橘黄色的光线开始向上攀爬、汇集，给长者们的脸上镀上一层金色。这束阳光似乎犹豫了一下。之后它又向前涌去，泄入大石碗中——充满了石碗。没有一点阳光洒在碗沿之外。在那短暂时刻，太阳最终的落脚地正在石碗里，碗面上没有任何阴暗、冰冷之处。太阳躺在那里，就像一个金色的球。[10]

不过，在欧洲所有史前纪念碑中，巨石阵的最强对手并不是纽格莱奇墓，而是一直延伸至布列塔尼南面海岸偏僻小镇卡纳克（Carnac）的石排林、石圈林、石牌坊林（由经过雕刻的巨大石头构成的墓地）和坟墓群（土墓）。数万史前巨石——其中最著名的是位于洛克马里亚凯的勃里塞巨石柱（Grand Menhir Brisé at Locmariaquer），一块曾高达 60 英尺的大石头，现在却断成五截，每截约 340 吨重。这 5 截堆在一起，像 5 个刚下战场、疲惫不堪的巨人。根据当地的传说，这些石头是科尼利厄斯教皇（Pope Cornelius）于 251—253 年罗马动乱期间石化的罗马士兵。这里有不少很深的墓室，都面朝太阳升起的地方，这一强有力的证据表明，可能新石器时代居住在这里的人们就已对与太阳相关的事物开始感兴趣了。波尔多斯［Porthos，电影《铁面人》（The Man in the Iron Mask）中的人物］为了掩护阿瑞米斯（Aramis）从被一队国王卫士包围的大墓穴中逃脱，就死在了洛克马里亚凯的巨石堆中。

欧洲大多数国家都至少有一处古人祭拜太阳的场所。不过，给人留下最深印象的祭拜场所并非只分布在欧洲。半个地球之外，一座惊人的寺院坐落在柬埔寨吴哥窟复杂的建筑群中。这座寺院建于 1113 年到 1150 年间，而整个建筑群则是全球根据天文知识选址的建筑群中最大的一个。几乎 1 英里宽的寺院（佛寺，Wat）既是其建造者苏耶跋摩二世（Suryavarman Ⅱ）的坟墓，又是一个天文台：几乎所有的测量结果都暗藏着历法信息，且所有的浅浮雕都朝向西方，目送落日。

印度的土地上曾竖立过 5 座特别大的太阳庙，但现在都成了废墟：一座位于德里；一座位于克诺拉克（Konorak）；一座位于慕丹（Mudan）；一座位于拉贾斯坦邦，毗邻拉纳普尔（Ranapur）；一座位于古吉拉特邦的莫德拉（Modera）。2006 年 10 月，我参观了位于莫德拉的太阳庙。它建于 1026 年，比第二古老的，即位于克诺拉克那座早了约 200 年。这座庙距离该邦古首都帕坦（Patan）大约 6 英里。考虑到它位于一条地震带上，能留存下来实属意外——不幸的是毁于 1918 年，后再次毁于 1965 年，2000 年 1 月 25 日第三次为地震所摧毁，这次地震的震级为 7.9 级。我的向导是一位皈依佛教的婆罗门，他向我解释说，印度人与欧美人不同，从不会直面太阳，这也是印度神像面朝东方，单手竖于胸前祈福的原因，这样手掌反射的阳光会照射到注目神像的人。庙的穹顶像一个巨大的男性生殖器（从不少人那里了解到，作为对太阳威力的最新致敬，核反应堆堆芯也故意模仿了这一外形。）

太阳纪念碑的形式多得惊人。比如，北美洲大平原（Great Plains）的印第安人摆出"药"轮（即魔轮）来纪念太阳运行轨迹，每个轮子都有一个中心石堆圈，从石堆圈辐射出由石头堆成的辐条。这些轮子的直径可达上百米，而轮毂则有 10 米宽数米高。它们分布在落基山东缘从科罗拉多州到亚伯达省和萨斯喀彻温省的广大区域。被称为"美洲巨石阵"的药轮坐落在怀俄明州中北部比格霍恩群山（Bighorn Mountains）中的药山山顶。数个平原部落视这一砂岩结构为圣地，通过其中两个石丘（纪念石丘）的直线偏离夏至日日出点不到三分之一度。[12] 在新罕布什尔州的塞勒姆（Salem）竖立着另一座"美洲巨石阵"——由 300～400 年前搭建的石堆、石屋、石墙和石棚构成的一个复杂系统，周围环绕着刻有凹口且与冬至、夏至的日出点和日落点对齐的"观察石"。此处的一些标记还具有纪念位于二至点和二分点中间的"跨季"节日的意义。[13]

南北美洲这种遗迹特别多。在密苏里州圣路易斯东北部，存在 1000 多座土丘，分别成于 800 年到 1550 年之间，占地 6.5 公顷，是世界上最大的土筑遗迹，其中很多土丘均沿冬至日的日出线排列。与其他地方的遗迹相同，部分这些土丘不过是精心堆起的坟墓，其他的则是神庙或大型神像，还有一些属于堡垒。

玛雅人、阿兹特克人和印加人也都建造过这类结构。位于现在墨西哥哈利斯科州的丘其特兰（Teuchitlán，字面意思为"人变神的地方"），竖立着大约 600 座大大小小的金字塔，其中最重要的是大太阳金字塔，它和另外两个金字塔共占地约半公顷，排成一条东西方向的直线，表明它们同时也兼具太阳天文台的功能。它们成于公元前 4 世纪到公元 3 世纪之间，三座中的一座（最初）略微偏离了直线，蒙提祖马对这个错误十分纠结，便将它推倒重建——本来被认为属于低等民族的阿兹特克人却完成了这样一件智慧之举，倍感震惊的科尔特斯（Cortés）将这件事向其国王做了汇报。

位于奇琴伊察的金字塔。春分、秋分的日出、日落时刻，金字塔的斜边会在台阶侧面投射出羽蛇的影子，随着影子的移动，羽蛇看起来就像沿台阶爬下一样。

再往南走，位于尤卡坦半岛的玛雅城市奇琴伊察，全城都是出于天文观测目的建造的，城中螺旋塔（Spiral Tower）的窗口朝向二分点和二至点。在秘鲁游览期间，我发现马丘比丘、萨克塞华曼（Sacsayhuamán）和库斯科（Cuzco）的太阳庙都是这么设计的。库斯科和奇琴伊察的太阳庙都有成排的立柱，把太阳的运动大致按月划分，帮助农民确定播种时间。[14] 我还发现山坡上存在一些太阳标志，俯瞰着的的喀喀湖中的太阳岛。难怪过去 30 年里兴起了将考古学和天文学结合在一起的天文考古学；该学科到现在为止所发表的大部分研究成果讲的都是结合了实际科学目的和文化庆祝的太阳敬拜。

W. H. 奥登写道："对于你我来说，巨石阵和沙特尔大教堂（Chartres Cathedral）……是出于名字不同的同一位古人之手的作品：我们知道他所做的，甚至他所想的，但我们并不知道原因。"[15]这种"原因"正变得更加明了：人们期望举行敬拜仪式的场所也具有实际功用。值得注意的是生活朝不保夕的人们是如何将大量的资源花费到这种建筑上的，且通常进行这种群体性劳动的同时他们还要应对大的战争。（1967 年左右，一位 NASA 科学家宣称把人送上月球是国家凝聚人35 心的大工程，就像埃及通过建造金字塔使自己变成一个民族一样。）

全球范围内的很多古代石料建筑做工都十分精细，丝毫没有偏差。但由于长期以来地球自身位置的变动（每 72 年改变 1°），最初与太阳对齐的建筑或设备将不再严格朝向正确的方向。2006 年秋天我在印度旅行，参观了位于斋浦尔的著名的简塔·曼塔（"仪器计算"）天文台，它是大君沙瓦·杰·辛格二世（1686—1743 年）兴建的 5 座天文台中最大的一座，由 16 个置于粉色或黄色石灰石、大理石中的巨大仪器构成，所占据的大片公园就像一座巨大的运动场。这座天文台里的仪器仍在有效发挥作用，尽管其中测量二分点的仪器因地球的进动稍稍不够精确：① 仪器的影子应该在 9 月 21 日那天从墙壁的一侧穿过，到达另一侧，但我在那儿的时候又过了两天都没有出现这种现象。

塞缪尔·约翰逊书中的主人公拉塞勒斯称埃及金字塔为"除中国长城之外人类最伟大的作品"。[16]而另一位参观者认为埃及金字塔就像"石头做的阳光"；但不管如何描述，它们都是古埃及统治集团的终极化身，同时还是该集团及其家人的坟墓；而该集团中的国王则与太阳有着密不可分的联系。每座金字塔都象征着世界创生时从水中生出的原初土丘：古埃及人相信原初土丘是一座通往天堂的巨大天梯，法老的灵魂上升到天堂后将变成"不朽"的恒星。最早的金字塔所朝向的夏至碑和冬至碑被视为国王的灵魂进入和离开生命的大门。

36 仅仅建造金字塔这一工程的浩大已经让人叹为观止。位于吉萨（Giza，位于孟菲斯古城郊区，现属于开罗市）的大金字塔，即法老胡夫金字塔，是古代世界七大奇迹中最古老的一个，也是唯一留存下来的，且其世界最高建筑的地位保持

① 原文注：地球的旋转轴是一个舞蹈者，需要大约 25800 年才能完成相对于天空的一个循环，轴的这种晃动导致了地球倾角的漂移——尽管人生百年偏移量很小，但已足以在数千年之后改变恒星在一年中任意季节的表观位置。季节也会有偏移。如果某一恒星或星团在某一夜位于天顶正中，我们会发现其位置会逐日、逐周、逐月改变，直到一年后它们再次位于天顶正中：这一过程叫作"旋进（precession）"。同样，太阳相对于恒星的位置也在变动，直到一年后回到同一点。因为太阳的周年运动，其相对于恒星的位置在从西往东滑移，而恒星的运行方向也是自西向东——这就是恒星日（地球相对于任何恒星自转一周所需要的时间）约比太阳日短 4 分钟的原因。

了上千年。对所有埃及事物着迷的拿破仑曾计算出，吉萨的三座金字塔的石头足以绕整个法国建造一道 3 米高的墙（他没有说墙的厚度）。尽管在底比斯（Thebes）及其他地方也有仿造的金字塔，但第一批金字塔却建造于埃及中部。古埃及人对工程学几乎一无所知——他们只是简单地靠大量的人力利用楔形、杠杆、斜面等进行搭建——不过，惊人的是，大金字塔各边长相差最多不超过 0.1%。希罗多德认为大金字塔是由 100000 个以洋葱和大蒜为食的奴隶建造的（更可信的数字是 25000 个），在 20 多年的时间里，他们平均每天完成 340 块石头的工作量。

位于吉萨的大金字塔（最高的那座），建于约公元前 29 世纪，用了 230 万块石头。

金字塔建造最密集的时期为公元前 2686 年到公元前 2345 年。除了大金字塔外，主要的金字塔建造点大约还有 18 个，此外还另有 29 个，它们每一个都是独立的建筑群。这种金字塔总共建造了约 100 个，建造材料均为抛光的纯白石灰石、红色花岗岩、石英岩、雪花石膏、泥砖和黏土石灰浆。最大的一座坐落在 756 平方英尺（249 平方米）①的地基上，最高的一座高达 481 英尺（158 米），

37

———————

① 译注：原文如此。作者此处犯了一个错误，1 米＝3.28 英尺，而 1 平方米＝10.76 平方英尺，显然 756 平方英尺与 249 平方米并不相等。

其斜角刚刚超过 50°。①

　　最早的一座金字塔——也是全球现存最古老的石料建筑——是位于开罗向南 16 英里的萨卡拉（Saqqara），建于第三王朝（公元前 2690—公元前 2610 年）初期。到了第五王朝（公元前 2494—公元前 2345 年）人们对拉神的膜拜达到了最高峰，此时法老（pharaoh，意为"大房子"，指其最终居所）已被视为太阳神之子。第五王朝的第六位国王纽塞拉（Neuserre）甚至把自己的金字塔建在了下埃及的阿布吉拉伯（Abu Jirab），比其太阳庙要小，以示对太阳的尊重——可能还有畏惧。

　　在阿肯那顿及其妻子纳芙蒂蒂统治的公元前 1379 到公元前 1362 年这段时间，太阳是三个王国的总神。阿肯那顿时代之后，太阳不再是至高神，但仍是一个被崇敬的对象：拉美西斯二世（公元前 1279—公元前 1213 年）在阿斯旺南部（现位于北苏丹）的尼罗河西岸的岩壁上开凿了两座神庙。较高的一座从基座到顶部共 119 英尺，内有 4 座 67 英尺高的石头神像，神像头顶刻着一排狒狒——黎明的守望者（Watchers of the Dawn），张着双臂迎接日出。它们是拉神的同盟军，与拉神共同击退黑夜。这一神殿朝向特定的方向，这样每年的 2 月 22 日和 10 月 22 日（有趣的是，间隔 8 个月而不是 6 个月），早晨的阳光都会照亮整个精心设计的庙廊——像纽格莱奇墓一样——并把 5 座神像中的 4 座投影在最里面神龛的后墙上；但不会照亮卜塔（Ptah）——居住于黑暗中的造物主——的神像。②

　　金字塔所引起的讨论不亚于巨石阵。

　　与巨石阵一样，金字塔与夏至和冬至也有密切的联系。它们用木桩和绳索建立起来的基本朝向，最初是由北朝南的（二至点轴），后来从第四王朝起新建的金字塔就变成自东朝西的了（二分点轴），甚至塔的入口仍开在北面。埃及古物学者马丁·艾斯勒解释了其原因：

38

----

　　① 原文注：究其起源，除 *"pyramid"* 外还有别的词语表示"金字塔"。古埃及语 *"pir e mit"* 曾被译作 *"division of ten"*（十之分）、*"division of number"*（数之分）和 *"division of perfection"*（完美之分）；还曾译作 *"fire in the middle"*（中间之火）。传说希腊人可能出于嫉妒，为这种建筑取了一个嘲讽的名字 *"pyramides"*，指街上小摊贩卖的小麦饼或谷仓。这个嘲讽的名字可能也有其正当性。中世纪基督教欧洲对埃及的认识主要基于圣经，而创世纪 41—42 则将金字塔记作约瑟夫的谷仓，并称之为"亚伯拉罕的谷仓"。

　　② 原文注：由于这两座神庙位于尼罗河上游很远的地方，直到 1813 年才为人们所发现，此前人们并不知道它们的存在。20 世纪 60 年代阿斯旺大坝扩建，它们似乎难逃被淹没在纳赛尔湖（Lake Nassar）中命运。1964 年到 1966 年间，UNESCO（联合国教科文组织）和埃及政府将两座神庙分块拆开，在比原位置高 200 英尺的山崖顶上重新建造了它们。

正在升起的太阳与侧面朝向方位基点的金字塔之间的关系很直接。从冬至日到夏至日，吉萨所处纬度的太阳沿地平线会自北向南移动 50°角。为了将国王的金字塔与太阳等同起来……就要求金字塔的侧面正对着东方或西方。正东方是太阳自夏至日到冬至日移动的中点，也是保证规划中的建筑一侧朝向太阳升起的东方、另一侧朝向太阳落山的西方，同时北面一侧朝向拱极星的唯一位置。[17]

大多数朝向二分点的金字塔的排列方式使得它们在春分日或秋分日看起来像吞下了落山的太阳一样，这必然增强了目睹这一幕的人们的敬畏之心。其朝向也使得这些金字塔可用来标记太阳的行程（一篇古文称之为"拉神的影子"和"拉神的阔步"）——这样它们同时起着太阳神庙和季节钟的作用。这些金字塔与毗邻的神庙一起，成了天象崇拜与天文学是携手发展的这一观点最有说服力最好的证据。

所有的人类文明均把他们与所信奉神灵的关系与他们关于时间、空间的概念结合了起来，在天堂和人世之间架起了一座桥梁。不过，人们笃信的具有导向意义的纪念仪式、二至点和其他太阳现象并非古代社会或未跨入文明的社会所特有的。欧洲的大教堂也面朝东方以彰显它们的神圣性。尽管利奥教皇（440—461年）禁止基督徒敬拜东升的太阳，但只要太阳作为基督的象征出现在教堂里——宣告这一教旨比强制执行容易——对太阳的尊崇就是可以接受的。为了不使阳光（分散教徒注意力的对手）照进没有顶棚的门道，维吉利教皇（537—555 年）下令所有的教堂均把门脸设在半圆形后殿，而不是东面的主入口。只是偶尔有一些教堂被特许将其门道朝向冬至日日出点或夏至日日落点，或者门道及教堂主轴均朝向具有特殊意义的一天的日出点，比如该教堂的保护圣徒的节日。①

教会暂时抛弃太阳并没有什么。不变的事实是教会的圣日源于异教徒的太阳节日，且研究太阳长达数世纪的天文学家也受命于教会。我曾参观过位于北意大利贝加莫（Bergamo）教堂外面的一个 1798 年的日晷—— 一个标有刻度的平面，用太阳的投影来显示时间。另一个确定春分点的日晷在巴黎，位于穿圣叙尔比斯（St. Sulpice）教堂主殿而过的黄铜带，或者说"玫瑰线"的一端，《达·芬奇密

39

---

① 原文注：中世纪有种说法叫"逆太阳行走（walking widdershins）"，意指以与太阳运行相反的方向绕教堂行走的话会带来厄运；顺着太阳运行方向绕单块史前纪念碑行走的习俗由来已久，甚至到了 17 世纪，苏格兰某些地方的民众仍保有顺着太阳运行方向绕一块被称为"马丁·德西尔（Martin Dessil）"的石头行走的习惯——盖尔语中"顺时针"一词为 *deasil*。[18]

码》让它再次闻名遐迩。意大利的教堂安装望远镜有很长一段历史了，在 17 世纪和 18 世纪，博洛尼亚、罗马、佛罗伦萨和巴黎的教堂同时也都起着太阳天文台的作用。[19]在澳大利亚墨尔本，每年 11 月 11 日（即荣军纪念日）的 11 时都会有一个太阳状结构把光打在单词"Love"上；人们还给它加装了镜子，这样甚至在夏令时光线也能照射到正确的位置上。

在大西洋对岸，包厘街圣马克教堂（St. Mark's Church-in-the-Bowery）建于 1799 年，建在了现在的曼哈顿史蒂沃森特东西大街（Stuyvesant Street）和下城区的第二南北大街，并于同年举行了供奉仪式。1978 年的一场火灾后，修补人员在教堂南墙对着圣坛的地方发现了一扇玫瑰窗。1983 年，一扇彩色玻璃窗接替了它，这样春分日的正午教堂中殿就会洒上斑驳彩色。

宗教如此，世俗亦然。在向北约 2 英里的 48 号东西大街和 6 号南北大街交叉处，有着一座 50 英尺高的钢铁"太阳三角（Sun Triangle）"，建于 1973 年。该塔最陡的一侧指向仲夏日中点，最低的一条臂指向冬至日（12 月 21 日左右）中点。

圣地亚哥·卡拉特拉瓦设计的大桥，位于加利福尼亚州莱丁市的乌龟湾（Turtle Bay）。该桥于 2004 年 7 月 4 日开通，是全球最高大的日晷。

另一个现代例子是由西班牙建筑师、雕刻家和结构工程师圣地亚哥·卡拉特拉瓦（Santiago Calatrava）于 1996 年到 2004 年间建造的巨型日晷桥："弯似待发石弩"[20]的这座桥架于加利福尼亚州莱丁市（Redding）的萨克拉门托河（Sacramento River）上，南北走向，晷针的影子指示时间。

在曼哈顿行政区，太阳每年都要跟自己玩两个小把戏。由于岛上大部分区域均位于一个北偏东 28.9°的街道网上，东升和西落的太阳实质上与该行政区的大街成直角。这意味着在 2009 年 5 月 30 日，落日不偏不倚直接照

进行政区从第 15 大街（街道网格真正的起点）往上的所有东西方向街道。在接 [40]
下来的数天里，日落点继续北移，直到三周半后的夏至日。之后日落点开始南
移，并于 7 月 11 日傍晚 8 时 27 分再次与曼哈顿的东西大街对齐。海登天文馆
（Hayden Planetarium）馆长尼尔·格拉斯·泰森说："或许在遥远的将来，人类
学家会推测曼哈顿的街道网格具有某种天文意义，就像我们对巨石阵所做的
那样。"[21]

第 4 章
天空之骇

> 第二十天，日食。国王被弑，无名小卒篡夺了王位。第二十一天，日再食。大灭绝。全国尸横遍野。
>
> ——巴比伦预兆表，公元前 1600 年

> 没有什么是绝对不可能的
> ……因为奥林匹亚的宙斯
> 藏起了阳光
> 正午变成了黑夜
> 人类惊恐万状
> ——帕罗斯的阿吉罗库斯（公元前 714—公元前 676 年）描述的一次日食

　　极光和日食这两种伟大的天文戏剧，都属于自然界最令人心生畏惧的现象，千百年来人们对它们的畏惧不曾因古代学者对其成因的解释而有所改变。

　　极光是出现在我们头顶高高天空上的光芒，最壮观也最著名的是出现在北半球的北极光和出现在南半球的南极光。它们一开始通常是紧贴着地平线的柔和的微光；接下来可能会出现明亮的光斑［科学家称之为"面"（surfaces）］。之后出现的是一个弧，"像发光的篮子把一样跨过天空"。[1]最后，整个天空都将"燃烧着天国之火"。通常极光发生在 50 英里到 200 英里高的天空，有些离地面则只有 35 英里。太阳喷射出的粒子流与大气层中的质子和离子的无数次碰撞反应发出光子——粒子化的光——当这种碰撞发生的次数足够多且密度足够大时，就会呈现出光芒。由于地球在旋转（而且由于入射粒子与稀薄的外大气层碰撞时也不断改变方向），极光就在天空中移动。它们的可见区域主要在北极圈内（春分和秋分
时节最为频繁），北美五大湖边上的人们每年也能看到几十次；但极光至少在北

发生于 1872 年 3 月 1 日的一次北极光，时间是晚上 9 点半。

半球和南半球同时出现过两次——一次是 1770 年 9 月 16 日，这一天北方的人们看到了极光，而库克船长在南太平洋也记录了极光的发生；另一次发生在 2001 年 10 月。

水星、木星和地球一样，也有磁场，而任何有磁场和大气层的行星都很可能会发生极光。但除了极光比地球上更强烈的木星外，其他行星的极光从发生面积、持续时间、亮度或色彩鲜艳度等几方面来讲都无法与地球上的极光相媲美。曾有人把我们的极光描述为"庞大的、鬼魂样的手臂，飞奔着，疾驰着，生成或消失"，[2] 另有人如此记录："不同的形状在闪烁，多种颜色在弥漫、变化，有时很远，有时充满了周围和头顶的天空，向你头顶投下巨大的彩色光束或大片彩色光团，仿佛有一只大手在倾倒光彩，像浇燃烧的油一样。"[3] 在争夺踏上南极第一人的比赛中输给了罗阿尔·阿蒙森（Roald Amundsen）的罗伯特·F. 斯科特记下了自己面对极光时的震慑之感："其光线和色彩之精美、其透明如水，特别是其形状之瞬息万变……总使人联想到某种完全超俗的东西，从而发自内心地为其所吸引。"[4] 极光甚至还发出一种"呼啸的劈啪声"，[5] 就像"大风中的烈烈大旗"。[6] 活跃于 18 世纪晚期的美国历史学家杰里米·贝尔纳普将极光的声音比作一种瑟瑟声，

"就像拇指或食指摩挲丝巾一样"。

　　作者不明的《马加比之书》（*Book of Maccabees*）首次赋予了地球大气层边缘这些巨大的气态流以诗性的生命（"骑兵身着金衣，在空中驰骋"）。[7]挪威人有时候把极光视为瓦尔基里①（"阵亡勇士的挑选者"）。因纽特人相信极光是正向生者赶来的死者，或者是拿海象头骨当足球玩的幽灵。中世纪人们认为极光导致了瘟疫和灾难，甚至近在 1802 年沃尔特·斯科特还写道："北极光倏来倏往，如此明亮，他知道，是众幽灵乘着它们，驰骋在天上。"[8]

　　1837 年 11 月 14 日的北极光发生后，纽黑文（New Haven）的一位科学家报告说，当晚 6 时左右，正下着大雪，"突然整个世界都好像沉入了血海"。[9]树木、房顶、整个大气层都染上了一层鲜红，十分浓重，人们都以为小镇着了火。② 这次极光持续了半个小时才"像星际之灯的光芒一样"消散。美国其他地方也出现了壮观的北极光——明亮的红色竖直光柱与白色云朵相间——并最终融为一体，这也是北极光最壮观的时刻。之后大约在晚上 9 点，从北方地平线上喷射出无数明亮的红色圆弧，就像一顶华丽的圆帐篷的条纹状内里一样。当晚宾夕法尼亚州、马里兰州、乔治亚州和俄亥俄州等地也报道了类似的现象——有时候还伴有目击者所谓的"吉祥舞者"出现，即大团自由运动的光彩。与此同时，欧洲很多地区也都出现了北极光，"一片前所未有的最浓烈的血红色"。尽管人们已经知道，可以看到北极光的区域向南可达意大利和法国境内，但那么靠南的地方每 10 年才能见到一次。人们对这种夺目的光彩给出了一种简单的解释：极光的紫色是由大气中的氮所致，绿色和红色是由大气中的氧所致（由外大气层中发生的碰撞导致）。极光也可以呈粉红色和黄绿色，或者带有淡粉色和淡绿色的紫色。

44　　尽管 2007 年 NASA 发射了 5 个洗衣机大小的宇宙飞船来探索极光的秘密，但这些幽灵一样的光芒到底从何而来，我们仍不清楚。最初的发现表明，它们随磁场的摄动——类似于保险丝熔断——而生。参与此项目的科学家希望在 2010—2012 年下一次太阳风暴高峰到来之前能得到更多的信息。[10]与此同时，极光仍不

---

　　① 译注：Valkyrie，斯堪的纳维亚神话中奥丁神 12 侍女的统称，负责将自己选中的阵亡勇士的灵魂引入瓦尔哈拉殿堂，以准备迎接与诸神为敌的巨人的最终决战。

　　② 原文注：37 年，罗马皇帝提比略看到天空出现了鲜艳的红光，正如塞涅卡所报告的，"以为是奥斯蒂亚（Ostia，台伯河口重要的海港）失火了，便把军队迅速派遣过去"。1938 年 1 月伦敦上空出现极光，人们以为是大火在吞噬温莎城堡（Windsor Castle），消防队都出动了。也有人从反方向考虑这个问题。在达芙妮·杜穆里埃的《蝴蝶梦》一书中，马克西姆·德温特（Maxim de Winter）发疯似的冲回他在康沃尔郡的豪宅，看到夜空被映成绚丽的橘红色。"这不是北极光，"他哭喊道，"这是曼德利（Manderley）干的！"

断带给我们惊奇——这也可能是诸多迷信仍环绕着它们的原因。

　　对"食"这一现象最简洁的定义是意大利书籍《食：为人文学家准备的天文学介绍》（*Eclipses：An Astronomical Introduction for Humanists*）给出的："三个天体成一线，导致每个天体都妨碍到另外两个的相互可见性，这就是食。"[11]地球围绕太阳旋转的平面（黄道）之所以在英文中被称为"ecliptic（食的）"，是因为只有太阳和月亮均位于地球公转平面上时食才可能发生。简而言之，发生月食是因为地球行进至月球和太阳之间，遮挡了平时由月亮反射出去的太阳光，造成月亮部分或全部不可见。发生日食是因为月亮行进至太阳和地球之间，遮住了太阳。相对于太阳系里其他的卫星和地球来说，月亮异乎寻常的大，月亮只有正好位于相应的位置且地球到太阳的距离正好为相应的值时才会发生日全食。有些时

太阳和月亮在地平线上共舞。南极洲，2003 年。

候，地球与太阳距离最近，太阳看起来稍稍大了一些，月亮只能遮盖 98％的太阳，人们只能看到一溜光圈，这就是日环食（annular eclipse，源于拉丁语 *annulus*，"环"的意思）——可能比日全食更吸引人。通常月亮只能遮盖太阳的一部分，这就是日偏食；这种情况下，只有约 1/6 的地球表面能看到部分月亮的阴影。

　　在遥远的将来将不再会有日全食。（至少现在）从地球上看，太阳和月亮的表观直径几乎相同，因为它们的表观直径正比于它们到地球的距离：太阳直径

（1400000 千米）正好是月亮直径（3476 千米）的 400 倍，距离地球比月亮正好远了近 400 倍——这一奇怪的巧合在数亿年后将不复存在，因为日地距离和月地距离都在缓慢增加。最初月亮距离地球很近，可能只有 26000 千米；现在它到地球的平均距离为 384400 千米。作用在地球上的潮汐摩擦力的迟滞效应将持续迫使月亮做补偿性的外旋运动，速度是每年向外 3.8 厘米。最终在数亿年之后，月亮将会离地球太远，不足以遮盖全部太阳表面。

自有记录以来，食这种现象就唤起了人们心中的恐惧，让人们联想到世界末日，在任何神话或文化中均如此。希腊语中有一个词特指食现象和其他被视为几乎不可能预测的天文现象，比如极光、彗星和流星雨等：*dis-astra*，意指星星排成一列对着你。"食"这个词 "Eclipse" 本身即源于希腊语，意指放弃。汉语中"食"意指"被吃掉"（日食，字面意思为"太阳被吃掉"）；西班牙语中"食"一词意指"使其暗淡或模糊"，俄语中指"使其熄灭"。北美卡克奇克尔部落对日食的解释是"太阳生病了"——很多文明都持这一观点。在亚洲民间传说中，最黑暗时刻出生的孩子会是哑巴或聋子。甚至今天，很多泰国人仍像其祖先一样，为吞食太阳的恶魔剌胡（Rahu）储藏黑香烛和糖，并向剌胡供奉乌鸡，还把被日食沾染过的贡品施舍给乞丐，相信这种善举会救赎自己的罪过。

但历史最悠久的神话在印度。仅仅十来年前，在旁遮普的一个村庄贾贾伊（Jajai），孕妇还都被告知不能在日食时出门，以免生出失明或患有腭裂的孩子。日食发生前煮的饭不洁净，必须端到外面倒掉；人们还相信，发生日食时手里持有刀斧的人将会发生事故。母牛要关在屋里——这是信奉印度教的印度人的习俗——而孩子们则必须呆在庙里或家里。很久以来就这样。[12]

2009 年 7 月 22 日发生了本世纪历时最长的日食——6 分钟 39 秒，最佳观测点在北印度中部的圣城瓦拉纳西。三年前我曾到过那里并遇到了任职于该城 5 所大学之一的一位梵语学者。我们坐在他家院子里，母牛和兔子在院子里漫步，他的 9 个孩子躲在角落里偷瞄我这个陌生的到访者。"我这个笨蛋，上次日食时居然不在家。"苏哈卡·米什拉博士懊悔得紧紧地拉扯他破旧的白色缠腰布。"没有人把这些母牛赶进屋，结果那头牛生下来眼睛就是瞎的。"他指着一头 3 岁的浅棕色牛说。确实，这头牛下眼睑长出了很多堆多余的皮肤，可怜的家伙几乎不可能看到东西。

米什拉博士继续解释说，对于印度教徒来说，日食就是卡尔基（*kalki*）——"不洁之源"。太阳被遮挡，哪怕只是很短的时间，都是一种可怕的前兆。日食不可避免要发生时，要举行一种名为昊玛（*homa*）的仪式，内容包括向圣火献礼，然后是日食（*suryagrahana*）礼拜（*puja*）仪式和诵经活动；孕妇按照吠陀经的说法，给肚子涂抹上酥油（去杂黄油）和母牛粪便的混合物。① 在瓦拉纳西，日食发生后，印度教徒都会到市中心一个特殊的池塘里浸泡自己。我见过这个池塘，约 50 平方英尺：当时里面一定挤满了人。这种清洗仪式现在仍见于整个印度。

由于早期社会的人们把日食视为十分严重的异常，所以在纳入自己的世界观时往往会将其解释为某种易于理解的事物。古兰经人为，这是真主对世人的惩罚，人们必须学会谦卑，以免真主更加不满。北美印第安人认为日食是狗和郊狼犯的错；南美部族将日食归罪于美洲豹；巴西的巴卡伊利人（Bakairi）相信是一只巨大的黑鸟张开翅膀遮住了太阳。这种例子不胜枚举。[14]

日食之后的任何坏事——君主辞世、吃了败仗——都会被仔细记录下来，因为人们相信将来太阳年的同一时段发生的日食都将招致类似的不幸。因此，能够预测何时会发生日食就很重要，而且早期科学的微光也被用于进行未来预测方面的探索。

巴比伦人发现，饰构成了一个模式。由于地球一年里运行路径的原因，太阳的运行看似有其周期。地球绕日 19 圈且月亮绕地球 223 圈之后，类型完全相同的食将会发生；所以，比方说，公元前 603 年 5 月 18 日黎明发生了一次月食，就能据此预测公元前 585 年 5 月 18 日日落时分将会发生另一次几乎完全相同的月食。对于这么古老的文明来说，能认识到如此长时间跨度上的模式真是一项极其了不起的成就。[15]

在公元前第三个千年末，巴比伦人已经有了一个太阳和气象（比如雷电和地震）预兆表。有了这张表在手，他们试图瞒过上天：每当食将要发生，他们就会挑选一个低层人代替国王，直到食结束。为了清楚地表明是选出来的那个人应遭受即将到来的厄运，"假国王"将被迫聆听对预兆的宣读。[16]真国王仍躲起来，进行高强度的净化仪式。写给真国王的信会称其为"农夫"，但食过去之后，大臣们将询问"农夫"在哪一天为倒霉的诱饵举行像去世的君王一样的哀悼仪式。

---

① 原文注：酥油具有解毒作用，而母牛粪便含一种类似于盘尼西林的成分。在古代，有些民族用粪便（越新鲜越好）来治疗多种疾病，吠陀经中描述了粪便吸收辐射的独特功能。人们仍然相信这些。2005 年巴基斯坦进行核试验后，一家印度公司就宣称其系列房屋涂料产品混有粪便，以此做广告宣传："用我们的涂料粉刷您的墙，免除核辐射之忧！"1986 年切尔诺贝利（Chernobyl）事故发生后，乌克兰农民就用粪便密封他们的农舍；甚至有传说称 NASA 的载人太空舱都涂有一层处理过的粪便以保护宇航员免受太阳辐射。[13]

47

巴比伦人将一只手在眼前一臂距离远伸开来测量日食的大小；后来希腊人也采用了这一方法，希腊语中表示"手指"或"手指宽度"的词也是一种测量单位，（奇怪的是）十二手指表示日全食。[17]最早的日全食记录载于中国的编年史《春秋》，根据记录这次日食发生于公元前709年7月17日，这个时间与现代的计算结果完全相符。[18]古代中国留下了大量的记录；截至1644年清朝开始统治中国时，共有上千次日食记录。准确预测极其重要——因此负责这一任务的人赢得了一定的威信，而且人们对灾难猜想也并非漠不关心，不管这种猜想是多么荒诞。

但预测并不是一件容易的事。巴比伦人可能已经在某种程度上做到了这一点，但很少有其他文明能做到。比如，希罗多德时代为了预测日食，需要知道直到公元前3世纪人们才了解的天文知识。公元前2世纪，希罗多德——按照普利尼的说法——在一个可称之为太阳传奇的故事中，预测了太阳和月亮600年的运动；300年后的公元150年前后，克劳迪乌斯·托勒密撰写了描述宇宙的13卷巨著《天文学大成》，其中描述了判定日食、月食的一个据称科学的系统。得益于托勒密的威名，他的观点虽不准确仍广为传播并持续流传。一千五百年后的1652年，有关日食、月食的内容再版，题为"判断日食、月食影响的一个简单而熟悉的方法"。

数百年来，人们将这些可怕的时刻视为警告、批判而对其进行预测、记录，或根据具体情况将其作为对某种事件的证实。中世纪日本内战期间，宫廷占星师往往会做出过度的预测；如果太平无事，他们将因防止了灾异的发生而受到褒奖。而中国天文学家对预测的应用则是高度政治化的。如果他们反对统治者，就会把发生的日食详细记录下来，因为日食被视为来自上天的警告，可以当作上天对政府的责难。他们甚至会编造出一次日食来，比如公元前186年就发生过这样的事，当时吕后的统治非常不得人心。不过，如果他们支持统治者，就会乐于漏记实际发生的日食。由于日食预兆不幸这一信念，占星师与统治者保持着密切的联系。我们会想，接连发生的灾害较少的话就体现不出占星师的价值，但天命注定就会有那么多大事发生，确保了他们的威信。比如，公元前181年3月4日和121年1月18日的日食发生后，当时的皇太后都紧接着过世了；360年8月28日的日食发生后不到一年，晋穆帝就驾崩了，时年19岁。

人类对迷信似乎有一种难以抑制的渴望，且大多数文化都认为宇宙中发生的大事件与人类世界里的大事件息息相关；具体到日食来讲，通常被认为是名人去世或其他重大事件的标志。马基雅维利嘲弄道："每次日食过后，都会有这样的异常发生。"[9] 因此,本属偶然的历史事件似乎印证了这种迷信。不过,有时候实用主义也能够战胜民间传说。普鲁塔克在《伯里克利的一生》一书中讲述了一次日环食(现证实为发生于公元前 431 年 8 月 3 日的日环食)把雅典水兵们吓得扬言要放弃对斯巴达人的远征。看到战舰上的舵手心里充满了恐惧,伯里克利脱下斗篷,扔过舵手头顶。"斗篷底下有什么可怕的吗?"舵手嗫嚅了一句"没有"之后,伯里克利问道:"除了大小不一样,斗篷和日食有什么区别吗?"于是舰队起航了。[20]

公元 45 年 8 月 1 日那次日食发生之前,罗马皇帝克劳狄也持有这种常见的看法。占星师告诉他,这次日食将会在他生日那天发生。继而他们说这预示着将会有针对皇帝的暴乱发生,于是克劳狄向自己的臣民们公告了这一即将发生的日食,公告中描述了将会发生什么类型的日食(日环食),并解释了这种天象是如何产生的。[21]他的生日就这样过去了,平安无事。

对日食或月食的预测既有助于利用迷信,也可以用来破除迷信。统治者不止一次在祭司已经预测了日食即将发生的情况下,利用人们的恐慌而发动军队,横扫敌城。1917 年 7 月,沙漠里一段漫长的跋涉之后,T. E. 劳伦斯和他的阿拉伯非正规军包围了约旦现在唯一的港口亚喀巴(Aqaba),他们计划从土耳其人手中夺取这座城。劳伦斯知道 6 日将会发生一次月食,就按兵不动,直到守城的士兵们因月食而恐慌,并通过敲鼓、鸣喇叭和喊叫等方式来吓走吞掉月亮的可怕怪物时,才发起进攻——亚喀巴沦陷了。[22]

不过有时候,天上发生的现象确实会诱发地面上的事件。1183 年,源氏和平氏之间残酷的三年内战正在蹂躏日本这片土地,但正当源氏准备发起一场战争时,日食发生了。在对这一灾难给不出合理解释的情况下,他们四散逃奔。[23]有时天上的日食、月食

米堤亚军队和吕底亚军队在公元前 585 年 5 月 28 日的战斗中杀作一团。这天"白天变成了夜晚",战斗曾一度中止。这次战斗是双方长达 5 年的惨烈战争的一部分。

与地上的事件之间的联系看似是虚构的。举其著名一例，时间上溯至公元前585年5月28日，米堤亚人和吕底亚人长达5年的战争在这天暂时中止了，据推测，是日食给这天的一场大战陡然画上了句号。希罗多德和普利尼都记录了这一事件，前者写道，伟大的天文学家泰利斯（约公元前624—约公元前546年）曾预测了这一年会发生日食（尽管时间只精确到年）。即便如此，由于两位历史学家的政治偏见，所记录的日食影响战斗的日期并不相同，所以二者之间的联系依然很有可能是杜撰的。希罗多德似乎还记录了一次根本就不曾发生的日食，描述的是波斯王薛西斯一世（公元前519—公元前465年）出发征服希腊时的一次日食对他产生的影响；但现代计算表明，当时没有日食发生。①

日食、月食的记录似乎连通常认为很可靠的文献的可信度也损害了。记录了从阿尔弗雷德大帝统治期间到12世纪中期这段历史的《盎格鲁—撒克逊编年史》（Anglo-Saxon Chronicle）中有如下一段文字：

> 是年（1135年）收获节（Lammas，8月1日）亨利王跨过大海，次日他躺在船上睡着的时候，四面都暗了下来，太阳看起来成了初三夜的月亮……人们十分震惊、惶恐，都说之后将有大事发生——的确如此，是年亨利王去世了。

编年史中晚年饱受痛苦折磨的亨利一世，确实在两个月之后去世了；但书中描述的日食却发生于两年前。

日食、月食曾被用来确定历史事件发生的时间——历史记录说亚历山大大帝在埃尔比勒大败大流士王之前11天曾发生过一次日食，通过推溯，可以确定这场战役发生于公元前331年10月21日。但这些推测的可信度高低不一。伟大的约翰内斯·开普勒精确计算了地球创生日期为公元前3999年7月23日，并声称地球是伴随着日食创生的——确实，很多文化中的创世纪故事中都有日食的陪伴，在宗教给出的历史中确定重要历史事件发生的日期时也都用到了日食。"基督和救世主的诞生日期是确定无疑的。"19世纪的一位神学家说。"圣经中说希律

---

① 原文注：有记录说公元前51年3月7日发生了一次日环食，即凯撒渡过卢比肯河（Rubicon）这一天。荷马两次提到了日食，分别记录在《伊里亚特》和《奥德赛》中，但这两次记录均不能作为历史事实；[24]他还杜撰了第三次日食，确定是虚构的一次：奥德修斯（Odysseus）在这次日食发生时杀害了珀涅罗珀（Penelope）的求婚者。[与此类似，阿里斯托芬在《云》（The Clouds）一书中，鲍罗廷（Borodin）在歌剧《伊戈尔王子》（Prince Igor）中都曾用日食来烘托氛围。]

王……在耶稣还是一个孩子时去世，且很可能是在耶稣诞生几个月后去世的。现在，犹太历史学家约瑟夫斯（Josephus）告诉我们……希律王病逝前曾发生过日食；且这次日食发生在四月，当年为儒略周期（Julian period）中的某一年，很显然我们的救世主出生的时间基本上正是圣经中所说的时间。"[25]

按照教会历史学家的说法，一次更为不祥的日食，也是基督公众事奉（Christ's public ministry）期间在耶路撒冷所能看到的唯一一次，发生于耶稣受难日。他们说这是一次日全食，始于正午，投影区从敖德萨（Odessa）附近跨黑海直到波斯湾。马修（Matthew）、马克（Mark）和卢克（Luke）在他们的叙述中都引用了这一说法（很可能出于同一底本）。根据这三人的说法，"从第六时起，四周完全暗了下来，直到第九时，"卢克补充道，"太阳光熄灭了。"[26]但耶稣受难于逾越节（Passover），春天里一个满月的节日，月亮正好位于地球的另一侧。而且任何地方观测到的日食都不可能像福音书中所说的那样持续 3 个小时。

全世界各民族对日食和月食都产生了深深的恐惧，而对二者简单的解释可追溯至公元前 6 世纪，当时泰利斯给出了一个解答。一个世纪后，他的同乡天文学家阿那克萨哥拉（公元前 500—公元前 428 年）写道："月亮自身不发光，只是反射太阳光……月食是因为地球挡住了太阳光，有些时候是因为位于月亮之下的天体挡住了太阳光；而日食则是因为新月挡住了太阳光。"[27]然而，阿那克萨哥拉因此被指控为无神论者，并被判处死刑（不过他选择了流放），日食、月食与不幸事件的关联在之后的 2000 年里仍没有被打破。

当然，到了 9 世纪早期人们仍在坚信这种关联，这期间查理曼大帝所封的里昂大主教一年内观察到了 3 次月食，并记录了惊恐万状的教民吹响号角，敲锣打鼓，高声尖叫"加油，月亮"，以此催促月亮赶快回来。[28]教会原则上是禁止这种行为的（接下来的数个世纪里屡颁禁令），但抵不过迷信的力量——不管怎样，传说中的怪物最终总会逃走。甚至查理曼大帝也无法远离迷信：810 年，两周内发生了一次日食和一次月食（11 月 30 日和 12 月 14 日），刚过 70 岁的查理曼大帝视之为一种警示，立即着手准备遗嘱；次年 1 月底，查理曼大帝去世。30 年后的 840 年 5 月 5 日，发生了一次持续了 6 分钟的日食，把查理曼大帝的儿子虔诚者路易（Louis the Pious）吓出病来，6 月还没结束就去世了。（对帝位的争夺导致了历史性的《凡尔登条约》的签订，把西欧划分成了我们现在所知的法国、德国和意大利三个主要区域。）

大众的态度直到 19 世纪仍没有多少改变，但数周之内日全食和月全食接连发生的不祥之兆，尽管很少见，但却特别具有警示意味。1605 年 10 月就发生了这一天文现象，莎士比亚便将其运用于《李尔王》第一幕，作为对即将降临的劫数强有力的暗喻。剧中葛罗斯特（Gloucester）援引了近期发生的恐怖事件：

> 最近这一些日食月食果然不是好兆；虽然人们凭着天赋的智慧，可以对它们做种种合理的解释，可是接踵而来的天灾人祸，却不能否认是上天对人们所施的惩罚。亲爱的人互相疏远，朋友变为陌路，兄弟化成仇雠；城市里有暴动，国家发生内乱，宫廷之内潜藏着逆谋；父不父，子不子，纲常伦纪完全破灭。我这畜生也是上应天数；有他这样逆亲犯上的儿子，也就有像我们王上一样不慈不爱的父亲。

葛罗斯特退场，留私生子爱德蒙（Edmund）独自在舞台上。葛罗斯特是个好人，但耳根太软〔接下来通过他的另一个儿子爱德伽（Edgar）可以看出这一点〕，且在当时是个迷信的典型。而爱德蒙在剧中虽是一个逆子，却也是一个彻底的唯理主义者，下面是莎士比亚通过他而表达的自己的看法：

> 人们最爱用这一种糊涂思想来欺骗自己；往往当我们因为自己行为不慎而遭逢不幸的时候，我们就会把我们的灾祸归怨于日月星辰，好像我们做恶人也是命运注定，做傻瓜也是出于上天的旨意，做无赖、做盗贼、做叛徒，都是受到天体运行的影响，酗酒、造谣、奸淫，都有一颗什么星在那儿主持操纵，我们无论干什么罪恶的行为，全都是因为有一种超自然的力量在冥冥之中驱策着我们。明明自己跟人家通奸，却把他的好色的天性归咎到一颗星的身上，真是绝妙的推诿！

莎士比亚的国王持有相同的怀疑态度。同年一次 90％的日食发生后，詹姆斯一世给索尔兹伯里勋爵写了一封挖苦信，信中罗列了他的臣民可能归因于日食的所有罪恶之事。在詹姆斯一世看来，日食月食具有预言功能的迷信是坏人们宣扬的，而他想取缔这些迷信。君王和文学家一样，在转变人们观念方面都遭遇了惨败。

53　　约翰·弥尔顿出生于《李尔王》初版三年后。1638 年，弥尔顿出版了《利西达斯》，以悼念剑桥同仁爱德华·金，后者丧命于自己的船只在英国海边沉没的一次事故：

是那背弃了你的索命小舟，

造于日食之际，帆上书写了黑暗的诅咒，

让你深深垂下了高贵的头颅。

　　同年他前往欧洲大陆做了一次旅行，期间拜访了被软禁在佛罗伦萨的伽利略。这位伟大的天文学家已很虚弱，且已失明，不过二人聊了一段时间，我们相信他们的谈话中提到了日食的成因；但迷信思想仍占据着聪明如弥尔顿的大脑。在《失乐园》一书中，他对堕落的首席天使褪色的光彩的描述，把握住了日食发生时大多数人仍感觉到的不安：

如旭日东升时，

从天边的雾气透出，

光芒锐减，又如昏暗日食之际，

从月亮背后洒下灾难之光

照向万国之半，天地变色的忧惧，

令国君惶惑不定。①

　　这部伟大的作品两次提到了日食，分别为卷二的 663～666 行和卷十的 410～414 行。书成之时，弥尔顿已完全失明。他从小就开始与较差的视力作斗争，早在 1647 年左眼就几乎完全失明。之后的 5 年他尝试了各种疗法，以期改变失明的宿命，但到了 1652 年 3 月，43 岁的他不得不接受双眼都已失明的现实，"心中不再有任何希望"。[29] 在《力士参孙》（1671 年）这首诗中，他通过参孙之口喊出了自己心底的谴责：

54

啊，正午烈日中的黑暗，黑暗，黑暗，

无可挽回的黑暗，将太阳完全吞噬，

白天的希望全然泯灭！

啊，第一道光芒，啊，你那伟大的命令，

---

① 原文注：卷一，第 594～599 行。《失乐园》直到 1665 年才完成，当时审查制度还十分严苛。一位坎特伯雷大主教通过其颁发出版许可或出版禁令的牧师很不喜欢这些诗句；克伦威尔死后，查理二世执政的那段动荡的日子里，这一诗作被视为是危险的，背上了诽谤君主"茫然无措"和"害怕变革"的罪名。之所以得以面世，多亏了诗人具有影响力的朋友从中斡旋。

"要有光"，然后光芒就普照万物：
为何我被剥夺了这第一道命令的恩赐？
太阳于我实属黑暗
还像月亮一样沉默。

碰巧的是，1652年3月29日（旧历）——就是弥尔顿最终完全失明的那个月——上演了"黑色星期一"，一次日食让全英国人都惊恐不已。富人们装满马车逃离伦敦，买卖各种缓解病痛的镇定药的生意一度十分火爆。在苏格兰的达尔基斯（Dalkeith），穷人抛弃财产，"目视天空，最真诚地祝祷基督再次让他们见到太阳，拯救他们"。[30]

并不是人人都有所反应。塞缪尔·佩皮斯提到，稍后的一次（春天的）日食发生时，他的医生女儿（天刚破晓就已起床）一直专注于写信，直到9时才注意到"太阳光看起来变暗了"，[31]尽管那次发生的是日全食。但她只是个例外。1664年，预言发生日食的8月21日即将到来之际，人们纷纷找牧师忏悔，一位牧师应接不暇，不得不宣称日食推迟了两周，以安抚他的赎罪者。

不过，在西欧城市，迷信无知的时日已经不多，因为科学发展的步伐正在加速前进。得益于此，伟大的天文学家埃德蒙·哈雷（1656—1742年）预测了1715年5月3日的日全食（几乎整个英国南部都能观测到这次日全食，时长超过3分钟），并仔仔细细做了记录，都能从中估算日食轨迹的宽度。他有日食路径上15个不同点处的记录，从而能够以比以往更高的精度计算出太阳的直径。托马斯·克伦普在关于日食历史的广泛调查中声称，哈雷的观测"可认为是现代日食月食天文学的开端"。[32]恐惧和敬畏仍在；但现在又新添了知识。

第二部分
发现太阳

世界各地青铜时代的壁画都把太阳与生育能力联系了起来。比如，位于意大利北部阿尔卑斯的卡莫尼卡山谷（Camonica）中的这幅壁画，描画了一位男子的阴茎连着一个太阳。

第 5 章
最早的天文学家

在所有的工具中，天文台是最出众的……大学里还有什么能比得上一座天文台呢？从门到你踏上的第一级台阶，都透露着不凡；——这是通往天上众星的道路。

——拉尔夫·沃尔多·爱默生，1865 年[1]

天文学：一门好科学。只对水手有用。说到这里，占星术就成了嘲笑的对象。

——古斯塔夫·福楼拜，约 1870 年[2]

1894 年，诺曼·洛克耶爵士（1836—1920 年）——当时英国最著名的科学家之一，在世人知道地球上存在氦之前就已经发现了太阳中的氦——出版了《天文学的黎明》（*The Dawn of Astronomy*）一书，书中他将古代先行者的工作划分成截然的三个阶段。[3]人类文明首先经历的是膜拜期，这段时间人们认为星象只是诸神的行动、情绪和警告；接下来人们开始把天文学用于实际应用，比如农业或导航；最后一个阶段，人们仅仅出于消遣和纯粹求知的目的来研究头顶的天空。尽管现在看来洛克耶的划分过于简化，我们也可能会问尊神阶段是否已经完全结束，他的第三阶段的定义是否忽视了通常赋予天文学家研究动力的惊喜感——但他的分类法仍给我们提供了一个有用的划分标准。

早在人类聚集于城市很久以前就有了天文学——或者至少可以说有人在研究太阳。有证据表明古代世界上几个地方都进行过天文观测；不过，其中一个城市最应该被称为有组织和有记录的天文学的诞生地：巴比伦。[4]

这座城邦的居住者来自幼发拉底河和底格里斯河之间的某些区域，这篇土地现在是伊拉克的中心区域。周围的陆地被称为苏美尔（Sumer），而这片富饶的平

地的另一个名字为伊甸（Eden）。约公元前 9000 年苏美尔人就开始了耕作；约
2500 年后他们发明了轮子、手推车和犁，完全改变了生活方式——从交通和运
输到战争和工业——并降低了获得一定量食物所需要的人工数。这些对于将一部
分人解放出来成为全职的牧师、学者和商人来说都是十分重要的因素。公元前
3100 年前后，他们发明了一套书写系统，这套系统用两个字符来表示天文学概
念，一个字符代表一个星星，另一个字符代表"地平线上的太阳"。[5]公元前 24 世
纪中叶，苏美尔人已为北方的邻居所征服，但被转化的却是征服者：苏美尔人仍
保留着其宗教语言和知识，而且通过星象预测未来成了其一项领先其他民族的
智慧。

　　起初，在苏美尔眼中，太阳的地位在月亮之下，且只有拉尔萨（Larsa）和
西巴尔（Sippar）这两个小城敬拜它。到了公元前 19 世纪，不断发展的巴比伦首
府（位于现在的巴格达向南 70 英里，其现代名字来自阿卡德语 *bab ilani* 的希腊
翻译，或者叫"诸神之门"）[6]成了该地区最重要的城市。在鼓励详细记录星体运
动的亚莫利（Amorite）王汉谟拉比的统治下，巴比伦人相信太阳是一位替高级
神监视人间的恶神兼人类的一位严酷的审判者。作为后来犹太教和基督教上帝的
前身，太阳被描绘成一位长须老人，光线由其两肩之间射出。这一形象在重要性
上超越了月亮，并演化成了太阳王（Sun Royal），享有神权和王权。

　　亚述人于公元前 750 年前后征服了这片土地，这是后者第二次被征服。亚述
王称亚述人为"世界之子"。在亚述人一次次征服战争中（每攻陷一座城，他们
就在城墙上挂上一串城中巴比伦人的皮），巴比伦陷入了政治和经济上的衰败。
巴比伦人的反抗活动愈演愈烈，最终于公元前 606 年推翻了亚述人的统治，而尽
管新的统治者，迦勒底人（Kaldi 或 Chaldeans，一个松散的部落联盟，起源于西
闪米特人，来自南方的沼泽和海边平原）在美索不达米亚历史上统治时间最短，
但在他们伟大的国王尼布甲尼撒（Nebuchadnezzar，公元前 605 年至公元前 562
年在位）的领导下，巴比伦通过一场复兴变成了大帝国的文化中心。天文学的地
位得到了保证；不仅巴比伦，其他较大的城市也纷纷兴建了专门的学校。居住在
同一座城市的波斯人、犹太人和希腊人之间思想的交换因一种通用语而变得简
单，这种用简单文字记录的语言就是：阿拉米语（Aramaic）。

　　起初，迦勒底人（这个名字现在绝不是"巴比伦人"的同义词）仅仅满足于
仰望天空，但到了公元前 550 年左右，渴望求知的他们自信可以把数学技巧应用
于他们的记录结果，并把天空划分成数个区域，其中最重要的是我们现在所谓的
天球赤道（celestial equator，后来人们认识到它就是地球的椭圆轨道）。同时他们

还建立了黄道十二宫（zodiac，源于希腊语 *zo idion*，"生物"之意）的概念，即对他们用来标识太阳运动的巨大生物的图形表示。下面这个顺口溜从 3 月的春分点开始，按顺序把它们罗列了出来：

> 白羊起春分，金牛双子随其后；
> 巨蟹狮子度炎夏，处女迎金秋；
> 天秤天蝎秋意浓，射手迎寒冬；
> 摩羯受冻盼水瓶，水瓶唤春风；
> 金尾双鱼喜迎春；是为黄道十二宫。

迦勒底人的进步是在大动荡中取得的。公元前 689 年左右，巴比伦已为亚述王西拿基立所摧毁。之后重建的新城更加富丽堂皇（按照希罗多德的记载，城墙周长 56 英里，高 335 英尺），但在米底人（Medes）和波斯人（Persians）的猛攻之下又一次被摧毁，成了大居鲁士帝国（the empire of Cyrus the Great）的一部分。到了公元前 539 年迦勒底王国被消灭时，迦勒底人已经因在星象研究方面的专业而远近闻名。根据希腊学者斯特拉博（公元前 64—约公元 23 年）的记载，新建王国中一块特殊的区域"为被称为'迦勒底人'的当地哲学家而设立，他们主要研究天文学；但其中不为其他人所认可的一部分人，则成了占星学作家"。而他们所记录的大部分是纯描述性的文字，占星学成了解释天堂的学问——不是为了普通民众，而是为了国王和国家。这种伪科学的不少分支也在发展，最早也是最重要的一种就是从某一事物或个人出生或孕育时星星、太阳的位置出发，预测该事物或个人的寿命的技术。迦勒底人运用天文信息来预测人的命运，他们观测孩子出生时某些行星在天上的位置，由此得出结论。

星星的某些影响是显而易见的：比如，太阳的位置对黄道的影响与季节有关。如果天象能告诉我们播种和收获的最佳时节，为何不能告诉我们婚娶或不可避免但又充满危险的出行的最佳时间呢？可以理解的是，占星家们认为天象也具有后一种功能，尽管这样的结论并没有科学基础。然而如果没有占星术的推动，肉眼天文学不可能达到这样的深度。首先学科上二者没有区分开来：出于占星目的才研究天文学。这是一种富有成果的伙伴关系。到了公元前 5 世纪，天文学家已经提前 1 年给出了每天的日出与日落时间间隔、太阳每月的表观运动，以及其他很多信息。他们发展了预测月亮和行星运动所需要的数学知识，并由此编造了历法。更重要的是他们发明了一套能预测月亮和太阳运行轨道的系统，从而能预

19世纪的一幅画，画中巴比伦天文学家在观察一颗流星的轨迹。

62

测日食和月食。

迦勒底人保持了高度精确而详细的记录，但遗憾的是我们并不清楚他们是如何做到的。他们在一种被称为通灵塔的阶梯式金字塔上进行观测，这种塔是庙宇的附属建筑，大小通常与堡垒相仿并涂有彩虹的七种色彩。其中最著名的就是巴别塔（圣经所载自负的人类试图建造的通往星星的阶梯），但巴比伦全境最威风的是另一座400英尺多高的通灵塔，它身涂鲜艳的七彩，塔顶是一座神龛，龛中置有一张纯金桌子和一张华丽的床，每天晚上都有年轻女子在床上等待神的降临，或神的百折不挠的代表前来幽会。

尽管迦勒底人的观测很大程度上得益于据说十分适于观测的气候——柏拉图曾称赞美索不达米亚的天空万里无云，而希罗多德则写道："这些地区的空气总是很干净，由于没有冷风，这个国家的气候很温暖"——但这种观点可能源于第三方的解释。沙尘暴和蜃景现象会严重阻碍对地平线附近的现象的观察。即便在最好的情况下，凝视天空无数繁星时也很难将行星和恒星区分开来。

当时仅仅观测是不够的。迦勒底人开始分析并解释他们的观测结果，将评论记载在日记、历书和星表中。保守估计，他们在处于统治地位的短暂时间里，共记录了373次日食和832次月食。各种日常事件——气象现象、河流水位、城市大火、国王之死、流行病、盗窃案、攻城略地、蝗灾、饥荒以及（特别重要的是）大麦、海枣、辣椒、芹菜、芝麻和羊毛（总是按这种顺序）价格的波动都严格记录在黏土片上。① 迦勒底人也将行星位置的计算结果记在黏土片上，持续给出天空中相同天体的外观［509 年希腊作家希罗多德称之为"历书"（*ephemer-ides*，"一天中特别的事件"）——实际上就是工作日记］。主记录中大约有 70 片流传了下来，共有 7000 条记录，其中有四分之一提到了太阳。

　　占卜、观测、计算：在巴比伦，所有具有阅读能力的人都学数学。普通学童所知道的天文学知识都多于很少研究天空的大多数现代人。在一个没有石油电力的时代，来自天上的光无可替代，所以骑手赶夜路并不带火把、蜡烛，而是靠星光引路。尽管取得这些成就，有组织的天文学仍属精英活动。一所大学可能只有两三个人是真正研究天文的——而且他们的研究活动因其技术而受到限制，直到今天这种限制依然存在。

　　巴比伦科学的奥秘很大程度上得益于一种强大的数学工具：位置/数值计数系统。该系统有两个版本：一种采用十进制，用于日常生活和计算月亮周期；另一种采用 60 进位制，用于测量太阳周期。后者尽管更为繁琐，却在几乎两千年的时间里为各种文明所采用——直到哥白尼时代——且 1 度分为 60 分，1 分分为60 秒即源于这种版本的计数系统。7 在古代，这种方法远比其他方法优越，且巧合的是，与现在计算机的计数方法也十分接近。② 好奇心催生计数法为其服务，对于任何科学来说这都是一项重要的发展。

　　巴比伦数学——60 进位制算术、代数运算、几何定理——比其天文学的流

<hr/>

　　① 原文注：见《剑桥伊斯兰史》（*The Cambridge History of Islam*）第 3 卷第 534 页，以及 N. M. 斯维尔德洛所著《巴比伦的行星理论》（*The Babylonian Theory of the Planets*，普林斯顿大学出版社，1998 年版），第 26 页。亚述首都尼尼微距离巴比伦只有几百千米。汉尼拔（公元前 668—公元前 627 年）所建的大图书馆至少收藏了 22000 张天文学黏土片。公元前 612 年，亚述帝国最终毁灭。尼尼微被攻陷，整个图书馆都被摧毁，只有这些黏土片被倒塌的墙所掩埋，逃过一劫。没有这场灾难的话，这些记录将不会保留到 19 世纪 70 年代重见天日。当时，一名在巴格达的法国官员被一些大块雕刻碎片勾起了好奇心，开始在那里挖掘。在这么长的时间里人们一直没有注意到如此重要的信息源看似极不寻常。穆斯林可能会与之保持距离，因为古兰经中说这些黏土片为恶魔所雕刻是在地狱里烧制而成的，而基督徒可能会认为挖掘它们是一种莽撞的行为，因为这些知识出自一个圣经中痛加指责的民族。成于公元前 3000 年到公元前 450 年间的另一批 5 万块黏土片出土于尼普尔（Nippur）的神庙图书馆。可能共有多达 50 万块分散于世界各地的博物馆，其中破译出来的只有一小部分，而更多的还掩埋在伊拉克的沙漠中。见 S. 赫瑟林顿所著《古代天文学和文明》（*Ancient Astronomy and Civilization*，图森：Pachart 出版社，1987 年版），第 25~26 页。

　　② 原文注：18 世纪 90 年代法国大革命期间，激进的法国数学家试图重新划分圆，即将 1/4 圆分成 100 等份，再将每一份分成 100 等份；但这一系统从没有流传开来。法语中的"八十"一词——*quatre-vingt*，"四个二十"——源于我们的祖先手指脚趾并用数数，尽管不够科学，却流传了下来。

传范围更广，而且确实比系统的天文学领先 1000 多年。但仍存在重要的缺点。早期的数学家观测者不但把时间视为一种测量手段，也几乎视之为一种性质：他们对量化空间并不感兴趣——并没有绝对距离的概念。巴比伦天文学没有迹象表明古巴比伦人希望建立起将所有天文现象都考虑进去的综合性框架，来研究天文现象的本质和原因；或把宇宙作为一个整体来考虑。古巴比伦人有自己的阴历历法，且首次把一天分为 12 部分，但他们对白天的划分随季节的变化而改变，而且他们无法确定太阳围绕地球的确切表观轨道。这些缺点反过来又妨碍他们确定地球的形状；他们从不知道地球是近似球形的。晷针（简单说来，用其影子确定时间的竖杆）已经超出了他们的天文学水平，尤其是因为他们没有将南北东西四个方向作为基本点的概念：所有指示方向性能接近罗盘的工具都出现于公元前 4 世纪中叶之后。他们甚至没有建立起太阳的行星序列；但当时也没有其他民族做得更好。古巴比伦天文学现在之所以获得如此高的评价，可能因为太多古希腊的记录都毁坏掉了：黏土片的保存时间比纸莎草纸更为长久。不过，总的来说，我认同诺埃尔·斯维尔德洛的观点："这门科学的完全发展花费数百年的时间说明了它的发展多么艰难，远比古代其他科学艰难，既缘于其主体的广度和复杂度……也因为它是第一门经验科学。"[8]

公元前 330 年左右，巴比伦为亚历山大大帝所攻陷，他英年早逝后他的执行官塞琉古接管了大部分被征服土地。60 年之后，强有力的统治者安条克一世强制该城大部分居民迁往向北 60 英里处的新城塞琉西亚（Seleucia）。对于老城里的天文学家—占星师来说，这是一个奇耻大辱。他们坚持在贝尔（Bel）庙进行观测活动，差不多一直坚持到第一个基督教世纪末期，但这也只是他们的垂死挣扎。历史学家詹姆斯·麦克沃伊写道："古巴比伦两千年的观天文化的发展，就这样结束了。"[9]

甚至早在巴比伦迁址之前，其知识已经向西传播至埃及、希腊和罗马，向东传播至印度了，传播范围还可能远至中国。埃及人采用了巴比伦人的黄道十二宫概念而摈弃了他们强调征兆、命运预测和宇宙的世界观。希罗多德把埃及称作"尼罗河的礼物"：可能是尼罗河每年一度的洪水极其有利于农作物生长，给了埃及人安乐感。埃及的祭司—占星家们知道，明亮的天狼星升起的夏至前后尼罗河将泛滥，他们将做出相应的日历预测。[10]

从一开始尼罗河每年一度的洪灾就带来了意想不到的好处：由于政府的主要收入来源于土地税，所以就经常需要重建边界并解决因洪水带来的纷争，使得埃及很早就出现了一批技术熟练的测量人员。① 古埃及人是一个极具实践精神的民 ₆₅族（公元前 33 世纪左右他们就发明了文字，略早于巴比伦人，尽管其中有 95％的人都目不识丁），他们发明了先进的测量方法，并将这些方法与建筑技术结合起来建造了金字塔。但这只是他们诸多先进之处的一个方面。比如，他们尝试了各种方法测量太阳的直径，用到了日晷、水钟甚至马匹。用马匹测量太阳直径的方法是，在太阳的上边缘出现在地平线那一刻纵马奔驰，到整个太阳升上地平线为止——大约用时 2 分钟，马在这段时间里奔跑的距离计为 10 斯塔德（stadia，是古埃及语中"赛马场"一词的讹误），而古埃及人认为太阳的运动速度一定与这匹马相等，所以其直径一定也是 10 斯塔德。这种几何可不高明。②

　　古埃及人至少在公元前 29 世纪就有了自己的数学系统，但这种系统比较粗糙，而且他们与古巴比伦人不同，从没有跳出基本的算术之外，尽管他们也创造出了乘法和除法。除了 2/3 以外，他们所用到的分数都是 $1/n$ 型分数。尽管公元前 1800—公元前 1600 年前后的数学抄本中已有了一些相当复杂的计算，比如截棱锥的体积，但他们的几何学无法进行复杂的计算，他们也处理不了从观察到预测所需的那种类型的计算。[11]没有证据表明他们理解纬度的概念或曾有规律地对日食做过记录。但从其错综复杂的宗教发展和其祭司—占星师的言谈中可以看出，那时候的人们及其细心。每当他们从观察到的天文现象做出不多的预测时，他们都会绘制恒星、行星、星座的星图，并记录下它们的运动。

　　他们对天文学的作用的理解可由公元前 3 世纪早期天文学家兼占星师哈克海 ₆₆比（Harkhebi）的塑像基座上所刻的一段话来概括：天文学告诉我们的，不是关

---

　　①　原文注：见马丁·艾斯勒的《棍棒、石头和影子》（诺曼：俄克拉荷马大学出版社，2001 年）第 55 页和第 135 页。关于点、直线、曲线和面的纯粹数学"几何学"（geometry）得名于希腊语中关于测量的词：ge 意指"地球"；metrein 意指"测量"。而"代数学"（algebra）则源于阿拉伯语中一个意指"强迫"的词，就像强行赋予未知量 x 一个数值。部分历史学家提出的一个更有意思的概念是，"代数学"意指"放回到其适当的位置"或"接骨术"。《堂·吉诃德》中的接骨师被称为 algebrista，但塞万提斯并没有说清楚是因为他重新把骨头放回原位还是强行把骨头放回原位。

　　②　原文注：现在的 1 斯塔德（stade）为十分之一海里，约等于 600 英尺；但古时候——其实直到 17 世纪——的长度并没有统一起来。1 斯塔德的长度可以相差很大，甚至在同一个社会中也这样：有人认为它代表着古代男人屏住呼吸全速奔跑所能跑过的距离（估计为 190 码），这就给出了体育场的长度（和名称）。也有人说它源于犁沟的标准长度，即 600 足（pedes，源自 pes，意指"足"）：1 足的长度是不固定的，导致 1 斯塔德的长度也不固定。但在当时，单位磅和品脱也一样不可靠。据说英国亨利二世用从其鼻子到其拇指的距离来定义 1 码的长度。法国的海里长度有几百种，而德国人也有自己的"英里"标准。直到 1700—1900 年间，整个欧洲才下很大力气统一度量衡。甚至直到今天，我们还要做英里—千米换算，而金匠们则保留了自己那一套重量体系，以特金衡盎司（Troy ounce）为单位，这一单位可追溯至征服者威廉和特鲁瓦（Troyes）城的贸易。

于哈克海比这个人，而是关于其职责。他要确定黄道十二宫各星座的东升西落，以确定每颗行星的至高点；并由此预测其他天体的升起。人们还期望他预测神的节日二至日——"他知道太阳的向北向南运行期、太阳的所有奇妙之处并确定其发生时间，然后向大家宣布这些时间。"[12]——以及神的灵魂与法老之间的确切关系。

像大多数工业化之前的民族一样，埃及人也一直在努力维持他们宇宙的秩序——认为需要保护太阳不受那些总是破坏事物连续性的力量的伤害。在这样一个不稳定、自然灾害频发、宗教与科学携手的社会，祭司们利用宗教仪式和宗教信仰，并通过拟人化来解释宇宙的构造和运行方式，艰难地保护着他们的民众。[13]

67

天空并非一个空无一物的穹隆，而是一位女神，她每天晚上都重新孕育太阳——早期的一种完美概念——并于次日清晨把它生出来。甚至把天堂与地球隔离开来的这片毫无生气的空间也是一位神。在这样的宇宙中，创生和存在并非缘于非人类力量，而是个人意志和行动的产物；而且埃及人创造的众多的神构成了一种关系网，其中心便是太阳。

随着时间的推移，他们的创生哲学变得更为复杂。造物主阿图姆，"万物由其产生并通过其自我完善而演化的先存者"，自己创造了万物——创生不过是他手淫射精的结果，在我们看来这个概念极不寻常，甚至是荒谬的，但对于埃及人来说这正是阿图姆的自我完善。[14]很多传说中阿图姆会随太阳改变位置：太阳是其最终化身。但在有的传说中他还是太阳于其中诞生的有意识虚空；性高潮瞬间说和

阿肯那顿（阿米诺菲斯四世）家族向太阳神阿图姆献祭，以免受到阿玛玛（Amama）的伤害。埃及，公元前1350年。

所有其他解释宇宙诞生的说法一样有用——这种宇宙学说表明，几千年来古埃及人一直都是大爆炸理论的第一批拥护者。

　　这样的信念是伴随埃及人向着科学知识最初的跋涉发展的。古埃及人和古巴比伦人一样，从未达到过洛克耶的第三阶段：需要等待数千年的时间人类才能发展到仅仅为了知识而研究太阳的阶段。但可能比历史上其他民族都更重视知识的一个社会就在左近。

第6章
古希腊登场

天文学？根本无法理解，疯子才去研究它。

——索福克勒斯，公元前 496—公元前 406 年

不要把进步与完善混淆起来。伟大的诗人总能跟上时代；社会急切呼唤伟大的哲学家。艾萨克·牛顿不用慌。我们对亚里士多德的宇宙相当满意。就个人来讲我更喜欢它。55 个水晶球绕上帝之轴转动正是我所满意的宇宙构造。

——伯纳德·南丁格尔，

汤姆·斯托帕德《世外桃源》中虚构的拜伦的情人

古希腊最早提到天文学的是公元前 9 世纪前后现世的荷马和赫西俄德的诗作。但那时候的希腊人像古巴比伦人和古埃及人一样，已经给恒星取了名字，并对日出和日落进行了量化。[1]然而，他们并不满足于仅仅记录天体的运行：他们真正喜欢上天文学后，就开始研究苍穹的构成：太阳、恒星、行星和地球自身的形状和大小；它们彼此间的距离有多远，谁又在绕谁转动，轨道是什么样的；恒星的数量，能否在一定精度范围内定位它们。为此就需要进一步就他们直觉感觉到的世界提出一些问题：一年或一月的确切时长是多少？二分点发生于何时，能否确定二至点的精确时间？几乎所有人都同意的一点就是地球自身是静止的，且位于中心——数千年的时间里这一信念一直在阻碍着科学的发展。

尽管存在这一严重的误解，希腊天文学学者的强大战线仍绵延了上千年时间，从赫西俄德时代起，至少延续到托勒密去世。古代中国天文学学者的战线可能是他们的两倍长，但古希腊学者名单给人留下的印象更为深刻。伟大的德国学者奥托·诺伊格鲍尔列出了 121 位著名的天文学家——请注意即便这一名单还是

把像希罗斯的菲勒塞德斯（毕达哥拉斯的老师）、埃利亚的芝诺、柏拉图和伊壁鸠鲁这样虽对天文学做出过突出贡献，但主要身份不是天文学家的学者排除在外了。名单中有很多我们熟悉的名字，比如亚里士多德、欧几里德、阿基米德、托勒密——也有其他一些当时很著名现在却不大出名的学者，比如巴门尼德、阿那克萨哥拉、欧多克斯、赫拉克利特和阿里斯塔克斯。

当然，他们的成绩部分是在巴比伦人打下的基础上取得的。希罗多德（约公元前 484—公元前 425 年）在他唯一的著作《历史》（*The Enquiries*，通常译作 *The Histories*）中写到，他的同胞们不只借用了巴比伦人的记录和计算结果，也借用了他们的众多测量工具，比如计算太阳沿黄道运动所需的工具。埃及人最早浅尝过超越纯观察的天文学。而早期的希腊天文研究者似乎甚至都不曾考虑过预测特别有价值的天象：柏拉图在《菲德鲁斯对话录》（*Dialogue of Phaedrus*）中指责自己的同胞对行星没有提起足够的兴趣。直到亚历山大大帝创立马其顿/希腊帝国并把骆驼运回来的巴比伦天文学书简发放给亚得里亚海边希腊城市的居民，希腊人的思维才开始转变。[2]

到了公元前 7 世纪中叶前后，旧贵族制度已被推翻，希腊由一批专制君主（指当时拥有绝对权力的君主，而不一定是暴君）所统治，他们鼓励贸易和经济改革，希腊所有城邦第一次有机会体验不同的生活方式——生活富足，可以进行一些思索，而不必仅仅为了生存而劳苦。引用研究这一时期的大学者 D. R. 迪克斯的话来说，从这一点上讲，"希腊人沿着数学路线进行研究的激情……将大量原始的观测结果转化成了一门精确的科学"。[3]

第一位伟大的实践者是泰利斯（公元前 625—公元前 547 年），他来自为整个爱琴海服务的繁荣港口米利都（Miletus）。泰利斯出身贵族家庭，同时也是政治家、工程师兼商人，十分精明，有故事讲到，他知道橄榄将要大丰收，便悄悄地囤积米利都和附近希俄斯（Chios）的榨油机，由此大赚了一笔：他说，这证明了如果哲学家愿意，也是可以赚钱的。

泰利斯曾前往埃及学习实用几何的基本原理，这门课程启发他把天文学发展成为一门演绎科学。他首次提出，月球运行至太阳和地球之间且三者成直线导致了日食，而且是第一位坚称月球因反射太阳光而发光的希腊人。据说他还确定了春秋分的时间和序列。他的成果为普鲁塔克、普利尼、西塞罗和第欧根尼·拉尔修广泛引用——这是一种幸运，因为他没有著作流传下来，而古代和现代的学者确实根据单薄的证据把他打造成了一位科学英雄的形象。

按照第欧根尼（生于约公元前 412 年）的说法，泰利斯首次测量了太阳直径相对于太阳绕地球轨道长度的比率，估测其值为 1/720，非常接近太阳直径与地球实际绕日轨道长度之比。还有一点，他主张水是宇宙的元素，地球像木头一样漂浮在一张巨大的水面上，而太阳是由燃烧着的地球物质构成的。他假定太阳在二至点之间的运行时间并不相等且太阳年为 365 天有其较坚实的基础；但同样，我们对其著作所知甚少，无法确定他实际上说了些什么。讽刺的是，他广为人知的一个最主要原因竟是一件他从未做过的事：预言发生于公元前 585 年 5 月 28 日的那次日食。①

这一时期的一位巨擘赫拉克利特（公元前 535—公元前 475 年），是一位神秘的诗人，因傲慢厌世而落下了"痛责世人的人"这一称号，并为此沾沾自喜。他流传于世的 130 段著作强调了宇宙秩序的两个方面：连续性和周期性，特别是太阳的这两种性质。从达尔文、斯宾塞等 19 世纪大师的著作中仍能看出他的思想。有时候他错得荒唐：比如，他认为太阳正好宽 1 英尺，差不多像盾一样大小，而且每天都有一个新的太阳。不过他认为宇宙是由不断生成、毁灭的世界构成的这一信念，会获得当代物理学家的认可。他认为没有什么是永恒的——由此留下了他的名言"人不能两次踏入同一条河流"。

公元前 6 世纪下半叶是古希腊另一位伟大的数学天文学家萨摩斯的毕达哥拉斯的光芒闪耀期。据说他花了 22 年的时间周游阿拉伯半岛、叙利亚、迦勒底、腓尼基、希腊高卢（现在其"法国里维埃拉"的名称更加广为人知），而且还可能在年届 50 定居南意大利之前到过印度。（他还花了一点的时间在埃及学习天文学、几何学，如备受欢迎的历史学家威尔·杜兰特所说，"或许还有一点点胡闹的意味"。）⁵这位创造性超群的天文学家还曾花力气在意大利创建了一个很有影响力的宗教兄弟会并研究数学和理论几何，由此发现了具体数字的神秘特性。他构造了一个新词来形容这类探求，转译过来就是"爱智慧"的意思——希腊语中这个词就是"philosophy"（哲学）。公元前 6 世纪②"哲学家"与"毕达哥拉斯信徒"是同义词。

毕达哥拉斯认为数是万物的根本，和音是最美的，宇宙从根本层面上是组织

71

---

① 原文注：柏拉图为这位天文学家贡献了一段轶事：泰利斯年轻时曾因走路时眺望星空太过投入而掉进一口井，从而"来自色雷斯（Thrace）的一位聪明漂亮的侍女"嘲笑他说"你都不留意脚下又怎么能理解天堂呢？"⁴第一个走神的教授型笑话。

② 译注：原文此处没有"公元前"。

良好的。他是声学方面的先驱，提出了"天体和音"的假设。他相信，就像乐器上的弦一样，每个绕日运行的行星都发出一个独特的音调。当时所知的 5 大行星，加上太阳、地球和月亮，构成了一个 8 度。（似乎没有人为当时认为静止的地球是不会振动发声的这一事实感到过困扰。）

一位法国画家的画作，画中毕达哥拉斯（约公元前 580—公元前 490 年）正在与埃及祭司们就天庭进行讨论，当时他正在亚历山大进行为期不短的学习。

　　毕达哥拉斯还相信这些天体以两种独立的轨道模式运行，所以太阳不但每 24 小时环绕地球一圈，还沿另一个轨道环绕地球运动，每年一圈，轨道与前一种轨道成一定夹角。他试图将恒星在一个地心宇宙中的表观运动合理化，不过他的理论应用于行星时却没有成功；但这仍是解释行星运动的首次严肃的尝试。所有当代科学均源于毕达哥拉斯的核心理念：自然界存在各种模式，且这些模式可以用数学描述。

　　很快毕达哥拉斯就被神化了，关于他的传说在亚里士多德年代已经流传开来。他拥有很多追随者，其中一些追随者提升了我们关于太阳的知识。比如，巴门尼德得出了月亮明亮的一面之所以明亮是因为这一面对着太阳的缘故，而且他还是第一个宣称地球是球状的人。这一观点为世人所认可后，毕达哥拉斯学派进一步推定天堂也一定是球形的，由此诞生了球坐标系。菲洛劳斯（Philolaus，约公元前470—公元前385年，与苏格拉底同一时期的人）甚至把地球从宇宙的中心降格为一颗普通的行星，远远早于哥白尼。不过在他的系统中，地球仍不是绕太阳转动的，而是绕一个不可见的"中心火"转动。所有其他的天体散布在空间里，包括自身不发光而是反射这种中心火的太阳。宇宙以火为中心是因为火是最高贵的元素，而中心是最尊贵的地方——雅典大多数主要的学院均持这一观点。

不过一些最优秀的太阳天文学家则并非来自主要城市。其中有三大"阿那克"——阿那克西曼德、阿那克西米尼和阿那克萨哥拉——他们与泰利斯一样都来自米利都。前缀"阿那克"意为"领主"，表明他们都出身尊贵。阿那克西曼德是阿那克西米尼的老师，教学时间早于阿那克萨哥拉约30年，而后者则是三人中最出色的。

公元前560年左右，已经64岁的阿那克西曼德写下了他的第一部自然哲学著作。他可能也跟随埃及人的步伐，介绍了日晷，而且似乎还以某种方式记录了行星的运动、黄道的倾角、二至日和二分日的日期以及四季。他在一张黄铜片上刻下了第一幅"世界"地图，并试图通过地球、太阳、月亮和星星的几何模型用非神学的术语来描绘天堂。

阿那克西米尼（公元前528年去世）的首创性并没有那么强，他因空气是万物之源的信条而广为人知，而泰利斯则认为万物源于水。尽管阿那克西米尼在他自己的时代就已经很著名，但他就太阳发表的观点却很少——只说过太阳并不是在地球之下运行，而是围绕地球运动，晚上则隐没在群山中——这一观点与他们中的第三个人截然相反。尽管阿那克萨哥拉（公元前494—公元前428年）的名字意为"市场的主人"——他的父母显然希望他能成为一个商业王子——但他20岁从米利都来到雅典后，就放弃了继承权以全身心投入到对天空的研究中去。

他早期的学生之一兼后来的密友伯里克利（约公元前495—公元前429年）在希腊黄金时期的顶峰成了雅典最有影响力的人。这一时期始于希腊击退波斯入侵的公元前479年，持续到约公元前399年。这段时间里，雅典在伯里克利的带领下发展成了地中海世界伟大的智慧中心，阿那克萨哥拉及其天文学家伙伴们的工作在此地得以繁荣发展。那时的天空观测者所用的仍只是最原始的技术，甚至他们的观测站很可能仍不过是平顶房。他们确实拥有数学几何知识，甚至与天文学紧密结合起来的数学几何知识，而且他们通常在这两个领域都很活跃。然而太阳天文学仍一直是（将被发现的）严重的错误和敏锐的洞察的混合。恩诺皮德斯（活跃于公元 460 年前后）就是敏锐的洞察的一个例子，他不但提出了黄道的概念，还测量了地球极轴相对于黄道面的偏角为 23°45′——与现在测定的值 23°27′相差不到 0.3°。

阿那克萨哥拉的众多成就中还包括一项，即他甚至能给出月食的解释，但他的观点太超前了，并不为时人所接受。公元前 440 年前后，一颗直径超过 1 英尺的陨石大白天落在了色雷斯。阿那克萨哥拉前往查看，得出结论说这块陨石来自太阳，而据他估计，太阳一定是一大块炙热的铁块；因此诸天体并不是神圣的存在而是物质实体。当权者指控他是无神论者，他不得不流亡到兰萨库斯（Lampsacus）并于公元前 428 年在那里去世，那里的新邻居赋予了他崇高荣誉。[6]

公元前 432 年前后，雅典的默冬这位卓越的几何学家和工程师对夏至日做了详细的研究，很可能还用到了一种被称为 *heliotropion*（向日仪）的类日晷装置，即竖在水平平台上的一根柱子，通过它可以测量正午柱影与柱子本身的长度之比。他还构造了一个 *parapegrna*，即雕刻有天文事件的简表，并把传统农业所用的日历结合成了一种城市用的日历。他成了名人——实际上在各方面都很出名，阿里斯托芬还因他对几何天文学的热情而在喜剧《鸟》（*The Birds*）中公开嘲笑过他：

> 珀斯特泰洛斯（PITHETAERUS）：以神之名，你是谁？
>
> 默冬（METON）：我是谁？默冬，全希腊和科罗诺斯（Colonus）都知道我。
>
> 珀斯特泰洛斯：这些东西是什么？
>
> 默冬：测量天空的工具。实际上天空中的区块正像火炉一样。我用这把弯尺从顶到底可画一条线；我用罗盘从其中一点可画一个圆。明白了吗？
>
> 珀斯特泰洛斯：一点也不明白。
>
> 默冬：我开始用直尺在这个圆里画一个方形；方形的中心是市场，所有笔直的街道都将通向它，这就像一颗星，虽然只是圆形的，但从各个方向都沿直线发出光线。①

74

---

① 原文注：默冬悄悄离开了。苏格拉底因教学时总带有明显的比你圣洁的态度而激怒了阿里斯托芬，后者便在《云》（*The Clouds*）一剧中嘲弄了他的教学方法。其中一幕是一位老人找到了通往"十分努力的思考者的学校"的道路，发现苏格拉底坐在一只吊在屋顶上的篮子里，正在全神贯注地思考，而他的学生们则都跪在地上，鼻子贴地。老人问一个学生："请问，他们为什么这么奇怪地把小腿探在空中？"学生答道："他们的脑袋在学习天文学。"

就在默冬进行夏至计算的那个夏天，雅典卷入了一场战争，对手是由其劲敌斯巴达率领的联盟。这场战争持续了 27 年，期间只有短暂的停息。雅典最终困顿不堪时，这座"暴君之城"的政治结构也土崩瓦解。超过三分之一的人死于一场持续 3 年的瘟疫。公元前 428 年，一位伟大的人物诞生于这场混乱，他就是阿里斯托克勒——"最好的，著名的"——但在地峡运动会（Isthmian Games）上作为摔跤手的高超技艺给他赢得了柏拉图的诨名，或者叫"宽阔"。柏拉图的父母都很富有，均来自希腊最古老的贵族家庭，这与毕达哥拉斯和苏格拉底的父亲不同，后两者分别为商船船员和石匠。

雅典当时是一个人口大约 25 万的国家，其中一半为公民及其家人，剩下的是奴隶和常住外国人，国都人口大约 7.5 万。这座城市从未远离过严重的饥荒，而且几乎没有任何医疗设施——这里即便那些奴隶主的生活水平也大大低于当代民主工业国家的工薪阶层。（当时的"窃贼"叫作"穿墙者"，因为房屋墙壁都很薄很易碎。）经历了故城的惨败和爆发于公元前 404 年的一场残酷的寡头革命——一场混乱的民主再现，之后又经历了公元前 399 年对苏格拉底的审判以及苏格拉底之死，柏拉图逃到了西北方向约 26 英里远的贸易港口迈加拉（Megara），又从那里逃往埃及。到了公元前 395 年，在历经各种艰险——其中一次他还被当作奴隶卖掉了，尽管很快又被赎身——之后，他又回到了故城雅典。9 年后，也就是在意大利和西西里岛的旅行之后，他向朋友们借钱买下了雅典郊区的一块地，并以当地的英雄阿卡德莫斯命名。这就是他后来的学园（Academy），并在此进行了 40 年的教学活动：他绝不会想到，之后的 5 个世纪这里一直是希腊的智慧中心。

在柏拉图的学园里，天文学成了应用数学的一个分支，学园门口题有著名的"不懂几何的人不准入内"。没有记录表明希腊人在公元前曾运用过代数学。[7] 柏拉图有时候称之为球形学（Spheric）的天文学在其著作中所占篇幅相对较小，只有讲一位天文学家的工作的对话录《伊壁诺米篇》（Epinomis）曾有所涉及。认为地球是球状且静止于球状宇宙中心的柏拉图鼓励学生更细致地研究这一系统，但这种研究很快就会提出一些会引起争议的问题。柏拉图认为，恒星和行星是不死神祇的可见影像，而这些神祇的运动是某种超凡序列的一部分。不过，一些天体并不像其他天体那么有规律地运动，而是在"漫游"（希腊语中的行星 planetos 原意即为"漫游者"）。在他相信的超凡序列框架下，又如何解释这些运动呢？

在柏拉图看来，哲学家的任务就是去理解隐藏在万物之下的事实。当直接的观察与对事实的理解相抵触时，他提醒人们事物并不一定是人们看到的那样——

对于一般的科学研究来说这是一条十分宝贵的格言，但对于学园里那些未来的天文学家来说却无疑是一盆冷水。但柏拉图的学生们并没有因此裹足不前，因为即便他从不曾理解这一原则，他的学生也会深入考虑它的含义。公元前 347 年柏拉图去世，一个学生为他建了一座圣坛，并为他举行了一个足以媲美神的葬礼。这个学生叫作亚里士多德，他甚至都不怎么喜欢柏拉图。

亚里士多德（名字意为"最好的目标"）公元前 384 年出生于希腊北部的斯塔基拉（Stagira）。他 10 岁时就失去了双亲，17 岁时被送到学园，在那里待了近 20 年，成了学园耀眼的明星，柏拉图称他为"学园之灵"。可能是受作为马其顿国王御医的父亲的启发，他首先学的是医学、生物学和动物学，很快就由学生升为老师，几乎教授所有的科目。柏拉图去世后，他的侄子斯珀西波斯继承了学园。亚里士多德看不上斯珀西波斯的才智。他选择了把自己流放在阿索斯（Assos）的爱琴岛上的一个学校，可能是因为被激怒了，也许是出于对开拓视野的渴望，不过原因肯定包括他意识到了人们对刚刚征服雅典的马其顿人的仇恨正在增长。当他的资助者，即阿索斯的统治者被波斯人背叛并钉死在十字架上后，他逃到了临近的勒斯玻斯（Lesbos），直到受邀去辅导马其顿菲利普二世淘气的儿子，即未来的亚历山大大帝。公元前 335 年前后，他回到了雅典，可能用亚历山大大帝出的钱，在牧羊人之神阿波罗勒科乌斯（Apollo Lyceius）庙附近建立了自己的学园，取名勒科乌姆（Lyceum）。

他的追随者被称为"逍遥学派"，因为亚里士多德有讲课时沿铺有石料的小路佩里巴豆斯（*peripatos*）来回走动的习惯。这些学生来自富裕家庭——商人和地主家庭。勒科乌姆、学园（学生大多来自贵族家庭）和政治理论家学伊索克拉底（Isocrates）的学校之间争吵激烈，后者迎合了新到该城的希腊人的需求。伊索克拉底学派长于雄辩，学园的长处在于数学、政治和形而上学，而勒科乌姆最拿手的则是自然科学。

此时毕达哥拉斯两个光源一个中心火而太阳是中心火唯一反射镜的观点已名誉扫地，但其姊妹观点即数个相互关联的水晶球围绕地球旋转的观点已为时人所接受并得到发展。亚里士多德到来时尼多斯（Cnidus，位于现在土耳其的西南部）的欧多克斯正在雅典教学，主张宇宙不是由两个球构成，而是由 27 个球构成的。这样他就能解释为什么有 4 颗行星有时会停止前进，向西折返（"逆行"现象）。他认为，每颗行星的路径都是一个 hippopede 曲线（得名于用于绊马蹄的"8"形套索）。对于月亮和其他运行轨道近似与太阳相同但后来又向南北偏移的行星来说，这一理论也适用。

受邀前往勒科乌姆授课时，欧多克斯提出了一种假说，即恒星和行星都固定在这 27 个球面上，而这些球是透明不可见的，且都围绕地球旋转。其中一个球面上嵌着太阳，每 24 小时环绕地球一周，一天就由此而来。另一个球围着地球绕自己的轴转动，而这个轴又在一个更大的球面里转动，这样就有了年。新假设的球的轴相对于更靠外的球是倾斜的，这就导致了冬日的太阳靠下夏日的太阳靠上。

亚里士多德沿这条路走得更远，他提出了天庭是由 55 个这种球体构成的观点，且所有的球体都围绕着地球以不同的恒速运行——这一模型让人想起了马戏团吊钢丝演员的旋转板。他的观点是，既然天庭不会存在空的空间（"自然拒绝真空"），宇宙中各个球之间的空间必然是充满了的，那么球的数目越多，每个球面与上一球面和下一球面更加紧密依偎，就能更好地解决空间填充问题。地球完全包裹在这种旋转的球面之巢中，就像洋葱一样。在这些球之外，亚里士多德还构想了另外一个球，"第一推动力"——虽是驱动万物的动力，却不能与创世者混淆起来。之后十几个世纪的时间里天文学家均满足于这种扭曲的复杂结构网——直到望远镜的出现。

这一结构更多的是基于一种先验的哲学推断而不是实际观测提出的，所以亚里士多德尽己所能用逻辑来支撑它。他解释说，宇宙是球状的，因为在所有的形状中，只有球形从任何角度看都一样，是最完美的。地球也必然是球状的，月食时掠过月亮表面的黑暗曲边证明了这一点。而且，向北或向南的旅人所看到的星星与呆在家里的人所看到的并不相同，星星在天空中所处的位置也不相同：所以旅人必然是在一个曲面上踏出自己的旅途的。

为什么地球应当位于宇宙的中心？因为它是独一无二且静止不动的。当时距离理解重力还有近两千年之遥，亚里士多德认为地球上像岩土和水这样较重的元素，天然被拉向宇宙的中心，并在那里聚集成球形。而较轻的元素——空气和火——本性就是向上运动，离开地面。他补充说，天体不是由这四种元素而是由以太构成的，这与柏拉图的观点相呼应。他还说以太（因为是第五种元素）是"第五元素（quintessence）……更神圣，且先于月亮之下我们这个唯一可变的世界上的四种元素而存在"。[8] 以太既不轻也不重，而是"长存、不变且没有感情的"（亦即，不会受到损害），而且一直在做环形运动，把每一天体带回其起点，促成一种永恒的循环。

这种解释具有明显的缺陷。比如，每颗行星和太阳都位于自己的球面上，那么它们到地球的距离也必然一直不变；不过月亮的大小看起来却在变化，最大变化幅度几乎高达 1/6。这不就说明了它到地球的距离是变化的吗？表明行星到地球的距离并非一成不变的另一证据是它们的亮度在变化——尤其是火星的亮度。当时人们还认为像彗星和流星这样短暂而无常的现象发生在月亮轨道之下的大气层。欧多克斯和亚里士多德对这些缺陷视而不见，对太阳表观速度的波动也做同样处理。但欧多克斯确实发现并为亚里士多德所欣赏的是，可以把同心球绕倾斜 ⁷⁸轴的匀速转动结合起来解释行星的运动。至少从建立几何模型的角度来说，这标志着科学天文学的开端。

随着公元前 323 年亚历山大大帝的去世，亚里士多德再次被反马其顿运动驱逐出了雅典城，次年在埃维厄岛（Euboea）的卡尔基斯（Chalcis）去世，留下了一座现代大学图书馆的原型、一座动物园、一座自然历史博物馆和无与匹敌的研究成果（据说他把蜜月时间都花在了搜集海洋生命标本上）。他的长处不在于数学或物理，而且他也没有进行过天文观测，然而他对天文学及其他科学的影响却十分深远。他收集了大量可用于演绎推理的数据，由此将整个学习方法进行了系统化，并确立了进行研究的准则。

尽管亚里士多德提出了自己的信念，但据说他同时代的人，同样是柏拉图的学生但生活在黑海南岸的庞塔斯的赫拉克雷迪斯（公元前 390—公元前 322 年，二人去世日期前后相差不过数日）曾说过水星和金星可能围绕太阳而非地球转动，而且地球也可能每天绕自己的轴转动，尽管看起来却相反。他进而假定太阳导致了风的产生，后者又导致了高低潮汐。一位年轻的天文学家，居住在莱斯博斯岛（Lesbos）的艾莱索斯的泰奥弗拉斯托斯（意为"讲话像神一样"，亚里士多德给他取的诨名）发现了太阳黑子，尽管我们并不清楚他是如何发现的。亚里士多德在遗嘱中指定他为自己的继承人。

公元前 3 世纪早期，最著名的希腊天文学家之一，萨摩斯的阿里斯塔克斯（公元前 310—公元前 230 年）第一次发现了进动现象。他还计算出太阳直径与地球直径之比在 19∶3 到 43∶6 之间。这么大一个天体怎么可能围绕一个小得多的天体运转？几年后他给出了一个粉碎原世界图景——至少将地球降级——的论断，即地球必定是围绕太阳运转的，而且除了月亮之外，其他行星也围绕太阳运转。是地球而不是天庭在每天旋转，而且每年都环绕太阳整整一圈。太阳与其他恒星一样，静止不动。

雅典的一位斯多葛派天文学家很快给他贴上了无神论者的标签，并散布檄文指控他让"宇宙的火炉〔原文如此〕动了起来"。如果没有这位天文学家的指控，这一具有重大意义的新理论就被埋没了。这看起来可能很奇怪，因为阿里斯塔克斯的观点不仅仅建立在自公元前 6 世纪起已经成形的发现和研究的基础上，也解决了一系列问题，比如逆向运动。不过，如果地球果真是运动的，就会动摇亚里士多德的落体理论的根基，还没有别的修正理论能取代它的位置；而且，如果我们不过生活在另一颗行星上的话，天庭的神秘中还有地球与其他天体间的截然不同的容身之地吗？

正如阿里斯塔克斯自己不得不承认的，我们四周的世界里没有任何证据表明地球在运动：如果真的在运动，人们一定会站立不稳，撞向彼此，云朵和小鸟将会被甩在后面，地面上万物都将被甩开。常识断定他错了，人类必然处于宇宙中心的偏见更加强了这种判断。而且当时被视为科学的占星术信条也要求一个固定且位于中心的地球。总而言之，有很多充分的理由相信地球位于宇宙的中心。

那些所谓的希腊哲学家（Hellenistic philosophers，即那些活跃在亚里士多德和亚历山大大大帝去世后数世纪里的哲学家）是否听说过这位孤独的天文学家独自提出的假设并不清楚，但我们知道的是他们决定不去触动万物（包括地球）的位置。太阳很重要，但地球更重要。如果出现科学解答不了的困难，它们也不应对现状构成威胁。人们会问是否有疑问隐藏在某处。对于当时的大多数天文学家来说，科学存在的目的是为了支持人类所处的宇宙显然是有序且精心设计的这一信

喜帕恰斯（约公元前 190—公元前 120 年）在亚历山大天文台。左侧是他发明的浑天仪，而他本人则通过一根定截面筒而不是望远镜在观测夜空。

念。但正如杜兰特所写道：

> 由于宗教团体都有一个共同而稳定的信条，所以每种宗教迟早都会站到
> 我们自信地称之为知识之进步的世俗思想流变的对立面。在雅典，这种冲突
> 并非总是显露于外的，且并不会对大众产生直接影响；科学家和哲学家做研
> 究时并没有明显地攻击大众信仰，而且还经常采用旧有的宗教术语来标记或
> 隐喻新的信仰以缓和冲突；只有在某些情况下，比如对阿那克萨哥拉的控
> 告……这种斗争才会演变成事关个别人生死的公开事件。[9]

　　下一位要介绍的重要人物是尼西亚的喜帕恰斯，他被称为最伟大的古代天文
学家（尽管他坚定地支持地心说）。公元前 130 年前后，他在位于罗德岛
（Rhodes）①的天文台把太阳年的长度精确到 6 分钟的误差范围以内，并为确定太
阳直径做了大量计算。他绘制了 850 颗星的星图（这很重要，因为没有星星在天
空中的确切位置，就没有数理天文学），发明了一种标度，根据亮度将星星分为 6
个星等：直到今天也没有人改进过这种标度法。

　　他绘制的星图精度很高，他的计算表明恒星相对于太阳来说并非固定不动
的，这样他就不得不接受阿里斯塔克斯所发现的进动现象。作为曾经的坚定的亚
里士多德信徒，他尝试用一种既能说得通又不会抵触地心理论的方式去解释主要
天体的表观循环运动。发现四季并非等长之后，他构建了太阳匀速运转的模型，
但把地球移出了太阳轨道的中心，然后提出建议说太阳轨道平面与地轴的夹角决
定了二分点和二至点的时间。就天文学家扭曲自己的推理以维持古人所期望的地
球在宇宙中心的位置来说，他是最出色的早期范例。

　　喜帕恰斯长寿而多产的生命结束于公元前 120 年，随他埋葬的还有希腊人长
期的天文观测和思索的传统。罗马势力日隆，但罗马人对天文没有兴趣。过了两
百多年才出现另一位著名的天文学家。

　　在喜帕恰斯的时代很久以前，从希腊到伊拉克的这些马其顿帝国伟大的继承

---

　　①　原文注：兴盛的太阳崇拜的中心。罗德岛人每 4 年举办一次太阳节，节日期间举行运动会，
其中最重要的是战车比赛；他们还于公元前 284 年竖起了著名的巨人像（Colossus），世界七大奇迹之
一。这座太阳神像的高度超过了 105 英尺（32 米），却在公元前 218 年的一次地震中倒塌了。运走神
像残骸动用了 900 头骆驼。

国，均已为罗马帝国所征服。

大多数罗马精英阶层都对希腊科学学问持怀疑态度（医术除外）。在罗马帝国最后的年代里，一定的天文学知识是贵族教育的基本要求，但学习天文学的原因仅仅在于文学中会用到它：是否有助于更好地理解一首诗呢？在这个人口约5000万的帝国里，罗马城邦的自然哲学家的数量实在太少，不足以形成任何富有成果的合作关系，[10]这导致了科学知识总体上的衰退。[11]实际上在900多年的时间里并没有意大利出生的科学家在太阳天文学领域做出过价值巨大的贡献。科学史专家蒂莫西·费里斯曾这样形容罗马人：

> 罗马文化是一种不具科学性的文化。罗马崇拜权威；科学并不听命于权威而是尊重自然。罗马擅长法律实践；科学看重新奇过于旧例。罗马很实际，尊重技术，但处于前沿的科学像绘画和诗歌一样不实用……罗马司天监通过日晷判断时间时无须关心太阳的大小；罗马海船的领航员并不过多关心月亮的距离，只要月亮能给他们引路就行。[12]

罗马背对天空时，帝国的一部分则在纪念这一时期最后一位重要人物，这实在是历史的一个讽刺。托勒密——克劳迪乌斯·托勒密（约90—168年）——是一位埃及地理学家兼天文学家，他在亚历山大向东约15英里的卡诺珀斯（Canopus，反传统的历史学家丹尼斯·罗林斯对它的评价十分到位："一座著名的放纵之城，是古代好莱坞、卢尔德和拉斯维加斯的合体。"[13]）活跃了约40年的时间。他留下了4部著作，其中任何一部都足以让他进入古代最重要的作者之列：《数学汇编》，其阿拉伯语书名《天文学大成》更为知名，是一部13卷的记录星星数据的"书"；《四书》（"占星师的圣经"），他从区别研究天象、数学天文学和占星术的两种模式出发写就的一本书；《谐和论》，将音乐的和音与从他认为全宇宙普遍存在的和谐得出的数学比例关联了起来；以及《地理学》，时人对世界的了解的汇编。①

在《天文学大成》一书中，托勒密提到行星沿嵌套在环形轨道中的环形轨道

---

① 原文注：当时的"书"更像是记录必要的简短事项的卷轴，相当于现代的章节。Liber（书籍）是一种书写文字单位，而不是创作作品（现代意义上的书）单位，所以一生写下很多书，比如几十上百卷也并非不可能。李维著有一部127章的书，凯撒的对手瓦罗写下了490章——不过用现在的标准看只有200到250页。作为对比，亨利·詹姆斯著有约40部书，且很少篇幅较短的。但每一代人都会有至少一位笔耕不辍的学者。

运行，地球位于这些轨道的正中心。自始至终托勒密都坚持行星的实际运动状态是不可知的这一假设。他给出了太阳到地球的距离为地球半径 1200 倍的结论（为实际距离的 1/19），基本上整个中世纪人们都接受这一估测结果。他曾一度考虑过日心宇宙，但最终还是抛弃了它：证据在哪？但他确实坚持着每颗行星的两种主要运动之一取决于其与太阳的关系的观点，这样将来演化为日心说时就容易多了。

《天文学大成》一书面世后，批评者指责托勒密抄袭了喜帕恰斯的大段内容，且很多观测结果是杜撰的——确实他无意中把两个相距 37 天的天文事件当作了同一事件，而且还有很多草率之处和借来的观点。[14] 但如果说他是个骗子的话，那他的掩饰工作可真是一塌糊涂，而且换个角度看他的成就更为突出。

科林·罗南在他的天文学史中指出，这段时期的学者"沉湎于一种怀旧情绪，一直在整理和评价前人的成就"。[15] 托勒密是最佳整理者；尽管《天文学大成》中含有直到 17 世纪才更正过来的错误，但托勒密制作的大量星表精度很高，足以为（观测天象方面绝对谈不上经验丰富的）哥白尼所采用。《天文学大成》与欧几里德（打下了几何学基础）的《几何原本》同为使用时间最长的数学教科书。正是托勒密的思想确定了其后 15 个世纪里天文学的路线。

托勒密把自己的工作视为一个持续进行的探求过程的一部分，但他的思想的继承者却视之为终点。如果他提出轨道套轨道的理论是为了维持地球作为宇宙中心的地位，然后又不得不修改其"观测结果"以适应该理论（看起来很可能是这样）的话，他或许就不会有什么困扰了。统治者和权势更大的教会权贵——教条比知识更具价值的基督教思想日益增长的重要性强化了他们的观点——开始怀疑研究天文的意义。正如罗南所书，托勒密去世后，"（整个西欧）天文研究之光熄灭了上千年"；[16] 西欧的天文学家再没有取得任何有意义的进步。科学家的境况开始恶化，托勒密的思想直到中世纪才复活，当时亚里士多德的哲学与中世纪神学在（像托马斯·阿奎那这样的哲学家兼神学家所进行的）督教信仰与古代理性的大融合中结合在了一起。亚里士多德宇宙的第一推动力（尽管他本人从不曾认为它是万物之起因）演变成了基督教神学中的上帝；第一推动力的最外层天球演变成了基督教天堂的宇宙学实体；而地球的中心地位则被解释成了基督教上帝关照人类的标志。之后吸收了亚里士多德哲学的教会就不必太用心去研究天空了。[17]

当时占星术处于主导地位；算命成了那几百年时间里人们的执念，而且它与炼金术和数字符号学（number symbolism）之间的关系成了基督教和阿拉伯穆斯林思想体系中的重要组成部分。正如后来尼采所问到的，"如果没有先前渴望追

83

求隐力量和受禁力量的巫师、炼金术士、占星师，你相信科学会兴起并发展壮大吗"？[18]

罗马领导者也不例外。在凯撒伟大的养子兼继承人屋大维接受奥古斯都（"超越者"）和大帝（"胜利将军"）的称号之前，曾经有一位很有名的占星术士研究他的星象给他算命，认为他是自己将来的统治者，立刻跪倒在他面前，于是屋大维开始改信占星术。屋大维的养子提比略（公元前 42—公元 37 年）虽把所有的占星术士逐出了首都，暗地里却继续靠他们给自己算命。尼禄（37—68 年）也一样，表面上对占星术表示怀疑，却有一个名叫巴比鲁斯（Barbillus）的人通过观察天象来寻找他的敌人，找到后尼禄会立即将其处死。这些年及之后的几个世纪是一个衰退期，天文观测和研究开始屈从于太阳崇拜和大量虚假的预言。来自迦太基的劝教者德尔图良（约 155—245 年）曾写道："对于我们来说，好奇心已非必要。"

这种情况下天文学实际上是在帮助神学。托勒密的理论因其技术上质量较高，拥有和谐的宇宙图景，对占星术又有用，且与基督教教义相符而在罗马西方文化的崩塌中存活了下来。正如弗朗兹·库蒙特所说，由毕达哥拉斯勾勒出轮廓，经柏拉图和亚里士多德加工，由喜帕恰斯给出最终形式并由托勒密所记录的这一系统，催生了"一位唯一、全能、永恒、无处不在且不容直呼的神，整个自然界处处都有它的身影，但它最壮观也最具活力的显现就是太阳"。[19]这些天文学家描述太阳的方式与借用太阳形象的教会所希望其信徒看待基督教上帝的方式契合得几近完美。

对宇宙这种累积的解读赋予基督教的不仅仅是异教徒节日和象征符号。库蒙特继续道："为了实现基督教的单神信仰，只有最后一个结需要打开，那就是必须把这位居于遥远天庭的上帝移出我们居住的世界。"对太阳的各种崇拜不仅为基督教拓宽了前进的道路，也预告了基督教的胜利。不难理解，接下来的 14 个世纪里，教堂和国家要做的事就是紧密携手，把人们对宇宙的理解维持在古希腊人的水平上。

第 7 章
黄色帝国的礼物

> 古希腊的天文学家是哲学家，是真理的挚爱者，只代表个人……而中国的天文学家则相反，他们是政府部门的一部分，与天子的统治地位密切相关，而且举行仪式时准许进入皇宫。
>
> ——安德烈·德·索叙尔，约 1901 年[1]

> 敝邦人未始不知天。
>
> ——邹元标
>
> 《答西国利玛窦书》，约 1597 年[2]

我们对中国的理解基本上来自于一位西方学者的工作——对中国太阳科学的理解尤其如此，他就是著名而博学的英国学者李约瑟，他的生命横跨了 20 世纪（1900—1995 年）。他的研究领域之广足与达尔文、吉本（Gibbon）相媲美。甚至有时人声称，只有达尔文的知识才有他渊博——李约瑟研究的领域包括数学、物理、历史、哲学、宗教、天文、地理、地质、力学和土木工程、化学和化学技术、生物学、医学、社会学和经济学。

他讲八国语言毫无障碍，一生都在写诗，且是一名虔诚的基督徒和共产主义者。从莫里斯舞到蒸汽机车，从手风琴演奏到裸体主义也都在他的兴趣之列。[3]他一生中大部分时间是在剑桥度过的，最初的专业是胚胎学和形态发生学，1924 年娶研究员、生物化学家多萝西·玛丽·莫伊尔为妻。1937 年华人博士后鲁桂珍来到了生物化学部：李约瑟陷入了爱河，完全转变了知识追求的方向。他自学的华语足以用来交流，并为两个问题着迷：中国人为什么意识不到自己祖先取得的科学成就？17 世纪遍及整个欧洲的科技革命为什么没有发生在中国？

就在第二次世界大战爆发之前，李约瑟与剑桥大学出版社签署了一份合同，撰写一部"探讨现代科技起源于欧洲而不是中国这一基本问题"的历史书。[4] 从1943 年起，他与英国科学使团在中国国民政府首都重庆待了 2 年，之后又利用各种可能的交通工具——吉普车、帆船、骆驼、手推车、轿子、羊皮筏——在中国旅行了 6 年，每到一处都收集古籍善本。回到家后，他的"短期研究"变成了 3 卷著作。第一本于 1954 年面世，内有整套书的目录，按当时的计划，这套书共有 7 卷。最终 7 卷变成了 27 卷，大部分出于李约瑟之手，几乎直到 95 岁去世那年他还在笔耕不辍。仅仅讲天文学的内容就有 300 页。[5] 尽管多年来这套巨著一直在增补，有时还有细节上的更正，但它从来都是不可替代的。

根据关于中国起源的一则重要的传说，被称为"五帝"的伏羲及其四位继任者建立了中华帝国，并在公元前 31 世纪到公元前 17 世纪间统治着这个帝国，并把帝国的疆域从现在的北方中原拓展到了东海之滨——国土广袤，海岸线共 8700 英里。另一则同样影响深远的传说则称中国起源于轩辕，亦即黄帝，他于公元前 2698 年击溃对手后成了所有北方部落的领导者。他乘一条龙在天空中疾驰，这条在太阳高度飞行的龙来自太阳诞生之地。传说他相信数字具有哲学和形而上学特性，能帮助人们"实现天人合一"。与古巴比伦的传说一样，中国传说中的轩辕和伏羲也发展了一套以 60 为基数的计时系统，称为天干和地支。

虽然这些人物都是虚构的，但传说中还是存在一些事实。中国记载的第一个朝代为夏朝，从公元前 2033 年绵延至公元前 1562 年。在接下来的商朝或者说殷朝（公元前 1556—公元前 1045 年），中国人创造了一种历法，发明了文字，并精于青铜冶炼。商朝是中华智慧史上的一个关键时期。我们知道公元前 15 世纪中国人就在研究天象，且有证据表明公元前 14 世纪他们就算出了 1 年有 365 又 1/4 天——远早于已知最早的苏美尔历法——给出了测量一天长短的计算体系，制图时考虑了基准方向，所绘制的太阳、月亮轨道十分精确，足以预测日食、月食。

对于中国人来说天文学意义重大，相当的人力物力投向了这门科学。李约瑟在早期的著作中声称中国人把天象与他们所认为上天委派的统治者的行为联系了起来，这种联系至少持续到 16 世纪。天、地、君为一体，只要君主统治得当，天体就会按本来的轨道运行，不会偏离，也不会有意外天象发生。如果君主统治失当，天上就会划过耀眼的彗星或出现新星。[6] 由于非常天象预示着灾难或说明了朝廷的失职，统治者总是把这类预兆列为机密，对记录结果严加看守。由于重大天象人人可见，而很多非显著的天象可根据意愿秘而不宣或广告天下，这样司天监就拥有很大的权利，甚至可以影响到朝廷的政策，从而他们也就成了朝廷生活的重要人物。他们发明了所谓的占卜法，包括利用牛或鹿的肩胛骨或龟壳进行占卜。这些"甲骨"是研究公元前 14 世纪到公元前 11 世纪这段时期的主要信息来源。

由于这门学问有可能成为密谋的道具（独立的天文学家可能进行有利于密谋篡位的君主的占星计算），皇帝昭告泄露天文学信息为犯罪行为——后来提比略和尼禄在罗马也是这么做的。典型的昭告为：

> 如果天文官或其下属有任何交通其他部门的官员或普通百姓的行为，均按违反安全法令……天文官决不能交通内侍或平民。御史台负有监察职责。

甚至私自学习天文学也会被判处 2 年监禁。[8]

中西天文学最让人吃惊的区别是中国人记录行星在夜空中的运行轨迹的方法。他们称之为"黄道"，并用"宫"的序号——十天干——来标记黄道上的位置。十天干与十二地支和五行组合在一起，形成了时辰、天、年以 60 为单位的循环。为了便于记忆，每一地支均与一种动物对应起来。①"在科学史学家看来，"李约瑟简洁评论道，"任何发明动物周期的文明都乐于采用它。"[9]正如他所指出的那样，西方的天文

天文学家朱熹（1130—1200 年）在用晷针确定夏至日。图中的动物可能代表中国的黄道十二宫。

①　原文注：传说认为佛祖邀请所有的动物庆祝新年，但只有 12 种动物去了：鼠、牛、虎、兔、龙、蛇、马、羊、猴、鸡、狗和猪，现在它们在黄道中的次序就是这样。出于感激，佛祖决定以它们到来的顺序来命名今后的年份，某年份出生的人性格上就具有相应动物的特性。

学家看不懂中国占星术士的星座图——这一观点很切实际，因为这个著名的群体往往对中国人真正的先进之处视而不见。

天文观测的记录与文化活动往往并肩而行。比如，公元前 8 世纪到公元前 5 世纪的宗教活动汇编——《礼记》有言，天子（君主/皇帝）作为星象师需要预测其子民参加天地仪式的时机，即播种的时机。（与古希腊人一样）观星是日常生活的一部分——明朝后期学者顾炎武曾写道："在夏商周三代，人人都是天文学家"。① "天文"的字面意思是"天空的图案"，包含对天上所有事件的系统研究——月盈月缺、行星运行、彗星的类型和颜色等等。为天空绘图并非中国的专利，不过，要说天文观测的坚持不懈和精确，最出色的当数中国人和巴比伦人，直到后来阿拉伯天文学兴起。从公元前 14 世纪中叶起，中国人在接下来的 2600 年里记录了 900 次日食。这一时期，中国人还发现了太阳黑子——正史中提到太阳黑子的地方不下 120 处。尽管对黑子的形状和分裂的观测直到更晚后才出现——公元前 28 年出现首次记载，但已经比西方的记载早了很多。可能有人会问中国人是如何发现黑子的，因为他们那里的天空并不是十分干净，而且肉眼能观测到的黑子直径必须大于 5 万英里。

公元前 6 世纪中国进行了重量、尺寸和其他实物的标准化，比如道路的宽度，甚至晷针的长度也由官府定为 8 尺（1 尺≈0.33 米）（略短于 8 英尺）。到了公元前 5 世纪中国人已经知道了日食的原因，并首次记录了哈雷彗星的出现（出现于公元前 467 年）。公元前 370 年到公元前 270 年间，两位最伟大的中国天文学家石申和甘德，与同行巫咸编制了第一批星表；喜帕恰斯在 2 个世纪后才做出可与之比肩的成绩，由此可见他们的星表是多么先进。

在所有这些记录中，太阳只是力量的一种（描绘宇宙图像的中国屏风上往往没有太阳）：赋予它最高重要性会打乱自然平衡。中国人认为天是一个口朝下的大碗，扣在方形的地上，共有东、南、西、北、中五个方位基点，中是天界的中心。太阳本质上是一颗拱极星，依次照亮地球各个区域。太阳和月亮都在天上，而天在高速运行，带着太阳和月亮一起奔跑。

从公元前 200 年前后起，秦朝的司天监下有 300 多名天文学家。他们根据月亮相对于恒星的表观运动（据此推算出 1 "恒星月"为 27.32 天）以北天极为极点，用类似于地球经线的方式把天分成了 28 个大小不一的区域。他们使用的工具有一种叫作石盘的星象仪，即固定的方形板（代表地）上放有一个可旋转的圆

---

① 译注："三代以上，人人皆知天文。"出自《日知录》。

盘（代表天）。圆盘周围标有 28 星宿的名字，而圆盘中心则是北斗七星。有了这个星象仪，在一年的任何时候都可以知道某颗星的位置，而且它还起着时钟的作用。只要天文学家计算出哪颗星在日落时通过子午圈，就能知道哪个星座在正午或午夜运行至天顶——而且，知道了春分日某个星座已经升起，就能知道哪些星正在赶往它们的最高点，或哪些星正在西落。这种星象仪在公元前 2 世纪之前演变成了罗盘，它的功能也从天上转到了地上。

所以中国的天文学体系与古希腊及后来欧洲的都大相径庭。古埃及和古希腊人记录日出、日落及黄道附近其他行星的运行轨迹，比如，天狼星与太阳一起升起就预示着尼罗河即将泛滥。李约瑟写道："这样的观测不需要极点、子午圈或赤道的概念，也不需要小时计时体系……他们的注意力集中到了地平线和黄道身上。"[10] 而中国人的关注点是北极星及周围其他星星，他们天文体系的基础是子午圈——穿过北极星和观测者天顶的天球大圈——及对北极星近邻的上中天和下中天的计算。① （这两种体系也并非完全无关。比如，荷马就意识到了北极星作为北方标志的重要意义；而特洛伊被围困期间，哨兵根据大熊座尾星竖直方向或水平方向的位置来确定换岗时间。）

这样做有其清晰的科学基础，但对于多数中国人来说，他们对天的理解——及对太阳的理解——与他们看待世界的方式密切相关。中国人的宇宙学强调平衡、美德和对个人职责的履行；他们认为天上发生的事反映了这种平衡有没有达到，特别是通过"气""阴""阳"这三个重要的术语可以理解他们的这种哲学。大约公元前 300 年之前，"气"还只具有最狭隘的含义，即"生命能量"，但之后中国人便赋予了更多的含义：空气、呼吸、烟、雾、死人的灵魂，还有云的形态——基本上包括所有可以理解但无法捉摸的东西；生理活力；影响健康和季节的宇宙力和气候影响（太阳的很多作用均归于"气"）；气味、颜色和音乐调式。气可以是良性、保护性的，也可以是病态的，是疾病的动因，是破坏性的。

中国的一个重要教派——道教秉持的便是一种关于二元性和平衡的哲学——因此就有了阴阳观。阴阳代表了几乎所有相对的力，阴表示凉、湿、女性，阳表示热、干和男性。其他的对立元还包括日和夜、光和暗、忠和奸，等等。[11] 道教提出了一种观点：阴和阳的涌动，导致了带来潮汐和季节冷热的周期性变化。他们

91

---

① 原文注：拱极星是指因靠近南天极或北天极，从地面给定纬度上看从来不落下（即从不会消失于地平线）的星星。所以一年四季每一天从当地都能整晚看到这种星——没有耀眼的阳光的话，全天也都能看到这种星。

相信数字是保持平衡的关键，"五"特别吉利——东西南北中五大方位每一个都有相应的颜色、动物、元素和气味。"九"也很重要，但与其说吉利倒不如说更值得注意，所以在九月初九——重阳节——北京人会不辞劳苦攀登这座城市的两座山（清净化城和蓟门烟树）以求辟邪。[12]

气分阴阳：阴、阳是任何空间或时间构型的属性，李约瑟称之为"宇宙的两种基本力"，太阳具有火热的阳性，而月亮和地球则属阴，空气则没有属性。[①] 区别在于物体自己发光还是反射其他物体的光。而且，中国还有表示生命进程的五个阶段（五行）：金、木、水、火、土。到公元 2 世纪时，人们还不清楚这些素材的统一原理，但尽管如此，仍诞生了一种描述宇宙及其在地上对应物的国家和个人通用的语言：存在一种动态的和谐，它通向真正的道。这种分类体系起源于人本思想，之后又逐渐演变为国家宇宙论，并由此为科学家所接受。

公元前 221 年东方各王国统一成为中国，伟大的中心之国"秦"。"中国"既意味着"秦皇室的土地"也意味着"秦"是中央帝国。由于与其他文明距离太远兼有天然的屏障，中国文明与其他文明隔绝了开来，这就给了中国人其国家位于地球中心，是文明的唯一起源的印象——这一思想将持续两千年。

不过，公元 1 世纪向中亚的扩张给中国的天文学家带来了印度和波斯的思想，激起了对宇宙学和天文学的强烈怀疑。印度和波斯的一些理论比中国的远远超前：公元 5 年，摄政者兼后来的皇帝王莽（公元前 45—公元 23 年）根据他了解到的这些外国思想，认为各种天象系"自行"发生的，自然灾害并不具有警告和惩罚的意义，他的这一说法并没有流传开来。后汉（25—220 年）另一种理论广为接受，它把宇宙描绘成一个无边无沿的空间，太阳、月亮、行星、恒星都漂浮在其中——这个理论以在人类历史上第一次提出无限无中心宇宙的概念而闻名。

中国的数学（从公元 100 年前后起）多用于历法计算和天体位置预测。（西方的历法强调几何学，而中国的历法科学则具有牢固的代数—算术天文学传统。）132 年，中国最伟大的"太史令"张衡（78—139 年）在这种数学的基础上，发明了第一台用于指示地震的地震仪：这是一个圆柱形装置，顶上 8 个龙头，每个

① 原文注：与大多数文明一样，太阳在中国也有多个同义词，包括耀灵、朱明、东君、大明、阳乌，等等。[13]

龙头口中均含有一颗小球；每个龙头正下方有一只青蛙。地震波到来时，一只龙头口中的小球就会掉入青蛙口中。他还写道，月光只是月亮反射的太阳光，而月相是月亮在其轨道上不同位置反射太阳光的结果。他发明了一种带有分度圈和观测筒的星盘。① 月食时平民百姓敲锣打鼓驱赶天狗，张衡则向他们解释月食的成因。李约翰认为他"给出了天文学领域杰出的标准"，尽管张衡仍受到当时的思想环境的局限：虽然他建造了中国第一台会旋转的浑天仪，但这台浑天仪与天文实际的关系并不大，或者说没有关系，而主要是反映了他在《浑仪图》中表达的宇宙观："浑天如鸡子，天体圆如弹丸，地如鸡中黄，孤居于内，天大而地小。"而在李约瑟没有翻译的一篇文章中，张衡补充道："天体于阳，故圆以动；地体于阴，故平以静。"[14]

93

从 2 世纪到 11 世纪，中国人对太阳的理解没有发生大的变化——尽管他们的天文学文献相当于植物学、动物学、药学、医学的总和。到了 12 世纪，翰林院共有 369 部天文学及相关著作，而到了 13 世纪，中国的天文学仪器已远超欧洲；不过，由于中国数学的非几何性，中国人仍不能绘制精确的星表，他们的天文学也难以进一步发展。这是中国文明与其他文明相互隔绝的结果。直到 400 年前后，除了周边近邻，中国基本上与所有其他文明还处于完全隔绝状态。13 世纪基督教传教士就已经历尽艰辛来到了中国，但文化交互的思想非常鲜见，而且这个国家一直都不是西方世界好奇的对象，直到 1250 年方济各会修士应诺森四世教皇委派前往亚洲——去发现在多个方面都非常发达的文明。

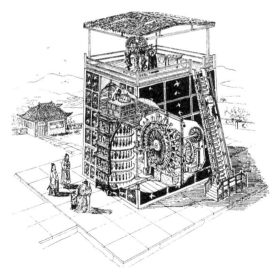

水力天文钟塔，位于开封，由苏颂（1020—1101年）建造。这座塔钟共用了 133 个不同的钟表零件来指示小时并用声音报时。

① 原文注：星盘表现的是某一时间从某一位置观察时天空的理想面貌。把星座画在星盘上并做上标记，这样便于发现它们在天上的位置。画好后，整个天空就都体现在星盘上了，很多天文学问题都可以直观地得到解决。

几十年后马可·波罗（1254—1324 年）充实了方济各会的报告。他描写的是直到 13 世纪末这段时间一块"十分广大"的土地，那里有"最大的城市，最宽的河流，最宽广的平原，火药、煤炭、印刷术已经获得了普遍应用"。[15]此外还有很多内容可以补充：基于纸币的经济、超过 100 万人口的城市、纯正的行政机构，以及丝绸、茶叶、瓷器、中药、漆器、纸牌、火箭、天文钟、多米诺骨牌游戏、墙纸、风筝，甚至折叠伞。马可·波罗描述的是处于忽必烈汗统治下的中国，这段时间中国的疆域从太平洋一直延伸到东欧大部，且中国对外邦文明的态度也比之前任何时候都开放。①

明朝（1368—1644 年）中国再次关闭国门 100 多年，其天文学发展也陷入了沉睡——这种急转而下让人难以置信；其原因可能是中国人"相信他们已经得到了幸福生活，所以他们的教育不需要再做改变了"。[19]直到耶稣会士的到来形势才有所改变。耶稣会士们发现这一文明与西方的众多知识深深隔绝开来，包括西方的地理学和天文学。一位传教士是这样描述邀请中国客人观看自己挂在小屋里的世界地图的：

---

① 原文注：古代中国的天文学有没有受到西方的影响？影响有多大？1986 年北京故宫博物院把两块马骨交给大英博物馆寻求帮助。两块都有楔形文字残痕，而且其中一块被认为是记录了公元前 539 年波斯居鲁士二世征服巴比伦事迹的圆柱形石（大英博物馆有一个样品）的劣质复制品。起先研究人员假设这块具有方形结构和象形文字的马骨是个赝品，但经过长期的研究，专家们确定它就是真品。它怎么会突然出现在北京呢？1987 年某个中国历史期刊登了已于前一年去世的老中医薛申伟（音译）的一篇文章。1928 年他在中国东部游历时，就从当地一位学者那里了解到这两块石头的信息。之后他就一直跟踪它们的去向，十多年后从一位古董商那里把它们购买了过来，古董商说他自己是从新疆西北部古尔班附近的荒漠中收购的：当地的村民称这种碎片为龙骨，并作为纺锤使用。在"文化大革命"期间，薛申伟把这两块骨头埋了起来；后来形势好转才挖出来，并在临终之前献给了故宫博物院。[16]新疆很可能位于某条古代贸易路线上，所以公元前 4 世纪来自西方的到访者可能确实带来了这些骨头。我问大英博物馆一位高级馆员，这一发现是不是并不那么重要，他沉思一会回答说："我觉得，我们确实往往会把一些东西留给自己。"[17]

故宫博物院收到这两块骨头 6 年后，丝绸之路上的"必死之地"科孜恰克（Qizilchqa）发掘出了至少已埋葬了 3800 年的 113 具干尸。（丝绸之路是总长 4000 英里的交通网，连接了普通道路和沙漠旅队道路，公元前 500 年到 1500 年间一直是连接欧洲、中东、印度、中国的主干道。）尽管这些尸体的皮肤已经干化、黑化，但明显看出具有高鼻梁、高颧骨、深眼窝，是典型的高加索人——甚至还有金发。位于塔里木盆地（现新疆）塔克拉玛干沙漠的科孜恰克，是发现这种干尸的四大遗址之一。这里的干尸不是一具两具，而是 30 具或更多的干尸群，表明他们是常住居民而不是迷路的旅行者。宾夕法尼亚大学中国研究教授维克多·H. 梅尔（Victor H. Mair）认为，至少 3980 年前东西方之间就存在实质上的双向交通。这些沙漠旅队是否携带有科学知识？我们并不知道，但至少两具"塔里木干尸"仍穿着最早的丝绸衣服——衣服上有星图和天文学古文，可能是腓尼基文字。[18]

　　　　在他们看来，天是圆的，地是平坦的、方的，而且他们坚信自己的帝国位于大地中央。我们的地理学把中国推到了东方一角，他们不喜欢这一点。他们无法理解地球是球状的，由陆地和水构成，而且这个球没有起点和终点。这位地理学家不得不更改他的设计并……在地图的两侧都留出空白，让中央帝国正好位于地图中央。这样更符合他们的观点，让他们非常开心，非常满足。[20]

　　中国的地理学可能已经倒退，不过中国的三种发明——指南针、方向舵、可逆风行驶且具有隔断式船壳以保证开了孔后仍不会轻易沉没的船——却方便了欧洲人经由海路驶向东方。即便在当时，第一位伟大的传教士弗朗西斯·泽维尔于1551 年从附近的日本出发后，仍航行了 9 个月才靠在了离岸 7 英里的一个小岛，又过了 9 周才踏上了大陆。约 30 年后，意大利耶稣会士，数学家兼天文学家利玛窦花了 4 个月时间才来到位于澳门的葡萄牙前哨基地，又经历了疾病、失事和监禁等磨难才最终到达北京。

　　在所有前往中国的耶稣会传教士中，利玛窦是最著名的一位，他是准许前往北京后来又进入紫禁城的第一位西方人。在为很多高官施洗时，他向主人们介绍了文艺复兴的进展——尽管他和很多前往中国

96

耶稣会传教士在观测 1688 年的一次日食，暹罗王在场。

的耶稣会士也传入了当时欧洲的很多科学错误，且确实嘲笑了"天是空的"的观点。然而，正如李约瑟所说："相距很远的诸天体漂浮于其中的无限空间的观点……与死板的亚里士多德-托勒密同心天球观点相比，过于先进。"[21]

　　1584 年到达北京后不久，利玛窦就开始向主人介绍他在欧洲学到的知识——甚至向后者提供了一张世界地图，地图上显示太阳大于月亮。[22]中国人认为自己是全球的智慧大师，在科学方面亦如此，所以对地图持否认态度——直到利

玛窦制作了一只报时时钟，他说这只时钟可以模拟星星的运动。为了测试这一点，他的主人用自己的方法预测了一次日食发生的时间，而利玛窦和他来自欧洲的助手则用自己的设施进行预测。中国人预测的时辰并没有发生日食；而利玛窦预测的时间与日食发生的时间完全吻合。

利玛窦声名鹊起，后来受邀前往中国位于南京的最重要的天文台。他原以为会见到一些详细的半巫术式的图表，结果却发现了 4 台画有龙图案的精美铸铜仪器，比他在欧洲见到的任何仪器都复杂；其中两个球状仪器标有中文欧制角度，用于测定日食；第三个是日晷；最大的是第四个，星盘四件套。负责的太监①解释说这些仪器是某个穆斯林天文学家在 250 年前制作的。

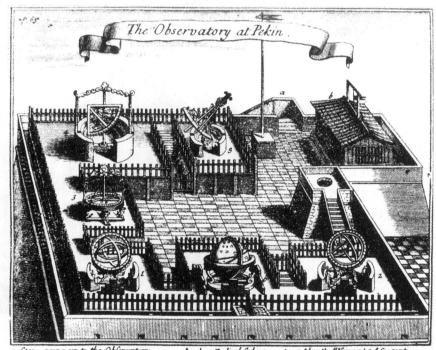

17 世纪建起的北京皇家天文台（现北京天文馆）。这里发现了太阳黑子，并保留有彗星记录。图中可以看出大铜球（下方）、四分仪（左上）和六分仪（中上）。

---

① 原文注：历史学家贝弗利·格雷夫斯·迈尔斯写道："在拜占庭帝国后期，地上的皇庭成了天庭的翻版。皇帝代表上帝，围绕着皇帝的太监身着明亮的白衣，容光焕发的脸上没有胡须，象征着天使。"[23]最后一位服务中国朝廷的太监孙耀庭于 1996 年去世，享年 93 岁。

利玛窦查看了其中一个球并指着刻度条问道："你是看影子落在哪个刻度上吗?"太监一脸迷惑,之后点了点头,然后就试图拉开利玛窦,但利玛窦继续研究,并注意到刻度还用小疙瘩进行了标注,这样晚上可以通过触摸来读出数值。[97]之后他发现了什么,大吃一惊。

"南京肯定是在 32 度上?"

太监表示同意。

"但这些仪器都设置在 36 度。"太监沉默了,并再次试图转移利玛窦的注意力。被激起了好奇心的利玛窦又问了两三个关于日晷的简单问题,太监都闪烁其词,直到最后大太监坦白道:

"这些仪器很漂亮,但我们不知道怎么用。共做了两套,一套为北京做的,另一套为平壤做的。这几个是从平壤运过来的。"

利玛窦这才明白。平壤位于 36 度,而这些仪器从来没有校准过。它们不过是一些摆设。利玛窦渐渐了解到一些传自阿拉伯的天文知识——所以说中国差不多与欧洲同时从同一文明了解到对托勒密体系的初步理解。不过,在复兴中的西[98]方,人们热切地接收了这些知识并进行了深入研究;而在中国,由于认为科学无助于舒适生活或有效管理(与占星术预测作用的价值相反),不准许进行研究。[24]

利玛窦尽己所能改变中国人的这种无知,但他的教育工作遭遇了巨大的阻力。直到他去世三年后,中国的司天监预测一次日食时发生了严重偏差,朝廷这才最终下令更新历法并翻译欧洲的天文学著作。不过,紧接着中国就由满洲统治,再后来这个国家再次采取了闭关锁国政策。尽管一直与世隔绝,直到 18 世纪后期中国仍拥有世界上最繁荣最成熟的文明,让很多欧洲人都心存敬畏。塞缪尔·约翰逊的第一篇散文(1733 年)就曾称中国"在所有的科学领域都完全成熟,炉火纯青"。[25]直到 1850 年中国的天文学才与其他国家的天文学接轨。

现如今,北京天文馆已建有地铁站。

第 8 章
苏丹塔

> 醒呀！太阳驱散了群星，
>
> 暗夜从空中逃遁，
>
> 灿烂的金箭，
>
> 射中了苏丹的高领。

——《鲁拜集》开篇词①

> 黑夜降临，他看到一颗星说："这是我主！"看到月亮开始升空，他说："这是我主！"看到太阳从东方升起，他说："这是我主，最大的主。"

——《古兰经》[1]

1959 年，小说家兼文化历史学家亚瑟·凯斯特勒出版了《梦游者》（*The Sleepwalkers*）一书，对历史上的科学发明做了很好的说明。他的结论是伊斯兰文明并没有给天文学的发展添砖加瓦。他总结说，阿拉伯人

是 [希腊-印度] 遗产的媒介、保存者和传播者。他们在科学上的原创成果很少。有几个世纪他们是这笔财富唯一的持有者，但他们没有把这笔财富投入到实际应用。他们改进了历法天文学，编制了出色的行星表；详细阐释了亚里士多德和托勒密的宇宙模型；向欧洲传入了基于符号 "0" 的印度计数系统、正弦函数以及代数法的应用；但他们没有发展理论科学。用阿拉伯语写作的大多数学者都不是阿拉伯人，而是波斯人、犹太人和聂斯托利派基督

---

① 译注：此处采用的是郭沫若的译文。

教徒（Nestorians）；到了 15 世纪，伊斯兰继承的科学遗产则很大程度上为葡萄牙犹太人所继承。[2]

他的评论从某种意义上说是对的，但并没有考虑到欧洲黑暗时代，保持—— 100 如果这个词足以描述伊斯兰的贡献的话——本身就具有巨大价值。仅仅延续并逐渐发展知识就十分重要，尤其是对于太阳天文学来说。伟大的比利时裔美国学者乔治·萨顿（1884—1956 年）将其五卷本权威著作《科学史》（*History of Science*）按半个世纪划分，每半个世纪一个中心人物。从公元前 450 年的柏拉图开始，接下来是亚里士多德、欧几里德和阿基米德；但从 750 年开始就是一连串的阿拉伯和波斯科学家——贾比尔、阿尔-花拉子密（他计算过日历、太阳的真实位置、日食月食，研究过球面天文学）、伊本·阿尔-海瑟姆（Ibn al-Haytham，被时人称为"托勒密第二"，近来一位阿拉伯历史学家称其为阿基米德之后牛顿之前最伟大的物理学家［参见：吉姆·阿尔-卡利里（Jim al-Khalili），《智慧屋，阿拉伯科学是如何拯救古代知识并带来复兴的》（*The House of Wisdom，How Arabic Science Saved Ancient Knowledge and Gave Us the Renaissance*），纽约：企鹅出版社，2011 年。］、阿尔-拉齐、阿尔-马苏迪、阿布·瓦法、阿尔-比鲁尼和阿维森纳——终于莪默·伽亚谟（1050—1100 年）。

基亚斯·阿尔-丁·阿布尔-法斯·莪默·伊本·伊布拉西姆·阿尔-伽亚米（Ghiyath al-Din Abu'l-Fath Umar ibn Ibrahim Al-Nisaburi al-Khayyami）——西方称之为莪默·伽亚谟——在 1859 年之前一直不为西方所知，这一年柔弱斯文的萨福克（Suffolk）学者爱德华·菲兹杰拉尔德出版了一部匿名译著，即 4000 行的《鲁拜集》（字面意思为四行诗节）。当时菲兹杰拉尔德正值中年，但之前的作品并不引人注目。这本书似乎又要面临同样的命运，他自己可能也并不意外。然而，两年后，伦敦一位书商通过摆在莱斯特广场（Leicester Square）附近书店外的 1 便士书柜低价售卖剩余的库存，另一位诗人，丹蒂·加布里埃尔·罗塞蒂买了一本，很快就宣称这是一部出色的杰作；在 19 世纪英国经久不衰的波斯文化热的推动下，世纪末这本书成了当时最为流行的诗作。不过《鲁拜集》却只是伽亚谟的众多著作之一。

伽亚谟居住在耐沙普尔（Naishapur，现在伊朗的东北部），距离阿富汗和土耳其斯坦边界很近。他最后一个名字的意思是"做帐篷的"，在某一诗节中他写了一句双关语"伽亚谟，缝制知识的帐篷"——他就是这样做的。他是广受欢迎的《论代数问题之证明》（*Treatise on the Demonstration of Problems of Algebra*）

的作者，而且第一次给出了三次方方程的通解；他还帮助改进了波斯历法，按照吉本（Gibbon）的说法，这部基于太阳年而非月亮年制定的新历法"超过了儒略历的水平，精度直逼格里历"。[3] 他测得的太阳年为 365.24219858156 天，考虑到 19 世纪末的结果为 365.242196 天，现在进一步精确为 365.242190 天，伽亚谟给出的结果是极其精确的。他绘制了星图，还协助建造了一座重要的天文台。

伽亚谟及其他 8 位阿拉伯或波斯科学家虽然是萨顿选出来的，不过还有别的很多人拥护他们。有了凯斯特勒并不高的评价，人们或许会问，什么让阿拉伯科学，尤其是其数学家和天文学家，在 350 多年的时间里如此出众？怎样评价伊斯兰文明对太阳天文学的贡献才算中肯？本章前半部分都在讨论这两个问题；而事实上二者中任何一个的答案都与另一个的答案密切相关，因为伊斯兰重视知识并不只是因为知识本身，对于天文学来说——尤其是对太阳的研究——还因为它对宗教信仰的贡献。所以我们将考查从 750 年前后开始直到哥白尼时代，对太阳的研究是如何与其他文化相互关联的——尤其是在印度和欧洲。

一切始于 630 年，这年先知穆罕默德向自己的出生地麦加挺进。麦加城未作抵抗便屈服了，并成了穆罕默德新的伊斯兰教信仰的朝圣中心。下一场胜利，即征服海白尔（Khaibar）的犹太定居者时，当地一位妇女向他及部分部下进奉了投了毒的肉。他又挺过了两年，于 36 岁生日前 8 天去世。

当时他已经建立起可与犹太教和基督教比肩的伊斯兰社会和政治力量。之后的几十年里，他的继任者统一了伊朗、伊拉克、埃及（攻陷了亚历山大并将该市伟大的图书馆付之一炬）、叙利亚、巴勒斯坦、亚美尼亚和北非的大部分领土。到了 750 年，北非其他地区也皈依了伊斯兰教，同时皈依的还有伊比利亚半岛和中亚的大部分，以及南亚的大片区域。到了 10 世纪，伊斯兰教更深入到了非洲内陆，也扩散到了原来印度教占主导的印度东部，即现在的巴基斯坦、印度和孟加拉国，直达中国边疆部分省份。

穆斯林神学家的包容性是基督教同行或中国同行所远远不能比的——所以在伊斯兰教的黄金时代，穆斯林渴望各门各类的知识，穆斯林学者经常与其他国家的天文学家和自然历史学家交流看法。661—751 年，从大马士革号令伊斯兰世界的哈里发①一直在系统地[4]增加知识储存。

---

① 原文注：Caliph，源于阿拉伯语 *khalīfa*，意指"副摄政者"或"继承者"，这里特指穆罕默德的继任者。这个称号也指明了被称呼者的角色：按照古兰经和先知的言行实施管理的人。先知，是一个只有整个逊尼派社会的领导者才配得上的称号。

　　这种学习的热情根在穆斯林的圣书。古兰经有超过 1/5 的内容——1100 多行——讲的都是自然现象。① 古兰经与穆罕默德教诲一起，大大推动了个人和国家对像数学和天文学这样的知识的关注。伊斯兰学者 M. A. R. 汗曾写道： 102

> 　　古兰经一些最动人的篇章讲的是星球世界的壮美、太阳和月亮在星座中运动的规律、月圆月缺及其他行星夺目的光芒。难怪阿拉伯及后来由其他国家和文化转投伊斯兰的民众如此醉心于天文学并磨灭了自己这方面镌刻许久的印记。[5]

　　大马士革的哈里发的继承者于 751 年掌权，其朝代被称为阿拔斯王朝，统治时间超过 5 个世纪，首都选在巴格达而非大马士革。阿拔斯王朝致力于拓展大马士革时代所取得的科学成就。定都巴格达大约 12 年后，他们开始根据两个人的设计方案重建该城，其中一人是哲学家，另一人是天文学家。重新规划后不到 50 年，这座新的大都市成了全球卓越的文化之城、科学之城。在教会禁止外科手术的年代，阿拉伯人正在实施麻醉并进行复杂的手术。数学经历了大发展：他们在三角数学中引入了正切的概念，提出了三次方程并给出了解，对圆锥进行了广泛的研究，用正弦代替了弦，给出了解决三线数问题（trilineal figure，高级数学的一个偏僻领域）的基础理论。他们建立了全球第一套国际银行系统，带来了第一只钟摆和第一座风车。天文学与其他科学一样，也繁荣了起来。

　　尽管巴格达是观测天文学的中心，但复兴绝不局限于这一座城市，而是遍及从西班牙到中亚的穆斯林国家首都。这些哈里发都是大赞助者，特别是阿尔-曼苏尔（754—775 年在位）。举其典型一例，一位来自印度的科学家带着 400 年前印度天文学家阿雅巴塔写的一本《太阳全书》（*Solar Principles*）来到了王庭。哈里发把它翻译成了阿拉伯语——在阅读古希腊文献之前穆斯林就已经熟悉了印度和波斯文字。哈里发阿尔-玛门（813—833 年）走得更远。他自己就是一位天文学家，建立了著名的学院"智慧之家"（the House of Wisdom），且对学院里的 103 饱学之士赏赐优厚：高级图书馆员在退休时会收到与其翻译图书等重的黄金。萨

---

　　① 原文注：扎迪·史密斯（Zadie Smith）的第一部小说《白牙》（*White Teeth*）很好地回应了古兰经对物的重视。书中双胞胎米莱特（Millat）和麦吉德（Magid）在"泰晤士河西南方的一所红砖筑就的大学"的课堂里相遇："米莱特通过摆椅子来展示古兰经中的太阳系，这部比西方科学早了几个世纪的书如此清楚地描述了太阳系，令人印象十分深刻。"（伦敦：企鹅出版社，2001 年），第 397 页。

顿所举的 8 人中，阿尔-花拉子密和阿尔-肯迪就是这一时期的人，后者所著《光学》（*Optics*）为牛顿的很多理论打下了基础。

是阿尔-玛门向其臣民介绍了最优秀的古希腊作品——托勒密的《天文学大成》在 8 世纪晚期 9 世纪早期至少翻译了 5 次，其中 1 次译成叙利亚文，4 次阿拉伯文。他建立了两座天文台，一座位于利雅得城外的沙漠里，一座位于大马士革西边的卡西扬（Qasiyaun）；接下来的 7 个世纪里王室出钱兴建了 12 座天文台，另外还有很多座是由天文学家自己出钱建起来的。这些研究很多都与太阳相关：计算进动速度和回归年的长度，探讨地平线上的太阳看起来大于中天的太阳的原因。

他们这样做与伊斯兰教也密切相关。穆斯林要面向麦加（距离红海约 50 英里的一座山城）礼拜。麦加不仅仅是穆罕默德的出生地：它还被尊为地球上第一处居住地，易卜拉欣（亚伯拉罕）及其儿子伊斯玛仪（Isma'il）在这里建立了天房（Kaaba，"方形"石殿），而穆罕默德则把天房立为所有伊斯兰礼拜的中心，真主显圣之处，由穆罕默德的部落古莱氏人（Quraysh）负责照看。像做祷告或按伊斯兰教教规宰杀动物来食用这样的仪式也必须面向天房进行；而且穆斯林下葬也要使尸体侧躺，面对圣墙。（现代穆斯林的葬礼稍有不同，但尸体仍必须朝向天房。）[6] 由于穆斯林做礼拜及其他祈祷活动都要朝向麦加，他们需要确切知道麦加位于何方。

全球分布如此广泛的朝圣者是如何确定基布勒（*qibla*）——为保证面朝圣城而面向的方向的呢？[①] 最初，信徒根据日出日落和恒星的位置确定基布勒——早期的清真寺只是大体上朝向麦加，并不精确。出于对更精确的朝向的追求，哈里发阿尔-玛门委派一组学者来确定麦加和巴格达的方位。受到类似的启发，数学家阿尔-比鲁尼写了一部数学几何学专著《塔迪德》（*Tahdid*，"城市方位坐标的确定"），目的在于确定从位于喀布尔和坎大哈之间的伽兹尼（Ghazna）城出发的基布勒。根据著名的阿拉伯文化专家戴维·金的观点，在 9 世纪，"多种带有宗教性质的地理学方案得到了发展……其中将世界围绕克而白古寺（Ka'ba）分为多个部分，每一部分的基布勒均根据日出日落或某一恒星来确定"。[7] 穆斯林数学家利用几何和三角函数解编制了一张基布勒表，表中的基布勒为相对于子午线的

---

① 原文注：天房实际上是早于伊斯兰文明的一座异教石殿，何时为何人所建并不清楚。天房高约 50 英尺，宽 35 英尺，立于伟大的阿尔-哈拉姆（al-Haram）清真寺的正中。天房的墙壁中嵌有一大块黑色石头（经科学家鉴定为陨石），所有的朝圣者都要亲吻这块石头。

角度，经度纬度每隔一度给出一个数值。其中所用到的极其复杂的计算催生了天文表，有了这些表信徒们不管身在何处，都能确切知道他们应该面朝的方向。到了 10 世纪初期，清真寺朝向麦加的精度已大大提升：埃及和安达卢西亚境内，即那些位于真主之城西方的清真寺正对着冬至日的日落点，而位于真主之城东方的清真寺，即伊朗、伊拉克和中亚境内的清真寺则正对着日出点。

这不只是朝哪个方向礼拜的问题，还包括何时进行礼拜。穆斯林需要关于太阳、月亮的精确知识来确定进行祷告的精确时间。按照 20 世纪科学历史学家穆罕默德·伊莱斯（Mohammad Ilyas）的观点，"天文学家的角色十分重要，中世纪只有那些重要的天文学家才被派往穆斯林世界不同地域的大清真寺"。[8]古兰经并没有明确做祷告的时间，而是鼓励大家利用太阳做引导。伊斯兰教的早些年，人们仅仅通过观察白天日影的长度和凌晨及傍晚时的曙暮光现象来确定祷告的时间。穆斯林日落时以昏礼（*maghrib*）开始自己的一天，夜幕降临时进行第二次祷告，即宵礼（*isha*）；之后是晨礼（*fajr*），或称晨祷，中午时做晌礼（*zuhr*），在太阳刚过中天后不久做。最后是晡礼（*asr*），或称下午祷，于物体影子的长度相当于正午最短时的长度加上物体本身的高度时开始。对于某些穆斯林派别来说，还有第六次祷告，即上午礼（*duha*），上午开始，距离正午的时间与晡礼距离正午的时间相同。

不过一些早期的清真寺建造时并没有请教过天文学家，鼓励年轻的学者去学习天文学和数学并不仅仅是为了编制日历（伊斯兰教历法是严格的阴历），对宗教实践也有重要的帮助。中世纪穆斯林出现一系列伟大的科学家与同一时期穆斯林礼拜仪式不断变化而又条理分明的发展绝非巧合。

平面星盘——希腊人所谓的"观星仪"——可能早在 8 世纪就由伊斯兰数学家和天文学家穆罕默德·阿尔-法扎里（796—806 年间去世）引入了，仅仅增强了阿拉伯人研究天文的兴趣，特别是研究彗星、日食月食这些壮观天象的兴趣。作为一种多用途仪器，星盘可以测量地平纬度并回答球面天文学方面的众多关键问题，欧洲学者在颂扬它的对话录中称之为"仪器之王"。最优秀的工匠被称为 *alasterlabi*——星盘制作者——由此可见对星盘的需求。大多数这类仪器都出自王室工场（*buyutat*）；个人制作这种仪器是一种很了不起的成就。[9]

古希腊对天文学的研究为推理式研究，而这些伟大工具——星盘、子午线四分仪、浑天仪和星象仪——的运用则将天文学的研究模式由推理转为实践，为科学家制造今天的实验设备，建立现代天文台打下了基础。992 年，人们利用一个半径为 40 库比特（cubit，40 库比特约等于 58 英尺）的四分仪测量了黄道的倾斜度；而伟大的撒马尔罕（Samarkand）天文台的矩形子午线弧的半径则超过了120英尺。光这些巨大的仪器就赋予了阿拉伯天文学家相当的精度优势，也是他们对于我们理解太阳来说做出的最伟大的贡献。

两位印度天文学家通过一部17世纪的望远镜在凝视星空。

13世纪阿拔斯王朝受到蒙古人入侵，陷入混乱，东西部成了两个半独立的国家。1220年成吉思汗带领约20万骑兵横扫中亚和阿富汗，征服了撒马尔罕、布哈拉（Bokhara）和巴尔克（Balkh），直达东土耳其。成吉思汗72岁去世时已经皈依伊斯兰教，并把热情由摧毁转向了建设，但此时他已经在20年的时间里摧毁了世界上最先进的文明。同时十字军正再次肆虐哈里发王朝西部边疆。致命一击于1258年到来，当时成吉思汗的孙子旭烈兀汗洗劫了巴格达，摧毁了宫殿和公共建筑。历代哈里发辛辛苦苦收集的图书和艺术收藏被抢掠后付之一炬。有人认为仅有千分之一的书逃过了这一劫。

不过阿拉伯天文学仍将流传下去。洗劫巴格达的3年前，旭烈兀汗攻下了阿萨辛斯派这个重要的山头①。俘虏中有阿萨辛斯派的大师奉之为占星术顾问的天

---

① 原文注：这个成立于1090年的宗教教派极其骇人、残忍，曾激烈反抗过阿拔斯哈里发。阿明·马卢夫在其阿萨辛斯教派史中写道："该教派成员接受死亡的那份平静曾使同时代的其他人相信他们中了大麻之毒，故称之为哈沙莘（hashashūn）或哈什辛（hashîshīn），这个词又被讹传为阿萨辛（Assassin），之后很快又作为一个通用名词为多种语言所吸收。"《阿拉伯人眼中的十字军东征》（*The Crusades Through Arab Eyes*，纽约：Schocken，1989年），第98~105页。

文学家奈绥尔丁·图西。图西被俘后转而向旭烈兀效忠，1256 年开始指导在大 106
不里士南方的马拉盖（Maragha）建设一座巨大的天文台，这座天文台持续运行
了 80 多年，是当时最重要的一座天文台。在哥白尼掀起的革命之前，图西就对
托勒密的行星运动理论进行了批判。

从 13 世纪中期到 16 世纪早期，埃及和叙利亚一直处于马穆鲁克（Mamluk）
苏丹的统治之下。马穆鲁克苏丹的足迹北至土耳其，西至北非西部和西班牙南
部，东至印度，对多种形式的复兴都产生了影响——马拉盖和撒马尔罕伟大的天
文台周围兴起了新的学问中心，而撒马尔罕的天文台则是在瘸子塔穆尔国王（马
洛称之为帖木儿）的孙子兀鲁伯·贝格（1393—1440 年）的资助下兴建的。兀鲁
伯·贝格（"伟大的王子"）一心研究天文学，他编制的星表精度很高，几代阿拉
伯天文学家甚至放弃了托勒密的星表而采用他的。但复兴是短暂的——撒马尔罕 107
天文台唯一幸存至今的只是一个巨大的地下大理石六分仪。

之后又有几次复兴，但都不长久；1440 年兀鲁伯·贝格被刺杀后，穆斯林
世界的科学枯萎了。但穆斯林在 350 年的时间里将天文学用于为伊斯兰教服务，
天文学因而得以存活下来。

印度信徒向太阳致敬，太阳在梵文中被称为"密特拉"（"Mitra"，同伴）或"朋
友"，因为它带来了温暖、光明，哺育了生命。

1068 年一位学者根据对科学的贡献挑出了 8 个民族："印度人、波斯人、迦勒底人、希伯来人、希腊人、罗马人、埃及人（亚历山大的科学家）和阿拉伯人。"¹⁰这是一个简化的名单，忽略了各民族之间的相互影响；这个名单也没有考虑中国，尽管中国可能自成一个世界，也不应被忽略；而罗马帝国则是一个意外，把它列入这个名单或许毫无根据。但这个名单却是本章下述内容的框架，下面我们将讨论印度科学家对太阳天文学的贡献，并考察在哥白尼之前西欧国家这方面的进展。

现代印度教的先驱吠陀教是最早将其信仰和仪式（用梵语）书写下来的宗教之一；整个吠陀经（最早的可上溯至公元前 16 世纪）满是赞颂太阳的诗歌，赞颂太阳是生命之源，且与其相关的一篇文字"约惕萨·弗当伽"（Jyotisa Vedanga）把太阳（苏利耶［Surya］或阿迭多［Aditya］）称作"永不枯竭的能量和光的仓库"。①作为印度第一篇研究天文学的文字，"约惕萨·弗当伽"在公元前 4 世纪已经很有影响力了。¹¹

可能是这种早期的兴趣的结果，印度科学的影响无处不在——不仅仅局限于吠陀经形成文字约一个世纪后就已经传入了印度天文学的中国。研究古代科学的权威奥托·诺伊格鲍尔写道，印度天文学是"晚期巴比伦天文学与以《天文学大成》为代表的成熟期希腊天文学之间缺失的一环，且是最重要的之一"。¹²印度天文学家与希腊和巴比伦同行交换意见有可能从托勒密时代就开始了，或许更早：《梨俱吠陀》中的关键概念出现在公元前 8 世纪巴比伦天文学中。我们知道，唐代（618—907 年）很多印度天文学家居住在中国的首都长安，此时印度天文学因佛教的传入，对中国已经比较有影响力了。到了 718 年，中国采用了基于 28 星宿的印度历法，印度占星术也在中国扎下根来。下一个受印度科学影响的是波斯，阿拔斯哈里发对印度科学十分痴迷，将印度人研究科学的手段传入了中亚。

从 5 世纪起，耆那教教规［强调重生和转世，也强调被称为"业（karma）"的超自然力量］②开始在印度大部分地区传播开来。耆那教认为须弥山（Mount Sumeru）——据称位于喜马拉雅山脉中——为地球的中心，太阳、月亮和星星都

---

① 原文注："约惕萨·弗当伽"中称呼"光明"的一个词是"柑橘（citrus）"。可以设想，我们称之为"柑橘"的水果，比如橙子和柠檬，是因为颜色像太阳而得此名的。不和女神厄里斯（Eris）出发参加特洛伊战争时，扔下的不是苹果而是一个橙子，希腊语作 *chrisomilia*——"金色苹果"。

② 原文注：耆那教（Jainism），或称耆那佛法（Jain Dharma），发端于公元前 6 世纪，当时是印度教的一支对抗力量。耆那教视所有生命的灵魂——甚至动物和昆虫的灵魂——为极其神圣的，并主张不使用暴力。作为一种不常见的无神论宗教，耆那教的教条之一是日落之后人们不宜再饮食或旅行。目前印度有 520 万人信奉耆那教，分布在印度 35 个邦中的 34 个。

围着这个中心转。白天，太阳从山前经过；晚上，太阳被喜马拉雅山所遮挡。耆那教没有半个地球为白天另外半个为夜晚的概念，而是认为每个半球都有自己的太阳。

古印度的宇宙图景主要来自于宗教信条，没有发现古印度出现过关于太阳或太阳黑子或日食的记录。事实上，古印度天文学家利用巴比伦和埃及的统计资料并使之适应自己的需要——计算历法、记录时间、确定星宿以及预测日食。不过印度人估算出来的地球的年龄为 43 亿年，而甚至到了 18 世纪很多科学家还认为地球年龄最多只有 10 万年（目前的估算结果为 46 亿年）。印度文明对西方天文学最大的影响并不在于其理论，而是在于其数学工具的发展：比如极其智慧地发明了球面三角学，发明了 0 也作为一个数字的十进制计数法。[13]

109

印度民间画，苏利耶曼荼罗（Surya Mandala）和一条眼镜蛇，象征着太阳、水和植物。

伴随着罗马的衰落，希腊语在东方帝国之外几乎完全绝迹，希腊科学大部分重要著作的命运亦如此，西方本质上的双语文明不复存在。从哲学上讲天文学从异教环境转到了基督教环境，从地理上讲从亚历山大的智慧中心转到了君士坦丁堡的另一智慧中心；但在托勒密之后的 300～700 年间，天文学观测方面和理论方面的研究方法几乎完全被忽视了。战争带来的变迁和信仰的兴衰导致了学问漫长的中断——对于依赖于代代之间完整而连续的传授的科学而言这种中断是灾难性的。398 年，一个基督教暴徒摧毁了亚历山大博物馆的图书馆。415 年，另一个暴徒用私刑处死了领军天文学家希帕蒂娅。650 年到 800 年间的作品都没有得到重视，部分原因在于 8 世纪的反传统迫害。

在整个古代世界，大部分人都生活在水深火热之中，生命受到野蛮人入侵、战争征召、高频率的迁徙、饥荒、瘟疫、洪水和其他灾害的威胁。526 年，安提俄克（Antioch）毁于一场地震；542 年，君士坦丁堡为鼠疫所肆虐；9 年后一场地震加海啸夺去了黎巴嫩数万人的生命。856 年希腊发生了一场大地震，1069 年

110

埃及爆发了一场大饥荒。仅 10 世纪就发生了 20 场大饥荒，其中有几场持续了两到三年的时间。11 世纪也好不到哪里去：法国经历了至少 26 年的饥荒，英国每 4 年就闹一次饥荒。1138 年、1268 年和 1290 年的地震夺去了 50 万人的生命。1228 年一场洪水带走了低地国家的 10 万生灵，并破坏了相当一部分耕地。14 世纪中期，鼠疫以黑死病的形式卷土重来，肆虐了 6 年，夺去了欧洲超过 1/3 的生命，亚洲和北非也有大批生灵死于这场瘟疫，可能共有 250 万人。能活下来就不错了，哪里还顾得上研究天文？

9 世纪末期，西方刚刚从其黑暗时代苏醒。阿拉伯天文学家已涌入西班牙，而到了 10 世纪，拥有 50 万众居民、几座图书馆、1 所医科学校和大量纸材贸易的科多巴（Cordoba）成了一个重要的学问中心。尽管此时西方和阿拉伯世界之间的贸易线路早已建立起来，但科学知识的交流却直到 11 世纪基督教学者游览西班牙时才开始，他们不仅吸收了阿拉伯世界的科学思想，还由此改造了自己所继承的科学理念。到了 12 世纪，托莱多（Toledo）成了将阿拉伯语翻译成拉丁语、希伯来语、西班牙语及其他多种语言的中心。《天文学大成》于 1160 年由一位不知名的西西里岛人翻译成拉丁语，不过译文仍很难理解：有些词译者没有理解，只是进行了简单的音译——比如"nadir（天底）"和"zenith（天顶）"——结果就出现了一些简化且通常不准确的版本。就像传声筒游戏一样，每一次转译都距离原文本意越来越远。①

即使这样，得益于科多巴和托莱多的阿拉伯语翻译工作，到 1200 年时比较精确的拉丁语版托勒密著作和亚里士多德、柏拉图、欧几里德、阿基米德和伽林的主要著作已流传开来。托勒密的著作几乎成了天文学的代名词，尽管领军的阿拉伯天文学家看出了他的体系还有很多错误，特别是他关于行星运动的理论，但罕有提出质疑的。比如，水星和金星的亮度变化很大，利用托勒密解读该如何进行解释？新一代阿拉伯科学家中最伟大的一位，被称为阿威罗伊的伊本·鲁世德（1126—1198 年，因对亚里士多德的大量评论而获"评论家"的绰号）写道："从我们时代的天文学知识出发无法推导出存在的实体。已经开发出的模型只是与计算结果相符——而不是与事物的实际情况相符。"[14] 据说卡斯蒂利亚国王阿方索十世（1221—1284 年）听别人介绍托勒密的模型时说，如果创世纪时自己在场，会给上帝更好的建议。

———————————

① 原文注：这位伟大的科学家的影响仍在继续。2008 年春季，纽约一对夫妻把小儿子送到布鲁克林区一个小型幼儿园，却发现有 7 个同学的名字都叫"托勒密"。

从罗马皇权最终土崩瓦解的 5 世纪晚期到文艺复兴末，罗马天主教一直在西方世界占据主导地位。这一时期的前半段，仅有的学院几乎都由僧侣把持：学生只有有限的二手资源来凑合利用，教师并不鼓励原创性探求，甚至连观测也不鼓励。科学知识的主要作用不过是有助于理解圣经。最伟大的基督教思想家之一圣奥古斯汀曾说：

> 没必要像被称为哲学家（physici）的古希腊人那样去探究事物的本质；也不必担心基督徒会忽视元素的力量和数——运动、秩序、天体的蚀现象；天庭的构造……基督徒只需要相信天上地下的万物，不管可见不可见的，都源于造物主的慈悲，源于这位真正的上帝就够了。[15]

作于 1635 年的荷兰画《兰斯伯格的星盘》（The astro-labe of Lansberg），按照原说明此画是根据托勒密体系创作的——尽管画中男子所观察的更像是一个日晷。

当时一位严谨的卫道士、剑桥大学三一学院的约翰·诺斯教授补充道："一般说来，基督教徒视自己为一种低级而可悲的生物，唯一的希望在于祈祷和忏悔，而且认为对行星运动的理性理解与自己毫不相干。"[16] 所以说，当时占星术仍是日常生活不可分割的一部分，为数不多的天文学家的工作却降级为收集数据和提升公式及参数的精确性。占星术成了天文学的庇护所，为后者提供了论文和图表，且一些本该失传的作品也因之得以流传下来。[17]① 不过，由于基督教以创

112

---

① 原文注：《皆大欢喜》（1599 年）中著名的演讲"整个世界就是一个舞台"部分是基于人生 7 个阶段的天文学解读写就的，所谓的 7 大行星每个都对应一个年龄段。太阳照耀的是"青年时代"——23 岁到 41 岁。

造万物的单一上帝为中心，所以对当时占星术所充斥的魔力、征兆、梦境及诸如此类的蠢举持反对态度，从而开辟了研究自然世界运转机制的科学方法。起初这并没有帮到天文学。的确中世纪的学生如果不对研究上天的基础方法有一定理解的话是得不到硕士学位的；但另一方面，教会领导下的中世纪基督教大学从没有赋予天文学突出的地位：可能所有入门课程都包含天文学，但教授的只是基础层次上的天文学，其中还保留着古希腊世界观这一缺陷。

随着文化气候的回暖，且在像牛津（1096 年）、巴黎（1150—1170 年）、博洛尼亚（1158 年）这样的欧洲城市建起了第一批基督教大学，《天文学大成》被视为欧几里德《几何原本》和奥托吕科斯及狄奥多西球面天文学论著的续篇，从而在欧洲和近中东地区都被列为数学教育课程；即便在当时，大多数学生仍觉得《天文学大成》太难懂，且过于依赖处理基本太阳问题的解释性文字了。

113　　伴随大学的建立升起了一位将在西欧知识界独占鳌头的新星。方济会修士罗吉尔·培根（约 1214—1294 年）生前就曾因知识的渊博被誉为"悲惨博士"（Doctor Mirabilis，"好老师"），而且还有人认为他是第一位真正的科学家。牛津大学获准成立时，他力争在课程中加入科学，坚称科学与信仰是互补的，而不是对立关系。他曾写道："到处都可以看到，知识掩盖了基本的无知。"[18]教皇克莱门特四世作为教廷使节前往英国时［当时还叫作盖伊·福乐克（Guy de Foulques）］认识了培根，当了教皇后就写信给这位老朋友，请他写一本如何教授科学的书。

培根在 18 个月的时间里就完成了三长卷，书中他不仅就更好的科学方法给出了自己的看法（比如，实验室实验应该是个人教育的一部分），也对教士和僧侣的恶习进行了猛烈抨击。接下来的 10 年里他将远远超出教皇对自己的委命，对大量的发现发明做出了预测：磁罗盘的指针、望远镜的一种制作方法、眼镜、轮船、飞机、放射治疗、彩虹的成因、相机暗室冲洗照片的原理——甚至电视。他还写了一些天文学随笔。但克莱门特教皇没有阅读这些随笔就去世了，继任者尼古拉四世则宣布培根的著作是异端。到了 1278 年，这位好老师被关进了监狱（很可能是一种严苛的软禁），一关就是 14 年，后于 1294 年去世，享年 80 岁左右。

在之后的 200 年时间里，天文学家一直专注于令人眼花缭乱的星表的改进和应用，且在培根的推理能力的影响下，各大学眼中的科学仍只是在自然现象之间建立数学关系，而不是在实践和实验基础上进行无偏见的探究。结果，一位学者通过熟练掌握最困难的预测（日食月食）和数不胜数的星表所暗含的几何原理证明了自己的卓越。

　　有一个例外，那就是亚里士多德学说的复兴。12 世纪以前基督教欧洲普遍不了解他的著作，但现在它们报复性地重又流行开来。特别是，人们开始引用《天论》，后者认为科学应当探究自然现象的原因。比如，按照亚里士多德的观点，落向地球中心的石头之所以速度会增加，是因为具有向地的本性，急着回家；所有的运动都是从"潜能"到"行动"的转变，都是任何物体本性中所存在的因素的实现。这应该是一种本末倒置的物理，却有很多人相信。（亚瑟·凯斯特勒曾说，我们咒骂不好用的小玩意或机器时，就回到了亚里士多德。）[19] ¹¹⁴

　　12 世纪末期有两大思想流派：严格的亚里士多德派和数学天文学家，后者对精心制作的星表和计算所不支持的任何理论都持怀疑态度。培根通过为各个天球可能相互交错的方式引入一个新的解释，解决了亚里士多德理论和托勒密理论之间的矛盾。他的理论中满是外凸内凹的面，比两位前辈好不到哪里去，但却保持了和平——两位古希腊思想家的思想也由此得以在古典教会存活下来。他们的思想得以继续传授，而两种思想之间的不协调及与观测现象间的矛盾也为大家所默认。之后的 1277 年，巴黎主教对亚里士多德的 219 种观点做出了谴责，宣布部分他的思想（比如世界是永恒的）为异端。亚里士多德派退缩了。

　　一个世纪之后的 1377 年，另一位巴黎教士尼科尔·奥里斯姆写了一篇评论，指出亚里士多德所支持的地球不动是完全相对的。尽管奥里斯姆（后来里修的主教）自己也并不相信地球实际上每天绕自己的轴旋转一周，但他至少提出了这种可能性。这种对古代地球静止观点的尝试性探究与阿拉伯人的批判一样，不过是古希腊天文观这辆备受信赖的机车车身上的一个凹坑，教会和科学都细心地给发动机上着润滑油，机车仍欢快地隆隆向前。包括太阳在内的天体仍沿着统一的轨道行进，地球则稳稳地端坐在旋转宇宙的中心。

　　但所有这一切都将发生改变。

第 9 章
地球是动的

> 位于万物中心的是太阳。你无法为这一发光体找到一个更好的位置。……有人称之为世界之灯也并非毫无根据。
>
> ——尼古拉·哥白尼[1]

> 你们听说过一位自负的占星师竭力证明是地球在自转，而不是天庭或苍穹、太阳和月亮在围绕地球旋转。……他是一个想把天文学搅个底朝天的傻子。
>
> ——马丁·路德[2]

还是个十来岁的孩子时，格劳乔·马克斯（Groucho Marx）就担起了弟弟的老师的重任，一天他问小两岁的弟弟哈波（Harpo）世界是什么形状的。哈波坦承自己并不清楚。

格劳乔引导他："我袖口的纽扣是什么形状的？"

"方的。"

"我是说礼拜天的袖口，不是平时的。现在回答：世界是什么形状的？"

"礼拜天是圆的，平时是方的。"哈波如是回答。不过很快他就发誓永远沉默了。[3]

这个故事流传了很久，不过故事中的问题存在的时间更久。世界是什么形状的？公元 1 世纪，老普利尼（Pliny the Elder）曾说过世界是球状的，但他也有一套保守的理论认为世界的"形状像一个松果"。百科全书编撰者圣依西多禄（Isidore of Seville）也宣称地球是圆的，但也是扁平的，像个轮子。圣徒比德认为世界是球状的，但却无法想象脚底下那一面的人们是如何生活的。从 5 世纪到 10 世纪的这些智者大多都不为教会或政府服务，只代表自己。欧洲仍相信世界是方的：正统的地图都以耶路撒冷为中心，不过 999 年天文学家格伯特（Gerbert）成

了西尔维斯特二世教皇，他采用普利尼的球状观点作为教会信条。1410 年托勒 116
密的《地理学》拉丁文版本面世，巩固了当时已普遍接受的世界是圆的观点，而
到了该世纪末哥伦布从西班牙出发向西航行寻找印度时，水手和科学家都认为世
界是球状的，尽管他们并不清楚这个球的大小。几代人过去了人们才发现地球的
自转导致了赤道附近的凸起，所以地球并不是一个绝对的球体。①

　　但相对于其他的天体来说，我们的地球又位于何处呢？威廉·曼切斯特回答
说："世界是个不动的盘子，太阳绕它旋转，宇宙的其他部分构成了天空之上梦
幻般的天庭，小天使就居住在那里，而地狱之火则在欧洲土地之下燃烧着。这仍
是大家坚定的信念，人人都相信它，真正地理解它。"5 不过，也并不尽然：越来
越多的天文学家发现地心宇宙并不能解释所有的事实。穆斯林和基督教徒可能会
无休止地修正《天文学大成》，但他们提出的修正模型所计算出的行星位置与 16
世纪精度迅速提升的观测结果没有相符的。并不是没有人发现这一点：阿里斯塔
克斯提出日心宇宙的 400 年前，北印度的哲学家曾提出，如果太阳是宇宙中最大
的天体，同时宇宙是靠引力吸引在一起的话——他们认为二者都是正确的——那
么太阳一定位于宇宙的中心。还有别的先驱：早在 11 世纪，阿尔-比鲁尼已经得
出了基本相同的结论，而德国神学家库萨的尼古拉（1401—1464 年）也考虑了
这种可能性。但在印刷术还未面世，没有人记录他们的思想的情况下，这样的思
想成果很可能逃脱不了消失于黑暗的命运。

　　1450 年约翰内斯·谷腾堡发明了活字印刷术，这些理论不但得以以书本的
形式保存下来，也得以广为传播。现在学者可以把私人图书馆整合起来，可以接
触到相同的印刷书本，且不管相距多远，都可以与同行通过书信讨论这些书本。
到了 1500 年，所有重要的西欧城市都有了印刷作坊，印刷品共有 600 万～900 万
本之多，书名共有 35000 多个。

　　1465 年，来自巴伐利亚柯尼斯堡（Konigsberg）的 30 岁的天文学家约翰· 117
米勒（1436—1476 年）开始撰写天文学著作，以及历法和星表。由于当时航海和
探险的需要及人们对占星术空前的热情，这些书和资料广受欢迎。5 年的时间里

---

　　① 原文注：1956 年托马斯·贝利很有影响力的《美国历史》（*The American Pageant*）声称，
没有丝毫证据表明哥伦布"迷信的水手们……反抗情绪迅速高涨……因为他们害怕船会驶到地球边
缘"。4托尔金［通过阿尔达（Arda）这一角色］和 C. S. 刘易斯［通过纳尼亚（Narnia）这一角色］都
在自己的小说中至少构想过一次平坦世界，而 1910 年前后密西西比州一位教师还因教授地球是圆的
而被解职。世界果然是平坦的话，就会出现蒙提·派森乐团的短剧《永保公司血泪史》（*The Crimson
Permanent Assurance*）中海盗办公室从世界的边缘跌落的情景。

他就在纽伦堡建立了自己的天文台和印刷作坊，而到了 15 世纪末几乎每一份有价值的天文学手稿都在整个西方世界传播了开来。

尼古拉斯·哥白尼（1473—1543 年）登场了，这是一个害羞的隐居教士，居住在波兰统治下的东普鲁士，在博洛尼亚（Bologna）和帕多瓦（Padua）十年的学习期间对有关天球的学说产生了浓厚的兴趣，他发现自己必须像众多前人一样，做出调整才能适应托勒密的理论。[6]为什么水星、金星看起来从不会远离太阳，而火星、木星和土星有时却会逆行？不得已他只好选择日心体系的观点，这种体系与现实证据的符合度大大优于托勒密体系——尽管仍不完美，因为哥白尼与其他人一样，仍假定行星的轨道是圆形而不是椭圆。他把地球也当作了绕日运转的行星——他曾尝试把这一观点作为谬论予以摈弃，却摈弃不了。

现在 30 岁的哥白尼回到了做主教的叔叔的家里（他心怀不满地称之为"地球远处的一角"），他在这边的教堂围墙上的一个塔楼里建起了一个简易天文台。按照《天文学大成》里的做法，他制作了几个世纪以来都在使用的木质粗糙仪器，晚上用来观察星星。1514 年前后，他开始散发后人称之为"短评"的小册子以介绍他的日心体系，并向朋友和同行们征询意见。在这个特殊时期，天主教会学习劲头高涨，并鼓励原创性科学研究，只要不公然挑战教义就行。后来利奥十世表明了自己的鼓励态度，教廷的开明成员也公开表明他们赞成这一想法，哥白尼计划刊印一个更充实的版本。我们可能认为日心说的基本论题显然具有争议性；不过此时教会方面还没有迹象表明风暴将会来临。

1532 年哥白尼的新体系进行了第一次展示，是由教皇私人秘书这种高级别人士在梵蒂冈花园对受邀听众做的展示。这位秘书对新体系已非常了解，客人们对新体系的印象也很深刻，哥白尼开始赢得一定的名声，不过仍未获准公开出版。哥白尼仍在犹豫——无疑部分是因为他没能找到地球确实在运动的直接证据，更不用说绕日运转的证据了，另外还因为他担心对圣经按字面意思释义的新教徒远不像他梵蒂冈的朋友们那么富于同情心。几乎 30 年过去了他才允许一本关于三角学的书收录自己所做研究的摘要。[①] 全部研究内容则有 212 对开页，1543 年以《天体运行论》的名字出版了几百本。此时哥白尼已是 70 岁高龄，患有中风，而且"从耳朵到脚跟"都瘫痪了；直到临终前数小时他才看到刊印出来

① 原文注：这本书是在威腾伯格（Wittenberg）刊印的，也就是莎士比亚送超级拖沓的哈姆雷特所去的大学；但哥白尼不是唯一的出版拖延症患者。达尔文把《物种起源》的手稿往抽屉里一扔就是 15 年。

的第一本书。

　　哥白尼在《天体运行论》中写道："我很害怕自己观点的新颖和荒谬会招致嘲笑，几乎要放弃已经进行的工作。"也就是说，他并不羞于争功。他确实在致保罗三世教皇（达瓦·索贝尔提醒我们，他就是开除了亨利八世的教籍并为宗教裁判所扩权的那位教皇）[7]的一封信中承认，自己通过阅读西塞罗的作品第一次了解到地球运动的可能性，又从普鲁塔克的作品了解到还有他人持相同的看法。但最初他曾承认萨摩斯的阿里斯塔克斯的贡献，但在最后编辑时却把有关他的内容全部删除了。[8]不过，他给出了行星绕日公转的模型——水星的公转周期约为 80 天（现在的数据为 87.97 天），金星为 9 个月（现在的数据为 224.7 天），地月系统为 1 年，火星不足 2 年（1.88 年），木星 12 年（11.86 年），土星 30 年（29.4 年）；所有的估算都很合理——这方面他比阿里斯塔克斯更前进了一步。他计算出来的行星近日点和远日点到太阳距离的误差也在 5％之内。

　　哥白尼提出，地球围绕太阳公转，同时每 24 小时自转一周（所以恒星看起来向相反的方向旋转）。他确定了当时 6 颗已知行星到太阳距离的正确顺序——水星、金星、地球、火星、木星、土星——但他就此不前了；恒星天球仍是固定不变的，行星的轨道是圆形而不是椭圆的。哥白尼并非毫无瑕疵，但他的理论却激起了激烈的争论。从一开始新教徒就认为他的所作所为是对上帝的一种亵渎。新教领袖之一马丁·路德（1483—1546 年）认为新理论不但令人震惊，还犯了严重的错误，他痛苦地问道："有谁会大胆把哥白尼的位置摆在上帝之上呢？"他继续道，毕竟约书亚令其停止不动的是太阳，而不是地球。[9]

　　只要哥白尼的观点仍是一种假设，罗马教廷就继续保持沉默，它那一批学者也随之默不作声。哥白尼去世后的 50 年里，大部分天文学家私下里都承认哥白尼体系的重要性，但公开场合仍表示自己坚持地球静止的信仰。天文学家帕特里克·穆尔曾写道："直到牛顿时代日心体系仍远不为大众所接受，在远离地中海文化圈的国家，旧观念持续的时间更长。"[10]耶稣会会士在中国和日本仍继续传授原来的天文学。地球只是其中很小一部分的巨大而未知的宇宙的概念将把很多基督教信条置于危险境地，而且也不能轻易采信这一概念。信教世界的反应让我们想起了维多利亚时代伍斯特教堂（Worcester Cathedral）一位教士的妻子，她听说达尔文关于人类是猿猴后代的理论后喊道："是猿猴的后代！天哪，真希望这不是真的。果然是真的，我们也要祈祷大家不会知道。"[11]

　　哥白尼不情愿掀起的革命，目的是复兴托勒密的数学天文学传统，而不是取而代之。他做的一次次计算与托勒密的计算都相差不大——《天体运行论》借鉴

119

了《天文学大成》的结构，而且前者的星表并不比后者的精确。奥托·诺伊格鲍尔尖锐地指出："如果没有第谷·布雷赫和开普勒的贡献，哥白尼体系的形式会稍稍复杂一些，更为哲学家所乐见，且只会有助于托勒密体系永存下去。"[12]亚瑟·凯斯特勒则更绝：在近 400 页描写自哥白尼到伽利略这一历史时期的书中，他把这位波兰教士贬得一无是处——形容他"是一个古板的书呆子，毫无天分，缺乏天才的梦游式直觉；虽有一个好想法，却甘于蹒跚向前，给书写历史的书中最乏味最不具可读性的一本堆叠了更多的本轮和均轮，发展出了一个糟糕的体系"。[13]不过哥白尼的确打出了一场真正的革命的第一击。他第一次采信了地球绕太阳中心公转同时每 24 小时绕自己的轴旋转一周的想法，并将其发展成了一个全面的理论。哥白尼去世 3 年后的 1546 年，另一位天文学家出生了，他将构建一个保留了很多哥白尼日心理论内容但不要求地球运动的宇宙模型，他叫第谷·布雷赫（希腊语"第谷"意为"击中目标"），出生于一个丹麦贵族家庭，后成长为一名新教徒，扎根心中的是诸经文所严格解释的世界观。第一次目睹日食时他还是一个脸上长着雀斑的 14 岁的孩子，被于日食当日发生的预测结果惊得目瞪口呆。不完美的人类怎么能预测上天的神秘行为呢？于是他开始学习天文学来寻找答案。1563 年，16 岁的第谷观察到了木星和土星的一次会合。根据当时仍在使用的儒略历的预测，这次会合应该发生在 8 月 25 日，但按照哥白尼星表却提前了 2 天，而按托勒密星表则推迟了 1 个月。（"会合"是指两个天体的黄经相同，看起来位置重合。①）于是第谷认定，当时的天文学体系亟须大的改动。这将成为他的使命。

　　1565 年养父（叔叔约尔根·布雷赫）去世后第谷继承了他的遗产，很快第谷就在斯堪尼亚的赫热伐修道院（Herrevad Abbey）修建了一座天文台，配备的仪器是全欧洲最精确的，其中一个直径 5 英尺的星象仪花费了 5000 达勒（daler），相当于一名教师 80 年的薪水。②利用一座巨大的壁挂式铜质象限仪，即

---

　　①　原文注：木星和土星不只是最大的行星，还是常年肉眼可见的最远的行星。这种会合每 20 年才发生一次。有种说法是公元前 7 年的那次会合形成了"伯利恒之星"，传道者据此预测了弥赛亚的到来。它们的下一次会合将发生在 2020 年 12 月 21 日。

　　②　原文注：第谷在其他方面也追过当时年轻人的潮流。1566 年圣诞节期间，正在德国罗斯托克大学的第谷参加了一场舞会，酒后与他人发生冲突，导致一场砍刀决斗。在这场晚上发生的决斗中，对手削掉了第谷一小块鼻子，从此这位天文学家就戴上了一个由银子和金子制作的肉色假鼻子，用香脂黏着以防坠落。1901 年第谷墓被打开，医学专家检查了他的遗骸后说他的假鼻孔有一圈绿色，表明假鼻子是用铜制作的。历史学家推测，日常生活中第谷戴的是较轻的铜鼻子，而更贵重的金银鼻子则在特殊场合佩戴。

一个半径超过 6 英尺的 1/4 圆，第谷可以精确地测定天体的经纬度。这座复杂的天文台还包括一个造纸场、一个玻璃工场、一个简管通信系统、冲水式厕所、一间私人监狱、一个仪器工场和一个化学实验室——实际上，这些设施足以自成一方世界。

1572 年 11 月 11 日晚上，第谷正从天文台回去吃晚餐的路上，注意到了一道比金星还要明亮的白光。第谷就此写道："我很惊奇，甚至惊呆了。我呆立着用肉眼紧盯着它，这太不可思议了，我开始怀疑自己的双眼。"于是他叫了几个仆人过来，他们证实了他所见不假。但第谷担心会不会是一次群体性错觉，便去拦下街上的农民问他们是否也看到了同样的白光。接下来的 18 个月的时间里，这个位于我们熟悉的仙后座 W 星右侧 3 颗星稍偏西北方向的光点仍位于天空中之前没有星星的地方。它位于黄道之外，不可能是一颗行星，也不符合彗星的特征。有时候它十分明亮，白天都能看到；但到了 12 月它就只有木星那么亮了，次年 3 月则成了微亮的一点，由白色渐变为红色，最终成了铅灰色。直到 1574 年 3 月消失不见，第谷一直在观察它。

如果这是一个新天体，亚里士多德宇宙学就需要作重大修正，因为根据亚里士多德的观点，变化和衰变仅仅发生在月亮之下的世界：之上的一切都是不变的。但天上的某些事物无疑处于变化中，第谷目睹的是一次巨型恒星爆发，恒星的生命绝唱——这种天文现象后来被称为超新星。

第谷是最后一位不靠望远镜工作的著名天文学家，但他所处的时代人们对认识世界的困难有了新的认识，他成了历史记录中最具天赋的观天者，肉眼测量的精度已达到分弧度的量级，即一度的 1/60。（人类的眼睛是一种优秀的长距观测设备，能在晴朗的夜间分辨出 7 英里外的烛光。）第谷对行星、恒星进行了缜密的分类，列出了 1000 颗恒星，并于 1573 年出版了《论新星》（*On the New Star*），这本关于超新星的小册子为他赢得了名声。次年他在哥本哈根大学做了拉丁语就职演讲，整个学术界都聆听了他的演讲。"在我们的时代，"他以此开篇，

　　"被称为托勒密第二的尼古拉·哥白尼根据自己的观察发现了托勒密遗漏的一些现象。据他判断，托勒密的假设中有一些不合适且与数学公理相矛盾之处……于是他利用自己不同寻常的天才技巧、自己的另一套假设，整理并修复了有关天体运动的科学，所得出的天体运行轨道的精度是前人从不曾达到的。尽管他提出了某些违背自然规律的想法，比如，太阳位于宇宙的中

心，地球及与之相关的元素，还有月亮都围绕太阳作三重运动，第八层天球仍静止不动等等，不过他并没有因此承认过任何数学公理不支持的结论。"[14]

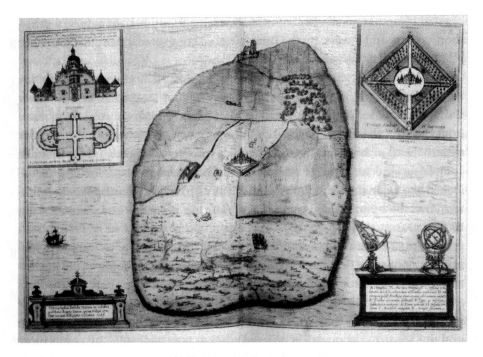

汶岛（Hven）上的乌拉尼堡（Uraniborg，位于丹麦）城堡和天文台。

122　　第谷知道旧系统并不正确，但他不希望地球失去万物中心的地位。他创造了所谓的第谷系统，它与哥白尼系统基本一样，只不过有两个中心，地球和太阳。地球之外的其他行星绕太阳旋转，而太阳又绕地球旋转——虽在我们看来站不住脚，却仍不失为圣经和科学之间一个很好的妥协。第谷是一位观测天文学家，而不是理论天文学家，所以他仍心安理得地坚持这一观点。

第谷对超新星的解释激起了国王弗雷德里克二世的兴趣，同时也让后者担心他这位首席天文学家可能会离开丹麦寻求更诱人的发展。国王决定把荒凉的汶岛赐予第谷，这座岛位于西兰岛和瑞典中间，岛上有 100 英尺高的悬崖，可以清楚地看到弗雷德里克正在埃尔西诺（Elsinore）兴建的要塞。同时第谷还得到了一大笔赏赐，包括在他有生之年岛上居民支付的租金：16 世纪 80 年代某个时间，第谷一举囊括了丹麦王国全部收入的 1%。

第谷旋即着手在汶岛上兴建两座天文台：任何风暴都无法侵蚀的地下"星之城堡"（Castle of the Stars）和一座规模更大的地上综合体——以希腊天空之神命名的"乌拉诺斯城堡"（Castle of the Uranus）。后者获得了他的"博物馆"（Museum）的爱称——字面意思是"缪斯神殿"——据称有城墙、亭台楼阁、植物园、喷泉、一处鸟舍、一个印刷厂、地窖、塔楼。全部建成后，"全世界都没有跟它很像的地方"。[15]

1577 年 11 月，第谷正在岛上诸多池塘中的一个打鱼，工人们正在拖网，这时他注意到可能又出现了一颗新星。随着夜色笼罩，他看到这颗星有一个淡红色的尾巴拖向背离太阳的方向，无疑这是一颗彗星。（彗星"comet"一词源自希腊语，最初意为"发之首"；亚里士多德采用了这一名称，因为他认为彗星——如我们现在所知，不过是冰和尘埃的混合体——看起来就像长有头发的星星。）第谷迅速赶往其中一个天文台，通过测量这颗新星相对于两个最近的邻星的角度和距离来确定其位置。第谷花了 4 个月的时间跟踪这颗彗星渐渐消隐的轨迹，发现它没有可测量的"视差"（移动脑袋时，前场物体相对于后场背景看起来所做的运动。）

在呈给国王的一篇报告中，第谷给出的计算结果是这颗彗星的距离超过地球直径的 230 倍（地月距离的 4 倍）。尽管第谷的计算谬以千里，但这次比之前的超新星更让他确信亚里士多德月亮层之上的天球和之下的天球不可能在旋转的观点错了。他假设有一个公共大气层遍布宇宙，新星和彗星可能在其中任何地方爆发。1588 年他写道，旧的多天球教条，"是提出者为顾全面子而发明的一种理论，只存在于想象之中，这样行星沿各自路径的运动才能为头脑所理解"。

从 35 岁前后开始，第谷渐渐变得更加古怪。他认为一个名叫杰普（Jepp）的侏儒拥有千里眼，便把他留在身边，吃饭时杰普就坐在第谷的桌子底下（需要他从事弄臣的工作时除外），以第谷给他的零碎珍馐为食。第谷还养了一头驯鹿，一天晚上这头驯鹿游荡到楼上一个空房间里，因喝了太多啤酒而跌下楼梯摔断了腿，死掉了。第谷自己的命运也有转衰的一天：1588 年弗雷德里克二世去世（也死于过度饮酒），而他的儿子只有 10 岁，之后的 9 年里政权掌握在一系列的摄政者手里，他们都是第谷的朋友，所以第谷的命运暂时并没有什么变化；但新国王克里斯蒂安四世在 19 岁那年决定取缔这位头脑空空的观星者享受了 1/4 世纪的恩宠，第谷带着学生、仆人、仪器和印刷机离开了自己的小岛，定居在信奉天主教的布拉格，并在那里建立了他的最后一个天文台——位于城外 30 英里的比纳特基堡（Benátky Castle），他一直在这里创作诗歌并对自己的研究进行总结，直到 1601 年辞世；但他连一个字都没有再发表过。①

第谷被迫离开汶岛的前一年，他收到了来自一位 25 岁的德国天文学和数学教师的第一本出版物。约翰内斯·开普勒（1571—1630 年）近视、脾气坏、莽撞、古怪，来自于一个贫穷而又严重不健全的家庭。（母亲被诉以巫术，开普勒费了很大的劲才把她从绞刑架上解救下来。）开普勒也是一个天才。他的《天文学之谜》（*Mysterium Cosmographicum*，*The Cosmographic Mystery*）仍坚持同心天球的概念，在解释宇宙方面并没有多么出色，但它的确展示了作者的创造性，而且开普勒也确实把太阳放在了宇宙的中心。第谷向开普勒发出了邀请函，后者却因汶岛距离开普勒所居住的格拉兹（Graz）太远而未能成行。不过，4 年后第谷迁往布拉格近郊，这一行程变得实际多了：1598 年属于路德教派的开普勒目睹了学校被接受耶稣教教育的费迪南大公下令关闭，此行更是板上钉钉了。

1600 年 2 月 4 日，已经 53 岁的第谷终于见到了 28 岁的开普勒，"脸贴脸，银鼻子贴疤面"。[16]三个月的时间里他们一直在一起，却多有争吵。（第谷多疑且不坦率，开普勒固执而又挑剔），在这段并不特别令人满意的时间里，第谷坚持开普勒回格拉兹处理家事之前应当保证不会将第谷的工作写进自己的著作中。不过，同年第谷的头号助手回到丹麦后，开普勒却收到了永久留下的邀请。尽管除了在餐桌上二人很少说话，但次年 10 月第谷去世时，开普勒却发现自己被授予了皇家数学家的职位（这一职位本应属于第谷，但作为一个贵族，他根本看不上这一职位）。开普勒立刻着手绘制第谷大量精确观测结果的图形，以发展自己的理论，其中一些（比如行星的运动）与其恩人的理论相抵触。

1605 年，开普勒完成了自己的主要研究——他曾说过自己这些年因计算工作太过努力，"可能都死十遍了"。来自第谷继承人的干涉拖延了开普勒出版自己的发现的步伐，但其《新天文学》（*The New Astronomy*）一书最终还是于 1609 年面世了。书中开普勒建立了两条基本原则：行星运行的轨道不是圆形而是椭圆；它们的运行速度随到太阳距离的改变而改变。

梵蒂冈宣称自己只认为圆形运动才是完美的；开普勒回应说天体运行的不完

---

① 原文注：正是在这一时期——实际上是在 1592 年——第谷的两个妻弟，弗雷德里克·罗森克兰茨和克努德·吉尔丹斯迪亚纳（意为"金色之星"）出使英国，显然莎士比亚通过这一行程知晓了他们，便把他们写进了《哈姆雷特》（完成于 1601 年），剧中二人的身份是臭名昭著的不值得信任的廷臣。很可能这一形象塑造对二人来说并非不公，至少对罗森克兰茨来说是这样的，后者多年前曾致一名宫女怀孕，并因该丑行被判褫夺爵位并剁掉 2 根手指，但又因参与对土耳其的战争逃脱了这一处罚。汤姆·斯托帕德通过《罗森克兰茨和吉尔丹斯特恩已死》（*Rosencrantz and Guildenstern Are Dead*）再次让这两位廷臣永远活在文学作品中。

美是为了上帝能创作更动听的音乐，因为上帝是用一个音乐体系来确定行星的位置和运动的。① 开普勒也增强了哥白尼和第谷所持恒星距离远超众人想象的观点的说服力。在开普勒看来，宇宙大得超乎想象。

将要放弃科学而把毕生精力奉献宗教的伟大的哲学家布莱兹·帕斯卡（1623—1662 年），回应这些发现的方式是通过《思想录》（*Pensées*）中那个无神论"自由思想者"高喊，"这些永恒的空间永远的沉寂吓到了我"！开普勒也被吓到了，他惊呼"无限是不可想象的"！但他的发现强化而不是削弱了他的宗教信仰。他宣称："愚蠢得无法理解天文学的人，或不够坚强无法做到既相信哥白尼又不影响到自己信

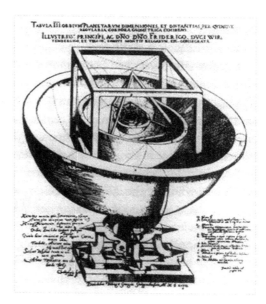

开普勒《天文学之谜》（1596 年）一书的卷首插画表明，行星天球与 5 个正多面体嵌套排列，从而决定了天球的大小并把天球的总数限制为 6。开普勒从这一模型估算了行星到太阳的距离。

126

仰的人，我建议他放弃天文学研究并把自己喜欢的哲学观点诅咒一遍后，操心自己个人的事，回家种那一亩三分地去。"[17]

他们之中，哥白尼、第谷和开普勒为 17 世纪的科技革命打下了基础。尽管实际上第谷去世时并没有活跃的天文学家相信日心宇宙，但所有人都采用了哥白尼的技巧；如哈佛大学天文学教授欧文·金格里奇所说，是"世界上第一个天文物理学家"开普勒，"打造了我们所知道的哥白尼体系"。[18] 30 年后开普勒去世时，整个天文学界都承认哥白尼体系，他们所接受的不仅是第谷关于恒星如何运动的证据，还有开普勒关于行星如何运动的理论。这三人的发现以及望远镜的出现改变了宇宙学。不过还有一个不同的故事——伽利略的故事。

---

① 原文注：这里开普勒又回到了毕达哥拉斯的天体和谐信条。根据这一理论，天球自转时会发出音乐。开普勒认识到，之前认为最和谐的一致的圆形运动天庭方案中，每一个天球都只能产生一个单音节；而变速运动的天体则能产生更多的单音，与其他天体一起就能构成复杂的交响乐——一个大为丰富的系统。

一六〇九年，

科学之光开始闪现。

在帕多瓦市一间不大的房屋里，

伽利略·伽利雷开始证明

太阳静止，地球在运动。

贝托尔特·布莱希特原名为《地球运动》（*The Earth Moves*）的话剧《伽利略》（*Galileo*）以此开篇。本剧开头是正追求伽利略女儿的鲁多维克（Ludovico）拜访这位科学家位于帕多瓦的家，之后又游览了部分威尼斯共和国。"我在阿姆斯特丹看到一款全新的仪器"，他告诉时为数学教授的主人。"一个筒子……有两个镜片，一头一个，一个是凸的，另一个是这样的。"（他比划着。）"任何常人都会认为不同镜片的效果会彼此抵消。但它们没有！我呆站在那里，像个傻瓜。"

伽利略问是不是最新的发明。

"一定是，"鲁多维克回答说，"我离开荷兰前几天他们才开始摆在街上售卖。"[19]

布莱希特为年轻的求婚者安排的台词反映了荷兰发生的真实事件，而根据历史记载，剧中伽利略的反应也是真的。这位曾经的企业家学习打磨抛光镜片，很快就制作了一架自己的高级仪器。威尼斯城没有城墙，所以尽早发现敌人的进攻至关重要。1609 年 8 月 8 日，伽利略提前来到圣马可教堂向总督和议会团展示他的望远镜。根据布莱恩·克莱格所书，"年长的议员们纷纷争夺爬上顶楼查看地平线上船只的机会，几欲动手，不得不把他们隔离开来"。[20] 成功展示宝贝后，伽利略的学术津贴几乎翻了一番，从每年 520 弗洛林升为每年 1000 弗洛林（相当于现在的 30 万美元），[21] 并获得终身教职。

现存的早期伽利略肖像表明他很壮实，一头姜黄色头发，短脖子，外形粗犷，说明他性格固执且独断专行。作为"一个用心的野心家兼公共关系天才"，[22] 他声称自己是望远镜之父（他更喜欢称望远镜为 *tubus*），而且他磨制镜片的技艺十分高超，1630 年之前没有人能制作出放大率更高的望远镜；但实际上在他之前有多个"望远镜之父"。

罗杰·培根 1268 年制作了可能西方历史上第一台远视仪器；中国天文学家甚至在此之前就发明了类似的工具。列奥纳多在日记和笔记中留下了表明他可能在 1500 年前就发现了望远镜的线索——"制作镜子让月亮看起来更大"及"为了观察行星，打开房顶，让某颗行星在一个凹面镜上成像。凹面镜将反射出放大

左上：尼古拉·哥白尼（1473—1543 年）；右上：第谷·布雷赫（1546—1601年），他的假鼻子清晰可辨；左下：约翰内斯·开普勒（1571—1630 年）；右下：伽利略·伽利雷（1564—1642 年）。

了的行星表面"。[23]不过这些年普遍认为荷兰镜片研磨者汉斯·李伯希才是望远镜的主要发明者。1608 年晚些时候，伽利略声称发现了将凸面镜和凹面镜结合使用可使远处的物体看起来更近的现象；同年 9 月，他向德国王子拿骚的莫里斯展示了装有一对曲奇饼大小的镜片的管子。次年 4 月，巴黎新桥（Pont Neuf）边上的眼镜店就有小望远镜（spyglass）出售了。荷兰的原型放大倍率为 3 倍；很快出现了能放大 20 倍的望远镜。①

用望远镜观察天空要归功于伽利略。"很难想出科学史上还有更令人惊奇的发明，"诺埃尔·斯维尔德洛这样说，"约两个月的时间里，即 12 月和 1 月（1609—1610 年），伽利略做出的改变世界的发现既多于前人，也多于来者。"[24] 虽显夸张，却可以理解。在向总督展示 7 个月之后，伽利略在《星之使者》（*Sidereus Nuncius*，即 *The Starry Messenger*，尽管他似乎想表达来自星星的消息的意思。这是一本 60 页的四开小册子，是他为了赶上当年的法兰克福书展仓促付印的：书名和其中最坦率的支持哥白尼的评论都是最后一刻加上去的。）一书中以简洁的宣布式风格描述了他的发现。"我看到众多之前从未见过的星星，它们的数量约为原来看到的星星的 10 倍。但迄今为止将带给人们最大惊喜的是……我发现了 4 颗行星。"他所指的大量星星是银河系。望远镜告诉人们，天庭具有深度，这是肉眼所不能看出的。银河系并非横跨天空的星带，而是大量星星——数不清的光点——聚在一起的观点十分震撼。

伽利略所看到的"行星"实际上是木星的 4 颗主要卫星，② 现在被称为"伽利略卫星"。它们的发现证明地球之外的其他行星也有环绕自己运行的天体，这是支持哥白尼体系的强力证据：如果木星固定在一个透明天球上的话，这些卫星早该把天球撞碎了。借助于望远镜伽利略绘制了第一批系统的卫星图，表明金星有位相，同时也表明行星比原来认为的大得多。之后又有一个大发现：太阳是有瑕疵的。太阳"表面有斑点，是不完美的"——伽利略看到的是太阳黑子。而且伽利略还观察到它们在太阳表面移动，这意味着太阳自身是在旋转的。忙于确定木星卫星的周期（并保住他在总督府的地位）的伽利略对这些新发现并没有投入像早期发现那么多的精力，坦承自己"不知道，也无从知道，太阳黑子到底是什么"，但在他看来，太阳黑子最像云朵。[25]

之前其他人可能也看到过太阳表面上的物体，但是伽利略引起了广泛的关注

---

① 原文注：放大镜在 13 世纪就已经很普遍了，但很笨重，特别是对于辅助写作来说。威尼斯的工匠开始制作两侧都是凹面的小玻璃片，装在一个框架上：这就是眼镜。由于镜片形似小扁豆（lentil），故被称为"玻璃扁豆"（lentils of glass），于是就有了来自拉丁语的名称，lenses。

② 原文注："卫星"（satellite）一词源自拉丁语 *satelles*（宫廷侍卫），1610 年夏天开普勒写给伽利略的一封信中首次将它用于天文学。几乎从这封信起，伽利略切断了所有联系，原因不明。伽利略还终生都不曾承认开普勒的椭圆轨道定律。在他看来，所有天体的运行轨道都是圆形的。

并让自己声名远播。1611 年他成功地访问了梵蒂冈，① 获得了单独向保罗五世教皇进行展示的保证。真的很难判断罗马是鼓掌欢迎还是予以裁判，伽利略看起来做得不错——或许他注意到了一位元老院红衣主教说的俏皮话：圣经"要告诉我们的是如何去天堂，而并非天堂是如何运行的"。

之后三位天文学家站出来宣称他们也注意到了这些斑点。英国科学家托马斯·哈里奥特（1560—1621 年）和两个德国人克里斯托夫·沙伊纳（1573—1650 年）、约翰·戈德斯米德（其拉丁名字为法布里休斯，1587—1616 年），都印发了小册子，首先刊印的是法布里休斯，他于 1611 年秋在法兰克福书展上骄傲地进行了展示、说明。哈里奥特是沃尔特·雷利爵士的一位管家，他于 1610 年 12 月 3 日到 1613 年 1 月 18 日间观测到了 199 次太阳黑子；沙伊纳是一位耶稣会士牧师，1610 年 10 月 21 日到 12 月 14 日间对太阳黑子进行了观测，但直到 1612 年才公开发表他的记录。伽利略的第一批太阳黑子图绘于 1612 年 5 月 3 日到 11 日间。看来他们四人果然是各自独立发现了太阳黑子现象，并没有将他人的发现据为己有。

1611 年科学界英雄伽利略成功地拜访了梵蒂冈。

---

① 原文注：在梵蒂冈的一次宴会上一位宾客创造了"望远镜"（telescope）这个词，它在希腊语中意指"远望者"。汤姆·斯托帕德的剧本《伽利略》（Galileo）中有个情节，耶稣会士学者罗伯特·贝拉尔米内巧妙地对伽利略说："由希腊人给一个你用来推翻他们的宇宙的仪器命名是多么残酷。"伽利略的望远镜以一种广受欢迎的观赏助具的形式流传了下来：观剧镜。1823 年维也纳出现了现代模式的观剧镜——两部简单的伽利略望远镜，中间用一桥架连接起来。

且不论太阳黑子的发现应该归功于谁，触发随之而来的争论的是伽利略。沙伊纳的耶稣会教友不相信他的观测结果，但他争辩说这些黑点其实并不是太阳本身，而是先前不曾发现的贴近太阳表面运行的小行星——他恭敬地应和亚里士多德说，不管怎样，太阳是完美的，不可能有瑕疵。次年伽利略发表了《关于太阳黑子的公开信》予以回应，在这三封公开信中他断言黑子确实位于太阳表面。他的证据是黑子穿过太阳表面时会做独特的加减速运动，靠近太阳表面边缘时会变长或缩短——这正是固定在旋转球体表面上的物体的行为。

在第三封信中，伽利略（可能期望会引起一场争论）首次公开力挺哥白尼体系。这封信激怒了罗马教廷，后者在 16 世纪 90 年代那不勒斯哲学家乔尔丹诺·布鲁诺（绰号"被激怒者"）事件上清楚地表明了自己的立场。布鲁诺宣称地球绕太阳旋转是无懈可击的事实，宗教裁判所判定他是最坏的一类异端，是一个剥夺了上帝超级造物主身份的泛神论者，并把他用一头骡子驮到罗马的鲜花广场（Campo de' Fiori），头朝下吊起来，扒光衣服，烧死在火刑柱上，并用一根铁钉穿过他的舌头，以防他散布更多的亵渎之词。多年来天主教禁止阅读关键 9 句话未被删除的哥白尼著作，这 9 句话声称哥白尼的观点不只是理论假设。即便删除了这 9 句话，《书目汇编》（*The Congregation of the Index*）最终还是把哥白尼的著作列为禁书，理由是它捍卫了"地球运动太阳静止的错误毕达哥拉斯学说"。

伽利略无法再逃了。他被传讯至宗教法庭。1616 年 2 月 26 日，一份报告提交至法庭，命令他放弃哥白尼学说，并"完全放弃教授或捍卫这一观点，甚至不要讨论它"。宗教法庭没有判处他有罪，但要求他进行其他方面的研究。之后就这样搁置了 7 年时间，直到也曾是一位天文学家的马费奥·巴尔贝里尼被选为乌尔班八世教皇。伽利略的老朋友巴尔贝里尼邀请他前往罗马。6 次会面二人均在梵蒂冈花园中边散步边讨论日心说。据说乌尔班告诉老同行自己不能推翻 1616 年的判决，但劝他仍要对哥白尼体系和托勒密体系做个正式的对比——有一个条件：不能给出任何一个理论是正确的结论，因为上帝自己懂得宇宙的机制。

伽利略开始着手做这件事：这将花去他 9 年的时间。最终，经佛罗伦萨当地检察官允许，他出版了《两大世界体系的对话》（*Dialogue on the Two Chief World Systems*），第一版以当地的托斯卡纳语写就，第二版改用了学者通用的拉丁语。①"上帝乐于让我做有史以来一直深深掩埋着的重大事实的首见者。"他的

---

① 原文注：布莱希特剧中一个角色说伽利略用"渔婆和商贩的语言"书写。或许是这样；不过他懂得其他语言，也知道何时用它们书写。

论据的分量显而易见：日心体系无可争辩；地球在运动，因为数学要求这样。[132]
"直到 18 世纪初仍是学术语言的拉丁语的广泛应用"，H. L. 门肯写道，"使交流看法更为方便，一个国家的发现、观点很快就传至所有其他国家。"[26]

　　已经为反宗教改革之战焦头烂额的乌尔班，爆发了"被背叛的情人的愤怒"，[27] 开始放任宗教裁判所的行为。在次年的一次正式审判中，伽利略被控告"具有强烈的异端嫌疑"。而日心说本身则从未被宗教权威或大公会议（ecumenical council）宣判为异端；正如一位评论者所说，只是"伽利略决意把哥白尼学说打入基督教社会"。不少科学家对伽利略的行为十分生气，开普勒就是其中之一："有些人的轻率言行导致了严峻的形势，80 年来完全自由阅读的哥白尼著作现在都成了禁书。"[28] 实际上，伽利略迫使教会禁止了自己的言论。教会确实禁止了《两大世界体系的对话》的进一步发售，并查抄了所有已售本。布莱希特剧中负责审查的红衣主教教导伽利略说："人类并非天生要知道真实，只是追求真实的权利得到了保证。科学是教会所疼爱的合法女儿，她对教会一定要有信心。"

　　布莱希特声称科学家受到刑架及其他行刑工具的威胁，但这方面的证据却根本不存在（注意这只是一个乌尔班时代的传说）。要说威胁，教会方面确实采取了特殊惩罚措施来避免冲突。在审判期间，已是 70 高龄的伽利略居住在俯瞰梵蒂冈花园的 5 居室寓所，甚至还配有一名贴身男仆，另有一名仆人负责他的饮食。令教会高兴的是，1633 年 6 月 22 日伽利略跪倒在圣玛利亚密涅瓦教堂（Santa Maria sopra Minerva）的多米尼加修道院（Dominican convent），宣布放弃自己的学说——原因可能在于，他归根结底还是一位虔诚的天主教徒，意识到了罗马教廷更高层次的追求：科学不能视为权威的最终来源——也可能是因为，在被要求做出部分让步时，他发现并没有无可辩驳的证据证明自己是正确的。

　　判决结果下达了，他的活动范围被限制在自己位于佛罗伦萨城外阿尔西特利（Alcetri）的别墅。他在这里度过了余生，一直埋头做研究，尤其是动力学方面的研究。1637 年他开始失明（并非观测太阳所致），时而左眼时而右眼。次年他接待了几位访客，其中包括霍布斯和弥尔顿，后者 6 年后在《论出版自由》（Areopagitica）一书中回忆了与伽利略讨论宇宙学的情景，"这位古稀老人，因思考天文学而非方济会和多明我会的教义而为宗教裁判所所囚禁"。弥尔顿在《失乐园》中又回到了这个话题：[133]

　　　　不要征询事物藏身其中的你的思想
　　　　把它们留给你所效忠、敬畏的上帝；……

　　天堂太高了

　　你无法知道那里发生的事；做卑贱的智者吧。[29]

　　在同一首诗中，他描述了撒旦降落太阳表面，做了一个从"玻璃光筒"（即望远镜）看上去像太阳黑子的标记。一个签名？不过，他这一想法提出的实在太晚了。至少伽利略从没有在监狱待过一天，这与传说完全不同。他写了两部喜剧，给但丁授课，并继续进行学术研究，直到 1642 年去世，享年 78 岁。"在一个目睹了 30 年战争的年代，"阿尔弗雷德·诺斯·怀特海德写道，"对于科学界来说最坏的遭遇就是伽利略在自己睡床上平静地死去之前，遭受了可敬的羁押和温和的指责。"[30]

　　近 100 年之后，本尼迪克十四正式为《伽利略全集》颁发了出版许可（罗马准许出版的正式许可证。尽管如此，对哥白尼著作的禁令仍持续到 1828 年才解除）。又经过 230 年，约翰·保罗二世才于 1979 年责成对迫害伽利略一事做调查。经过 12 年多的进一步审议，1992 年梵蒂冈终于承认伽利略的观点是正确的。之后在 2008 年，本尼迪克十六教皇宣布将在梵蒂冈教廷树立伽利略的塑像。教皇科学院（Pontifical Academy of Sciences）院长（一位核物理学家）发表声明说："教会希望了结伽利略事件，不仅就他伟大的科学遗产，也就科学与信仰之间的关系达成一个确定的谅解。"[31]哪怕以这一庞大机构的标准来看，平反也来得晚了点。

　　这些论点经过那么长时间才被接受是有其原因的。技术深刻影响着信仰体系，只有在印刷机问世之后思想才能广泛传播。而且，对于导致革命性全新思考方式的那些观点来说，巨大的阻力注定不可避免。西格蒙德·弗洛伊德（1856—1939 年）让一个观点广为接受：哥白尼把人类从宇宙中心这一独一无二的位置挪离之后，引起了特别的恐慌。其实，伽利略告诉世人太阳黑子的存在后带来的恐慌更为严重。太阳不完美是恐怖的——这就像人脸上的斑点转到了巨大的太阳表面上并被放大了一样。在伽利略之前，太阳一直是一个毫无瑕疵的球体，突然之间却成了斑驳、不洁的了。

　　随着望远镜的发明，17 世纪的人们不得不摈弃幻想——太阳神、天空中的战车、吞噬太阳的龙——通过反复考查、筛选最新的证据，来重新构架他们眼中的世界。这颗巨大的恒星尽管位于太阳系的中心，却只是造物主创造的万物中的一小部分——而且还长有斑斑点点。这些一定给 17 世纪人们的思想带来了天翻地覆的革命。

第 10 章
奇异的思想之海

> 不知道别人怎么看我，但在自己看来，我就像一个在海边玩耍的孩童，不时寻找着光滑的卵石或漂亮的贝壳，而浩瀚的真理海洋就沉睡在我面前。
>
> ——艾萨克·牛顿[1]

> 苹果熟了，落地——什么使它落地？是苹果受到大地吸引，还是茎枯萎了？是被太阳晒干了，还是长得太重了？是被风吹落，还是树下的男孩想吃它？
>
> 列夫·托尔斯泰，《战争与和平》[2]

"我要做个了结。"没有朋友的孤僻学生艾萨克·牛顿（1643—1727 年）在拉丁语练习书上写下了这样的话。"我只能哭泣。我不知道该怎么办。"首要传记作家把他描述为"一个备受煎熬的男人……极端神经质，总是犹豫不决，至少整个中年时期一直都处在崩溃的边缘"。[3]他从未结婚——在汤姆·斯托帕德的《世外桃源》笑话中，性"的吸引力被牛顿漏掉了"。难以想象他居然欣赏伽利略对红酒的描述——"阳光凝成的液体"。他没有乐感，把伟大的雕塑作品斥为"石偶"，视诗歌为"巧言荒语"。[4]不过艾萨克·牛顿爵士去世时，却被认为是那个时代的伟大天才。蜚声整个西方世界的牛顿当了 30 年的皇家学会会长（全球最伟大的科学机构，由业余物理学家查尔斯二世创建）；他曾两度出任国会议员；并作为一名精力充沛得出人意料的铸币厂厂长，负责所有公共货币的铸造。他去世后被安葬于威斯敏斯特教堂，墓上竖有一块华丽的 25 英尺高大理石纪念碑，他的雕像则斜躺在一个星象仪下面。在雕像一侧，小天使支撑着太阳和行星；拉丁语碑文写着："欢呼吧，曾存在一位如此为人类添彩的伟大人物。"历史上还从没有人做出过影响更大的发现。

24 岁之前牛顿就开始构想引力定律——这是所有现代预测天文学的基础——并开始证明地球上物体的运动与天上物体的运动遵从相同的定律。他已经在光学领域做出了重大发现，特别是在颜色和光线的性质方面；他还将继续发展一条冷却定律，给出明确的动量守恒定律，研究声音在空气中传播的速度，就太阳的起源给出自己的理论。他是解释潮汐本质的第一人，并创新了望远镜的构造，还是微积分（20 世纪的任何科学发展都离不开的数学工具）的发明者之一。1919 年，因相对论而获得全球声誉的爱因斯坦说：“任何人都不要冒相对论或其他理论真的可以超越牛顿的伟大发明的想法。牛顿伟大而明确的观点永远都不失其独有的意义。”[5]

艾萨克·牛顿出生于林肯郡东海岸的伍尔斯索普-科尔斯特沃思（Woolsthorpe-by-Colsterworth）相交的一个濒于破产的农场家庭。父亲早亡，母亲仓促改嫁，留下牛顿由外婆抚养——当时这种情况并不罕见，但可能导致他在感情上并没有得到很好的照料。幼年的牛顿以搭建积木和制作日晷为游戏，并因根据太阳确定时间的技巧而小有名气；1661 年 6 月，牛顿前往三一学院学习，当时的三一学院与现在一样，是剑桥大学最著名最大的学院。

尽管亚里士多德和其他伟大的古希腊哲学家的学说仍是当时主流正统思想的基础，勒内·笛卡儿（1596—1650 年）仍带来了根本上的创新。因担心教会的迫害，笛卡儿将很多研究成果秘而不宣，不过还是于 1644 年出版了《哲学原理》（*Principia Philosophiae*），书中断言太阳不过是众多恒星之一，且每颗恒星都位于自己的“漩涡”中心。在牛顿看来，这样的宇宙会带来一系列问题。为什么物体都有下落或沿特定方向运动的倾向？伽利略曾看到月球上有类似于地球上的山和峡谷；不过如果月球的构成物质与地球相同的话，它又如何维持在天上？它为什么绕地球旋转，而没有落下来或盘旋着飞开去？伊丽莎白女王的私人物理学家威廉·吉尔伯特可能已经在《磁论》（*De Magnete*，1600 年）中给出了一条线索，即地球具有我们现在所说的“二极磁场”——亦即，地球的极点具有正负两种荷，从而地球成了“一块大磁体”。不过，什么是磁体呢？

137　　牛顿在位于三一学院大门和小教堂之间的房间里思索这些难题。但 1665 年冬天，黑死病横扫欧洲大陆，从一个教区传到另一个教区，每周都要夺去几千人的性命。有 1/6 的伦敦居民在一年多一点的时间里死于这场瘟疫。剑桥也未能幸免；16 座学院关闭了（它们还只是小型机构；甚至到了 1800 年，整个大学也只有 400 名学生），牛顿回到了外祖母宽大的石头农房。这种隔离生活持续了 19 个月，期间他发明了现代数学、力学和光学。如他自己所回忆："当时我处于发明的全盛时期，之后对数学和哲学的研究再没有像当时那样投入了。"[6]

牛顿找到了有关太阳的两个特殊问题的答案，这表明了他的洞察力。两个问题分别是太阳相对于地球的质量和密度。据牛顿估算，太阳的质量是地球的 28700 倍（低估了很多，但比任何前人的结果都接近真实值），密度是地球的 1/4（与当前值相差不超过两个百分点）。而引力定律却更难以把握：过了近 20 年的时间他才将这一理论公开，而且至少部分是缘于他人的激励。1639 年前后，另一位剑桥出身的天文学家杰里迈亚·霍罗克斯（1617—1641年）曾提出，月球的运动尽管受太阳的影响，同时也受来自地球的某种力的影响。之后，皇家学院的三位成员，罗伯特·虎克（1635—1703 年）、埃德蒙·哈雷（1656—1742 年）

艾萨克·牛顿爵士（1643—1727 年）

138

和克里斯托弗·雷恩（1632—1723 年），还有一位法国牧师艾斯米尔·布约（Ismaël Bouillaud，1605—1694 年），都曾设想随着物体远离地球中心这种力会迅速衰减。但是牛顿既认识到是一个通用的定律在起作用，又首次说明了这种力的机制。

牛顿给出了一个结论，即地面上的物体所受的向下的引力是地球因自转而将其甩出去的力的 350 倍——他称这种引力为"重力"（拉丁语 *gravitas*，意为"重量"）。问题并不是这种事是否存在——伽利略已经证明了其存在——而是这种力的作用范围是否足够远，足以把月球维持在其运行轨道上？牛顿通过计算表明，如果相互吸引力正比于双方的质量，反比于二者距离的平方的话，不但解释了月球的轨道运动，还解释了这种力如何造就了所有行星的轨道，故称之为"万有引力"。利用这一公式，他确定了行星和恒星的运行轨道、二分点变动的原因，并解释了潮汐现象。甚至今天，万有引力的解释仍是人类理解周围世界最伟大的进步之一；但做完计算后，牛顿就把它束之高阁了。

多年后，牛顿至少向 4 个人说过自己曾受到花园里一个苹果的启发。如果导致苹果落地的力不仅仅在一定的距离内才存在，而是涵盖很远的范围又会怎样呢？牛顿从没有提到过什么灵光乍现，只是写道"我开始把作用范围远至月球轨道的引力考虑为一种自地球中心向外作用的力"。①

过了不到两年的时间，剑桥大学重新开学，牛顿回校后很快就做出了光学方面的几个重要发现。柏拉图认为视觉是眼睛射出的粒子的结果；但光的本体是位于观测者之外还是之内呢？亚里士多德已经认识到有了光才有颜色，托勒密也做了折射角的实验——但颜色从何而来？是来自太阳的礼物吗？

139 这次灵感不是来自一个苹果，而是一个小饰品。小镇几英里外的康河岸上有斯图尔桥公共区（Stourbridge Common），每年都会有一场大型集市在这里举办。在这里牛顿从当地一位镜片商那里买了一个棱镜，即一个瑞士三角巧克力棒一样的三角玻璃块。回到房间后，牛顿放下棱镜：阳光落上后，生出了不同的颜色。是玻璃改变了光线，还是阳光中本来就包含这些颜色，只是棱镜把它们分开了？牛顿知道望远镜会在被观察事物周围产生彩虹效应，因为每个镜片边缘都有一个棱，但白光穿过镜片时会在较薄的区域变暗，成为红色，在较厚的区域变得更暗，成为蓝色的解释并不能使他信服。他开始做实验，一束窄窄的阳光投射到棱镜上，结果光线的分离更为清晰。牛顿这样写道：

---

① 原文注：苹果的故事源自一系列的"同时代说法"，第一个是伏尔泰的，他在《论欧洲国家的史诗》（*Essay on the Epick Poetry of the European Nations*）中写道："［牛顿］正在花园散步，看到有水果从树上落下，便开始了深刻的沉思。"[7]认识牛顿的其他人在回忆录中也给出过类似的说法，包括牛顿的侄女凯瑟琳·巴顿（Catherine Barton，以及乔纳森·斯威夫特的浪漫幻想），而在牛顿的第一部传记中，作者威廉·斯蒂克利毫不含糊地断言"牛顿之所以产生引力的概念……缘于一个苹果落地"。[8]不管苹果的故事是真是假，从牛顿卧室里的窗户的确可以看见一片果园——一个不可否认的结果就是一种新苹果的命名：牛顿苹果（Newton's Pippin，香蕉苹果）。

　　起初观赏棱镜产生的鲜艳明亮的颜色是一个很有趣的游戏；但过了一会儿，我开始更深入地考虑它们，看到它们排成一个长方形后我很惊奇；根据所学到的折射定律应该排成圆形。而且我发现……投向长方形像一端的光线的确经历了远大于另一端光线所经历的折射。[9]

一位 19 世纪法国画家的画作：牛顿用棱镜把阳光分成七色。

　　不同的颜色折射率不同，棱镜将它们弯向不同的方向，形成彩虹色彩序列——意味着光线可以分解为其组成成分。牛顿验证了红、橙、黄、绿、蓝、靛、紫七种色彩。靛色其实并不是一种独立的色彩，橙色也有问题，但相信数字命理学的牛顿把他观察到的颜色按神奇数字"7"划分成了 7 种。 140

　　他的下一步工作是把单一色彩从白光中隔离出来，再通过另一个棱镜。他利用两个玻璃棱柱，旋转第一个，让折射的光线中的蓝光对准第二个棱镜再次进行折射，之后是红光。他观察到，第二次折射不会再产生新的颜色的光，也不会改变第一次折射后的光的颜色。他记录道，"阳光，由不同折射率的光线组成"——折射是指能够从一个方向偏转到另一个方向。所以颜色不是光的变化而是光的一个基本性质；以前认为不具有颜色的白光实际上由眼睛能看到的所有颜色构成。

　　笛卡儿曾考虑过颜色是由构成光线的微小粒子的旋转产生的。牛顿的论点是我们观察到的颜色由光线经过的物体分解开来，而并不是由物体自身产生新的颜色。他主张——比如——水仙并非发出黄光，彩虹也不过是雨后水滴在大气层中积聚从而起到了棱镜的作用的累加结果，由此驳斥了笛卡儿的概念。彩虹——及任何其他事物——的颜色，是我们的眼睛接收特定波长的光的结果。

至少从文化上来说，牛顿身处险境。彩虹是大自然的图标，与太阳密切相关。[11]古希腊人视彩虹为天地之间信使的通道。印加军队持彩虹旗行军战斗，北美印第安人相信人死后居住在"彩虹大陆"，16世纪德国反叛农民军高举彩虹旗前进，象征着上天赐予的希望。现在天上伟大的彩色拱桥突然沦落成了雨滴的一种副产品。[①] 一个多世纪过去后，这种降级震惊了罗曼文学界，甚至到了1817年济慈还在指责牛顿，说他把彩虹退化为棱镜的折射结果实际上破坏了彩虹的诗意。但尽管如此，每次祝酒他都会向牛顿致意。[12]

牛顿有时会陷入无穷尽的探究之中。在一个实验中，他尽自己所能一直盯着一面梳妆镜所反射的太阳看，反复转向房间的暗角去看到底会浮现什么样的光点和颜色余影。他一直做这个实验，直到因担心永久失明而把自己关在一个暗室里，等待双眼完全恢复视力。这花了他3天时间。在另一个为证明感光神经所受的压力会影响颜色感知的实验中，他用一根缝衣针沿眼眶滑动直到能戳到后眼眶，注意到只要他用"锥子"戳，就会看到"白色、暗色和彩色的光圈"。他绝不仅仅是好奇心强——强迫心理是他的第二特点。

由于不同颜色的光线折射时会分离，牛顿认为望远镜主镜片形成的像之所以模糊，是因为不同颜色的光线进入焦点前所走过的距离不同。单个镜片不可能产生清晰的像，因为折射望远镜——就像一个棱镜——会把白光分解为彩色光，在恒星和行星的像周围环绕上虚色彩。所以他发明了第一台实用的反射望远镜（现在所谓的"牛顿"式望远镜）。他自己动手磨制镜片（这工作可不轻省：1677年伟大的荷兰哲学家斯宾诺莎去世，年仅44岁，原因是肺部因常年磨制镜片吸入玻璃颗粒而烂掉了），通过加大镜片制造了一台超级望远镜——尽管镜片的直径只增大为1英寸。之后他铸造了一个2英寸的反射镜，并磨出球曲面，放在镜筒的底部，接收另一片与之成45°的反射镜反射过来的光线，后面这个反射镜又把像投向一个镜筒外的凸透镜——透过它进行观察的镜片。1671年他把这个仅有6英寸多长的小仪器送到了皇家学会，在大约200名会员中引起了轰动，受此鼓

---

① 原文注：彩虹旗仍是进步诉求的象征，其中包括男同性恋、女同性恋权利运动，不同的颜色象征多样性，而彩虹集会（Rainbow Gatherings）则是嬉皮士的聚会，他们聚集在公共场所宣示对和平和社会和谐的诉求。唯一带有恶意的彩虹是月亮带来的——雨夜出现的在不同灰影中的"月虹"，总是出现在月亮相对的方向。过去水手相信月虹预示着船员会有人死去。

励，他决定出版《论颜色》，1704 年他又把这本书扩充为《光学》（*Opticks*）。后面这本书全面介绍了他的理论，并以一组著名的辞藻华丽的"问题"收尾。这些问题是他对物理世界本质的思考，据他预测，答案会在几代人后出现。①

不过，学术界的一些人还是不够信服，尽管有蒲柏的著名诗句："大自然及 [142] 其定律隐于暗夜中：上帝说，*让牛顿出世吧！*于是世界一片光明。"很多牛顿的同辈读到《论颜色》中说光是由在以太中运动的细微粒子构成的时都表示怀疑。被这种反应（及很多其他反应）深深触犯了的牛顿，开始陷入非常恶毒的争论，不停地做着细微的修正，有切实的也有幻想出来的，并对所有批评声都给以更激烈的回应，通常伴随着揭露高度私人的伤疤，而又拒绝原谅那些他认为仅仅是"数学界的妄言者"的人（他们仅次于他；当然是这样）。

他最长久的一位敌人是罗伯特·虎克。虎克是伦敦市的测量员、克里斯托弗·雷恩的首席助理、皇家学会的实验监督员。他们的矛盾发端于 1672 年虎克首先批评牛顿的光学理论，认为细节证明不够充分。虎克的地位举足轻重，又因在气压计、紫外光、温度计、风力表、弹性性质方面的工作以及证明了生命离不开空气而备受尊重。他在展览自己的另一发现——复显微镜的《显微图谱》（*Micrographia*，1665 年）中讨论了大量关于光的内容。

暴怒的牛顿宣称虎克没能理解他的话。二人的相互中伤持续了多年。后来牛顿知道了伟大的荷兰数学家克里斯托弗·惠更斯（1629—1695 年）已经提出了另一理论，但这并没有缓和他与虎克之间的矛盾。惠更斯的理论给牛顿带来了另一挑战：光由波而非粒子构成。实际上，光展现了波和粒子两种性质，但这一发现还是两个世纪之后的事；所以，在两方都能证明对手并非完全正确却不能证明自己确凿无疑的情况下，争论更加火热了。

场景现在切换到伦敦河滨马路（London's Strand）上的一间咖啡厅，时间是 1684 年 1 月，虎克、哈雷和雷恩正在讨论太阳和行星之间的引力。多次争论后，雷恩提供了一个慷慨的奖品——如果有人能两个月内证明导致行星沿其轨道运行

---

① 原文注：牛顿并不是唯一一个深思的人。4 世纪中国哲学家葛洪就曾写道："天了无质，仰而瞻之，高远无极，眼瞀精绝，故苍苍然也。譬之旁望远道之黄山而皆青……"[13]直到 1870 年英国物理学家约翰·廷德耳才发现蓝光比红光更容易散射，这就解释了为什么晴朗的天空呈蓝色。1810 年，科学家兼文学天才歌德发表了 1400 页的论著《论颜色理论》，书中他重构了牛顿的定义。牛顿认为颜色是一个物理问题，涉及光线打到物体上并进入我们的眼睛。歌德认识到，颜色到达我们的大脑的知觉也受视觉机制和我们的大脑处理信息的方式的影响。他认为，我们所见取决于所看的物体、光线条件*和*我们的知觉。

的太阳引力遵从反比平方定律的话，可任选一本价值 40 先令的书，这相当于劳
143　作家庭一整月的收入。两个月的时间过去了，三人都没有给出证明，于是哈雷受
命前往剑桥询问牛顿。① 如哈雷后来所说，这位伟大的科学家立刻回答说"椭圆
轨道"，还说他以前已经解决了引力问题，只是没有告诉其他人，不过现在将着
手其解答的出版工作。听到这些后虎克便就这一定律的发现过程提出异议，声称
至少 15 年以前自己就有过这一想法并于 1679 年写信告诉了牛顿。虎克可能当时
已经意识到了引力的本质，只是缺乏数学知识来证明它；很可能他的确有受到欺
骗的感觉，不过几乎历史上所有发现的归属权都很凌乱。

　　牛顿给虎克的一封信中带有嘲弄意味的假客气回应十分简洁："如果说我看
得更远，那是因为我站在巨人的肩膀上。"二人的争吵直到 1703 年虎克去世才告
结束——经过很多政治上的权衡，他伟大的对手被选为自己皇家学会会长一职的
继任者。但成功并没有改变牛顿的本性。尽管因《自然哲学之数学原理》（*Prin-
cipia*，牛顿在书中删除了对虎克的致谢）收获了巨大荣誉，牛顿却拒绝虎克分享
他的研究。② 有段时间他把自己关在位于三一学院的房间里，不思饮食，靠烛光
照明，几乎完全退回到自我。他与自己周围的世界从没有和平相处过。

144

————————

　　总之，重点是牛顿提出了大自然的基础定律处处相同的概念，他想要的不是

————————

　　① 原文注：牛顿的朋友很少，优秀天文学家兼物理学家哈雷是其中之一。1705 年，哈雷意识到
1682 年出现的彗星的特征与 1531 年和 1607 年出现的彗星基本相同，总结说这三颗彗星其实是同一个
天体，每隔近 76 年回归一次，并预测这颗彗星将于 1758 年再次出现，而且事实确实如此。尽管他和
牛顿都没能看到这次回归，但这颗彗星在一稳定轨道上运行的事实却成了牛顿引力公式的有力证明。
根据欧文·金格里奇的说法，哈雷很幸运，因为（在现今已知的约 140 颗周期性彗星中）只有"他
的"彗星亮度较高，无须借助望远镜就能看到。到达距离地球最近点时，它的亮度相当于月亮的1/4。
哈雷的计算表明，可以追溯这颗彗星更早期的回归。中国天文学家观察到它的记录可追溯至公元前
240 年，甚至最早可至公元前 2467 年。一片巴比伦书简记录它曾于公元前 164 年回归，贝叶挂毯
（Bayeux Tapestry）则记录了它 1066 年的那次回归。最近两次回归分别在 1910 年和 1986 年。哈雷彗
星（1758 年回归后即被冠以此名）的下次回归将发生在 2061 年。

　　② 原文注：牛顿未出版的手稿共有 270 万字，包括数百页关于宗教信仰的内容。这些手稿他都
小心密存着：尽管对英格兰教会态度恭顺，牛顿仍认为视耶稣基督为上帝是一种罪，而且圣三位一体
是一个亵渎了上帝的教条——一种可能会危及其性命的深度异教的立场。他这些手稿一直没有出版，
直到 1936 年在苏富比（Sotheby's）被零散拍卖。其中一位买家是经济学家约翰·梅纳德·凯恩斯，
他出于收藏目的买下了大部分炼金术方面的手稿，据说他在从一个拍卖会场前往另一个的出租车上阅
读了这些手稿。[14]凯恩斯在皇家学会的一次聚会上说自己认为牛顿是"最后一位巫师，最后一位巴比
伦人兼苏美尔人"。[15]

一个可预测或纯机械的宇宙，而是一个精神性的东西于其中有容身之地的宇宙——这就是炼金术的出发点，早期的炼金术主要关注的是利用"适当的药剂"将"低级"物质，尤其是金属，转化为"高级"物质。到了 12 世纪，受阿拉伯文化的影响，这种秘密活动渗入到了欧洲文化中。起初，炼金术与化学混为一谈，因为二者关注的都是物质的区别和界限。不过炼金术也以生产、发酵、变化、变形等形式来探索这个世界。

炼金术士识出了 7 种主要金属，每一种对应一颗行星。他们认为，太阳不仅仅与物质上的金子相关，也与"哲学金子"，即金子所蕴含的神秘力量相关。牛顿对所有这些很感兴趣。他这样写道，"没有别的热量比阳光更让人心旷神怡，

《工作间里的一位炼金术士》，一幅 19 世纪的画作。炼金术全是无稽之谈，但它有助于将化学发展为一门科学。

如沐春风了"。炼金术士的圣杯是所谓的点金石，元素与力之间的完美平衡，人们相信这种平衡能把任何形式的金属都转化成黄金，并能赋予凡夫孺子全知的能力。弥尔顿书中的撒旦降落在光芒无限的太阳上时，发现对其难以描述，只好说太阳可能与点金石类似，"想象次数比别处所见次数更多的这种石头，/或我脚下所踩的类似物/哲学家追求了这么久都一无所获"。[16]这一法宝名字众多，包括"太阳"，且人们认为它有两种主要形式：可以把基本金属转化为白银的白石头；太

阳级别的红石头，可以把基本金属转化为黄金。

牛顿在房间外连接学院教堂墙壁并竖有一座烟囱的栅栏边上建造了一座实验室，一个炉子在那里不分日夜燃烧着。他把一块深红色的合金，即辰砂（红色硫化汞，画家称之为朱砂）放进去，经过火烧，提炼出了一种被称为水银的液态金属，冶金术士称之为"哲学之元气"，或墨丘利（Mercurius），万物均由其构成。牛顿对其力量十分迷恋，在自己房间里放满了饰以朱砂的家具，朱砂窗帘、朱砂垫子，甚至还有一张朱砂马海毛床。最终，由于经常接触水银，体内的汞含量过高，牛顿出现了颤抖、失眠等症状，据说还有偏执性妄想症（近来一种理论认为，他所患的是阿斯伯格综合征，一种自闭症）。不过他认为炼金术可能实现却是对的：只是他那个时代的化学无法实现而已。

从哥白尼到牛顿的大发现时代通常被称为"科学革命"。"科学在 17 世纪只是文化的一个小伙伴"，詹姆斯·格莱克评论道。"到了 19 世纪科学已经成了文化的主要组成部分"——甚至时尚女人会在自己的肖像上画上六分仪，在脚上画上望远镜。[17]牛顿的影响如此深远，人们很容易就低估后来的科学家。（艾萨克·阿西莫夫曾说，科学家争论谁是历史上最伟大的科学家时，实际上是在争论谁是第二伟大的科学家。）尽管牛顿去世后的 1 个世纪里有关太阳的发现少于以前，但其中不乏一些重要的发现，包括对光速的第一次定量测量、其他恒星和行星的概念、太阳光谱里黑线的首次报告、云与太阳之间关系方面的先驱性工作。

科学家和普通人都特别感兴趣的一个问题是：地球距离太阳到底有多远？当时所有的计算结果都远远不能令人信服。这样金星凌日现象——沸腾的太阳表面一个可见的黑点快速掠过的过程变得十分重要。[①] 开普勒著名的第三定律表明，行星到太阳距离的立方正比于该行星绕太阳运行一周所需时间的平方——由此可以给出各行星到太阳的相对距离；不过却无法给出到太阳的绝对距离。

尽管金星这样运行了几十亿年的时间，但直到 1639 年的 11 月 24 日才由年轻的兰开夏（Lancashire）牧师杰里迈亚·霍罗克斯（从他应该做两次布道的教堂匆忙赶回家）第一次发现了它的凌日现象。他意识到，如果同时从相距足够远

---

① 原文注：金星在每 243 年的周期内会掠过太阳 4 次。先是相隔 8 年的 2 次，之后是相隔 121.5 年和 105.5 年的另外 2 次。有时候"双凌日"不会发生，因为金星没有正好经过太阳和地球之间——比如 416 年、659 年、902 年、1145 年和 1388 年的凌日现象就没有发生。

的两个地方观察凌日现象的话，所得到的数据足以给出地球到金星和到太阳的距离，最终给出整个太阳系的大小。安排一位朋友在曼切斯特观察凌日现象后，霍罗克斯成功完成了自己的观测，并满意地写道："我最期盼的天体……刚刚完全进入日盘。"[18] 不过，他更宏伟的目标却未能达成，因为事实证明他朋友的观测点距离他太近了，还要等接下来的两次凌日现象发生后才由其他人真正完成这种观测。①

霍罗克斯是一位英雄开创者。1716 年哈雷出版了名为《确定太阳视差或到地球距离的一种新方法》的小册子，推荐了一种更复杂的方法：在全球安排尽可能多的观测者。到了 1761 年，科学团体都为观测下次金星凌日做好了准备。在圣彼得堡建立了一座天文台和一所天文学院的巴黎人约瑟夫-尼古拉斯·德利尔，为了更好地观测 6 月 6 日的凌日现象，派人前往像印度的圣海伦娜（St. Helena）这样的观测点进行观测。至少有 120 位观测者分布在 60 多个观测点。但是这次金星凌日正好处在七年战争期间，两位伟大的科学家，天文学家查尔斯·梅森和测量员杰里迈亚·狄克逊（后来有梅森-狄克逊线）在前往苏门答腊途中，所乘坐的船只受到一艘法国护卫舰的攻击，导致 11 名同伴遇难。他们的观测因战争而中止，而其他人则受云朵的影响也未能如愿。

全球的天文学家并没有因此气馁，而是整备望远镜去观察下一次金星凌日现象，根据计算这次凌日将发生于 1769 年 6 月 3 日。这次共有遍布全球的 26 个观测站进行观测。皇家学会派人前往北挪威和哈德逊湾进行观测，同时还资助著名的英国探险家詹姆斯·库克船长（1728—1779 年）前往塔希提岛观测这次凌日。

库克于 1768 年 8 月 26 日驾驶 98 英尺长的"奋进号"（*Endeavour*）启程，同行的还有一位专业的天文学家查尔斯·格林，此外船上还装有整箱的望远镜、时钟和气象设备。法国海洋部命令其所有的指挥官都不得干扰库克船长，如果已经扣留了则立刻放行，因为库克船长"在做对人类很重要的工作"。库克及时抵达塔希提岛，中途没有受到来自法国的干扰。

147

---

①　原文注：见鲁珀特·托马斯·古尔德中尉的《天文学家杰里迈亚·霍罗克斯：11 月 28 日在欧蒂诺皇家餐厅奇书展上做的一篇报告》（*Jeremiah Horrox，Astronomer：A Paper Read Before Ye Sette of Odd Volumes on 28 November at Oddino's Imperial Restaurant*，伦敦：Huggins and Co.，1923 年），第 23～24 页。由于太阳直径是金星的 110 倍，从地球上不同方位看去，金星凌日时的黑影挡住的是太阳表面不同的区域。如果从距离已知的不同点观察金星凌日，通过简单的几何计算就能得到地球到金星的距离；这就是"三角测量法"或"视差法"（parallax，源于希腊语，意指角度的值）。相距几百英里的人们如何比较他们观察到的金星黑影的方位角呢？他们必须商定观测金星凌日的某一特殊阶段；确认他们观测的确切时间；并记下金星黑影在太阳上的确切位置。

距离金星凌日还有 6 周的时间，库克船厂颁布命令，严禁船员与岛上妇女交易金属物品。岛上的妇女用精致的箭头和星星饰品装饰她们的大腿，并乐于用她们的魅力换取一两个钉子（起初"一个船钉一次性交易"，[19] 不过很快就不是这个价格了）。早些时候到达塔希提岛的另一条船"海豚号"（*Dolphin*）上的船员激情之下撬掉了船体上太多的钉子，以致"海豚号"几乎无法出航。尽管库克船长做了最大的努力，各种金属物品——餐具、鞋钉、厨具——仍在不断消失。

1771 年 7 月 17 日"奋进号"返回英国。库克的观测结果与其他所有人的结果一起被送往巴黎，由当时最优秀的法国天文学家约瑟夫·拉朗德进行分析。根据分析，观测者们未能给出金星边缘碰上太阳边缘的确切时刻。金星的黑点与太阳边缘相遇时，看起来就像渗入太阳一样（太阳的边缘被戏剧化地称为"明暗界线"），这一现象导致各人所观测到的"交会时刻"前后相差几秒。[①] 尽管存在这些不同（还有国际时间差导致的一些问题），拉朗德还是算出了一个日地距离，9500 万英里，与现在的结果仅相差 200 万英里。1894 年美国天文学家威廉·哈克尼斯给出了 92797000 英里的结果，比现在的结果（根据不同的估算，界于92955887.6 英里和 92750600.02 英里之间）至多只少了 158000 英里。

148　　最近一次金星凌日发生于 2004 年 6 月 8 日。我在朋友位于曼哈顿中部的高楼顶上目睹了凌日的最后时刻。如一位观测者所说，那时"太阳美丽的黑点已经……转到了另半边脸上"。由于城市上空蒸腾的热浪，金星的边缘看起来并不平整。回忆起来当时曾觉得，看起来位于太阳里面的金星，就像一只蚂蚁钻进了一只半透明的橙子一样。金星到达明暗界线时，看起来就像太阳右下象限上开了个小洞一样，它的小访客可由此逃出。现在科学家可以用雷达测量行星的距离，深空探测器也把凌日观测送进了历史书。2012 年 6 月 6 日下次金星凌日发生时，还会有多少人了解追踪它的戏剧性历史呢？

金星不只吸引了天文学家和政府的关注，普通大众在光学方面也在进步。新的光学玩意——暗箱和明箱，魔盒和戏灯——自塞缪尔·佩皮斯时代以来都很流行，而望远镜则对人们想象力的扩展具有重要意义。随着更多强大工具的面世，天空成了一幅打开的地图。美国桂冠诗人泰德·库瑟这样评论人们不断进步的新发现：

---

　　① 原文注：这一现象被称为"黑滴"效应，主要是折射所致。

这是穿过截住宇宙的

大坝的泄水管

释放了部分压力，

让未知的重量

不至崩溃[20]

　　伽利略的望远镜既用于观察天文现象，也用于对地上目标的观察。典型的伽利略望远镜有五六英尺长。仅仅增加镜筒的长度就可以增大望远镜的倍率：到了 17 世纪 70 年代，望远镜的长度已达 140 英寸。一场"望远镜比赛"正在进行。不过，这种增大倍率的方法达到了极限；直到 18 世纪 30 年代詹姆斯·哈德利及其他人解决了困扰牛顿望远镜的一些问题后，主反射镜直径达 6 英寸的反射式望远镜很快面世，这才有了提升倍率的新方法。天文学家现在有了新装备：消色差镜片（消除光的色散）、光学玻璃、测微器（测量小角度）和瞄准器（精确对正）。

　　到了 1780 年，威廉·赫舍尔（1738—1822 年）手中装有抛物线式底反射镜的反射式望远镜让太阳科学成了一个特殊研究领域。建造当时最强大的望远镜只是赫舍尔的成就之一。作为汉诺威近卫步兵连一位双簧管吹奏者的三子，赫舍尔 14 岁就加入了父亲的乐队，直到 1757 年他所在的部队因在七年战争中作战任务繁重而把音乐搁置了起来。根据父亲的建议，他逃回了英格兰（"没有人在意"，他这样写道，尽管汉诺威的选帝侯也是不列颠的统治者），并在著名的巴斯温泉疗养地以抄写音乐、指挥、作曲、弹奏小提琴和手风琴为生。不久他就迷上了自己所谓的"天堂的构造"，制作"像大提琴一样优雅"的硬木望远镜筒，在两端装上双簧管所用木头——科屈斯（cocus）做成的放大目镜，这样做是为了最大化他所谓的"空间穿透力"。

149

　　1781 年他首先发现了自己命名为天王星的行星，这颗行星的距离远超之前的想象：因为这一发现，已知的太阳系半径一举增大了一倍——而赫舍尔的财富增长还不止一倍，使他得以毕生专注于天文学。受乔治三世接见的鼓励，他向妹妹卡洛琳写道："我要制作这样的望远镜并观察这样的目标……也就是说，我将竭尽全力。"到了 1783 年，"这位中年德国音乐家在英国一个度假胜地定居下来"，[21] 夜夜都在他的观测台上度过，用生洋葱擦脸擦手来驱寒，就这样得出了太阳在空间中运动的大致方向和速度，并分析了 7 颗亮星的运动来证明它们的运动部分是由于太阳的吸引。

两年后，在妹妹的长期协助下，他利用恒星计数绘制了银河系图，结果支持托马斯·赖特 1750 年的观点，即银河系是一个巨大的旋转盘，太阳位于其中。对于古代天文学家来说，晴朗夜空所见横跨天空的昏暗发光带就像天上奶牛流出的牛奶。古希腊人称之为 Kyklos Galaktikos，或者说"牛奶状环"（Milky Circle），修路的罗马人维亚·莱克提（Via Lactea）。德谟克利特认为银河由成团的恒星构成的观点部分正确，赫舍尔则证明了银河实际上是恒星、星云、气体和尘埃的大集合。"他发现了 1500 个宇宙！"1786 年小说家范妮·伯尼拜访了赫舍尔的温莎天文台后这样惊呼。"谁能猜想他还会发现多少宇宙呢？"[22]

到 1800 年赫舍尔已经绘制了大约 2500 个散布的云状结构，他称之为"星云"（nebulae，"云"的拉丁语），并对它们进行分类，确定它们在天空中的位置。他称猎户座星云，即距离地球 1600 光年①的一团凝结气体为"未来太阳的混沌状物质"——这一说法完全正确。他称太阳的核为"一个未点燃物质固态球"。

同年他拓展了牛顿的光学实验，证明在太阳光谱的红端之外也能找到不可见"射线"（他将如此命名）——同年贝多芬创作了第一交响乐，华兹华斯和柯勒律治发表了《抒情歌谣集》（Lyrical Ballads）。这天，赫舍尔正在详细记录把不同颜色的光照在温度计上来测定它们的相对加热能力的实验。令他吃惊的是，他发现最大的热量产生于光谱的红端之外，而此区域都是不可见的。"辐射热量"，他报告说，"至少部分由，如果我可以这样表达的话，不可见光组成"。在百年前虎克所做研究的基础上，赫舍尔发现了红外辐射——本质上讲是热传递——这表明太阳的热量主要是由不可见射线携带，这些射线的行为与光线相同，但人眼却看不到。[23]根据赫舍尔的发现，科学家可以利用星光来判断恒星的距离和大小。

赫舍尔对其研究领域的硬件保持着兴趣。尽管他和同行拥有足够的工具去研究太阳的表观运动、太阳到地球和其他行星的距离、地球绕其旋转轴的各种振动，但他们缺乏进行真正的细节研究的仪器。威廉·赫舍尔的儿子约翰（1792—1871 年）承继父业也研究天文学后，二人合作建造了一片焦距 20 英尺、直径 18.25 英寸的反射镜，这是一批改变世界的望远镜中的第一台。

威廉的一部自传这样描写了他的成就：他把"作为测量行星位置的静态背景的星空"转变为"恒星于其中诞生自大团星云物质的巨大动态区域"。[24]赫舍尔这些话的基础是伊曼努尔·康德（1724—1804 年）的观点，后者在《自然发展史和

---

① 原文注：光年不是时间单位，而是光在一年内所传播的距离——约 5.9 万亿英里，或者说日地距离的 63000 倍。

天体理论》(*A General History of Nature and Theory of the Heavens*，1755 年)
一书中提出，太阳和行星由旋转的星际物质盘凝结而成。康德（一位技巧高超的
镜片磨制者）加上了关于行星生成的"星云假说"，认为分散的星云——只有到
了他那个时代才首次被仔细观测的灰暗尘埃和气体云——在引力的作用下一定会
收缩。收缩时它们将旋转成盘状，经过一定的时间后将形成恒星和行星。不过康
德不是数学家，他的观点一直没有很有说服力的科学基础，直到伟大的皮埃尔-
西蒙·拉普拉斯（1749—1827 年）论证了太阳和太阳系是由旋转分散气云的引
力收缩形成的。

　　整个 19 世纪，人们都认为拉普拉斯从数学上证明了太阳系是按一定规律生
成的（并不是由牛顿证明的）。[25]这样的宇宙没有上帝的容身之所。据说被问到造
物主在他的公式中位于何处时，拉普拉斯不屑地对拿破仑说："公民第一执政官
（Citizen First Consul），我不需要这样的假设。"到了拉普拉斯去世时的 1827 年，
19 世纪一些最伟大的争论已经拉开了战幕。天文学家已经部分丢掉了对太阳的
敬畏，而且不再为它在天神体系中的位置而担心。他们已开始把太阳当作一颗恒
星进行研究，并在考虑它的组成成分，它是如何影响地球的，从它出发可以得出
关于宇宙其他部分的什么信息。直到牛顿时代，太阳在人们心目中一直是一个巨
大的*推动性*天体，把热量和刺眼的光芒作用在人类身上。牛顿证明了太阳实际上
*推动*了更多——且具有一种无形的力量来组织它周围的一切。

151

第 11 章
日食与启迪

> 他……伸出右手朝向太阳。他经常这样做。是的，完全这样。他的小指
> 尖挡住了太阳。一定是阳光穿过的焦点。我有太阳镜该多好。有意思。我们
> 在朗伯德西街时讨论过很多太阳黑子……那里有可怕的爆炸。今年会有一次
> 日全食，秋天某个时候。
>
> ——詹姆斯·乔伊斯，《尤利西斯》[1]

十岁或十一岁那年我还是个学生时，一位老师让我们在最后一分钟保持安静来结束这堂课。他用这种方式让我们感受时间有多长。确实是这样：我们在等待下课铃响，等待像游泳健将跳向水面那样冲出教室的那 60 秒钟感觉就像无限拉长了一样。

大约 40 年后我有了另一次等待，那是 2003 年的 11 月 23 日，等待的是月亮在高天上掠过太阳。我和大约 60 位日食观测者一起站在南极莫德皇后地（Queen Maud Land）俄罗斯 Novolazarevskaya 考察站外三英里半厚的冰面上——坐标是 $70°28'W$，$11°30'E$。我们周围全是冰，天际线有一种熠熠生辉的蓝。月亮完全遮盖太阳的时间持续了 1 分钟 48 秒，很短，却仍像无限拉长了一样。只不过这次我不想看到它结束。

我的旅程始于纽约到南非开普敦的航班，在开普敦有一架退役的伊尔- 76 军用运输机将用六个半小时把我们带至 Novo 科考站的冰上跑道。起飞前夜，我们这个由从亚利桑那天文学教授到重拾人生梦想的芝加哥钢管舞女构成的小组，聚在基地帐篷里就南极的恶劣条件开了个短会。我们被告知在那里有被幻日，或者说太阳犬（sundog）误导的危险——那是阳光在冰晶上折射产生的幻象；以及

"乳白天空"①，就像处在一个乒乓球中一样；还有捉摸不定的"南极风暴"
（whirlie），能够吹起并卷走任何物体的强烈风暴。不过，这些相对于当时的气象
条件都算不了什么。时速 75 英里的咆哮狂风和 −18℉（−28℃）的气温，让这
次旅程变成了大冒险。过去 12 天持续的风暴把几乎所有为我们准备的东西都刮
倒或吹跑了：之前一个小组留下的设备完全埋在了雪下面；就连两架小型运输机
也被埋没至翼尖。科考站小组在过去的 24 小时里一直无法离开住处，而且最近
的报告称未来两天还会有一场更强烈的锋面。只有一个 18 小时到 34 小时的气象
窗口留给我们，仅够着陆、观测日食，并赶在风暴到来前起飞，不过官方的建议
很明确，就是取消这场冒险。香烟不断的俄罗斯飞行员说我们还是有机会的。我
旁边有人低声说没有民航飞机能挺过这样恶劣的条件。我们的飞行员又踩灭了一
根烟。"好吧，只要你准备好了，我就没问题。"于是我们就出发了。

　　我们在午后明亮阳光的照耀下着陆了，距离日食发生还有几个小时的时间。
还在开普敦时，我曾问身为苏格兰交响乐团一位小提琴师的小组成员卡萝
（Carol），如果我们偷运一把小提琴过去的话，她是否愿意为我们演奏一曲。她
看起来有点疑虑，但还是点了点头。于是降落后不到一个小时，雪地里就响起了

　　2003 年 11 月的日食，南极。所演奏的曲子是《今夜你如此美丽》——这个选择恰
到好处，因为还有六个小时就要发生日食了。

---

　　①　译者注：whiteout，南北极地区因刺目白色反光造成的方向不明、界线不清的现象。

莫扎特的 G 大调协奏曲、蓝色多瑙河舞曲、埃尔顿·约翰的《今夜你如此美丽》
154 (*Something About the Way You Look Tonight*)，还有马斯内《苔依丝》中的《冥
想曲》(*Meditation*)。我称之为"情人"的一对男女——一位常住纽约的英国商
人和一位身材苗条的黑头发巴黎律师——突然从我们的一间住所闪现出来，女方
仅穿紫色短裙和滑冰靴，二人紧紧拥抱着跳起舞来，舞步在严寒中有着惊人的动
感。二人后面静卧着伊尔-76 运输机，再远处就是南极无尽的冰盖了。

尽管此时只有微风在吹，却冷得让人发麻——气温大约 −8℉（−22℃）。当
晚我们约于 10:15 分集合，穿着厚厚的衣服待在原地直到 11:10。通过自己的保
护镜，我看到月亮正在吞噬太阳；这一过程共用了 3/4 小时。全食前约 10 分钟，
太阳西北方出现了不规则且变化多端的巨大光影带，鲜艳的光芒向我们射来：最
后残余的一弯太阳发出的光线与地球上大气层相互作用形成的图案。

就在日全食之前，我们看到了太阳表面喷出的巨大红色火焰，分别位于 1 点
钟、5 点钟和 8 点钟方位。我们的身影越来越暗，直到月盘完全罩住了太阳，只
剩下一个黑色的圆盘挂在天空，周围是一圈光环，像一朵巨大的向日葵。地平线
变成了深红色，与上面明亮的绿色形成了鲜明对比。我摘下保护镜——太阳现在
几乎落到了地平线以下——我们注视着太阳与月亮和地球边界壮丽的舞蹈。慢慢
地月亮离开了太阳，又出现了月牙状的一弯太阳，光芒把日冕比了下去，形成一
只美丽的钻戒。我们是人类历史上第一批从南极观察日全食的人。

我们不过是这一大自然伟大奇迹最近的目睹者。而且当我们满怀敬畏观察日
食时，心中不再有迷信和恐惧。科学不仅给了我们智慧；它还学会了利用日食实
现自己的进步——实际上是革命。

在万里之外追踪日食的传统是这场革命的一部分，始于 18 世纪。第一位伟
大的实践者是享有"奋进号"美誉的库克船长。他阅读查尔斯·利德贝特的《天
文学精华体系》(*A Compleat System of Astronomy*) 时迷上了日食，因为书中有
这样一段话：

> 精通天文学的人……可以利用日食的知识……确定船舶所处子午线与伦
> 敦子午线之间的准确差值；折合成赤道上的角度，就是海上测得的正确
> 经度。[2]

155 　　1766 年 8 月，库克经历了他一生中的第一次日食——当时他正在纽芬兰海岸

边的伯吉奥群岛（Burgeo Islands）附近。他能看到这次日食实在是幸运，因为一场雾刚刚散掉。他抓住这次机会计算出了纽芬兰的经度。他的计算结果十分精确，由此他估算还有 3 英里就穿越整个大西洋了；他于 1767 年发出的寄给皇家学会的文件获得了广泛称赞，从而保证了他伟大的发现之旅所需的政府资助。

接下来的 11 年里，他共目睹了 4 次日食——每次都是日全食：1771 年 5 月 10 日在南大西洋的阿松森岛附近；1774 年 9 月 6 日在新喀里多尼亚附近；1776 年 7 月 5 日在汤加（这次日食发生的当地时间比英国统治在北美的垮台早了 12 小时；考虑到时差，日食几乎就发生在独立宣言签署之时）；他目睹的最后一次日食发生于 1777 年 12 月 30 日，当时他正在圣诞岛（位于太平洋中部，澳大利亚东北约 4000 英里）附近的一座岛上，后来他把这座岛命名为日食岛。他从托拜厄斯·梅耶（Tobias Meyer）于 1767 年出版的《航海天文年历》（*Nautical Almanac*）一书中得知，不管身处何处，只要从当地看来太阳月亮具有相同的坐标，就能看到日食。直到 1779 年 2 月被刺于夏威夷，他比历史上任何人观察到的日食都要多。

日月食的平均时间不超过 3 分钟。有记录以来最长的一次日食是 1955 年在印度洋上观测到的，持续了 7.08 分钟。由于从任何地点看来，地球和月球必须严格对准太阳才能发生全食，所以全食相对来说比较稀少。每年最多会发生 7 次全食（5 次日食 2 次月食，或 4 次日食 3 次月食）；最少的情况下日食只有 2 次。在所有太阳系的行星中，只有在地球上才能经历这种食。从任意一点观察到全食的概率是每 375 年 1 次。为了观察到日月食，必须处于月影行经的窄窄一块带状区域内，它的最宽处不超过 110 英里。月影移动的速度是 1060～2100 英里/小时，3 到 4 小时就完成一趟旅程。①

随着宇宙的科学观不断深化，影响力不断增强，观测者开始把目光投向一系列相关现象。1836 年 5 月 15 日，一次日环食发生在英国北部的上空。曾协助创立皇家天文学会的退休股票经纪人弗朗西斯·贝利，在杰德堡附近的英奇·邦尼（Inch Bonney）观测日食后描述了后来被称为"贝利珠"的现象。他写道，就在月亮开始吞噬太阳时，一排大小各异、距离不等的亮点在即将进入太阳圆盘的月

156

---

① 原文注：英国和爱尔兰的所有区域在过去 200 年里都曾目睹了一次全食，只有位于爱尔兰西海岸的丁格尔（Dingle）的一小块区域看不到。而委内瑞拉北方一个名叫布蓝奎拉（Blanquilla）的隐蔽小岛上每 3 年半就能目睹一次全食，爪哇海上某一点每 14 年能看到 4 次全食；南埃及 29°E、23°30′N 附近一块区域将在 32 年里经历 5 次全食——2325 年 2 月 14 日、2327 年 6 月 20 日、2334 年 2 月 5 日、2353 年 7 月 31 日和 2356 年 11 月 23 日。³

亮一侧形成。他所观察到的实际上是日食发生时正好从月亮表面朝向地球的无数山谷透射过来的阳光；不过给他留下深刻印象的是这种突如其来：

> 实际上，它的形成十分迅速，看起来就像点燃了一大车火药一样。最终，月亮继续前进，隔开空间的黑暗……被拉成长、黑、厚的平行线，连接着太阳和月亮的侧翼；之后它们突然不见了，这些点上的太阳和月亮的边界……变得相对光滑圆顺起来，月亮也在太阳表面上不断挺进。[4]

56 年前的 1780 年 10 月 27 日缅因州的潘诺斯科特（Penobscot）上空发生日全食时已经有人描述过这种现象；但贝利的生动描述确保了他在天文学界的地位。

接下来要仔细讨论的是我们在南极观察到的两个现象：红色丝状或斑点状的日珥，位于日冕下部，但实际上是因太阳自身的磁场而悬浮在太阳大气层高处的较冷气体的大量积聚；还有日冕自身，即日全食时月亮周围的白色光环——用济慈的话说就是"天上可怕的彩虹"。早在公元 96 年就有了日冕的记录，但首次提到"日冕（corona）"这个词则是 1563 年的事。1567 年 4 月 9 日那次日食发生后，伟大的耶稣会天文学家克里斯托弗·克拉维于斯猜测它们是未被盖住的太阳边缘。开普勒发现了这一点，但却给出了更离谱的解释，说这种光环状现象源于月亮自身；又过了 300 年人们才发现这种光来自于构成了太阳狂暴的外层大气的等离子气体。它们有三种组分：两级射线，延伸至至少太阳直径几倍远的太空；内层赤道日冕和外层赤道日冕，均为长椭圆状射流，按在自己时代最为著名的业余天文学家 D. P. 托德的说法，这些射流"精美地弯曲、交织着，将会告诉我们关于太阳辐射能的一切"。[5]事实证明，她这段话非常有见地，可惜她没能等到这一天。日冕发出的珍贵光芒不足中心太阳的百万分之一，所以只有在日全食时才能看到，不过从对日冕的观测中我们却了解到了其他恒星的行为，不管它们距离地球多么遥远。

在过去的 500 年时间里，具有一定科学知识的人一直在利用日月食带给科学知识较欠缺的人的迷信和恐惧心理。实际生活和小说中都有大量这样的例子。1504 年克里斯托弗·哥伦布远航时，有一次在牙买加靠岸补给。他的部分船员发起了暴动，岛上的阿拉瓦人（Arawak）又不给哥伦布和忠于他的船员提供食物，他们无奈之下只得吃老鼠维持生命。不过，哥伦布从星表中得知，一次月食

即将发生，所以他等到这天晚上打发人告诉阿拉瓦人说自己愤怒之下会让月亮
"燃烧着愤怒"升起；很快，月亮就开始消失了。目瞪口呆的岛民开始哀求哥伦
布的怜悯，于是哥伦布回到自己的舱室，用半小时的漏斗来估摸这次月食持续的
时间，之后走出船舱，宣布上帝已经宽恕了他们。月亮恢复原样，船也得到了
补给。

　　H.赖德·哈格德（1856—1925 年）在他 1885 年出版的经典著作《所罗门王
的宝藏》中用到了相同的观点。这是以非洲为故事背景的第一部流行英语小说，
讲的是三个英国人的探险之旅——强壮的猎人艾伦·夸特梅因（Allan Quatermain）
和同伴亨利·柯蒂斯爵士（Sir Henry Curtis）、古德上尉（Captain Good），与他
们可怕的随从厄波帕（Umbopa）在假想的库库安拉（Kukuanaland）王国寻找书
中提到的宝藏，很快他们就被捏在了伟大的特瓦拉王（King Twala）的手心里。
与同伴商议对策时，不善言辞的古德上尉拿出了一本年历："兄弟们，看看这，
明天不是 6 月 4 日吗？"

　　日月食把戏可以说是文明冲突的一个重要象征。1949 年，埃尔热（Hergé）出版了《太
阳的囚徒》（*The Prisoners of the Sun*）一书，书中丁丁（Tintin）、哈达克船长（Captain
Haddock）和卡尔库鲁斯（Calculus）教授在存在至今的印加王国被俘获。酋长下令把三人
用由太阳点燃的柴堆烧死，不过丁丁知道马上就会发生日食，在这关键时刻他大喊一声：
"啊，太阳神，尊贵的帕恰卡马克（Pachacamac），展示您的力量吧，求求您！如果这不是
您的旨意，请隐去您光芒万丈的容颜！"太阳消失了，印第安人惊恐万状，四散逃奔。

确实，年历记载，格林威治标准时 11：15 开始会有一次日全食。"在这些岛屿——非洲等地能够看到……能看到的地方都给你标好了。告诉他们明天你会让太阳黑下来。"

勇敢的四人组试图诈唬过关，不过夸特梅因抑扬顿挫地询问特瓦拉王是否有人能够熄灭太阳时，伟大的国王却哈哈大笑。"没有人能做到这一点。太阳比仰视它的人更强大。"夸特梅因宣称这正是他的同伴要做的。第二天到了约定时刻，太阳果然开始消失。哈格德比大部分同时代人更同情非洲文化，他让古代被视为邪恶的女巫医贾古（Gagool）向瑟瑟发抖的人群大喊一切都会好起来的："这我以前就见过；没有人能熄灭太阳；不用害怕；坐着别动——黑影会过去的。"但正在消失的太阳把她的力量一扫而光。"黑轮爬上来了。奇怪、邪恶的影子蚕食了阳光，四周充满了不祥的宁静，鸟儿的唧唧叫声中充满了惊恐的音节；只有公鸡开始打鸣。"在不断厚重的沉寂中，一个男孩哭喊起来："巫婆杀死了太阳。我们都要死在黑暗中。"英国人的力量不容置疑，受到惩戒的国王答应了他们的要求。①

马克·吐温可能深受哈格德的启发，在《误闯亚瑟王朝的康州美国佬》一书中讲到一位现代人汉克·摩根（Hank Morgan）被一根铁撬棍击中脑袋后又被扔到了亚瑟王朝的英格兰。那是 528 年的 6 月 19 日，当地人也是满怀敌意，威胁要烧死可怜的摩根，直到他了解到将有一次日食发生才化险为夷。马克·吐温这部讽刺文学作品于 1889 年面世，在美国出版的时间比哈格德的小说晚了不到 4 年时间，不过也有可能马克·吐温直接从历史中撷取了这一想法。他让他的主人公解释说："在这千钧一发的时刻我突然想到哥伦布、科尔特斯或同时期某个人曾在某些野蛮之地利用日月食救了自己，就发现了这个机会。现在，我也要利用日月食；这不构成任何剽窃，因为我这么做比他们早了近一千年。"6

19 世纪人们的迷信思想依然很严重。1820 年 9 月 7 日，上议院在日食发生期间暂停了对王后卡洛琳（Caroline）的离婚审判。不过通常受教育程度较低的人才保有这种古老的恐惧——日食仍会带给他们幻觉和神灵的启示。1831 年夏

---

① 原文注：H. 赖德·哈格德，《所罗门国王的宝藏》（*King Solomon's Mines*，Barre，Mass.：Imprint Society，1970），第 172～174 页和第 185～186 页。后来这段情节的声名一塌涂地，因为充满了科学错误：日全食在地球表面行经的路线不可能落到"这些［英国］岛屿"和南非；书中日食前一晚是满月，但实际上只有月亮是新月（即位于地球和太阳之间）时才可能发生日食；此外，书中还说日全食持续了"一个多小时的时间"。哈格德在后来的版本中重写了这一章，日食也变成了月食，戏剧性效果也削弱了。

天，一位害怕上帝的弗吉尼亚奴隶因为 2 月里一次日食带给他的幻觉实施了一场犯罪：8 月 21 日晚上，纳特·特纳与 7 名同伙杀害了主人全家，之后又洗劫了附近其他奴隶主的房屋，杀害男女老少 50 多人。逍遥法外 9 天后，特纳被捕了，之后接受了审判，最终被绞死。被绞死前他"坦白"了日食对他的影响：

> 天上的信号会告诉我何时进行这一伟大的事业——直到第一个信号出现，我本应该利用人类的知识破除它——这一信号出现后，我知道自己应该站起来，做好准备，用敌人的武器杀掉他们……[7]

威廉·斯蒂伦在 1967 年出版的小说《纳特·特纳的自白》中提到了特纳可能有过的经历：[8]"当时我抬头看着太阳因吞噬了月亮的黑影而慢慢熄灭，心中没有惊奇，没有恐惧，只有天启，一种最终屈服的感觉。"

马克·吐温的《误闯亚瑟王朝的康州美国佬》出版那年，一次日全食催生了一种新宗教。创立者是一位派尤特印第安人，1858 年前后出生于内华达州，后为当地一位农场主所收养，有了一个普通的名字杰克·威尔逊。与特纳一样，杰克也成长为一个虔诚的孩子，到 20 来岁时成了当地的一位圣人，用自己言论的智慧来影响邻居们——并有了一个新名字，沃沃卡（意为"切削工"——他 10 来岁时可能当过木工）。1888 年末他患上了猩红热，病得厉害。新年那天发生了日食，太阳重新露面时，不少派尤特印第安人冲入这位先知的小屋，发现他已经处于濒死的昏迷状态。他的主要传记作家保罗·贝利说："他肉身升天那段十分精彩。在太阳死去的特殊时刻逃脱必死的命运意味着这一时间十分神圣，而且上天也介入了进来。通过刀刺火烧确认看似毫无生气的沃沃

1892 年 8 月 26 日，巴黎妇女聚在一起观看日食。有的人利用特殊的滤镜来保护眼睛。

160

卡并非只是睡着了之后，轻信的派尤特人认为太阳之所以能逃脱黑怪物的魔爪全靠他们天赐先知的鼎力相助。"[9]

沃沃卡奇迹般活下来后，告诉追随者自己被带到了死者生活的一片绿地，并规定了一套召唤他们灵魂的舞蹈。"很快地球就会死掉；但印第安人不必担心，因为地球还将复活，就像太阳死掉后复活一样。"他向追随者保证，白人将会被一场泥石流大爆发一扫而光；印第安人将变得年轻，不再有疾病和痛苦；土地会十分肥沃，猎物会十分丰富，这个国家将会变成印第安人的乐园。

这样的美好前景让人很难拒绝。几个月的时间里，瓦肖（Washoe）、班诺科（Bannock）和皮特河（Pit River）部落都跳起了白人称之为"鬼舞（ghost dance）"的慢舞。派尤特的传道者把沃沃卡的信息带往瓦拉帕依（Walapai）、科霍尼诺（Cohonino）、莫哈维（Mohave），甚至遥远的纳瓦霍（Navajo）。贝利断定："美国历史上再没有传播速递更快、影响力更具戏剧性的宗教运动了。"很快，在这一新宗教向南，向东，向北迅速蔓延的同时，摩门教徒也陪伴着土著兄弟们四处游移。印第安人事务局（Bureau of Indian Affairs）和内政部（Interior Department）都警觉了起来；但他们无须担心。不明智的沃沃卡为地球死而复生设定了一个精确的日期——1900 年。由于什么都没有发生，1889 年日食点燃的伟大运动迅速崩塌了。沃沃卡 1932 年去世时，已只不过是历史上一个褪了色的注脚。

2008 年 8 月 1 日，透过巴基斯坦伊斯兰堡萨尔清真寺（Faisal Mosque）上新月标志看到的日偏食现象。

不过，站在日食的阴影下，我们仍会不由自主地感到惊奇。从费尼莫尔·库珀到多萝西·L. 塞耶斯的众多小说家都曾在小说或私人笔记中写到这样的情景。弗吉尼娅·伍尔夫的描述是最精彩的之一，抓住了日食与万物瞬间交互的神秘感觉。那是发生在 1927 年 6 月 29 日的日食，200 多年间能在英国看到的第一次日全食。吴尔夫在约克郡目睹了这次日食，次日在日记中写道：

> 现在我必须把日食刻画出来……很快所有的色彩都褪去了，非常非常快；四周越来越暗，就像暴风雨就要到来一样；阳光越来越微弱；我们一直说这是影子；我们想现在完了——这是影子；突然间阳光全无。我们陷入黑暗。没有色彩。地球死了。这一时刻令人震惊；之后就像皮球重又弹起一样，云朵自己又披上了色彩，一星点飘渺的色彩，阳光回来了。我有一种强烈的感觉，一个巨大的屈膝礼挡住了阳光；有什么跪了下去，突然又站起身来，各种色彩重又萌生。这些色彩迈着轻得惊人快得惊人的脚步回来了，把山川河谷打扮的漂漂亮亮……就像一种失而复得。我们比自己想象的还要糟。我们已经见过这个世界之死了。这都是大自然的力量。[10]

162

就我所知，再没有比这更动人的描写了——不过这次日食只持续了 23 秒钟。[①] 时间长短看似并不重要——这一经历总是令人难忘的。艾萨克·阿西莫夫曾讲述了 1973 年 6 月 30 日他在西非外海 "堪培拉" 号巡洋舰上看到日全食的经历。"给我留下最深刻印象的是日食结束的那一刻。一点点光透过来，半秒钟内突然铺展开来，没有滤镜就无法直视。这是咆哮的太阳回来了——也是我见过的最壮观的天文学景观。"[11] 与吴尔夫和弗朗西斯·贝利一样，古生物学家史蒂夫·杰伊·古尔德也强调了突然性："天空熄灭了，就像天堂看门人关掉了开关。由于阳光十分强烈，千分之一的阳光透过来就是白天，全部被遮挡才是黑夜——这种转变只在一瞬间，一眨眼的工夫。"他又补充道："通常情况下，人的颜色辨别能力需要几个小时才能消失。日食发生时却是瞬间消失的——此刻还有色彩，下一刻就突然消失不见了。"[12]

2001 年那次日食到来时，古尔德给所有的学生放假去观察，然后自己从位

---

① 原文注：吴尔夫在散文《太阳和鱼》（*The Sun and the Fish*）中也写到了这段经历。在 1931 年出版的《海浪》（*The Waves*）中，她再次提到了这一令她着迷的时刻，当时情景正进行到标志着小说高潮的前往汉普顿法庭的路上。

于波士顿的家（日食发生时那里会下雨）出发前往纽约城专门观察它。后来他这样描述"这一重要事件"：

> 在这个浑身上下都是人造惊奇的时代……我们没有想过有什么无处不在却又如此细微的东西，能像周围的阳光一样打动我们的内心，哪怕只是引起我们的注意……5 月 10 日，纽约的天空骤然暗了下来。但我们对光的惯常习性极其敏感，即便我们可能并没有明确地意识到这一点，甚至可能无法说明到底是什么让我们感觉如此奇怪……天空诡异地阴郁了下来，不过阳光仍统治着天空——人们注意到了这一点，心中有了一点点轻微的恐慌……静立着留心洒满阳光的天空暗了下来，就像暴雨即将来临一样。一位妇女对朋友说："我的天呐，世界末日到来了还是要下雨了？显然不会下雨。"

上述情绪对一位科学家来说可能并不常见，但它们确实说明了我们的反应中仍存在某种原始的东西。在约翰·厄普代克的小说"日食"中，一个男人一天下午带着 2 岁的女儿来到后花园去看一次接近全食的日偏食："这是一个多云天，给我留下深刻印象的是太阳在一团黑色和银色的乱云中挣扎着，还有一个可怕得无法直视的敌人，一个时间一样幽灵似的饥饿饕餮。"

他喊了坐在自家门廊下的年长邻居，问她是否喜欢日食。"不喜欢，"之后她又补充说："人们说日食时不宜出门。阳光里有不祥的东西。"最后日食结束了：

> 迷信，我像抓住一块祥瑞符一样紧紧抓住女儿的手穿过花园回屋时心想。女儿的触觉没有问题。白天、黑夜、黎明傍晚、正午，对于她来说都是惊奇，不需要任何预测的无序的惊奇。太阳正在复原，很快就会洒下像平时一样耀眼的光芒——从这个意义上讲女儿的盲目信任是对的。不过，我还是很高兴她头顶的天空发生了日食；因为我感觉在太阳受辱这一事实之下，有一种从不曾怀疑过的确信从自己的生命中消失了。[13]

现代科技通过日食帮助我们理解了我们的世界的一部分。1872 年，伟大的科学家皮埃尔·朱尔斯-凯撒·让森（1824—1907 年）在印度东北部的贡土尔（Guntur）观测了一次日食，就在全食发生前后他在日珥光谱中发现了一条十分明亮的黄色谱线，表明日珥中存在一种未知化学元素。英国天文学家诺曼·洛克耶独立得出了相同的结论，并称新元素为"氦"，相信这种新元素只有太阳上才有。到了 1895 年，在地球上也分离出并识别出了氦元素。而且，对过去的日食的研究表明，地球的公转不断发生着细微的变化，自转速度也在改变。[14] 不过，日食最卓越的科学应用发生在第一次世界大战最激烈的时候。爱因斯坦刚刚发表广义相对论，其中声称引力会对光线产生影响，所以从一给定光源发出的光线不会沿直线传播。[15] 尽管这是对牛顿理论的一个彻底修正，但它解释了曾长期困扰天文学家的一个现象：水星近日点向东进动的速度略微大于其他行星的引力效应所能导致的进动速度。爱因斯坦主张的引力是一种场而不是一种力的理论解释了这种偏差。做出这一发现时爱因斯坦写道："三天时间里我都欣喜若狂。"[16] 但这一理论仍有待事实证明。

164

题为《五十只乌鸦》(*Fifty Crows*) 的照片，显示了 1991 年在墨西哥最南端的恰帕斯（Chiapas）州观察到的一次日全食。

1917 年中立国荷兰的一位天文学教授向皇家天文学会递交了爱因斯坦的论文，当时最著名的英国天文物理学家亚瑟·爱丁顿（因是一位严格的教友会信徒而免除了战时任务）和皇家天文学家弗朗克·迪松爵士都读了这篇论文。后者是日食方面的专家，意识到光与引力之间的关系可通过研究日食时太阳附近的可见恒星进行验证。如果爱因斯坦是正确的，恒星的光会因太阳的引力场而弯曲，恒星在照片上看起来会稍稍偏离太阳在天空中其他地方时的位置。[17]

1919 年 5 月 29 日将会发生一次日食，迪松毫不顾忌自己要证明的是来自敌对国德国的一位科学家提出的理论〔当时反同盟国情绪十分高涨，日食后不到 2 个月国际天文学联合会（International Astronomical Union）成立时，德国和奥地利的科学家被特别排除在外〕，争取到了政府对一场两路并进的远洋探测的财政支持。3 月两个舰队从里斯本出发，其中爱丁顿的舰队前往西非葡属普林西比岛；另一个舰队前往日全食路径上更远处的索布拉尔，位于巴西东北部。

引力对光线的弯曲效应有多大？按照爱因斯坦的公式，刚好掠过太阳表面的光线会偏向太阳 1.745 秒弧度——是根据经典牛顿理论得出的偏移量的 2 倍。（1 秒弧度是 1 度的 1/3600，非常小的一个量，所以测量的难度很大。）从伦敦出发之前，爱丁顿与其首席助理 E. T. 科廷厄姆及迪松讨论到深夜，科廷厄姆问道，如果日食照片证明光线偏折量与牛顿和爱因斯坦的理论都不符，而是爱因斯坦结果的两倍的话，又将会怎样？"爱丁顿会发疯，"迪松调侃道，"你只能一个人回家了。"

到了 5 月中，爱丁顿及其团队已经到位。5 颗恒星针尖大的光点进入了视野，爱丁顿有 8 分钟的时间来拍照："我一直忙于换底片，没时间观察日食……我们拍了 16 张照片。"接下来的 6 个晚上，爱丁顿洗出了照片，并把它们与这些恒星不在太阳附近时所拍的照片进行了对比。前 10 张照片中有薄薄的云层，虽不足以遮住日食，却遮蔽了关键的恒星；但接下来的 2 张照片足以提供他需要的证据。6 月 3 日晚爱丁顿对科廷厄姆说："你不用一个人回家了。"这两组照片所显示的差值几乎完全等于爱因斯坦的预测结果。

这次远洋探测占据了各大报纸的头版头条，伦敦《泰晤士报》宣称：科学上的革命/宇宙的新理论/牛顿理论被推翻；而《纽约时报》则做了诙谐的补充：恒星不在看上去或算出来的位置，不过大家不用担心，因为爱因斯坦知道它们在哪里。这次远洋探测不但让 40 岁的物理学家爱因斯坦一夜之间成了世界英雄，也成了停战协议签订之前就进行国际科学合作的第一个重要事例。[18]

爱丁顿（数年后在白矮星强引力场作用下光的行为方面的权威研究将再次证明广义相对论是正确的）模仿菲兹杰拉尔德翻译的《鲁拜集》写了一首诗表示庆祝，其中两节为：

> 而我知道：无论是被爱因斯坦言中
> 还是他的理论被彻底推翻，
> 黑夜中一瞥天上的众星
> 都远胜围着烛光劳苦半天……

啊，用我们的测量来证明智者之言。　　　　　　　　　166

至少一事确信无疑——光具有重量

一事确信无疑，余皆有待分辨——

光线行经太阳附近，定会打弯。[19]

科学界的其他人也都欢欣鼓舞，甚至有点儿顽皮。托马斯·克伦普在他的日食历史中进行了深思："将来日食天文学能否再次取得具有如此宇宙意义的成就？这点值得怀疑。"[20] 不过日食天文学别无选择。

第12章
失去神性的太阳

大师：哦，如果你听过我们的占星师对即将到来的时代和我们所处的时代的评论就好了，即100年的历史就比全世界此前4000年的历史还丰富！

——托马索·坎帕内拉（1568—1639年）

《太阳之城》（The City of the Sun）[1]

终于能对宇宙做出解释了，我长出了一口气。我开始考虑宇宙就是我。

——伍迪·艾伦[2]

太阳并非静止不动，甚至不是以一种简单的模式在运动。在不同的时代、不同的研究分析中，它可能是一个固态球、一个火球，或一个不断释放出风、火焰或辐射粒子的源。它不同纬度的区域以不同的速度旋转，整个表面每160分钟就上下波动约2.5英里——尽管讨论太阳的"表面"会造成误导，因为作为一大团气体，太阳没有表面。从其他行星上看，太阳会比从地球上看更大或更小；比如说，水星上的大气效应大于金星表面炙热的大气，与地球上的大气效应也不相同。到了19世纪，天文学家已经认识到太阳不过是众多恒星中的一颗——只不过它刚好距离我们最近——并估测了它的距离、大小、重量、旋转速度和在太空中的运动，与今天的值相差不超过10％。不过天文学家仍在继续追寻其他问题的答案。

太阳内部是什么？什么导致了它发光？年龄几何，与其他天体是什么关系？直到现在天文学家还在寻找很多问题的答案。1800年到1950年间，在技术发展、工业革命和科学探索新热情的帮助和激励下，天文学家、物理学家、化学家和地质学家每年都会给我们带来对太阳新的理解。

比如，仅在19世纪上半叶，太阳光谱图绘制出来了，电磁感应和电磁平衡也被发现了，二者都增加了我们对太阳的了解。同一时期太阳的能量输出值也测量了出来——"太阳常数"，对其温度和其对气候的影响也都有了更好的评估。1860 年，梵蒂冈首席天文学家拍摄了 7 月 18 日的日食，证明了日冕和日珥都是真实存在的，而不是光学幻象或反射了太阳光的月球山。

具体的发现将近 200 个。比如，仅仅 1871—1880 年这 10 年间就有了电磁辐射、水的太阳蒸馏法（把太阳作为净化器）等发现，而且天文学家还第一次对太阳年龄和它收缩为当前大小所需时间做了根本性的重估，给出了 2 亿年的结果——激起了科学家与圣经的本义解释者之间的一场大讨论。其他的发现没有引起太多争论：太阳表面温度的估测值为 9806℉（5430℃），温度从中心到表面稳步上升，而内核据推测为气态。发明了不少新设备（太阳分光镜、恒星分光镜、远距分光镜），并发现所有恒星的光谱都比较简单，取决于它们的物理化学特性，"一个具有牛顿引力定律一样重要意义的发现"。[3]

近些年像达瓦·索贝尔、蒂莫西·费里斯和比尔·布赖森这样的作家，以及包括卡尔·萨根和史蒂芬·霍金在内的流行科学家已经摘下了像暗物质（不可见但具有引力效应的物质，我们只能通过其引力效应来判断它们的存在，尽管我们并不知道它们是什么）和黑洞（熟悉，但仍难以深入想象）这样深奥的研究对象的神秘面纱。但关于氙元素、电离层，甚至科里奥利效应我们又知道些什么呢？这些词汇出现于可以说与大众无关的论文中。但仍可以把两三种研究综合起来，来说明 1800—1953 年我们关于太阳的知识——和感情——是如何变化的。

19 世纪中叶，一次法国哲学家奥古斯都·孔特被问到什么是永远不可能的。他抬头看着天上的星星说："我们可能确定它们的形式、距离、体积以及它们的运动——但我们永远不可能知道它们的化学或矿物学结构；更不用说生活在它们表面上有组织的生物了。"短短几年后人类就了解了这些信息。举例说明一下天文学研究是如何拓展而研究的重点又是如何转变的：1800 年只有一份"精确星表"；1801 年 J. J. 拉朗德出版了一部记录了 47390 颗星的星表；1814 年朱塞佩·皮亚齐又增添了另外 7600 颗星。其他人也跟了上来：仅仅 1852 年到 1859 年间星表中就新增了 324000 颗星。摄像制表始于 1885 年；到了 1900 年，一部星表的第三卷也是最后一卷面世，共收纳了 450000 颗星，这是位于格罗宁根（Groningen）的科学家与位于开普敦的约翰·赫舍尔共同合作的成果。此时太阳显然已不是静止不动的超天体，而只是另一颗恒星，一颗很普通的恒星。科学家们现在可以把精力放在其他众多太阳身上了，它们中很多都比太阳更大更重。①

　　甚至这一知识后来也大大丰富了：1923 年 10 月 6 日黎明到来之前，埃德温·哈勃正在威尔逊山天文台研究一颗被称为 M31②或仙女座星系的模糊、螺旋状星团的照片，他发现这一原认为是银河系一部分的星系中有一颗星具有周期性的盈亏，且变化的周期越长，内在亮度就越高。哈勃坐了下来，计算出这颗恒星有 90 万光年远——是当时估算的整个宇宙直径的 3 倍！《国家地理》是这样报道的："这一星团显然位于银河系之外。但如果仙女座是一个独立的星系，那么天空中很多其他星云可能也是星系。已知的宇宙瞬间膨胀了。"6

170　　今天我们知道至少有 1000 亿个星系，每个星系都含有数量大得惊人的恒星。认识到是地球在围绕太阳旋转而不是太阳围绕地球旋转之后，地球已经被降级了；威廉·赫舍尔和儿子约翰利用他们革命性的望远镜，解开了太阳系之外的大量秘密，无意中也拉低了太阳的地位。还有第三或第四层降级：不但我们围绕其旋转的太阳不过是银河系大量恒星中较小的一颗，银河系自身也不过是数目未知的众多星系中的一个。对于科学家们来说，恒星天文学才是未来的研究方向；这一说法并不一定适用于较小的恒星。诗人兼古典学者，同时也是一位热心的天文学爱好者的 A. E. 豪斯曼曾尖锐地指出："我们发现自己并没有受到特别的眷顾。"7

　　这种地位的变动是伴随着就地球年龄进行的长达数世纪且常常很激烈的讨论发生的。地球的年龄——以及太阳和宇宙的年龄，是天文学家、神学家、生物学家和地质学家都非常关心的一个问题。上了年纪的爱尔兰基督教大主教詹姆斯·厄谢尔（1581—1656 年）曾给出了创世纪的确切日期，他利用《创世纪》中的所

---

　　① 原文注：19 世纪前期，一位德国天文学家提出了奥伯斯佯谬：如果宇宙中有无限多的恒星的话，就不会有夜晚，天空将会是一个巨大的光源，而我们也将淹没于光芒之中——实际上，我们不可能在如此之强的星光能量中存活。4 马克·哈登 2003 年的小说《小狗深夜奇遇记》（*The Curious Incident of the Dog in the Night-time*）中 15 岁自闭的解说者克里斯托弗·布恩（Christopher Boone）解开了这一佯谬："尽管宇宙中有几十亿颗星星，且任何方向上都有星星，考虑到并没有什么能阻挡星光照向地球，所以夜空应该充满了星光才对。但令科学家们困惑不已的是，夜空实际上却是黑暗的，这个问题我考虑了很久。后来他们发现宇宙是在膨胀的，大爆炸后星星不断地远离彼此，星星距离我们越远则远离的速度越快，有一些几乎以光速远离我们，这就是为什么它们的光芒不曾到达我们这里的。"5 我们应该再加上一条，没有星星曾闪耀 110 多亿年。

　　② 原文注：一些天体的编号前面被冠以字母 M，是为了纪念法国天文学家查尔斯·梅西尔，他于 1774 年出版了 45 个深空发光体（星云和星团）的星表。这一星表的最终版于 1781 年出版，此时发光体已经增加到 103 个。

有的"创生"和《旧约》中所有的不固定年表——并借助于中东和地中海历史，特别是把创世纪定在公元前 3760 年 10 月 23 日礼拜天的犹太历法——得出了创世纪与公元前 4 世纪基督（最可能）的生日相隔 4000 整年的结论。

多亏了伦敦书商托马斯·盖伊，厄谢尔的推断才没有像之前上百圣经编年者的推断一样埋没于历史的尘埃中。根据法律，只有像牛津大学出版社和剑桥大学出版社这样的出版社才允许出版圣经，但盖伊获得了一份申请许可，并在瞬间销售灵感的刺激下把厄谢尔的年表附在圣经的书页空白处予以出版，同时附上去的还有与圣经故事关系不大的光胸脯女人的雕刻画。这一版圣经带给了盖伊一笔财富，足以捐助后来以他命名的伦敦大医院。故事到这里还没结束，1701 年英国教会授权所有詹姆斯王译本圣经的官方版本中都要加入厄谢尔的年表。很快无须督促，各出版商就在圣经中加入了这一"被接受的年表"，一直到 20 世纪。

正如历史学家马丁·戈斯特所说："厄谢尔的年表影响巨大。在近 200 年的时间里，它一直被当作世界的真实年龄而广为接受。这一年表被刊印在圣经中，被复制成不同的历书，并由传教士传遍全世界。对几代人来说，它一直都是以圣经为中心的宇宙观的基石，直到达尔文时代这种宇宙观还主导着西方人的思想。甚至到了达尔文时代，它仍徘徊着不肯退出历史舞台。"[8]戈斯特回忆起自己曾读 171 过祖母的 1901 年版圣经，世界的起始时间印在创世纪开篇的背面：公元前 4004 年 10 月 22 日，礼拜六。[①]

不过，甚至早在厄谢尔的时代，自由思想者已经开始怀疑大家都接受的年表。远方归来的旅人带回了可上溯至远超公元前 4004 年的往古的历史报告，而且随着基于科学原理的新研究方法的发展——"勿轻信人言"（Nullius in Verba）成了英国皇家学会的箴言——自然哲学家开始争论地球的年龄了。

1681 年，牛顿在剑桥大学的一位伙伴导师托马斯·伯内特出版了他最畅销的《地球的神圣理论》（Sacred Theory of the Earth），书中声称地球上的山脉和海洋是创世纪洪水塑就的；他还引用圣彼得的话"天上一日地上千年"宣扬旧约中创世纪只用了 6 天时间的说法。之后出现了很多给出类似解释的书。之后在同年代晚期，英国博物学家约翰·雷和爱德华·卢德在研究了威尔士山谷里的贝壳和英国东北海岸的菊石之后，得出了一个结论：形成这两组化石的生物生存及死

---

① 原文注：甚至到了 1999 年，电话调查显示，仍有 47％的美国人相信是上帝在过去不到 1 万年的时间里创造了人类。史蒂芬·霍金在《时间简史》（A Brief History of Time）中提到，神奇的是 1 万年前正是上一次冰河世纪末，"正好是考古学家认为的文明真正开始的时间"。[9]

亡的时间距离当时均远远超过 5680 多年。他们的研究引起了人们短暂的兴趣，但很快又归于平静，直到伦敦物理学家约翰·伍德沃德（1665—1728 年）断言化石是死于创世纪洪水的"曾经生存过的动物的残骸"。不过这一理论也遭到了奚落：人们仍对厄谢尔年表深信不疑。

　　1715 年埃德蒙·哈雷在人类历史上首次提出，观察自然界（比如测量海水的盐度）会得到有关地球年龄的信息。这一观点得到了乔治斯-路易斯·德·布丰（1707—1788 年）的热切拥护，后者在《自然史》（*Histoire naturelle*，1749 年）一书中提出，地球的年龄为数万年，这一观点"震惊了法国民众，因为这一时间跨度太大了，他们无法想象"。[10] 尽管布丰并没有以海洋为例，但他的确相信地球并非像圣经中所说是瞬间诞生的，而是某颗彗星与太阳碰撞的结果，这次碰撞产生的碎片聚合形成了行星。①

172　　索本神学院（Sorbonne）里愤怒的神学家们爆发了，布丰不得不公开表示收回自己的观点——私下里他曾说过："低头总好过被送上绞刑架。"但他并没有沉默多久。另一位法国人，数学家琼-雅克·多塔乌斯·德·玛丽安证明了地球不仅仅从太阳获取能量，自己也有一个内部热源。在此事的刺激下，布丰打算从地球的起源出发，撰写一部地球史。如果地球仍在慢慢冷却，测出它损失热量的速度后就能计算出它的年龄了。接下来的 6 年时间里，布丰做了一系列的实验，最终得出的结论是地球的年龄为 74832 年（在他看来，这一数字十分保守——他未公开的估测结果为 10 万年）。这本书迎来了一片质疑。1788 年 4 月布丰去世。次年法国大革命爆发，他的墓被挖开，棺椁上的铅被征用，用于制造子弹。

　　英勇而智慧的求知者继续为他们在地球上发现的一切寻求解释，到了 19 世纪，教会与科学之间的分歧已空前严重。1800 年到 1840 年间，"地质学"（geology）、"生物学"（biology）和"科学家"（scientist）这些词被创造了出来，或者获得了学术上的具体含义。地质学尤其风行，很快科学家及其他人就对构成了地球表面——用拜伦的话说，"被拧曲得七颠八倒，起伏翻卷"——的岩层进行了识别和命名。腼腆而年轻的英国律师查尔斯·赖尔（1797—1875 年）在约翰·伍德沃德的基础上，利用化石来测量地球的年龄。据他估算，西西里岛上火山岩中的化石诞生于 10 万年前。

---

　　①　原文注：布丰之所以无视圣经对创世纪的解释，可能受到了 1770 年面世的《自然的体系》（*Système de la nature*）的影响。这本法国哲学家保罗-亨利·迪耶特里克·霍尔巴赫 47 岁时出版的力作，是第一部直接否定了所有神学的出版物。

到了 1840 年，地球大为"古老"的证据已具有压倒性说服力。即便人类只存在了 6000 年左右，史前时间已拓展了很多，远远超出了人们的理解范围。1859 年《物种起源》面世，这一伟大著作把人类的进化与猿猴的进化联系起来，打击了圣经故事的本义解读。厄谢尔博士的推算终于不再适用。1900 年剑桥大学出版社出版圣经时删除了他的年表；1910 年牛津大学出版社也删除了。此时马克·吐温已经用埃菲尔铁塔来比喻地球的年龄，并把人类的历史比作塔尖圆球上的一块颜料渍。

拥有巨大影响力的信条一旦被推翻，就会打开惊人的新视野。科学证明地球的年龄超过 10 万年之久，一系列的新想法便随之而生。那么太阳的年龄有多大呢？达尔文之后，科学家别无选择，只得考虑它已经释放了数百万年能量的可能性。自然选择法则所要求的太阳系存在的时间远超之前的想象。只是由于我们的太阳释放的能量并不是特别多，燃烧的速度也相对较慢，作为地球生命基础成分的碳基化合物才得以存在，所以才有进化（达尔文并不喜欢这个词）的发生。

尽管 19 世纪后几十年里关于地球年龄的争论仍在喋喋不休，不过科学家更关注的是有关太阳的问题。如蒂莫西·费里斯所说，"物理学界的大家们更关注那个更大更明亮的天体而不是地球"。[11] 1899 年夏，芝加哥大学地质学教授托马斯·钱伯林（1843—1928 年）发表了一篇讨论太阳的燃料从何而来的文章，挑战了当时天体物理学的基础假说：

> 当前关于物质在像太阳内部这种极端环境下的行为的知识是否足以断言那里不存在未知热源？原子的内部构造还不清楚。它也有可能具有复杂的内部结构，蕴藏着巨大的能量。[12]

之后的 5 年时间里，科学家重新发展了物理学的基本原理，太阳机理的基本假说也得以重塑。

1896 年春，法国物理学家亨利·贝克勒尔无意中把一些未曝光的底片用黑纸包起来放在了做实验用的一块铀矿石下面。（1789 年因天王星而得名的铀①，是自然界里发现的最复杂的元素，主要成分是原子核由 92 个质子和 146 个中子

①　译注：1789 年，由德国化学家克拉普罗特（M. H. Klaproth）从沥青铀矿中分离出来，并还利用 1781 年新发现的天王星（Uranus）将它命名为 Uranium。

173

构成的铀-238，还有一小部分更不稳定的铀-235，其中子比铀-238少3个。）几周后贝克勒尔冲洗了底片，发现它们就像曝光了一样，因为上面有那块银白色铀矿石的像。贝克勒尔猜想，这块矿石一定发射一种"不可见的磷光"。玛丽·居里和皮埃尔·居里在这一幸运的发现之旅上紧跟了上来，后来他们把这种磷光现象命名为"放射性"。但铀并不容易获取，它的放射性也并不十分引人注目，所以居里夫妇这方面的发现并不广为人知。后来二人于1898年又发现了比其他种类的铀矿石放射性更强的另一种铀矿石——沥青铀矿。地球上是否还存在其他正在释放大量不可见能量的元素有待发现呢？

174

Tho-Radia 的一幅广告，20 世纪 30 年代这种含有镭和钍的面霜作为化妆史上的一大突破进入市场。

不久，居里夫妇从沥青铀矿中提取的更稀有的元素（命名为"镭"）被各大主流报纸当作神奇金属予以报道，说它是人类已知最宝贵的元素，能够治愈失明，辨别胎儿的性别，甚至能把黑人的皮肤变白，"1 克镭能把 500 吨的物体提升 1 英里的高度，1 盎司的镭能驱动一辆汽车环绕地球一周"。[13] 广告在鼓吹其在"放射性饮用水"中的作用，比如能治疗痛风、风湿、关节炎、糖尿病及其他一系列病痛。直到 1904年，科学家仍断言镭是太阳的一种能量源。

问题是能量来自于镭原子内部还是外部。在英国和加拿大研究原子性质的伟大的新西兰裔物理学家恩斯特·卢瑟福（1871—1937 年）开始与身处加拿大的英国化学家弗雷德里克·索迪（1877—1956 年）联手探索原子核的内部构造。卢瑟福发现，镭每小时释放出来的能量足以融化等重量的冰，而且这种能量释放将持续上千年或更久：地球之所以保持温暖状态，岩石里的放射性辐射和位于地球中心的炽热地核起到了重要作用。①

　　不久二人用另一种放射性元素钍做实验，发现它会自发产生一种放射性气 175
体——会嬗变（transmute）为另一种元素的元素。卢瑟福从索迪那里得知这一结
果后十分震惊，透过实验室地板向索迪喊道："不要叫它嬗变——他们会砍下我
们的脑袋，就像砍炼金术士那样！"他们进而证明钍、镭以及他们发现的其他具
有放射性的元素的重原子会裂解为较轻元素的原子（气态），同时发出很小的粒
子——α射线和β射线，它们实际上是主要的能量输出。

　　卢瑟福进一步的实验揭示，原子的大部分质量集中在原子核，核周围包围着
一圈电子网。他和索迪推测，这种放射性可能是太阳的能量之源，但人们认为他
们的工作还需要进一步的研究，所以并没有视之为天体物理学革命性成果。约 40
年后，罗伯特·容克在他突破性的报告《比一千个太阳还明亮》中说："当时卢
瑟福教授的 α 粒子打乱的不只是氮原子，应该还有人类内心的平静。人们应该重
新想起遗忘了数世纪的世界末日梦魇。但当时所有这些发现似乎并没有给人们的
日常生活带来多大影响。"②

　　索迪先通过《镭元素诠释》（*Interpretation of Radium*，1912 年），后又通过
《原子诠释》（*Interpretation of the Atom*，1932 年）竭尽全力解释这一实验，声
称在发现原子衰变之前，对太阳能量的唯一解释是化学反应解释，给出的太阳寿
命很短暂，可以说微不足道；但了解到放射性之后发现，亚原子层的反应风暴才
可能是太阳的能量之源。

　　近 10 年过去了，没有人在索迪和卢瑟福发现的基础上得到新的成果。刚刚
在西非海岸收获成功的爱丁顿正忙着对恒星的能量和压力平衡进行广泛的研究，
而且研究十分深入，建立了恒星温度和密度的数学模型（他有一句著名的评论： 176
"在卡文迪许实验室能够实现的东西，在太阳上也不难实现。"）据他估算，太阳

----

　　① 原文注：多数行星的内部热量均来自于 4 种长半衰期放射性元素——钾-40、钍-232、
铀-235 和铀-238，它们已经释放了数十亿年的能量，最终衰变成稳定的同位素。地核是一个炽热、
致密、旋转着的固态球，主要由铁构成，还有一些镍成分。地核直径约 1500 英里，为地球直径
（7750 英里）的 19%。包裹地核的是一个约 1370 英里厚的液态外层，其中 85% 的成分为铁元素，其
热致翻滚是地球磁场之源。这两层核的体积占地球总体积的 1/8，但重量却占地球总重量的 1/3。在
700 年到 1200 年的周期内，内核将以高于地球其他部分自转速度的速度全速自转，地球的磁场由此得
以增强。

　　② 原文注：罗伯特·容克，《比一千个太阳还明亮》（哈蒙兹沃思：企鹅出版社，1960 年），第
19 页。第一次世界大战最后一年，卢瑟福没能参加统帅部组织的一次防御敌方潜艇新系统的建议会。
后来受到指责时，他反驳道："我正全身心做一个证明可以人为分解原子的实验，如果被证实，将远
比一场战争更重要。"出处同前，第 15 页。

的中心温度有 40000000°F，而且他还认为恒星总能量损失率（"发光度"）与质量之间一定存在某种简单的关系。他推断，知道了太阳的质量，他就能推测其发光度。

在古人看来，太阳显然在燃烧，但对于 18 世纪末和 19 世纪初的物理学家来说，这是不可接受的：太阳温度太高了，不可能是化学燃烧。这一问题一直没有得到解决。正如约翰·赫舍尔所说，"伟大的奇迹"是

> 设想如何维持这么巨大的一团火焰（如果是的话）。就太阳光芒的来源而讲……所有的化学发现都完全无法解释，甚至会让可能给出解释的希望变得更为渺茫，如果真的要冒险揣测一下的话，应该尝试某种尚不清楚的摩擦生热，或放电所致的活跃。[14]

由于此时研究认为地球的年龄不低于 200 万年，太阳的年龄至少也不低于这一数字。什么过程可以解释如此惊人的能量输出呢？正如出生于乌克兰的美国物理学家乔治·伽莫夫（1904—1968 年）所说："如果太阳是由纯煤构成，且自埃及第一位法老时就已被点燃，那么时至今日它也完全燃成灰烬了。这一结果适用于任何可能用来解释太阳能量之谜的化学反应……任何化学反应甚至都无法解释太阳年龄的千百分之一。"[15]

宇宙学家向伽莫夫的同期天体物理学家们寻求答案，而爱丁顿给出了两个：第一个是分别带有正负电荷的质子和电子在日核中相互湮灭，伴随着物质转化为能量的过程。一年后他给出了第二个，也是正确的解答：太阳通过燃烧质子来生成更重的原子，在这一过程中把质量转化为能量。但这种燃烧在太阳的高温环境中是如何发生的呢？

这些年的一个特点是很多重要的发现是由外行——在对太阳物理学做出贡献之前从未被视为太阳物理学家的科学家做出的。[16]爱丁顿有一位年轻的学生：塞西莉亚·佩恩（1900—1980 年），5 岁时看过一颗流星，遂立志成为一位天文学家。大学毕业后，她被介绍给爱丁顿，后者建议她继续在美国学习；而她成了被哈佛大学天文台授予博士学位的第一人。评委们审查了她 1925 年的论文，这是天文学史上最优秀的一篇对变星的拍照研究。

她对温度问题给出的解答是利用卢瑟福发现的原子结构来证明所有的恒星都拥有相同的化学组分：它们的光谱不同的原因是物理环境不同，并非它们的内部组分不同。氢和氦现阶段是太阳的 57 种已知元素中含量最高的两种，在其他恒

星中亦如此。[17]尽管有了这一结论，她在最终给出的太阳元素列表中却删去了氢和氦，认为自己的论证是"荒谬的"。

据后来所知，她的导师，著名的普林斯顿天文学家亨利·诺里斯·罗素曾试图说服她放弃自己的理论。"显然氢含量是不可能比金属高出百万倍的。"他向她写道，一再强调传统知识。[18]但佩恩的论证让他烦恼不已；他重新分析了太阳的吸收光谱，最终同意了她的观点：大恒星确实拥有一个几乎由纯氢构成的外大气层，"几乎没有一丝金属蒸气"。恒星把氢燃烧成氦，持续释放大量的能量。而正如伽莫夫以玩笑的口吻所说，太阳的巨大能量由内部化学元素转化产生，这个过程实际上正是古代炼金术士不懈追求而又完全失败了的"元素转化"。[19]

下一步要做的是理解核反应。20 世纪 20 年代末和 30 年代初物理学界的研究重点转向了原子核，[20]其中一个特殊的研究中心是哥本哈根大学的理论物理研究所，它由"穿着像银行家，言谈像哲人"的尼尔斯·玻尔（1885—1962 年）主持。[21]到了 20 世纪 20 年代玻尔已经享有国际声誉，能把当时很多伟大的物理学家吸引过来，其中就包括乔治·伽莫夫。这位著名的乌克兰人的玩心与科学创新一样出名（他曾给自己的科学论文插上海盗骷髅图来说明相信关于基础粒子的假设的危险性）。1928 年他证明了带正电荷的氦原子核（与太阳发出的如此众多的 α 粒子相同）可以逃出地球上发现的一种特殊金属——铀的原子核，尽管该金属存在限制氦核逃出的电势。①

伽莫夫不仅仅证明了 α 粒子是如何逃出原子核的，他还进一步证明了它们是如何打入原子核的。他的两位同事约翰·考克饶夫和恩斯特·沃尔特为了用实验验证伽莫夫的理论，在剑桥大学测试了粒子在超高电压下能否穿过原子核的外壁。1932 年他们成功了：首次通过人工手段把一种元素的原子核破裂为另一种元素的原子核，这一方法被称为"分裂原子"。在这一"奇迹之年"，另一位剑桥大学同仁，詹姆斯·查德威克发现了中子——粒子默默潜伏在所有原子核中最常见的形式。突然之间，亚原子世界的各种反应都能探测到甚至诱发了。现在看起来显而易见的是，这些发现证明了佩恩的观点是正确的，即这些反应是太阳的能

178

---

①　原文注：哥本哈根研究所的精神从 1918 年几位科学家去看电影这件事上可窥一斑。看过一部西方电影后，玻尔声称自己知道为什么主人公一直赢得反面人物挑起的枪战。根据自由意志做出决定往往比出自本能做出决定需要更长的时间，所以试图杀掉主人公的反面人物比自发反击的主人公出手更慢。为了"以科学的方式"验证这一点，玻尔及其一伙研究人员找到最近的玩具店，买两把手枪进行了一场比试。玻尔扮演主人公的角色，而 6 英尺 4 英寸的伽莫夫扮演反面人物的角色。结果证明玻尔的理论是正确的。[22]

量之源。[23]

重大新发现的高潮仍在持续。1934 年，法国物理学家弗雷德里克·约里奥和妻子伊雷娜·居里（皮埃尔和玛丽的女儿）证明了用 α 粒子轰击稳定的元素，可产生"一种新型的放射性"。几周之后，意大利物理学家恩里科·费米用中子轰击了铀核并给出了类似结果。

1938 年到 1939 年，原在斯特拉斯堡，但此时已来到康奈尔的伟大的德裔美国原子物理学家汉斯·贝特（1906—2005 年）撰写了一系列在解释"恒星能量产生"方面登峰造极的文章，解释了恒星——包括太阳——如何能够燃烧数十亿年。他给当时已确认的亚原子反应编了目录，不过 1932 年已知的这些反应还寥寥无几。新发现突然大爆发，现在他能够看出到底哪些反应为太阳提供了能量。他假定太阳的巨大能量是 6 个核反应序列的结果，而且这一过程还是所有恒星的能量之源。简单说来：太阳是一个后来我们所说的核反应堆。[24]

同年德国物理学家奥托·哈恩和弗里茨·施特拉斯曼证明了费米 1934 年观察到的现象实际上是铀原子核的爆裂。他们的两位同事莉泽·迈特纳和奥托·罗伯特·弗里施进一步证明了铀原子分裂时会释放出大量的能量。［弗里施询问一位生物学家同事如何描述一个细菌分成两个，后者告诉他这个过程叫"fission（分裂）"，于是原子的裂解也被称为"fission（裂变）"。］

匈牙利人利奥·齐拉特是另一位值得一提的人。尽管连爱因斯坦都认为原子弹是"不可能的"，因为单个原子释放出来的能量实在是微不足道，但齐拉特印象中 H. G. 韦尔斯 1914 年的小说《自由遍及全世界》（*The World Set Free*）曾预言了这样一种武器，受此启发，他证明了每次"裂解"都有中子释放出来，每次裂变都会激发进一步裂变的链式反应成为可能（齐拉特一天在伦敦等红灯时冒出的想法），这样单个铀原子核裂变所释放出来的能量可能放大数百亿倍，释放出呈指数增长的能量。[25] 而且裂变不仅仅可能实现；它还可以按照人的意愿发生。剑桥大学的科学家 C. P. 斯诺认为，"随着裂变的发现……几乎在一夜之间，物理学家就成了一个国家可资利用的最重要的军用资源"。[26]

随着第二次世界大战的推进，同盟国和轴心国的科学家都敏感地意识到核裂变有可能转化成某种武器，尽管还没有人确切知道如何转化。① 仍然持高度怀疑

---

① 原文注：第二次世界大战期间，军情六处的科学顾问 R. V. 琼斯的日常工作之一就是通读德国科学出版物的每月总结。1942 年早期，他仔细研读了最后一份报告，然后就像点灯人一样跑出走廊。"德国核物理学家不再发表文章了！"战时内阁会议不到一个小时就召开了。[27]

曼哈顿计划开始前爱因斯坦（1879—1955 年）与美国理论物理学家 J. 罗伯特·奥本海默（1904—1967 年）一起工作时的照片。

态度的爱因斯坦声称，产生链式反应并制造出核裂变炸弹就像夜间在鸟类稀少的 180 原野上射中一只鸟一样困难；不过，在 1939 年 8 月 2 日（与朋友利奥·齐拉特共同执笔的）给罗斯福总统的一封密信中，他敦促政府投入资金开发基于核裂变的武器：“仅仅一个这样的炸弹，用船运输至某个港口引爆，将彻底摧毁整个港口以及附近一定的区域。”[28]

　　这封信带给了罗斯福巨大的警醒，秋天他便批准了少量的资金用于研究核裂变：少量是因为考虑到核裂变炸弹需要很多吨铀，虽然技术上有可能实现，但实际上并不一定能成功。不过，1940 年初，在英国避难的两位德国科学家奥托·弗里施和鲁道夫·派尔斯的计算表明，只需要几磅重的铀-235 即可。英国的其他科学家构想了一种气体扩散技术。在这两大进展的刺激下，英国政府开始敦促将以美国为基地的研究工作转交给更专业的人员继续进行，并给予更及时有效的资金支持。

　　美国人听从了这个建议。1942 年，小莱斯利·R. 格罗夫斯准将接手了后来被称为曼哈顿计划的工程。在太阳物理学家 J. 罗伯特·奥本海默的指导下，格罗夫斯召集了当时顶尖的核科学家，支持他们的是空前的财力和人力。[29]该计划共占用了遍布美国和加拿大的大约 30 个基地——田纳西州的橡树岭；位于曼哈顿中部的一些基地；安大略省的乔克里弗；华盛顿州的里奇兰；以及设在位于新墨西哥州圣达菲附近一座牧场上的一所名为洛斯阿拉莫斯（Los Alamos，"棉白杨"）的学校里的总部。该计划雇员最多时曾多达 13 万人（他们大多数都不知道自己工作的目的何在）。

铀-235 吸收一个中子后会裂变为锶和氙，释放出能量和平均 2.5 个中子。而铀-238 吸收中子却不发生裂变。核弹需要纯度为 80％的铀-235；不然铀-238 会导致链式反应无法进行。对于曼哈顿计划的科学家们来说，问题是如何将二者分离开来。突破发生在橡树岭：他们设想用一系列"粒子轨道"——巨大的银磁带——把气状铀粉末送入真空室，把武器级的铀-235 同它性情温和而体重更重的哥哥分离开来。一位在那里工作过的科学家曾回忆道："从木质走道走过，你能感觉到磁化银作用在你靴子的钉子上的拉力。"有一次一个携带金属板的人太靠近粒子轨道，居然被吸在了墙上。所有人都巴不得这些机器停下来，但由于一切重新启动需要一到两天时间，负责的工程师拒绝了他们的要求，而且这些不幸的人的身体还受到辐射粒子的严重伤害。①

1945 年 5 月 8 日第三帝国投降时，曼哈顿计划的第一颗核弹还要几个月才能完工。为了加速在太平洋战场的胜利，奥本海默决定进行一次试验。7 月 16 日，在新墨西哥州阿拉莫戈多北方的沙漠里引爆了一颗 1.9 万吨当量的原子弹，威力远远大于之前的任何人为爆炸。杜鲁门总统得到这一消息后，试图在波斯坦会议上借此向斯大林施压，却没有奏效。听了科学界和军方的建议后，为避免再付出消耗 125 万同盟军的代价（计算出来的结果，几乎是英美两国截至当时战死总人数的 2 倍），杜鲁门下令对日本的城市使用原子弹。8 月 6 日，美军向广岛投掷了一枚铀原子弹"小男孩"。② 3 天后，又向长崎投掷了"胖子"。轰炸长崎的飞行员回忆说："我们被爆炸的亮光晃到了，蘑菇云顶是我们一生中见到的最为可怕，也最为美丽的事物。彩虹里的所有色彩似乎都来自于它。"[31]这两颗原子弹至少立

---

① 原文注：见萨姆·奈特（Sam Knight）的文章《我们如何制造原子弹》，伦敦《时报》，2004 年 7 月 8 日 T2 版，第 14 页。早期实验室的设施并不复杂：泄露的辐射致使从金牙到裤裆拉链都有了放射性。曾在曼哈顿计划工作过的人很多都蹊跷地早逝了。

② 原文注：1946 年《纽约客》（*The New Yorker*）周刊委派会说日语的记者约翰·赫西就此写一篇深度报道。他的 3 万字报告占据了 8 月 31 日这期的所有版面（没有卡通图片、诗歌或购物信息），数小时内就被抢购一空。一位常客预定了 1 千份：艾尔伯特·爱因斯坦。[30]

刻吞没了 10 万人的性命，另有 18 万人后来死于烧伤、辐射及辐射引发的癌症。原子时代开始了。震惊之余，汉斯·贝特余生都在制止使用原子弹的"一时冲动"，用他自己的话说："与曾为制造原子弹而工作过的其他人一样，我也为我们的成功感到兴奋——也因对日本的轰炸感到恐怖。"[32]温斯顿·丘吉尔曾对下议院说他怀疑赐予人类这种力量是否标志着上帝开始对他一手创造的人类感到害怕了。"我觉得我们手上都沾满了鲜血。"奥本海默把丘吉尔的话告诉了杜鲁门，后者回应说："没什么，洗一下就干净了。"

1949 年 9 月 23 日，苏联试验了他们的第一种核武器，也是一颗裂变原子弹。裂变原子弹（即原子弹，或 A 弹，仅仅通过裂变反应产生毁灭性能量的核弹）实际上可释放出来的能量从 1 吨 TNT 当量到 50 万吨左右不等。而另一类威力大得多的核弹则通过把轻元素（不一定是氢）融合成较重的元素而获得能量——

22.5 万吨当量的热核炸弹"××–28 乔治"，1951 年 5 月 8 日爆炸。

183　与恒星获得能量的过程相同。重复这一过程，可以制造出几乎威力无限的武器。被称为氢弹、H 弹、热核炸弹或聚变核弹的这些炸弹，都是通过在聚变燃料近旁的特制装置内引爆裂变核弹实现的。爆炸产生的伽马射线和 X 射线挤压并加热一定量的氕、氘或锂氘，引发聚变反应。

　　1952 年美国在南太平洋一个小岛上的一次爆炸发出的"刺眼强光"标志着第一颗氢弹的成功爆炸，瞬间只有太阳中心才存在的能量被地球上的人类释放了出来：这次爆炸在海底炸出了一个 1 英里见方的弹坑。在紧接着的激烈争论中，一些科学家，比如最先构想出这样一种核弹的反共斗士爱德华·特勒，主张核力量是件好事，相关的研究应当继续下去；而另外的科学家，比如奥本海默、爱因斯坦和贝特则觉得他们所追求的物理之梦已经变成了黑暗和杀戮。几乎没有人注意到的是，分裂原子还预示了太阳的降级：它超世俗的能量已不再是独一无二的
184　了。正如迈克尔·费雷恩（Michael Frayn）的舞台剧《哥本哈根》中玻尔对沃纳·海森堡所说："你看我们做了什么？我们把人类放回了宇宙中心。"

第三部分
太阳与地球

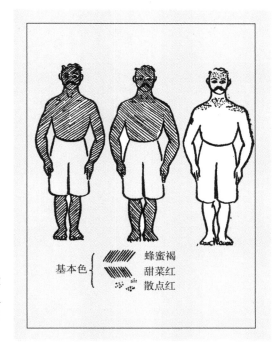

基本色 蜂蜜褐
甜菜红
散点红

20 世纪 50 年代，英国作家史蒂芬·波特在其最畅销的《人生的缺德》一书中列出了三种日光浴方式，借以嘲笑日光浴狂。

第 13 章
太阳黑子

> 有些人认为它们是漂浮在熔岩浆之海上的大团熔渣、炉渣、浮渣；另有一些人认为它们是矗立在大片火海上的山峰之巅；还有人仍认为它们是飘过太阳表面的一团团黑烟；不过现在科学界普遍接受的是，它们是太阳外壳的巨大开口，我们由此可以观察一个巨大深洞的深处，深处，深处。
>
> ——威廉·厄米，1874[1]

冈道尔夫堡，位于罗马东南方向约 13 英里处，俯瞰着阿尔巴诺湖，是教皇的夏宫。2003 年 10 月下旬一个阳光明媚的下午，我攀登陡峭的山路来到要塞一样的超世俗居住地。克莱门特八世教皇于 17 世纪初入手的这片庄园一直延伸到湖边——共 136 英亩，其中有一座农场、一排纪念碑、一座贝尔尼尼（Bernini）设计的花园、一座壮观的巴洛克喷泉，还有图密善皇宫的遗迹。整个庄园非常壮观。

我之所以来到这座教皇的夏宫，是因为这里还有一座全运作的天文台和一所大型天文实验室。16 世纪克莱门特的一位前任，格里高利十三世教皇发起了一场对历法的研究，后来建起了三座天文台，其中两座就在罗马城外，第三座位于梵蒂冈。1891 年，利奥十三世把梵蒂冈天文台迁往圣彼得大教堂后面罗马七山的一处悬崖上，教会的科学家在这里工作了 40 多年的时间；不过随着罗马的发展，夜空太过明亮，几乎无法进行天文观测。1933 年，这座天文台又迁址冈道尔夫堡。两座新的望远镜建造起来，还建立了一座天体物理实验室。图书馆发展迅速：《达·芬奇密码》（The Da Vinci Code）声称馆里藏有 2.5 万部天文学方面的图书，不过在那里工作很久的馆员，同时也是一名耶稣会士的胡安·卡萨诺瓦斯对这一数字表示怀疑。

卡萨诺瓦斯神父在城堡入口处欢迎我。他仪表堂堂，身高超过六英尺，头发全白，看起来乐于帮助一个同道的热心者。我曾写信问他可否拜读他的一些获奖作品，参观一下天文台屋顶，与他讨论一下太阳黑子——他是这方面的权威。我们一起沿一道窄窄的侧梯拾级而上。教皇及随员回去罗马很久了，整座建筑看起来很荒凉，充满了回声。

这些图画出自伽利略于 1613 年在《有关太阳黑子及其性质的历史和说明》（*History and Demonstrations Concerning Sunspots and Their Properties*）一书。这些图画是接连画出的，将他的 35 幅太阳图画做成翻书动画就很容易看出黑子的运动了。

到了图书馆后，卡萨诺瓦斯神父向我介绍了哥白尼、牛顿、开普勒和第谷的第一版著作，但他带我看的却是一部用风干的棕色皮革裱装的大开本著作：伽利略的个人笔记，其中有他首次观察到太阳上的斑点的记录。我小心翼翼地翻页，仔细浏览他的原作图画，这些图画证明了伟大的太阳也不是毫无瑕疵的：这一揭示在神学上十分危险，在两年多的时间里伽利略没有告诉任何人。之后法布里休斯、哈里奥特、沙伊纳和彼森（Pisan）的天才智慧取得了胜利。

卡萨诺瓦斯神父从我的书桌走开了，留下我陷入深深的沉思。如果在伽利略之前就有人发现了太阳黑子又会怎样？比如亚里士多德最优秀的学生泰奥弗拉斯托斯于公元前 325 年就发现了。他的眼睛为什么没有受损呢？很可能他没有直接盯着太阳看，而是通过太阳的反射，或通过某种半透明矿石来观察的，就像古代中国人通过翡翠晶片观察太阳一样。证据表明，长安和其他地方的太阳观测者并不知道太阳黑子是什么；伽利略也不知道，但他至少从这些瑕疵沿太阳表面的运动推测出太阳在转动，并利用我眼前的这些图画来估算太阳转动的速度。

卡萨诺瓦斯神父突然出现在我旁边，打断了我的思索。他告诉我跟他走，然后便沿着一条长走廊大步走过去，我不得不加快脚步，跟上他的步伐。转过几道弯后，我们来到了他的办公室：一切都井井有条，文件整齐排列，工作文件都精心地摞起来。一台电脑正在嗡嗡作响，屏幕上是红、橙和黄三色万花筒，以及最近打开的图片，来自 SOHO，即 NASA 与欧洲宇航局合作拍摄太阳的一个工程——太阳和太阳风层探测器。我从没有看到过如此精彩的图片。卡萨诺瓦斯神父解释说："这个月是太阳黑子活动的高峰期，它们也带来了强烈的磁暴。"他从一架图书中找寻一番后，边满意地咕哝着什么边递给我薄薄一本关于太阳黑子的英文书。封面注明了书的作者：梵蒂冈天文台 J. 卡萨诺瓦斯。

当晚回到位于罗马中心车站附近的酒店后，我安顿下来开始阅读。我一点一点地了解到，这些发现和对太阳黑子的理解是科学史上最激动人心的故事，也十分错综复杂，每个世纪各大洲都有发生。最早的两次记录见于中国的经典著作《易经》（一部关于变化的书，可追溯至 5000 到 8000 年前），该书记载日中有斗和昧（二者均表示黑暗或昏暗）。[2] 在之后的年代里，中国和朝鲜的天文学家记载了 150 次黑子，并把它们比作鸡、燕子、乌鸦及其他鸟的卵。维吉尔在其一首牧歌中写道，太阳"脸颊上生有雀斑"；6 世纪晚期都尔主教格里高利曾描述过太阳上的"血红色"云彩；而艾因哈德在其《查理曼大帝传》（*Life of Charlemagne*，约 807 年）一书中详细描述过"连续七天都能看到的黑点"。1128 年 12 月 8 日，曾参与编著盎格鲁撒克逊编年史（详细描述了自基督诞生到 1154 年亨利二世继位这段时间英国生活）的修道士伍斯特的约翰，绘制了上面标有两个大暗点的太阳图像——现代天文学家认为很准确的图像。他没有望远镜，却不仅发现了暗点自身还发现了它们的半影（外层阴影），说明这些黑子的确很大。即便如此，这一发现并没有引起人们的评论。数百年之前，亚里士多德曾说过天堂是不朽的，而且教会也适时回应了他这一说法：所以至少在欧洲，所有这些发现要么被无视，要么被归于金星或水星凌日现象。

望远镜的发明将完全改变这一状况。卡萨诺瓦斯神父在其历史书中把伽利略于 1610 年出版的《星辰信使》（*The Starry Messenger*）一书中对自己观察到的太阳黑子的描述所产生的影响与人类首次登月相提并论。[3] 不过，早期的望远镜质量很差，所以大多数观测者仍相信太阳黑子实际上并不是太阳的一部分，伽利略点燃的兴趣很快就熄灭了（伽利略一个学生的密友伯吉拉克的赛拉诺是为数不多的仍对太阳黑子着迷的人之一）。①

接下来的进展出于偶然。随着望远镜的不断增多，一代代的业余天文学家都力求发现人们所认为的在太阳和水星之间运行的行星。德绍一位由药剂师转行而来的天文学家塞缪尔·海因里希·施瓦贝（1789—1875 年），知道探测这种假想天体的最佳时机是它们行经太阳面前的时候；但他同时也认识到，有可能把这种天体与太阳黑子混淆起来。所以，从 1825 年 10 月 30 日起，他详细记录了观察到的天上的一切。近 20 年过去了，他仍没有发现这种行星；但他无意中却发现了更重要的东西。

他在一篇于 1843 年面世的文章中写道："从我较早的观测来看，太阳黑子似乎呈现某种周期性。"[5]他的附表更是给出了有力证据，而且黑子不但呈周期性，还成团出现。一个周期完成后，太阳会安静几周，但周期的存在似乎是个不争的事实。比如，对其观测的一个总结表明，一个周期的低谷出现在 1833 年，黑子团最少，不存在可见黑子的天数最多；下一次低谷约 10 年后出现。高峰出现在 1828 年，及之后的 1837 年。

190

年份	黑子团数量	观测不到黑子的天数	观测天数
1826	118	22	277
1827	161	2	273
1828	225	0	282
1829	199	0	244
1830	190	1	217
1831	149	3	239
1832	84	49	270

---

① 原文注：说来奇怪，一个可能的例外位于法国。法国历史教授艾伦·麦克卢尔在《太阳黑子和太阳王》（*Sunspots and the Sun King*）一书中指出，亨利四世在伽利略首次观察到太阳黑子当年遇刺，这两件事都代表着对秩序和特权的挑战。亨利的刺客让关于亨利正统性的问题重被提起；伽利略的发现则把太阳带入了世俗不洁的现世中。当时亟须恢复人们对基于永恒性和超然性的秩序的信心。她写道，实现这一目标的努力，"导致了太阳王的诞生，其权威和君主身份至少部分是为了抗衡太阳黑子所暗示的毁灭性结果"。[4]二百年后在维也纳大会上，拿破仑受到了来自英国出版物《拿破仑与太阳黑子》（*Napoleon and the Spots in the Sun*）的嘲弄，书中说战败的波尼［"波拿巴"（Bonapart）在英语中有昵称"波尼"（Boney），以此称呼拿破仑体现了英国人对他的轻视——译注］被打发到了太阳那里去，因为他无处可去，而且他自己也不过是一团太阳黑子，遮住了投向地球的阳光，致使当年天气阴沉。

续表

年份	黑子团数量	观测不到黑子的天数	观测天数
1833	33	139	2673
1834	51	120	273
1835	173	18	244
1836	272	0	200
1837	333	0	168
1838	282	0	202
1839	162	0	205
1840	152	3	263
1841	102	15	283
1842	68	64	307
1843	34	149	324

　　起初施瓦贝的分析并没有引起人们的注意，不过爱尔兰天文学家兼探险家爱德华·赛宾（1788—1883 年）读了这篇文章后，认识到施瓦贝发现的周期与自己观测到的地球磁场波动有一定关系。后来一位瑞士观测者鲁道夫·沃尔夫（1816—1893 年）提出了一种计算更长时间里黑子平均数量的方法，把施瓦贝估测的周期修正为 11.1 年。

　　在接下来的 20 年时间里，沃尔夫把向前直到 1745 年的统计数据综合了起来。在继续重建更早的黑子活动数据的过程中，他认识到 1645 年到 1715 年观测到的黑子数量非常少。这一间断正好与欧洲和北美所谓的小冰河世纪最冷那段时间相符，这段时间像泰晤士河的潮水，甚至威尼斯的运河都冻上了。但当时人们对太阳黑子缺乏兴趣，不然二者之间的关系早两个世纪就建立起来了。

　　不过，科学界还需要一段时间才能接受施瓦贝所说的关联和沃尔夫"对太阳粉刺的测量"。[6]之后精力充沛的普鲁士男爵亚历山大·冯·洪堡（1769—1859 年）出场了，有人形容他是"天文学家卡尔·萨根的稳重勤勉和泰坦尼克号的发现者吉姆·巴拉德（Jim Ballard）不怕苦和脏的热情的结合"。[7]在施瓦贝研究的激发下，洪堡年轻时就花了 5 年时间畅游南美洲和中美洲（欧洲报纸曾报道了他三次不同的死亡），不但学习那里的植物、动物、河流和火山，他还随身带着磁测量工具，发现磁场强度变化很大。太阳黑子看起来可能是其根源。他的热情让人们

191

开始接受对太阳黑子与地磁场之间关系的研究这一科学活动（目前有两百多个地磁监测室遍布全球），1851 年他在研究自然科学的百科全书式五卷本汇编《宇宙》（*Kosmos*）中引用了施瓦贝更新过的列表。有了他的认可，全球的科学家都开始认真对待施瓦贝的成果。[8]

德国天文学家克里斯托夫·沙伊纳（1573—1650 年）在一名助手的协助下观察太阳黑子。

施瓦贝也对英国人理查德·卡林顿（1826—1875 年）产生了影响，后者是一位儒雅的啤酒制造商兼经验丰富的天文学家，他把数十年的研究凝聚成《太阳黑子观察》（*Observations of the Spots of the Sun*，1863 年）一书。1859 年 9 月 1 日，卡林顿正在他的天文台追踪一组太阳黑子，突然之间，正如他自己所描写，"爆发出了两簇强烈而明亮的白光"。正在他满腹怀疑盯着细看时，这两个亮斑更亮了，且形状变成了肾形。他冲出门外，希望能找到另一位见证者，但这种闪耀持续时间很短，只有 5 分钟，结果是——正如我们现在所知——磁流以 420000 英里每小时的速度彼此交错并碰撞。不到 17 个小时之后（耀斑发出的光和 X 射线只需要 8 分钟就能到达地球，但每次爆发产生的重离子则需要 18～28 个小时才能到达），全球爆发了一场强烈的磁暴，所产生的极光甚至照耀了南至古巴的天空。耀斑与磁暴之间有因果关系吗？卡林顿认为有，但他很谨慎，"一花独放不是春"，而且他也并没有跟着自己的直觉继续走下去。

不过斯图亚特·克拉克写道："卡林顿发现耀斑是天文学史上一个拐点。突然发现太阳能够干扰到地球上的生活的科学家开始投入到研究太阳本质的急速比赛中。"⁹ 19 世纪 90 年代，流行的观点是太阳黑子由强旋风构成，这一观点促使伟大的美国天文学家乔治·埃勒里·海耳（1868—1938 年）开始研究它们的磁活动。他利用一部太阳单色照相仪（分光仪和一种类似于电影摄像机的仪器的结合体）拍摄的太阳照片显示，巨大的氢气包就像被卷入漩涡一样被卷入太阳黑子的中心。① 他观察了两个大耀斑，每个爆发之后都有巨大的磁暴袭向地球，分别于 19.5 小时和 30 小时后到达地球。到了 1908 年，他已经证明了太阳黑子的确是太阳大气层里的巨型旋风，类似于形成于西印度群岛并蹂躏墨西哥湾沿岸的飓风和旋风一样。太阳黑子活动和地球气候之间似乎不仅仅有关联；而且好像还是磁方面的关联。

海耳的太阳黑子具有强烈磁性的观点与日全食时可在太阳黑子所在区域上方看到条纹的结果一致，条纹类似于磁铁的磁场线。这些从太阳表面绕出的条纹在太阳表面形成了正负磁力线，并为磁暴提供了爆发的渠道，这些磁暴在被拽回太阳表面之前会喷出去数千英里的距离。¹⁰ 海耳的解释促使观测者们去测量发源于太阳内部深处的黑子辐射：也说明了黑子是什么及对地球气候有何影响。

每个太阳黑子都是独一无二的，但它们都拥有相似的结构，从这一方面来说它们有点像雪花。所有的黑子都近似圆形，直径在 1865 英里到 18650 英里之间——不过海耳看到过一个直径为 81000 英里的，是地球直径的 10 倍。每个黑子的漩涡中心都有一个所谓的本影区，该区域看起来发暗只是周围较亮区域衬托的结果，如果隔离开来看的话，将有夜空中的满月那么亮。本影区的典型温度为 4300K（一种摄氏温度单位，−273℃＝0K），大约比周围的温度低 2100K，而且本影区相较周围区域塌陷下去 450 英里。平均只占黑子面积 1/5 的本影区周围是灰色条纹状的半影区，就像一朵花的花瓣。占去黑子剩下 80％ 面积的半影区，绝对温度相当于（也构成了黑子表面的）光球层的 3/4 。总之，太阳黑子根据深度不同呈三种形式：光球层、半影区，以及最深处的本影区。¹¹

太阳黑子核心区的温度为什么低于半影区和太阳表面仍是个谜；我们所知道的只是在太阳外层每一个这种巨大的漏斗状涡中都有一个大型冷却过程在进行，而其磁场最强的中心位于最黑暗，或者说温度最低的区域，即本影区。¹²

在海耳的研究数年之前，格林尼治皇家天文台台长爱德华·沃尔特·蒙德

193

---

① 　原文注：人类第一张太阳照片是法国物理学家阿尔芒-伊波利特-路易·斐索和莱昂·傅科（1819—1868 年）于 1845 年用达盖尔银版照相版法摄制。傅科因展示了地球转动的傅科摆而知名。

（1851—1928 年）已经做出了一些重要发现。蒙德从 14 岁时起就开始热衷于研究太阳黑子，26 岁时已经在测量黑子能发展多大了。在接下来的 36 年时间里，他进行了大量的拍摄工作，累积了 5000 组黑子的数千张照片，并把这一工作浪漫地想象为拍摄太阳的肖像，还曾写下了"分析黑子的光谱是在深入窥探太阳的灵魂"的话。

他发现在黑子的早期生命中，磁流体会迅速增加，之后是几天的缓慢降低过程。他的照片显示，以 11 年的周期（带着一点点想象）来考察黑子的话，它们的位置构成了类似于 3 只蝴蝶向西飞去的图像：最前面的黑子被称为"前导黑子"，它有一个磁极，而后随黑子则拥有相反的磁极。正如伽利略所揭示的那样，所有的黑子均结伴沿直线穿过太阳表面。开始时它们相距很近，之后在旅途中会渐行渐远，有时候距离会达到太阳直径的 1/9，不过它们一直都与太阳赤道保持平行。每一个循环之后磁极反转，于是北半球的"前导黑子"的磁极成了负极，南半球的则成了正极。连续两个 11 年的活动周期构成一个循环——共需 22 年，可能多上或少上几个月。奇怪的是，在循环的高峰期，即太阳黑子最多时，太阳的光度比黑子较少时更高。循环是太阳活动总体形式的一部分，这个总体形式不但包括黑子的活动，还包括日珥、耀斑、太阳风粒子暴、宇宙射线暴和高能质子暴，其中占比很小但很强烈的一部分会射向地球，有些离开太阳表面后 15 分钟就能到达地球。

194　　换种说法：太阳喷发各种暴时，从内部迸发的磁场会发出高能宇宙射线。蒙德推测，有时这些射线会经过地球，从而会冷却地球，所以，比如，1536 年亨利八世和他的廷臣能够从伦敦中部乘雪橇过泰晤士河前往格林尼治天文台，而在 1709 年那个严冬，太阳王宴会餐桌上玻璃杯里的红酒都冻上了。

下一个进展所发生的领域有点出人意外，发生的时间是第一次世界大战结束后不久。亚利桑那大学学者安德鲁·道格拉斯（1867—1962 年）是一位年轮学先驱，这是一种研究树木年轮的学问，年轮的宽度（风调雨顺之年较宽，反之较窄）记录了树木生命周期里的气候变化。他假定地球上最长寿的有机组织树木是植物王国唯一可以提供可靠记录的物种，因为其他植物都归于土壤了。他注意到快速增长的年份之后是迟滞增长期，然后又是快速增长期。平均来说，两个相同增长期之间相隔 10 到 12 圈年轮。

1922 年的一天早上，他出乎意料地收到了蒙德发来的一封信，信中概括介绍了他关于 1645—1715 年间太阳黑子较少之影响的理论并建议道："你应该通过树木年轮研究一下这个。"[13]道格拉斯的好奇心被激发了，开始研究古建筑的栋梁和古树，比如亚利桑那松树和加利福尼亚红杉；无疑，它们的年轮揭示了太阳黑子消失且地球经历长期严寒期间树木生长缓慢。

不过，这仍不足以为众人所接受，而蒙德于 1928 年去世，他的理论未获认可。①

蒙德关于太阳黑子之影响的理论并非独一无二的，其理论必须经历的怀疑别的理论也不能幸免。从首次观察到太阳黑子起，就有人开始揣测它们对地球上的生命会有什么样的影响，而另外一些人则抱持嘲弄的态度：早在1795 年 12 月威廉·赫舍尔就向皇家学会的精英们就太阳及其对地球的影响做了系列讲课中的第一讲，他讲到自己发现了 5 个太阳黑子低活动期，而同期小麦的

来自普鲁士森林的一颗苏格兰松树的截面，这棵松树种植于 1820 年前后，1912 年砍伐。道格拉斯所画的箭头标志了太阳黑子最活跃的年份，表明后者与树木的最快生长年份之间存在明显关联。

价格则走高，他把这一事实与不同寻常的长期干旱联系了起来。大部分的听众都笑话他（太多的嘲笑让他不得不取消了剩余内容的授课）——不过当时他也在向众人介绍太阳中心温度较低而且存在生命的理论，那个年代持这一想法足以被认为精神错乱。

似乎注定只有科幻小说才会把地球上的现象归因于太阳黑子。的确，1892年马克·吐温出版了小说《美国申请人》，书中把太阳黑子对气候的影响推向了极端——太阳黑子成了大生意。在小说的末尾，狡诈的卖桑上校（Colonel Mul-

---

①　原文注：1937 年，MIT 和哈佛大学著名的科学家 H. 特鲁·斯特森给出了新的证据：兔皮。哈德逊湾公司（Hudson's Bay Company）的毛皮记录显示狐狸、山猫和兔子的数量以 10～11 年为周期发生巨大的变化。几乎每次高峰都"相当紧密地"对应于太阳黑子的低谷。斯特森继续道："如果太阳黑子与兔子数量有关，而且黑子年适宜树木生长的话，人们可能会问，为什么太阳黑子最少的年份兔子最多，黑子最多的年份兔子最少？可能捕食兔子的动物受太阳黑子刺激，在黑子最多的年份有更多的精力去抓捕兔子，也有可能这种小型四足动物的天敌在这些年份更为兴旺。"[14]这一论据同样无法撼动怀疑者。

berry Sellers) 提出了一个宏大的赚钱计划：他将重新组织地球的气候用来预订，可用旧气候进行部分支付。如何实现？利用"太阳黑子——你是知道的，控制它们，把它们支配的巨大能量用来重组我们的气候，实现盈利"。①

196 当然，马克·吐温是在嘲弄疯狂的商业计划，同时也是在讽刺刚愎自用的科学家提出的理论。蒙德的太阳活动与地球磁场的波动之间*的确*存在某种联系的构想还需要一定时间才能为大家所接受。第二次世界大战之后，物理学家加强了对太阳事件的观测。尽管有了他们的探测，太阳黑子影响的证据仍是零零散散的：甚至到了 20 世纪 60 年代，一位对太阳现象与地球气候模式之间任何关系都很感兴趣的年轻研究员仍自嘲是一位思想怪异者。之后埃迪加入了进来。

约翰·A."杰克"·埃迪（1931—2009 年）是科罗拉多大学的一位天文学家，该校有一座高山天文台（High Altitude Observatory），这位多面手科学家在那里可以研究木星的大气层、日冕、太阳物理学史，甚至北美印第安天文学。后来被他喻为"破解了太阳物理学的死海古卷"的蒙德理论激起了他的兴趣，他无法理解为什么它们不为大家所接受。20 世纪 70 年代早期，他去了位于图森的年轮研究实验室，但却无法再现道格拉斯发现的年轮与气候变化之间的匹配。他并没有气馁，开始追踪极光的历史——毕竟它们是太阳黑子诱发的——并发现了在他称之为"蒙德极小期"的时期极光非常少。他发现，太阳处于磁活跃期时，会生出很多黑子，黑子不断积聚的磁能量会让地球暴露在辐射中。没有穿透而过的辐射粒子会与大气层中的其他粒子发生碰撞，产生碳-14（碳元素主要的放射性同位素），而碳-14 又会出现在的树木年轮中。埃迪说，1650—1715 年间年轮中的碳-14 的确增长迟缓。这一结果是个重大胜利。②

埃迪判断自己可能已经找到了这一谜题的最终解答，便转而研究塞尔维亚工程师米卢廷·米兰科维奇（1879—1958 年）的想法，后者相信地球轨道形状的

---

① 原文注：这让人不禁回想起更早的一部讽刺文学作品，塞缪尔·约翰逊 1759 年的中篇哲学小说《拉塞勒斯》。在"天文学家发现了他们的不安之源"这一章，大科学家告诉故事讲述者埃姆莱克（Imlac）："我有 5 年的时间来管理天气，分配季节……太阳听从我的号令，根据我的指向从一条回归线移向另一条；云彩根据我的指令降下甘霖，而尼罗河也按我的指令泛滥。"15

② 原文注：自埃迪开始，科学家重新研究了河流每年带下来并堆积在湖泊沉积核心区的淤泥层，并研究了洞穴矿物和沉积物、空气中的花粉量、地质钻孔、珊瑚和山地冰川沉积物——它们都保留有蒙德极小期寒冷气候的见证。近来的研究结果也有助于解释小冰河世纪众多谜题之一，即小冰河世纪似乎只发生在欧洲。有证据表明，太阳发出的紫外辐射高峰时会刺激地球同温层（距离地面 12~30 英里的大气层）里臭氧的形成，而臭氧将吸收更多的紫外辐射而升温。同温层风会对地面上的我们所体验的天气产生影响，而由于欧洲所处的经度使其更容易受到北半球急流的袭击，所以成了小冰河世纪的重灾区。16

渐变导致照射地球的阳光发生了小变动，从而导致了冰河世纪。[17]他主张这样的轨道变动有三种类型（有时指拉伸、旋摆和晃动），它们的周期分别约为10万年、2.2万年和4万年，而且这些变动会影响射向地球的阳光的量和入射角。[18]

他提出，第一个周期指的是地球绕日轨道形状偏离圆的度（"偏心率"）的变化周期。日地距离随圆的"拉伸"而变化，从而影响到地球接收到的太阳辐射的量。[19]第二个周期源于地球自转轴的"旋摆"，北半球会慢慢靠近太阳，然后又远离太阳——南半球则与之相反，从而影响季节的变化。北半球的陆地比南半球更多，而陆地对温度变化的响应快于海洋。由此导致的地球受热的来回变动改变着气候形式。第三个周期是由地球自转轴倾斜度的小变动引起的。在大约4万年的时间里，这个倾斜度在21.5°和24.5°之间变动一个来回，倾角最小时（目前就是，而且还要持续大约9800年），冬夏温差最小。[①]

利用米兰科维奇的周期理论，埃迪赋予了蒙德观点更高的可信度。此时他利用从海床挖掘出的淤泥和土块的数据所反映出来的近300年以来的温度变化证据来支持蒙德的观点：几个世纪以来的温度随地球接收到的阳光的量而起伏变化——而且与米兰科维奇的计算吻合很好。埃迪在1976年发表于《科学》的一篇具有里程碑意义的论文中总结说，过去8000年的时间里，地球共经历了18个太阳黑子最低活动期——其中一个是小冰河世纪。蒙德最终被证明是正确的，而他关于后来（多亏了埃迪）被称为蒙德最小期时期的结论则被称为"太阳观测史上最有意义的事件"。

在我们的太阳系内部，只有金星、地球和火星具有受太阳影响的大气层。金星是沸腾的一团，火星是冰冷的荒漠，而地球，尽管处于阳光稳定的照射之下，温度远没有那么极端，但气候也深受太阳的影响。不过到底我们周围哪些现象是太阳黑子导致的呢？毕竟，太阳黑子只是太阳上可见的磁活跃区域。

通常，从北方铸铁产量下降到自杀率的下降等很多事件被归罪于（或归功于）太阳黑子，还有完成越洋航行所需的时间、船舶失事、无线电传播中断（特别是短波，高频波段）、信鸽或比赛用鸽迷失方向、车祸大量增加、心肌梗死、抽搐发作和幻觉，甚至流行疾病、战争和革命的爆发——有人论证法国大革命之

---

① 原文注：对米兰科维奇有关冰河世纪的理论传统反对意见是，如果冰河世纪发生的时间取决于投射到某一半球上阳光的量，那么北半球变冷时南半球为什么不变暖，或者正好相反？答案就是大气层中CO_2和甲烷量的变化把两个半球连接起来，整个地球一同冷热；所以说全球变暖和温室气体的自然释放彼此相互促进。[20]

所以爆发于 1789 年而不是四五年之后是因为 1788 年的冬天极其寒冷。①

　　大多数物理学家认为，虽然科学界已经知道太阳黑子能够扰乱指南针的指向和各种电传输，② 但普通大众了解这一点还需要一定时间。比如，1953 年非美委员会（House Un-American Activities Committee）活动期间，罗伊·科恩曾对被怀疑为共产主义同情者的美国之音（VOA）首席无线电工程师雷蒙德·卡普兰进行过质问。VOA 成立于 1942 年，旨在向海外推广美国赞成的观点，而科恩曾称其为旨在损害美国利益的 78 个嫌疑组织之一。科恩指出一些节目没有像它们本应该播出的那么广泛。不忠诚的人应该对此负责：卡普兰能举出一些名字吗？

　　　　科恩：有些 VOA 的发射塔没能把无线电信号发往目标国家——

　　　　卡普兰：发射塔无法覆盖某些国家——

　　　　科恩（提高了声调）：不忠诚者在工作——

　　　　卡普兰（打断了他）：事情更加复杂。比如，太阳黑子：它们会影响信号传输，现在还不完全清楚——

　　　　科恩（打断了他）：太阳黑子？［哄堂大笑］（温和但带有嘲弄意味地）太阳黑子……或者可能有不忠诚的美国人出卖了我们的国家。

　　为期三周的听证会还没有结束，卡普兰就撞向迎面驶来的一辆卡车，结束了自己的生命，享年 42 岁。[22]

199　　现在没有人怀疑太阳黑子可能会强烈干扰地球上的事件了。随着电报和电话的发明，电报和电话线遍布全球。在日暴期间，一些接线员几乎丧生于太阳黑子所致的急电流。一份报告记录到，"某处一位接线员被电击了 7 次；另一个地方的电报设施着了火；而波士顿城的一台电报设施上火焰随电报笔游走"。[23] 1989 年 3 月 12 日，向上发展至 60 英里高空的电流击中了魁北克省的电网，有一半的发电系统在不到 60 秒的时间里停止供电；断电持续 9 个多小时，700 万人失去了电

---

　　① 原文注：俄罗斯科学家瓦莱里·奥尔洛夫和美国历史学家威廉·詹姆斯·西季斯都认为革命与太阳黑子之间存在关联。[21] 美国革命、法国革命、巴黎公社和两次俄国革命（1905 年和 1917 年）爆发的时间均与太阳活动高潮年相当接近。

　　② 原文注：不同的太阳黑子活动都会对远距离射电信号的接收带来妨碍：见布罗迪（Brody）的《太阳黑子之谜》（*The Enigma of Sunspots*）一书，第 162～163 页。在为 D 日做准备期间，盟军为避免着陆时不会正好赶上神出鬼没的太阳耀斑导致的短波通信中断中采取了一定的预防措施。每天建在科罗拉多州弗里蒙特通道（Fremont Pass）高处的一座天文台都会把有关太阳状态的"最高机密"报告给指挥部，战略指挥官们在计划攻击之前将详细研究这些报告。

力，给该省造成了 30 亿～60 亿美元的损失。[24] 由于我们越来越依赖电子产品、卫星及类似技术，可以想见，将来可能会发生更大的混乱，尤其是考虑到太阳黑子和耀斑的无规律性，科学家只能提前 30 分钟发出预警。[越战期间，一次大的太阳耀斑造成了布放在海防港（Haiphong Harbor）的水雷同时爆炸。] 而即便是1989 年发生的那次强磁暴的强度也只有理查德·卡林顿 130 年前目睹的那次的 *1/3*，130 年前那次每平方英寸的大气都受到了大约 200 亿颗质子的轰击。太阳下一次最活跃期将会是过去 50 年，甚至 100 年内最活跃的，预计将于 2010—2012 年某个时候开始。

所以说回到埃迪及其年轮证据并检验当前的观点是一个不错的想法。2005年 1 月我拜访了位于贝尔法斯特的女王大学地理学学院、考古学学院和古生态学学院的名誉教授迈克·贝利，他是年轮学方面的专家。尽管已经制作了一个上溯至 7000 年前的树木年轮表，但他毫不掩饰对自己所选领域的怀疑态度（和尖酸的幽默感）。"我们真的不知道太阳黑子和年轮之间的关系"，我们浏览满办公室的各种文件时他这样承认道。他的办公室与卡萨诺瓦斯教父的大小相近，但整洁方面却截然相反。"埃迪猜想树木年表开始之前没有'全球性事件'；然后有人发现是有的。而且还要注意：一个 22.2 年的太阳黑子周期并不仅仅是两个 11 年的周期。"①

讲到这里他站起身来，挪开两小片石头和一摞学生论文，找到一薄本杂志，[200]这本《年轮公告》（*The Tree-Ring Bulletin*）中有亚利桑那大学两位研究人员撰写的一篇长文。[26] 作者声称，尽管可以设想年轮的生长可能会反映出太阳黑子活动的总体趋势，但他们没有找到任何具有说服力的证据。"这篇文章写于 1972 年，"我阅读这篇文章时站在旁边的贝利说，"之后就没出现过更好的文章了。"整 4 年后埃迪发表了他的开创性论文——没有提到亚利桑那大学那两位研究人员的这篇文章。主人回到自己的椅子上。"当然，太阳黑子*确实*可能对气候存在影响，但其他因素也在影响气候……"他好像陷入了沉思。过了一会儿他又说："我们不知道火山有什么影响。以前的海啸有哪些影响，地球曾遭受过多少来自太空的碰

---

① 原文注：到了 20 世纪末，在经济学家们看来，"太阳黑子"成了所有带来活性危机——会改变人们的预期从而导致经济下滑的一种偶发的随机震动——的外部不确定因素的代名词。之后出现了一种观念上的转变。罗杰·格斯奈里（Roger Guesnerie）是作为混沌理论一个分支的太阳黑子学说方面的权威；他曾写道："太阳黑子平衡的观点，是过去 20 年里经济学理论中……最重要的观点之一。他促使我们重新评估对动态经济之波动和对理性预期假设的理解。"所以说始于调侃的"太阳黑子理论"已经发展成为叙述性经济学（descriptive economics）一个有用的工具。[25]

撞，我们也说不很清楚；但人们认为我考虑这些是有点疯了。"[27]

他看起来一点都不疯。贝利是在 2010 年 4 月艾雅法拉火山（Eyjafjallajökull）爆发前数年说的上述那些话，但 1815 年 4 月印度尼西亚坦波拉火山（Mount Tambora）爆发产生的能量更大——以至于 1/3 的山体都在这次可能是有记录以来最大的爆发中被粉为石块和灰尘：一万人当场失去了生命，火山灰和硫酸喷射到了 27 英里的高空。全球温度下降，食品价格飞涨，骚乱、饥荒和流行病遍及欧洲。[28]痛心疾首的拜伦写了一首关于太阳毁灭的诗："我做了一个梦。也不全是梦/太阳熄灭了，而迷人的众星/在永恒的天空徘徊/没有光，没有路，冰冻的地球/在没有月光的空气中盲目摆动、变黑。"

尽管如此，其他科学家提出那么多的循环，并把它们与那么多不同的事件关联起来帮不了什么忙：除了 11 年的周期之外，太阳应该还具有 27 天和 154 天的周期，海耳发现的 22 年的磁反转周期，还有 80 年的格莱斯贝格（Gleissberg）周期，200 年的瑟斯（Seuss）周期。显然，仍有问题等待我们去解答。而新的研究分支一直在蓬勃发展。近来 SOHO 发来的数据表明，太阳磁极附近影响磁场的气流可能是 2008 年到 2009 年上半年间太阳黑子、耀斑和其他日暴稀少造成的，这导致 11 年太阳周期末常有的平静期延长了 15 个月，期间观察不到太阳黑子。[29]但到了 2010 年 4 月中旬，太阳似乎醒了过来，大量的日冕物质被以每小时 110 万英里的速度喷射出来，并冲入地球外大气层，在北极和南极引发了耀眼的极光——3 年来袭击地球的最壮观的日暴。[30]我们几乎回到了原点：显然太阳会对气候产生影响；问题是太阳在多大程度上改变气候？这是一个重要问题，与全球变暖的大争论紧密相关。

第 14 章
光的性质

接下来的生命里我将思索光为何物。

——艾尔伯特·爱因斯坦，1917[1]

我们嘴上说"光"，心里想的却只是太阳。

——格雷厄姆·格林，《权利与荣耀》[2]

我对太阳的描述中弥漫着光，这并不奇怪。本章从人类试图测量其速度及研究光如何展现出颜色起笔，然后转而讨论文化历史，继而讨论哪里发出的光最亮到光如何影响运动场和战场上的人员等诸多话题，再到光的衰弱，直到完全让位给黑夜。

什么是光？与毕达哥拉斯同一时代的哲学家兼诗人恩培多克勒卓越的直觉告诉他，光是一种流动性物质，他还补充说，由于光传播的速度太快，我们意识不到它的运动。但他也认为，存在一种"眼睛中的火"，就好像我们是透过某种灯笼来观察周围世界的一样。柏拉图也持这一观点。更传统的观点是物体发出的光粒子射入了观察者的眼睛，而且光是瞬间传播的。光可能具有可测量的传播速度的观点直到 1632 年才出现——当年伽利略在《两大世界体系的对话》（*Dialogue Concerning the two Chief World Systems*）一书中通过轻信的希波里西奥（Simplicio）之口道出了这一观点：

日常经验表明光是瞬时传播的；因为我们看远处的火炮发射时，闪光立刻就到了我们的眼睛；但声音要经过一个可觉察的间隔才能到达我们的耳朵。[3]

伽利略确信光速是有限的，但他的实验很粗糙（他仅仅在相距不到 1 英里的两座山头上放置了两盏灯），而且他从没有意识到光速有多么快。第一次严肃的估值——在巴黎天文台工作的丹麦天文学家奥勒·罗默（1644—1710 年）计算出光速为 138000 英里每秒——为惠更斯和牛顿之间关于光是由波还是粒子构成的争论所掩盖，不为大家熟知。1728 年英国科学家詹姆斯·布拉得雷以光速为地球轨道速度的 1 万倍为前提，得出了光速为 185000 英里每秒（mps）这个相当精确的数字，这意味着光离开太阳后 7 分半钟多一点就到达地球了。

近一个世纪之后，法国两位竞争对手伊波利特·斐索和莱昂·傅科进行了更深入的实验，一个利用旋转镜片，另一个利用旋转齿轮，给出了 190000mps 的结果。① 之后来自东普鲁士的科学家古斯塔夫·基希霍夫（1824—1887 年）证明了通过研究天体发出的光可以得知它们的详细信息：这一发现将为天体物理学新的研究方法打下基础。仅仅几年后又出现了一大突破——爱因斯坦称之为"自牛顿时代以来物理学界最有意义最有成果"的方程：伟大的苏格兰科学家詹姆斯·克拉克·麦克斯韦（1831—1879 年）发现光粒子或者说光子实际上是一束自保持的持续振荡电磁场。正如物理学家加来道雄所说："麦克斯韦突然发现，从日出的壮丽、日落的余晖、彩虹的夺目光彩，到满天星空的一切都可以用他在一张纸上草草勾勒的波来解释。"[5]麦克斯韦甚至能够从电和磁的基本参数计算出光速来：七八十年后，量子物理将表明，光在空间中像波一样传播，但碰到物质时则表现出粒子的行为。

1887 年，移居美国的波兰犹太人艾尔伯特·迈克尔逊（1852—1931 年）重新设计了傅科的实验，给出了 186355mps 的光速值——精度是傅科的 20 倍，且足以让迈克尔逊成为名人。[6]19 世纪 80 年代，普遍的观点认为，光波需通过一种"可传播光的"——载光的——以太（aether）进行传播，而以太则是不可见而又无处不在的。与化学家爱德华·W. 莫利（1838—1923 年）一同工作的迈克尔逊认为光不需要这样的介质，而且无论处于何种情况下其速度都是不变的：因此，行驶的火车前灯发出的光传播速度并不比静止的灯塔发出的光更快。这里他太过

---

① 原文注：斐索的旋转齿轮齿与齿之间具有相等的小间隙。从齿轮一侧很远地方发过来的光穿过齿轮后照在一面镜子上，如果齿轮旋转的速度足够快，反射光就会穿另一个间隙而过。光速可以通过镜子到齿轮的距离、齿轮的转速和间隙的大小计算出来。傅科更改了斐索的方法，利用的是一个旋转镜子而不是旋转齿轮。光源照在一面镜子上并被反射到远处另一面固定的凹面镜上，之后又被反射回旋转的那面镜子。如果镜子高速旋转，反射回来的光线将照在一个稍微不同的位置，光传播的路径将不同于初始路径。通过镜子的旋转速度、偏移量和两面镜子之间的距离就可以计算出光速。[4]

肯定了，爱因斯坦后来证明，光速的确会改变：在太空深处远离太阳和行星的真空中，光的传播速度慢于在地球或类似的大质量天体附近的速度（尽管影响到光速的并不仅仅是天体质量的大小——光在钻石中的传播速度不及真空中的一半）。

近来给出的记录显示，最慢的光速刚刚大于 38 英里每小时——比自行车赛车手还慢——是在 −272℃ 的钠中的传播速度。2000 年，哈佛大学的一个小组把光射入一块"拜克"（bec，"玻色–爱因斯坦凝聚态"的简称，把原子冷却到极低温度而得到的一种介质）中，从而让光停了下来。[7]所以说，光不仅以不同的速度传播；惊人的是，它还可以完全静止下来。

威廉·赫舍尔发现红外辐射两年后的 1802 年，英国物理学家威廉·渥拉斯顿（1766—1828 年）发现如果把光射向前面有一道狭缝的棱镜的话，得出的光谱中会有一系列平行的暗线，就像钢琴键之间的缝隙；直到 12 年后约瑟夫·夫琅禾费才证明，不同的波长会显示出不同的颜色，这就赋予了每种颜色一个量，因此也就可能把波长的范围与可见的（用牛顿的话说）"光谱"对应起来。最短的波长得出的颜色是紫色，最长的是红色：这两种波长之外的光人类肉眼无法看到。①

接下来夫琅禾费让阳光通过一个棱镜。与前人不同的是，夫琅禾费得到了意料之外的结果——"几乎无数道比有颜色的像更暗的或强或弱的竖线"。惊奇之余——有些线几乎就是完全的黑线——他认识到这些并不是光学像；而是太阳光谱的"间隙"，表明太阳上缺乏某些化学元素。由于任何两种元素的光谱都不相同，他可以研究每组色彩并确认产生这些色彩的元素。

204

1854 年，美国人戴维·阿尔特提出，每种元素都拥有自己的颜色线型——独一无二的标签，将上述论证又向前推进了一步。科学作家斯图亚特·克拉克解

---

① 原文注：每一只都有大约 1.25 亿个感应器的人类眼睛是不错的探测器，但并不是很好的。视网膜，或者说晶状体把像投于其上的接收屏位于眼睛后面，含有两种不同的单元。视杆细胞记录形状；视锥细胞（因细胞的接收部分呈锥状而得名）记录颜色。主要在白天活动的动物的视网膜是视杆细胞和视锥细胞的组合体，而夜行动物的视网膜上几乎全是视杆细胞。比如，猫头鹰基本上以单色彩观察这个世界，不过有些动物在什么都看不到的弱光环境下仍能看得清。[8]大多数脊椎动物都至少有两类视锥细胞；很多鸟类、乌龟、鱼有四类或五类。人类通过视网膜里的三种不同类型的接收器（或者说视锥细胞）来感知色彩。不同比率的三种接收器受到刺激，我们的视觉系统就构建出我们看到的颜色。

今天，越来越多的人花大量时间在室内人造光下活动，近视比例几乎达到了流行病的水平。截至 2005 年，42％的美国人近视，其他国家近视比例也接近这个数字。明亮的室外光有助于小孩子成长中的眼睛的晶状体与视网膜维持正确的距离；相反，室内光会导致晶状体与视网膜之间的距离过远，致使远处的物体看起来模模糊糊。

释了这一发现的意义："如果天文学家能够确定哪些谱线是由哪些蒸汽发出的，他们就有了一种难以置信的能力：能够推测天体的化学组分。"[9] 阿尔特之后不几年，古斯塔夫·基希霍夫和罗伯特·本生（因本生灯而永远为人们所纪念——本生灯并不是他发明的，只是以他命名而已）① 把棱镜和望远镜结合成了他们所谓的分光镜，一天晚上，他们一时兴起，把分光镜对准了附近曼海姆市的一场大火，发现了钡和锶的存在。如果能够分析当地大火的成分，为什么不能分析太阳表面的成分呢？于是，几个实验过后，他们就这么做了。他们论证了夫琅禾费的暗线源于太阳大气对该波长光波的吸收，而且太阳表面由一种高温辐射性液体构成，对它的研究将揭示它所有的组分。[10] 他们完成了孔特认为不可能的工作：不通过取下来一块进行分析就能了解一事物的化学成分。[11]

同时基希霍夫和本生在夫琅禾费想法的基础上，得出了 19 世纪物理学史上另一个重要数据。约翰·丁道尔（1820—1893 年）发现，当一束光射入悬浮有小颗粒的清澈液体时，波长较短的蓝光比较长的红光散射更厉害：晴朗的天空之所以呈蓝色是因为空气对蓝光的散射强于对红光的散射。②

205

据估太阳比银河系里 85% 的恒星（大部分为白矮星）都要明亮，但地球上最强的持续光并不是太阳光，而是拉斯维加斯卢克索度假赌场（Luxor Resort and Casino）的"天柱"（Sky Beam）：直刺天穹的光柱由 96 个氙灯发出，每一个都有洗衣机大小，功率高达 7kW。赌场的技术经理曾解释说，每晚"天柱"打开前，

---

① 原文注：本生是历史上一位伟大的实验家。还很年轻时他曾用剧毒的氰化物做实验，结果氰化物爆炸了，炸开了防护面罩，这次灾难几乎要了他的命，并导致他的右眼视力受损。这并没有阻止他对科学的追求。到了 1861 年，他已经分辨出了太阳上的钠、钙、镁、铁、铬、镍、钡、铜和锌。他声称自己没有时间结婚，不过一个更合理的原因可能是由于经常用化学物质做实验，他浑身上下都散发着刺鼻的气味。一位同事的妻子曾这样评论他："本生是个魅力十足的男人，我倒愿意跟他接吻，但首先我要给他洗个澡。"

② 原文注：我们的视觉系统看到的天空是一种纯色可能并非偶然：我们经历过进化以适应周围的环境，而区分自然颜色的能力显然是一种生存优势。不过直到最近人们才注意到蓝色：在梨俱吠陀、希腊神话，甚至圣经中数百个有关天空的典故中，从没有提到过天空的颜色。[12] 伊丽莎白·伍德在 1968 年的一份研究中写道："物理学家已经发现，空气分子自身的光散射解释了天空的色彩和蓝色的比重，而大于分子的粒子的散射将弱化蓝色，使天空呈现奶白色。"[13] 海面下的光呈蓝色是因为直到 65 英尺深的海水把长波的光线都吸收了：如果你在一定水深下割伤了自己，流出来的血将不再呈红色。[14]

频闪灯都会闪烁 30 秒钟："我们不想吓到任何飞行员。"①

　　阳光仍具有特殊的能量，历史上的士兵尤其知道如何利用这种能量及如何防备它。如果战争还允许双方相互考虑的话，士兵会在伤者附近放一个反射物体，这样敌人将停止射击。不过对阳光的利用更多的还是出于恶意。1805 年奥斯德立兹战争期间，拿破仑下令士兵们把一个小山顶的控制位置让给奥俄联军。次日，雾气隐藏了法军，但奥俄联军则暴露在早晨的阳光下，成了绝佳的攻击目标。7 年后到达伯罗的诺（Borodino）战场后，拿破仑还得意洋洋地提到了"奥斯德立兹的太阳"（*soleil d'Austerlitz*）。有时候他会命令骑兵把白色织物套在帽盔上；不然的话因为反射阳光敌军炮兵会在更远距离上发现他们。（罗马的道路之所以笔直可能是因为罗马军团抛光了盾牌用反射光来确保道路不会弯曲。）[17]

　　战场上反射光会带来切实的危险，特别是在穿彩色制服的年代。后来望远镜普及且武器的作用范围、精度和威力都增加了之后，彩色制服就退出了历史舞台。在 E. 内斯比特的《向善者》（*The Wouldbegoods*）一书中，儿童解说员与一位炮兵聊起布尔战争（Boer War），炮兵友善的指挥官告诉他们来复枪发明之后，任何形式的暴露都意味着死亡："枪被漆成土黄色，人也穿上土黄色衣服。"[18] "土黄色"后来演化为"卡其"（khaki，印地语"脏"，很快成了"战争魅力、新的减损"的同义词）。在 1914 年 9 月的马恩河战斗中，伟大的非正统天主教徒查尔斯·贝玑拿出望远镜去观察敌军一个据点，立刻就被击穿了脑袋。在这场战争的很多战场上，法军仍身穿蓝色外套和红色裤子——机枪手的梦想猎物。不过这场战争是一个转折点：到 1914 年时，英国等国家的部队已经穿上了卡其军服；其他国家很快也步其后尘。

　　阳光可以暴露目标，也可以隐藏目标。空战中飞行员希望在向敌军发动俯冲攻击前占据"上日方"（up-sun）位置——亦即，刺眼的阳光落在他们后方。[19] 这一原则也适用于海上：1914 年 11 月 1 日在智利中部近海，克拉多克少将（Rear

206

---

　　①　原文注：《国家地理》（*National Geographic*），2001 年 10 月刊，第 33 页。拉斯维加斯与太阳有一个不同寻常的共性：大量的氦辉光。2005 年科学家发现，宇宙中含量第五的这种元素，在太阳中的含量比原来认为的多了大约 3 倍。拉斯维加斯可能是唯一一个光和时间都不是人们乐见的必需品的地方。"人们对赌场生活的热衷让日月循环成了一种徒劳的笑柄，"安东尼·霍尔登（Anthony Holden）在其经典纸牌著作《大交易》（*Big Deal*）中如此写道，"维加斯的白天强行推迟了更亮、更美，且远为刺激的复合霓虹灯光的美丽秀。拉斯维加斯的任何赌场都看不到钟表，管理部门这一精心设计的目的是让人们远离现实世界，且越来越远。在金沟银壑（Glitter Gulch）你只能通过自己的手表得知时间……由于一些没人能说得清的原因，玩纸牌本质上是一种黑暗行为。这里我是说在日光下玩纸牌感觉怪怪的。"[16] 不过，作为邪恶战场的拉斯维加斯却并不是一座黑暗城市。

Admiral Cradock）率领的由 4 艘军舰组成的皇家舰队遭遇了他的朋友冯·施佩中将（Vice Admiral von Spee）率领的 8 艘德国军舰，双方都试图让下午的阳光照射对方的眼睛，在雷达还没有面世，肉眼瞄准并进行火控至关重要的年代，这是一个严重的不利因素。一位研究这次战斗的历史学家描述了接下来的场景："克拉多克发现背后的太阳可以让德军炮手无法瞄准，试图快速结束舰炮战斗，但冯·施佩的军舰航速更快，一直保持在英军舰炮射程外，将战斗拖延到太阳落山才展开。"[20]

幸存下来的一艘英国军舰上的一位指挥官回忆道："落日余晖照出我方军舰轮廓，后面是一道清晰的地平线，衬出掉落海面的蛋壳溅起的水花，而［敌方］军舰则只剩下低矮的黑色轮廓，在正在降临的夜幕下难以辨别。"德军展开了包围攻击：共有 1654 名英军官兵丧生，而自 1812 年起仅有 3 名德军水手在英国海军的第一场败仗中受伤。[①]

阳光也可以决定体育赛场上的运气。在 NASCAR（全美汽车比赛协会）的比赛中，强烈的阳光有助于汽车轮胎抓牢地面。但美国足球场和棒球场上劣质的看台则因太阳曝晒变白而被称为"露天看台"（bleacher，兼有"漂白剂、漂白器"之意），而棒球和板球场上则经常发生因阳光晃眼而丢球的情况。[22]不仅仅是丢球：热爱板球的全球数论权威 G. H. 哈代在英国板球运动总部伦敦大板球场（Lord's）曾看到一位击球手因来源不明的反光而没有看到球。最终反光物体被确定为"一位身材高大的牧师腰部挂的一个大十字架。裁判员礼貌地请他摘下了十字架"——这让反教权的哈代很开心。

太阳干涉也可用于将糟糕的决定合理化，这是我的亲身经历。1994 年，联邦击剑锦标赛在温哥华向北 78 英里一处度假胜地高处一座巨大的滑雪场木屋内举行。这是一个令人兴奋的赛场，白雪覆盖的群山与身着全白比赛服的击剑手相得益彰。我是北爱尔兰队的一员，到了将近傍晚时比赛只剩下 8 位选手。我与来自加拿大的对手进场比赛，心里清楚不管谁胜出，都至少可得到一枚铜牌。比赛你来我往，直到我们拿到 14 分——只剩下最后一击了。对手出剑，我避开并迅

---

① 原文注：和平时期阳光也会产生影响。鲍勃·迪伦年轻时曾在伍德斯托克附近一座山顶发生一次车祸，当时他驾驶的是胜利 500（Triumph 500）摩托车。他向剧作家山姆·谢泼德描述了当时的情景："我开着摩托迎着太阳行驶，并抬头看了看太阳，尽管我记得小时候曾有人告诉过我不能直接看太阳，否则会失明。"1947 年小说家约翰·多斯·帕索斯与妻子一起驱车穿过康涅狄克州时，也因短暂性失明撞上了路边的卡车，造成他本人右眼永久失明，妻子则丢掉了性命（后来他把这一悲剧写成了小说）。[21]

速回刺。他并没有防守，而是第二次出剑，我知道这次将是我得分。不过，我并不指望裁判。在国际击剑比赛中，对裁判的国籍并不一定审查，而这场比赛的裁判是加拿大人。他说不能承认这一得分，因为太阳照射的原因，他看不清我是否有效躲过了对手的第一次攻击。由于落日在他身后，而且木屋的照明很好，这一决定很难让人接受，我的一些队友都高声抗议。最终比赛又继续进行，这次对手刺中了我，赢得了这一局并最终赢得了金牌。

"爱是阳光，恨是影子"，朗费罗如此写道。光的力量是一方面，不过光在傍晚逐渐褪去，当然还有它的暂时性消失，都是太阳故事的构成部分。最简单来说，影子就是光照不到的地方，有时也称"光的反痕"，白天的黑暗。很多古代社会都认为影子是人的灵魂。在他们看来，影子没有物质，是一种存在之空。东非的瓦尼卡人甚至害怕自己的影子，可能是因为他们相信这种无法驱离之物可以观察他们的行动，成为他们的见证。祖鲁人说尸体没有影子。彼得·潘（Peter Pan）从达林家的窗户上跳下时丢失了影子（被温蒂放入了一个抽屉，后来温蒂又给他安上了），这里或许作者巴里是在潜意识地回应影子是个人的外在这一想法，且作者也让温蒂及弟弟们把他们真实的自我留在了身后。"有谁能告诉我，我是谁？"李尔王有此一问，而忠诚的肯特回答说："李尔的影子。"

西姆洛奇（或者说"士兵山"）的仪式是有关影子的另一种文化。西姆洛奇是加利福尼亚与俄勒冈交界处一座 5000 英尺高的死火山。午后太阳西转，西姆洛奇的影子不断伸长，一个半小时后落在约 12 英里外的山谷另一侧。西姆洛奇是附近的阿杰马威人的圣地，他们把它的影子当作一种法力无边的神灵来崇拜。根据传说，该部落两位伟大的祖先约定好与扫过山谷的大树或山的影子赛跑。由此传统发展出了阿杰马威人的一种比赛。人们想象，能赢得比赛的人——这是有可能的，但并不多见——都会得到神的恩泽。由于影子本身是一种具有一定力量的灵一样的存在，所以是独一无二的对手，必须给予其一定的尊重。因此，在整个赛跑过程中回头瞟一眼的话，赛跑者立刻就会被打败。阿杰马威勇士都不会回头看。

韦伯斯特词典给出了"影子"（shadow）的 23 种意思，包括一种寄生虫，一种间谍/侦探，以及恶魔的一种替身，而"投下阴影"则表示威胁到幸福、友情、名誉。在中东地区，带来坏运气被称为"投下黄色影子"；托尔金在《指环王》中创造了摩多（Mordor）禁地，"影子栖息之地"。在以 14 世纪日本刺客的故事为基础发展而来的忍者传说中，这些极其危险的刺客可以化身为"活影子"。更

印度东南部沿海小镇马哈巴利普拉姆（Mahabalipuram）的克里希纳
（Krishna）巨球，1971 年。

无辜的是花朵，日本文化中花也分为阴阳两种。杀手训练中也会利用到影子。20
世纪 20 年代一位著名的辩护律师展示了被告走出一座教堂的照片，照片中的影
子所表明的时间与真凶所说的不同，从而抓住了真凶。[24]

　　将阴暗与罪恶行为等同起来是很正常的；然而有一类人很特别，要在夜里工
作以避开白天：印度的低等贱民（sub-untouchables）。其他人哪怕远远地看这类
人一眼，都觉得污染了自己，而这些苦命的人白天出来的话，通常会被杀掉。[①]
印度以前有很多这种黑暗的制度，现在也是。举其一例，数世纪以来站在一位君
王的影子里被视为一种严重的冒犯，更有甚者，自己的影子与君主的影子相触也
被视为对君主严重的冒犯。影子污染——身处在太阳与高种姓人之间——是对对
方的一种严重冒犯，低种姓的人会十分注意自己的影子，以免被高种姓者踩到：

210

---

　　① 原文注：《大英百科全书》，1973 年版，第 5 卷，第 25 页。另外，在很多社会里，仆人们在
主人沉睡的晚上才能玩乐。太阳落山后奴隶的灵魂才醒来。一部以夜晚为主题的书曾引用了北卡罗来
纳州一位农场主对奴隶的评论，"夜晚才是他们的白天"。[25]

一位农民替自己遮阳，柬埔寨，1952 年。

一位 1957 年访问过印度的法国政治家曾回忆说有的村民白天躲在树丛里，以避免发生这种亵渎事件。[26]

阴暗并非总是令人生厌的，在气候炎热的地带，影子往往又成了神秘力量的象征。由于太阳总是在天上流转，对舒适的追求和象征意义的要求催生了可携带的伞（umbrella，源于拉丁语 umbra，"遮篷"或"阴影"之意）。在 6 世纪的梵文剧作《沙恭达罗》（S'akuntala）中，一位受保护的统治者被喻为荫庇臣民的大树："这位君主，就像枝繁叶茂的大树，头顶毒辣的太阳，却撒下大片阴影为求助于他的人消暑。"[27]

在印度神话中，毗湿奴神（Lord Vishnu）就是带着一把伞降临人间的，而在古埃及和其他阿拉伯文化中，血亲王子才能撑伞（通常由棕榈叶制成），这是他们的一种特权。但很快平头百姓也能享受伞下的阴凉了，而一本 1871 年面世的权威盎格鲁-印度人健康手册中声称"炎热季节的早上 8 点到下午 4 点间，平原地区连伞都不打的欧洲人行走在太阳下是很危险的"[28]。罗宾逊·克鲁索模仿他在巴西见到的伞为自己做了一把，"伞在巴西炎热的季节非常有用……它……这样效果很好，在最热的天气里我可以撑伞出门"。因此，早期的伞在英国和法国都被称为"罗宾逊"。①

阳光在一天里不断变化，每一阶段都有自己的特性：黎明、日出、中午、薄暮、黄昏、日落。罗伯特·路易斯·史蒂文森在《化身博士》（*The Strange Case of Dr. Jekyll and Mr. Hyde*，1886 年）一书中描写了这样一个情景：厄特森先生（Mr. Utterson）注视着"薄暮的高低音阶和五光十色"。[29] R. C. 谢里夫的《旅途的尽头》（*Journey's End*）一书中，因战争而疲惫不堪的中尉看到太阳爬上被摧毁的西部前线的铁丝网和战壕时大叫道："到这以前，我从没想到太阳升起的方式有这么多种。绿色的、粉色的、红色的、蓝色的，以及灰色的。太惊人了，不是吗？"当初升或西落的太阳平照地面时——地面的所有特征都一览无余。薄暮启发黑格尔写下了名句："只有黄昏降临时密涅瓦的猫头鹰（owl of Minerva，罗马人眼中智慧的象征）才展翅飞翔"——黑格尔的意思是，只有当一个历史条件即将消失时哲学才能理解它。[31]

太阳即将落山这一时刻正是"日夜之间短暂的瞬间，伟大的计划于此时出炉，且此时一切皆有可能发生"。[32]弗拉基米尔·纳博科夫在回忆录中着重提到了"俄语中可爱的'黄昏'一词"——*soomerki*。[33]它指的是薄暮时刻，但正统的犹太教徒只有在此时才会研究世俗的事物。[34]

作家们对这一时刻也多有描写。在《柳林风声》（*The Wind in the Willows*）中的赖特（Rat）看来，黄昏时刻"阳光像洪水一样泄去"。亨利·詹姆斯在《贵妇的画像》（*The Portrait of a Lady*）一书中也做了相似的类比："真正的黄昏还要好几个小时才会到来；但夏日泛滥的阳光之洪开始退去，空气柔弱下来，影子在平坦茂密的草地上铺展开来。"其他作家曾称黄昏为"盲人的假日"、"绿色时刻"（*l'heure verte*），甚至"狼和狗的时刻"（*entre le chien et le loup*），即此时的

211

212

---

① 原文注：引自 S. 巴林-古尔德的《历史奇人异事》（*Historic Oddities and Strange Events*，London：Geoffrey Bles，1945，pp. 132 - 138.）。在欧洲，很久以来带伞都被视为柔弱的表现。第一位从 1750 年起就经常玩弄一把（油绸）伞的英国人据说是妓女感化院（Magdalen Hospital）的创立者，病恹恹的花花公子乔纳斯·汉韦。可能更早的时候妇女会带伞出门，而博蒙和弗莱彻在他们 1624 年的喜剧《管理老婆与拥有老婆》中曾提到这种新玩意："现在你开心了，心里清净了；/现在你有了一把伞，遮住了阳光。/挡住世俗的流言蜚语/不伤及你的美名。"

　　现在我们用几乎水平的光去发现村庄遗址。这种手段就是因实际需要而诞生于第一次世界大战期间的低斜摄影法。一定角度的高空摄影甚至在飞机发明之前就面世了，但 1918 年后第一次世界大战期间空中观察员掌握的这种技术转而用于和平时期的勘察目的，而第二次世界大战则只是提升了摄影人员发现地面上事物的能力。人类或自然力改变了某处地面的话，其印记会长期保留下来，在印记比较明显的地方，可以利用它们的阴影从高空把它们拍摄下来。有时候这样的照片不但能揭示新的特征，也可以说明演替的序列——带我们走进不止一个而是多个历史时代。对这类"阴影遗迹"比较有经验的研究人员更强调结构和形状的突出特征，而不是地面勘察，且能由此分析出土色的变化和土壤表面的增长，这些信息能揭示是否掩埋有建筑：20 世纪 20 年代威尔特郡巨木阵（Woodhenge，木质巨石阵）的发现就是一例，用这种方法共发现了数千座村庄和古罗马营地。[30]

光线让人无法把狼和狗区分开来。[35]

　　满月的月光也无法让人眼分辨颜色，但由于地球是圆的，多数云朵在太阳西落至它们下方很久之后还在接受阳光的照射，并把阳光刚好反射到地平线之上，呈现出五光十色——这种现象称为"夜光"。晴天日落后太阳投射到地球上并从东方升起的光被称为"晨昏之界"（twilight edge），呈蓝灰色且常混有粉色。之后是"民用晨昏蒙影"（civil twilight），即太阳在地平线以下到 6°之间这段时间；6°到 12°之间这段时间被称为"航海晨昏蒙影"（nautical twilight），而 12°到 18°之间这段时间则被称为"天文晨昏蒙影"（astronomical twilight），标志着天真的黑下来了，天文观测者可以开始工作了。太阳落在地平线下 18°以后，真正的夜晚才开始。

卡尔·荣格曾就自己的非洲之行写道："夜晚降临时，万物都蒙上了深深的沮丧色调，每个灵魂都深陷对光明的一种不可名状的期望中……这种原始的黑暗，是一种母性的神秘。这也是早晨太阳的出生如此震撼众生的原因。光明来临的时刻是上帝。这一时刻带来了救赎，放松了众人的神经……渴望光明就是在渴望感知。"[36]

第 15 章
在炙热的太阳下

天是烧红的铁，地是燃烧的草，

河水就像熔融玻璃的热流，在太阳下闪耀，

抖动的热雾蒸腾而起，无情的阳光在灼烤，

手指被马车缰绳烫伤，鼻子也被眼睛烫起了燎泡。

热透骨髓，犹如置身烤炉，

您半熟的侄子从未听闻，从未感受过这种热度。

——拉德亚德·吉卜林

"致亲爱的姑妈，您半熟的侄子"[1]

我是一个典型的白皮肤，黄头发，雀斑脸的英国人：哪怕在太阳底下只待上几分钟，所有暴露在外的皮肤都会变成难看的红色，这种痛苦提醒我，阳光不只催生维生素，也会烧灼皮肤。从悲惨的童年午后起，我就知道了太阳可能会对人体产生什么样的影响，甚至我在英国时，这种经历在每年最炎热的夏季都会重演。近些年来我生活在亚利桑那沙漠的中部，那里温度会高达 120℉（49℃）以上，让我常常思索被活活烤死将会是什么样子。西南部的太阳剥去建筑或木材颜色的速度比北美大陆其他地方都要快，但这种热度仍远远无法与有记录的最高地面温度记录相比——136℉（58℃），这一记录产生于 1922 年 9 月 13 日的利比亚撒哈拉沙漠中。美国加州的格林兰兰奇（Greenland Ranch）1913 年 7 月 10 日曾出现过 134℉的高温，这一温度一直保持着官方记录，尽管 1917 年 7 月 6 日至 8 月 17 日间加州的死谷（Death Valley）曾经历了 43 天的持续高温——死谷的名字为 1849 年一个试图抄近路的 30 人淘金团幸存的 18 人中的一个人所取。

瑟斯顿·克拉克在《赤道》一书中描写了他 1986 年的一次旅行，旅行期间曾在 0 纬度一些地点逗留，从东方的加勒比海法属马提尼克（French Martinique）

到厄瓜多尔的卡扬贝山（Mount Cayambe），而"卡扬贝"就是赤道的西班牙语
214　说法。"我成了热方面的行家"，克拉克在开头写道，而他也确实就这一主题给出
了一个令人信服的分类："有珊瑚反射的热，会炙烤人脸并使之发软，就像火上
的西红柿。有热带城市油腻腻的热，有把丛林小河蒸得像一锅快开的水一样的氤
氲的热，有锡板屋顶爆发出像摄影师的闪光灯一样让人睁不开眼的热，还有让你
感觉整天就像正从醉酒沉睡中苏醒一样懒散而醉人的热。"[2]

　　到达中西非国家加蓬的里兰巴雷内［Lambaréné，阿尔贝特·施韦泽（Albert
Schweitzer）曾在位于此处的加蓬主要河流奥果韦（Ogooué）河畔沼泽地里建立了
自己的医院］后，他说感觉就像"包裹在热毛毯中"一样，并描述了有一次伟大
的施韦泽医生正汗流浃背团团转时，有人问他是否为这么炎热的天气所困扰。他
说，他绝不允许自己想到这一点，并补充说："你必须具有强大的精神来战胜炎热。"
历史上有那么几个伟人表面上看从来不出汗，这给他们增添了几分神秘——其中就
包括乔治·华盛顿和道格拉斯·麦克阿瑟将军。据说巴拉克·奥巴马也算一个。

　　长期以来，炎热的天气都是未做准备的出行者的敌人，对行军中的士兵来说
更是这样。1578 年 6 月，葡萄牙国王塞巴斯蒂安一世向中西非大举进军，到了那
里后"盔甲实在太热了，他不得不向身上浇水，而无水可浇的部队，则一定吃了
大大的苦头"。[3]部队被歼灭了，引发了一系列的灾难：还不到 3 年葡萄牙就被西
班牙哈布斯堡王朝（Spanish Hapsburgs）击败了。在同时期的中国，大太阳底下
一种不同的部队——挖掘运河的苦工——每天后背都"晒裂如鱼鳞"。一些历史
学家仍在流传一个传说，即 1812 年 6 月 24 日，拿破仑率领 691501 人（这一数字
的精确性值得怀疑，但就薛西斯入侵希腊以来欧洲历史上最庞大的军队来说，这
一近似数字还是可以接受的）的大军渡过涅曼河（Niemen）向莫斯科进军，却被
严寒打败了。大军于 8 月中到达斯摩棱斯克（Smolensk）时，已损失了 1/3 的兵
力——不过是因为长达数周的炎热天气。正如《战争与和平》中皮埃尔·别祖霍
夫（Pierre Bezukhov）所说，"俄罗斯与炎热天气合不来"。[4]

　　太阳在很短的时间内铺设了一道陡峭的门槛，聪明的将军想方设法保护他的
大军免遭炎热天气的肆虐；但有时部队的传统或简单的无知战胜了常识——比
如，身着褶叠短裙的苏格兰高地军团发现腿的后面被晒皱了（特别是在匍匐爬过
散兵线之后），损害了他们行军能力。数世纪以来，英国军队经常在战斗中死于
中暑，因为没有进行过脱了外套的操练——这一致命的传统一直持续到 20 世纪。
第二次世界大战期间在埃及和利比亚的西部沙漠（Western Desert），第八集团军
215　（Eighth Army）中的英军穿的是开领衬衫和短裤，因为他们的军需官无视最佳的

防晒办法是穿上遮盖更多皮肤的宽松轻便衣服这一事实。

　　无疑印度人很久以前就懂得这个道理并照此去做了。印度这片国土似乎是热得最有系统最可怕的地方了，那里各种生物的繁衍属全球之最，那里你会受到有害微生物和长期存在的传染病的威胁。鲁思·鲍尔·贾华拉的《热与尘》（*Heat and Dust*）一书中有一个情节，即奥莉维亚（Olivia）的情人哈利（Harry）大喊："昨天和今天上午我一直待在自己的房间里。在这热死人的天气里，还能做些什么呢？你朝外面看过吗？你知道外面是什么样子吗？……难怪所有人都疯了。"[5] 土邦王的下级军官出门不戴遮阳帽的话将关 14 天禁闭。而对于英国人来说，中午出门几乎成了一种大不敬——当然属于自毁的那种大不敬：在吉卜林的《国王迷》（*The Man Who Would Be King*）一书中，破产的主人公加纳汗（Carnahan）中午不戴帽子晃荡了仅半个小时就死了。

　　诺埃尔·科沃德的名歌《疯狗与英国人》（"*Mad dogs and Englishmen*"）的开头几句是：

> 热带地区一天里有那么一段时间，
> 所有人都把工作中断，
> 脱掉衣服，任自己流汗。
> 这是这些大傻瓜们的一种习惯，
> 因为阳光太过灿烂，
> 人们必须躲避其中的紫外线。[6]

　　这首歌是科沃德出于对殖民地的英国社会的轻蔑而创作的。1930 年游览马来半岛时他发现，生活在殖民地的英国人拒绝适应当地习惯。他可能受到了吉卜林的启发，后者曾在《基姆》（*Kim*）一书中写道，"只有魔鬼和英国人才毫无目的地来回走"，后面又写道，"而我们像疯子——或英国人一样走路"；但"疯狗与英国人"这一短语却是科沃德创造的。[7]

　　大英帝国的殖民地的气候从来都不宜人，由于缺乏应对极端天气的知识，很多人饱尝艰苦，甚至丢掉了性命。1844 年皇家地理学会（Royal Geographical Society）前往澳大利亚沙漠的探险队领队查尔斯·斯特尔特曾记录道："天气太热了……我们的头发都停止了生长，指甲变得像玻璃一样脆。我们都患了坏血病，头痛欲裂，四肢生疼，牙龈肿胀溃疡。"[8] 在 20 世纪早些年的英属东非（现在的肯尼亚），人人都在脊椎垫上扣上法兰绒，因为他们相信太阳会对背脊骨不利。

男人会在左轮手枪下衬上腹带来保护脾脏，而住在高处铁皮屋顶房子里的人会在室内戴帽子，因为他们认为阳光会穿透铁皮。1913 年开始行医的内罗毕第一位常驻医生认为，蓝眼睛的人应当戴深色眼镜，而且所有的一切都应衬上红色——他认为红色会改变太阳光。[9]

殖民地英国人经过各种努力仍一筹莫展。理查德·科利尔在对印度叛乱（Indian Mutiny）的精心研究中写道：

> 1857 年 6 月 14 日黎明。太阳决绝地爬上了坎普尔的天空……即使在前些年有树荫的时候，这样的大热天也逼得男人们把自己锁在暗室里，一枪崩了自己的脑袋。这天休·惠勒爵士（Sir Hugh Wheeler）的壕沟里有 5 个人，也许是 6 个人，死于中暑。似乎有一根钢筋插在了他们的太阳穴，让他们昏昏欲睡；他们瘫倒在地，吐了一身，脸色转黑，死掉了。这天有些火枪在太阳的炙烤下像爆竹一样爆裂。从泥墙向贫瘠的沙地望去，会看到林中空地和蓝盈盈的水的奇怪景象。士兵们不得不呼吸着壕沟里这种难以置信难以忍受的气味，就像有上千座厕所在太阳下发酵的气味一样。年长者会告诉渴得受不了的小孩子吸吮皮带来止渴。[10]

甚至在太阳升起之前，天气也热得难以忍受。一个个的家庭都坐在半黑中，政府官员们的夏装制服没有穿戴完整，他们的太太则穿着宽松的白色细布。作为帝国日常生活一个十分重要部分的教堂服务则十分简短，但天气实在太热了，很少有人会跪下来做礼拜。在加尔各答一个车站，

> 虽然英国人自己不知道这一点，但他们确实被太阳打败了，太阳让他们的脾气变得十分火爆，让社会标准有时具有重要意义，有时则成了一个无力承受的负担。太阳在一年中的八个月里都是压在众生身上的一座大山，减少了他们的行动，把他们关在了黑屋里。太阳还让钢琴哑了音，墨水刚写到纸上就干掉，政府官员的钟形军帽（圆柱形高军帽）的帽舌融成了黏糊糊的黑胶……众人眼中最美的女孩的脸颊则成了车站最苍白的脸颊……设计房屋时都考虑了一个目的：战胜太阳。[11]

这种高热可能会带来赤道疾病，特别是在农村地区。比如痱子，即汗水在皮肤下面积聚——第二次世界大战期间在热带地区作战的士兵最常犯的疾病之一；

胆碱能性荨麻疹，会长出 1～3mm 的水疱，主要长在人的躯干上；光毒性和光过敏——因药物与阳光相互作用而导致的疾病；日光湿疹；以及单极癣（homopo-lar ringworm），即寄生虫会导致没有毛发的皮肤上长起的肿块。越战中 12％的门诊治疗的是上述这些疾病。[12]

　　高温曾经是敬畏和迷信的对象。在古希腊，正午是恶魔出没的时刻，无疑属于恶神的潘神是正午之神也并非偶然。当然，并非所有地域的日照时间都相等。全球的日照时间从每年 4000 多小时（长于 90％的最长日照时间）到每年少于 2000 小时不等。撒哈拉沙漠地区的日照时间最长，冰岛和苏格兰则最短。

　　人口流动性很强的近代到来之前，一个人的肤色受居住地的影响。赤道附近居住的主要是深色皮肤人口，因为深色皮肤所含的具有防晒作用的黑色素在平均水平之上，有助于他们适应阳光强烈的区域；越靠近两极则浅色人口越普遍。

　　除了起源之外，肤色还具有象征意义甚至道德意义，所以在整个人类历史上肤色都被用来评定不同种族间的相对优越性以及职业、等级。正如科学作家乔纳森·韦纳所说：“肤色是地球上不同人种之间最明显的区别，围绕着它诞生了很多饱含怨恨并制造了分裂的神话，但它不过是紫外辐射水平的一种反映。”[13] 有些深色皮肤人群认为皮肤颜色深说明他们距离太阳更近，也意味着距离上帝更近；但总的来说，很多地方对深色皮肤抱有一种偏见，而且这种偏见还将继续下去。《牛津英语词典》（*Oxford English Dictionary*）对“黑”的定义中包括“丑恶”“脏”“邪恶”和“可怕”，有些释义可追溯至 16 世纪。巴拉克·奥巴马在《父亲的梦想》（*Dreams from My Father*）中讲道，小时候浏览一本《生活》（*life*）旧杂志时，曾看到一个用化学方法漂白了自己皮肤的人的照片。奥巴马总统写道，这人的皮肤有一种“鬼魅似的光泽”，就像“肉里的血都被抽干了”一样。[14] 这个人“对自己试图冒充白人的行为表示后悔，遗憾整件事竟变得那么糟糕。但一切都不可挽回。有上千美国人在许诺带给他们白人般幸福的广告的驱动下，愿意做相同的漂白处理，男人女人都有”。

　　甚至不考虑种族和种族主义，一直以来人们也都更喜欢浅色皮肤，可能是因为肤色成了社会、经济和宗教立场的象征。在户外从事体力劳动的人的肤色往往比收入更高、社会地位更高的人（或那些足够富裕无须劳动的人）的肤色更深。①

218

---

　　①　原文注：古希腊雕像是个奇怪的例外：老普利尼（约 23—79 年）告诉我们，每个城市——罗德岛、雅典、奥林匹亚——都有上千座雕像，在古希腊到处都能碰到真人大小的铜像。而很多雕像是用上了色的石头、彩绘或涂成金色的木头制成的，更说明镀了铜（尽管我们并不确定这是何种颜色）才完美，至少令人羡慕。生活在这样的雕像群中是什么感觉？是否说明晒成深色的皮肤后更像神灵呢？[15]

克里特文明（Minoan Crete，公元前 27 世纪以来）的妇女为了保持超凡脱俗的外表而与阳光隔绝。从 10 世纪中期开始，欧洲的妇女开始用药剂来漂白自己的皮肤，这种药剂与《生活》中那人所用的一样具有破坏性。有人用砒霜来漂白皮肤，尽管它的毒性广为人知——在意大利文艺复兴时期，一位名为朱莉娅·托法娜（Giulia Toffana）的女人制造了一种砒霜粉末，有钱的女人用它来毒杀丈夫。她们把粉末涂在阴部和脸颊上；亲吻得太过忘情的丈夫鲜有活下来的。托法娜制造了大约 600 个寡妇之后，人们发现了她并把她处死了，但女人们仍继续使用砒霜进行面部增白。增白的不只是面部：1772 年，英国妇女开始用这种毒药漂白双手，达到一种瓷白的效果，这也促使伟大的制陶者乔赛亚·韦奇伍德开始推广黑色茶壶，这样才显得女主人持壶的手更为白皙。

莎士比亚似乎没有这种偏好。他的三位最为读者喜爱的女主角皮肤都晒得黑黝黝的——《第十二夜》中的奥莉维亚、《维洛那二绅士》（The Two Gentlemen of Verona）中的茱莉亚和《无事生非》中的比阿特丽斯。按照十四行诗第 62 的说法，他照镜子时发现自己"被晒得十分苍老"，从而"深受打击"。[16]当然他对当时人们的偏好十分清楚。十四行诗第 127 断言："古时黑不算美/就算美，也名不副实。"

在伊丽莎白女王一世统治期间，有些妇女非常热衷于苍白的皮肤，采用含一氧化铅的漂白剂来美白，这种化学成分在体内积聚，会导致重病，甚至瘫痪、死亡。还有些妇女在脸上涂上蛋清，以求脸色能光彩照人，并在前额画上蓝色细线以发出一种半透明光泽。伊丽莎白为提升民众对她的衷心而乘马巡游英国时，无法躲避风吹日晒；但回到宫廷后，为了掩饰天气留下的摧残痕迹，她开始涂抹一种名为"铅白"的护肤品，这是古罗马曾使用过的铅料皮肤增白剂，文艺复兴时期这种美白方法又复活了。在 17 世纪熟练画工绘制的画像中，妇女的脸通常被画成尸白的椭圆形。后来马车旅行的发展又加强了这一风尚：脸色苍白说明能担负得起马车旅行。

查尔斯二世统治下的英国，重妆在宫廷十分常见。所采用的化妆品中最危险的是白铅、砒霜和水银，长期使用它们的话不但损害皮肤，伤胃，还会导致脱发、哆嗦，而且常常会彻底毁掉使用者的美貌。妓女姬蒂·费希尔（Kitty Fisher）和考文垂伯爵夫人玛利亚［乔治二世时代传奇的冈宁姐妹（Gunning sisters）中的姐姐］的离奇离世让这些化妆品的危害广为人知。因与玛利亚的丈夫乔治·威廉有染，姬蒂与玛利亚之间展开了一场著名的争宠之战。玛利亚（1733—1760 年）引起了著名的花花公子奥古斯塔斯·亨利·菲茨罗伊的注意，后者就是格拉夫顿第三公爵，且1767—1770 年间握有英国首相的权力。但玛利亚为维系菲茨罗伊对自己的热情付出了巨大的代价：多年的铅料美容后，27 岁就去世了。凯瑟琳·玛利亚·"姬蒂"·费希尔则于 1767年去世，比死对头晚了 7 年，显然也死于铅料化妆品。

220

《克利奥帕特拉在溶解珍珠》，1759——乔舒亚·雷诺所作的妓女兼女伎姬蒂·费希尔的画像，她于 1767 年死于用于美白肌肤的铅料药剂。

进入 19 世纪后，白依然是美的先决条件。在美国，无论是南方佳人还是北方名媛，都不敢不打阳伞出门，怕晒黑了她们百合白的皮肤。内战期间，南方的妇女有咀嚼报纸的习惯，因为她们发现报纸的墨中含有某些能使她们的脸庞变白的成分。雀斑（黑色素分布不均匀所致：雀斑就是活跃黑色素细胞的积聚）也要消除。郝思嘉（Scarlett O'Hara）的妹妹苏伦（Suellen）发现家里的马车暂时停在了太阳底下便惊讶地大喊："啊，爸爸，我们可以走了吗？我脸上的雀斑都往外冒了。"

甚至到了 19 世纪 80 年代，社交名媛仍在采用过激的美容手段。巴黎名媛阿梅莉·戈特罗，即萨金特肖像画中著名的"X 夫人"（Madame X），在自己的相貌上很用心："一些竞争者怀疑她的皮肤是搪瓷工人烧制出来的，另一些人则怀疑是适量砒霜造就的。"[17]但到了 X 夫人时代，风尚开始转变。在维多利亚统治下的英国，人们开始嫌弃化妆品，把它与妓女和女伎（很多人认为二者没什么区别）联想起来。哪怕对自然肤色的丁点篡改都被鄙为粗俗——甚至连粗俗都算不上。随着城市化的推进，加之工业革命中兴建的工厂带来了劳动模式的转变，白皮肤不再是社会阶层的标志了。大部分工薪阶层都在室内工作，白皮肤不再是社会地位的象征。而又由于一些白皮肤军官从第一次世界大战前线撤回，黑黝黝或红润的皮肤成了爱国的标志。

此外，一种新的热情即将风靡。最初医生出于健康考虑而推荐的海边度假正一步步变成最时髦的标志。海边被有钱有时间去任何地方享受生活的人看中，黝黑的皮肤开始成为资产阶级的标志。正如保罗·富塞尔所说：

> ［第一次世界大］战后地中海有了新功用，它最丰富的自然资源——阳
> 光，从19世纪所背负的污名下解脱了出来。当时的上层人不会坐在太阳下，
> 因为他们相信，如果阳光对植物的繁茂来说不可或缺的话，那么对人来说其
> 价值就非常可疑。[18]

221　　1920年引领社会风尚的时装设计师可可·香奈儿在地中海乘坐一位贵族的游艇游玩时无意中把皮肤晒黑了，她古铜色的皮肤改变了时尚的方向。她开始以新面貌示人，并于1929年宣称："女孩子的皮肤应该黝黑一些。"这种新肤色在社会名流及普通大众中都引起了激烈争论：应该黑到哪种程度？泛金色最好，懂行的说。

最受欢迎的海滩当属法国的里维埃拉（Riviera）。早期游客包括像罗伯特·路易斯·史蒂文森和奥布里·比尔兹利这种消费型名人；后来有格雷塔·嘉宝、科尔·波特、多萝西·帕克、安妮塔·卢斯、诺埃尔·科沃德、泽尔达和斯科特·菲兹杰拉尔德（"［这］是一种生活方式，在酷热的阳光下的沙滩上生活"）。[19]晒上一年左右得到的肤色尤其惹人羡慕。

但甚至就在人们逐渐发现海滩生活的乐趣之时，仍有一些人在犹豫。1916年，第一期英国《时尚》（Vogue）杂志就打了一种海雷娜·鲁宾斯坦（Helena Rubinstein）面霜的广告，据说这种面霜能够祛除包括"晒斑（sunburn）、雀斑和褪色"在内的"斑点"（"burn"和"tan"相互通用，而"tanning"则会引起制革的不愉快回忆）。而20世纪20年代，会让人脸晒黑的敞篷车很快就不时兴了。

好莱坞则有自己的标准：黝黑的皮肤在黑白电影中往往呈一种不健康的灰色，所以这一时期开始自己的事业的明星，比如嘉宝、英格丽·褒曼和两个赫本，都不晒太阳，且化妆很充分，所以皮肤在屏幕上看起来白得熠熠生光。还有一个潜在的问题，因晒得太黑而小心躲着太阳的鲁道夫·瓦伦蒂诺讲得很清楚："我变成黑鬼了。"他用蜜丝佛陀（Max Factor）为他准备的化妆品来白化皮肤，并自己磨制涂剂来加速这一过程，以免只能出演皮肤黝黑的恶棍这类小角色。[20]

相反，传奇的约瑟芬·贝克逃离黑色圣路易斯（那里的人们认为她的肤色太浅了）后，在巴黎被誉为"La Revue Nègre"，穿香蕉裙的黑脱衣舞女。突然之间，巴黎的妇女争相模仿，很快就出现了以贝克为名的Bakerfix发胶和Bakerskin 美黑乳液——尽管她为了让皮肤更白，把日常时间都花在牛奶浴和柠檬擦洗上了。[21]

尽管大部分白人无疑都不希望变黑，但西欧和关注潮流的美国人的肤色时尚正在转变。卡里·格兰特几乎每天都花时间在自己的肤色上，拍摄电影时会去最近的阳光海滩度假，并在下巴下面放一面镜子，不让阳光错过脖子下的角角落落。同一时期人们的生活方式也有相应的改变。妇女走出家门享受户外生活——踩单车、野餐、打草地网球，参与其他"女性"活动。她们把数世纪的传统抛在一边，带着装饰用太阳帽，披着披肩，在整个欧洲和美国的海滩上享受日光浴，并下海游泳——太阳帽和披肩并非为了遮阳，而是为了时尚。游完后，她们给太阳照不到的皮肤打上棕色或米黄色的粉和面霜。 222

为了迎合人们的新热情，1936 年 Ambre Solaire 太阳面霜面世。超越阶层的阳光美黑到来了。到了 20 世纪 30 年代末，时尚界流行的已是能展示女人新美黑皮肤的服装：穿鞋不再穿袜子，无袖服装成了时尚；泳装也不再遮盖女人的双腿。对于没有机会晒太阳或不容易晒黑的人来说，由第二次世界大战期间丝袜和尼龙袜匮乏时女人们所采用的腿部化妆品发展而来的化妆品开始进入市场。

在法国，日光浴——男女都是——最终于 1936 年普及开来，这一年国民大会通过了两周的带薪休假，*les congés payés*，"给工人们苍白的双颊带来了红晕"。[22]此时至少城镇工人阶层开始野餐、骑单车，并首次领略了大海的风情——但闲暇时间来得太仓促，他们还没有度假服装，游玩时还在穿着制服带着工作帽拍照。"人生的缺德"系列幽默作品的作者史蒂芬·波特精明地捕捉了 20 世纪 50 年代初苍白的英国人对待日光浴的态度。第一幕发生在一个夏日周末，他写道，"确认欺骗了女主人的 P. 德辛特（P. de Sint）"脱光上衣进行日光浴，他的皮肤很快变成了"一种浓重的蜜铜色"。此时复仇者考格-威洛比（Cogg-Willoughby）走了过来：

> 考格-威洛比：好家伙，你很快就晒黑了。
>
> 德辛特：是吗？
>
> 考格-威洛比：是的。你运气不错。
>
> 德辛特：哦，我还真不知道。
>
> 考格-威洛比：他们总说南方人容易晒黑。
>
> 德辛特：呃，我不知道，我并不特别……
>
> 考格-威洛比：哦，我不知道……地中海人……

波特补充说:"考格-威洛比说这句话时的语气暗示着德辛特至少具有意大利血统,很可能他祖先还有黑人血统。"之后德辛特整个周末"都试图把身上每一寸皮肤遮盖起来。"[23]

223   但是,如果说波特是一个真正的斗士的话,那么他就是在扳正时代潮流。《人生的缺德》出版后不出 10 年,人们对肤色的偏好彻底完成了逆转:白种人身上古铜色皮肤成了健康和社会地位的标志,原因与原来人们偏爱苍白肤色刚好相反。约翰·F. 肯尼迪总统在对完美黝黑皮肤的热衷方面绝对不输卡里·格兰特。在准备他著名的就职演说那一周里,他花在美黑皮肤上的时间与花在准备演讲上的时间一样多。①

肯尼迪的皮肤有一个缺点,就是退化迅速。或许电视上的他看起来很年轻——与容易出汗,脸色灰黄的尼克松相反——但与杰姬(Jackie)拥有共同继父的戈尔·维达尔曾写道,他这位妹夫比照片看上去更老:"他身材颀长,相貌年轻,但脸上的皱纹多于实际年龄。"[25]到 1961 年时,阳光的危害已经开始在肯尼迪身上展现出来。

到 20 世纪 70 年代时已经有两整代人享受了日光浴,而 20 年后,迪士尼公司要求欧洲迪士尼公园的女职员穿袜子时遇到了麻烦——黝黑的皮肤值得炫耀。
224 相反,在很多深肤色社会,皮肤增白化妆品〔比如法国的"美与白"(Fair and White)〕仍受欢迎。巴黎生产但在东南亚出售的化妆品的标签上声称,这款产品是"第一种调节皮肤色素积淀的不同步骤从而达到最好美白效果的产品"。2007年,伦敦的整容医生宣称他们利用植物提取物和浓缩维生素 C 开发出了一种美白皮肤的面霜——并补充说他们希望把街头危险性化妆品(通常含有漂白剂)的销售商踢出市场。

从詹姆斯·琼斯 1951 年的小说《永垂不朽》中的夏威夷妓女(她们不见阳光,因为她们的嫖客希望她们越白越好)到詹妮弗·洛佩兹(Jennifer Lopez)、迈克尔·杰克逊(Michael Jackson),以及现代日本小说中的女主角,这一判断仍然正确:浅色皮肤的人往往追求深色皮肤,反之亦然。

---

① 原文注:根据近期出版的传记。"1961 年,黝黑的皮肤被视为身体健康的证据,也是对肯尼迪健康欠佳的谣言的回击。其《时光》(*Time*)一书以肯尼迪作封面的休·赛迪回忆说整个肯尼迪家族都痴迷于日光浴。杰姬(Jackie,肯尼迪夫人杰奎琳的昵称)用反射镜美黑。博比(Bobby,约翰·F. 肯尼迪的弟弟)追求全身黝黑,而肯尼迪自己自 1946 年国会选举后一直带一盏太阳灯出行。他不知疲倦地保持皮肤足够黝黑,确保在黑白电视上能看得出来。"[24]

海边度假的风尚开启了深肤色流行趋势和人们对健康的关注——并最终蒙上了一层情色色调。小说家约翰·福尔斯在 20 世纪 90 年代的文章中曾描写了他位于多尔塞特的故乡莱姆里基斯（Lyme Regis）的变化，特别是因相信大海和太阳带给健康的好处而产生的变化：

> 如此美好的事物怎么会被人们忽视了这么久？与历史上大多数重要改变一样，这一改观也来自于两方面因素的结合……在这一点上医疗行业和第一批浪漫主义者意见完全一致。[26]

1944 年冬约翰·F. 肯尼迪在棕榈滩（Palm Beach）进行日光浴。

　　1780 年福尔斯断言，海洋——海水、海面上的空气、它为风景增添的光线和放松感——流行了起来。1803—1804 年，莱姆接待了它最著名的常客，简·奥斯汀及其家人。奥斯汀借《劝导》（Persuasion）一书道出了她对这个小镇著名的赞美。书中一个人物给出了这样的评价："我深信，海边空气对身体总是有好处的，只有很少的例外。无疑谢利医生（Dr. Shirley）病后，海边空气带给了他最好的保养……他声称，在莱姆生活一个月比他服用的全部药物都有效。"[27]

　　法国里维埃拉的魅力有着类似的渊源。18 世纪晚期，里维埃拉已经成了英国上层社会喜欢的度假胜地。19 世纪 30 年代，英国大法官亨利·彼得·布鲁厄姆（1778—1868 年）与一位生病的妹妹曾去过尼斯（Nice），当时尼斯还只是景色如画的海边上一个小渔村。大法官在那里建了一座房子，这大大提升了里维埃拉的名气。布鲁厄姆去世时，尼斯及附近的小镇已经成了欧洲的疗养胜地，而到了 1874 年，铁路刚通到里维埃拉后不久，一位观察家曾做过统计，"每年有七到八千英国病人……前往南方过冬"。[28]

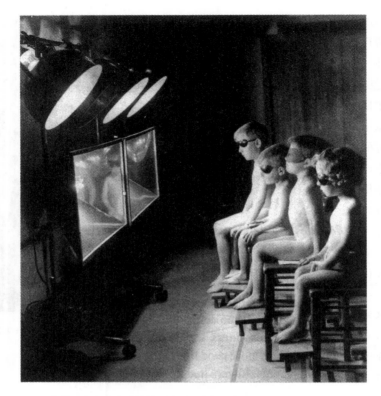

英国儿童为防疫肺结核而接受日光灯照射。第一次世界大战后肺结核在欧洲和美国都在扩散。

　　1890 年太阳对身体有益的观念得到了另一次大发展，这年德国细菌学家罗伯特·科克证明了阳光可杀死结核杆菌，疗养院的设计者开始发掘这一发现的价值。然而，大多数医生都不相信这一消息，现代社会里太阳的医疗辅助应用主要源于奥斯卡·伯纳德（1861—1939 年），他是上恩加丁（Upper Engadine）瑞士山谷一家医院的主刀外科医师。1902 年 2 月 2 日，一位身中严重刀伤的意大利人住院治疗。手术后 8 天过去了，伤口依然张得很大，重新缝合的努力也失败了。伤口周围的组织发软，冒水，任何干化措施都不起作用。伯纳德迈出了不同寻常的一步，把他的病人放在太阳底下：

　　　　一个半小时后有了重大改观，伤口呈现一种完全不同的面貌。肉芽明显正常、健康多了，巨大的伤口很快愈合了。[29]

伯纳德开始为其他病人进行阳光治疗，发现了更多的治疗效果：伤口散发的腐臭气味很快消失不见，而且除了清洁伤口外，阳光还具有止痛作用。他决定用同样的方式治疗开放性结核空洞。当时这种疾病很猖獗，每年都要夺去欧洲上百万人的性命。伯纳德的治疗方法很快就得到了大范围的推广，一位专家宣称：

> 病人居住或到过的每间房屋都应尽可能多地接受阳光照射，因为已经证明，阳光是所有消毒剂中最为有效的一种。[30]

1903 年丹麦人尼尔斯·芬森因采用人造阳光来治疗皮肤结核病而获诺贝尔奖。他是理论家。而其他人，比如伯纳德，则是主要的实践者。同年，另一位瑞士医生奥古斯都·罗勒尔（Auguste Rollier）开始把他的病人转移到海拔 5000 英尺的高度，以便于他们更好地接收太阳紫外线：他治疗的第一个病人是他的未婚妻。罗勒尔开辟了一个新的治疗手段，即凉爽环境下的慢晒与休息和新鲜空气相结合：病人先是光着脚，之后在 15 天的治疗中，逐渐暴露小腿、大腿、腹部、胸部，最终把全身都暴露在太阳底下晒。这种疗法看似有效。

但利用阳光治疗结核仍属于边缘医疗手段。1905 年罗勒尔在巴黎介绍他的第一批医疗结果时，遭遇了听众离场的尴尬。然而，他在事业的顶峰时有 36 座诊所在运作，病床超过 1000 张。（英国日光疗法的带头人亨利·戈万并不相信光靠阳光就能治疗重症，他把日光浴和海水浴结合了起来。）

罗勒尔的工作吸引了建筑师的注意，透光建筑物设计增加了，勒·柯布西耶或许是法国现代建筑的旗手，但两次世界大战期间，英国南部也建起了无数海边度假胜地，吸引人们离开他们糟糕的住室——至少暂时离开——享受健康的"有益于生命的阳光"。到了 1933 年，有消息说阳光有益于治疗超过 165 种疾病。第二次世界大战结束后的那些年，享受越多阳光对身体越好成了一条标准的医学箴言。学校窗户的设计方便紫外线照入教室，而寄宿学校的管事则要求学生们沐浴时排列整齐站在太阳灯下。[31]

第一次世界大战期间德国首次认真地把阳光的治疗作用应用到对伤员的治疗中去，之后对从 1918 年到 1919 年的（全世界共夺去了 2100 万人性命的）流感中恢复的人群和协约国封锁导致的患有维生素缺乏症的儿童也建议进行日光浴。几乎在一夜之间，提倡裸体以实现全面健康的"自然主义"运动开始了：的确，裸体主义者是第一批现代太阳崇拜者。

第一次世界大战之后成长了一代世界观以各种"太阳"思想为基础的作家。

批评家马丁·格林曾称他们为 Sonnenkinder——太阳之子——并把他们分为纨绔、流氓和幼稚三种类型，全都对传统文化持抵制态度。[32]很多艺术家和作家早期也位于他们之列。正如一位历史学家对鲁珀特·布鲁克及其密友所做的评价："这些太阳之子是狂热的裸体主义者。"[33]在布鲁克之前，沃尔特·惠特曼曾把裸体日光浴视为他的自然礼拜的一部分，而在 20 世纪早期，赫尔曼·海塞也曾效仿他，前往意大利治疗头痛和痛风。

在很多年的时间里，"日光浴者"一直是"裸体主义者"的一种委婉的说法，英国最早致力于裸体行为的一个组织就取名为"日光浴社"（Sun Bathing Society），而大多数自然主义者则属于"太阳俱乐部"。1936 年 6 月，爱德华八世在东地中海的阳光下，与辛普森夫人在"纳林号"（Nahlin）游艇上狂欢时，对裸体日光浴者行了皇室点头礼（而且还有人向他暗示裸体日光浴可能有色情意味）后，脱光衣服以示自己对自由的向往。其他欧洲国家起初对这种疯狂之举的态度不明朗，但"太阳革命"于 1925 年前后发起，这是现代社会历史上最惊人的逆转之一。[34]到 20 世纪 20 年代末，太阳已经成了这一时代的设计主题，从袖扣到乡下的彩色玻璃窗，从花园门到无线电台，处处都有太阳标志。[35]这一狂热在德国最为突出。史蒂芬·斯彭德见证了这种狂热：

> 数千人露天游泳、沐浴，或者躺在河岸或湖岸上，浑身上下几乎全裸，皮肤已经晒成深褐色的男孩子在皮肤较白的人群中行走，就像国王在臣民中一样。阳光治愈了他们经历了多年战争的身体，让他们意识到了像动物皮毛一样包裹着疲惫不堪的精神的血液和肌肉流动、颤动的生命；而他们的头脑中则满是太阳的抽象概念，一个巨大的火球，强烈的白色遮蔽了所有其他形式的意识。[36]

斯彭德的描述也暗示了对这种裸体日光浴的色情意味的指责。正如福尔斯所描述的莱姆里基斯：

> 几十年来，海水浴的性质与简·奥斯汀时代相同，仍是一种医疗活动……而那些不惧海神的人则直接在船上进行海水浴。但维多利亚精神……开始平静地看待塞壬①——亦即，开始感受海滩一直蕴含的色情和性欲。[37]

---

① 译注：Siren，希腊神话中半人半鸟的女海妖，常用美妙歌声引诱水手，令船只触礁沉没。

这并不仅仅是身体的展示：一直以来，太阳都是一剂催情药——远在 1500 年以前 "hot" 就有了 "激起欲望" 的含义。劳伦斯·达雷尔曾写道，只有在太阳底下，"最基本的男女关系" 才能 "不受婚姻的束缚，不顾不忠的骂名" 而绽放。他的朋友兼小说家亨利·格林比他更进一步："天气从根本上影响女人和男人的行为方式，" 结果，"英国人彼此之间的关系不如其他民族坦诚，因为英国的晴天较少，从而英国人享受到的阳光也较少"[38]。确实，很多英国人被这种新时尚惊到了，人们身上的衣服太少了，而这正是这种新时尚吸引人的原因之一。艾伦·赫伯特的《误导性案例》（*Misleading Cases*）一书中讲到一个故事，1920 年前后一个男人因只穿泳裤而不是整套泳衣而被捕。1925 年的一份报纸记录了南方沿海小镇伯恩茅斯（Bournemouth）的居民如何组织身穿泳衣的游客坐在沙滩上，并要求游泳者 "径直走入海中，径直回到他们的帐篷"。[39] 日光浴在伯恩茅斯一直被禁止到 20 世纪 30 年代早期。甚至到了 1941 年，阿加莎·克里斯蒂在《阳光下的罪恶》（*Evil Under the Sun*）一书中还把日光浴描述为一种接近于裸露癖的行为。

哲学上的恐惧和人类谬行方面伟大的编年史家艾尔伯特·加缪（法籍阿尔及利亚人）曾给出了最接近于我们所说的日光浴哲学的评论。1939 年，他在讲述阿尔及尔夏日乐趣的长文 "阿尔及尔之夏" 中写道："阿尔及尔和其他一些海岸小镇像一张嘴或者说一道伤口一样敞向天空。"[40] 你爱的首先是大海，其次还有 "阳光的某种沉重"。接下来的不是富人享乐的日光浴，而是穷人和流离失所者的快乐，他们的 "快乐无法补救，没有希望"。夏日年轻男子走向大海去享受 "海水的温柔温暖和女人棕色的身体"：

> 他们并没有阅读我们的裸体主义者乏味的说教……他们只是 "喜欢待在太阳下"。在我们这个时代很难放大这种习惯的意义。200 年来人们首次在海滩上袒露自己的身体……夏天在海湾游泳，你会发现所有人的皮肤同时从白色转为金色，再转为褐色，最后会有一种烟草的色泽，达到身体美黑的要求。

1986 年一位著名的皮肤病医师给出了一个更通俗的解释："为什么人人都希望把自己的皮肤晒得黝黑一些？因为这样性感。这是一种文化；一种健康的象征。"[41]

第 16 章
深肤色

> 有些人在这儿晒了太多太阳。你一定要小心。
>
> ——阿尔弗雷德·希区柯克的《美人计》（1946 年）
> 里约热内卢，美国特别行动总部致英格丽·褒曼

> 阳光具有刺激作用，能赋予你活力；几乎在各种情况下都有用。阳光是最伟大的自然滋补品——就像好的香槟，阳光会让你充满活力；过度沉迷于阳光的话，它就变成了毒药。
>
> ——亨利·戈万
> 《泰晤士报》，1922 年 5 月 11 日

晒太阳会导致两种常见的皮肤癌，即基底皮肤癌和鳞状细胞癌，还可能导致第三种：黑素瘤。前两种皮肤癌美国每年确诊 200 多万例，黑素瘤每年确诊 68000 例，自 1980 年以来死亡率每年增长 3％。[1]每 6 个美国人中就有 1 人患皮肤癌。在英国，少年和儿童患皮肤癌的比例是 20 年前的 2 倍，而总人数则在 5 年的时间里增长了 25％。英国每年确诊的非黑素瘤皮肤癌的人数是 10 万，这一数字到 2035 年可能会增长为现在的 3 倍。[2]对于任何有着炎热夏季且热衷于日光浴的国家来说，统计数字大致类似。

皮肤是人体最大的组织（普通成年男子的皮肤平展开来的话，足有 21 平方英尺），而且从多方面来说都是最易受到攻击的组织。有些部位厚度不足 1 毫米的皮肤，由多层构成，主要有表皮（每 35 天到 45 天就会全部更换一遍）、真皮（其中有我们的神经末端，还有汗腺、毛囊，它们一起调节着我们的体温），以及一层皮下脂肪（包括起着能量源、弹性垫和绝缘体作用的组织）。表皮具有 5 个
子层，最里面的一层被称为生发层，是受日光浴影响的地方。生发层里有产生黑

色素的细胞，而黑色素则起着保护其他组织的作用，并随日照而增长，我们的皮肤因而变黑。

缺乏黑色素会导致被称为白化病的严重疾病。"白化病"（albinism）这个词是葡萄牙探险家巴尔萨泽·特列斯（Balthazar Tellez）创造的，在西非遇到的很多浅肤色金头发的人让他吃了一惊。白化病是一种基因错序导致的疾病，典型特征是眼睛、头发和皮肤缺乏黑色素（仅仅眼睛缺乏黑色素的更为罕见）。导致白化病的主基因阻止身体系统生成正常量的黑色素。患白化病的概率男女相同，而且大多数动物——哺乳动物、鱼类、爬行动物和两栖动物患白化病的概率也相同。植物也不能幸免：白化仙人掌（*Mammillaria albilanata*）利用极其浓密刺眼的白刺保护自

一位母亲和她患有白化病的孩子，1905 年南苏丹一次饥荒期间拍摄。多数白化病均源于遗传自父母双方的隐性基因。

己不受阳光的侵害。由于缺乏黑色素意味着哪怕轻微的日照都会带来灼伤，所以白化病有机体毕生都要保护自己不受阳光照射。75 个人中就有 1 人携带白化病基因。这是一种悲惨的遗传疾病：比如，非洲的白化病人患皮肤癌的概率比健康的同胞高 1000 倍。没有 20 岁以上的白化病人不患皮肤癌，且在非洲阳光最强烈的地方，10 个白化病人中只有 1 个能活过 30 岁。[3]他们的视力通常符合法定盲人标准或衰退严重，因为他们的视网膜并不发育，无法吸收足够的可见光。由于黑色素也对身上从来不见阳光的部分产生影响，他们的听觉和神经系统也受到损害。

由于与太阳关系十分密切，全世界白化病患者的外在特征都引发了神话和迷信并不奇怪，尤其是在较穷的国家。在牙买加，人们视白化病患者为被诅咒的低等生物，需要隔离开来。在津巴布韦，民间神话认为与患有白化病的女人做爱可以治愈男人的艾滋病：很多白化病女患者被携带阳性 HIV 的男人强奸（并感染艾滋病）。在撒哈拉以南的非洲，人们认为白化病患者具有神奇的力量，这导致

232

了对他们的残酷追捕——2007 年以来，坦桑尼亚的 7000 名健壮的白化病患者中，有 45 人被杀掉，一具尸体价值 2000 美元。维多利亚湖边的渔人为了打到更多的鱼，会在渔网中织入白化病患者的头发。[4]

我们的身体产生两种不同类型的黑色素：真黑素（棕色）和棕黑素（黄色和红色）。红头发说明身体产生的棕黑素更多，真黑素更少，导致皮肤没那么黑。皮肤颜色的改变源于在紫外线照射下黑色素产量的增加。夏天同一天中午对不同肤色的人做的实验室试验表明，最敏感的皮肤——黑色素含量最少的皮肤——暴露在阳光下 14 分钟后就晒伤了；而抗晒能力最强的深色皮肤晒伤所需的暴露时间是前者的 7 倍多。紫外线有 3 种类型：A 型、B 型和 C 型。其中的 UVA，"黑光"，加深了皮肤的颜色；在海平面，99％的紫外线是 UVA。UVB 使皮肤变红，它被视为基底细胞癌和鳞状细胞癌的主因，也可能是导致黑素瘤的一个重要原因。UVA 尽管不像 UVB 那样会导致晒伤，但它穿透皮肤更深一些，被视为起皱、革化和其他形式的"光老化"的主因——它不仅增强 UVB 的致癌效应，也直接导致某些癌症，包括黑素瘤。由于 UVC 被大气层过滤，很少到达地面，目前我们还不用担心它，但将来臭氧层的消失将改变这一点。[①]

由于这类癌症发病率的上升，美国皮肤病学会（AAD）于 1985 年成了推动公众健康行动的首要医疗组织。3 年后的一次 AAD 会议总结说"没有安全的日光浴方式"。这年末，一个重要模特经理公司的董事（艾琳·福特）也发声了："美黑已死。"尽管这些观点得到了广泛宣传，但影响却很小。1997 年《17 岁》（Seventeen）杂志做的一项调查显示，被调查的少年群体中有 2/3 的人认为"晒黑一些会更好看，也显得更健康，更成熟"。而 2000 年《女装日报》（Women's Wear Daily）则指出："在收纳海边日光浴者之前地狱里一定很冷，而这个夏天，太阳晒过的皮肤比以往更为时尚。"

目前美国大黄页上共登记有 20000 到 24000 家日光浴沙龙，他们声称每年有 2200 多万常客。这些沙龙里的日光灯发出的光中约有 95％的 UVA，5％的 UVB。这一行业每年的营业额超过 50 亿美元——莎拉·帕琳（Sarah Palin）任阿拉斯加州长期间，甚至在州长官邸里配备了一张日光浴床，罔顾近年世界卫生组织、美

---

① 原文注：近期《纽约客》（New Yorker）刊登了一张漫画，海滩上一男人从头到脚都裹着保护性服装。"我不是佛教徒，"他解释说，"我是皮肤科医生。"而运动服装生产公司则把他们的产品用防晒霜洗过以赋予它们吸收阳光的能力，或选择密织布来防紫外线，从而达到增强它们的防日晒功能的目的。现在多数隐形眼镜均具有防紫外线功能。

国医学会和 AAD 均把这种床列为与雪茄相当的人体危害品。拥有 800 多家日光浴沙龙的英国每年光死于日光浴床的事故平均就有 100 例，而过去 4 年的研究表明，室外和室内日光浴都会使人上瘾。2009 年 11 月，苏格兰议会颁布了禁止 18 岁以下的人群使用日光浴床的法案，而其他国家也在考虑制定类似的法案。5

任何与太阳有关的小毛病清单中都列有一种怪病，即长期对直视太阳着迷。没有保护措施的普通眼睛直视太阳大约 30 秒钟就会带来伤害（对于大多数人来说，自然的反应是转头看别的方向，同时瞳孔也缩小）。真的造成伤害的话，会在视场中心形成一个盲点（"日光性视网膜病变"）：这种病可以是暂时性的，但永久性的更常见。显然热心于直视太阳的现象十分普遍，所以《吉尼斯纪录大全》（*Guinness Book of Records*）特别指明拒绝考虑收录最长直视太阳时间。6

1840 年，创立了实验心理学的德国哲学家古斯塔夫·费克纳（1801—1887 年），因一项牛顿式实验而失明了 3 年。在这项实验中，他需要通过有色眼镜直视太阳来研究对视网膜的影响。他的眼睛受到的伤害更为严重，因为他是通过暗室窗口上一个小孔观察太阳的，这意味着瞳孔放大了。太阳黑子的发现者之一托马斯·哈里奥特对日中太阳做了长时间观测，并曾说："我失明了一个小时。"而 C. K. 切斯特顿（1874—1936 年）则从经过训练的人可直视太阳的谬论出发，创作了一篇谋杀故事《阿波罗之目》。7

比日中更危险的是日落，因为日落时人们更容易凝视太阳，尽管阳光的紫外线强度并没有减弱。日食时昏暗的阳光中也潜藏着类似的危险。1999 年一次伦敦可见的日食发生后，一家伦敦眼科医院报告说他们当天收治的病人中有 10％遭受了某种程度的永久性视力丧失。检查时医生通过病人视网膜上的"镰刀"状肿块就可以判断出病人观察的日食处于哪个阶段，因为"镰刀"状肿块对应于当时未被月亮遮挡的月牙状太阳。除日食观测者外，最容易因直视太阳而遭受视觉损伤的是那些在药物作用下恍惚中凝视太阳的人。①

阳光太弱与阳光太强一样也是一个问题，甚至比后者还严重：比如说，导致癌症的光线也为人体提供了必要的维生素。城市化之前，大部分人每天都要花几

① 原文注：也有数据表明，约有 25％的人在太阳底下会打喷嚏。弗朗西斯·培根在《木林集》（*Sylva Sylvarum*，1635 年）一书中就这一问题做了详细的讨论，所以几百年来人们一直都知道这一毛病。领军病理学家汤姆·威尔逊写道："我们并不知道原因，但这可能反映了大脑里眼睛对光的正常反应和喷嚏反应两个通道的'交叉'。'太阳喷嚏'并没有明显的益处，它可能不过是进化过程中幸存下来的一种并不重要（但讨厌）的残余。"8

个小时的时间在太阳底下，所以说缺乏光照并不是个问题；但过去 200 年的时间里北半球西部更多的人大部分时间在室内生活，所以很多人都光照不足，导致缺乏维生素 D——人体在阳光照射下生成的一种物质。除增强我们的免疫系统外，这种维生素对于钙的吸收也十分重要，而钙则可以保护我们免于患上软骨病（骨头变软，从而导致骨架变形），以及骨质疏松、多发性硬化（10 月份出生的人，因母亲经历了夏日高阳，往往不会得这种病；这可能是因为紫外线除了合成维生素 D 还有别的功能）、类风湿性关节炎、高血压、经前紧张、糖尿病、流感以及多种癌症。[9]有记录表明，冬季死于心血管疾病的人较多，这个季节较弱的阳光降低了人体的维生素水平。

235　　维生素 D 有两种形式：D_2，源于植物；D_3，源于紫外线 B（UVB）和动物（鱼肝油、鲑鱼、马鲛鱼、沙丁鱼和强化的乳制品特别富含维生素 D_3）。按照著名的波士顿大学药物学教授迈克尔·霍立克医生的说法，我们摄入的维生素 D 有 90％～95％源于不定期日照。[10]两种类型的维生素 D 均在肝肾中转化为活性形式。20～30 分钟的日照能产生 10000 单位的维生素：婴儿每 24 小时的时间大约需要 200 单位的维生素，老人需要 600 单位，成人大约需要 1000 单位。老人最为危

位于图片中心的年轻女孩患有罕见的色素沉着干皮病（xeroderma pigmentation，或 XP），这种病的发病率为百万分之一，患者哪怕在日光下暴露一小会都不行，必须穿戴保护性服装；而且夏天每周还要消耗掉 3 瓶防晒霜。

险，部分是因为他们往往待在室内——整个欧洲有 1/3 的老人缺乏足够的维生素 D。[11] 在光照充足的沙特阿拉伯，妇女因传统服饰几乎盖住了所有的皮肤造成的维生素 D 不足给她们带去了佝偻病及其他疾病。①

有些人没有别的选择，只能待在室内：对于他们来说，最好的情况下，出门走进阳光只会感到难受；最坏的情况下则可能要了他们的命。有那么一种疾病，患者很稀少，他们只能在夜间活动，忍受着社会孤立，可能偶尔参加一次少儿营，那里他们可以钻山洞探险或在月光下升起篝火，或者冒险在白天把自己裹成核反应堆工作人员后出门。这种病就是色素沉着干皮病（XP），发病率只有百万分之一——全球共有 6000 左右的患者，他们无法修复紫外线对细胞造成的损害，所以罹患皮肤癌的概率是普通人的上千倍。② 平均来说，普通人经历 60 年的正常日照才会患上皮肤癌；但 XP 患者 10 岁时就长出了这种肿瘤。[13]

我不会列出太多太阳带来或加重的机能失调：这个名单很枯燥乏味。但这里要提到的是一种内涵广泛的毛病：迟发性皮肤卟啉病（porphyria cutanea tarda，源自希腊语"红/紫"），即血液中红色素代谢功能缺陷。尽管阳光并不会直接引发这种疾病，但却对患这种病的人有着深刻影响，这就是患者们害怕太阳的原因。

简单来说：在器官和组织间输送氧的一种血红蛋白成分经由 8 个步骤才能合成，每个步骤均由一种单独的酶来催化。而对于卟啉病患者来说，其中一个步骤无法完成，导致整个程序中断。人体的补偿办法通常是把合成该成分所需的材料转移到皮肤，迫使色素在皮肤和骨头、牙齿积聚。即便最轻微的这种病也会导致腹痛、呕吐、虚弱、意识模糊、心跳加速和泌尿问题。[14] 最坏的情况下，在黑暗中不会对人体构成威胁的卟啉类化合物会在阳光的照射下变成败坏肉体的腐蚀性毒

---

① 原文注：这就引出了一个问题。人在没有阳光的环境里能生存多长时间？有的人似乎一直生活在黑暗中。有些族群居住在深深的洞穴中——突尼斯、摩洛哥、利比亚沙漠中的 Trogloditae 人，以及在中国西南省份贵州的大山洞中生活了数世纪的苗族人。1989 年年轻的意大利人斯特凡尼娅·福利尼在新墨西哥州一个洞穴里生活了 130 天，一睡 10 个小时，但常常一连 24 小时都醒着。她完全没有了时间观念，当初社会学家毛里齐奥·蒙塔尔比尼进行这项实验时告诉她 4 个月的隔离生活就够了，但她觉得自己只在地下生活了 2 个月。看起来生物钟并不完美，没有了同步线索往往变得更快或更慢。[12] 但至今那些经历过一定时间地下生活的人并没有患上长期疾病。

② 原文注：一个患有 XP 的著名小说人物是迪安·R. 孔茨所著的《无所畏惧》（*Fear Nothing*）和《抓住夜晚》（*Seize the Night*）中的克里斯托弗·斯诺（Christopher Snow），而在《霍比特人》一书中，洞穴巨人哪怕被阳光照射 1 秒钟都将变成石头。

素，不治疗的话会败坏掉患者的耳朵、鼻子、嘴唇和牙龈，直到暴露出红色的病牙齿。

这种疾病与吸血鬼传说交织在一起，不可分割，特别是德古拉传说。吸血鬼传说可上溯至数千年前，而且几乎所有的文化中均存在吸血鬼传说（印度传说中有类似于吸血鬼的超自然生物，它们在日出时消失不见）。英语中的吸血鬼"vampire"一词出现于1732年，可能源于斯拉夫语中的动词"喝"，后经过一些畅销书传入英语，这些书讲的是一个塞尔维亚农民死于吸血鬼之手然后回来以邻居为食的传说。1897年一位名为亚伯拉罕·"布拉姆"·斯托克的爱尔兰作家重新加工了这一传说，据说他是一位剧院经理兼法学家，但这一说法似乎站不住脚。鼓舞他的是伦敦莱森剧院（London's Lyceum Theatre）专横的演员经理亨利·欧文，他希望欧文能把这一传说搬上舞台；他赋予了吸血鬼这一著名角色很多卟啉病症状——包括怕见阳光。[15] 按照斯托克的说法，吸血鬼只能在日落之后日出之前攻击人，所以说尽管德库拉可以在明晃晃的太阳下行走，但他的大部分力量只有在太阳落山之后才能施展。

237

电影《诺斯菲拉图：恐怖交响乐》中的马克斯·史莱克。这部电影是吸血鬼电影中最优秀的一部，由 F. W. 穆尔瑙导演，1922年上映。电影名字里的"诺斯菲拉图"（Nosferatu）在斯拉夫语中意为"瘟疫使者"。

对吸血鬼的刻画一直很兴盛，没有太多的改变或批评声音，直到1985年生化学家戴维·多尔芬指出了吸血鬼与卟啉病患者之间诸多相似之处，认为卟啉病可能就是吸血鬼传说的起源：卟啉病患者对阳光极其敏感，甚至很轻柔的阳光也会导致容貌毁损（因此就有了吸血鬼

是狼人的传说）：为躲避阳光，卟啉病患者主要在夜间出门；现在可注射血液制
品来治疗卟啉病（几百年前，卟啉病患者可能通过喝血进行自我治疗）；① 卟啉病
是遗传病，但症状可能会一直潜伏着，直到为压力所触发；而大蒜含有一种化学
成分可恶化病情，会导致轻微的症状变得痛苦难忍。[17]

　　多尔芬教授的观点从未获得广泛认同，实际上任何关于吸血鬼和卟啉病的争
论看似都像是闹剧；但二者间长期存在的关联的确强调了我们根深蒂固的信念，
即阳光带来健康，以及根深蒂固的恐惧——对躲避阳光的卟啉病或白化病患者的
恐惧。

　　卟啉病有个远房表弟：牛皮癣。与其他皮肤病不同的是，阳光对治疗牛皮癣
是有好处的。尽管牛皮癣的英文名称（psoriasis，源于希腊语 psora，"痒"）直到
1841 年才引入，但希波克拉底（公元前 460—公元前 377 年）早已讨论过这种
病：有些学者认为它是圣经中被称为 tzaraat 的皮肤病的一种，而且经常有人把
它描述为各种麻风病。② 它是最棘手的一种失调，具有不可预见性且十分讨厌，
特点是皮肤细胞的繁殖速度比正常的皮肤细胞快，甚至快 10 倍：它们长到外层
皮肤死掉后，会留下红色的干疤痕，上面覆盖着白色的鳞片。容易发生牛皮癣的
部位是膝盖、手肘和头皮，躯干、手掌和脚底也有可能发生。西方人的发病率为
2%～3%。[18]

　　牛皮癣患者群中有近代剧作家丹尼斯·波特（Dennis Potter）、音乐家阿特·
加丰克尔和埃尔顿·约翰，还有三位革命者：约瑟夫·斯大林、亚比马利·古斯
曼〔秘鲁光辉道路（Shining Path）运动的领导人〕，以及激进的法国大革命摄影
记者琼-保罗·马拉（1743—1793 年），他在浴缸中遇刺的事件非常著名。马拉大
部分的时间均在浴缸中度过，把自己泡在加有药物的水中，头上裹着醋泡的衣

---

　　① 　原文注：人去世时，通常有大量的血液聚集在肺里。尸体腐烂时，体内会有气体积聚。大约
4 天后，气压会导致"血泻"（bloody purge），两肺里的血液通过嘴巴和鼻子排出，很可能满嘴满鼻子
满脸都是血，尸体周围也淌有一大摊血。有些尸体没有"死透"，仍继续存活并吸食活人血的说法可
能就来源于此。古代处理"未死"尸体的方法可能更让人相信这些尸体还活着：将疑似吸血鬼的尸体
挖出坟墓，用一根木棍插入胸膛，积聚的尸血将会喷出，同时气体的释放将发出类似叹息的声音。人
们认为这样就把未死尸体的灵魂从吸血鬼诅咒中解放了出来。[16]

　　② 　原文注：历史上出现过很多效果可疑但毒性很高的牛皮癣治疗措施——比如古埃及人用过猫
的粪便；洋葱、海盐和尿、鹅油和精液、掺有黄蜂排泄物的梧桐树汁，以及毒蛇汤都曾用过。在土耳
其，人们用室外温泉里的"医生鱼"来吃掉牛皮癣死皮，而这些鱼刚好只吃感染区的皮肤。现在仍没
有真正的治愈手段。

服，就像缠头布一样，因为他为了躲避警察追捕而钻进巴黎的下水道时患上了牛皮癣。如果他敢于出门晒晒太阳的话，可能就治好了自己的皮肤。

另一位牛皮癣患者是约翰·厄普代克，他曾记录说"多云的荷兰、爱尔兰和德国养育起来的皮肤苍白干燥的漂亮后裔（他本人就是一个荷兰人）"容易患上这种病。他在回忆录中提到自己从 6 岁起就开始受这种病的折磨。他写道："只有赐予生命的神明——太阳才拥有对付牛皮癣的力量，夏天几周的光照就把我可以暴露在外的年轻敏感的皮肤——胸脯、腿和脸——上的斑点全都擦除了。"成年后他在马萨诸塞州综合医院（Massachusetts General Hospital）"一间发光的电话厅里"进行了紫外线治疗。厄普代克与太阳的关系变得密切起来，甚至私密起来：

> 从 4 月到 11 月，我的生活是围绕着给皮肤进行阳光治疗展开的。春天，尽管鹤滩（Crane's Beach）的海风有点冷，阳光却很明媚，沙丘里的洞穴也热乎乎的。我会带上收音机和一本书，一个人去那里，不涂防晒霜，就那样享受中午两个小时的紫外线。我想暴晒；皮肤是我的敌人，暴晒的痛感意味着我给了皮肤一击。第二天，牛皮癣将从白皮肤上鼓起的粉色斑点变成红皮肤上鼓起的白色斑点；这标志着牛皮癣在撤退，而到了 6 月，我已经可以只穿一条泳裤无拘无束地在海滩上昂首阔步了。

不过这时奇怪的事情发生了。阳光尽管治愈了厄普代克的皮肤病，也给他带来了头痛和恶心，所有努力都无济于事——"写作，"他惋惜道，"必须在阴影下进行。"后来在 40 岁出头的时候他发现牛皮癣在好转："过去曾十分渴望、仰赖阳光，又对阳光十分敏感的皮肤已经坚强了起来，都麻木了……42 岁时我已经晒腻了太阳。"[19]

阳光（更确切地说是其缺失）与另一种完全不同的疾病有关：SAD，即季节性情绪失调，此名得于 1982 年，指的是冬天阳光缺乏导致的情绪低落。但只有一生中冬季情绪都普遍低落的病人才能被正式确诊为 SAD 患者，其中包括至少连续两年毫无理由的情绪低落。患者变得焦虑、易怒、无法集中注意力或行动不果断，并回避社交活动。他们往往饮食、睡眠过度，性欲下降，为疲劳、自己一无是处的想法和愧疚感所困扰。[20]受影响的女人是男人的三倍。诊所诊断的抑郁症中约有 1/3 属 SAD，但抑郁症的主要症状中只有 10% 属 SAD。（据说其更轻微的形式"冬季犹豫"最严重的时段是 12 月到次年 2 月，受影响的主要是 18 岁到 30 岁的人。)

　　据信 SAD 与身体"昼夜节律"（circadian rhythm，源于拉丁语中的"一天左右"）——植物和动物的生物过程都存在的时长约为 24 小时的周期，是一种会影响到睡眠、警觉性和饥饿感的生物钟。昼夜节律"钟"位于下丘脑里的视交叉上核（SCN）；它从视网膜接收有关白天、夜晚长度的信息，并传送至分泌荷尔蒙褪黑激素的松果体——大脑基部一个豌豆大小的结构，有时被称为"第三只眼"。褪黑激素的分泌量周期性波动，夜晚最高（助于睡眠），白天消退。[21]

　　给这种节律命名的南非生理学家诺曼·罗森塔尔自 1976 年就为严重的情绪低落所困扰，现在他却管理着一个灯具公司，生产亮度为一万勒克斯的灯（零售价为每支 250 美元）来帮助那些光照不足的人；他和他的学生已经撰写了有关 SAD 的多部著作和多篇论文，强化了 SAD 具有普遍性的说法。罗森塔尔拥有一个网站，开办有为 SAD 患者服务的诊所——据估计仅仅美国就有 1400 万"严重受扰"的 SAD 患者，另外还有 3300 万冬季忧郁者。[22] 4700 万美国人有季节性情绪低落的毛病？当然，常识和经验告诉我们，黑暗带来压抑感——甚至在世界上光照最充分的地方也这样。[23]对于大多数人来说，阴天和漫长寒冷的夜晚的确会导致情绪低落，但正如我的一位受访者所说："多数人只是想继续做事。"这就提出了一个问题：SAD 确实是一种疾病吗？有的研究人员认为是的，也有研究人员认为不是，而还有研究人员认为 SAD 的发生与阳光缺失之间的关系，或与纬度之间的关系，并不像罗森塔尔和其他研究人员所认为的那么密切。

　　我开始好奇在日照条件比较特别的地方——寒冷的极地——人们的生活是什么样子的，为了进行调研，我从奥斯陆飞了两个小时，来到了北极圈向北 250 英里的特罗姆瑟岛。作为挪威特罗姆斯省（Troms）的首府，特罗姆瑟（Tromsø）是如此靠近极点的最大人口聚集区，约有 6 万居民。尽管每年的光照量与赤道相同，但这里的光照集中在夏季。实际上从 11 月中到次年元月第三周末是见不到太阳的：人们称这一季节为 mørketiden，"黑暗期"，期间抑郁人数飞升（至少很多出版报告这么说），同时飞升的还有精神病和身体疾病发病人数、离婚人数、因打架斗殴被捕人数和自杀人数。

　　如《纽约时报》所说，这里"黑暗和寒冷能把人送到死神身边"，[24]我是做好了承受这里的压抑气氛的准备来到这里的。出乎意料的是，我发现事实几乎完全相反。首先，那里没有持续的黑夜。在大多数冬日里，从上午大约 10 时到中午天空呈银灰色，完全可以看清四周，而且厚厚的积雪也反光。我是深夜抵达的，奇怪的是次日早上读的当地一份报纸里所有的外景照片似乎都是夜间拍摄的。

我已做了安排去拜见特罗姆瑟大学的几位专家：著名的天文学家特鲁尔斯·琳内·汉森、1位资深的图书管理员、心理学系的多位成员。其中4位是挪威人，还有1位墨西哥人、1位来自俄亥俄州的研究人员（她说故乡太压抑了才来到这里），我还阅读了SAD方面的3篇博士论文，令我更为惊奇的是，其中显然没有给出结论性证据。

1991年挪威一份涉及128位参与者的研究报告通过引用希波克拉特的话巧妙地给出了自己的结论："要想直接研究药物科学必须首先弄清楚一年中的各个季节以及每个季节里发生的事。"这份报告提到，从18世纪晚期起，科学家开始记录季节性失调，且这种记录有其规律性，但报告的结论却认为尽管SAD发生于阳光较少的情况，但还找不到"二者因果关系的确定性证据"。"还不清楚被诊断为……SAD的毛病是否是一种独特的情感综合征，一种周期性情感失调，或者说普遍存在的个性特征的最严重形式。"[25]另一篇完成于1997年的论文记录了在俄亥俄州进行的测试，"'明显忧伤'项普遍得分较低"的病人们"非忧郁"的表情令测试精神病医生震惊不已。[26]

特罗姆瑟大学心理学家朱迪丝·佩里曾研究过对季节变化的敏感性是否会导致饮食问题，希望越往北会遇到越普遍的SAD现象。但结果却相反：比如，位于新罕布什尔州纳述亚（Nashua，42°N）的受试者中有SAD症状的占20.7%，而冰岛（62°N～67°N）的这一数字只有11.3%。"这种矛盾的解释尚不清楚。"她坦承道。"不过，探讨纬度本身对SAD的发生是否具有重要影响是有道理的。"[27]另一份研究倡议总结说："这是发现冰岛人或其后裔的SAD和亚SAD发病率低于美国东海岸居民的第二份研究报告。"[28]

另外4位心理学家对来自特罗姆瑟的100名受试者进行了调查，测试了他们在夏季和冬季的一系列认知能力（他们都是未来的民航飞行员），报告中说："结论是负面的。5种认知能力受季节影响，其中4种在夏季更弱……尽管SAD方面的文献和相关的轶事，以及高纬度都让我们认为人的认知能力在冬季会弱化，但这个研究表明，支持这一结论的证据只有一项；而更多的证据支持夏季认知能力弱化。"[29]这些医生都不否认SAD的存在，只是怀疑它是否单纯地与寒冷和光照不足相关。

特罗姆瑟大学一位心理学家对SAD给出了正确的评价。她的观点是，SAD只会影响那些已经患有临床抑郁症的人：会让已经抑郁的人更加抑郁。在特罗姆瑟大学和我做过交流的研究人员并没有轻视抑郁可能带来的痛苦；但他们相信

SAD 的影响力比这方面的热衷者所宣称的要小得多。还有一点，犯罪和离婚数据与抑郁可能存在关联，也可能没有……在我看来，在理解我们对光线缺失有何反应方面，我们仍刚刚起步。

离开特罗姆瑟时我想起了一个月前的海德堡研究之旅，当时是一个压抑的阴雨天，我躲进一个小酒馆。我的服务员是一个西班牙女孩，她的后腰部纹有土、火、风、水的图像，均框在一个太阳图像里。我问她为什么选择了这些图案，她回答说："因为我爱太阳。太阳有时不会出现在海德堡的天空，但它一直在这里"——她轻快地拍了拍后腰。

第 17 章
生命的呼吸

> 亲爱的教授，我们是 6 年级学生。我们班里进行了一场辩论。整个班分成了两派，我们 6 个人是一派，其他 21 个人是一派……辩论的内容是如果太阳熄灭了地球上是否还会有生命……我们认为还会有……您能告诉我们您的想法吗？奉上我们的爱心和棒棒糖。6 位小科学家。
>
> 亲爱的孩子们：有时候少数人是对的——但对于你们来说却不是。没有了阳光就没有了小麦，没有了面包，没有了青草，没有了牛羊，没有了肉，没有了奶，一切都会冻结。没有生命。
>
> ——小学生与爱因斯坦的互动，1951 年[1]

> 众多行星所环绕所仰赖的太阳，还可以让一串葡萄熟起来，就像再没有别的事可做了一样。
>
> ——伽利略·伽利雷[2]

我在纽约的公寓的门卫比尔·阿伯斯每个月都会几次从我门下塞进来标有"来自重写之人"的信封，每个信封都装有摘自杂志或报纸的一些内容，从"信不信由你（Ripley's Believe It or Not）：枪虾的爪子可发射击晕猎物的震荡波，产生一窝温度有太阳表面那么高的气泡！"到太阳能方面的深奥文章或有关太阳黑子的最新理论都有。一天晚上我告诉他我正在写太阳对动物和植物的影响方面的内容，而且尽管我会讨论动物的行为，但必须从解释光合作用开始。他问我进展如何，我告诉他说："很慢。整个过程太复杂了。""复杂！"他哈哈大笑。"很简单——只要把你在小学学到的东西重写一遍就行了。"

或许他是对的。我清楚地记得老师教过我们燃料和食物来自植物，植物的能量来自阳光，我们与植物之间主要的区别是我们（及所有其他动物）通过食物间

接吸收源自太阳的能量，而植物则直接吸收。植物吸收太阳能的过程就叫作光合 244
作用（photosynthesis，"与光结合起来"），具有这一功能的还有细菌和"光合自
养生物"——亦即，任何可把物理性能量转化为化学过程，从而实现利用阳光合
成自己的食物的植物性微生物。大多数植物都属于"光合自养生物"。

　　植物借助一种叫作叶绿素的化合物，利用水中的氢把二氧化碳转化为更为复
杂的碳基化合物，包括像葡萄糖这样的糖分子；而水中的氧则以气体的形式释放
出来——这种对我们来说十分重要的植物废气，当然也有自己的缺点。正如比
尔·布赖森在《万物简史》（*A Short History of Nearly Everything*）一书中所
说，虽然地球上所有的动物都离不开氧气，但氧气在多数情况下却是有毒的：
"导致黄油变酸、铁生锈的是氧气。甚至我们也只能承受一定水平的氧气。我们
细胞里氧的含量只有大气中氧含量的 1/10。"[3]

　　在阳光的作用下碳被储存在植物的叶片中，而叶片又把营养成分聚合成木材
和花瓣，叶片中的叶绿素吸收阳光中紫色和红色部分的能量，并利用这些能量在
一系列化学反应中驱动分子电路中的电子，从而实现能量的转化。每天太阳都在
为 2500 多万平方英里的叶片提供能量。但照射到绿色植物上的阳光中只有 1%～
3% 的能量转化为生物能：其余的能量都在阳光的传播、反射和无效吸收中损失
掉了。[4]

　　光合作用发生在细胞内被称为叶绿体的结构中，其典型宽度只有千分之几毫
米。叶绿体含有叶绿素和其他化学成分，特别是酶（"平衡剂"：控制特殊反应的
蛋白质）。科学家还没有完全理解光合作用复杂的生化机制，尽管它是我们地球
进化史上最重要的代谢创新。仲夏时节 1 英亩玉米每天产生的氧气足以满足大约
132 个人的呼吸需要。生物死亡和彼此消耗的速度非常快，如果没有光合作用的
话，所有的生命将在不足百年的时间里全部消失。

　　早在 17 世纪 40 年代，研究人员就开始怀疑植物的生长需要空气和水，到了
18 世纪初，研究人员开始确认燃烧、呼吸和光合作用过程中所涉及的各种气体。
这时他们迈出了重要一步——这要感谢一座城市的啤酒厂。1772 年，库克船长
二次远航已经做了周密计划，目的是寻找假想中的南大陆（Great Southern
Land）。一些科学家获准参加这次远航，皇家学会起先同意天文学家兼植物学家
约瑟夫·普里斯特利（1733—1804 年）前行；但由于他是一位著名的宗教和政
治自由思想家，皇家学会又取消了对他的邀请。于是普里斯特利成了辉格党显贵 245
谢尔伯恩勋爵的一位带薪文学伴侣。就是在为谢尔伯恩服务期间，他安下心来做
了自己的实验。

普里斯特利先前的工作地点位于利兹，他在那里的房子毗邻一座啤酒厂，受啤酒厂的吸引他利用发酵中的啤酒释放出的烟气做了实验，他还注意到那些留在桶里的烟气约有1英尺深，而且并不与上面的空气混合。啤酒放出的气体是二氧化碳（或他所谓的"不变的空气"），他的实验表明，点着的蜡烛放进去后会熄灭。他知道我们所呼吸的气体不同于二氧化碳，但并不知道还有多少种气体。从事谢尔伯恩提供的工作后不久，他证明了空气是多种气体的混合，而并不（像古希腊人所说的那样）是一种元素。他认为存在一种几乎无质量的物质，叫作"燃素"，没有它就生不了火。他还更有把握地确认了9种不同的气体，并认为它们是被污染了的"正常"空气。后来这些气体将被命名为一氧化二氮（"笑气"）、氨气、二氧化硫、硫化氢、一氧化碳、氯气、四氟化硅、氯化氢和他所谓的"退燃素化气体"——"氧气"（oxygen，源于希腊语"制酸者"）的一种别扭的名称。

普里斯特利证明了当这种气体是纯的时蜡烛会更明亮，甚至老鼠也能在其中存活（之前的实验也用到了几只老鼠，它们都欢快地沉醉于啤酒的气味，死掉了）。[①] 他说这种气体"比普通的空气好（即可呼吸性）3到4倍"；现在我们知道自己呼吸的空气中有21％的氧气，余下的主要是氮气，可见他这种估算准确得惊人。他证明了密闭容器里的蜡烛最终会熄灭，但放入薄荷枝后火焰会更有活力；证明了植物释放氧气。

普利斯特里继续证明了氧气是在肺里吸收的，水是氢气（hydrogen，"制水者"）和氧气的结合物，二者的比例按体积来说为2比1。但他在该领域的原创性工作就到此为止了。虽然证明了动物汲取空气的活性后植物又赋予空气活性，但他并没有认识到植物需要阳光才能做到这一点——这看起来很奇怪，因为他非常熟悉史蒂芬·黑尔斯（1677—1761年）的工作，后者曾推测叶是植物的"肺"，并问道："自由进入叶片和花朵多孔的表面的光，不也对植物贡献颇多吗？因为牛顿曾有试探性的一问：腐尸与光不是可以相互转化

---

① 原文注：1773年安娜·巴鲍德写的一首诗用老鼠的口吻描述了这个实验。"老鼠致普里斯特利博士的请愿书，发现于老鼠整晚被囚禁的牢笼里"——这可能是有史以来第一封动物权利宣言。后来有人提出，普里斯特利受加尔各答黑洞事件——有43人（一说69人）死于这种闷热不透风的土牢中——报告（1756年）的启发才对窒息产生了兴趣。全世界的洞穴和类似的密闭空间都会自然地聚集碳酸气体（二氧化碳——译注），甚至会产生致命的危害；在距离那不勒斯12英里远的山腰上，亚纳诺湖（Lake Agnano）边有一个名为"狗之石窟"（Grotto of the Dog）的地方。比普通气体更重的碳酸气体聚集在石窟底部，所以较高的动物——比如人——可以呼吸自如，小动物则会丧命或抽搐。到了19世纪，将狗推入石窟向游客展示碳酸气体效应成了当地一项令人不齿的产业。[15]

的吗?"[6]

不幸的是,普利斯特里很快就对科学不那么感兴趣了,他的兴趣转向了反对基督的神性的布道和反对奴隶制的运动。1791 年,一群支持教会和国王的暴徒把他的礼拜堂夷为平地,并把他的家、实验室等所有一切都焚为灰烬。8 名暴徒和 1 名临时警察死于这场混乱。这位伟大的科学家去了美国,接棒的是荷兰植物学家扬·英根豪斯(1730—1799 年),他的研究揭示了只有植物的绿色部分才能赋予空气活性,而且还需要阳光的帮助。[①]

英根豪斯也发现了植物的呼吸离不开的是太阳的光能,而不是温暖的环境。他证明了在光的作用下,植物通过绿色部分表面上的细小气孔吸收二氧化碳,同时释放出细微的氧气气泡;在黑暗环境中将停止释放氧气气泡。他这样写道:"似乎绿叶的作用不止一个":

> 绿叶从空气、雨露吸收水分可能也给树木带来了某些好处;因为已经发现,时不时给树木的茎、叶浇浇水会对树木的生长带来明显的好处……或许自然界净化空气的一大实验室有可能就位于叶片的组织中,而且会在光的作用下开始净化活动。[8]

随着科技革命的加速,揭示光合作用的秘密的进度也在加快。1845 年,朱利叶斯·罗伯特·迈耶(1814—1878 年)解释说植物将光转化为化学能;但如何实现转化这个问题却花了科学家 100 多年的时间来解答。20 世纪 20 年代,科学家确认光合作用由一系列步骤构成,这些步骤把对阳光的两种独立而相反的利用过程结合了起来:水的光氧化和二氧化碳的光还原。

20 世纪 50 年代和 60 年代期间,美国化学家梅尔文·卡尔文证明了产生叶绿

247

---

① 原文注:几个世纪以来就普利斯特里应该得到怎样的荣誉的争论一直存在。托马斯·库恩在《科技革命的结构》(*The Structure of Scientific Revolutions*)一书中主张安托万·拉瓦锡(1743—1794 年)或卡尔·威廉·舍勒(1742—1786 年)是氧气的发现者,而扬·英根豪斯是光合作用的发现者;但他的主要观点是,这些突破绝不像传说或历史所讲的那么简单。[7]普利斯特里自己在写给朋友的一封信中曾提到英根豪斯的工作,说"他发现了而我没有注意到"白天和夜晚植物活动的显著差别。是拉瓦锡测量了另一种简称为 *gaz*(一个英语没有吸收的词,意为"幽灵、灵魂")的空气,并重新命名为"氢气"。

素的光反应并不是一个缓慢的过程，而是瞬间就完成了对太阳能的转化。① 利用绿色藻类细胞，他至少确定了短短几秒钟内生成的中间产物。在过去的 10 年里，研究人员已经解释了光合作用对于地球上首次演化出的繁荣生物圈的重要性。[11] 还有研究人员为了寻找新能源正试图复制光合作用所涉及的化学过程。一个旨在利用阳光分解出燃料氢的泛欧合作小组已经成立，名字叫作"太阳- H"。瑞典的一个小组正在研究人工模拟光合作用，还有别的小组正在开发带有小天线的藻类以提供低技术生物能。如此等等。

光合作用从某种层次上讲可能是易于理解的，但它并不简单（比尔·阿伯斯和我都认同这一点）。事实上对光合作用的研究是一个发展中的产业，而近些年来正在探讨的一些问题会让你发蒙：过量的光会对植物带来什么样的影响？干沙粒中的光合作用性细菌有什么样的行为？如果反转光合作用过程，能重新生成水分子吗？同一个葡萄园里北边和南边的葡萄糖分有什么区别？至少其中一些问题我们现在能解答了。

自然界对太阳的响应令人吃惊。一些对日光光照有记录功能的软体动物会蜕下一定厚度的细胞——带有白天印记的夹层结构，厚度直接与该软体动物暴露在阳光下的时长相关，我们可以通过夹层的层数来推断它们的年龄。在英国南部德文郡发现的珊瑚化石表明其生长轮有独特的周期——每一年组约有 400 圈——由这一证据我们可以计算出，大约 3700 万年以前，一年约有 400 天，每天约有 24 个小时。[12]

很多神话讲的都是太阳影响大自然的力量。哈姆雷特曾说"太阳在死狗身上生了一窝蛆，就像神在亲吻腐尸"，这反映了一种迷信。《安东尼和克利奥帕格拉》中有另一个迷信：阳光会自然生出毒蛇来，这个老婆婆的故事直到 17 世纪才被推翻。100 年后，法国发明家约瑟夫·尼塞福尔·涅普斯（1765—1833 年）构造了"actinism"一词（意为"光化作用"）来形容太阳在无生命事物身上产生化学反应的能力：一些矿石，比如白色大理石，经过阳光的长期照射后会发出磷

---

① 原文注：生化学家乔治·瓦尔德曾提出，叶绿素非常适合进行光合作用，是唯一能起到这一作用的色素，其他星球上的生命必须进化出叶绿素才能进行光合作用。不过，2008 年 4 月的《科学美国人》引用 H. G. 韦尔斯的《星际战争》（The War of the Worlds）中的一句话——"火星上植物界的支配颜色不是绿色，而是鲜艳的血红色"，对外星植物可能是什么样的做了推测，认为其他行星上的光合作用很可能并不需要叶绿素。这期的杂志主张火星没有表面植被；但从深紫色到近红外的各种颜色的光都能引发光合作用，因为光合作用与照射有机体的光的光谱相适应，而这一光谱又由母恒星的辐射光谱所决定。[9] 光合作用有机体首次出现在地球上时，大气中没有氧气，所以它们并没有用到叶绿素。就连地球甚至也并不总是绿色的。[10]

光。涅普斯写道："阳光数小时的照射会对花岗岩、石头建筑和金属雕塑都产生损害作用。"[13]而且，太阳会引发火灾，晒弯船板造成沉船，在最热的地区还会"烤裂［岩石］"。[14] 1814 年，英国科学家汉弗莱·戴维用一个大透镜来聚集太阳光照射一颗钻石：这块宝石最终烧成了一股烟，只留下一小撮炭渣，证明了钻石不过是小煤块。

　　19 世纪最伟大的德国科学家之一尤利乌斯·冯·萨克斯（1832—1897 年），对他所谓的"趋光性"（"phototropism"，源于希腊语"向光"——植物的组织追踪太阳）进行了组织、分类。（2006 年 7 月我访问西班牙南部最先进的西红柿农场时亲眼见到了植物的这种特性，那里的幼苗每天偏转两次，第一次转向一个方向，第二次转向另一个方向，这样它们的茎总是朝向太阳弯曲，会变得更加强壮。）[①]为了获取更多的光照，植物转向的精度非常高：观察一片森林的树冠，你会发现树冠上的树叶往往形成一个近似连续的顶棚，就像钢丝锯的锯齿一样。它们并非在互帮互助，而是为争夺阳光而展开了激烈的竞争。得到的阳光越多，存活的概率就越高，一些树木为此还进化出了非常灵巧的机制。而在婆罗洲雨林的沼泽里，繁茂的巨型可食用天南星植物不仅仅具有 10 英尺阔的叶片和 30 多平方英尺的表面积，也为叶片背面穿上了一层紫色素外衣，以吸收穿过厚厚叶片后的阳光，为叶绿素提供二次帮助。同一片森林地面上的秋海棠叶片上表面具有透明的细胞，它们起着微型透镜的作用，把阳光聚焦在叶片内部的叶绿素上。

　　一般说来，竞争会促使植物长得更高，但为了长得更高它们就需要一定的结构以防倾倒，所以根会变得更粗，扎得更深，在周围的泥土中扩散的范围也更大。树木为光合作用问题提供了一个特别有效的解决方案，但我们要小心自己的思路一定不能为土地所束缚。奥利弗·莫顿曾写道：

　　　　考虑冬日里的一株白桦，它的树叶已脱落干净，黑色的树干直耸寒云……回转身弯下腰头朝下从双腿间看这棵树，其成长更像是推地而起，而不是有什么东西从天空向上拉扯它……树木并不是由地下的泥土构成的——

---

　　① 　原文注：当天晚些时候，农场工作人员又用小梳子轻抚这些幼苗，使茎产生抵抗力以变得更为强壮。吸收大量阳光的一个伴生效应就是吸收了大量的热量：大多数植物的叶片都因此耷拉了下来，如果被紫外线曝晒的时间过长，叶片就会皱缩、死掉。所以现在的温室顶棚不再是用会导致西红柿晒死的玻璃做成的，而是由散光塑料做成的。说来讽刺，因为近来的研究曾建议，吃西红柿具有防晒效果，还能防止皮肤过早老化。英国曼彻斯特大学和纽卡斯尔大学的专家发现，西红柿可增强皮肤防紫外线的能力：他们认为是使西红柿变红的色素带来了这一效应。

实际上，泥土很大程度上是由树木构成的……树木是由阳光风雨构造起来的。土地不过是一个立身之地。[15]

太阳在那些围绕一个中心核构造起来的有机体的生命中起着更大的作用。这其中包括最大的开花植物家族——菊科植物，特别是向日葵和其他状如雏菊（daisy，意指"天之眼"）的花。向日葵是 1510 年前后由西班牙人从美洲引入欧洲的，列奥纳多·达·芬奇在其植物学研究中首次对它进行了科学的描述。阿兹特克人认为这种花是神圣的，印加人曾视之为太阳神的象征；传入欧洲几十年后，向日葵因紧紧跟随着太阳而成了忠诚的象征。[①] 戴维·阿滕伯勒的《植物的私生活》（*The Private Life of Plants*）一书开篇即宣称"黑暗里的一株幼苗将会向哪怕一线光源匍匐而去。植物有眼睛"。[16] 这种夸张并不过分。即使在极端温度下也存在追逐阳光的现象：一些极地动物常常以太阳照射特殊的地标来标记它们的领地，而学名为 *Lecidea cancriformis* 的南极苔藓可以在 −4℉（−20℃）的低温下进行光合作用。北极罂粟从早上开始面朝东方，下午开始弯向西方（这一动作由花底下的弹性段——叶枕里的马达细胞来完成）。高纬度雪毛茛也有类似的转向机制，这

250

1745 年瑞典植物学家卡罗鲁斯·林奈构造了一个花钟来补充日晷：它利用开放和闭合时间已知的花来指示时间，精度为半个小时。上图画于 1948 年。

---

① 原文注：有不少花并不喜欢阳光。至少有 3000 种非光合作用植物，它们中有很多寄生在其他植物身上，通常靠菌类生存，而菌类又从树木获取能量。这类植物是一种奇怪的族群。花生和松露都在地下成熟（就像土豆和胡萝卜这样的肉根一样）。1729 年法国天文学家 J. J. 德·玛丽安注意到暗室里的某些植物白天开放晚上闭合，并不依赖于阳光。完全没有叶绿素的幽灵兰生活在地下的时间非常长，开花非常不规律，生长地非常稀少，以至很多国家都宣称它已经灭绝，只等再现了。西澳洲的一种学名为 *Rhizanthella gardneri* 的兰花在地下开花，而且根本不会钻出地面。秋雨开始时，它会生出向上生长的郁金香状结构，顶起上面的泥土，导致地面裂开缝隙，从中飘出吸引昆虫的淡淡香气。

样阳光能帮助它维持理想的温度、湿度水平，并保证它能更有效地吸引昆虫，自然永远适应。

1920 年美国农业部的研究人员发现很多植物是否开花取决于每天接受的光照量，他们引入了"光周期现象"（photoperiodism）一词来描述这一反应。由此植物被分为短日型、长日型和中间型三类：白天时长超过一定的临界时间短日型植物不会开花，而只有白天时长超过临界时间长日型植物才会开花，中间型植物则不管白天长短都会开花。后来人们又发现，对于植物开花来说，夜晚的时长也很重要。所以说短日型植物在夜长时节开花，长日型植物在夜短或没有夜晚时节开花。随便问一位有经验的农村人，如果他/她给出不同的结论话你会觉得意外，因为很久以来很多植物的名字就反映了对光和暗的这种敏感性。至少有 50 种花开放和闭合的时段是一定的，其中一些也因此获名：于是 calendulas（"小晴雨表"，金盏草）先是演变成了 gold-flowers（"金色花"，现在所知的一种完全不同的花——菊花），与圣母玛利亚结合后成了 Mary's gold（玛丽金），最终又演变成了 marigolds，突出了只在阳光最明亮的时段开花的特性。正如《冬天的故事》[①]中珀迪塔（Perdita）所说：

> 陪着太阳就寝，
> 流着泪同它一起起身的金盏草。

夏天一种被称为"牧羊人的日晷"的花（也称"穷人的晴雨表"）早上刚过 7 点就会开放，下午刚过 2 点就会闭合；将要下雨的话根本就不会开放。但很多花朵开放闭合时间一定的植物并没有这样的名字。莴苣早上 7 点绽开，10 点收拢——如此等等。1751 年卡罗鲁斯·林奈建议用花做一个时钟，这样通过观察（或嗅出）哪种花刚刚开放就可以推断出时间，"守时"植物对太阳的反应这才得到实际应用。这种开花时序很复杂，但至少有一个名单是可行的：

5～6 时：牵牛花和野玫瑰

7～8 时：蒲公英

8～9 时：非洲菊

9～10 时：龙胆

10～11 时：花菱草

---

① 译注：*The Winter's Tale*，莎士比亚创作的戏剧。

251

正午：牵牛花闭合，婆罗门参开放

16 时：紫茉莉①开放

16～17 时：花菱草闭合

18 时：月见草和月光花开放

20～21 时：黄花菜和蒲公英闭合

21～22 时：烟草花开放

22 时～凌晨 2 时：昙花开放

林奈在位于乌普萨拉北方 6°的避暑别墅里种植了这样一个植物时钟，还考虑到了纬度的差异——比如，他估计那里婆罗门参将会在凌晨 3 时开放，以迎接深夜第一束阳光——并把这些植物的位置做了相应调整。[17]近些年来，伊朗的德黑兰和新西兰的克莱斯特彻奇都种植了花钟；但这些时钟的精确度却值得怀疑，因为开花时段受天气的影响太大了。②

始于 1960 年的研究发现，不同植物对光的反射略有不同，所以太空中的卫星能够识别地球上不同区域的植物。1972 年尼克松领导下的美国正专注于与苏联进行全球争霸，成立了一个专门评估苏联农作物产量的小组。正如丹恩·摩根所说："关于苏联农作物的信息被视为会对美国的经济安全产生影响的重要经济情报。"[19]几个月后，LACIE（大面积估产计划）启动了，而到了 1977 年，美国一颗卫星提前 6 周精确预测了邪恶帝国③的小麦产量。似乎之后不久 LACIE 就被裁撤了；但可能启动了某种新型的农业间谍计划。我们知道，1995 年美国海军曾研究过用繁盛的发光藻类来追踪潜艇的可能性。（结果表明不可行。）但 1991—2001 年间，一个名为 MEDEA（用于环境分析的地球数据测量）的科学小组建议联邦政府进行环境监测，在阿尔·戈尔为其复活进行有力的游说后，2009 年 1 月有报告称"美国顶尖的科学家和间谍正在协力利用联邦政府的情报资产——包括间谍卫星和其他保密传感器——来评估环境变化背后隐藏的复杂性"。所以看起

————————

① 译注：英文名为 four o'clock，即"四点钟"。

② 原文注：20 世纪 20 年代年轻的科学家约翰·纳什·奥特利用慢速摄影法做实验，发现了波长不同的光所产生的光合作用间有细微的差别。他进而推测不同频率的光也可能会影响人的健康。[18]于是他开始研究光与癌症之间的关系。20 世纪 60 年代晚期美国国会通过了"辐射控制法"，该法案的起草者称赞奥特"让我们大家在控制电子产品辐射的道路上行动起来了"。

奥特的工作广为人知，几十年后派拉蒙请他为芭芭拉·史翠珊（Barbra Streisand）的电影《姻缘订三生》（*On a Clear Day You Can See Forever*，又译作"晴朗的日子里你能看到永远"）用慢速摄影法拍摄一组花的镜头，看起来就像芭芭拉的歌声让院子里的花在几秒钟里就盛开了一样。

③ 译注：Evil Empire，指苏联。冷战期间，里根总统曾称苏联为"邪恶帝国"。

来对卫星的利用从未停止，只是现在是用于改善环境方面。[20]

植物对太阳的反应在动物界也不鲜见。相貌极其丑陋，看似没有尾巴的翻车鱼，可长至 6 英尺长——世界上最重的硬骨鱼——暴风雨时生活在深海（被称为"海中懒骨头"），阳光明媚时又钻上水面享受日光浴。撒哈拉沙漠里觅食的蚂蚁根据阳光的偏振和地球磁场，再加上自己的空间记忆来为自己导航；像信天翁和海龟这样几乎一直生活在海上或海中的动物以相同的方式利用太阳来导航。小滨蟹 *Talitrus* 连一毫米的神经都没有，却能计算一天中的时间，甚至能感知一个小时的长度，靠的就是自己的身体与太阳所成的角度。作为对阳光变化的一种反应，很多动物会随季节改变自己的颜色，随周围的环境而改变自己产生的色素，实现伪装色与环境相适应。

太阳对繁殖活动也有影响。太阳落山后，鲱鱼群会聚拢在一起，游向浅水，在那里产卵，靠群体优势来保护这些卵。太阳升起后，鱼群将散开。[21]很多更聪明的热带鸟生活在雨林的树冠层，那里有充分的阳光照射它们，让它们能在异性面前充分展示自己，在竞争配偶方面赢取最大优势。还有很多外表鲜艳的动物利用洒至森林低处斑斑点点的阳光来展示自己，吸引异性。它们在破碎的阳光下闪耀自己的光彩，"就像舞厅旋转彩灯下的跳舞者"。[22]

袖蝶利用偏振光选择配偶，此类光利用在光照的颜色和强度都变化很大的密林中也有相应的价值。这就提出了一个问题：是否存在超出我们观察能力范围的太阳诱发的行为？"有些鸟类能看到人所看不到的。"康奈尔鸟类学实验室的米约克·朱（Miyoko Chu）博士说，"比如说，蓝冠山雀就能通过人类无法觉察的细节区分彼此。"我们已经知道，鸟类（以及某些蜥蜴、鱼和昆虫）的眼睛能够感应紫外线，但 1998 年研究人员发现，某些鸟类羽毛反射的光处在人类肉眼无法感应的频段：人眼有三种锥形体，但鸟类有四种，使得它们能够感应人类可见光谱之外的电磁波，并大大拓展了它们的色彩合成范围。

1944 年夏，后来于 1973 年与康拉德·洛伦茨分享诺贝尔生理学奖的卡尔·冯·弗里施认识到，蜜蜂在蜂箱里摆动腹部是在发出往哪里飞的信号。大黄蜂飞舞两圈，一圈为圆形，一圈为 8 字形，弗里施把这种舞蹈解释为——拿他自己所举一例来说——"花蜜在太阳偏 30°方向 1.5 千米远的地方"；他还识别了蜜蜂的沟通模式，证明它们对紫外线和偏振光都很敏感。它们会沿与太阳路径成一定角度的方向飞行，甚至设计出包括歇脚点在内的飞行路线。德国人给这种不受时间推移影响而能保持与太阳成固定角度的能力取了一个迷人的名字——

Winkeltreue（等角变换）。[23]

蜜蜂采了一朵新绽放的花的花蜜回到蜂箱，会在聚集地（冬天会聚集 2 万只蜜蜂，夏天会聚集 6 万只）入口前的着陆点飞舞一番，首先飞一个圆，然后分为两个，卖力地摆动腹部同时发出嗡嗡声。之后飞入蜂箱并再次飞舞：充分刺激的情况下会飞舞近 4 个小时。飞舞之前越深入蜂群，表明蜜源越远。由于蜂巢是竖直的，摆动的方向不可能直接指向花朵，只能以太阳为参照。比如说，如果蜜源位于偏右 15° 的方向，舞蹈的方向将是竖直偏右 15°。围在舞蹈者周围的工蜂接受信息后将飞出去寻找花朵。工蜂带花蜜回来后，也会舞蹈一番，这样大部分的工蜂很快就聚集了起来。[24] 因自己的工作而振奋的弗里施开始研究蜜蜂如何传达太阳的方位。难以置信的是，他发现蜜蜂甚至能够预测全天太阳的方位，这样它们持续舞蹈并不断变换舞蹈的形式的话，就能再现太阳的运动。[25]

把偏振光用作光学罗盘的昆虫有蚂蚁和蜘蛛，蜘蛛为此还发展出了一对交感眼。交感眼不会通常意义上的"看"，但它有一个内置过滤器能决定偏振的方向。蜘蛛主要在日落之后活动，并在外出觅食后靠这对交感眼找到归巢的路。[26]

数千种蚂蚁中有一些利用太阳来导航的方式与蜜蜂相同，并具有与蜜蜂类似的光谱敏感性：伟大的生物学家 E. O. 威尔逊称之为"记住太阳运行轨迹和角速度的神奇功能"。[27] 蚂蚁和蜜蜂出去觅食时大脑的活动极不寻常：通常外出觅食的工蚁会以"盘旋搜寻模式"不断迂回打转，直到找到食物为止；路上每次转弯它都会记录太阳的稳定光并意识到自己相对于太阳的角度。返回时它只需把平均角度偏转 180° 即可——这一本领绝不简单：人需要指南针、秒表和向量积分计算器才能做到。

还有很多动物迁徙时靠太阳导航：北美驯鹿拥有最长的陆上迁徙距离，约 2000 英里；红海龟孵化后不久就要开始 8000 英里的环大西洋迁徙；赞比亚鼹鼠、鲸鱼、（著名的）鲑鱼、鳗鱼、家鸽、大蟾蜍，还有从阿拉斯加一路飞到新西兰不停歇的鸟类等。[28]

每年夏天整个北美洲都有 650 种不同种类的鸟在那里觅食栖息；到了秋季其中的 520 种鸟类会向南方迁徙，次年春天返回。它们飞行的方向主要取决于白天的长度，但也与鸟对温度的敏感性有关。[29] 它们迁徙部分是为了觅食；但不断变短（变长）的白天也是同样重要的一个原因。

滑翔所消耗的能量只有拍打翅膀的 1/20，所以巨翅鹭这样的滑翔鸟类乘暖空气柱——因太阳加热地面形成的"上升热气流"——滑翔，高度有时候达 1 英里，滑翔的距离则尽可能远。[30] 它们会评估哪里的热气流足够强大、可靠，等待最佳条件起飞。由于热气流的能量来自于阳光，所以天长的夏季才最常见，尽管耀眼的太阳可能会严重炙烤飞行的鸟类——为躲避这一危险，鹅类选择在夜间飞行。

几百年来科学家（与普通大众一样）认为鸟类没有智力，所以有骂人话"笨鸟"——但过去 5 年里我们理解了它们自我导航的过程，对它们刮目相看。[31] 比如，白天飞行的鸟类飞行时利用太阳为自己导航，它们必须拥有某种形式的时钟来计时，因为地球上任何一点相对于太阳的位置每小时都改变 15°——所以为了不断为自己指明方向，鸟类就必须确定一天内不同时刻太阳相对于自己飞行方向的表观轨迹；换句话说，它的太阳罗盘必须具有时间补偿性。[32] 从鸟眼视角来看：如果当前的太阳比同一时刻从目的地看上去更高的话，就要飞离太阳；更低的话，就要飞向太阳。

————————

256

有的动物亲近太阳，有的动物躲避太阳。小小的月鼠，也叫荒漠睡鼠，是1939 年才发现的一种俄罗斯啮齿目动物，它受到连续 8 分钟的阳光照射后就无法保持安然无恙。没有汗腺的爬行动物对阳光特别敏感，会把自己紧紧收缩在阴影地方。[33] 它们被称为"冷血动物"，但这一名称并不恰当：它们实际上通过爬进或爬出光照区非常精密地调节自己的体温。白化王蛇在野外往往无法生存，因为它无法保持足够的体温。澳洲"磁"白蚁建起的大而薄的土丘平坦面朝向南北方向，这样它们能在北侧利用太阳的温热，而温度过高时又可以爬向南侧乘凉。[34]

有些动物似乎完全不需要太阳。洞螈（*Proteus anguinus*）发现于南欧的地下河中，其中比较著名的是的里雅斯特附近索卡河（Soča River）盆地的洞螈。

洞螈有肺，四只脚，细小的牙齿构成了一道滤网，可把较大的颗粒保持在嘴中（由此推测它是一种食肉动物），头像鳗鱼，下肢像蛇，无鳍无眼；它进食、睡眠和繁殖都在水下进行。通体呈透

德克萨斯瞎蝾螈生活在洞穴里的地下溪流中，永远见不到太阳。已知的这种蝾螈不超过 100 只。

明的肉白色，暴露在光照下会变成橄榄色。

很多物种都没有了无用的光适应器官；还有一些物种（比如熊、蝙蝠和猫头鹰）更喜欢黑暗的环境——这会让你想起希金斯教授抱怨伊莉莎（Eliza）的话："她是一只猫头鹰，被我这几天的阳光照蔫了。"——但如果完全没有了阳光，这些动物很快就会死掉。

257

————

20 世纪 60 年代早期，曾在 NASA 从事过火星生命探测的英国科学家詹姆斯·拉夫洛克博士提出了以古希腊地球女神命名的盖亚理论。他在畅销书《盖亚：生命新视角》(Gaia：A New Look at Life）中写道："生物圈是一个自调节的整体，通过控制化学和物理环境保持地球处于健康状态。"[35]根据这一理论，地球上有生命的部分各自为了自己而调节无生命部分（大气层、海洋等），使环境保持稳定、可持续，这是一个可以想象为单个有机体的复杂系统，所以说我们的地球进行自我调节以适于数量众多而又相互作用的物种生存，这些物种就构成了地球的"生命"。换句话说，地球在努力保持上面的一切处于理想平衡状态。

在其他科学家的众多批评声中，有一种意见认为这一理论假定了进化具有预见性和计划性，而实际证据则表明生命主要是一种偶然。拉夫洛克在第二部书（之后又写了 4 部）中修正了他的观点，提出了一种他称之为雏菊世界（Daisy world）的数学模型：假设地球上除了黑白两种雏菊外没有别的生物，它们的组织方式使得最适于所有雏菊生长的温度和大气平衡得以维持：黑色雏菊吸收阳光，温暖地球，而白色雏菊反射阳光，冷却地球，两种雏菊均根据需要生长或死亡。换句话说，生命系统使得地球环境得以稳定。雏菊世界公式能在多大程度上模拟整个生物圈和地球气候的复杂性还不清楚，而科学家们，特别是进化生物学家，仍对拉夫洛克持怀疑态度。不过，他的一些论证已为大家所接受。正如奥利弗·莫顿所说："生命心甘情愿被动地去适应环境的观点一去不复返了——40 年前这一观点还是主流。"[36]我们现在已做了更充分的准备，去迎接地球是太阳的合作伙伴的观点。

第 18 章
黑暗中的生物圈

> 海洋看起来非常均一；里面全是水；然而……归根结底，海水像海床一样，仅仅看上去均一……
>
> ——罗伯特·孔齐希，《深海绘图》（*Mapping the Deep*）[1]

> 为什么巴拉德博士拍摄《泰坦尼克号》① 期间，习惯性地在下潜时播放经典音乐，上浮时播放摇滚音乐？反过来的话则不可想象。
>
> ——詹姆斯·哈密尔顿–佩特森
>
> 《水下三英里》（*Three Miles Down*）[2]

  传说亚历山大大帝曾乘一个门用铁链拴住的玻璃箱潜入地中海，期间看到过一条巨大的鱼，这条大鱼花了 3 天时间才从亚历山大大帝身边游过。据说他曾做过以下记录："在我之前曾到过这里的人，及在我之后来到这里的人，都见不到我目睹过的这山，这海，这黑暗和这光明。"[3]

  黑暗掩盖了很多未知的世界。即便现在，仍有 95％的海洋未曾勘测，[4] 而海洋学家喜欢指出我们对月球表面的了解比海床还要多。我们确实知道，海底起伏着大量的火山灰——巨大的高温热泉贯穿着大约 4000 英里喷吐着二氧化碳的海底山脉。海洋学家布鲁斯·西森曾称这些高温热泉为"永远不会愈合的伤口"。[5] 这些裂口处汹涌着大量温度高达 750℉（398.9℃）的海水，这一温度几乎是海平面沸点的 4 倍，但在上面几英里厚海水的重压下裂口处的海水仍没有汽化。海床附近的海水含有各种无机化合物——硫酸盐、硝酸盐、磷酸盐，还有氢氧化物、二

---

① 译者注：指 2004 年国家地理频道拍摄的纪录片。

259

热水流火山口（hydrothermal vent）的数字模拟图像。几乎地球上所有的生命都依赖于太阳的能量，但生活在海底火山口附近的成千上万种生物靠化学合成的有机物生存。不过，即便在这么深的海底，仍有些生物离不开光合有机物释放出来的氧。

氧化碳和甲烷，其中还混有数量不明且无法升至海面的不可溶盐。也有例外，通过被称为"黑烟囱"的通道——温度很高的剧烈化学反应能把铜、铁和锌从地壳滤出并喷出海床面，形成状如黑烟囱的岩柱。华盛顿州沿岸海底的"哥斯拉"（Godzilla）有16层楼房高。[1]

有些细菌在这种温度极高的环境下存活了下来，它们靠铁进行呼吸——就像我们靠氧气呼吸一样——并把铁代谢为黑色磁铁矿。人们已经在海底火山口附近发现了100多种以这些细菌为生的物种，不只有微生物，还有海参——"海黄瓜"（sea cucumbers）——成群的8英尺长管状蠕虫，脑袋呈血红色，就像玫瑰花蓓蕾；还有虾和蚌，大小均可达1英尺；

6英寸大小的贝类形成的礁盘；还有会爬的瓷盘——白蟹——所有这些生物所需的能量不仅仅来源于含铁盐的氧化，还来自于硫、硫化氢和氢分子的氧化。食铁细菌养活了蚌和虾，蚌和虾又成了蟹和5英尺大小丑陋的白灰色章鱼的食物。几乎所有这些生物对于科学来说都是全新的，而且它们无法在其他环境下生存。我们世界中的这一部分就叫作"黑暗中的生物圈"。

所有这些与太阳有什么关系呢？这些生物及其栖息地是独一无二的，构成了

260

---

① 原文注：约翰·马多克斯，《有待发现》（*What Remains to Be Discovered*，纽约：自由出版社，1998年），第150页。2006年1月16日，"地球号"深海勘探船（"日本的阿波罗计划"）在位于东京西南方的名古屋125英里远的外海开始了钻探作业，目标是海床之下4.3英里，这一深度比之前曾达到过的深3倍多。它的钻探结果有可能告诉我们地球上最早的生命的能量来源是地热还是太阳能，也可能有助于我们理解地球的磁极为何在不断变换。

地球上仅有的以化学合成为能量源的生态系统，它们并不依赖于泄漏下来的阳光，而依赖于喷涌上来的地球化学能。[6]不过即便在这个生态系统中光合作用也在发挥着作用，因为这些生物用到的大量氧化剂来自于海面上以阳光为能量来源的生态系统。甚至以硫为食的细菌只能在有氧的地方，靠窃取氧的电子和能量存活，因为它们需要氧来氧化硫化氢。如果太阳消失了，大多数这种深海生态群落崩溃的时间不会晚于地面生态群落（尽管有那么很少一部分，将靠炽热火山岩发出的光继续存在下去）。[7]所以说，太阳间接养育了这里的生命。

海洋表面通过光合作用可以提取水中的氢的生物是蓝绿藻类——任何存在稳定水分的地方都能发现蓝藻。"蓝绿藻类的到来标志着生命演化到了一个不可逆转的关键点，"戴维·阿滕伯勒如此写道，"它们产生的氧气不断积聚，千万年后形成了现在这种富氧大气层。"[8]这些由一种不过千分之几英寸大小，被称为浮游植物（phytoplankton，希腊语"漫游的植物"）的单细胞构成的有机体，生活在海洋表面薄薄的一层海水中：因为阳光很快就被吸收掉，海面以下 700 英尺处已不可能进行正常的光合作用。（发现传统植物生命的最大水深为 710 英尺，位于巴哈马群岛外海，那里异常清澈的海水滋养了大量的褐海藻。）但这一薄层富含光合作用催化剂；海洋中的各种动物，从水母到鲸鱼，甚至连海底高温热泉附近的生物都依赖于这一薄层里的那些单细胞浮游植物。到了冬季季末，植物借以吸收阳光的叶绿素把整个北大西洋都染绿了。众多种类的浮游植物不可胜数，就是这些海洋植物（与陆上森林一起）吸收了半数我们排放到大气中的一氧化碳——而且不止陆地上的生命，连海底最深处的生命也因有了它们才可能存在。

海洋可分为两大区域：大陆边缘的浅海和更深的大洋。前者是大陆架海区，就像被海水掩埋的大陆肩膀：大量的海鱼生活在这里。在 300～600 英尺深处，大陆架突然让位给沉入深海床的大陆坡，且被在世人眼中堪比大峡谷的 V 形构造所切割。还有巨大的海沟，有的深达近 7 英里并拱起地球上最大的山脉——洋中脊。洋中脊从北冰洋出发穿过大西洋直到南极、印度洋和太平洋，一路不曾中断，总长约 4 万英里。至今最深海洋记录于 1962 年测得，地点位于菲律宾外海的菲律宾海沟，那里的海床距离海面 37780 英尺，把珠穆朗玛峰填进去还有近 1 英里半的高度未填满。全球约有 86％的海水位于海平面 3000 英尺以下。[9]拉丁语 *altus* 有"高"和"深"两种译法，英语短语"the high seas"（"公海"）中的"high"还残留着"深"的意思。

1951 年博物学家雷切尔·卡森（11 年后出版了她研究环境危害的名著《寂静的春天》）撰写了《我们周围的海洋》一书。"在阳光无法到达的深海，"书中有这样一段并不完全准确但富有诗意的开篇：

> 并不存在白天黑夜的交替。那里是无尽的黑夜，像海洋自身一样古老的黑夜……
>
> 在大陆架的浅水区和散布的暗礁、浅滩附近，至少还有阳光苍白的魅影在海底游走。刨去这些区域不说，仍有约一半的地球覆盖着几英里深的无光海水，自地球诞生之日起那里就一直处在黑暗之中。[10]

阳光向水下照射时被一层层地过滤，同时不同波长的光成分也在被过滤。首先被过滤掉的是紫外线和红外线，它们为最上层 3 英尺的海水所吸收。[11]夜空中一架飞机发出的光从几十英里外都能看到；但同样的光哪怕从正上方投射下来，也无法穿过 600 英尺的水。[12]在最上层的 300 英尺之下，即在"透光层"或"明亮层"底部，阳光中的红色、橙色和黄色光能量已被完全吸收。到 500 英尺深处就只剩下 1％的阳光了。之后绿光也会消失，尽管在最清澈的水中 3000 英尺的深度仍能探测到蓝绿光。1000 英尺的深度就只剩下一种深蓝光了。乘潜水钟最终下潜到 4978 英尺深度的哈密尔顿-佩特森在 700 英尺深度记录到："奇怪的是外面仍有光，但那是……海洋浓重而陌生的紫色在刺我的眼……这是一种之前从未见过的光。这种光在地面上不存在，或许也无法人工产生。"[13]

阳光消失后，各种新生物开始出现在分别被称为黄昏层（twilight）、无光层（sunless）和底层（bottom-living）的黑暗栖居层。1818 年，在北冰洋探险的约翰·罗斯爵士从 6000 英尺深的海底挖出了带有虫子的淤泥，"从而证明了海床上也有动物"。1860 年"斗牛犬号"（*Bulldog*）考察船在远远超出阳光到达范围的地方发现了生命存在的证据：虾、灯笼鱼、乌贼和箭虫。卡森详细描述了第一艘专门用于海洋探测的英国政府公务船"挑战者号"（*Challenger*）1872 年从英国出发的那次著名远航——尽管她对于细节并不是特别清楚。2006 年《纽约客》的作家戴维·格兰为了追踪巨乌贼还重走了"挑战者号"的路线。"挑战者号"在全球漫游了 3 年半的时间，以 2 节的航速走"之"字形挖掘海床泥，这一速度仅相当于慢走。"挑战者号"就这样航行了 68930 英里。船上的重复性工作令人难以忍受——两个人疯掉了，一个人自杀了——但航程结束时船上已经装载了 13000 种不同的动植物。处理这些战利品花了 19 年的时间，共发现了 4700 种新动物，其中的 2000 种生活在 820 英尺深度以下的海水中——相当于（甚至现在）已知鱼类种类的 1/10。这证明了在海面波浪与海盆海床之间任何地方都拥挤着最大的，也可能是最不凡的生物群落，其生物多样性堪比热带雨林。①

　　全球共有 3.2 亿立方英里的海水和 1.4 亿平方英里的海床分布在超过 7/10 的地球表面上。深海变得宜居的时间相对较短，因为它们给生命带来了很多可怕的挑战：极端严寒及能挤碎一切的重压绝不是轻易就能适应得了的。[15]对于没有任何保护措施的人体来说，600 英尺的深度是绝对极限；穿上一个大气压的潜水服可下潜至 2500 英尺深。但对于深海中通常透明的生物来说，它们体内组织的压强与周围的海水相同，所以重压不成问题。但抹香鲸潜入 7000 英尺深的海水要承受接近于每平方英寸 1.6 吨重的压力。它们又是如何承受这么大的压强的呢？——这仍是一个谜。深海中的氧含量只有海面附近的海水的 1/30，但一群独特的动物已经适应了这一低氧挑战。

　　黑暗或许是另一个阻碍，但深海生物也有解决办法。尽管没有辅助措施的肉眼在 1500 英尺深的水下只能看到模糊的轮廓，而鱼类却能分别最细微的区别。这种敏感度或许会随深度调整，而光强的变化则控制着多种鱼虾早上和晚上的迁徙。甚至没有眼的动物也能感知太阳：水分子会使阳光偏振化，这一点有助于很多动物的捕食，因为猎物的组织会吸收或偏转穿过它们的光线。乌贼通过皮肤里的特殊细胞也利用偏振光（人眼看来是无差别的黑色）来调整它们竖直方向上的迁徙并实现彼此间的信号传递。[16]

　　在光线不够充分的地方，很多动物自己发光。有六七百种动物具有这种功能，但它们对这种功能的利用却很保守，因为每次利用都会暴露自己。不过，有些动物能改变它们发出的光的波长，从而用作一种伪装。很多动物具有类似于手电筒的细胞，可任意开关（应该是为了寻找捕获猎物），而还有一些动物在身上、腿端或触须上长有成排的灯，这又是另一种有效的误导手段。有些鱼进化出了腹部发光组织，当其他动物从下向上看时，它们在透光性相对较好的水中的影子正好被这种向下照射的微光抹去了。还有一些鱼类的生物发光起着傻瓜陷阱的作用，给捕食者罩上薄薄一层黏糊糊的发光体，使之暴露给其他捕食者，一位海洋生物学家曾生动地形容："就像被现金中所藏的爆炸染料包染了色的银行劫匪。"[17]

　　一些没有眼睛的生物被碰到后会发光。还有一些会浓缩体内的红色色素，这些色素会吸收所有落在它们身上的蓝光绿光却并不反射，这是一种有效的"视觉

①　原文注：2009 年 11 月科学家给出的报告显示，已知生活在深海中的生物共有 17650 种。5722 种生活在"黑渊"（black abyss）之下，或者说 3280 英尺（1000m）以下，包括以鲸骨为食者、透明的海参、"野猫"管虫、"巨型小飞象"（jumbo dumbo，一种八腕亚目动物），还有生活在约 7200 英尺深热水流火山口的雪人蟹。[14]

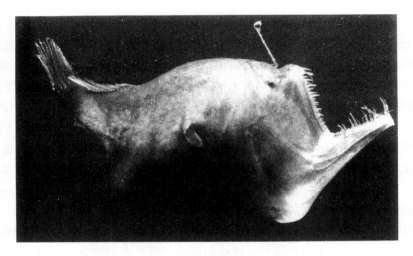

深海琵琶鱼自己产生阳光。这种鱼在 3300～5000 英尺深的水层觅食，身上
一根长杆的末端会发出生物光来引诱猎物。好奇者会被其造型独特的牙齿刺穿。

隐身"手段。被称为无光巨口鱼（lightless loosejaw）的食肉动物黑柔骨鱼（Ma-
lacosteus niger）（除了发出蓝光外还）发出一种其他深海动物看不到而它自己看
得到的长波红外线，从而给它装备了一款军用狙击镜。这种鱼的视网膜含有叶绿
素变体（源于捕食的小甲壳动物），正是这种变体发出了红外光。冷战期间，美
军曾考虑过利用这些动物来探测苏联潜艇的路线。不过，无光巨口鱼行动最终没
能实施。[18]

更善于躲避掠夺者的透明动物，进化出了尽可能小的内脏，因为肠是其身体
中唯一可见的部分。[19]有些透明动物的胃是针状的，且不管这种动物面朝哪个方向，
胃总是朝下，这样从下方望去，它们在水面透射光的背景下才有最小的可见面积。

所有这些形形色色的物种，不管是鱼、甲壳类动物、藻类，还是其他微生
物，都很好地适应了没有阳光照耀的深海环境。不过哪怕生活在海床上或海床附
近的最小的微生物，其存在与太阳也不无关系。它们穿游在阳光所及最黑暗的水
中，间接依赖于水面附近发生的光合作用所产生的氧。①

---

① 原文注：不过，太阳的能量首先由生活在浅水层而非深水层的生物体吸收。某些珊瑚藻还生
成一种具有高效防晒霜功能的化学成分，保护它们自己和珊瑚虫寄主免遭紫外线的伤害。海带释放出
来的藻酸盐也起着防晒作用，因为它含有有助于人类治疗癌症的碘成分。日本的乳腺癌、子宫癌和卵
巢癌的发病率全球最低，就得益于昆布海带，因为这种海带含有会干扰肿瘤细胞转移并致其自毁的
U-岩藻多糖。海带不但保护了自己不为阳光所伤，也保护了我们。

　　罗伯特·孔齐希在神奇的《深海绘图》（*Mapping the Deep*）一书中写道："海洋是地球最重要的配热器。在阳光的照射下，水分子相互推拉，拉动它们的氢键，而这种振动中储存的能量可以转移至很远的距离以外——靠的是太阳热量驱动的洋流、水中溶解盐含量的变化（会影响水的密度）和风。"[20] 海洋的海水地形图在不停变化——这就引出了另一个话题，太阳力量的强大执行者：洋流和潮汐。

　　洋流存在于任何深度，分两种形式，表面洋流和深海洋流。有时它们在不同的深度同时沿不同的方向流动。共有九大洋流：

　　①为墨西哥湾流（暖流），起于佛罗里达州南面，沿美国东海岸向北流动，穿过北冰洋直到挪威海。它对沿途所有陆地的长期气候都有重大影响——比如，冬季挪威和不列颠群岛的气温就比相同纬度的内陆国家高 18℉（10℃）左右。

　　②为拉布拉多洋流（寒流），从北极圈向南，经过加拿大海岸，降低了加拿大靠近北冰洋的省份的气温，最终到新英格兰海岸止步。其中有部分流向圣劳伦斯湾，但大部分冰冷的海水都流向西南方。

　　③④⑤⑥为北赤道洋流（暖流，③）和南赤道逆流（暖流，④）在赤道附近东西流动。二者均宽约 600 英里，会到达赤道两侧 4°～10°的范围，但它们为对手南赤道逆流和赤道逆流（⑤和⑥）所阻，从不会到达赤道。

　　⑦为黑潮洋流（暖流），从北赤道洋流分离出来，扫过台湾和日本的东海岸，之后分成两支洋流，东向一支直到夏威夷附近才止步，北向一支沿亚洲海岸一路向北，最终与亲潮洋流（寒流）汇合形成北太平洋洋流。

　　⑧为加利福尼亚洋流，从阿拉斯加湾沿美国西海岸向南流动，是那里的海水水温相对较低的原因之一。

　　⑨为赤道无风带（Doldrums），其中心位于赤道稍偏北，那里强烈的光照导致空气特别潮湿，气压较低（受热的大气会膨胀），造成风云雷电及其他极端天气。这里还有一个特点，即长时间没有风，帆船数天甚至数周都无法前行——于是就有了 Doldrums 这个名称，航海用语中少有的几个没有航海意义的词之一。

　　两大主要因素决定了洋流形成和再造的方式：太阳光照巨大的热量和地球自转（第三个也是不太重要的因素是太阳和月球的引力）。光照导致洋面上的空气升温就形成了风，进而风吹动海水（所有大洋最上面 1/4 英里深的海水都属于表面洋流，约占地球总水量的 1/10）。如果水温降低或因蒸发而导致盐度升高，海水密度就会增大并下沉，产生新的洋流，进而把热量从一处转运至另一处，向上向下都有，进一步改变了温度形式。[21] 埃斯库罗斯曾写过"波浪的哄然大笑"，不过强大的太阳驱动开阔洋面上的风能扯起 100 英尺高的巨浪，每时每刻都有 10 个这种巨怪在搅动洋面：场面并不像埃斯库罗斯构想的那么轻松愉快。这样的巨浪前方可能会有一个很深的凹陷，称作"大洋空洞"，会让陷入其中的任何船只都上下翻滚，有时会船毁人亡。飓风吹过的洋面常常会形成这种裂口：南非的阿加勒斯洋流、日本的黑潮、美国东岸的湾流，其中湾流还经过著名的船只和飞机失事地——百慕大三角。[22]

有的海水分层只不过几英寸厚，但层层之间的温度和盐度都有明显的差别，而这两个参数一起决定了海水的流动。近赤道的海水——因此也为更强烈的太阳所照射——表层温度可比深层高 40℉（22℃）。赤道附近的暖流之所以向两极流去，部分是因为其海水比两侧洋流的密度小。

地球自转通过科里奥利力对洋流施加影响。以 19 世纪的法国工程师兼数学家古斯塔夫-加斯帕德·科里奥利（Gustave-Gaspard Coriolis，1792—1843 年）命名的这种力会给北半球的洋流一个东北方向的力，给南半球的洋流一个东南方向的力。这种运动只有在海床才受到地球摩擦力的影响。地球自西向东转动的速度从赤道处 1000 英里/小时的最大值向两极逐渐减低为 0。赤道处的海水以地球最大转动速度偏转；流经自转速度逐步降低的纬度时，其速度仍高于途经的海水，由于其动量更大，只能偏向地球自转的方向，向东北或东南流动。

除了洋流，还有巨浪，它们的成因也在于太阳，虽然说并不一定是直接成因。1997—1998 年间，全球各地的人们都看到了卫星图像上风向的偏转，大量温度异常高的洋流卷过热带太平洋，进入面积约为美国大陆面积 1.5 倍的一片区域。这就是著名的厄尔尼诺现象，现在人们把像智利和澳大利亚这种相隔万里的国家气候模式的改变都归罪于厄尔尼诺现象，并指责这种现象带来了风暴、洪水、干旱和森林火灾。"厄尔尼诺"（El Niño）在西班牙语中意为"小男孩"，特指孩童时期的耶稣（这一现象通常在圣诞前后达到顶峰）。它有一个孪生妹妹"拉尼娜"，指海水温度异常偏冷的现象。1941 年末到 1942 年初的这个冬天异常寒冷，就是厄尔尼诺现象导致的，大大拖后了德国对苏联的侵略（当时气温低至 −40℉，机器都冻住了，25 万军队死于严寒和疾病）。[23]

在这些庞然大物之后，似乎该讲到潮汐了——新斯科舍省（Minas Basin，加拿大）米纳斯盆地（Minas Basin）的潮汐每天涨落两次，高度差超过 50 英尺。冲击全球海岸线的波浪的总能量超过 20000 亿瓦，足够 2000 亿～3000 亿个家庭的日常用电——是目前全球家庭数量的 100 多倍。

　　很多人认为潮汐只是月亮导致的，但与其他现象一样，太阳在这里的影响也不能忽略。英语中的"潮汐"一词（"tide"，源于"时间"或"季节"的德语字根，与水无关）有两个意思：其一，海岸某处海平面高度的变化，取决于海岸地形和附近的海流；其二，月亮和太阳的引力导致的地球上陆地和水的形变。日地距离是月地距离的 400 倍，但太阳的质量是月球的 3000 万倍，它所产生的引力比月球大得多——是月球的 178 倍。不过，由于潮汐并非与引力场的大小而是与其梯度有关，所以月球的作用占地球潮汐能的 56％，太阳的作用占 44％——仍很重要。

　　当地球距离太阳最近而月球又距离地球最近时（均处于"近地点"），太阳和月球产生的引力最大，潮汐落差也最大；当地球距离太阳最远（远日点）时，潮汐落差较小；新月时，太阳、月球、地球成一直线，而太阳和月球又从同一侧向地球施加引力（这一情形有个名字叫"syzygy"，是拼字游戏玩家的呓语），太阳潮汐与月亮潮汐叠加，涨潮更高，落潮更低。

　　潮汐的周期是 24 小时 50 分钟，期间地球上大部分海岸均会出现两次涨潮和两次落潮。不过，根据当地的情况，有些地方没有明显的潮涨潮落，或者说月亮升至中天时潮水并没有涨至最高点，而是要拖后几个小时。乔叟在《骑士传说》（*The Knight's Tale*）中描述了布列塔尼小姐的窘境，她承诺只有海中的石头消失不见才答应热恋她的追求者，不过从悬崖望去她发现，潮水已经漫过了石头。不过幸运的是（因为她已经结婚，而且婚姻幸福），这位追求者显示了他的骑士风度，并没有要求她恪守诺言。

　　上千年来人们一直在思索潮汐的成因。（尽管现存最古老的潮汐表，即伦敦桥上的潮汐表，只能上溯至 12 世纪。据说亚里士多德曾跳入爱琴海，但尤里普斯海峡的潮水又把他冲回了海滩。）只知道地中海在平稳流动的古罗马人并不了解潮汐，凯撒大帝描述了他的远征军从多佛海岸入侵英格兰时，曾两次因忽视潮汐的影响而付出了沉重的代价。古希腊人曾提到过"海洋的运动"，但直到开普勒的《新天文学》（*Astronomia Nova*，1609 年）和伽利略的《对话录》（*Dialogue*，1632 年）面世，才出现一些试图解释它们的记录。虽然拉普拉斯的《论天体力学》（*Mécanique céleste*，1799 年）在 19 世纪以前一直是主要的教材，但第一种记录完好的解释却是由牛顿于 1687 年给出的。19 世纪以后，两位著名的英国科学家对潮汐做出了最明了的描述，他们是威廉·汤姆森爵士（1824—1907

年）和查尔斯·达尔文的第五子乔治·达尔文爵士（1845—1912 年）。①

通常我们看到的是"海风吹起的波浪而不是真正的潮汐"，但还有另一种由太阳热量直接引起的大气压变化导致的涨落：气压高时，海水被空气更大的压力压下去；气压降低时海水又涨起来。由太阳调节的这种压力也会影响陆地；但由于陆地远比海洋坚硬，这种效应要小得多。即便这样，汤姆森解释说，整个大陆由此导致的起伏可达 16 英寸（因为周围的一切都一起起伏，所以我们看不到这一效应）。湖水、游泳池、澡盆、咖啡，还有人的胃都不会有起伏的迹象，但潮汐仍有一些有趣的效应：比如，每过一个世纪，潮汐产生的摩擦力就会把一天拉长 1.6 毫秒，而潮汐效应则会拉长我们的个头。②

乔治·达尔文爵士早年受到的教育与父亲的研究方向一致，尽管具有律师资格，但他总是想转向科学研究。1898 年他出版了科学畅销书《太阳系里的潮汐及同类现象》（*The Tides and Kindred Phenomena in the Solar System*），后来又给《大英百科全书》第 11 版添加了长长的潮汐词条。汤姆森（或称开尔文勋爵，他是被封为贵族的第一个科学家）曾把地球视为一个不可压缩球体，不会因太阳和月亮的引力而改变形状，而达尔文则认为地球具有液态的核，太阳和月亮都会对其形状产生影响。（他喜欢举这样一个例子，爱丁堡的一英镑硬币受到的重力大于伦敦的一英镑硬币，因为更靠近地球中心。）通过计算他得出，很久以前地球自转的速度更快，月球距离地球也更近。[27]

达尔文利用牛顿原理来计算太阳对其他行星的影响。"离太阳较近的行星所受到的太阳潮汐效应大于较远的行星"，他总结说。对于地球，他证明了高潮发生在当地正午和午夜时分，低潮发生在日出和日落时分，尽管"大陆和海洋的不规则分布、不同地点海洋的不同深度所导致的海水振荡的不规则性非常复杂，这一问题的精确解完全超出了人类的分析能力"——这一坦承最不符合 19 世纪的

270

269

---

① 原文注：潮汐方面第三位伟大的记录者是威廉·休厄尔（1794—1866 年），他自谓的"潮汐学"给出了各大洋运动的图表，目的是为了说明全球高潮同时发生的那些点。后来休厄尔成了剑桥大学三一学院的一位著名学者，1834 年把"科学家"一词（"scientist"）引入英语。因嫌弃另一个词"savant"太平庸太具法国意味，他提出用"scientist"来表示所有研究自然世界的大众，尽管他们研究的方向越来越细化，越来越不统一。[24]

② 原文注：见《物理教师 37》，1999 年 10 月刊，第 438～441 页，米克拉杰·萨维基（Mikolaj Sawicki）的"引力和潮汐奇事"。不过不必为这种身高增长而兴奋。高潮只会让我们的身高增长 10^{-16}，不及原子直径的千分之一。作为对比，宇航员进入太空后身高会增长 3 英寸：骨架没有了地球引力的束缚，脊椎会放松开来，脊柱会变长，不过宇航员回到地球后又会回归正常。与之类似，我们会在地震中减重：大冲击导致地球膨胀，地球表面的引力会减小 0.00000015%，这意味着体重 150 磅的人承受的重力会减小 $4×10^{-6}$ 盎司。[26]

风格。[28]

　　潮汐问题可能超出了人类的分析能力，但水手们并没有等待科学发现的到来，已经尽己所能在大海上航行了数千年；他们也在如何最好地利用太阳方面探索了数千年。

第四部分
驾驭太阳

1582 年英格兰伊丽莎白一世女王收到教皇敕书时，天文学家催促她改用新的"格里高利"历法，而新教主教则反对改用。这幅成于 1641 年前后的版画《时间老人把教皇带回罗马》，体现了当时的民众态度。正如图画下面的那首诗所说："这市井小贩的背包，装着虚荣/这是一包垃圾……"

第 19 章
天庭向导

　　亚哈不久计算出来，他所处的经度与那一精确距离相符。之后他遐想了一会，重新抬头仰望太阳，默默对自己说："你这个航标！你这个高天上伟大的领航员！你告诉了我我到底在哪里——但你能否提示我该往何方去？"

——赫尔曼·梅尔维尔，《白鲸记》，1851 年[1]

　　水手分辨不出哪里是北方，

　　但知道指南针能分辨出来。

——艾米丽·狄更生，1862 年[2]

　　亚哈船长短暂的挫败感可以原谅。丹尼尔·布尔斯廷写道，"大海的空旷和均一性，无边无际的海面处处相同，自然而然会驱使水手从天上寻找他们的心理支撑"，[3]而太阳作为这样的旅人的向导已经有很长的历史了。已经证实的最早的航海活动是现代智人向澳洲的迁徙，大约始于 6 万年前；但让人印象最深刻的古代航海者是波利尼西亚人，他们在公元前 2000 年前后就掌握了大量的天文学知识。太阳是他们的首要航标，但他们通常也会用到其他星星，记住了数百颗星的位置。中国人紧随其后，他们称自己的海上帆船为"星槎"（starry raft）。古希腊人也成了航海家（虽然荷马曾生动地介绍了"一位健谈的光头水手，逗得船员们哈哈大笑，自己也忘记了航线"，但在扩张到地中海之前，希腊自己的语言中并没有"海"这个词）。陆地从视线中消失后，水手们就不停地探索前进的道路。

即便是短距离航海人们也常常"迷茫"，① 我们现在仍在使用这种说法。船员们沮丧地交流着那些遭遇地中海恶劣天气的故事——从返程的船队被从特洛伊吹至
275 埃及的斯巴达王墨涅拉俄斯，到圣保罗在马耳他的海难。缺乏确定经度的手段一直都是一个难以征服的挑战。

位置的方向——东、西、南、北——是从水平线和天顶两个坐标上确定的。水平线（horizon，希腊语指"确定的"或"分离的"）指地面与天空看起来会合的地方。天顶（zenith，阿拉伯语，"头顶之上"）指天空中正对着观测者头顶的那一点。二者——水平面和竖直点——是我们最初的参考系，人们通过天体的升落确定了东和西，并称与天体轨迹垂直的方向为南和北。后来人们发明了"子午线"——南北两极通过地球表面任意一点距离最短的假想线。

某人自己的子午线不过是通过他所处那一点的南北线。任一时刻，都正好有一条子午线处在太阳的正下方，对于这条线上的所有人来说，此刻就是正午。对于东边的人来说，此时已是下午或更晚，对于西边的人来说，此时是上午或更早，无论往东还是往西绕地球半圈正是午夜。同一条子午线上的点具有相同的经度，经度由相对于一条标准子午线向东或向西的距离确定（自 1884 年起，标准子午线就定为穿过伦敦东部格林威治的那条子午线）。

早期的航海者可通过日出和日落大致确定东西方向。后来，航海者发明了其他的辅助工具。知道一条船的纬度很容易，因为太阳高度基本上就是一个完美的参照。（1 纬度约为 65 海里，1 海里等于 1.15 "法定英里"或 1.85 千米。）春秋分时正午的太阳在赤道正上方，或者说相对于赤道的高度为 90°，而在两极，冬天是看不到太阳的，但夏天能清楚地看到太阳。在赤道和两极之间，可测量正午太阳的高度并与天文表对比来确定纬度。唯一要用到的工具是一种可用度数来量化太阳高度的观测仪。古希腊人甚至不用这个，只是简单地在夜间测量拱极星在地平线上的高度。

数个世纪以来，导航技术一直在发展，其中出现了一些重大突破，但并非都与太阳的方位有关。公元 40 年，希腊商人希帕路斯从贝勒奈西（Berenice，埃及）出发，沿埃及红海岸一路驶向马德拉斯（Madras，印度）并返回，之前需要两年时间才能完成的这一航程他只花了一年时间，从而促进了航海商业的发展：他发现印度洋季风（monsoon，源于 *mawsim*，阿拉伯语中的"季节"）每年两次
276 改变风向，直接沿风向前行的话，行驶在南中国海和印度洋上的船只能够以快得

---

① 译注：at sea，本意为"在海上"。

多的速度行驶很远的距离。此后，希腊人开始非常习惯于用风的名字指明风吹来的方向，从而"风"成了方向的同义词，早期地图上的小天使胖嘟嘟的脸颊和强劲的呼气并不仅仅是装饰，而是重要的方向标〔于是就有了"澳大利亚"（Australia）一词——"刮南风的土地"〕。在哥伦布的西班牙船员看来，方向并不是罗盘上的角度，而是 *los vientos*，风；而葡萄牙船员则称船上的罗经刻度盘为 *rosa dos ventos*，风玫瑰——恰当地利用天空最重要的特点进行方向划分。①

　　进入中世纪后（即到了查理曼大帝时代，公元 800 年前后），阿拉伯航海家开始用卡玛尔（*kamal*）——张在一根弦上的一个木制四边形，或一端铰接着两根杆的弓来测量倾斜角，测量时观测者把下面的杆与水平面持平，让上面的杆对准太阳（或某颗星星）。1086 年中国水利专家沈括首次发明了磁罗盘；至少他做了最早的书面记录。中国的水手首次在地球上任何地方都可以不借助复杂的计算就能找到一个绝对方向了，而且，用布尔斯廷的话说，拥有了"全球适用的绝对方向，足以与机械钟表和统一小时长在时间上的意义相提并论"。[4]

　　沈括进一步指出，如果把一个小铁针在磁石上摩擦后用一根线吊起来，磁化后的针将指向几乎正南的方向。尽管磁石不过是一种具有磁性的矿石，但长期以来人们一直把它不同寻常的性质与黑暗艺术联系起来（中国人用磁石来占卜），而且普通的海员害怕这种石头。圣奥古斯丁详细描述了他看到磁石不仅能吸引铁制品还能赋予其吸引力，进而形成由看不见的力聚集起来的一连串的惊奇之情：于是磁石就与魔法联系了起来。

　　就这种神奇的新仪器之起源的热烈争论仍在持续，就是否有几个地方同时或 ²⁷⁷ 不同时发明了它，欧洲人和阿拉伯人是否从中国学会了这一技术这些问题，历史学家一直都存在分歧。但尽管很神奇，极端的天气条件仍会导致它失灵，这一事实的警铃一直响到现在。

　　至少从 11 世纪起，大多数船只的驾驶员都有手册的帮助，流传下来的最好的"驾船手册"是《国王之镜》（*Konungs Skuggsja*），这部书是以一对维京父子对话的形式写就的。父亲告诉年轻的儿子必须"观察天体的运行轨道，分辨出地

---

　　①　原文注：批评者曾指出丹·布朗的《达·芬奇密码》中的不少错误，但他关于玫瑰线（Rose Line）的注解却很到位："数世纪以来，玫瑰标志一致与地图和方向指引有关。几乎出现在每张地图上的罗盘玫瑰指示东西南北四个方向。这种玫瑰最初被称为风玫瑰，指明了 32 种风和 16 种尾舷风的方向。在一个圆里表示出来的话，罗盘的 32 个指向与传统的 32 瓣玫瑰完美契合。直到今天，最基本的导航工具仍被称为"罗盘玫瑰"（Compass Rose，即罗经盘），其正北方向仍用一个箭头表示……更常见的是用鸢尾来表示。"《达·芬奇密码》（*The Da Vinci Code*，New York：Doubleday，2003）第 106 页。当然，风从根本上来说是太阳导致的。

平线的四个方向，留意海洋的运动，理解潮涨潮落"。⁵不过，光靠确定太阳的位置并不足以进行很好的导航，还必须有补充手段。航行在外海时，维京人会利用"日影板"来测量纬度，这是一种中心处装有钉或指针的木盘，钉或指针根据季节可向上向下调整。木盘浮在一碗水上，正午的日影会在上面标记出来。罗伯特·弗格森在其维京全史中解释道："如果船只的航线是正确的，影子正好落在木盘上标出来的一个圆上。如果影子出了这个圆，就说明船已经偏北了。影子够不到这个圆，说明船只偏南了。船长将做出相应的调整。"⁶不过，在缺乏精确的纬度值的情况下，维京人伟大的航海行动主要依赖于对航行海域的深度了解。航程较远时，驾驶员会行驶到目的地的纬度上，之后通过保持相对于陆地（能看到时）和天体的观测角度不变来保持航线。不难理解，维京驾驶员经常错过目的地，这也是他们的航行终于格陵兰岛和拉布拉多半岛"漫长而美妙的海滩"的原因。⁷

维京人可能用过的另一项技术是利用"太阳石"（一块自然晶体）把阳光偏振化，从而在看不见太阳时也能得知其位置。很多人都相信维京人的太阳石是一种堇青石，这种矿石基本上只有布满乱石的挪威海滩才有，它能把一束阳光分成两束不同颜色的光：将太阳石对着天空不断转动，在对准隐藏在云层后的太阳时，太阳石会从黄色变为蓝色。14 世纪一份手稿中的小故事 *Raudulfs Thattr* 讲的是挪威王奥拉夫·哈拉德森访问一位富裕农民。奥拉夫问农民的儿子西格德是否具有什么天赋，这个男孩回答说即便在看不到任何天体的情况下他也知道时间。激起了好奇心的国王第二天要西格德对着乌云密布的天空展示他的技巧。西格德说出时间后，奥拉夫命他拿出一块太阳石对准他认为太阳所处的位置。阳光流过这块晶体，证明了西格德确实天赋异禀。①

更多传统的辅助手段一直没有停止发展的脚步。1269 年马利库尔的彼特就提到过一种标有刻度的罗盘能 360°全方位适用。从英国的航海日志可以知道，多数船只都至少配有两个罗盘；麦哲伦在旗舰上带了 35 根用于更换的罗盘针。很早人们就发现，在多数地方罗盘针并不指向正北方，而是偏东或偏西，水手们称

---

① 原文注：第二次世界大战期间，撒哈拉沙漠里丰富的铁矿藏给盟军的指南针带来了严重的干扰，士兵们不得不利用太阳来确定自己的位置。不过，利用太阳（或星星）来确定方向的方式也有多种。其中一种是影子尖法（shadow-tip method）。把一根约 3 英尺长的棍子竖直插在地上。标记此时棍子的影子尖，然后等影子移动了 1.5～2 英寸的距离——10～15 分钟之间——再标记第二个影子尖。画一条线把两个影子尖连接起来并越过第二个影子尖约 1 英尺，然后左脚踩住第一个影子尖，右脚踩住线的另一端：在北温带的话将面向北方；在南温带将面向南方。

这一偏移量为"磁差"（the variation）；① 但这种偏差直到 1490 年前后都没有得到精确的量化，而把日出和日落当作预备方位（precautionary bearing）的习惯则一直持续到 17 世纪。

从 1480 年前后起，人们开始用一种航海星盘来计算正午太阳的高度，以确定观测者到赤道的距离。这样一种装置——上有一只标有刻度的翼来测量天体的高度——之后又出现了直角器（一条近 3 英尺长标有刻度的木片，上有可前后滑动的垂直照准器）和背测杆，或者叫背靠式四分仪，1731 年八分仪发明之前，这三者是最重要的三种导航仪器。蒂莫西·费里斯曾给出过生动的描述：

> 每个晴天当地正午时分，航线上的船只上可以看到 3 位船员在瞄准太阳——一个人紧握星盘，一个人瞄准，第三个人读出仰角——甲板水手站在旁边，以备导航员摔下来能接住他，或者星盘掉下来时能接住星盘，以免星盘把摇来晃去的甲板砸穿。[9]

279

在《堂吉诃德》（1605 年）一书中，塞万提斯对人们普遍能够运用这些新式器具并没有表现出惊讶。堂吉诃德（其名字在加泰罗尼亚语中意为"马屁股"）向长期以来跟着受苦的男仆解释为何托勒密仍在导航方面拥有很高的权威，而他自己有好用的仪器的话又是如何确定他们所在的位置的："要是有个星盘就好了，有了它我就能测量北极星的高度，就能知道我们走了多远。"桑丘·潘沙忧郁地反驳说："我的天，主人您有一位老朋友佐证您说的这些，这个叫作托尔密什么的，还有他的假肢。"[10]

现代的读者很可能会带着同情嘲笑堂吉诃德，而不是桑丘。这些新式仪器——可能因为人们把它们与黑色艺术联系了起来，就像罗盘一样——走向广泛应用的步伐非常缓慢：据说航海家是仅存的托勒密理论支持者，并不是因为他们相信太阳围绕地球旋转，而是因为这样考虑更简单。乔纳森·斯彭斯认为，直到

---

① 原文注：北极有五个北极点：（1）地理北极，位于北纬 90°，是地球固定的轴端；（2）北磁极：指南针指向这一点，但它会发生漂移；（3）北天极，位于（1）正上方的天空；（4）北地磁极，位于地球磁场的中心，但也会漂移；（5）不可到达的北极点——北冰洋中距离大陆最远的点，阿拉斯加向北约 680 英里（1100 千米），位于 84°05′N，174°85′W。磁极为何位于现在的位置还是个谜，而地球磁场的方向在过去几十亿年的时间里已经反转了数万次。地磁场大约每 300000 年就反转一次，北磁极变成南磁极，南磁极变成北磁极，不过上一次反转却发生在 780000 年以前。在过去的 2500 年里地磁场的强度已经减弱了 40%，所以说很可能不久就会发生另一次反转。磁场是由地球外核中的熔融铁在太阳引力的作用下产生的流动形成的。在遍布全球的石头中可以找到古代这些变迁的痕迹。[8]

17 世纪初期，"哥白尼的天体新理论还不曾给导航技术带去任何好处"。[11]

星盘因从来都不够精确而退出了历史舞台，取而代之的是星象仪，即行星系统的发条模型。但不管是罗盘、星盘、四分仪、六分仪、望远镜，还是星象仪，都不完美，水手们仍需要知道如何利用自己第一手的太阳观测结果来计算自己所在的位置。甚至望远镜及其姊妹仪器的发明也没能让肉眼天文学立刻走开，因为在 17 世纪 60 年代望远镜画上瞄准线之前，精确的定位观测并不是一件容易的事。

于是重任就落在了孤独的领航员肩上。斯彭斯继续讲道："领航员脑子里装着有关风、海流、鱼类游动和鸟类飞行的经验，怀里揣着简易地图和先辈们的航海纪事，还有着罗盘、星盘、四分仪，就这样肩负着为挤满一千多乘客和船员，吨位达上千吨或更多的船只导航的重任。"

280 正如费尔南·布罗代尔所描述的 16 世纪航海，"当时只是沿着海岸线航行，与最早的水上交通一样，小心翼翼地从一块岩石到另一块岩石，从海角到海岛，从海岛到海角……如一位葡萄牙编年史著者所说，'从这边海岸的旅馆到那边海岸的旅馆，在这边吃饭在那边喝酒'"。[12]船被吹离了航线或者沿长期采用的那么三四条直线航线之一航行时，船上的人会看不到海岸线；但鲜有主动驶往外海的。风暴和海盗是他们哪怕付出更大代价也要躲避的威胁（数百年里海盗一直被视为一个光荣的职业）。[13]布罗代尔还补充说，"从来没有北海或大西洋上那么多的航海者扎根"地中海。[14]

布罗代尔的观点遇到了挑战，历史学家指出早在亚历山大大帝（公元前 356—公元前 323 年）时代，随着灯塔的建立，航海就进入了一个新时代，同一时期操纵和转向装置也得到了改进，于是船长们开始沿直线而不再紧贴着海岸航行。① 但不

---

① 原文注：布罗代尔的经典著作于 1949 年首次面世。1955 年英国一位海军准将在一部航海史的前言中针对这种"岩石导航"理论进行了猛烈抨击（但没有提布罗代尔的名字）："阅读本书你会发现，最初的水手通过'拥抱海岸'进行导航这一流传已久的神话被永远地推翻了。没有任何水手曾写下这样的话语。"再没有比贴着并不熟悉的海岸航行更危险，更需要小心翼翼的了。这一理论产生的基础是航海者在看不到陆地的大海上找不到航向的假设。现在已经证明，这一假设并没有什么根据。这一理论也没有考虑到小船船夫无须仪器无须观察就能相当精确地感知自己位置的第六感，这种能力确信无疑，今天很多深海渔民都多少有点这种能力，很可能这种能力在过去更为普遍。不管从古至今的水手是如何进行深海区航行的，但他们无疑都有过这样的经历。不过，那位伟大的法国历史学家在后来的版本中并没有做改动。戴维·海和琼·海也对他发起了攻击。《极地无星：石器时代到 20 世纪的航海史——献给所有热爱大海的人》（*No Star at the Pole：A History of Navigation from the Stone Age to the Twentieth Century—for All Who Enjoy the Sea*，London：Charles Knight，1972）第 9 页写道："对于现存早期航海研究中所认为的早期航海人本质上是'海岸爬行者'的观点，我完全不同意。在普通的船厂能够建造可靠的海船且人们学会利用风、太阳、行星来规划和保持航线之后，再没有什么比这种说法更离谱的了。很可能他们是比现代人更优秀而不是更糟糕的航海者。"也见 E. G. R. 泰勒的《寻找港口的艺术》（*The Haven-Finding Art*，London：Hollis and Carter，1971），第 x—xi 页，以及海的《极地无星》第 125 页。

管取何种航线，航海仍有很多不可预知的因素：1551 年的一份记录显示，"一艘并无出众之处的船从西西里的德瑞帕纳（Drepana）出发，仅用了 37 个小时就到了那不勒斯"（全程 200 海里），记录的作者把"如此高的航速"归因于"强烈的水流和狂风"。[15] 在平常情况下，从西西里到罗马（800 海里）仍需要 20～27 天，而出了地中海航行的速度则更慢：比如，从埃及的贝勒奈西（Berenice）到印度半岛，全程 2760 英里，却需要 6 个月的时间——平均航速远低于每小时 1 英里。[16] 在这样的航行过程中，太阳仍是一个可靠的助手；而 1598 年地理学家理查德·哈克卢特仍能写下这样的话："英联邦的任何行业都没有人常年过着这样的持续冒险生活……这么多的航海人中，能活到两鬓白发的实在是太少了。"[17]

在安全导航方面，借助于太阳的仪器还有一个伙伴：可靠的——或者说半可靠的——地图。数世纪以来人们已经在使用各种形式的地图了；不过最早的地图在船上应用的记录直到 1270 年才出现，当时法兰西王圣路易九世在一次十字军东征中，试图直接从法国南部驶向突尼斯，却为风暴所驱，在撒丁岛海岸的卡利亚里湾遭遇海难。为缓和他的恐惧，船员们绘制了一张地图，向他解释他们到底在哪里。

世界不断缩小，贸易不断增长，精确的世界地图因稀少而弥足珍贵，而且大多数制图者都把小说、事实和迷信混淆了起来。中世纪流传下来的地图约有 600 幅，它们有一个名字叫人世地图（Ecumenical Maps），因为它们都是为了展示"人世"而画的，即整个有人居住的世界，这个世界呈正圆形，耶路撒冷位于正中。托勒密于 150 年为其《地理学》（Geography）绘制的 27 幅图已经失传，但于 15 世纪重新面世，之后得到了广泛传播；不过这些图都把地球当作了一个平面；这些"平面地图"（我们从中得到了错误的"平面航线"）往往把水手们引向歧途，这个错误并不是艺术家们漂亮的修饰所能补偿的。杰拉尔德·德·克雷默（1512—1594 年）在勒文弗莱芒大学（Flemish university of Leuven）读书期间解决了如何在纸面上画出最近似的球形世界的问题，因此被称为杰拉杜斯·墨卡托·鲁佩尔蒙德纳斯（"来自鲁佩尔蒙德的商人"）：通过他著名的投影，可把经度和纬度曲线绘制在平面上。墨卡托之前还有别的投影，但他的投影可以把固定方位的线转换为直线，这样就更容易规划航线了。他的地图与同时代的其他地图一样，通常也被过度吹捧，被视为具有特殊力量的仪器；将这些地图复制给外国人或与他们共享是一种死罪。

到了 1600 年，随着科学的复兴和印刷术的发展，天文地图、地球仪和相关图书得到了广泛传播。1665 年耶稣会士学者阿萨内修斯·基尔舍绘制了第一幅显示洋流、火山现象和山谷的世界地图——《地下世界》(*Mundus subterraneus*)：专题地图学由此诞生。但甚至到了 1740 年，全球精确确定了坐标的地方仍不足 120 处；制图者只是在整片区域标记上三个字"未探明"(Unexplored)。①

可能部分因为这个原因，整个西欧都不把天文学视为一种纯粹研究宇宙的科学，而是视为航海［源于拉丁语 *navis*（船）和 *agere*（开动）的 navigation 一词数世纪以来均指驾船跨海这一吃力的艺术］的一种辅助手段。天文学是第一门国家科学，据传英国国王查尔斯二世从来自航海业发达的布列塔尼的情妇那里听说，一个法国人发明了在海上利用月亮的位置来确定经度的方法。且不说是否有足够的证据证明这一点：查尔斯为了抓住海上主动权，决定资助最新的天文学技术，并于 1675 年建立了格林威治皇家天文台。航海已经在英国国民的意识中占据了重要地位，桂冠诗人约翰·德莱顿在《奇迹之年：1666》(*Annus Mirahilis：The Year of Wonders 1666*) 中回顾了这一过程：

> 当年的海上航行还很不精细；
> 没有可靠的罗盘，不知道经度；
> 他们沿岸航行，陆地始终不脱天际，
> 在北极星的照耀下还知道北方在何处。
>
> 从古至今所有的航海人，
> 数秃顶的英国人声名最盛：
> 不管春夏秋冬，无论天晴天阴，
> 有了他们的发明，船只都能尽情驰骋。

不过，第三次英荷战争（1672—1674 年）期间，英国海军的拙劣表现被归因于船长们借以有效航行并实施战法的天文数据水平太低。[18] 1731 年，皇家学会会员约翰·哈德利和费城的玻璃工托马斯·戈弗雷分别独立发明了反射式四分仪，

---

① 原文注：戴维·格兰，《失落之城 Z》(*The Lost City of Z*，New York：Doubleday，2009)，第 51 页。从"美洲"一词［"America"，以佛罗伦萨银行家阿梅里戈·韦斯普奇（Amerigo Vespucci）而非哥伦布的名字命名］似乎源于 1507 年的一个木刻地球仪这一事实就可以看出印刷术的影响力。也见罗德尼·W. 雪莉的《世界制图》(*The Mapping of the World*，London：New Holland，1993)，第 xii 页。

也叫八分仪，上面一个 45°的弧被 90 等分，弧的两端连有两条臂。1757 年约翰·坎贝尔将其放大为 1/6 圆（六分仪），变得更为轻巧，但改进后这种仪器本身就成了一个圆，加上滤镜和望远镜后更为精确。[19] 进入 19 世纪后，尽管出现了众多的仪器、观测设备和地图，但有时候太阳仍是水手们唯一可借助的导航参照。《白鲸记》中有一个情节，亚哈船长利用船上的四分仪观察，等待太阳升至天顶时他开始咒骂这种奇怪的设备。他的爆发反映了船员们对太阳的力量既敬畏又愤怒，反映了他们对科学的作用的怀疑，还有他们可能永远失去了方向的可怕信念：

> 愚蠢的玩具！高贵的舰队司令、分舰队司令和船长们的小孩玩意儿；全世界都在夸你，吹嘘你的精巧，你的功用；但你到底能做什么？你说得出你到底位于这广袤的地球上哪个可怜、可悲的地方吗？不能！一次都不能！你连明天中午一滴水一粒沙将在何处都说不出；你的无能侮辱了太阳！侮辱了科学！诅咒你，你这个没用的玩意儿。[20]

亚哈船长非常清楚这些"玩意儿"有多么不可靠。该书后文写道，追捕白鲸着了迷的船长询问舵手船的航向，舵手告诉他正往偏东南方向行驶。"你骗人！"亚哈船长咆哮着给了舵手一拳；不过后来他发现两个罗盘都显示船在向东行驶，尽管"皮阔德号"（*Pequod*）实际上是在向西方前进：

> 这位老人僵笑着大声说："我知道了！以前曾发生过。星巴克先生①，我们的罗盘因昨晚的雷电发生了转向——就是这样。"[21]

亚哈船厂处理这一问题很拿手；他从船的绳索上取下一根铁条，递给大副并要他竖着拿在手里，但不能碰到甲板；之后他用锤子从特定方向敲了它几下，把这根针按照地球磁场的方向重新进行了磁化。然后他从罗经柜中取出两根磁针，并把新做的磁针悬挂在罗经卡上。磁针最终安装完毕后，他指着磁针叫道："你自己瞅瞅，亚哈到底是不是罗盘的主人！太阳在东方，罗盘发誓没有错！"

即便最好的罗盘有时也不可靠，最现代化的仪器也可能出错，所以科学总在寻找更好的测量方法。18 世纪的探索主要着眼于更精确地确定经度。纬度（南

---

①　译注：Mr. Starbuck，亚哈船长率领的捕鲸船"皮阔德号"上的大副。

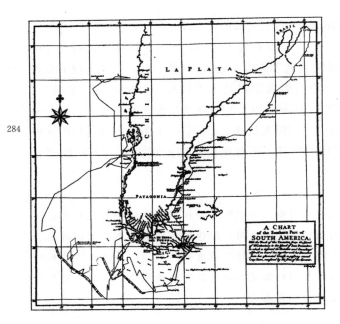

284

1740—1744 年间，在一次英西战争中，6 艘英国船只在乔治·安森司令的指挥下开始环球航行。安森的地图生动地表明了经度信息不明确给舰队带来了什么样的后果。散落在大陆西方的细线记录了舰队的行程，并表明了安森他们经常迷路。只有 1 艘船——出发时 1900 人中的 500 人——完成了旅程。他们的地图把胡安·费尔南德兹群岛（Juan Fernandez）标在了南美海岸的瓦尔帕莱索向西 135 英里处。实际上，群岛在瓦尔帕莱索向西 360 英里处。对自己的地图没有信心的安森驶向了错误的方向；意识到自己的错误后他们花了 9 天的时间才回到出发点，期间有 70 人去世。

北位置）的测量相对较简单，经度（东西位置，记作时间的函数最为简单）则是一个大得多的挑战。17 世纪早期典型的船钟的误差为每天几分钟——在海上航行数天后就会导致数英里的误差。在《经度》（Longitude）一书中，达瓦·索贝尔提醒了我们导航不准所付出的血的代价。克劳德斯利·肖维尔爵士 1704 年夺取直布罗陀海峡 3 年后，于 1707 年率领四船舰队直接撞上了位于英国西南角的锡利群岛，当时他认为自己正在向西 120 英里的距离上绕布列塔尼海岸安全地航行。1600 人随他丧命。在距离家门口如此近的地方发生了一场这么大的海难，着实震惊了英国上下，议会于 1714 年成立了一个特别经度委员会，并为精确测定经度设立了一个 20000 英镑的奖项。

285　　　早在 1610 年，伽利略就乐观地提出可在地球上任意一点通过测量木星卫星的方位来确定绝对时间，他甚至还发明了一个带有望远镜的头盔，观测者可以戴上这种头盔坐在设在"平衡架"——类似于保持船只罗盘处于水平状态的装置——上的椅子上进行观测。事实证明，这种方法可用于陆上测距，海上却不行。1710 年前后，约克郡人杰里米·撒克在英语中引入了 chronometer（船钟，精密计时器）一词。在 1726 年出版的《格列佛游记》一书中有这样的情节：格列佛设想自己会活很长时间，"到时候将会目睹经度的确定，永动机和万能药的发明，还有很多其他伟大的发明把人类带到完美世界"。在斯威夫特看来，精确确定经度显然像其列出的其他里程碑一样是不可能实现的。

不过对于参与了这一场比赛的人来说并非如此。理论上讲，这个问题很简单：只需要根据天体运动的"时钟"规律对比当地时间与参照点的时间，并做简单的数学计算即可。但要做到这一点，必须先造出能在温度、气压和湿度都有很大变化的恶劣海上航行环境下长期保持精准的时钟。[22]

1736 年，在巨额奖金的驱动下——当时的 20000 英镑相当于现在的 4500000 美元，或近 3000000 英镑——草根钟表制造商约翰·哈里森（1693—1776 年）公布了他的"海上计时器"，或者叫"海钟"，误差为每天 1 秒钟。专门为评审这一奖项而设立的委员会为哈里

查尔斯二世时代的著名数学家乔纳斯·穆尔（1627—1679 年）帮助说服议会提供了一大笔资金奖励给第一位解决经度问题的人。穆尔《数学新体系》（*A New System of Mathematicks*，1681 年）一书中的这幅插图画的就是航海家、天文学家和他们的仪器。

森提供了 500 英镑资金用于进一步改进，1759 年哈里森给出了更好的版本——一系列他称之为"表"的便携式耐用时钟。"表"（*watch*）一词源于船上把一天分为每段 4 小时的 6 个时段（*watch*）的习惯。对于哈里森来说不幸的是，整个委员会为著名的天文学家把持，他们不相信出身如此普通的一个人能完成这样一个壮举，只同意支付他一半的奖金，而且直到 1765 年才支付——证明其发明在海上 8 天时间里只产生了 5.1 秒钟误差的测试早在 3 年前就做过了。1773 年库克船长率领皇家海军的"革命号"（*Resolution*）首次穿过北极圈，证明了基于哈里森的模型而改进的一种船钟的可靠性。哈里森发明的重要意义最终得到了认可，

但此时他只剩下 3 年的寿命了。

几乎所有大国都以其首都所在子午线为标准进行计时持续了近一个世纪后，1884 年在华盛顿召开的一次会议确定以英国的子午线为本初子午线，出发点是格林威治天文台已经发展出了必须的仪器设备并编制了 200 多年的观测数据。当时，好战的英国诗人威廉·沃森（1858—1935 年）在爱德华七世的加冕典礼的献诗中写道：

> 时间、大海和为我们指明方向的星辰，
> 是它们这个高级内阁造就了现在的我们。[23]

但本初子午线的发展历程并不只是航海者利用太阳的故事，还是整个计时发展史和如何利用太阳测量它自己的运行这个故事的一部分。

第 20 章
历法和日晷

人们一定从来没有认为时间是先验的：它是人们构想出来的一个量。

——赫尔曼·邦迪[1]

历法是逻辑和天文学都无法解释的一种工具。

——E. J. 比克曼[2]

"哪怕最精明的人考虑神秘的计时法时也会摸不着头脑。"翁贝托·埃科在新千年到来之际曾如此写道。他道出了一个一般性事实，尽管他特指的是新千年是于 1999 年 12 月 31 日到来还是次年同日到来的问题——这就引出了公元 1 年始于 0 还是 0 之后 1 年这个问题——当然，0 是指基督诞生那一刻，它又有自身的争议性。[3] 从基督诞生开始计时的体系由 6 世纪的小狄奥尼西提出；此前日期是从戴克里先的统治（284—305 年）或（传说中的）世界的诞生之日起开始计算的，不过小狄奥尼西把基督诞生的年份搞错了，于是从"基督诞生"（*Nativity*）一词流行开来起纪年就有了偏差。

1956 年，英国很多学校的考试，以及纪念凯撒遇刺 2000 周年的戏剧及其他纪念活动，都闹了个大红脸，因为人们发现由于没有公元 0 年，这一事件实际上是 1999 年前发生的。以此类推，耶稣死于 32 岁而非 33 岁。当然也有其他的历法和纪年体系。2007 年 9 月 12 日，埃塞俄比亚人迎来了他们自己的千禧年，他们的历法比格里高利历晚了 7 年。德国小镇哈梅林（Hamelin）长期以来都不采用耶稣纪年，而是从 1284 年 7 月 26 日开始纪年，根据该小镇的档案，这天有

130 个儿童被带离小镇——显然是被花衣魔笛手带走的①——之后再也没有见到过他们。4

　　还有更多的混乱源。历法就四季各始于何时仍存在同样多的分歧：春分是 3 月 20 日还是 3 月 21 日？英国到底是何时参加的第一次世界大战？历史学家在这一问题上仍莫衷一是，因为英国在最后通牒中说午夜将进入战争状态，但并没有说是伦敦时间还是柏林时间的午夜。更近一些，1941 年日本偷袭珍珠港事件，后来夏威夷是按发生于 12 月 7 日来纪念的，而位于国际日期变更线另一侧的日本则把纪念日定在了 12 月 8 日。

埃塞俄比亚人庆祝新千禧年的到来——我们的 2007 年 9 月 12 日。

　　我们可以把正确划分时区、年代和千年的事搁置不提；但年份和月份呢？所有的历法计算均涉及某种形式的天文学，即太阳运转规律、月球运转规律或者两者都有，而且每一种主要的文明都至少发展出了一种形式的历法，并由此确定自己的纪念日和节日。不计时的民族将会被时间所遗忘：20 世纪 40 年代，一位研究玻利维亚西里奥诺（Sirionó）部落的人类学家说了一句很公道的话："他们没有时间记录，不存在任何形式的历法。"他总结说，这一部落是"生活于蛮荒的

———————————

　　① 译注："花衣魔笛手"是欧洲一个古老的民间传说。传说德国普鲁士的哈梅林曾发生鼠疫，死伤极多，居民都束手无策。后来来了一位法力高强的魔笛手，身穿红黄相间的及地长袍，自称能铲除老鼠。镇子里的头领们答应给他丰厚的财宝作为答谢，魔笛手便吹起神奇的笛子，结果全村的老鼠都在笛声的指引下跑到了河里，被一举铲除。但那些见利忘义的头领们却没有兑现承诺，拒绝付给他酬劳。为了报复，花衣魔笛手又吹响了神奇的笛子，全村的小孩都跟随他走了，从此杳无音讯。

一群人"。[5]

　　几乎所有早期文明的历法均发端于阴历——中东的巴比伦人、希腊人、犹太人和埃及人；美洲的阿兹特克人和印加人；东亚的中国人和印度人——之后又发展成为阴阳混合历法。毕竟，在成熟的制图系统出现之前，月亮比其他任何天体都可靠（moon 一词本意为"测量者"；因此 month 就指"所测量的时间"）；但阴历常常偏离农牧业的自然发展规律。结果，任何社会均会采用三种历法，一种为政府所用，一种用于宗教活动，还有一种为日常生活服务。

　　历史上无数的历法中只有四种是纯阳历历法：（最终形式的）埃及历法、阿契美尼德历法暨后来的阿维斯陀历法（公元前 559—公元前 331 年间应用于波斯）、由玛雅人创造而为阿兹特克人所采用的历法，以及我们的儒略历/格里高利历。即便在这些历法中，阴历元素仍没有完全消除。[6]任何社会的主要宗教节日均逐年随季节变动，其中包括复活节、斋月、屠妖节、中国春节和赎罪日。

　　早期两类历法的编制者都面临着惊人的困难。他们只能依靠白天的太阳和夜晚的星星来确定时间，人类历史进程中，每个民族，有时候每一代人都试图寻找自己的解决方案。公元前 3200 年稍早一些时候，伴随着文字的发明，又有了另一种压力：随着具有阅读能力的人不断增多，人们开始在记录、信件和财产清单上加上广为理解广为接受的日期。

　　任何时候，要创造一套历法都非常重要，因为可由其获得一定的实际权力。在古代和中世纪中国，由于皇帝被视为上天的代表，所以每次新帝登基——更重要的是，每次改朝换代——都需要创造一套新的历法，同时确定下来新的节日和新的耕作收获日期，以示新的天命已经确立。（我们可能会猜测究竟有多少这样的改变。）这种传统在汉朝（公元前 206—公元 220 年）形成并完善，从汉朝初期到 1368 年的明朝期间，共诞生了约 40 种新历法。李约瑟认为："对于一个农业经济社会来说，用于校准历法的天文学知识极其重要。能够为民众提供一套历法的人将成为民众的领导者……皇帝颁布历法的权利类似于西方统治者的铸币权，而后者还会在货币上加上自己的头像和名字。采用历法意味着对皇权的认可。"①

　　从公元前 2000 年前后起，巴比伦人从直接的天文观测出发创立了他们的历

---

　　①　原文注：李约瑟，《中国的科学与文明》（*Science and Civilization in China*，剑桥：剑桥大学出版社，1959 年），第 189 页，以及克里斯托弗·卡伦，《古代中国的天文学和数学：周髀算经》（*Astronomy rand Mathematics in Ancient China：The Zhou Bi Suan Jing*，纽约：剑桥大学出版社，1996 年），第 6 页。目前在负责剑桥李约瑟研究所的卡伦认为，李约瑟严重低估了中国的历法天文学的重要性：他的著作只道出了后者的部分意义。

法。正式的一天始于日落，但每月的第一天除外，这天从新月升空开始。如果看不到新月——由于能见度差或新月离太阳太近——这一月的开始点就往后推迟，尽管根据常识每个月都不应超过 30 天。严格来说，阴历月是月亮历经每个月相所用的时间——新月、半月、满月——再回到初始点：29 天 12 小时 44 分 3 秒。公元前 4 世纪，他们发展了另一种历法，利用的是一种"平均"太阳——以恒定速度运转的假象太阳——的概念，现在我们进行历法推算本质上讲所依据的也是这种概念。

中国人与巴比伦人一样也完全依赖于观测，而且似乎并没有抵消多少观测中产生的误差：他们的历书总是有偏差。两千多年的时间里他们做了 50 多次修正，并非所有的修正都标志着统治者的更替。他们的第一种历法是阴历，每月的长度交替为 29 天和 30 天。这样每年就少了 7 天。到了 6 世纪前后，他们的天文学家开始认识到存在一个 19 年的周期（再次与巴比伦人相呼应），周期过后月相会在太阳年的同一天再现，所以他们开始增加所需的额外天数，以"应天道"——使计算结果与大自然的规律相一致。公元前 1 世纪他们就已经有了 24 节气，每个节气对应于太阳在黄道（太阳在天上的表观轨道）上运行 15°。他们的一年始于二月初五，而且他们的节气的名字，至少从想象力上来说让其他文明都自叹弗如——比如"惊蛰"（3 月 7 日）；"芒种"（6 月 7 日）；还有"霜降"（10 月 24 日）。到了 6 世纪，他们的历法也把太阳的表观不规则运动考虑了进去，太阳与月亮的运行终于结合在一起了。[①]

伊斯兰历法起初是阴历历法，后来改成了阴阳混合历法（穆斯林国家的国旗上都有面朝右方的新月标记），通过增加必要的天数也达到了一定精度。不过，632 年穆罕默德因某些群体改变了禁止进行战争的圣月而动怒，禁止了所有这种置闰，声称增添天数令日历与太阳年相协调违背了真主的指令。之后他引入了一种纯粹的阴历，但这样一来一年只有 354 天或 355 天，所以大约每过公历 34 年左右的时间，穆斯林的节日会历遍所有的季节。

严守阴历也意味着只有真正目睹了新月才能断定新月份的开始，所以历法无法提前确定，而且月份的起始日也不可预测。古兰经说，新月"是（前往麦加的）民众和朝圣者的固定时间"。每个月人们都焦急地等待着官方宣布目睹了新月——

---

① 原文注：中国统治者二者兼而有之。外国历法陆续被引进，唐代（618—906 年）引入了一种印度历法，元代（1279—1368 年）引入了一种穆斯林历法，而格里高利历则于 17 世纪引入。但直到 1912 年中国自己的历法才被官方弃用，而且直到今天大多数中国日历都给出两种纪年方式：格里高利历纪年和 60 年一甲子的干支纪年。

尽管穆斯林分布广泛，越来越难坚守唯一一种阴历历法。1971 年，伊朗王将本国的历法由伊斯兰（阴）历改成了波斯（阳）历，后者更便于庆祝早在伊斯兰教之前出现的孔雀宝座（Peacock Throne）的 2500 年纪念日，推动了制定一种结合了计算和目睹的国际伊斯兰历法的全球行动；但目前仍没有哪种版本被广为接受。

在犹太教看来，如旧约中的"诗篇"所说，每天——从午夜到午夜——分为6 个时段。为了与太阳年保持同步，犹太教每个 19 年周期都会在第三、六、八、十一、十四、十七和十九年年末加上一个月。每隔 28 年（被称为一个尼散，据计算，这天太阳的位置与创世纪那天相同），正统犹太教徒就会进行一次太阳赞颂（最近一次于 2009 年进行）。与穆斯林历法相同，犹太教记录的月份也由月亮确定，新月出现于西天标志着新的一月的开始。

埃及人最初用的是一种阴历历法，但（后来证明）该历法与当时的其他历法一样，很不精确，12 个阴历月构成的一年与一太阳年相差整整 11 天，节日也会逐渐严重偏移。他们把一年分为三个季节——尼罗河泛滥季、沉积季和收获季——每个季节持续 4 个阴历月。为了凑成满年，他们会在天狼星于第十二月深夜升起的年份额外增加一个月。最终，他们认识到每年接近 365 天之后，直接给最后一月另外增加了 5 天。

改用太阳年后，他们设计了一套更复杂的历法，用到了天狼星四周的 36 颗星，每颗星重新出现都标志着新的阶段的开始。36 颗"十天星"（现在如此称呼是因为这些星星的重新出现彼此相隔 10 天）中的每一颗在升起之前的 70 天里都不可见。任何季节，都有 18 颗"十天星"在日落到日出这段时间升起，其中黄昏和黎明各有 3 颗升起，剩下的 12 颗在完全的黑暗（这个词因著名的成语"揪心裂肺"而在埃及传播开来）中升起。由此诞生了每天 24 小时，不过全年每个小时的长度并不是一成不变的——比如，白天的小时在夏天更长——直到埃及新王国（始于公元前 1539 年）引入了 60 分钟制的小时。他们每隔 4 年又额外增加一天。

玛雅人神秘的计时方法给人们留下了深刻的印象。800 年时他们拥有一套既利用了农作物生长周期又用到了太阳周期的历法，每年有 18 个月，每个月 20天——18 个月之后是 5 天的闰"月"，名为 *uayeb*——这些月份拥有 Pop、Zip、Zec、Mol、Yax 和 Zac 这样的名字，构成了一个很好的循环；不过后来这些都归入了一种 1 年 13 个月，每个月 28 天的阴历历法。他们最初的阳历历法的误差只有每年 3 秒——比格里高利历更精确。[7] 其"长历"终于 2012 年的 12 月 21 日，恰遇太阳系中各种不寻常的排列，足以激发各种有关天启即将到来的理论（统称为

"玛雅预言")。

阿兹特克历法每 365 天一周期的循环被称为 *xiuhpohuali*（年计），另外会有一个 260 天的宗教性循环，称作 *tonalpohuali*（日计）。前者考虑了太阳，所以起着农业历法的作用；后者是宗教历法。印加人与之类似，也有两种版本的历法。2004 年访问山城库斯科时，有人告诉我该城大量的太阳柱（可惜为西班牙人所毁坏）是用来确定耕作日期的。更近些时候，利马北方 250 英里处发现了 13 座具有不超过 2300 年悠久历史的石塔遗迹，后被证实也是一种太阳指示装置（类似于巨石阵），用以帮助统治其帝国；但也存在一种根据星星制定的农业历法，为较低阶层的人所采用。

天文学方面，印加人与阿兹特克人一样，也不如玛雅人发达；不过他们拥有一种 12 个阴历月的精巧历法，并根据在库斯科所做的观察不时进行修正。夏至和冬至前后的 4 个月是在向太阳致敬；春分和秋分前后的月份则归水和月亮女神管辖；剩下的 4 个月则献给了农业、死亡、雷神（战争和所有气象事件之神）和金星女神。[8]此外，印加人的计时方式与其他很多文明也有很多相似之处——都富有想象力，精确度不高，经常根据对太阳和月亮的观测结果进行修修补补，在其推动下实现发展。

数不清的希腊城邦采用的历法也多种多样。雅典于公元前 5 世纪采用的一种历法，新年始于夏至日，同时这一天也是新的一月的开始。与大多数希腊城邦相同，雅典的一天也始于日落，这是根据月亮计时的计时体系的自然安排；但地方长官可自由重复日期——如果他们希望的话，可多次重复同一个日期，比如一连串的 12 月 25 日。不过这也有限制，因为一年必须终结于正确的日期；如果某一天重复了，另一天就要剔除，且到了最后一个月就不会有那么多日期可重复。公元前 432 年雅典的默冬最终改革了这一历法，通过每 19 年设置 7 个闰月将阴历月与太阳年协调了起来，并将每月的天数设为 29 天或 30 天不等，从而阴历月的平均长度仅比实际长度多出了 2 分钟。①

公元前 432 年雅典革新之后欧洲历法的第一次重大变革既出于实际需要也出

---

① 原文注：看看格里高利历的公元前 432 年在其他历法中的年份，你会大吃一惊：罗马建城纪年法（*Ab urbe condita*，源于公元前 753 年面世的大部头罗马史），322 年；巴哈教纪年，－2275（－2274）年；柏柏尔纪年，519 年；佛教纪年，－1069 年；拜占庭纪年，5077～5078 年；中国纪年（甲子周期纪年法），2205～2206 年；科普特纪年，－715～－714 年；埃塞俄比亚纪年，－439～438 年；希伯来纪年，3329～3330 年；Vikram Samvat 印度纪年，－376～375 年；Kali Yuga 印度纪年，2070～2071 年；全新世纪年，9569 年；伊朗纪年，1053～1052 年，BP；朝鲜纪年，1902 年；泰国纪年，112 年。这个名单还不包括美洲、日本、玛雅、阿兹特克和印加历法，它们没有上溯这么久远。

于政治因素（或许还有一点儿色情因素）。罗马共和国时期，每年都需要确定的一个修正性月份，通常出于毫不掩饰的政治考虑。朱利乌斯·凯撒既是大祭司长（国教的高级牧师），也是地方总督（省长官），前一职务具有审查历法的责任。然而，他正处在一场最终演化为内战的严重对抗之中——对手是其女婿兼前盟友庞培领导的力量；期间因缺乏政府主持，365 天的日历年缩短了，1 月份落在了秋天。

战胜对手后，凯撒命希腊天文学家索西琴尼编制一套新历法，后者建议某些月份各增加 1 天，而二月则每隔 3 年（闰年）增加 1 天，这就是儒略历，每年约 365.25 天，始于 1 月 1 日。这种历法有个问题，即相对于天文季节来说，增加了太多的闰日。平均来说，每年二至日和二分日会相对于该历法提前 11 分钟，导致每 128 年儒略历就会落后 1 天。凯撒开心地授予公元前 46 年"最后的混乱年"的称号，但由于公元前 45 年持续了整整 445 天，聪明的罗马人改称这一年为"最后的混乱年"。不过他们仍乐见其成，因为他们相信凯撒让他们的寿命额外延长了 3 个月。现在不少月份的名称都反映了儒略历的计时方式，第七个月为九月（September，其中的拉丁语 *septem* 指"七"），第八个月为十月（October，其中的拉丁语 *octo* 指"八"），如此等等。新版本是公元前 238 年希腊-埃及历法的翻版，凯撒乐于引入该历法，因为当时他正与克利奥帕特拉打得火热，还因为内战爆发前元老院拒绝为旧历法设置所需的闰月，因为这样将会延长凯撒的任期。

294

新历法仍有严重的错误，因为它算错了闰年，错把四年一闰当成了三年一闰，所以到了公元前 11 年，即凯撒去世后仅 33 年，新年这天已经落后了 3 天。凯撒伟大的甥孙、养子，同时也是更老练的继承者兼独裁者的奥古斯都把这个错误改正了过来，为此他暂停了闰年的设置，直到公元 8 年才再次开始设置闰年。在其统治期间，为了纪念凯撒和奥古斯都，第五个月"Ouintilis"和第六个月"Sextilis"分别更名为"July"和"August"。①

---

① 原文注：两千年里还曾出现过其他的月份更名行动，但都失败了。比如，1793 年，法兰西共和国宣布施行新的革命历法，从 1792 年 9 月 22 日开始是革命元年的 12 个月，每个月 30 天。这 12 个新月份分别是：霞月（Vendémiaire）、雾月（Brumaire）、霜月（Primaire）、雪月（Nivôse）、雨月（Pluviôse）、风月（Ventôse）、芽月（Germinal）、花月（Floréal）、牧月（Prairial）、获月（Messidor）、热月（Thermidor）、果月（Fructidor）。每 10 天休息 1 天，每年另加 5 天"无套裤汉日"（*sans-culottides*，因不穿时尚套裤的低阶层革命群众得名）。这一历法只实行了 10 年便被废除了，因为 10 天一周太长，工人的休息时间太少；而且新年开始的日期会有变动（因为新年定于秋分日），这是几乎所有人都容易混淆的地方之一。特别是它还与大众的商业交易和农业活动时间不协调。大革命还曾试图引入十进制时钟，每小时时长是革命前传统小时的两倍。革命 11 年果月 22 日（1803 年 9 月 9 日），这一革新也被废止了。（英国人的改革则更为成功。从 1880 年起，英国人就把每周礼拜六和下周的礼拜天连成了"周末"，第一次世界大战后越来越多的国家采用了这个名字并采用了双休日。）

基督教的发展对计时提出了新要求。儒略历过去把基督受难日、主显节和天使报喜节这样的一些事件的日期"固定"了下来，也确定了像复活节、圣灵降临节和四旬斋这些日期可变的节日的顺序。复活节是 3 月 21 日这天或之后首次出现满月后的那个星期日；复活节之后至少还有一打其他节日。福音书明确指出耶稣在受难日这天被钉死在十字架上，而复活节的日期则由犹太教当权者设定节日所依据的复杂月相计算所确定。早期的基督教徒很多都认为基督遇难那天是星期五，并于两天后复活；但如果按照犹太历法推算的话，复活节并不一定正好是星期日。这一点引发了东正教派和罗马教派之间的严重分歧，前者认为复活节是阴历月的第 14 天，无论这天是星期几。对于信仰不同的教派来说，复活节还可能落在不同的星期日。

295　　　　圣徒比德于 725 年所著的《论计时理论》（*On the Theory of Time-Reckoning*）一书中详尽论述了如何最有效地确定一部理性的历法，根据他的计算，共 365.25 天的儒略年比太阳年长了 11 分钟又 4 秒，更精确的测量结果更接近于 365.24 天。在没有做改进的情况下，而随着时间的推移，凯撒历与四季越来越不协调。最终一位教皇推动了另一次改革。流传下来的故事是，1576 年的复活节的时间显然错得离谱，格里高利十三世教皇便前往梵蒂冈的四风之塔（Tower of the Four Winds），那里的一位天文学家向他展示了落在历法室地板子午线上的太阳影子，教皇由此看出，当时太阳的位置与保证 3 月 20～21 日到达春分点要求其当时所处的位置还有 10 天的距离。据说，当时教皇便下定决心，历法必须与坚定不移的天道保持一致。这个故事可能是真的，但人们很早就认识到需要对历法进行改革：罗杰·培根早在 13 世纪就曾就历法的缺点写了一篇论述给克莱门特四世。

几周后，著名的卡拉布里亚物理学家兼业余天文学家阿洛伊修斯·利尤斯（约 1510—1576 年）给出的一个方案就由其兄弟（利尤斯刚刚去世不久）递交给了格里高利教皇。为审查这一方案，教皇请来了居住在罗马的数学家克里斯托弗·克拉维于斯，这位巴伐利亚耶稣会士在罗马赢得了"16 世纪的欧几里德"的美名。克拉维于斯对这一创新方案表示赞成，并融入了自己的一些想法。接下来的几年里，所有的天主教国家都受命解决掉多出来的那 10 天。教皇同意 1582 年为改历年，同年十月改为历月，因为十月里的教会节日最少，这样带来的混乱也最少。

这一选择还有其政治原因，因为 1583 年儒略历的复活节（3 月 31 日）与格里高利历的复活节（4 月 10 日）为同一天，但这个人们所乐见的巧合很多年内不会再现。可能有人会问，格里高利为什么没有删除 15 天，这样就能把春分挪至传统的春分日——3 月 25 日——而只是删除了 10 天。如果他真的这样做的话，冬至日将会挪至 12 月 25 日，而这天正是一个重要的基督教节日。正如邓肯·斯蒂尔所说："基督教节日与冬至日再次重合的话，教会将陷入麻烦。二百多年前基督教已经成功地窃取了异教的冬至节日……不会还回去的。"9

西班牙、葡萄牙和意大利的部分地区立刻接受了新历法；法国和低地国家当年年底也采用了新历法。今天的比利时当时直接从 1582 年 12 月 21 日过渡到 1583 年 1 月 1 日，大家的圣诞节都没了。德国的天主教 1584 年采用了新历法，丹麦-挪威 1586 年采用，而瑞典直到 1753 年才采用。大多数其他非天主教派基督教均对新历法嗤之以鼻；德国信仰新教的州直到 1700 年才采用它。在瑞士最具东方气息的格劳宾登州，甚至住在同一条街上的天主教徒和新教徒都在使用不同的历法，这种情形一直持续到 1798 年法国入侵，为侵略者所迫，所有人都采用了格里高利历。

　　1751 年施行格里高利历的法案非常不受民众欢迎，威廉·贺加斯在描述辉格党一次小酒馆聚会（外面有托利党人在抗议）的画作《选举餐》（*The Election Dinner*，1755 年）中画了一张偷来的托利党宣示牌，上书"把我们的十一天还回来！"（"Give Us Our Eleven Days!"，躺在那位手持打狗棒的男子脚下）。

信奉新教的英国同样对来自罗马的谕令持怀疑态度，而且尽管伊丽莎白一世女王对罗马提议的更改并非无动于衷，随着 1588 年西班牙无敌舰队的溃败，英国接受这种新历法的可能性也荡然无存。伏尔泰后来曾嘲弄："英国暴徒宁愿自己的历法与太阳的运行规律相左也不想与教皇保持一致。"[10] 更可能的情况是，十分清楚格里高利历缺点的英国科学家们认为，如果他们自己给出一种更好的历法，将有助于争取在与罗马的争吵中持骑墙态度的欧洲各国。对《驯悍记》的一种解读是，妻子凯瑟琳（Katharine）代表了新教，丈夫彼特鲁乔（Petruchio）代表了大革命之前的天主教；所以考虑到这部戏剧创作时（1592 年）英国历法与罗马历法已经相差了 10 天，丈夫命令妻子称太阳为月亮似乎也并非毫无意义。[①]

日本直到 1872 年才采用西方历法，这一变革还引发了农民的叛乱。土耳其最后，1927 年才跟上这一不可逆转的大趋势。俄国的历法变更史可能最令人眼花缭乱。直到 15 世纪末，俄国的新年仍始于 3 月 1 日，之后改为 9 月 1 日，直到 1700 年彼得大帝将其改为 1 月 1 日。1709 年东正教所偏爱的儒略历才传入进来，此时距离格里高利历传入西欧已有 127 年了。19 世纪的大部分时间里，俄国外交部和奉行扩张主义的俄国海军均采用格里高利历；终于到了 1918 年，列宁颁布法令在全国推行格里高利历——但到了 1923 年，经过一场清除基督教历法的努力，格里高利历和儒略历均被抛弃。取而代之的是"永恒历"（Eternal Calendar；为促进生产，给工人们发放特制的卡片）。到了 1929 年，一周变成了 5 天，一月变成了 6 周。直到 1934 年重新启用格里高利历，"永恒历"才废止，但直到 1940 年才恢复每周 7 天制。人们对可能带来的混乱有着充分的认识。[②]

新格里高利历既有优点也有缺点。它并没有完美地捕捉到二分点和二至点，但是在热带年/太阳年的长度（即：地球围绕太阳公转一周所用的时间，也就是连续两个春分点之间的时间）为 365 天 5 小时又 49 分（近似值）的基础上编制

---

① 原文注：按照格里高利历，莎士比亚于 1616 年 5 月 3 日（星期五）去世，同期的作家塞万提斯则于 4 月 23 日（星期二，据说是莎士比亚的生日）去世。但按照旧时英国采用的儒略历，莎士比亚于 4 月 23 日圣乔治日去世。尽管塞万提斯的去世时间比莎士比亚早 10 天，但经常有二人一同去世的说法在流传，为纪念这种巧合，联合国教科文组织把 4 月 23 日定为国际读书日。不过，塞万提斯可能于 4 月 22 日去世（格里高利历），但于 23 日下葬。

② 原文注：历史上众多的历法为托尔金提供了丰富的素材。《指环王》一书就"夏尔年"（Shire Year）一词做了长达 7 页的注释。夏尔年的 12 个月分别为 Afteryule、Astron、Afterlithe、Winterfilth、Solmath、Thrimidge、Wedmath、Blotmath、Rethe、Forelithe、Halimath 和 Foreyule。每年均始于星期六，而年中节（Mid-Year's Day）则不属于一星期中的任何一天。"精灵在中土（霍比特人的故乡）也注意到了一种较短的周期或者说太阳年，称作 coranar 或'太阳周'，这名字多少带有点天文学的意味。"如此等等；托尔金自己乐在其中。[11]

的，一年的长度比季节的长度更精确。由于格里高利历定义每年为 365 天，这就意味着下一年开始的时间比公转一周结束的时间早了 5 小时又 49 分钟。为了与太阳保持同步，每过 4 年，即到了所谓的闰年，就会额外加上 24 小时（闰天），这年就变成了 366 天。[伊斯兰教历法没有做出这样的调整，所以就造成了一些混乱，比如，斋月就会在四季窜动：由于"斋月"（Ramadan）一词源于阿拉伯语中的"八月"（rams），这样就尤其容易带来混乱。]

事实上，该历法每年都会超前 11 分钟——每 4 年超前 44 分钟。每过百年，就会累积超前近一整天；如果持续这样累积，历法上的 400 年实际上是 146100 天，而不是实际上的 146097 天。于是，格里高利历规定，每 4 个整百年中 3 个前两个数字不能被 4 整除的年份——截至目前只有 1700 年、1800 年和 1900 年——不再是闰年：通过这种等待，太阳又跟上了格里高利历的步伐，全世界也一切正常。

格里高利历有意恢复了复活节原来所处的次序——这种调整是出于宗教而非科学目的。不过，我们仍要花点时间来看看这一节日（及其他节日）具体日期是如何确定的。2003 年 10 月，我前往海德堡拜访天文计算研究所（Astronomisches Rechen-Institut）的莱因霍尔德·比恩博士。他身着棕色方格衬衫、褶裥裤子，脚踏一双磨损了的旧鞋，十分休闲；身材矮胖，有点像一只友善的刺猬。他在研究所的工作是观测天文现象，绘制行星运行的图表，还有每天都要给出次日日出和日落的时间。但他也就每年重要的庆祝活动应在哪天进行提出建议给德国政府。"你不能为未来所有的时间固定一种历法，"他耐心地解释道，"地球的运转正在变慢，所以今天精确的历法将来未必精确。"之后他跟我讲了克里斯托弗·克拉维于斯的轶闻趣事，还有约翰·多恩所开的玩笑。后者是一位伟大的诗人，同时也是一位英国国教皈依者，他曾斥克拉维于斯为贪吃之徒和酒鬼。就在比恩博士为克拉维于斯辩护期间，我注意到了钉在他乱糟糟的书桌上的一小片便签，上面用英语写道：今年的圣诞节将会是 12 月 25 日。开个玩笑；但这也正是事实。

计算一年的长短是一种计时方法。没有人知道小时及更小时间单位的测量始于何时，可能要晚得多。只要人们以耕种和放牧为生，就没必要测量更小的时间单位。至少从 9 世纪起，大多数文明均以星期为单位计时，用根据民间传说、自己的需要和观察，以及（特别是在更发达的城市）宗教历法得出的日期来划分年。1827 年威廉·黑兹利特曾写道："研究未开化民族就像是打开了一本自然历书，研究他们对未来的预言更是如此。"¹² 且不说含义丰富的"未开化"（savage）指的到底是什么，我们知道，中非的孔索人仍根据功用而非计算来标记时段：比如下午 5 时到下午 6 时是 *kakalseema*（牲口回家的时间），每天的不同时段均以当时进行的活动命名。①

"小时"这一简单概念，在已知的 5000 年历史中用了 2000 多年才进化为固定时长。对于古埃及人来说，一月的 1 个小时和八月的 1 个小时，或北方亚历山大的 1 个小时和南方孟菲斯的 1 个小时，长度都相差很大。对时间最自然的划分是分为两部分——白天和夜晚。古罗马人直到公元前 4 世纪末仍把白天分为正午前（*ante meridiem*）和正午后（*post meridiem*）两部分。由于所有的法院工作均应该在正午之前进行，所以他们专门安排一位地方官员测定太阳越过天顶的时间，并在法庭上宣布这一时刻。② 他们还区分了 *dies naturalis* 与 *dies civilis*，即从日出到日落的自然天与从地球自转一圈结束到下一圈结束的民用天——在他们看来即午夜到午夜。"天"一词的意思曾含糊不清。

他们还做了进一步的细分：把一夜分为四个"时段"，每个时段均以其最后一个"小时"命名，巡警负责报时。当需要更精准地描述时间时，就诞生了一批描述时间的词汇：*occasus solis*（日落）、*crepusculum*［薄暮，所以才 crepuscular（朦胧）］、*vesperum*（星星出现）、*conticinium*（寂静降临）、*concubium*（就寝时间）、*nox intempestum*（漫长的夜晚，无事可做的夜晚）和 *gallicinium*（黎明）等。

工业革命之前，因为没有较好的灯，大多数欧洲社会的工作时间均为日出到日落。大约从 12 世纪起，教堂的钟声提醒人们劳作的开始和结束时间，晚钟（curfew，源于法语 *couvre-feu*——"灭火"，即熄灯）也由教堂敲响，如此等等。数个世纪里，欧洲人均视午夜到黎明这段时间为"dead time"（死寂时刻），由此才有词组"the dead of night"（深夜万籁俱寂）。

---

① 原文注：很多人通过周围的自然环境来感知较小的时间段。我曾与多位盲人讨论过他们对太阳的体验，他们的某些反应似乎普遍存在：比如，飞行员迈尔斯·希尔顿-巴伯曾在飞行中（并非操控飞机）利用太阳照在脸上的感觉来感知时间。作家韦德·梅塔曾告诉我，1949 年 15 岁的他离开印度家乡前往阿肯色州的盲人大学就读，学校里很多人并不戴盲人手表，他们更喜欢通过周围的环境来推测时间，"显然太阳是周围环境的一部分"。

② 在案件审理过程中，他们用漏壶（*klepsydrae*，意指"偷水贼"，即一个经过测量的容器，通过穿孔向水槽中滴水）作为计时器，用于测定辩护者可做辩护发言的时间：*aquam dare* 这一词组，"给水"，意指给法官分配时间，而 *aquam perdere*，"失水"，意指浪费时间。如果元老院里一位演讲者讲话超时或演讲时间过长，他的同伴就会喊他的水要被挪走了。

这么多个世纪过去了，现在我们仍对正午时刻感到惊恐。正午恶魔是早期隐居在基督教教堂里被称为"沙漠教父"的残忍的折磨者。法国和意大利都有因正午太阳命名的地区——法国的南部区（Midi）和意大利南部（Mezzogiorno）。在古罗马，计时者在正午到来时会高声通知大家，而巴黎一位发明家则给自己的日晷装上了一只镜片，正午时分这只镜片聚集的太阳光会点燃一门小型加农炮，现在甚至连开普敦和智利的圣地亚哥这样偏远的地方每天都会响起这种"正午炮"。多少年来，温哥华布洛克顿岬角（Brockton Point）的灯塔守护者一直都通过引爆一柱炸药的方式来通知大家正午的到来。19 世纪，为了把校准船钟所用的精确视觉信号发给航海人员，重要港口会在下午 1 点丢下一只巨大的时间球（并非在正午，因为正午时分天文台正忙着读数）。①

不仅仅按正午、日出、日落这样粗略划分，而是更精确地确定白天的时间是一个挑战，这里太阳再次成了必不可少的借助道具。晷针（Gnomon，源于希腊语中的"指示器"）最初用于测量高度，后来用作旧式日晷，晷针投下的影子的长度标记了时间。任何竖直的东西均可以用作晷针，包括人体。正如乔叟所写： 301

> 我猜当时是四时。
> 因为我身长六尺，
> 而当时的身影，
> 长约十一。[13]

为了测定日落后的时间，人们发明了水钟，至少从公元前 1450 年起在埃及就有了这种应用，比罗马早了 1000 年。不过这些水钟不太精确，直到公元前 3 世纪②亚历山大人特西比乌斯（约公元前 285—公元前 222 年）发明了一种装置来确保水流速度一致。中国人至少在公元前 30 年就有了水钟，后来他们在一个旋转轮上加装了一整套的小管。李约瑟写道："这样就取得了精确计时的重大突破。"[14]

除漏壶外，还有槽口烛钟（据传由阿尔弗雷德大帝发明）、沙漏（多次使用

---

① 原文注：美国西部的决斗有在正午举行的传统，这样太阳光不会正好射入决斗任何一方的眼睛：公平神话的一种。1952 年上映的弗雷德·金尼曼（Fred Zinnemann）的经典电影《正午》（High Noon）在日至中天且气氛也最为紧张的时刻并没有采用短小的影子的镜头，取而代之的是标志着时间无情流逝的时钟走针的镜头——这也是时钟取代了太阳古已有之的作用的一个例证。

② 译注：原文此处误作"公元 3 世纪"。

302

婆罗洲部落族人于夏至日测量一根晷针影子的长度。李约瑟在《中国科学文明史》（Science and Civilization in China，1953年）一书中引用了这张照片。

后漏颈磨损，沙粒下落过快，会导致计时时间缩短）、火钟、埃及麦开特（merkhet，由铅垂线和棕榈叶构成）、不同香料做成的焚香钟（可以"嗅"出时间）等多种计时工具。但应用最普遍的非日晷莫属。日晷由石头或木头制成，上有与现在所知的地轴平行的金属，与该金属成直角的是一个被很多线分割的圆圈，线的多少视需要而定，这样有太阳照耀的时候，金属的影子就会随太阳在天空中移动而在圆盘（heliotrope——日向盘）上移动。

已知最早的日晷约于公元前16世纪出现在埃及。到了公元前6世纪，希腊也在使用日晷，而阿那克西曼德则发现了"日晷测时术"原理。在接下来至少10个世纪里，日晷都是世界上最精确的计时装置，[15]但其传播尚需时日，部分是因为人们的使用方式并非总是正确的。比如，似乎没有人理解公元前212年从锡拉库萨（纬度为37°N）掠夺的一部日晷运到罗马（纬度约为42°N）后其刻度便无法指示出正确的时间。[16]人们开始认识到，必须为不同的纬度特别设计相应的刻度，因为越向两极太阳的高度越低，晷针的影子也越长。达瓦·索贝尔解释说："考虑到一年中太阳最高点的变动及地球相对于太阳公转速度的不同，为了让晷针的影子更接近正确的时间，刻度必须根据使用地的纬度设定。制作合适的日晷没有明显的规律可循。"[17]当然，多个世纪里人们都没有认识到这些因素。①

直到1371年才——在大马士革的大清真寺——出现了第一台指向极地的日

---

① 原文注：即便如此，童子军仍利用手表来分辨方向：表盘朝上，时针指向太阳。在北半球，正南方向落在时针和12时中间；虽然粗糙，却一目了然。

晷，根据其所在的纬度晷针偏转一定的角度，即考虑了地球的曲率。这样判断时间看的就不仅仅是晷针影子的长度，还有影子的角度。这是一项重大突破，但在机械钟发明之前，这种突破实际上并不需要，因为几乎所有人计时采用的都是不等长小时。

古代设计可移动日晷刻度盘时所作的近似导致的误差有时高达 1 刻钟。两台或更多的日晷给出时间不一致的现象从塞涅卡（约公元前 4—公元 65 年）著作中一个人物谈论克劳狄皇帝之死时的话中可见一斑："我没法告诉你准确的时间：哲学家们达成一致都比时钟容易。"[18] 尽管日晷并不精确，仍有人觉得它太过现代化了，改变了他们与时间的关系，让他们怀恋人们学会计时之前的"幸福时光"。303
普劳图斯（约公元前 254—公元前 184 年）创作的喜剧中一个人物有这样的台词：

> 众神诅咒第一个发现
> 如何区分时间的人！也诅咒，
> 在这里设立日晷的人，
> 他们把我的日子劈成了
> 可怜的碎块！小时候，
> 肚子就是我的日晷——
> 比所有的日晷都更确定、更真实、更精准。

显然，当时日晷仍是一种新事物。不过没过多久，人们就喜欢上了它及它带来的改变。

1400 年前后报时钟问世，17 世纪初这种时钟已十分普及，剧院观众可能并没有意识到《朱利乌斯·凯撒》一剧中的年代错误。剧中布鲁图（Brutus）说"我不能根据星星的位置/猜测黎明多久到来"并询问时间，莎士比亚让布鲁图的共谋者卡休斯（Cassius）回答说"时钟响了 3 下"。《辛白林》中也出现了类似的错误，也有时钟响了 3 下；但《理查二世》中国王祈祷所用的就是日晷而不是时钟了，这样是为了把时间的流逝可视化：

> 之前我糟蹋时间，现在时间糟蹋我；
> 它把我变成了日晷；
> 我的每一个思想代表每一分钟；伴随着我的叹息，
> 它们晷针影子每走一步都刺激着我的双眼，而我的手指

则是肉体的晷针；在揩去眼角的泪水时，

也在静静地指示时间。[19]

重力驱动时钟的增多强化了人们的时间观念，可也促进了日晷的繁盛，由于日晷生意的利润很高，其设计方法也成了严格保密对象。"晷盘艺术"成了一个重要的数学分支，且是很多教科书的主题内容。[20]日晷制作仍是天文学家而不是钟表匠的活，因为制作日晷时必须考虑地球的转动及其椭圆轨道，还有地轴的角度。

其至由钟摆和摆轮游丝构成的精确计时器的到来都没有影响到日晷的流行。如达瓦·索贝尔所说："钟表或手表能计时，但只有日晷才能（根据外部世界）确定时间——这是一种完全不同的功能。"[21]查理一世（1600—1649 年）随身携带一个银日晷，被处决前夜他托付一位仆人将其转给儿子约克公爵（the duke of York，纽约即以他命名）作为最后的礼物。托马斯·杰斐逊年老时为慢性风湿病所困扰，便通过计算日晷的小时线来分散注意力。乔治·华盛顿所用的计时工具为拉斐特（Lafayette）送他的一个银质袖珍日晷。

经过多年的发展，出现了 T 形日晷、便携式日晷、垂直式日晷、凹陷式日晷、方形日晷，以及平面式日晷（常见的及各种花园日晷）。朱利乌斯·凯撒同期的古罗马建筑理论家维特鲁威曾记录了公元前 30 年希腊在用的至少 13 种类型的日晷，并声称自己再也发明不出其他型式的日晷了，因为这一领域已经发展到了尽头。但事实绝非如此。19 时间出现了普适日晷，通过调整它们可在任何纬度使用。钟表制作标准出现后人们更需要日晷设计；很多设计还成了珍贵的艺术作品。

在对日晷出现之前的年月曾有过怀恋的地区，日晷之所以继续存在下去可能与乡下平静生活的田园色彩有关，人们似乎是在时钟时代赋予了二者这种关联。莎士比亚剧作中受挫的亨利六世高呼："上帝啊！我想一点点刻出古雅的日晷盘/是一种幸福，可以看到时间如何一点点流逝。"[22]黑兹利特曾写道："在为数不少的计时方式中，日晷如果说不是最便捷最好理解的话，或许也是最适当最突出的。尽管是'时间的道德标尺'，日晷对其观测结果却不强求，其静止不动的特点与万物的短暂形成了一种对比。"[23]

"时间的道德标尺"是指箴言中引用日晷的习惯。这样的箴言非常多。18 世纪的一则英国谚语说："我出谜语你来答，/什么东西地上爬？/旧地面爬过是新地面，/一刻也不曾停下。"答案是：影子。另外两个经常引用的谚语分别是"晴

撒穆拉特曼陀罗，位于斋蒲尔天文台的巨型日晷，杰·辛格二世大君（1686—1743年）时期建起的一系列大型仪器之一。这些设施没有望远镜，依靠的是肉眼观察和极其精确的建造工作。

天才能看时间"和"钟表出错我不会，/只要阳光够明媚"。后者在强调日晷的准确性时也点明了它的一个缺点：只有晴天才能工作。不过，2004 年 NASA 的一艘太空飞船登陆火星后布设了自己的时钟：2 个比人手掌还小的铝制日晷，分别由两辆火星探测车（Mars Exploration Rover）携带，上书"两个世界，一个太阳"（Two Worlds，One Sun）。[24]

20 世纪 30 年代，好莱坞大佬萨姆·高德温（Sam Goldwyn）拜访他的纽约银行家时发现了一个日晷。然后他转过身大声问同伴："接下来他们会怎么想？"这不是一个笑话；但也仅此而已。

第21章
时间如何流逝

清晨，在东方某处，天刚蒙蒙亮就出发。在太阳前面上路，就能赢得一天的旅程。按理说，倘若永远这么坚持下去，就一天也不会变老。

——《尤利西斯》中的利奥波德·布卢姆（Leonard Bloom）[1]

彼特鲁乔（Petruchio）：我说是什么钟点，就得是什么钟点。

霍坦西奥（Hortensio）：唷，这家伙简直想要太阳也归他节制哩。

——莎士比亚，《驯悍记》[2]

20世纪60年代早期，我父亲从家族实业退休，在英国最西南部的康沃尔开了一家酒馆，学校放假期间我会过去帮忙。每天他都会用他的男低音吆喝两遍"到点了，先生们，慢走！"一次是下午2:30，一次是晚上11:00——根据当时的酒吧从业规定，每天要先歇业3个小时，再歇业近12个小时，直到次日上午10:30方能重新开业。这是一种独特的社会仪式，一种礼貌的要求停止饮酒的命令，有一种目的性宣告的意味。父亲这样吆喝之后，顾客们就知道只有一两分钟的饮酒时间了。与我的英语老师在下课前实行的我们迫切希望其结束的60秒静默相反，坚强的当地人会尽可能地拖延最后的欢饮时刻，父亲的吆喝从来都不受欢迎。正如爱尔兰诗人奥利弗·圣约翰·戈加蒂（受其启发乔伊斯塑造了《尤利西斯》中巴克·马利根的形象）所作：

因时钟而停止畅饮美酒
星星会眨巴着眼说你不羞
上天也会对你一阵嘲笑
其实这并非出人意料！

这样一幕哑剧

让我不禁揣测一番

魔鬼或人类是否首次胡言乱语

"是时间啊，先生们，时间！"①

自从……（呃，这个词确实难以回避）之始"时间"这个概念一直困扰着人类。人们的主观体验与客观测量的对比及二者的不可调和性让时间变得更为复杂。安东尼·伯吉斯的《关于时间的思考》（*Thoughts on Time*）一文曾就此给过一定的暗示：

在第一波建立普适时间［格林威治标准时间］的大潮中，确实有一些空想作品……讨论与双时间相关的内容。奥斯卡·王尔德著有《道林·格雷的画像》一书，书中主人公把公众时间和公众道德转存到自己的画像中，而自己则躲在一个静止的私人时间里……第一次世界大战和第二次世界大战对于普通士兵来说是一种新的时间体验……战斗的开始取决于公众时间，但士兵们按自己的内在时间生活——实际上的一分钟却感觉像永恒，还有好像处于时间之外的无尽厌倦和恐惧。[3]

主观体验的时间可能确实有其不可思议之处：在《伊里亚特》一书中，胜利者与被征服者体验的是两种不同的时间。圣奥古斯丁曾悲哀地说直到有人要他解释时间他才知道时间是什么。不过，不管人们如何分析，确定时间的都是太阳，而利用太阳计时则是各文明最普遍的利用太阳的方式之一。

对于两种人群——天文学家和航海者——来说，精确测定时间十分重要；但在整个基督教世界，教会才是计时的主要推动力量。对于穆斯林和犹太教来说也基本如此；伊斯兰教要求穆斯林每天做 5 次祷告，犹太教则要求做 3 次。基督教徒则根据天体的运行进行祈祷，而圣本笃在任教皇期间的公元 530 年，确定了精确的祈祷时间：晨祷（Prime）、早祷（Lauds）、初祷（Prime，第一次祷告）、午前祷（Tierce 或 Terce，第三次祷告）、午祷（Sext，第六次祷告）、午后祷

---

① 原文注：引自凯文·杰克逊的《时间之书》（伦敦：Duckworth，2007），第 164～165 页。英国酒吧开业规定的现代史始于 DORA，即第一次世界大战期间为了减少军工厂工人宿醉行为而颁布的《捍卫国度法案》（*Defence of the Realm Act*）。

（None，日出后第九个小时进行祷告，流传下来的祷告时间则变成了正午，比原来提前了3个小时）、夕祷（Vespers）和晚祷（Compline）。早祷和夕祷与太阳关系尤其密切，分别于日出和日落时进行，其他几次祷告则与时间设置有关。这个祷告时间表广为接受，以致萨比尼阿努斯教皇（605—606年在任）宣布教堂钟声应告诉大家一天过去了多少时间。之后数年，生活中按时间来进行的内容更多了。凯文·杰克逊说："守时成了一种新观念，而计时机械方面的持续研究则最终导致了时钟的发明。"[4]

林堡三兄弟所著的《贝里公爵的富贵》（1412—1416年）中的一幅装饰精美的画作，画中是6月晒干草的劳动情景，背景是贝里公爵在巴黎居住的内勒酒店。该书收集了一天中每次祷告的祷文。

中世纪后期，大约1270—1520年期间，全欧洲最畅销的书并不是《圣经》，而是指导信徒按圣本笃规定的时间做祷告的《时间之书》。这些年人们一直保持着一小时是白天或夜晚的1/12的习惯，所以夏日里白天的一小时比夜晚的一小时更长，冬日则相反——模拟了天体的一致运动模式的新式机械钟面世才宣告了这一习惯的终结，并逐渐让世人熟悉了天文学家所采用的"平均太阳日"这一测量方式。由重力驱动的齿轮机械表似乎是11世纪阿拉伯工程师的发明，并于1270年以试验品的形式引入英格兰；有确切的证据表明，欧洲第一批用于普通计时用途的时钟是罗杰·斯托克为诺里奇大教堂（Norwich Cathedral，1321—1325年）制作的，而1364年由帕多瓦的乔瓦尼·栋迪

（Giovanni de' Dondi of Padua）建成的一码高的大钟，则配有星盘、日历，还有指示太阳、月亮和行星的装置，可以持续不断地显示（以地球为中心的）太阳系和法定历、宗教历及民用历的主要元素。这些钟表不是为了显示时间，而是为了说*出*时间。"时钟"（clock）一词即源于拉丁语中的"铃"（*clocca*），而且在很多年的时间里，这种计时机械还被称为 horologue（"报时器"）——尽管经过体贴入微的设计中世纪的报时钟夜晚不会发声。丹尼尔·布尔斯廷写道，这一装置是

> 一种新的大众用品，为每位市民提供了他自己享受不到的服务。人们不经意间认识到新时代已经到来了，在新时代，对于白天或夜晚的某一时刻，他们说是九"点钟"——"钟的"时间。莎士比亚剧作中的人物提到"钟的"时间时，实际上指的是刚刚听到的那次时钟报时。[5]

1504 年，纽伦堡锁匠彼得·亨莱因（1479—1542 年）在一次斗殴中导致一名男子丧命后，躲到一座修道院寻求庇护并在那里待了多年，期间发明了一种可携带时钟——第一块表——正如 1511 年的纽伦堡年鉴所载，该时钟"有很多齿轮，无论置于何处，在没有重物的情况下都能指示 40 个小时的时间并报时，甚至揣在怀里或装在兜里也一样"。[6]

不过，人们每天都要根据不断变化的日出时间设置他们的计时器，且每次发现它们走得快了或慢了都要进行调整，这一情况持续了几十年。计时器的理想误差不小于 15 分钟——举其典型一例，第谷的时钟只有时针。黎塞留红衣主教（1585—1642 年）在向一位来客炫耀自己收藏的时钟时，来客将其中两个打落在地。镇定自若的红衣主教说："这是它们俩第一次保持同步。"

到了 16 世纪末，瑞士钟表匠约斯特·比尔吉制作了一个既有分针又有秒针的计时器；"不过这个计时器，"莉萨·贾丁评论说，"是一次性的，难以复制，而且秒针不可靠，可靠的还要再等一百年才会出现。"[7]这一说法可能有点夸张。[310]到了 1670 年，分针已经很普遍了，而最好的计时器的平均误差已经降至 10 秒/天。["分（minute）"一词，源于拉丁语 *pars minuta prima*，"第一小部分"，17 世纪 60 年代进入英语；"秒（second）"一词则源于拉丁语 *pars minuta secunda*。]到 1680 年时，既有分针也有秒针的计时器已经很普遍了。

很快守时就成了一种时尚，甚至一种迷信：路易十四拥有 4 位钟表匠（而不是 1 位），他们与自己的全套设备一起，陪伴路易十四走在"前进"道路上。路易十四还要求凡尔赛宫的侍臣们按照太阳升起的固定时间，以及路易十四的祷

告、朝廷会议、用膳、散步、打猎、音乐会的固定时间安排自己一天的生活。法国六级贵族中的一级叫作"*noblesse de cloche*"——"响铃贵族"——大多是来自大镇的镇长,而铃声则是市政权威的象征。当时的计时器已很精准,从笛卡儿到佩利(Paley)这些哲学家们都用时钟来比喻造物主的完美无缺,小人国的行政长官看到莱缪尔·格列佛的手表后说:"我们认为这是上帝,因为他总是问它时间。"腓特烈大帝(1712—1786年)和特拉法尔加海战及纳瓦里诺海战的英雄阿德米拉尔·科德林顿(1770—1851年)的怀表被敌军火力击碎后,似乎身上的配饰被击毁就成了杰出指挥官"濒临绝境"的标志。

为了满足对个人计时器的新要求(不只是手表,还有个头小小的适于放置在普通房屋和手工作坊里的时钟),时钟制作者别无选择,只能成为这一科学仪器制作方面的先驱:比方说,他们的产品需要精密螺丝,而制造精密螺丝又需要金属车床的改进。19世纪的机械革命很大程度上是普通民众追求自己辨别时间的能力所带来的结果。不过,一直都有拒绝这种能力的人,甚至到了20世纪依然如此:弗吉尼娅·吴尔夫在《达洛维夫人》一书中喊出了处处存在的时钟带来的痛苦:

> 撕成片,切成条,细分再细分,六月里的一天哈利街的时钟就这样啃啮时间,劝诱人们屈服,维持自己的权威,并用钟声强调比例感的巨大益处,直到时间的山丘被削平,挂在牛津街一家商店里的商业时钟响起亲切友善的钟声,对各位来说就像一种快乐之源。里格比和朗兹无偿与大家分享他们的时间信息,现在是一点半。[8]

1834年重建被大火焚毁的威斯敏斯特宫时,政府决定给其加上一座时钟,并称之为"一座贵族时钟,确切地说是钟表之王,全世界前所未有的最大的时钟,整个伦敦市中心都能看到它的指针,听到它的钟声"。皇家天文学家进一步提出一个要求:它的误差不能超过1秒。这就是大本钟,最终完工于1859年。[9]

但人们能给出"精确的"时间之后又出现了一个问题,他们给出的是什么标准的时间?有太多的标准可供选择。1848年,英联邦成了第一个在全领土范围内统一时间标准的国家,它采用的时间是格林威治天文台报出的时间(都柏林平均时仅比其晚了25分钟)。同年《董贝父子》一书出版,书中几近发狂的董贝先生抱怨说:"甚至从时钟上就能看到火车的时间,好像太阳已经不起计时作用了一样。"1890年沃森博士记录了他与夏洛克·福尔摩斯一起乘火车前往西部乡村

一个案发现场的故事，他对福尔摩斯利用
电报杆测量火车速度的小波动倍感震惊。
电报杆每隔 60 码一根，福尔摩斯记下每
根闪过他附近车窗的时间，这样火车就像
太阳，电报杆就像经度——这一情景形象
地说明了人们所理解的时间标准化概念。

　　当然，并非人人如此。奥斯卡·王尔
德（1854—1900 年）一次参加晚宴迟到
了很久，女主人生气地指着墙上的时钟大
声责备说："王尔德先生，您知道现在是
几点吗？""亲爱的女主人，"王尔德回答
说，"请您告诉我，那个讨厌的小机械怎
么可能知道伟大的金太阳行至何处？"但
它确实知道。[10]

　　当然，爱因斯坦告诉我们根本没有绝
对时间：不妨回过头来想一想，爱因斯坦
使用了很长时间的办公室是一个处理时钟
同步性专利的交流站。而他自己也曾回忆
说："在研究时钟的工作机制时我发现，
跟上我房间里的时钟极其困难。"①

20 世纪 20 年代基督教传至加拿大东部
北冰洋后一位因努克猎人使用的日历：工作
日用短直线表示，周日用 X 表示。该日历还
用作猎获记录，记录有捕获的驯鹿、鱼、海
豹、海象和北极熊的数量。

　　表面上看时钟取代了太阳的计时地
位，但实际上太阳仍在整个文明世界起着支配作用。甚至直到 19 世纪中期，大
多数国家的市镇仍有其独立的基于太阳的计时系统。比如，法国的每个城市都在
使用自己的当地时间。时间屈从于空间；一秒钟、一分钟或一小时的起始点并非
天然的。结果就是这个被电报、火车和轮船连为一体的地球的发展前景大受影
响，因为普适时间的想法因地球的自转和倾角，以及表观在运行的太阳的原因而

312

---

　　① 原文注：与此类似，在福克纳（Faulkner）的《喧哗与骚动》（*The Sound and the Fury*）一
书中，绝望的哈佛学生昆廷（Quentin）为逃避民用时，砸了自己的怀表，"因为父亲曾说钟表杀害了
时间。他说只要钟表的小齿轮还在咔哒转着，时间就是死的；只有钟表停下时间才能活过来"。[11]还有
一些人认为钟表的嘀嗒声是一种安慰：第一次世界大战期间 T. E. 劳伦斯曾被土耳其军队队俘虏，后者
将他捆绑起来并用鞭子狠狠地抽打他，不过他这样写道："不知何处有一个廉价的钟表大声地嘀嗒着，
它分散了我的注意力，让我忘记了土耳其人的鞭打。"[12]

变得毫无意义。墙上的时钟告诉主人时间；市政大厅的时钟告诉本市公民时间；但在山的另一边，人们对时钟还很陌生，强制推行普适时间可能更危险：在普鲁士及后来德国担任了近 30 年陆军元帅的赫尔穆特·冯·毛奇（Helmuth von Moltke，1800—1891 年）曾为在德国实行统一时间标准而积极游说，以确保火车按时发车，这样他才能更有效地调动自己的部队，但却遭到一些人的反对，理由是担心统一的铁路系统会招致俄国入侵。尽管如此，局势仍越来越明朗，即统一时间标准不能无限期推迟下去。正如历史学家克拉克·布莱兹所说："人们的计时能力已经跟不上社会的发展速度。"[13]谈起使用腕表已很普遍的第一次世界大战，伯吉斯这样写道：

> 这是一场铁路时间表的战争。1914 年 8 月的首次交战，约有 200 万法国人登上了 4278 列火车，其中只有 19 列晚点。战前被视为女人饰物的腕表成了男性领导人的象征。"对表"，一声令下后就冲在最前面。[14]

313

———————

困扰着其他国家的这个问题也困扰着美国的各个州。内战后，美国的铁路蓬勃发展。1860 年（此时美国已经建起了全球最大的铁路运输系统）之后的 40 年时间里，铁轨总里程增长了 5 倍。到了世纪之交，几乎大大小小的每个镇都有自己的铁路车站。不过，就像欧洲的大部分地区一样，计时是地方的事，均根据当地的正午确定时间，这样一来，在纽约的纬度上，每向西 11 英里时间就落后 1 分钟。纽约的正午时刻在费城是上午 11:55，在华盛顿是上午 11:47，在匹兹堡是上午 11:35。伊利诺伊斯州共有 27 个不同的时区，威斯康星州有 38 个。北美共有 144 种官方时间，19 世纪 70 年代，一位从哥伦比亚特区到旧金山的旅客，如果在途经的每个市镇都调整自己的手表的话，一路上将需要调整 200 多次。如果旅客想知道何时能到达目的地，他必须知道所乘列车的时间标准，并在上下车时转换成当地时间。两个相距 100 英里的城市维持着 10 分钟的时间差，哪怕火车不到 2 个小时就能走完这样的距离——那么，哪个城市的时间才是"正式时间"呢？火车可能是从 500 英里外的一个城市开过来的，那么谁才"拥有"时间——是沿途的市镇，是车上的旅客，还是铁路公司？难怪王尔德说典型的美国人的首要职业是"赶火车"。他是 1882 年到访美国的；可以想象一下他错过了多少次火车。

当人们旅行的速度还没有超过马的速度时，上述考虑都不重要，但在火车时代，列车运行时间表的制定就是一场噩梦。正如布莱兹所说，"正是速度和能量的缓慢提升——铁路与蒸汽机的结合——让马和轮船在测量时间方面显得捉襟见肘，最终连太阳自身也满足不了计时标准的要求"。这段话源于布莱兹为 19 世纪著名的加拿大人斯坦福·弗莱明所作的传记，后者 1876 年 6 月在班多兰（Bandoran）错过一次火车（运营在伦敦德里和斯莱格之间的爱尔兰主干线上的火车），原因是时间表错把"下午 5:35"印成了"上午 5:35"，让他苦苦等了 16 个小时。[15]弗莱明身兼数职，其中一个职位是加拿大太平洋铁路公司的首席工程师，火车误点引发的"怒火中烧"点燃了他心中的一种渴望：采用 24 时时间制。"为什么现代社会还坚持采用上午、下午说法，为什么一天要数两遍 1～12 时？不应（把小时）看作普通意义上的小时，而应该是地球每天自转平均用时的 1/24。"他视引入新时间制为己任（新时间制中，下午 5:35 将变成 17:35）。深入思考之后，他给自己下了一个更大的任务：把全球所有的时区与各自的经度关联起来，并引入"地球时"。①

　　标准时间是全世界最好的时间制：它把天体运动转换成了民用时间。截至 1880 年，英格兰采用标准时间已超过 30 年，其改革也是铁路的兴起带来的；为什么这种改革没有发生在美国？因为美国国会担心可能会带来骚乱而推迟了这项改革，铁路行业尽管很清楚没有标准时间会影响其利润，也在犹豫不决。从 1869 年起关于这一问题的争论就开始了，直到最终民众的不满迫使铁路大亨们采取了行动：1883 年 11 月 18 日，星期天，他们绕过国会采用了格林威治时间，把整个美国分成了 4 个时区——东部时区、中部时区、山地时区和太平洋时区——正午时间依次晚 1 个小时。这天后来被称为"拥有两个正午的星期天"，因为位于每个新时区东边缘的城镇居民为了与同一时区西部的居民保持一致，都要把时钟向后调半个小时，这样就有了第二个正午。几年内这一计时方法就成了美国的标准计时法，但也并非一帆风顺，也有一些城镇出于宗教原因或者仅仅因为固执而并不配合，比如缅因州的班戈、乔治亚州的萨凡纳。夹在东部时区和中部时区之间的底特律无法定下心来，所以那里的居民约定时间时都会询问："是太阳时间、火车时间，还是城市时间？"这种情况持续了很多年。国会自身并没有批准标准时，直到 1918 年因战争需要才不得不批准。

---

　　① 原文注：奥威尔在 24 时时间制还没有为大众所接受时创作的《1984》的开篇语——"四月里晴朗寒冷的一天，时钟响了 13 下"——旨在让不熟悉大陆度量体系的英国读者觉得不舒服。标准的意大利译文（早在 14 世纪意大利的时钟已开始采用 24 时时间制）为："*Era una bella e fredda mattina d'aprile e gli orologi batterono l'una*"——意为"……响了 1 下"。

正如历史学家马克·史密斯所说："现在是电报而不是太阳在向一个统一的国家传递时间，并在这一过程中为抽象、独立的世界时间的全球化铺平了道路。"[16]与之类似，人们开始考虑是否可将某种历法作为全球通用且实用的历法，所有的日期是否可由一条太阳日期变更线来确定。问题是，这条线应该画在哪?①1884年25个国家派出代表参加在华盛顿召开的一次会议。11条国家子午线（穿过圣彼得堡、柏林、罗马、巴黎、斯德哥尔摩、哥本哈根、格林威治、加迪斯、里斯本、里约和东京的子午线），以及穿过耶路撒冷、吉萨金字塔、比萨（为了纪念伽利略）、华盛顿国家天文台和亚速尔（大探险时代的出发点）的另外几条子午线竞争本初子午线。代表团团长和伟大的天文学家朱尔斯-凯撒·让森代表的法国毫不妥协，（在没有太多证据的条件下）坚称他们的"圣线"（ligne sacrée）是更好更科学的选择。

弗莱明主张在经度与格林威治相差180°的地方设置一个假想时钟，这样它将位于太平洋中部，避免国家敏感性的同时又能使用格林威治时间，尽管不会涉及英国；但每一条子午线上都会有一定的陆地，采用弗莱明的建议的话，英国每天中午都会分为两天。他的建议很快就被否定了，但争论一直没有结束，直到脾气暴躁的英国皇家天文学家乔治·艾里指出本初子午线"必须是穿过格林威治的子午线，因为几乎全世界所有的导航（即便在当时也有90%）均依赖于基于格林威治的计算结果"。法国拒绝参与投票，代表们的抗议也很到位，他们的图表中从没有出现过"格林威治"字眼。（1894年试图炸掉这座天文台的无政府主义者是一个法国人，这完全是一个巧合。）投票通过后，本初子午线从杆山（Pole Hill）上著名的方尖碑向东挪动了19英尺。就这样，日晷时间退出了历史舞台，取而代之的是一种精心确定的抽象时间。

经过1884年的这次会议，地球分成了24个时区，相邻时区相差一个小时，东行的旅客时间不断押后，西行的旅客时间不断提前。当然，总有那么一个时刻——行至西太平洋中部某个经度时——东行旅客的时间刚好比西行旅客落后一天（凡尔纳《八十天环游世界》一书中的菲利斯·福克就是利用这一点在打赌中赢了）。各个国家一个接一个都接受了格林威治平均时（GMT）——就连法国也于1911年接受了这一时间制。不过后来在1972年，仍对自认为不公正的英国霸

---

① 原文注：美国于1867年购买阿拉斯加州时，还没有实行标准时间，俄国的东正教居民突然发现自己必须在美国的周日过安息日，而按莫斯科时间这天是周一。他们不得不向法院申诉到底在哪天做弥撒——俄国的周一还是美国的周日。

权耿耿于怀的法国人向联合国提交了一份决议，把 GMT 换成了协调世界时（UTC）——（当然是）由巴黎发出的信号来校准的一种时间。GMT 是由地球的自转和天文测量确定的，而 UTC 则是由铯原子钟给出的，虽精确度较差却更便于使用。① 事实上，这两种时间相差很少超过 1 秒，因为 UTC 为补偿地球不断变缓的自转设置了闰秒。

316

物理学家杰克·佩里和刘易斯·埃森在调整他们于 1955 年开发的一座铯原子钟。约 91.93 亿次振动用时 1 秒。这种时钟的出现，导致原子钟秒取代天文秒成了标准的时间单位。

出于自身的目的和喜好而执着于太阳的人并没有止步不前：下一步是充分利用白天时间。这一提议可追溯至本杰明·富兰克林（1706—1790 年）。1784 年 4 月 26 日，时任美国驻法专员的富兰克林提议（时年 78 岁，正是产生怪念头的年

① 原文注：铯原子钟通过测量铯原子的原子周期来确定时间，这种周期指的是真空中的铯原子在微波的作用下产生的一种极快的振动的周期。铯-133 的 55 个电子中，最外层的电子被限制在稳定壳的轨道中，这让铯-133 成了一种理想的计时工具。（不受其他电子干扰的）最外层电子对微波的反应可精确测定。在微波的作用下，最外层电子跃迁至更高能的轨道，然后又跃迁至原轨道，吸收、释放出可测量的低能包。这样产生的误差只有每天 2 纳秒，或者说 140 万年 1 秒。专家们会做必要的修正。[17]

纪）巴黎人应日出而起以节省能源（蜡烛和牛油），不该拉上窗帘睡到日上三竿。

317 这一想法从没有流行开来，且直到 100 多年后才有人接受了这一观点。1907年，成功的伦敦建筑商兼热心的高尔夫和马术爱好者威廉·威利特（1857—1915年）自费出版了《白天的浪费》（*The Waste of Daylight*）一书，主张更多的人应像他一样享受早晨的阳光，并抱怨说因光线渐暗而不得不中止一场高尔夫球是多么的讨厌。连续四个周末都把时钟调前或调后 20 分钟是否会让这种改变变得更简单？这并不只是运动爱好者的一个问题：

> 人人都喜欢时间较长的傍晚、薄暮。白昼渐短时人人都为之哀悼，而到了春夏两季，几乎人人又都为没有见过或利用过早晨的明亮而痛惜。[18]

科学家和天文学家在这一问题上产生了分化，尽管媒体吵吵"鸡知道应什么时候该去睡觉吗"？且《自然》杂志的编辑把时间变化与温度计读数的人为升高等同起来，讽刺了这一想法：

> 在个别季节人为地改变温度计的读数比调整时钟更合理……冬季把温度计上调 $10°$，$32°F$ 变成 $42°F$。可以称某一温度为另一温度，就像可以把 2 时称作 3 时一样简单；但不论温度还是时间，环境不会因其名称的改变而改变。[19]

但威利特的想法并不没有那么容易被无视，还不到两年时间就有人起草了一份"节约白天时间法案"，并最终于 1916 年成了一项战时经济措施。同年早期德国已经通过了这样一份法案，目的是为了节省燃料，且让工厂里的夜班工人能在没有人造光照的情况下照常工作。威利特本人已于前一年去世；但邻国人为他树立了一座漂亮的纪念碑——从任何方向看指示时间都提前了 1 小时的日晷。

英国 1916 年的临时法令在 1925 年变成了永久法令。1916 年美国也通过了一个类似的法案，但后来实在行不通，3 年后国会只好把它废除了。（该法案旨在帮助的对象农民痛恨 DST（节约白天时间制，夏时制），因为不管时钟指示的是什么时间他们都要日出而作，为了卖粮食给使用新时制的人而不得不调整自己的时间表很不方便。）1922 年，哈丁总统签署了一项总统令，把所有联邦雇员的上班

318 时间由上午 9 时提前为 8 时。私企雇员不受此令约束。结果就导致了混乱，有的火车、巴士、戏院和零售店更改了时间，有的没改。华盛顿人反对这一法案，嘲

笑它是"破烂时间"。经过一个夏季的混乱，哈丁撤消了这一法令。DST 再没有实行过（只有奥克拉哈马州继续实行这一时间制），一直到第二次世界大战。不过，美国战胜后又废除这一时间制，之后的几十年只有部分地区继续采用，当然也会带来一些混乱：某一年，仅仅在依阿华州就存在 23 种不同的 DST 时间制。到了 1965 年，美国 71 座最大的城市采用了 DST，59 个未采用。可以说一片混乱，特别是交通运输行业、无线电节目和商业时间方面。美国海军气象天文台称自己的国家为"全球最糟糕的计时者"。

1966 年的《统一时间法案》最终解决了这一问题，不过印第安纳州、亚利桑那州（大部）和夏威夷州仍未实行 DST。1996 年拥有众多时区的欧盟对 DST 进行了标准化，而美国则根据 2005 年的《能源政策法案》的部分内容，将 DST 时间制的起始时间由 4 月改为 3 月的第二个星期日，结束时间则改为 11 月的第一个星期日。今天，约 70 个国家的 10 多亿人采用了 DST——略少于全球总人口的 1/6。①

正如鲁滨逊·克鲁索划线计日，或古拉格集中营（Gulag）中的被囚禁者靠在墙上划线来记录自己遭囚的天数，我们仍陷在时间之网中，无法挣脱。2007 年 8 月，委内瑞拉总统雨果·查韦斯还曾宣布，为了改善国民的"新陈代谢"，下令全国的钟表都调快半小时，这样"人类的脑子才与太阳的运行相符"——推翻了 1965 年的决定，即比以格林威治时间为基准的标准时间快半个小时，与阿富汗、印度、伊朗和缅甸的时令制相同。盖尔·科林斯发表在《纽约时报》上的一篇文章，把查韦斯的命令与伍迪·艾伦的电影《香蕉》中一个桥段做了类比——某南美国家的革命英雄当上了总统，宣布即日起"都要把内衣穿在外面"。[21]但纽芬兰岛与加拿大其他地区不同，也采用快了半个小时的时令制，而尼泊尔的时间则比印度时间提前了 15 分钟，比格林威治时间提前了 5 小时 45 分钟。据称沙特人每天日落时都会把时间调至午夜。一位评论员就此情况曾嘲弄道："对于利雅得—仰光这一航路上的旅客来说，调表一定让他们很头疼。"[22]

精细计时的发展并没有就此止步。1 秒钟曾被定义为太阳年的 1/31556925.9747。但位于特丁顿的英国国立物理实验室发明原子钟，并高兴地发现基于原子振动的计时方法比基于地球公转的计时方法更精确已经是近 60 年

---

① 原文注：时钟调快或调慢一个小时后，由日光决定的人体生物钟需要一定的时间来适应。科学家在对 5.5 万人进行的一项研究中发现，不工作的日子里受访者往往会按标准时间睡眠，并非在白天休息。[20]

前的事了。皇家天文台的计时主管戴维·鲁尼回忆说："稍稍有点尴尬。时钟不准并不是好事。到了 20 世纪 70 年代，我们发现需要另一种经验系数。所以就有了闰秒，目的是把地球公转时间与原子振动时间协调起来。"并非每年都设置闰秒；设在巴黎的国际自转服务局决定是增加一秒还是减去一秒（至今为止，总是增加）。最后一次设置闰秒是在 2006 年的 1 月 1 日；BBC 发出的时间信号多嘀嗒了一声。

现在像位于华盛顿特区的美国海军天文台、位于巴黎天文台的国际地球自转服务局、位于法国塞夫尔的国际计量局负有测量精确时间的责任，它们均把 1 秒钟定义为铯- 133 原子辐射振动所需时长的 9192631770 倍，太阳正式卸下了长期以来的计时者重任。秒的这种定义——第一次基于原子的活动而非地球的绕日运动——于 1967 年正式得到确认。但为了保持我们的时钟与地球的转动同步，必须定期设置"闰秒"，因为地球可不管什么原子时间，而是自顾自地在太空中运动，决定了我们绝不可能完全置太阳的赐予于不顾。

我们几乎可以无限制地继续扯下去（一则旧笑话甚至说即便不走针的时钟每天也会两次给出正确时间）。回到 1907 年，爱因斯坦提出了等效原理，即局域无法区分引力和加速度，而距离质心越远引力越小，所以说，时间在新墨西哥州地势较高的圣达菲流失的速度就快于在纽约州地势较低的波基普西流失的速度，每个世纪大约快 1 毫秒。近来在向西绕地球飞行的一架喷气式飞机上做的实验表明，飞机上的时钟慢了 273 纳秒，其中约 2/3 源于引力效应。[23] 此外，美国还在内华达州华盛顿山顶上建造了一座直径 8 英尺的时钟，设计使用寿命 1 万年（据称铯原子钟在这样一段时间内会"损失" 1 秒钟）；而法国一座由工程师兼天文学家帕西门特制作的钟表则带有直至公元 9999 年的日历。曾有一个广告把一款基于"复杂的天文运算法则"制就的手表赞为"终极计时器"，它能"以数字、模拟信号和军用时间的形式"，给出上午/下午或 2400 格式的"当地日出日落、月出月落，以及月相的时间"。它的程序涵盖了全球 583 个城市，并能根据实际情况自动调整为 DST。它由钛或钢加上一块蓝宝石晶体制成，提供"金钱能买到的最广泛的时间指示服务"，895.25 美元就能买到一块。

瑞士手表生产商斯沃琪曾建议采用一种全球通用的互联网时间，这样全球的使用者都将不受时区影响，相遇在同一个"真"时间。而负责特丁顿的原子钟运行的科学家，还有来自美国和日本的竞争者都在研究一种被称为"离子阱"的更精确的计时器，预计 2020 年将实现。专家们说如果该计时器从现在起开始计时并一直运行到宇宙末日，将只会产生半秒钟的误差——精度是当前最精确计时器的 20 倍。[26]美国曾于 2006 年提议应把世界时间都改成设有闰秒的原子钟时间——这一想法遭到了英国皇家天文学会的强烈反对。戴维·鲁尼说，如果这一提议变为现实，时间将第一次不再依赖于太阳的升落。[27]

于是就有了《等待戈多》中著名的对话：

　　　　弗拉基米尔：时间过了。
　　　　爱斯特拉冈：时间总会过的。

第 22 章
我们口袋中的太阳

> 我见的第一个人……已经研究如何从黄瓜中释放阳光8年了，他把黄瓜放在密封的瓶子里，在夏天湿冷的天气起温暖空气的作用。他告诉我，8年多来他从没有怀疑过总有一天将能给长官的花园供应合理的光照。
>
> ——乔纳森·斯威夫特，《格列佛游记》[1]

> 他将真正把太阳装在口袋里。
>
> ——《金枪人》中的恶徒，在谈论其太阳能转换器的买家

《金枪人》是伊恩·弗莱明的最后一部小说，而且没有完成，他去世之后才出版。不过1974年12月上映的第九部詹姆斯·邦德系列电影即基于这部小说拍摄的，当时20世纪70年代能源危机达到了巅峰，全球寻找替代能源的热情正在沸腾。邦德必须拯救一位太阳能鼓吹者，某种特殊的转换器离不开他，"这种转换器的效率高达95%，能够驯服太阳辐射，为任何拥有它的人提供大量的能量"。他的主要敌手是由克里斯托弗·李（弗莱明的表弟，作者最初选中的邦德演员）扮演的一位职业杀手；故事的高潮是中国沿海某个小岛上的太阳能装置的毁灭。

这部电影上映后的几十年里，太阳能已经变得更加热门。太阳超级计时器的角色可能已为原子所取代，但原子在人类寻找新能源的道路上能否再次超越太阳尚不得而知。太阳是一个源源不断的巨大能量源，造就了煤炭、石油、水电和天然气（甲烷）。它把水汽送入大气，又落回地面形成驱动发电机的水流；它驱动风和波浪，造就了它们的所有影响；它没有死亡的迹象（除非从天文大尺度来考虑）；而且它向整个地球倾泻了大量的能量，仅仅照射地球44分钟的能量就足够我们使用一年。照射到地球上的能量约有35%被云层反射回太空，19%为大气所吸收；即便如此，剩下的能量仍是所有人造设备总耗能的12000倍。只有两种形

式的可再生能量不是太阳辐射的结果：地热和潮汐（引起潮汐的是太阳巨大的质量而不是其辐射）。不过只有在过去的 30 年里掌权者才认真考虑了这一巨大的能量源。伊恩·弗莱明超越了他的时代。

据传公元前 212 年前后希腊天文学家兼数学家阿基米德用镜子把阳光反射到罗马舰队上，试图引燃舰队。

　　人类开始利用周围的环境进行试验时就有了驯服太阳光的想法。公元前 3 世纪末希腊人和罗马人都用过"燃烧镜"——手持凹面反射镜——把阳光聚焦在敌船上。据传公元前 212 年阿基米德（公元前 287—公元前 212 年）就打造了这样一个战队，"在一箭之遥的距离上"（约 50 码）烧掉了罗马的封锁舰队，从而保护了锡拉库萨。尽管这个故事听起来像是神话，[①] 但它确实证明了希腊人很早就知道阳光本质上纯粹是能量——而且很危险。[2]

323

------

　　① 　原文注：1992 年，莱斯特大学的研究人员提出，罗马舰队按传统在战斗中会卷起风帆，所以说将它们引燃并不可能。该文的结论是，440 人和盾牌合力可点燃 50 码外的潮湿木头，但不会造成严重损害，而且这样对人力也是一种浪费。50 人的"镜子部队"可以严重烧伤敌船的舵手，甚至罗马军队的高级指挥官（紫色战斗风衣让他们更醒目）；但这种战术如果成功的话，将会再次使用，但史书中并没有相关记载。

公元 100 年，小普利尼（61—113 年）首次建造了利用玻璃保持热量的房子，在之后的几百年时间里，罗马的公共浴室均装有朝南的大窗户。罗马人还是最早建造温室的民族。6 世纪时查士丁尼大帝甚至颁布了一部法典，保护公共暖房和居民暖房的光照不为高楼所遮挡。

10 世纪伟大的波斯科学家伊本·阿尔-海塞姆（约 965—约 1031 年）写有一本重要的论著，《论球面镜》，书中再次将阿基米德和锡拉库萨反射镜的传说作为事实予以引用；到了 1270 年，这本书已被翻译成拉丁文并引起了罗吉尔·培根的注意，他提醒教皇撒拉逊人可能会在圣地用曲面反射镜对付十字军。弗兰克·克里扎在其关于太阳能历史的书中这样描写了梵蒂冈的反应："将普照万民的阳光变成残忍的军用武器以荼毒生灵，是一种叛逆而邪恶的想法，是巫术和魔鬼才能干出来的事。"[3]

16 世纪早期列奥纳多·达·芬奇提出了 4 英里宽一面大镜子的方案，并非用作武器，而是作为热源用于商业用途。不管什么原因——资金缺乏、生产能力不足（要用到的玻璃超过当时的玻璃总量），或时间不够（他一如往常在忙于其他很多课题）——这一想法没有产生任何结果，但这一想法却标志着从太阳的毁坏性应用向工业应用的转变，并促进了太阳研究的大发展；人们对镜面和透镜的兴趣陡然大增。

在路易十四统治期间——可能是受到了太阳王的鼓励——人们进行了大量的太阳实验。1747 年，在路易十四继任者统治期间，乔治斯·布丰（1707—1788年）利用 140 块平面镜点燃了 200 英尺外的木头——证明了传说中阿基米德的丰功伟绩至少是一种可能。后来工业革命爆发，这一实验激起的新想法也产生了。克里扎曾说："在蒸汽时代，太阳的神秘看起来就近在眼前……19 世纪的工程师拥有的力量足以让他们产生这种感觉，因为他们在人类历史上第一次成了大自然的主人，掌握着深刻改变周围环境所需的设备。为什么不连太阳能也驯服呢？"[4] 太阳能泵、太阳能热机等不过是这些次级产品中的一部分。

19 世纪 30 年代，约翰·赫舍尔在南非居住期间发明了"曝光计"，本质上讲是一管水，暴露在阳光下可用于测量所接收的太阳能量。而且，如斯图亚特·克拉克所说：

> 他还做了一些更古怪的实验，比如他把一颗生鸡蛋放在上面盖着玻璃的锡杯里。后来和妻子及 6 个孩子一起回来后，他取出了这颗熟鸡蛋，还烫了自己的手指。然后他庄重地把鸡蛋切成小块并分发给众人，这样大家都可以

说已经吃过被南非的太阳照熟的鸡蛋了。这一新厨艺打动了他，一周后他用同样的方式煎了羊排和土豆。"彻底煎熟了，而且味道很不错"，他在日记中如此记录道。[5]

赫舍尔更进一步，用涂黑了的红木木块制作了一个太阳锅，最高温度可达 115.6℃，比海平面的沸点还高 15.6℃。

人们长期以来都有一个愿望——建造一台切实可用的太阳能发动机。17 世纪初期，索罗门·德·考克斯就曾用透镜、木架、装有水和空气的金属容器建造了一个发动机原型。从这个时候起，人们就一直在尝试制作这样的机器；但更多是出于玩乐而非实际应用目的。不过，1861 年，法国数学教师奥古斯丁·穆肖在一只围满了镜子的铁桶里倒上水，产生的蒸汽足以驱动一个小马达。在不到 4 年的时间里，他成功地制造了一台常规蒸汽机。几个月后，他把这一装置向拿破仑三世做了展示，并给他留下了深刻印象，从而获得了资金资助。穆肖升级了这一发明，把反射镜改为一个截断了的锥形，就像一个圆边内倾的盘子。后来他又

1878 年巴黎世界博览会上奥古斯丁·穆肖的太阳能印刷机。

建造了一个能持续朝向太阳的装置。经过 6 年的研究，他的成果让大家惊奇不已，一位记者曾这样形容他的创造："内壁镶有薄银箔的……"一个反扣的"大灯罩"，蒸汽机放在中央，就像一个由漆黑了的铜制成并罩有玻璃罩的"大套筒"。在 1878 年巴黎博览会上，他展示了一台由抛物面镜、蒸汽机和活塞制成的太阳能印刷机；直到 122 年后，太阳能产品才重回世界博览会——2000 年的弗莱堡世界博览会。

急于将这些发明付诸应用的法国政府认为，最合适的应用地是阿尔及利亚，这片几乎沐浴着恒定光照的殖民地仍全赖煤炭能源，而那里的煤炭又贵成了天价；非常乐意的穆肖立刻启程前往阿尔及利亚。"最终将无法在欧洲找到满足高速膨胀的工业需求的能源；毫无疑问，煤炭最终将被用尽。之后怎么办？"很快他就为法军发明了一种可移动太阳能烤箱和一种可驱动印刷机的太阳能引擎；但这些新玩意成本很高，加之英国煤炭价格加速下跌，导致它们没了用武之地，对高歌猛进的工业革命没能产生影响；那时候还没人预料到全球变暖的问题。

1891 年巴尔的摩发明家、"真正的美国太阳能之父"克拉伦斯·肯普，申请了第一款商业太阳能热水器专利——Climax，它把将金属箱暴露在阳光下的老做法与热盒（hotbox）的科学原理结合了起来，增强了金属箱的吸热能力。[6] 1897 年他的传记作家骄傲地说："加利福尼亚的帕萨迪纳有 30％ 的热水器都是肯普设计的。"但这话只不过强调了这一发明在加州之外从没有获得过成功，1902 年，肯普用由 1788 面镜子做成的反射器制作了一台 15 马力①的太阳能泵，用以灌溉帕萨迪纳的鸵鸟农场，据报道这台泵不过是一套离奇的实验装置而已。

几个世纪以来，欧洲的富人都在"果蔬墙"对面栽植树木，白天吸收太阳热量，晚上再慢慢释放出来，而英国和荷兰在发展南下坡的温室方面走在了前列。最早的太阳能商业应用很可能是通过蒸发利用海水制盐，而最早的大规模应用很可能是通过蒸发从咸水井或隔离开来的大片海水蒸馏饮用水。智利 1872 年建起的一座蒸馏设施每天都从 5.1 万平方英尺的收集面蒸馏出 6000 加仑水，前后持续了 50 多年。

---

① 原文注："马力"（horsepower）一词可追溯至发明了现代蒸汽机的苏格兰发明家詹姆斯·瓦特（1736—1819 年）。瓦特发现潜在的客户难以理解蒸汽机的能力，便用大家更容易理解的词汇来描述蒸汽机的相对功率。他的客户是用马拉煤并从矿井中抽水的煤矿主。在矿场测试了一些马匹后，瓦特计算出普通的英国马每天可以以每分钟 22000 英尺·磅（1 英尺·磅指把 1 磅重的物体提升 1 英尺所需要做的功）的速度拉 10 个小时的煤。瓦特刻意把这一数字增加了 50％，这就诞生了"马力"这一单位——等于每分钟做功 33000 英尺·磅（译注：英制马力，等于 745.7W；而我们常用的米制马力等于 735.5W。）。现在这一单位仍用来指示从剪草机到航天飞机等各种设备的功率。

　　驯服太阳的故事断断续续地演绎着。19 世纪 70 年代后期，孟买王国的副书记官威廉·格里尔斯·亚当斯撰写了一部获奖作品，《太阳能：热带国家的替代能源》(*Solar Heat: A Substitute for Fuel in Tropical Countries*)，并试图把相关技术引进英属印度——但没有成功。之后火炬传到了法国，具有"冰箱之父"美誉的工程师查尔斯·泰利耶在自己的屋顶上安装了热量收集器，类似于现在的太阳能板，但产生蒸汽的工作介质不是水而是沸点更低的液氨。在太阳的照射下，热量收集器产生的气态氨足以驱动水泵每小时抽出 300 加仑的水。但泰利耶把研究兴趣放在了他的冰箱上（保存食物带来的经济效益更可观），而法国就此告别了自己国土上太阳能机械方面最后一个大发展，直到进入 20 世纪多年以后这一情况才有所改观。[7]

　　几年后的 1900 年，雄心勃勃的波士顿人奥布里·埃尼亚斯成立了第一家太阳能公司并开始制造灌溉亚利桑那州沙漠的太阳能机械。1903 年，他搬迁到距离最佳用户更近的洛杉矶，次年卖出了他第一套完整的系统，价值 2160 美元。不到一周的时间里，狂风吹倒了安装在反射镜上的锅炉。已经习惯了挫折的埃尼亚斯建造了另一套太阳能泵。1904 年秋，亚利桑那州威尔科克斯的一位农场主购买了这个改进版的泵，但它毁于一场雹灾。巨大的抛物线反射镜过于脆弱的缺点暴露无遗，埃尼亚斯的公司倒闭了。还有一些实业家步其后尘（其中较著名的是亨利·E. 威尔西），但他们的公司都没能实现盈利。

　　尽管存在这么一段惨淡的历史，太阳能的拥护者仍相信只要能开发出合理的技术，他们就能收获无穷尽的能量。其中一位是出生在布鲁克林的工程师，名叫弗兰克·舒曼（1862—1918 年），他于 1897 年建造的第一台太阳能马达性能很差，哪怕压力足够大蒸汽产生的力也不够。他没有尝试产生更多的热量，而是把管式锅炉换成了类似于泰利耶最初设计的那种扁平金属容器，并设计了一种低成本反射镜：他把两排镜子绑在一起，目的是让反射的太阳光也加倍。之后他建造了截至当时最大的能量转换系统，输出功率高达 55 马力，足以驱动流量为 3000 加仑/分钟的水泵——成本为每马力 150 美元，而传统的燃煤驱动水泵的成本为每马力 80 美元：他觉得这一费用并不夸张，因为太阳能是免费的，投资成本很快就能回收。他并不担心的另一个原因是，与早期的法国实业家一样，他打算把自己的新发明运到广袤而备受烈日炙烤的北非使用。

　　1912 年，他开始筹建全球第一座太阳能电站，地址选得很巧，在曾经的太阳崇拜中心——埃及。电站位于开罗向南 15 英里的米亚迪（Meadi），共建起了 7 面曲面槽镜，每面长 205 英尺，配一台 1000 马力的蒸汽机。但该工程刚一开始便告结束。最终的试运行之后两个月，斐迪南大公遇刺，点燃了第一次世界大战的战火。在舒曼的电厂工作的工程师都回到了各自的祖国从事与战争相关的工作，而后来舒曼没等到停战协议签订就去世了。第一次世界大战之后，由于油价下跌，人们对太阳能实验的兴趣再次烟消云散。

这时候石油和煤炭公司已经建立起了大量的基础设施、稳定的市场，足以提供大量的碳燃料。而太阳能方面的先驱者仍在努力完善他们的技术，而且他们还有另外一项艰巨的任务，即让持怀疑态度的人相信太阳能确实有实用价值。在北

328 美，20 世纪二三十年代在洛杉矶盆地发现的大量天然气给当地的太阳能热水器工业带来了灭顶之灾。乔治·伽莫夫曾于 1940 年轻蔑地说："太阳热量的直接应用……只适用于一小部分歪门设施——驱动亚利桑那州沙漠里的冰箱，或加热塔什干古城公共浴室里的水。"[8]在佛罗里达州，的确又掀起了太阳能热水器的一股新浪潮，到 1941 年这座阳光之州已有大约 6 万台太阳能热水器在使用。由 49 位太阳能建筑师集体撰写的畅销书《你的太阳能住室》（*Your Solar House*，1947年）就反映了这一切实需求。不过，第二次世界大战之后，弗罗里达能源和电力公司（Florida Power and Light）为提高用电量以较低价格倾销电热水器，太阳能的发展再次遭遇挫折。

其他地方的情形与之类似。在稻农亟须廉价热水的日本，某个公司开始开拓一种盆上盖着玻璃的简单热水器的市场，到了 20 世纪 60 年代共有 10 万多台在用；但与加利福尼亚和弗罗里达一样，在廉价石油的冲击下，这一工业也土崩瓦解了。甚至在光照充裕的澳大利亚，太阳能热水器也只有几千台。以色列刚建国的那些日子里，电力限量供应，所以人们需要其他形式的能源满足自己的要求，到了 20 世纪 60 年代中期有 1/20 的家庭用上了太阳能；但之后从六日战争战场上俘获的廉价石油再次让太阳能的发展搁置了起来。

329 美国的第一座太阳能加热写字楼建于 20 世纪 50 年代早期，第一座太阳能加热兼辐射散热的房屋已开始建造（技术改造的费用换算为今天的币值约为 4000～30000 美元），还有一些公司重新回归太阳能电池和太阳能热水器的生产。到了 1953—1954 年间，贝尔实验室（现已并入 AT&T）的研究人员基于早期的技术做出了一项惊人的发现。1839 年法国物理学家亚历山大-埃德蒙·贝克雷尔发现，将两个电极浸入酸中且将其中一个电极活化的话，二者之间就会产生电流。1873年英国工程师威洛比·史密斯发现元素硒在阳光的照射下电阻会发生改变，但该效应并不是很强烈。贝尔实验室试验了多种材料，发现硅的光阻效应是硒的 5倍，所以把太阳能转化为电能最有效的手段就是利用硅光伏电池。

1930 年 9 月法国艾克斯莱班（Aix-les-Bains）的一座旋转日光浴室。

很快贝尔就造出了超纯硅晶片，并添加了少量的砷和硼以增强导电性。在太阳的照射下，硅原子里的电子在入射能量的作用下游离至晶片的上表面，造成电池正面背面的电不平衡。正面、背面用导体——通常是一根导线——连接起来的话就会产生电流。太阳能化学家玛丽·阿切（畅销小说家杰弗里之妻）曾写道："太阳能电池就是一个远比树叶更简单的结构，不过它和树叶有一个共同点，即一面朝阳。"[9]

《纽约时报》称赞贝尔实验室的发现"开启了一个新纪元，最终会让人类……驯服几乎无穷尽的太阳能，为自己所用"。的确，这一发现标志着一项重大改进：在充足的阳光下太阳能电池的能量转化率可高达 22％。即便如此，光伏电池仍不够经济，每千瓦的成本为 300 美金（换算成 2010 年的币值为 2200 美金）。不过当时适逢空间竞赛时代，认识到卫星可以通过太阳能板获得电力后美国政府投向太阳能电池研究的预算开始大幅提升。1958 年，第一颗装有太阳电池的卫星"先锋 1 号"（Vanguard I）被送入轨道。之后的几十年里，太阳能电池的成本大幅下降——过去的 50 年里平均每年下降 4％。

光伏电池保护管道不会上冻；它们为电灯、无线电、路边紧急电话、冰箱、空调、水泵和农村电气化提供能量。甚至在像计算器、手表、iPod 充电器、相机和汽车后视镜这样最小的设备上也会出现光伏电池。2003 年，约有 50％ 的这种电池是在日本生产的，[10][①] 而美国只占 12％。1985 年，全球每年的安装需求量是 21 兆瓦；2005 年这一数字已达 1501 兆瓦，增长超过 7000％。

在短短 5 年内阅读 10 多本书和 140 多篇文章后我认识到，太阳能的发展已遍地开花，从中国到坦桑尼亚，从南非到阿拉伯联合酋长国的首都阿布扎比，而且规模更大。南非为弥补电力不足，用太阳能红绿灯来管理交通；尽管具有石油都市的称号且人均 CO_2 排放量最高，阿布扎比仍在规划一些太阳能研究设施并计划兴建一座 500 兆瓦的太阳能电站。那么，这场革命已经发展到了哪个阶段呢？

我曾于 2004 年和 2006 年两次做过实地调研。我的第一站是弗莱堡（Freiburg），一个人口约 21.5 万人的小城市，位于黑森林（Black Forest）和莱茵河谷（Rhine Valley）之间的巴登-符腾堡州。弗莱堡在第二次世界大战期间损毁严重，1940 年德国飞机误把 60 颗炸弹投在了火车站附近，1944 年 11 月同盟国发起的空袭将 80％ 的内城夷为平地。但这也意味着 1945 年后庞大的重建计划在这里实施，而且近年来弗莱堡吸引了大量的太阳能产业和研究力量；德国的其他城市都没有这么多的环保相关产业。考虑到弗莱堡是德国阳光最充足的城市，它自称"德国的环境之都"也并不奇怪。

---

① 原文注：日本的历史很有启发性。1603 年之后历时 264 年的江户时代，日本加强了闭关锁国政策。当时江户是全球最大的城市，人口在 100 万～125 万之间（而 1801 年的伦敦只有 86 万人）。由于实际上无法进口任何物品（只有著名的位于长崎港的荷兰贸易站能从事进口业务），整个国家的各种资源都需要自给自足。日本的化石燃料很少，比如煤炭，就主要用于制盐。由于化石燃料和其他资源的不足，日本人不得不尽可能地实现资源的循环利用。所以他们把所有的东西都视为潜在资源，甚至包括柴灰、烛油和宝贵的肥料——人粪尿。

补锅匠修理锅、盆、壶、桶；瓷器匠把破损的瓷器和玻璃重新黏好；鞋匠缝缝焊焊：日本人很少扔掉什么东西，而是小心地修好或作为他用。他们有旧纸收购者、旧布贸易商（当时所有的布匹都是人工织就的，所以特别珍贵；光江户就有 4000 名旧布贸易商）、旧伞骨收购者、旧桶经营商，而城市里的补锅匠会叫唱着"换东西咧——换东西咧——"用小玩意和蜡烛换取旧钉子和其他金属废料。垃圾场是不存在的。总而言之，江户有一个能量之源：太阳。除了石头、金属、陶瓷和其他由矿物质做成的东西，几乎所有的东西都是直接或间接由太阳做成的。

甚至照明也是这样的。日本的商业供电始于幕府统治结束 20 年后的 1887 年 11 月，采用的是第一台化石燃料发电机，但直到这时候，所有的人造光均是由纸灯和蜡烛发出的。油主要是芝麻油，也有茶油、菜籽油和棉油。沿海地区还有鲸鱼油和沙丁鱼油。木柴使用广泛，但消耗量小于每年树木的增长量，所以从来不会出现能源供应问题。江户是落后贫穷的香格里拉，还是今天应该学习的榜样？

　　在该市的太阳能中心——弗莱堡太阳能示范区①，我与该城的三位专家有过一番交谈，他们分别是身材瘦削满头金发的弗兰齐斯卡·布雷耶，一位三十七八岁的前林务员；社会学家转行政论家的汤姆·德雷泽尔，负责太阳能工程；以及该市天文馆馆长奥托·沃巴赫。

　　"完全出于偶然，"布雷耶解释说，"距离这里 15 千米远有一个叫作外尔（Wyhl）的村庄，20 世纪 70 年代早期曾有计划要在那里建一座核电站。学生、农民和酒商（我们这里产葡萄酒）发起了静坐抗议，建筑工地的壕沟变成了议论中心。最终核电站计划被取消，但之前就有人问抗议者：'你们不想建核电站，可以；但你们想建什么？破坏容易建设难；请积极一点。'人们开始思考这个问题。"

　　朝向太阳能的第一步是于 1976 年犹犹豫豫迈出的；1981 年夫琅禾费太阳能系统研究所在弗莱堡建立，当时科学界嘲笑他们不过是一股嬉皮士热情而已，现在该中心是欧洲同类研究所中最大的一座，成员超过 350 人。其成功部分还缘于政治现实的改变。1983 年，新政党绿党 30 年来首次赢得了西德比例代表体系中 5％的最低选票，获得了联邦议会的席位，成功进入联邦议会。议会上长头发留胡须不扎领带的绿党代表坐在科尔总理旁边的照片传遍了世界。绿党的成功使弗莱堡民众受到了刺激，该城开始发展完整的太阳能经济。1992 年，弗莱堡市议会通过决议，本市的土地上只准兴建低耗能建筑。除了屋顶上的太阳能电池板和太阳能收集器之外，这些建筑还有很多非能动性特性，比如超隔热性，窗户朝南且装有低辐射率的玻璃，泡沫保温板也开始流行开来。"每天都在开启新的未来，"汤姆·德雷泽尔说道，"你看，这座城市一步步在前进。"

　　早在 1945 年，弗莱堡曾被法军占领。20 世纪 90 年代后期，在前法军基地旧址上开始兴建一个适于 6000 人居住的住宅区，沃邦（以 18 世纪一位法国占领军元帅命名），旨在建成一个"可持续模范社区"。该居民区按照可持续发展的原则建设，很多房屋都装有太阳能热水器。"可持续发展之路是由创新铺就的。"布雷耶微笑着说。显然，沃邦成功了。

332

―――――――――――――

　　① 原文注：第一次实地调研期间我碰到了来自弗莱堡的美国姐妹城市——威斯康星州麦迪逊市（Madison）的一个研究小组，他们过来学习弗莱堡的经验以促进家乡的发展。法国小城贝桑松（Besançon）是弗莱堡的 9 个姐妹城市中的另一个，人口 13 万，是法国为数不多拥有自己的能源工程的城市之一。1991 年，该城为路政部门的车辆安装了光伏电池板。之前道路施工的警告标示由需要定期充电的汽车电池供电——通常发动机开着以免电池电量耗尽。太阳能电池板完全解决了这个问题，省下了原来花在汽油、电池充电、维护保养上的钱。

我们四人讨论了近两个小时，之后我在该城转了转。乍看上去它很像这里的其他大学城——繁荣、干净、满是学生。后来我开始注意到所有的创新之处。市郊一座废弃已久的银矿顶部建有一座太阳能天文台。城市边缘运转着的 5 座风力发电机使该市的可再生电力所占比例翻了一番。一路走下来我看到了 30 处设施：一个技术公园、几座太阳能电站、一家"零排放"旅馆、太阳能火车站，以及一些屋顶装有太阳能电池板的房屋。在储蓄和贷款的支持下，30 年的旧建筑正在进行太阳能化装修，而私营公司和公共设施正在对房顶进行处理以便安装太阳能设备。当地人支付购买太阳能电池板的部分费用，发出的电卖给该市电网再获得补偿。弗莱堡屋顶上的太阳能电池板总面积有 8.5 万平方码（1 平方码≈0.84 平方米，下同），而且还有计划建造大型跟踪式太阳能电池板，它们每隔 12～15 分钟就转动一次，以获得最大化的阳光接收率。该市还建造了全球第一座不与电网相连的自主式太阳能建筑。学校设有太阳能培训中心和"太阳能电站"——而这个国家每年的平均日照时间只有 1528 小时。

"弗莱堡是德国其他城市的领跑者"，弗兰齐斯卡·布雷耶告诉我说。比如，位于北莱茵州的盖尔森基兴在 20 世纪早期是欧洲最重要的煤矿和钢铁之城，号称"千炉之城"。现在这座城市通过学习弗莱堡的诸多创新，把自己改造成了"千日之城"。"中国和南北朝鲜也可以借鉴我们的改变。"就这点来说，北京和弗莱堡已经有了一项共同之处：自行车的数量都是汽车的两倍。只是原因不同。在北京，自行车是最主要的交通工具；而在弗莱堡，骑自行车是环保意识的象征。他们告诉我，总有一天，学生们会冲出教室，跨上太阳能电动车回家。

下一场调研我去了西班牙南部的阿尔梅里亚，时间是 2006 年 7 月。这里距离欧洲现在仅有的沙漠塔本纳斯不到一个小时车程。这里不但每年有 355 个晴天，还是理想的电影拍摄场地：在这里拍摄的电影包括《巴顿将军》（Patton）、《豪勇七蛟龙》（The Magnificent Seven）、《黑狮震雄风》（The Wind and the Lion）、《夺宝奇兵》（Indiana Jones and the Last Crusade），还有值得纪念的《阿拉伯的劳伦斯》（Lawrence of Arabia）。费里尼（Fellini）的名作《八部半》（8 1/2）中的一部分就是在这里拍摄的，瑟吉欧·莱昂（Sergio Leone）的西部三部曲——《荒野大镖客》（A Fistful of Dollars）、《黄昏三镖客》（For a Few Dollars More）和《黄金三镖客》（The Good，the Bad and the Ugly）亦如此。

阿尔梅里亚并没有从这些成功中受益多少。20 世纪 70 年代早期这里还是西班牙最贫穷的地区之一。之后人们突然发现了这里的地下水位，开启了一场农业革命。数百个温室建立了起来，占尽了地下水和充分的光照两大优点（有一种说法叫"阿尔梅里亚是太阳越冬的地方"：这里的平均气温是 17℃）；很快当地居民就宣称从外太空可以看到的并不是中国的长城而是他们的温室，一大片塑料薄膜的海洋。到了世纪末阿尔梅里亚已经成了南西班牙最富裕的城市，涌进了不少定居者。[①]

这段时间直接把 20 世纪 70 年代的石油危机跳过去了，到了 20 世纪 80 年代早期，拥有 9 个成员国的国际能源总署在这里建立了一座小型电站以测试两套独立的太阳能发电装置：第一套由电脑控制的 90 块镜片（日光反射镜）组成，这些镜片会跟随太阳的运行而转向，并把阳光聚集在中心塔上转化成热能；第二套是三个曲面槽群，它们也随太阳转动，并把能量反射到装有油的金属管上。这些油管经过阳光加热，温度会慢慢上升至 290℃，而里面的油会灌进一个蒸汽发生装置。后来第三个项目也加入了进来，这完全是西班牙自己的项目：300 块日光反射镜把阳光聚集到中心塔顶的黑色吸收板上，此外还有一个水/蒸汽接收装置和由溶盐罐构成的一个热存储系统。他们的初衷是至少一个项目可以投入到商业运营，但到了 20 世纪 80 年代后期，西班牙方面因进展缓慢而撤出了这些项目；只有德国坚持了下来。1999 年以后就只有一个项目在独立的管理下继续运行，且发展形势良好：之后这座阿尔梅里亚太阳能发电站（PSA）就成了欧洲最大的太阳能研发中心（全球范围内可与之比肩的是以色列的魏茨曼研究所，位于新墨西哥州阿尔布开克的桑迪亚实验室，以及位于加利福尼亚州巴斯多附近莫哈韦沙漠里的近 2000 块大型镜面）。

阿尔梅里亚之行我学到的第一条是聚集式太阳能和光伏板是两种完全不同的技术。光伏板利用太阳光子激发电子从而产生电流，而阿尔梅里亚领军的太阳热能技术则利用太阳光子加热液体分子。后者需要较大的金属镜面把阳光反射到一根管子上，管子里的水流过一个热交换机，产生足够的蒸汽来驱动涡轮机。由于整个过程需要大片的场地和充足的阳光，理想的场所就是烈日炎炎的沙漠。

若泽·马丁内斯·索莱尔带我参观了这座研发中心。索莱尔是中心的一名员工，30 出头的年纪，正要完成太阳能市场方向的博士学位。他自豪地向我宣布，不久 PSA 将举办 25 周年庆，而且有两家西班牙公司最终决定将把该中心的研究

_____

① 原文注：自我 2006 年到访以来，西班牙的房地产泡沫已经爆发，建筑工业已经崩溃。阿尔梅里亚现在的失业率几近 25%，是全国最差的城市之一。烂尾高层公寓楼矗立在该市郊区一个叫作"Pueblo de Luz"（光之城）的地方。尽管如此，2008 年全球新建设的太阳能电站有一半在西班牙。

成果推向市场。像弗莱堡这样的小城市只能处理相对较少的太阳热量,而阿尔梅里亚所用的先进硅太阳能板和镀银镜片可使聚集起来的太阳光温度达到原温度的上千倍。[若泽侃侃而谈的时候,我们正好经过一个英文门牌,上书 DANCER-CONCCENTRATED SUNLIGHT(舞蹈者——聚集日光)。]

　　所看到一切都给我留下了深刻印象,就这样我离开了那里,但内心并不相信太阳能可以成为满足全球需求的重要能量来源。次日我见到了当地一位能源事务专家阿方索·塞维利亚·波蒂略,他曾是 PSA 的首任主任,先前曾在加利福尼亚工作数年。60 出头的波蒂略穿着时尚,压根就不认同原公司的策略。"我们不得不进行资源消耗优化。如果继续像现在这样生活,我们将无法满足所有的能源需求。"PSA 可投向市场的技术正是在这种情况下开发的。他说,太阳能研发中心应当与我们应该如何生活的大哲学观结合起来。塞维利亚博士已经离开了PSA,加入了汉诺威郊区克隆斯堡(Kronsberg)的一个项目。那里将会建起可居住 1.5 万人的 6000 套住房,共形成 5 个紧密的住宅区。同样的生活质量,克隆斯堡消耗的能量将比其他地方少 40%。

335　　这就是我们未来的道路吗?鉴于过去的发明家对"俘获太阳"的科学和哲学分支更感兴趣,当前人们的热情多是缘于对全球变暖和自然燃料耗尽的担忧,或者对大多数石油资源均位于像波斯湾、尼日利亚和委内瑞拉这样政治不稳定的地区的不放心。化石能源资源——汽油、煤油、丙烷——可能已有所增加,但转化其他能量源的技术也获得了巨大发展,从太阳能到核裂变、核聚变、风能、波浪能,以及生物加工(将植物和动物原料加工成乙醇、沼气和生物柴油)。报纸几乎每天都在刊登有关这些替代能源的新消息,但并非所有的说法都切实可行。一位持怀疑态度的人士曾这样评价风能:"自堂吉诃德以来还不曾有那么多风车呈现这么大场面的幻境。"[11]

　　但即便看起来最不切实际的想法也有可能变成现实。20 世纪 80 年代伟大的科学小说作家(兼无装备潜水高手)亚瑟·C. 克拉克认为,我们可以像其作品中描写的那样,利用热机"开发温暖的表面层和接近冰点的深海之间的温差",从而"无须大量的旋转件"就能从海洋获取无限的电力。[12]当然,"海蛇号"——长500 英尺,几乎相当于一列火车的蛇形发电机现在正通过吸收波能发电,而其卧式涡轮机则安装在海床上,像一台水下风车。单单英国就能从波浪和潮汐获得相当于其总需求量 20% 的电量。[13]

336　　1981 年一架太阳能飞机飞越了英吉利海峡,现在手表公司欧米伽正在开发一种(将能量储存在机翼上的锂电池中的)太阳能飞机以进行环球飞行。2007

2001 年 7 月"赫利俄斯"飞翼原型机依靠太阳能飞翔在夏威夷上空。首飞持续了 18 个小时。

年 3 月，瑞士太阳能船"太阳 21 号"（*Sun* 21）用了 63 天时间横渡大西洋；而更能体现人类雄心壮志的另一种太阳能航行现在已是太空探索的一部分——利用打在一大片反射区上的阳光来驱动飞船在太空中飞行。与此同时，为位于法国比利牛斯省奥代洛-丰罗默（Odeillo Font-Romeu）的著名反应堆（世界上最大的反应堆）工作的科学家发现，利用防空搜索灯的反射镜聚光可以获得高达 3500℃的高温。在印度拉贾斯坦邦的乌代布尔，当地的大君已引入了太阳能人力车，而在过去的 20 年里，工程师们一直在研究一种太阳能汽车，尽管这种交通工具目前还不能投入到商业运营，太阳能汽车越野赛却每两年就在澳洲中部举办一次，从达尔文市到阿德莱德市，全程 1877 英里。[14]像大众"黎明女神"（Eos）和法国文图瑞电动车这样的混合动力车都装有可收放太阳能顶棚。不过，每天来自阳光的能量只够大约 14 千米的车程；即便这样，这些车的重量还必须非常轻，而且通常只能载一人。

　　世界处处不乏智慧。2009 年 5 月号时尚杂志《视觉美国》（*Visionaire*）刊载了一个"太阳"专题，这期的黑白封面上的变色墨水在太阳的照射下会变成彩色。手机大小的移动充电器"索里奥"（Solio）会展开光伏翼以捕捉太阳能，并转给手机、手持电脑、游戏机或音乐播放器。这些个人电子产品还可以连到运动袋和"太阳能夹克"（用一种名为 Microtene 的纤维做成的）上充电，"太阳能夹克"的尼赫鲁式活动衣领内置有 2 英寸×3 英寸的太阳能板。[15]美国海滩正在配备一种装有太阳能传感器垃圾桶，垃圾达到桶的 3/4 高时会发送电邮给公共服务部门。化学家目前正在研究一种可直接把太阳能转化为电能的涂料，2008 年爱达荷州国立实验室发明了一种这样的塑料：这种"太阳能表皮"（Solar Skin）指的是一种可直接贴在玻璃或金属上的铜-铟-镓硒化物薄膜。而且人们还正在开发一种自愈涂料，涂在汽车或家具上的这种涂料受损后，在太阳下晒上几分钟便能恢复原状。

太阳能还有更大规模的应用。新泽西州的工程师已经为他们发明的一种装置申请了专利，在传统电力供电瘫痪时，该装置能在几秒钟内把电力供应切换为备用的太阳能供电。现在的太阳能烤箱每天能两次供应 600 人份的餐饭；[16] 垃圾场产生的沼气也作为一种能源在售卖；科学家还在开发一些生物系统，目的是使一些藻类在阳光的照射下能把二氧化碳和水转化成氧气和蛋白质——丰富的碳水化合物——并转化为燃料。

近来有观点认为，月亮缓慢的自转、无云的天空、丰富的资源等条件使得人类可在上面建设俘获太阳能的设施。在月球上安装数百块太阳能板能为太空开发和地球上的人类提供清洁而可靠的能源。[17] 空间太阳能（简称 SSP）是另一种选择，它需要把携带有大量光伏板的卫星发射到太空中，且卫星入轨后能把光伏板展开（或者膨胀开来；这种技术仍处于试验阶段）。地球附近太空中的太阳光强度约为地球上的 8 倍；但全尺寸的 SSP 试验没有做过，而 2005 年发射的第一艘太阳能飞船"宇宙 1 号"（Cosmos I）也以失败告终。[18]

所有这些努力让人难以确定如何去判断太阳能研究进展——毕竟在里根政府的早些年，政府对太阳能的热情基本上都随吉米·卡特安装在白宫屋顶上的太阳能板一起消失不见了。里根还大幅减少了太阳能研究所的经费，并通过了促使可再生能源企业破产的税收政策。故事到里根这并没有结束：1980 年到 2005 年间，美国所有能源方面的研发费用所占比例从 10％ 降到了 2％，而 2007 年的财政预算仅仅留出了 1.59 亿美元的太阳能研发经费，只相当于核能研发经费（3.03 亿美元）的 1/2 或煤炭研发经费（4.27 亿美元）的 1/3。在这个预计到本世纪中叶会增加 25 亿人口的世界，能源技术方面的政府投资和工业投资居然不升反降。① 尽管如此好消息还是有的，比如加州州长杰瑞·布朗就于 2011 年 4 月签署了一

---

① 原文注：见安德鲁·C. 列夫金，《与全球变暖的赛跑中的经费下降》，《纽约时报》，2006 年 10 月 30 日，A1 和 A14 版，以及托德·伍迪，《堪忧的前景与太阳能》，《纽约时报》，2009 年 12 月 22 日，B1 和 B5 版。2009 年，美国近一半的电力源于燃煤发电，其成本低于石油或天然气发电，而且也不输核能发电。常被称为"煤炭沙特"的美国的煤炭储量按目前的消耗率来说，可以持续 250 年；平均下来，美国每人每天的用电量相当于 20 磅煤。不过中国消耗的"黑金"（煤炭，不是石油！）更多，相当于欧盟和日本之和。印度也在加快火力发电站的建设。讽刺的是，煤炭发电造成的硫污染无处不在，甚至还暂时带来了一个有益的副作用，即空气中细微的硫化物颗粒把阳光反射回太空，减缓了全球变暖过程。见杰夫·古德尔，《黑金还是黑死病？》，《纽约时报》，2006 年 1 月 4 日，A15 版。

项法案，要求到 2020 年加州 1/3 的电力来源于可再生能源，这将需要面积约为 129 平方英里的太阳能电站——这一面积是曼哈顿的 5 倍多。这会导致新的环境问题。

还有一个问题，即财政补贴还将持续多久：税收减免、财政补贴，以及能源公司必须补贴把太阳能电力输送回国家电网的用户的项目，都让所有的太阳能工程受益良多。不过在 17％的电力为风电的丹麦，由于政治优先方向的变动，新项目实际上一直止步不前。在政府资助比欧洲其他国家慷慨的西班牙，2008 年也通过了一个项目资金削减方案。其他国家也会步其后尘——的确如此，2009 年 10 月，美国的太阳能板进口商因不期而遇的关税政策蒙受了 7000 万美元的损失。 338

德国在这一问题上也产生了分歧（保守派认为政府补贴的太阳能发展速度如此之快会导致电费上涨）。不过，尽管就太阳能财政补贴存在分歧，德国仍是全球太阳能方面的领跑者：全球最大的 20 座太阳能电站有 15 座建在德国，[19] 总发电量为 750MW，是美国 2006 年太阳能发电量的 5 倍多。日本紧跟其后——东京有 150 万建筑安装了太阳能热水器，比整个美国还要多。2010 年 1 月的报告指出中国经过跳跃式发展，已经把日本和西方甩在后面，成为全球最大的太阳能电池板生产国，同时在风力发电机的生产方面也处于领跑地位。[20]

2005 年西班牙颁布的一项法令规定所有的新住宅都应安装太阳能设施。以色列 30％的建筑物采用了太阳能加热系统，而且新住宅也强制安装这样的系统。中国实行了类似的规定，而瑞典则准备完全放弃化石燃料。[21] 墨西哥、南非、埃及、阿尔及利亚和摩洛哥都在建造太阳能发电站。美国的一些州已经立法保护城镇公园的"采光权"（Ancient Lights）——对查士丁尼法典迟来的致敬①——而光"百万太阳能屋顶"倡议的发起地加利福尼亚这一个州，就生产了全球 54％的 339

---

① 原文注：古有保护日光浴室采光权的查士丁尼法典，后有英国法律中的"采光权"条款，旨在保护居民享受一定的自然光照的权利。根据这一条款，有窗建筑物的主人在享受了 20 年或更长时间的阳光后，有权制止他人建设任何会挡住其光照的建筑物。（在伦敦市中心临近唐人街和考文特花园的地方，特别是在背街小巷，窗户标有"采光权"字样就说明这是私人住宅。）世界各地都在问"谁拥有阳光？"这个问题。1959 年佛罗里达州一上诉法庭声称"采光权"在美国普遍被无视；不过，1975 年，加利福尼亚州一个立法委员会决定，如果拥有阳光的人能够出售阳光，立法机构更乐意为太阳能工程提供财政支持。尽管一些听证人提出这样的权利会导致新的问题，比如这些权利值多少钱的争论等，不过加州仍于 1978 年通过了一项保护房屋主人投资屋顶太阳能板的法令。如果有树木遮住了太阳能板的阳光，树木主人将面临最高达每天 1000 美元的罚金。有关这一问题的诉讼在加州已有一段历史。而纽约则于 2005 年以每台 355000 美元的价格引入了 3 台日光反射装置，用于把阳光反射到下曼哈顿区的一块空地上。泪珠公园（Teardrop Park）位于三座摩天大楼的阴影区，而装在附近 23 层高楼楼顶的这 3 台会随太阳而转动日光反射装置又给公园带来了阳光。

风电。10 年前,加州只有 500 座房屋的屋顶装有太阳能板;现在,这样的房屋已有近 5 万座,产生的电力相当于一座大型发电站。

全球范围来说,可拆除式屋顶隔热板还是一种相对来说比较新的产品,20世纪 80 年代才在卓越的美国工程师哈罗德·R. 海的倡导下,为一些新建房屋所采用。这一想法是他在 20 世纪 50 年代作为美国政府代表出访印度时产生的,当时他注意到很多印度人住在锈迹斑斑的金属板材屋里,这种房屋白天热夜晚凉。他设计了冬天可白天取下夜晚装上,夏天可白天装上夜晚取下的屋顶板。这一想法给上千万的印度家庭带来了巨大的改变。1976 年,海还提出一些富有先见性的建议:

> 我们人类是一种地中海气候动物,而非各种气候都适应的动物。我们适于生活在温带……不过技术的发展,让我们可以温暖寒带凉爽热带至我们适宜的温度。这从某种意义上说正是能源危机的根源。我们已经懂得利用足够的能量让自己舒适地生活在不适宜生存的地方……甚至我们连太阳能都可能利用或滥用。[22]

且不管太阳能带来的哲学意义,其倡导者指出至少其成本正在下降。"30 年前太阳能用于卫星才划算,"加州一家名为太阳能系统(SunPower Systems)的公司的总裁丹尼尔·舒加如此说,"现在太阳能用于生活和商业也可以很划算。"[23] 2007 年还只有 110 亿美元的市场现在正以每年 25% 的速度成长。即便这样,太阳能板相对来说还是贵了点。

2008 年初,《纽约时报》曾向四家公司询问安装于曼哈顿一公寓屋顶的太阳能板的价格。[24] 经过讨价还价,一个 55kW 的系统最低价为 370000 美元。政府资助和税收减免能解决 265000 美元,差价通过 10 年期低息贷款支付,而 266 块太阳能板预计可使用 25 年。这样就有了"净电表"(net metering):装有太阳能发电系统的家庭在出太阳时会看到他们的电表在往回走表,因为盈利会部分——有时候是全部——抵销他们的电费。所以说,尽管太阳能在初始发展阶段比较昂贵,长远看还是有前途的。

这确实可能是一项长跑。2009 年,太阳能发电占德国总电量的 0.5%,而各种形式的可再生资源总发电量则占 14.2%;2001 年美国可再生能源占总能源消耗量的 6%,预计接下来的 25 年这一数字将保持不变。太阳能目前只能满足人类 9% 的能源需求,而且预计还将下降至 8%。(不同的来源给出的数据并不相同:

《国家地理》给出的这一数字小于 1%。举例来说，尽管纽约 66.4％的屋顶都适于安装太阳能板，但在 2009 财年，只有 5 户家庭同意安装太阳能系统。2010 年有 13 户同意，2011 年 75 户同意；增长很快，但总的来说还是微不足道。）

还有一些人类期待已久的能源解决方案正处于筹划阶段。聚变就是其中之一。聚变是指把氢核聚合成氦核的过程，是太阳能量的来源。人类把它视为潜在的无穷能量之源已有几十年了，但目前来说这一过程仍难以驾驭。[25]而可再生能源或许正快速增长，不过由于基础过于薄弱，它们在能源供应链中的总体地位仍非常低。

"问题是数字太大，"海登天文馆（Hayden Planetarium）的尼尔·格拉斯·泰森说，"全球每天消耗的能量约为 3200 亿 kW。"[26]下个世纪的能量消耗量将是现在的 3 倍，其中美国人的消耗量特别大；美国人口只占全球总人口的 5％弱，但却消耗了全球 1/5 的能源。真正普及太阳能的话，美国需要补贴 4200 亿美元——这是一个庞大的数字，但也仅仅相当于全美 7 天的 GDP。奥巴马总统曾在就职演说中宣称"我们将驾驭太阳、风、土壤为我们的汽车和工厂提供能源"，且就职后第二个月他就签署了 7870 亿美元的经济刺激计划，旨在 3 年内实现可再生能源总量翻一番的目标。太阳能支持者热烈讨论着仅仅美国西南部就至少有 25 万平方英里土地适于建设太阳能发电站，或积极指出只要在 0.35％的地球表面（相当于法国的国土面积）上铺上太阳能电池板，就足以满足我们所有的能源需求。只要……

泰森博士通过一个简单的故事给整个问题描绘了一个惊人的前景。1964 年俄罗斯天文学家尼克莱·卡尔达舍夫按能源消耗把文明划分成 3 个层次。Ⅰ 型文明使用自己星球上的能源。他们掌握落在自己行星表面的所有阳光，而且如果愿意的话，也可以通过火山或飓风获取能量。更发达的 Ⅱ 型文明可以利用自己的恒星的所有能量，总量是 Ⅰ 型文明可用能量的 10 亿倍；Ⅲ 型文明可利用自己所在星系全部恒星的所有能量，总量是 Ⅱ 型文明的 100 亿倍。

"那么地球人属于那种文明呢？"泰森最后问道，"不好意思告诉你一个坏消息，任何脆弱得必须储备化石燃料、逃离火山喷发、空城以避飓风、登高以躲海啸的文明都还没有完全掌控自己的星球，只能归于 0 型文明。"或许还存在希望。[341]正如生物学家奥利弗·莫顿所建议的那样：

　　我们开发新技术所面临的挑战就介于光伏电池和绿叶之间——工业和大自然新的结合体。我们需要研究全系列的太阳能转化技术……来开发能产生替代燃料或发电的类绿叶产品。[27]

开发这样的技术并非不可能。1931 年，电气教父托马斯·爱迪生在去世前不久对亨利·福特说："我将把钱投在太阳和太阳能方面。这个能量源太棒了！希望在石油煤炭消耗殆尽之前我们就能用上这种能源。"[28]

第五部分
在太阳的启发下

在纳粹之前，可追溯至新石器时代（约公元前 9500 年）的"卍"字饰就已经在全球范围内被当作太阳的标志使用了很久。这个"黑太阳"或者说"太阳轮"标志是纳粹神秘学说中的一个象征符号。

第 23 章
重要符号

> 我看到了太阳，即便没看到我也知道它就在那。知道太阳在那——就意
> 味着一个完整的生命。
>
> ——《卡拉马左夫兄弟》中的米迪亚（Mitya）[1]

> "什么，"有人会问，"太阳上升时你没有看到畿尼①一样圆圆的一个火
> 盘吗？"
>
> "啊，没，没有，我看到无数的天主在高喊：'圣哉，圣哉，圣哉我万能
> 的主'。"
>
> ——威廉·布莱克，《一瞥最终审判》（*A Vision of the Last Judgment*）[2]

　　一家人躲避纳粹期间，安妮·弗兰克经常向自己的日记倾诉，看到小房子外
那棵白皮老七叶树，特别是看到早晨的太阳照在树上时自己所受到的鼓舞："只
要这风景还在，只要我还活着看到它——阳光、晴空，只要这景色还在，我就不
会不开心。"[3]不管是太阳自身，还是它所象征的自然界的美好，都能带给人们各
种鼓舞。作为符号它最为普遍，屡屡出现在各种印章文化中（"太阳发光"图案
代表发出光芒；人脸图案则表示"灿日"），是由来已久最为常见的象征符号，从
石油大企业到联合国博物馆都有用到。仅在英国就有 497 个注册商标使用太阳符
号，而使用皇冠图案的只有 366 个，使用联合王国国旗图案的只有 239 个。

　　有人会问，到底哪种文化的太阳意象最为详尽？有 20 个国家的国旗上印有
太阳图案：安提瓜、阿根廷、孟加拉国、科特迪瓦、日本、马其顿、马拉维、纳

---

① 译注：guinea，英国的旧金币，价值一镑一先令。

米比亚、尼泊尔、尼加拉瓜、尼日尔、菲律宾、卢旺达、突尼斯和乌拉圭（一个
光芒四射的人脸太阳图像），以及像波格尼亚（Bergonia）、哈萨克斯坦、基里巴
斯和吉尔吉斯斯坦这样不太知名的国家。澳大利亚新设计的国旗上有一只黑色袋
鼠跳过太阳的图案，而不少国家的国旗上都有太阳条纹。印度国旗上有一个金
轮，代表一天的 24 个小时，而白宫办公室的地毯上则有巨大的黄色阳光图像。

　　日本的国旗则源于 701 年就正式展示过的日出旗帜。1870 年，日本采用了红
日白底的国旗方案，即所谓的"日之丸"——太阳旗。日本帝国海军被授予了自
己的旗帜（1945 年陆军也有了自己的旗帜），图案为太阳和 16 根光线：旭日旗。
不过日本的数百个家徽中，有 51 个采用了星星图案，17 个采用了月亮图案，采
用太阳图案的只有 7 个——甚至最高贵的贵族都自觉与如此崇高的实体间的关系
绝不可能紧密到可以用作家徽标志的地步。

　　王室没有这样的担心。早在 1461 年 2 月 3 日，15 世纪在兰开斯特王朝和约
克王朝之间展开的玫瑰战争期间，（后来的）爱德华四世（1442—1483 年）和他
的军队来到南什罗普郡的莫提梅路口（Mortimer's Cross），准备与兰开斯特军队
展开战斗。年仅 18 岁的爱德华刚刚听到父亲和最小的弟弟已经被兰开斯特方抓
获，并被侮辱、杀害的消息。他的部队士气低落，畏缩怯战。黎明到来时，三个
太阳出现在天空，突然又合三为一。

1674 年路易十四组织的庆祝一次军事胜利的庆典期间凡尔赛大运河上的烟花。

希拉里·曼特尔在小说《狼厅》（*Wolf Hall*）中对这段历史做了戏剧化描述：

"［爱德华能看到］三个模糊的银盘，因霜粒而闪耀而朦胧。它们的光环遍洒 346 惨淡的战场，遍洒威尔士边界湿漉漉的树林，遍洒他士气低落没有报酬的部队。"当时呈现的很可能是因冰晶散射而产生的幻日现象，也可能是朝阳在东方的湿地上多次反射的结果。且不管原因是什么，他的部队被这一景象吓坏了，但爱德华灵机一动，大喊道："这是好兆头，三个太阳代表圣父、圣子和圣灵！"听到这句话后，据称人数在 5000 到 1 万之间的部队纷纷跪下来祷告——然后起身为争取胜利而奋战。"他的生命插上了翅膀，飞了起来。就在那灵光一闪间，他看到了自己的未来"，[4] 爱德华进而在自己的徽章中加入了灿日图案。

与太阳最紧密地联系在一起的王室人员无疑是太阳王（*le roi soleil*）路易十四（1638—1715 年）。1653 年，年仅 15 岁的路易十四头戴金色假发，身穿绣花外套出现在朝臣面前，插有粉色白色羽毛的头饰上点缀着红宝石，在太阳的照射下熠熠发光，而吊袜带和高跟鞋的搭扣则闪耀着一个个小太阳。9 年后，他当着 5000 宾客的面，在卢浮宫和杜伊勒里宫之间的空地上表演了一套马术芭蕾。身着代表法兰西伟大文明的戏装的贵族剧团进行了这场前无古人的盛大表演，路易十四扮作罗马皇帝，身披金色斗篷，手持带有太阳图案的盾牌。在他之后登场的是波斯表演队，由他的弟弟率领，后者的盾牌上是月亮图案和一句箴言 *Uno soli minor*——"仅在太阳之下"。8 年后，莫里哀在《美丽的情人》（*Les Amants magnifiques*）中把路易十四刻画成了太阳王阿波罗的形象，再次装扮成太阳，情节发展到高潮阶段舞台上还会有火焰和烟花喷出。

1674 年 8 月 18 日黎明前那几个小时，路易十四带领朝臣穿过王宫花园，来到一个约 70 英尺见方的石岛上，岛上是一座 80 英尺高的方尖石塔，塔顶燃烧着一个火球。塔底的浮雕作品刻画的路易十四带领他的队伍穿过一条河流的情景。河流里一侧匍匐着一头因被打败而垂头丧气的狮子；另一侧是一只恭恭敬敬的鹰。[6] 整个场地都在静静地燃烧，突然一个号令，由 1.5 万包火药做成的百合花焰火沿着河流一起燃放。这样太阳和太阳的正义统治的凯旋仪式就完成了。

把自己与太阳等同起来是一个政治高招，因为太阳给路易十四涂上了准神性的光彩——毕竟，太阳是和平和艺术之神阿波罗所代表的天体，也是一种军事荣 347 耀的象征，正好与这位尚武君王的雄心壮志相符。当时的纪事者、史学家，或许也是法国最著名的耶稣会士的克劳德-弗朗西斯·麦纳斯特神父高兴地接受了路易十四的决定，欢呼道：

有什么英雄壮举能与太阳相比呢？太阳照亮整个世界，时刻维持着地球上所有的生灵。国王开始统治自己的国家时就承诺做到这些，还有什么称号比太阳更适合称呼他的呢？

当时已有凡尔赛宫，即路易十四居住的富丽堂皇的宫殿。太阳并不是路易十四的唯一象征，但它令所有其他的象征都黯然失色。凡尔赛宫所有的装饰品都把阿波罗的形象和象征物（桂冠、竖琴、三脚架）与路易十四的肖像和标志结合在一起。凡尔赛宫把这位最基督化的国王奉为太阳，阿波罗厅是这一王宫的主厅。

君主和太阳另一个可作比较的地方是，这么多年来太阳和王权的地位都在下降。至少从 19 世纪起，昼夜循环对发达国家人民日常生活的影响不断变小，而科学知识的发展也在不断削弱太阳的神性。走下神坛不再拥有神力（拥有神力是赢得尊崇的最简单方式）的太阳，成了一座更不具人格的新万神庙：它是我们的时钟、天气的制造者（后来的发现）、四季的调节者，还是一种能控制生死的力量——但这里指的是非人格化的控制力量，而不是人类可以借助或安抚的一位人格化神。而且随着我们对其认知的变化，其象征价值也在改变。

太阳在宗教信仰中总占有一定的位置。对于犹太教来说，七分枝烛台最初代表摩西在西奈山上看到的燃烧中的灌木，因而也代表了上帝之光，不过后来的读物把七分枝视为太阳月亮和当时已知的五大行星的象征，而象征太阳的正是中心蜡烛。日本虔诚的信徒相信冥思的最佳时间是日出之前和日落之后。对于《福音书》作者来说，再也没有比太阳的光芒更适于描述耶稣显圣容——上帝之子从肉身世界升入神灵世界的景象的了。

也有关于太阳的幻觉故事。据说，三位年轻的牧羊人曾于 1917 年 5 月 13 日到 10 月 13 日间在里斯本郊外小镇法蒂玛（Fatima）附近看到一位自称来自天堂的美丽女人，孩子们则声称太阳"舞蹈着"跳过天空，并确信这是上帝玩的把戏。随着法蒂玛逐渐发展为基督教朝圣的一个补给站，有人说 2.5 万人于次年 10 月 13 日亲眼目睹太阳昏暗下来，天空变成"橘黄色"，之后云彩突然裂开，泻下光轮一样的一道亮光。[8] 太阳开始旋转、变色，之后向东飞驰而去。

从 20 世纪 60 年代起，源于西方嗑药反主流文化的另一种太阳文化开始兴起。比如，LSD（摇头丸）之"父"阿尔伯特·霍夫曼（1906—2008 年）就迷上了植物将阳光转化为可改变人精神状态的物质的机制。"世上万物均来自太阳"，他如此说，宣称 LSD 是通往意识新形式的路径。[9] 霍夫曼喜欢研究在墨西哥蘑菇中

发现的迷幻物质。作曲家兼歌手多诺万
（Donovan）创作了第一首迷幻歌曲《阳光超人》
（*Sunshine Superman*），而嬉皮士音乐剧《头发》
（*Hair*）的结尾则是"让阳光照进来"。人们确
实是这么做的。

　　当然，药物刺激的太阳欢庆并不是某一群
体或某一国家的专利。米尔恰·埃利亚德曾对
德萨纳斯（Desanas）的神话做过描写。

　　德萨纳斯这个生活在哥伦比亚亚马逊平原
沃佩斯河（Vaupes River）流域赤道密林中的小
部落仍保有他们的渔猎文化，其宗教神话的中
心是太阳父亲（Sun-Father）的创造力量。埃利
亚德说："对于德萨纳斯人来说，每个人的灵
魂……都会发光，这种光芒是他/她出生时太阳
赐予的。"迷幻药卡技木（*yagé*）更是加强了这
种关联，人们喝下这种药后会产生生活在生物
体都发光的地下世界的幻觉。"在他们的语言

349

数千年来，希望生育的印度妇
女都会面朝太阳，裸身站在水中。

中，表达喝卡技木的动词具有'喝下'和'看见'两层含义，意指对太阳父亲开
始创造世界的太初时期的……一种再现。"埃利亚德还说，在德萨纳斯文化中，
光与性有关——灵魂源于随阳光一起落下的种子这一创世神话的另一特征：

> 　　如果存在的、具有生命并能繁殖的一切事物均是太阳发出来的，如果
> "精神"（智力、智慧、洞察力等）带有太阳光的本性，那么每种宗教行为都
> 同时具有"繁育"和"幻想"两层含义。这样，光体验和幻觉的性含义就是
> 太阳神学的一种自然结果。[10]

　　或许，太阳神话能让人坚定，使人勇敢，给人启发。而且根据各人爱好不 350
同，它还会带来更多的好处。之前太阳启发人类的方式很多，这些启发简单而实
用。轮子即其中一例，最早的轮子出现于公元前 36 世纪美索不达米亚乌鲁克
（Uruk）的壁画上。瑜伽中有拜日式。泰德·休斯要求出版商只有在地磁场有利
的日子里才把他的诗作拿出来出售。被法国当作德国间谍射杀的荷兰情色艺术家
玛塔·哈里（Mata Hari，1876—1917 年）的名字源于马来语中的"太阳"一词，

弗里威林·弗兰克·雷诺，地狱天使帮（Hells Angels）旧金山分部的秘书。1967年在重大反文化活动——共有2万人参加的金门公园的"人类大聚会"（Human Be-In）上，弗兰克尽己所能一直盯着太阳看。记录了弗兰克的自我折磨行为的摄影师拉里·基南写道："几周后再见到弗里威林，他告诉我因为嗑药后一直盯着太阳看，他的眼睛被照坏了。"

字面意思为"天之眼"。马球游戏源自蒙古牧民的一种竞技比赛，他们会在赛场来回抽打一颗人头，据说这种消遣活动的起源与太阳相关。公元前5世纪波斯也出现了一种类似的游戏——在"太阳游戏"中，骑马人打的不是一颗头颅，而是驱赶一颗"火球"穿过一片"天空球场"。

我知道上面这些例子的着眼点显得有点随意，但它们与太阳的关系确实如此。这样的举例列表会涉及古怪且不易分类的领域。本章下面的内容将讨论其中四个领域：太阳对语言的影响，以及常见的太阳象征：金发、黄金和镜子。

源于太阳或受太阳影响的词语反映了一种文化的特点。人名和地名常常含有太阳因素。波斯地区像 Afrouz、Afshid、Dalileh、Dori、Farimehr、Jala、Jahant-ab、Khorshed、Kurshid、Mehrasa、Mehrshid、Shams、Shidoush 和 Talayeh 这样的姓的意思都是"太阳"，而且都沿用至今，意为"光"或"灿烂"的姓也一样多。在斯里兰卡当地语言中，*Asia* 意为"日出"；*Jayaditya* 意为"胜利的太阳"，而 *Khorvash* 则意为"太阳般可爱"。*Ravi* 和 *Ravindra* 均指"太阳"，*ra* 这个音节在多种语言中均用于人名和与太阳有关的重要概念。日语中的"日本"则指"太阳升起的地方"。

在旧世界①的北半球，越往北越往西这种现象越不明显。天文导航中仍在使用太阳相关的方位词汇；但地理学词汇 *Orient*（东方各国）、*Occident*（西方各国）、*Levant*（地中海东部地区）——已不再使用，不过我们的文化深受地中海

① 译注：Old World，哥伦布发现新大陆之前的世界，泛指亚非拉三大洲。

影响，词汇库中仍有很多这种比喻，英语中这一现象尤为明显，这并不是受气候的影响，而是因为作家们喜欢构造新的太阳相关词汇。莎士比亚就创造了不少，《温莎的风流娘儿们》和《罗密欧与朱丽叶》中均用到的"白日点灯"（to burn daylight）这个词的意思就是浪费时间。

街头俚语充分利用了太阳。恐怖的短语"哈勒姆日落"（a Harlem sunset）指的是在剃刀战中负的伤——雷蒙德·钱德勒在 1940 年的小说中引入了这一短语，后来谢默斯·希尼在一首诗中也用到了它。"日落者"（sundowner）既指澳大利亚丛林中的流浪汉——日落时前往牧场寻求食物和住处的人——又指严格的海军上尉，起源是海军上尉会在日落时强制上岸休息的海军学院学生回到船上。还有说法是"太阳越过帆桁"或"越过桁端"就到了喝酒时间；因为在家乡和北半球，中午太阳就会越过桁端——帆船上的横桅杆——显然喝酒的时间提前了。[11]

很多谚语与太阳相关。其中一些很有想象力，比如"太阳能融化奶油也能晒干土块"和"太阳不会同时照在篱笆墙的两侧"。"飞入太阳"意指十分忠诚，可以肝脑涂地，而"太阳花"则指漂亮的女孩子，亦即为男孩子/太阳①而展现自己的人（1959 年前后）；"阳光光束"（sunbeam）意指不曾用过因此也不用洗的餐具（1950 年前后）。"太阳渔夫"（Sunfisher）是俚语，指烈马；但"让阳光照进马套"则指比赛中让马休息一下。

很多派生语都很容易找出——"太阳神经丛"（Sun plexus，腹腔神经丛）之所以如此命名是因为该神经中枢从腹部向外辐射全身，而尼罗·沃尔夫著作中的阿奇·古德温（Archie Goodwin）说某样东西"经晒"（Sunfast）时指的是这种东西是确定的，因为"经晒"的颜料不会褪色——但其他一些派生语确实让人迷惑不解："阳光法案"（sunshine law）指未经公众一定时间的考虑政府不能颁行的法令；"白天"（daylight）是一个法律术语，规定日出之后日落之前这段时间是白天而非夜晚的一部分，定夜盗罪时常会用到这一术语。太阳的一个最古怪的名字是 1811 年版《格罗斯词典》（Grose's Dictionary）收录的"西班牙柴把"（Spanish faggot）一词：可能是因为自 15 世纪起一直到卡洛斯一世（Carlos I，1500—1558 年）统治结束，西班牙及其殖民地生产的硬币上均有柴把的图像——松松绑在一起的几盒箭——时人认为它类似于太阳的光线。

如果说有某种颜色能代表太阳那就是黄色。"看看黄色的太阳！"《南太平洋》中的女主角妮莉·福布许（Nellie Forbush）如此呼喊。当然，太阳也可以呈橘

① 译注：英语中的"男孩"（son）与"太阳"（sun）谐音。

色、红色或白色，但黄色是其主要色彩。不过，太阳可能呈现的各种颜色也考验了人类的智慧。油漆店里各种太阳黄油漆依时间和天气而不同（正午、日落、太阳雨、太阳走道等），此外还有金色（从铜矿黄到金红色）以及像黄砖路、淡黄和钝黄（我仅仅列出来，并不作解释）这些可能的太阳颜色。考虑到英国画家特里·弗罗斯特爵士（1915—2003 年）于 1941 年克里特岛沦陷后被德军俘虏期间试验过各种黄色并给出了深浅不同的 381 种黄色，这点似乎毫不意外。它们只占太阳衣柜的一部分。

352

人类头发的颜色与太阳最为接近。古罗马的妇女因嫉妒军人丈夫带回来的日耳曼女性奴隶，会用生石灰和草木灰把头发漂白成金色。通常金色头发比黑色或红色头发更为茂密，而且长期以来人们还认为金色头发的生育能力更强。乔安娜·皮特曼在其种族文化史著作中指出，童话故事中的女主角多是金发，从《美女与野兽》（*Beauty and the Beast*）中的美女到灰姑娘①、金发姑娘②和长发姑娘③均如此。皮特曼还补充说："（古）希腊男人对金发痴迷，"因为金发代表幻想和财富："在荷马的所有作品中金色都是阿芙洛狄忒的主要代表词。"[12]

皮特曼还说，金发在黑暗时代为人们所鄙薄，在文艺复兴时代为人们所迷恋，在伊丽莎白时代的英国意味着神秘（伊丽莎白自己的头发则是红褐色的），在 19 世纪成了一个神话主题，到了 20 世纪 30 年代则成了一种思想观念——在希特勒的德国（实际上只有 8％的德国女性为自然金发）和斯大林的苏联（金发很罕见）均如此——进入 20 世纪 50 年代后，随着好莱坞对迷人但愚钝的金发女郎形象的塑造，金发又有了性邀请的含义。正如雷蒙德·钱德勒在《再见，我的爱人》（*Farewell，My Lovely*）中所点明的，"到处都是'金发'、'金发'，现在'金发'几乎成了一个笑话"。（这本书写于 1940 年）[13] 20 世纪 60 年代，加州掀起了美黑金发美女潮流，乐队"海滩男孩"（Beach Boys）用歌声狂热地赞颂这种金发女孩。我们似乎回到了永无止境的颜料色彩领域，但收到的信息却是相同的：在所有的色彩中，黄色才是太阳的色彩，令人敬畏，甚至膜拜。

正如黄色是太阳的色彩，黄金是太阳的第一金属。皮特曼如此解释这种联

---

① 译注：Cinderella，西方民间故事《灰姑娘》的主人公。希腊史学家斯特拉波曾在公元前 1 世纪记叙了一位嫁到埃及的希腊少女洛多庇斯的故事，被认为是《灰姑娘》故事的最早版本。该故事在世界各地广泛流传，版本很多，其中以《鹅妈妈的故事》（1697 年）和《格林童话》（1812 年）中的版本最为人们所熟知。

② 译注：Goldilocks，西方民间故事《金发姑娘与三只熊》的主人公。

③ 译注：Rapunzel，《格林童话》中"长发姑娘"篇的主人公。2010 年迪士尼同名 3D 动画上映。

系："长期以来经典著作均把黄金描述为美丽和力量的代表。生活在荷马之前近2000 年的原始印欧人群已把金黄色与对太阳和火的崇拜联系了起来，从而与对一位黄色黎明女神的崇拜联系了起来。"[14]几千年来这一关联一直延续了下来。所以詹姆斯·乔伊斯用阳光、金发和黄金构造了一个完美的舞台画面，剧中人物利奥·布鲁姆（Leo Bloom）突然沐浴在早晨的阳光中，思忖道："温暖的阳光踏着瘦凉鞋，沿着明亮的人行道，从伯克利街道飞奔过来。飞奔啊飞奔，她飞奔过来见我，一个金发在风中飞扬的女孩。"[15]他的描写比他自己认为的更真实。人的头发里确实含有金元素（人身上差不多只有头发才含有金元素）。平均每个人头发中的金含量为 8/1000000000 克——不足以让理发师报以一个微笑，且成人的含量多于儿童，男人多于女人。[16]

将太阳与金子联系起来，而且不仅仅从颜色这个角度联系起来并不难理解。早在炼金术时代很久以前，人们已把黄金视为世界上最完美的东西，因此也将其与太阳紧密联系了起来。[17]《巴黎圣母院》（*The Hunchback of Notre Dame*）中的炼金术士宣称："金子即太阳；炼金可以升天！"[18]它是唯一一种从不生锈的金属，作为纯洁的象征再合适不过；它可以砸得非常扁，几乎没有了任何强度，达到一种纯粹的虚幻状态。[19]人们不仅常常把它与神性联系起来，而且由于它的稀有和价值，还将其与王权联系起来。

好像每种文化都很珍视黄金。公元前 624 年，柯林斯暴君佩里安德邀请城邦的贵族共同进餐，让士兵摘下女人们的黄金饰品并脱下她们饰有金线的长袍，这些战利品支持了他几十年的统治。公元前 560 年，第一枚金币诞生于小亚细亚的吕底亚王国，1284 年威尼斯开始流通达卡金币（gold ducat），这种金币后来成了全球最流行的金币，哥伦布运回黄金给女王时狂喜道："啊，最好的黄金！谁拥有了黄金谁就拥有了想要什么就有什么的财富，就可以把他的意志强加给世界，甚至帮助灵魂升上天堂。"印加人视黄金为"太阳流出的眼泪"（或者更鄙俗地讲是太阳流出的汗水），仅将其用于祭拜仪式，不过阿塔瓦尔帕①为了换取自己的自由，曾答应西班牙人将自己的牢房堆上比人还高的黄金，而蒙提祖马二世则送给科尔特斯轮子大小的一面太阳状金盘。虚构的城市埃尔多拉多（El Dorado）以其国王"镀金人"命名，在 16 世纪的编年史家贡萨洛·费尔南德斯·德·奥维多的笔下，他"身上不断涂满细盐一样的黄金颗粒"四处走动。[20]

耐腐蚀、可切割且美丽的黄金凭借巨大的魔力，让城市一夜之间建立起来，

───────────────

①　译注：Atahualpa，秘鲁印加帝国末代皇帝。

从旧金山到约翰内斯堡均如此。最重要的是，黄金极其稀少：今天（2010 年 5 月）1 盎司价值 900 多美元。据估计，自人类诞生以来，所开采的黄金共计只有 30 万吨：只够铸成一个 33 码见方的方块。不过，据估仅海洋中就蕴藏着 8 万亿吨黄金，地壳中的蕴藏量更多。而太阳有百亿分之六的成分为金，共计 1.32×10^7 亿吨——足以在整个苏格兰堆起半英里高的金山。

约翰·梅纳德·凯恩斯于 1930 年国际市场回归金本位之际写的一篇论文中，考虑了黄金会引起什么样的联合这一问题。他认为，在纸币革命之前的日子里，金属是最合适的货币。他引用弗洛伊德的话说，我们的潜意识深处认为黄金应"满足强烈的本能"并起着标志的作用。"黄金具有神奇的特性，那就是从不会完全消失不见。正是因为这一特性古代埃及祭司才能手工冶炼这种金属。"[1] 可以说，黄金就是地球上的太阳。拉丁语中的"黄金"为 *aurum*（金的元素符号 Au 即由此得来），与希腊语中的"金色黎明女神"Aurora 同源。

20 世纪 50 年代中期 5 位吉普赛年轻人在向太阳致敬。

---

[1] 原文注：约翰·梅纳德·凯恩斯，"回归金本位"，《说服论》（*Essays in Persuasion*，纽约：Harcourt，1932 年），第 182 页。金钱与太阳的联系由来已久。1787 年 7 月 6 日美国政府发行的第一枚硬币叫作福吉欧（Fugio，意为"我逃"），上面就有太阳图案。过去几百年里穆斯林统治者都会举办太阳庆典，在庆典上他们会用一定量的黄金（代表太阳）给自己称重，而穷人则会得到金钱。

　　被认为全美最漂亮的硬币（被称为双鹰金元，面值是被称为鹰元的 10 美元硬币的 2 倍）含有 1 盎司 22K 的黄金，这并不奇怪。这种硬币一直在流通，直到 1933 年为了走出大萧条，富兰克林·D. 罗斯福下令禁止私人持有黄金。2009 年这种硬币重新流通，只是比原来的稍小一些，但 24K 黄金的含量严格等于 1 盎司，一面是自由女神像，女神像后面是太阳照耀国会大厦，另一面是一只鹰飞过夺目的太阳。玩抛硬币游戏时太阳总是朝上。[1]

————————

　　镜子重新把阳光还给了我们，它是太阳另一个重要的代表。埃及人的镜子一直是圆的，稍微有点扁平，代表常常出现在地平线上的太阳。这种神圣的关系把镜子塑造成了一个宗教符号，节日、庆典都会用到它，甚至坟墓中也会放置它，通常放在尸体的面前或胸口上，确保拉神的存在。[21] 中国人把镜子挂在寺庙庙顶，寓意是反射天的智慧并从太阳引火下来。其他文化通过语言把镜子与太阳联系起来——比如阿兹特克人就把他们的一个太阳神叫作特斯卡特利波卡，意为"发烟的镜子"。

　　日本人与太阳相关的镜子意象很突出，也很普遍。根据日本的神话，太阳女神天照大神隐藏在一个黑暗的洞穴中，她通过外面树上挂着的镜子瞥到自己一眼，这才有了勇气，走出了洞穴。之后她令孙子降临世间创造"太阳的摇篮"——日本——并给了他一面镜子（并派出了一众镜子制作者），让他传给自己的子孙后代。在这则神话中，镜子反射了神光的灵魂，从而成了太阳在地球上的代表，因此也是王权最重要的象征物。

————————————————

　　[1]　原文注：见马修·希利，"世纪后金币再次反映设计者的想象力"（Century Later, Gold Coin Reflects Sculptor's Vision），《纽约时报》，2008 年 11 月 25 日。英国自 300 年前就延续下来一个传统：硬币（及后来的邮票）均印有即将登基的君主的侧像，且面朝方向与前任相反。1936 年乔治五世去世时，负责的官员开始操办这件事。乔治五世面朝左，所以继任者爱德华八世将会面朝右——但这位新国王拒绝了，因为他认为自己的左脸更突显自己的形象。为了折衷，有人建议用他的左脸另做一下镜像，这样仍将面朝右侧。这一建议再次为新国王所否决：左侧的头发是他的一个亮点。这给皇家铸币厂和邮局带来了麻烦，不过根据其命令发行的第一批邮票用的是他朝左的左脸。不幸的是，为这批邮票准备的底板已经刻上了朝向右侧的胡子；负责人了解到爱德华的想法后，他们更改了爱德华凝视的方向，并没有更改底板。这样一来，新国王的目光就投向了阴影而非太阳——完全不是一个好的兆头。同年 12 月爱德华逊位后，伦敦《泰晤士报》评论说："即使坚强的人也会向这种弱点低头，即向对新邮票感到不安的人的迷信担忧低头，因为国王爱德华八世的头躲开了光明，把目光投向了暗处——正象征了开始时一切顺利却滑向不幸的王权。"见泰德·施瓦茨，《皇家铸币厂的 T. H. 佩吉特》（T. H. Paget of the Royal Mint，纽约：Arco，1976 年），第 190～191 页。

抛光的金具有良好的反射效果，一些古罗马最早的镜子都衬有金，但用作镜子的材料通常还有很多：铜、锡（辅以水银），最后还有银。16 世纪威尼斯的制镜大师在玻璃板后面衬上反射金属薄片，这样制成的镜子在之后的 300 年时间里成了主流。现代制镜法——在玻璃上镀金属银——直到 19 世纪 30 年代两个条件都具备时才出现：在澳大利亚、中美洲和欧洲发现了大量银矿（导致银价大跌，只有金价的 1/5），伟大的德国化学家尤斯图斯·冯·李比希（1803—1873 年）的发明①。此前，镜子极其昂贵，尤其是大镜子——这也是路易十四花费 654000 里弗建造最著名的镜厅——凡尔赛镜厅的原因之一。镜厅共有 17 扇俯瞰花园的窗户，配以墙上的 17 面大镜子，每一面镜子均出自巴黎的一个作坊，旨在超越威尼斯所能生产的任何镜子，进一步证明法兰西——及其国王的伟大。

1682 年镜厅向毕恭毕敬的朝臣展示时，收获了巨大的成功，给众人留下了深刻的印象，"耀眼的财富耀眼的光，在众多镜子的反射下，比火还明亮，就像 1000 朵更灿烂的火把一起在闪耀"。[22] 整个镜厅共有 306 小块镜子组成，它们紧密组合成 17 面大镜子，看不出组合的痕迹来。镜厅不仅在大革命之前就是帝国的象征，在大革命爆发后仍起着重要作用——1919 年凡尔赛和约在此签订。历史学家萨拜因·梅尔基奥尔-邦尼特在其镜子史中把镜厅与太阳联系了起来。她写道，凡尔赛的一切

> 都在表演镜子魔术，不只是倒映在运河水面上的城堡，也不是正在形成的建筑风格的对称性，也不是镜子中的重复，最重要的是朝臣们一起鞠躬的礼节……镜厅自身就是一处奇观。每个想一睹其真容，或想看看自己，或希望被看的人，在所有的目光都聚集在众光之源太阳王的眼睛上时，都会自我陶醉，沉迷其中。[23]

挑个阳光明媚的夏日置身镜厅，你会发现阳光在镜子间无止境地反射，仿佛整个大厅与太阳融为了一体。

---

① 译注：指 1835 年李比希发明的化学镀银法。

第 24 章
为太阳作画

阳光，不仅灿烂而神圣，还贪婪、残忍、严酷。它把整个世界吞没，不放过任何一个地方。

——J. M. W. 透纳，1846 年画作
《站在太阳上的天使》（*The Angel Standing in the Sun*）的附言

欣赏马蒂斯的画作最基本的一点是只能用眼睛去评判。你必须像观察窗外的阳光一样观察他的作品。

——朱尔·弗朗德兰，1871—1947 年

在西方艺术世界，画家真正用心去画太阳的历史并不长。在几百年的时间里，他们一直采用斜光为画布照明，所有的物体不管远近均一样清楚一样生动，所以说在没有内在线索的情况下很难确认是在一天中哪个时间段画的。从任何实际意义上讲，阳光都不会出现在画布上。早在借助阳光之前，画家们是靠烛光进行创作的。

中世纪的艺术家们放弃了作为展示上帝造物之丰富的理想背景的风景画，后者便被打入了冷宫。他们通常无视云朵、雨雪和太阳的世界，最多关注一下大自然的反常现象——地震、火山喷发或闪电等所有能用来唤起神的愤怒或描绘圣经中某事件的现象。太阳常常挂在天空，但只是作为辟邪物或衬景才挂在那里。西斯廷教堂米开朗琪罗所画的太阳是一个带有斑点的黄球，因上帝手指的指点才出现在天上——完全没有自己的威严。

不过，从 14 世纪初起到 17 世纪中期，文艺复兴期的人们开始分析周围的世界，太阳逐渐丧失了其作为宗教和神学实体的力量。光由什么构成，作用机理如何，会产生哪些影响，都成了人们的研究内容。艺术界也出现了类似的变化，这

一时期的画家出于自身的原因开始对光的本质感兴趣。

358　　　到了 17 世纪中期，风景画（landscape，是这一时代创造的词）已经成了艺术界一个重要主题。① 伦勃朗（1606—1669 年）经常借助阳光来强化他的肖像画，到了 17 世纪 50 年代，像雅各布·范·勒伊斯达尔（约 1628—1682 年）和克劳德·洛兰（1600—1682 年）已对描画阳光本身产生了兴趣。勒伊斯达尔对气象极其关注；比如，他在画作《带有两架风车的冬景画》中就仔细描画了冷空气中的冰晶形成的日柱（sun pillar）所发出的光簇。[1]

克劳德（最后一批仅以名字而非姓氏知名的画家之一）是尼古拉斯·普桑的朋友，二人曾去罗马周围的平原写生；但相较于风景画，普桑更重视圣经人物画和寓言人物画，而克劳德则恰恰相反：他绘画的主题是陆地、海洋和空气。他的海港画中一个重要因素——光线由刚刚跃上地平线的太阳发出，《港口风景》（1634 年）即如此——艺术史上太阳第一次清晰地照亮了画面中整个场景。[2]他对自然世界之外的一切都没有兴趣，就连自己画作中的小小人物也请别人代笔，还有一次他对一位潜在的买主说他卖的是风景；人物成了附赠品。

其他地方的画家开始以对精确近乎科学的追求来描绘自然风景。比如，18 世纪早期德国肖像画家埃基德·奎林·阿萨姆受威尔腾堡本笃会修道院之托为其规章制定者圣本笃（据传在一次日食期间受到启发才制定了该会的规章）画像，为此他遍寻欧洲各地发生的日食。他的肖像画中，圣本笃站在一座高塔上，细细的一束光从被遮蔽的太阳射下。没有其他画家曾对日食细节有过这样的把握。

359
————————

克劳德和勒伊斯达尔有一个共同点，即二人都深受一位以太阳为主要描绘对象的画家的崇敬（可能他的崇敬之情比其他人更强烈）：约瑟夫·威廉·透纳（1775—1851 年）。约翰·罗斯金在临终前数周记录到，这位老画家宣称"太阳即上帝"，对他的画作的这句总结非常贴切，尽管可能出于杜撰，却很少有人提出过质疑。

————————————————

　　①　原文注：列奥纳多·达·芬奇（1452—1519 年）将透视法划分为三类。首先是直线透视；向远方延伸的平行线看起来相互接近——这种画法依赖于绘画技巧而不是颜色的混合。其次是空气透视，如达·芬奇所说，"物体距离越远，外观和实体的影响越小；亦即，距离眼睛越远的物体看起来穿透空气的能力越差，颜色越黯淡。"（科学告诉我们，地球上较温暖湿润的地区 1 立方英里的空气中含有 2500 万有机物，难怪光线难以到达我们。）最后一种是颜色透视："眼睛与物体之间透明层越厚，物体的颜色被透明层改变越多。"换句话说，刺激眼睛的光线是经过眼睛与物体之间的空气散射后的光线。

透纳还很年轻时太阳就已经成了他的主要灵感之源。1783—1789 年间他在透视法晚课上坚持给一位建筑师画的一栋大厦透视草图画上窗户的反光。建筑师告诉他把窗户玻璃画成普通的深灰色，把窗棂画成白色，因为这是惯例，透纳提出了抗议："但这样我的作品就毁了。"年鉴后来记录到，这位年轻的画家"任何显眼的自然现象都会注意到。行走在伦敦的街道上时他无法不注意到光、影及其组合的影响，无论是烟囱冒出的烟中的光影，还是砖墙上的影子，都会储存在记忆中，以备将来使用"。

20 出头的透纳已经不再像其他年轻画家那样描摹前辈们的画作，而是转而为空气和光线作画。

但他仍没有获得大师的地位。1800 年，受克劳德的画作《希巴女王登船的港口》（*Seaport with the Embarkation of the Queen of Sheba*）的收藏者之邀去欣赏该画时，主人把他一个人留在那欣赏。过了一会主人回来了，发现透纳泪如泉涌："我永远都画不出这样的作品来。"此时透纳已经完成了 300 幅水彩画，已是一位极具实体感觉表现能力的画家：他的手指尖能像刷子一样在画布上自由表达。多年后一个想做画家的年轻人拜访他，透纳说："伸出手我看看。"双手干干净净。"送客。"他不屑地对男仆说。"他不是当画家的料。"

德国南部威尔腾堡本笃会教堂的一幅坛画，描绘的是一次日食中该教派的创始人圣本笃在领受到制定该教派规章的启发的那一刻。

1802 年，他第一次前往欧洲大陆。在拿破仑战争短暂的和平期间，巴黎人满为患，"飘扬着各种颜色的彩旗，落日的余晖让这一切都和谐柔软起来"。回到家后透纳创作了一系列出色的水彩画和油画。在 1807 年的皇家艺术院展览上他展出了《雾中日出：贩卖鱼货的渔夫》（*Sun Rising Through Vapor：Fishermen Cleaning and Selling Fish*）。正如一位艺术史学家所说，这幅画名字的前半部分"可以作为他一半作品的名字"。[3]

如何把光和影的真正本性描绘到画布上？1806—1808 年间的一部素描书道出了透纳的技巧："水中倒影：尽管影子几乎与物体附近的水平面无法区分，不过物体后面的影子长度通常是其高度的 3 倍。"1808 年观察了一个漂浮在迪河（river Dee）上的物体后他这样说："白色物体并非没有倒影或者说倒影为白色，相反，白色物体的倒影是黑色的。"还有很多次他悲哀地认识到："绘画艺术追逐真相是一种徒劳。"[4]

1810 年透纳在伦敦西南的特威克南买了一座房子，距离泰晤士河仅几步之遥。为了描绘像水和空气这样的基本力量，他全身心分析阳光及其在画布上的样子，并阅读歌德这方面的著作。歌德认为，颜色是光和黑暗共同的产物，而且黄色和红色都具有积极的、肯定的象征意义。他自己后来也就光的本性写了数篇文章，文中引用近期的研究结果证明"光是颜色"。1817 年前后，他换了块较淡的调色板，配了一批新颜料，特别是黄色阴影的颜料。

他一直在英国待到 1819 年，之后又去了欧洲大陆几次，特别是去了意大利。意大利的光线给他的艺术带来了改变。如康斯太布尔所说，他开始画"灿烂、壮丽的金色美景"。[5]此时他的朋友，业余画家詹姆斯·斯基恩向布鲁斯特的《爱丁堡百科全书》（*Edinburgh Encyclopedia*）投了一篇充满感情的文章，文中写道：

> 绘画只能趋近直射光和反射光……从眼睛退去的过程中强度发生几乎觉察不到的渐变后的各种细微之处，各种组合交错……（透纳的）细致入微似乎直逼颜色方面某些新发现的边缘。[6]

不过，透纳收到的并非总是称赞。1826 年《不列颠报》（*British Press*）如此评价《古罗马广场》（*Forum Romanum*）和《科隆：邮船的到来》（*Cologne：The Arrival of a Packet Boat*）："全是黄色，黄色，除了黄色什么都没有，与蓝色形成了强烈对比。"另有一位评论员称透纳"严重感染了我们称之为'黄色热'的疾病"。透纳置这些批评于不顾，穿着黄色的袜子参加朋友的婚礼，并引用了马伏里奥（Malvolio，《第十二夜》中的人物，剧中扎着"交叉吊袜带"，穿着"黄袜子"）的话——或许还引用了马伏里奥那段不幸的演说："我将报复你们所有人。"此时大家都知道黄色已经成了他最喜爱的颜色，而且他还很喜欢"黄矮子"

(the Yellow Dwarf) 这个谑称（他是这么告诉朋友的）。

1828 年秋他回到了罗马，他著名的画作《雷古鲁斯》（*Regulus*）的灵感之地。与他后期的众多作品相同，《雷古鲁斯》中的太阳几乎掩没了所有其他元素，包括人物。这幅画讲的是迦太基人对拒不投降的罗马执政官马尔库斯·阿蒂利乌斯·雷古鲁斯（Marcus Atilius Regulus）施以酷刑的悲惨故事。迦太基人把雷古鲁斯在暗室里关了数日后，挖出了他的眼睛，让他面朝太阳。正如一位批评者所说，画中的太阳成了"一团白，挂在天上像盾心"，另一位批评者则注意到不能从上面贴近了看这幅画，必须后退好几步远，只有这样才能看到"灿烂的阳光"。欣赏者发现他们不得不用像"耀眼"、"火热"和"辉煌"这样的词来形容这幅画。

卡纳莱托的城市风景画捕捉到了威尼斯的特殊光线；透纳暮年的画作捕捉到了这座光明之城的另一特征：光线投影在河面上的方式。一些看过这些作品的人都对其中颜色的爆发感到迷惑不解："这画的实际上不过是鸡蛋和菠菜。"马克·吐温曾这样形容过透纳的一幅画，"就像一只姜黄猫在一碗土豆里找到了舒适的栖身地"。但透纳最具鉴别力的仰慕者拉斯金认为，他的作品突出之处在于

> 他通过各种色调展现出来的光特别强烈，而远比耀眼的色彩强烈的是这些作品对眼睛产生的无法抵抗的影响力的真正来源……就好像它们所表现的太阳是一个安静、顺从、温柔且可控的发光体，在任何环境下都不是某种耀眼的实体。[7]

即便用透纳自己的标准来看，将阳光展现得特别出色的也是他 1839 年的画作《斗志昂扬的"英勇号"》（被拖向最后的停泊处拆解，1838 年）——从来都是最受欢迎的作品之一。在这艘旧军舰身后，低沉的太阳烧亮了天空，倒影也点亮了河水。正如安东尼·贝利（Anthony Bailey）所说，为了画太阳，透纳给调色板加上了"色彩最强烈的颜料：柠檬黄、铬黄、橘黄、绯红、朱红和铅红，他给已经是土黄色的暖色背景又加上了这些热色"。[8]在特拉法尔加海战中表现英勇的"英勇号"不仅为哀歌提供了素材，也是一个政治热点。透纳的另一位传记作家詹姆斯·哈密尔顿对这幅作品的描述如下：

> 帆船和蒸汽船，空气和水，过去和现在，落日和新月，所有这些事物都在这幅画中组合在一起并达到了一种平衡；画中各种性质也实现了平衡：旧

362

《斗志昂扬的"英勇号"》——透纳称之为"我的爱人"的一幅画。

363　　与新，高贵与傲慢，安静与吵闹，沉稳与急迫，短暂与永恒；平衡的还有各种地理形式：水平、竖直和倾斜。这些线都向落日聚集，而黑色拖船则拖曳着幽灵似的白色战船冷酷地向我们的空间驶来。①

　　透纳把《斗志昂扬的"英勇号"》称为"我的爱人"，并拒绝将其出售。随着年纪的增长，透纳对太阳也越来越痴迷，经常早起上阳台观察太阳从泰晤士河下

---

　　① 原文注：哈密尔顿，《透纳：一生》（Turner：A life），第283页。2005年8月24日投给伦敦《泰晤士报》的一封信指出，"英勇号"是被向西往上游拖行的，透纳在还原这一情形时必须是面朝东方，所以说这幅画描绘的可能并不是帆船时代令人思旧的日落，而是激动人心的蒸汽机时代的日出。第一艘"英勇号"是一艘装备了74门炮的战舰，于1759年被俘。用被俘战舰的名字命名新舰被视为一种巨大的不祥（法国舰队中有"敏捷号"，1782年在圣徒战争（Battle of the Saints）中再次被俘）。之后"英勇号"的名字流传了下来，第二艘"英勇号"于1798年下水，透纳曾画过它两次，其中第一次展示了它在特拉法尔加海战最激烈时与敌军战斗的情景。将这种强力的表现与狄更斯在《我们共同的朋友》（Our Mutual Friend）一书中对伦敦码头日出场景生动的描述进行对比很有意思。"冬日的白面孔笼着雾纱懒散地浮现；河面上朦胧的船只慢慢变成了坚实的黑色；东方沼泽地上血红的太阳躲在黑色面纱和船帆的后面，就好像堆满了它所点燃的森林的灰烬。"狄更斯，《我们共同的朋友》（伦敦，企鹅出版社，1997年），第80~81页。

游升起：天越黑，他就越渴望太阳的光明。某天早晨刚好与其一起的朋友目睹了他毫不畏惧地盯着已跃出地平线的太阳看。这位朋友很惊奇，透纳回答说："太阳对我眼睛的伤害还不及你看蜡烛时眼睛受到的伤害。"当时他眼中的黄色正变成白色：他想捕捉纯粹的阳光，而且似乎直觉上就知道近来宇航员和太空望远镜才确认的事实——即便正午的太阳看起来是黄色的，但它实际上还是白色的。透纳还曾尝试为一次日食作画，但没有成功。

透纳于"英勇号"被拖回拆解途中创作《斗志昂扬的"英勇号"》12 年后，也来到了自己最后的泊位。根据记载，1851 年 12 月他曾说"我想再看一次太阳"，拉斯金（当时尚未出生）把他的这一要求提升为一句宣言——"太阳即上帝"。[①]

透纳绝不是唯一对太阳感兴趣的重要画家。让-巴普蒂斯特-卡米耶·柯罗（1796—1875 年）等画家尤其喜欢日出和日落这种颜色和谐且具有象征意义的时刻。比如，日出常常代表了希望，而日落的强烈感则可能暗示了像痛苦或绝望这样的情感。日落也象征着时光的飞逝，抑或死后的世界，而肖像画家有时候会用它来突出主人公的某些特点；庚斯博罗的《谢里丹太太》采用日落背景以强调她在沉思，亨利·雷伯恩在《约翰爵士和克拉克小姐》（*Sir John and Lady Clerk*，1792 年）中将二人置于夜光之下，赋予了他们一种超然世外的光芒。

对日出和日落的应用在 19 世纪的欧洲和美国浪漫自然画中达到了顶峰。与透纳多变的阳光相比，德国的罗曼主义画家更喜欢大量空间都弥漫着光的风景画。受当时德国流行的泛神论的影响，卡斯帕·戴维·弗里德里希（1774—1840 年）和同期的画家都利用阳光和月光的效应来创作抽象画。19 世纪中期美国光派画家的风景画也满是蔚蓝色天空，捕捉了大自然的美，只是风格大不相同。尽管他们并没有表现出任何特别的哲学观，但光线弥漫的巍峨大山的画作却表现了他们对新国家的乐观，以及美国是"新伊甸园"，是上帝特别眷顾的强大国家的想法。[9]

英国也诞生了类似的流派。塞缪尔·帕尔默（1805—1881 年）是这一时期对太阳光认识最深刻的画家，尽管从画风及早期的创作主题方面来说并不是透纳的继承者，但他却深受透纳的启发。帕尔默居住在西萨塞克斯沿岸的肖勒姆

364

---

① 原文注：1993 年我曾问过艺术史家詹姆斯·哈密尔顿是否愿意写一写透纳的生活。四年后他的书问世，书中提到了他的一个想法：考虑到透纳虔诚的宗教信仰，他可能曾经说过"太阳即上帝"的话——我们无从得知。

(Shoreham)，20 多岁时是"古人"团体（the Ancients）中的一员——这是一个成员包括布莱克和爱德华·卡尔弗特（1799—1883 年）的团体，因夜间漫游而被当地人赠以"观星家"（extollagers）的称号，"占星家"一种具有讽刺揶揄意味的说法。帕尔默的大部分名画均是 30 岁之前创作的，描绘多是月光下的主题，但他也对阳光痴迷，特别是傍晚的阳光：太阳已经落山，余晖仍弥漫天空的《向晚》（*Late Twilight*，1825 年），以及《黄昏》（*Yellow Twilight*，约 1830 年）、《金色山谷》（*The Golden Valley*，约 1833 年）和《傍晚风光》（*Landscape Twilight*，约 1824 年）。肯尼斯·克拉克称之为"英国的梵·高"。

19 世纪 60 年代到 90 年代的印象画派的思路则大不相同：把光作为一种自然现象来描绘。他们从科学研究中学会了把白色的阳光视为七色光的组合，并认识到阴影中也有阳光及其折射光，所以他们的调色板中不再有黑色颜料。太阳也不常出现在印象画派的画作中：他们全力捕捉每天不同时段和不同季节里光线变化的方式。他们重视户外——*en plein air*——创作，当时这一创作方式还很罕见：早期的画家可能会在户外勾勒出风景画的草图，但之后仍会把画布带回画室完成

《印象：日出》，克劳德·莫奈 1872 年的画作，1874 年在印象画派（参展的画家后来有了这个称号）的首次画展上展出。一位批评家根据该画的名字杜撰了带有蔑视意味的"印象画派"这个名称——该画派的追随者立刻就满怀热情接受了这一称谓。

剩下的工作。1876 年皮埃尔-奥古斯特·雷诺阿展出他的名作《蒙马特的煎饼磨 365
坊》时，评论家们认识到画家首要关心的是"灿烂的阳光穿过树叶后落在人物身
上的效果"。

　　在所有的印象派画家中，克劳德·莫奈（1840—1926 年）最关注阳光的变
化：1874 年展出的《印象：日出》为他和他圈子里的画家赢得了"印象画派"这
个名字。在这幅描绘蔓延至勒阿弗尔的大海的画作中，太阳很小，不过却有大量
的阳光在画布上流淌。莫奈发现需要创作整个系列的画作来捕捉阳光的细微差
别。他每天都只在每幅画上各忙活半个小时，即便如此仍觉得难以捕捉阳光转瞬
即逝的变化，便在绝望中写道："太阳落山的速度太快了，我跟不上。"他开始专
心创作干草堆（Haystack）和陆昂大教堂（Rouen Cathedral）（前者共 30 幅，后
者 27 幅，均创作于 1890 年秋到 1891 年夏这段时间）这两个系列的画作，二者
均仔细记录了一年四季阳光从早到晚每小时几乎无法觉察的变化。1879 年第一
任妻子卡米耶（Camille）去世前，他在妻子的病床边坐了数小时，直到一天下午
他惊恐地意识到自己关注的并不是妻子的健康，而是她床罩上不断变化的阳 366
光——便在痛苦中逃离了妻子的卧室。但他的自责也不应该：这不过是天性使
然。正如《泰晤士报》为他发的讣告所说："他是发现'阴影颜色'的先驱，他
为了阳光而画颜色，并不是为了颜色而画阳光。"[10]

　　阳光也是保罗·塞尚（Paul Cezanne，1839—1906 年）绘画的主题——不是
太阳自身，而是太阳的带来的效果。"有一天我认识到了太阳是无法描画的，必
须用另一种媒介，即颜色来代表。自这天起，我就开始满意于自己的作品了。"
他如此写道。[11] 1876 年他移居勒爱斯塔克（L'Estaque）的里维埃拉镇，并督促好
友卡米耶·毕沙罗（1830—1903 年）①也搬迁过去："太阳如此耀眼，就好像物
体可以与它们的轮廓线剥离开来一样。它们的轮廓线不仅只有黑白两色，还有蓝
色、红色、棕色和紫色。"毕沙罗并没有过去，但塞尚自己对那个地方的热
爱——那里红色的屋顶和蓝色的海，绿色的松树橄榄树以及地中海太阳的光
芒——加长了他的试验。在反复探索阳光画法的过程中，他曾描绘过树叶漏下的
阳光、水中的阳光、正午阳光投下的阴影，并把阳光描画成日落时回家的农人和
在阴影下聊天的渔夫的背景。

---

　　① 原文注：毕沙罗用一把干而硬的刷子作画，在画布上形成厚厚一层表面粗糙的颜料，捕捉到
了经浓密树叶过滤后斑斑点点的阳光难以描摹的特性——这种手法与光派画家完全不同，后者坚信要
把刷子的痕迹覆盖掉。那些年描画阳光的手法的确差异巨大。

艺术史家瓦莱丽·弗莱彻在一篇讨论画家及其与太阳的关系的文章中提出，就在印象画派试图穷尽阳光的各种可能性时，一种普遍的反应漫延开来了。新印象派［Neo-Impressionists，1886 年评论家菲利克斯·费内翁（Félix Fénéon）提出了这个词］的引领者乔治·修拉（1859—1891 年）出于对光学原理的痴迷及对更精确地描绘阳光的渴望，开始试验更复杂的颜色混合。起初修拉的试验根本不用颜色，只是在画布上故意留下空白。这样画面可深可浅，可在人体周围留下光芒或光环，他称这种效应为"光渗"。不过他对光最全面的探索源于他对颜色的实际应用。他认为前人看海边日出或山头日落时忽视了颜色仅仅是大脑对不同波长的解析，他决定把画布搬回室内，更客观地作画。于是，在完全于画室内创作的伟大作品《拉·格兰德·加特岛上的周日下午》中，他仔细地给其他颜色加上细小的太阳橘亮色斑点以达到光芒的效果，明亮区橙色多些，阴影区橙色少些。（康斯特布尔曾用小红点进行过类似的创作，但仅仅作为不易觉察的焦点，并不是为了强调阳光。）当时人们并没有理解他的目的，1868 年他的作品《模特们》（*Models*）展出时，一位评论家曾说他的人物"是彩虹诸色的大杂烩……看起来像患有某种可怕的皮肤病"。

修拉（去世时年仅 31 岁）专心于把光转译为科学意义上纯粹颜色的组合，常常在黎明或黄昏时刻在巴黎郊区的贫困区散步。他称这种创造方式为"色光主义"（Chromo-Luminism），以强调自己追逐太阳颜色的信念。不过由于采取分析主义态度，他的作品不具有经验的直观性。

与修拉同时代的文森特·梵·高（1853—1890 年）走的是另一条路线，他关于太阳——他的中心创作主题——的画作饱含强烈的情感。尽管早期他和修拉一样也钟爱灰色，"或者说无颜色"，但 1888 年 34 岁的梵·高离开了家乡荷兰，来到法国南部，寻求"更强烈的太阳"。此后太阳就成了他的画作和书信中的常客。他曾写道："事实上太阳从没有照透我们北方人……南方的自然环境和好天气更为有利……较强的光和蓝天之间的区别会教你去观察，特别是当你长时间观察时，甚至可以说只有长时间观察时。"

住在阿尔勒的小小日光房（他把外墙涂成了向日葵黄色）中时，他画了一系列金色向日葵，就好像他可以通过向日葵收集太阳的生命——为他的房子注入力量——一样。花是太阳能量的载具——玉米地也是——正如他在对这些画的描述中所说："蓝天下橘色、黄色、红色的花朵有一种惊人的光彩，透明的空气中还有一些比北方更快乐更可爱的东西。这种东西还在振动。"[12] 他补充说："牡丹是简宁（Jeannin）的，蜀葵则属于郭斯特（Quost）（当时的两位画家），但向日葵是我的。"

　　梵·高有一个信条，即画家应当"夸大本质"。他的画作便用同心虚线圆来表示太阳的光和热。类似的简笔给他的太阳带来了生机，比如《麦田与收割者》（*Wheat field with Reaper*，1889 年），画中色泽浓烈的金黄太阳圆盘照亮了整个地平线。梵·高认为太阳的金色具有强烈的积极意义，并进行了数不清的颜色试验组合。在写给埃米尔·伯纳德（Emile Bernard）的信中，他详细道出了自己的绘画选择："成熟麦田采用带有一点深红色的黄褐色色调。天空用的是几乎与太阳一样明亮的铬黄色，是铬黄 1 号和铬黄 2 号的组合，颜色很黄。"在追求描绘阳光的"最重要的黄色"时，他开始服用刺激性药物，——主要是治疗他的癫痫病（他还患有急性间歇性卟啉病以及其他一些疾病）所服用的洋地黄叶提取物，此外还有樟脑和萜烯，后者是绘画时用到的一种有毒化学物。他还用苦艾酒冲服这些药物，增强了这些药物的效果。当时人们就已知道这种含有侧柏醇的酒会损害神经系统。有的医生相信，这些药物的混合会带来黄视症，患者看东西像隔了一层黄纱一样。不过，他晚年的那些伟大作品源于他的激情，而非疾病。

　　与大多数浪漫主义画家一样，他的信仰也偏离了传统的基督教。尽管仍相信一个全能的上帝，但他的画作并不是宗教声明。他画的太阳没有寓言意义，也不曾人格化，用他自己的话说，是为了捕捉对其光芒的感知。正如罗伯特·迈厄尔所说："甚至自称为太阳崇拜者的透纳，也给他的这位神裹上了由崇高庄严织就的迷雾或者说彩云；对它施以诗歌典故中恰当的崇敬，却又从不曾扯下笼罩着它的面纱。"[13]但如果对于梵·高来说太阳是生命之源的话，他就不仅仅是一个仰慕者：他还注意到了这个燃烧着的庞然大物带来的威胁、宇宙的无情，以及人类的短暂。

　　在写给弟弟提奥（Theo）的信中他解释了自己的目的（为了抵御西北风，他用铁钉加固了画架）：

　　　　我正在努力完成身体不适前几天开始画的一幅画，《收割者》系列之一；画布全涂成了黄色，非常厚重，但主题却明朗而简单。从这位收割者身上我看到——热浪中一个模糊的身影像魔鬼一样拼命完成自己的工作——从他身上我看到了死神，而人类则是他正在收割的麦子。所以说——如果你喜欢的话——这与之前我尝试画的播种者正好相对。但这种死亡中并没有悲伤，死神坦然行走在太阳给万物涂上纯金色的大白天。

接下来他写道:"看!《收割者》完成了,我想你会把这幅画留在家里——这是有关大自然的巨著所讨论的死神的画像——但我所追求的是'近乎微笑'的状态……我发现从小屋的铁栏杆间看这幅画时有一种很奇怪的感觉。"①

369　　我们知道梵·高患有精神错乱疾病并住过疗养院(那里对他的疾病的科学治疗措施是让他一次性在澡盆里泡上几个小时),所以很容易忘记他是一位最优秀最清醒的书信撰写者(他对撰写书信痴迷,他的《书信集》共有 1.5 万页)。从这些书信可以看出,他幽默、好奇心强、富于同情心、深谙文学和绘画("在我看来,没有哪个画家比狄更斯更像画家和黑白画画家了:他创造的人物形象一直鲜活"),对所有的艺术做出的评论确实都条理清晰。几乎他所有的书信都非常动人,笔迹的从容更让人动容。他在生命的最后几年里创作了一些最伟大的作品,创造力大爆发的同时他似乎也清楚自己来日无多。1890 年 7 月 29 日这个炎热的夏日,太阳洒在奥维尔附近玉米地里的耀眼光芒终于把他生的愿望消耗殆尽。在他吞枪自杀后,人们在他衬衫里发现了一张纸条:"事实是,我们只能让我们的画作说话……而我自己的作品,为了它们我不惜自己的生命,因为它们我的理智已几近崩溃——这都没什么。"

　　20 世纪的很多绘画作品均是以太阳为中心创作的——乔治斯·鲁奥的《耶稣受难像》(*Crucifixion*),画中的太阳代表受难地流淌的血;保罗·克利的《城镇和艾德·玛根尼姆的书中的一页》(*Leaf from the Book of Towns and Ad Marginem*)、马克斯·恩斯特的《达达的太阳》(*Dada Suns*)、1918 年保罗·纳什以西线前线为素材创作的愤怒画作《我们在创造一个新世界》(*We Are Making a New World*),[15] 瓦西里·康定斯基的一些画、格雷厄姆·萨瑟兰的《透过篱笆看日出》(*Sunrise Between the Hedges*),以及琼·米罗的《阳光下的人和狗》(*People and Dog in the Sunlight*),这些只是其中很少一部分。不过,有一位画家真正让我们进一步明白了在太阳的帮助下绘画能取得什么样的成就:亨利·马蒂斯(1869—1954 年)。他的童年是在阴凉的诺曼底度过的,1917 年移居尼斯后颜色才真正在他的作品中喷发;不过,前期那些年已经塑造了他,他的绘画发展历程讲述了多年阳光下的生活如何转变了他的画风:从最初的黄灰色北方调色板展现

---

　　① 原文注:亚里士多德的《诗学》中有一篇就把播种与太阳联系了起来,非常合适:"抛撒玉米种叫播种;但太阳说,抛洒它的光芒却没有特别的名称。不过,这种没有名称的动作和动作的对象,即阳光之间的关系,与播种和玉米种之间的关系完全相同。所以就有了诗中的说法'向周围播种上帝创造的光芒'。梵·高博览经典著作,但似乎并没有注意到亚里士多德的这种说法。"

出来的光色微妙转向描绘阳光的全新方式。

马蒂斯和梵·高并不是最早体验过从北方搬迁至明媚的南方后顿悟经历的画家：80 年前德拉克鲁瓦就曾在阳光明媚的摩洛哥重获绘画创作的动力。但北人南迁的经历给马蒂斯带来的转变可以说是其中最大的。在写及他迁往法国南部的经历时他曾沉思道："让我留在这里的是一月的姹紫嫣红，那些天夺目的光彩。"

迁往南方，马蒂斯就把自己的北方文化与另一种几乎完全陌生的文化结合了起来，他也以一种前所未有的方式把颜色引入了他的绘画创作。 370

甚至到了中年，马蒂斯仍在不断创造新的画风。他的女儿玛格丽特（Marguerite）1925 年（当时他已 55 岁）的一封信写到了她对他晚期作品的看法："新作品色调的精细在淡紫色和粉红色的协调方面体现得尤为突出，不断打动你的……是溜过物体或轻抚物体的光。"1930 年初，马蒂斯前往塔希提和其他太平洋小岛旅行，发现了"与之前见到过的都不一样的黎明和黑夜"。他在这个透过潜水镜看到的新世界收获了丰富了体验：聚焦、深潜、角度观察、凝视泻湖的绿海床、仰视像中世纪玻璃一样不透明且波浪起伏的海面、不停地在水面和海底穿插，并训练自己的视网膜来对比不同的光度。

回到法国后，他的绘画逐渐变得抽象，通过叠加光和分散光让各个部分变得更明亮或更晦暗，把各个部分分化为由条、片、块、宽条和斜方块构成的最小的纯色元素。曾借了马蒂斯一些画作的皮埃尔·伯纳德（Pierre Bonnard）在马蒂斯的画室里盯着一块块平坦没有变化的颜色，不解地抱怨道："你怎么能仅仅把它们放在那，黏起来呢？"但他就是这么做的。

有时甚至马蒂斯自己也需要一些时间去理解自己画作的意义。画作《阳光条照进来的室内》（*Interior with Bars of Sunlight*，1942 年）几乎将模特完全抹去了，只在由彩色长条或长方形的几何排列中留下了一块年轻女人身影状的空白。他把这幅表面上看尚未完成的画作留在自己身旁，时不时地盯着它看，"就像在思考一个问题"，最终于 1945 年才接受了这幅画。"这幅画是一粒时间胶囊，"他最伟大的传记作家希拉里·斯珀林（Hilary Spurling）给出了这样的注解："其内容只有根据一代尚未出现的抽象画家将要进行的光试验进行理解才有意义。"[16] 马蒂斯在这幅画的右下角给将来的收藏者写下了一个提示，督促他们不要给扶手椅上的空白人物像上色："这个人物像有它自己的颜色，那是我想要的颜色，是由周围所有颜色的组合的光学效应生成的颜色。"之前透纳曾在创作《基尔亨城堡与彩虹》（*Kilchurn Castle，Scotland，with a Rainbow*，1802 年）和《克莱顿城堡与彩虹》（*Crichton Castle，Scotland，with a Rainbow*，1818 年）时擦掉颜料，

371 让画布自己唤起彩虹浓烈的色彩。和他一样，马蒂斯也清楚白色往往是太阳最鲜艳最悦目的颜色。

他在尼斯的眼科医生（也是莫奈的眼科医生）解释说人眼合成色素的速度不够快，无法跟上马蒂斯对颜色反应的速度和强度。马蒂斯最后的作品是描绘他位于尼斯郊外文斯（Vence）的画室的 30 幅风景画，这些作品上的光线和颜色具有强烈的活力，看起来几乎脱离了要描绘的对象。

1991 年我正忙于图书出版期间，曾邀请希拉里·斯珀林写一部马蒂斯传记。这部革命性的两卷本传记花了她 15 年多的时间。2003 年 5 月，希拉里邀请我前往纽约参观马蒂斯-毕加索画展。她是一个理想的导游，不时指出这是毕加索的树林风景画，那是马蒂斯的树林风景画，画布上代表树木的大块黑色比照亮林地的光柱更引人注目。我认同马蒂斯内心深处的想法：大块的颜色描画像桌子、床、椅子之类的家具，一条黑线代表挂帘杆——表明了光线是如何照亮房间的。之后希拉里讲了一个故事。

1917 年 12 月末，还有一周就 48 岁的马蒂斯只带上一个箱子、他的画，还有他的小提琴，迁往尼斯，把妻子和 3 个孩子留在了巴黎。他知道皮埃尔-奥古斯特·雷诺阿就住在卡涅（Cagnes）河上游几英里的岸边，刚到尼斯的第一周他就下定决心前去拜访雷诺阿。但就在带着几轴画踏上拜访之路后，他却在街道上来回徘徊，努力鼓起拜访大师的勇气。最终他决定抛硬币做了结，结果硬币告诉他去敲开大师的家门。

进屋后，他发现雷诺阿不喜欢被打扰。这位主人已年近 80，夫人已去世，而且身体状况很差，必须坐上特制的椅子才能从床上来到画室。他为绘画而生，但此时的他——身体虚弱、骨瘦如柴，且患有严重的关节炎，无法抓紧画笔，每天都要在右手拇指和食指间点上蜡烛烘烤，以减轻关节炎的影响。这位声名煊赫且大限将至的画家对招待一位年轻、朝气的对手并不感兴趣。不过，二人还是聊了起来，不一会马蒂斯就展开了他的画作给大师过目。老人从一张画布挪向另一张，嘴里嘟囔着什么，然后抬起头说："根据你说话的方式我看出你不怎么样，没有天分。"马蒂斯呆呆地站在那里。然后雷诺阿示意马蒂斯把其中的两幅画并排放在一起：很多年后在纽约画展上展出的那幅树林风景画和公寓内景画。"直到我看到这两幅，"雷诺阿补充说，"你用黑色捕捉光线的特性。这点我做不到。你真有两下子。"17

372 1917 年马蒂斯至关重要的搬迁整 20 年后，一位重要的英国画家在北英格兰工业城市布拉德福德（Bradford）呱呱坠地，而且他也有类似的搬迁经历。他就

2003 年在泰特现代美术馆（Tate Modern）涡轮机厅展出的奥拉维尔·埃利亚松的人造太阳装置"气象工程"（The Weather Project）。这是罩有半球形半透明罩的一个 18 千瓦的路灯灯泡，发出非同寻常的光，而烟气发生器发出的烟则像羽毛一样漂浮在空中。巨大的天花板镜子把灯光反射下来，照在地面的参观者身上，让这一展品的表观尺寸增大了一倍，象征着一个巨大的圆形太阳。参观者可以躺在下面享受"日光浴"。埃利亚松对美术馆的白墙有他独特的看法："石灰是白色的，可用作消毒剂，所以早期的现代主义画家认为白墙代表着纯洁，代表着干净。但如果石灰是黄色的，可能今天所有的美术馆都是黄色的，我们也会认为黄色是中性色。"[18]

是戴维·霍克尼。如果早生一百年，他也会迁往法国南部，但实际上他于 1964 年移民洛杉矶，给他的艺术创作带来了变革，也给他带来了声名。"我是在阴暗 ₃₇₃

的哥特式房屋里长大的，"1993 年他在自己位于阳光充足的加州马利布（Malibu）的房子里接受一次采访时追忆到，"所有的建筑都完全是黑色的，而且实际上每两天就会下一次雨。我有点像梵·高……他认为在太阳底下会更快乐，我也这么想。"《太阳》是霍克尼 1973 年的"气象系列"之一，也是他最著名的画作之一，画的是窗台上的一个盆栽，沐浴在很能突出颜色的阳光中。他下身穿着金色裤脚的灯芯绒裤子，上身穿着黄色的毛衣和衬衫，脖子上打着一条带有粉色圆点的橄榄色针织领节，在穿过卧室时做了上述解释。而卧室则在他看过马蒂斯的一幅画作后被他漆成了绿色和粉红色。"梵·高，"他补充说，"是把黄色运用得很好的少数画家之一。"[19]

　　动身前往美国西海岸之前，霍克尼一直是处在英国流行艺术［Pop Art，1958 年劳伦斯·阿洛韦在《建筑辑要》（*Architectural Digest*）上的一篇文章中首次用到这个词］的最前沿。这一运动发端于对抽象表现主义的反抗，流行艺术家认为后者过于矫饰过于强烈。来到加州后，霍克尼因描摹水洞式游泳池、像热带一样郁郁葱葱的洛杉矶峡谷和英俊的年轻小伙子的作品而出名。人生最后 30 年在与遗传性失聪作斗争的同时，他还为从格莱德堡（Glyndebourne）到纽约的大都会（Metropolitan）等多家剧院设计过布景。不过，与亚历山大·斯克里亚宾和阿瑟·布利斯爵士一样，他也拥有伴生感觉，只不过音乐会带给他视觉感受，然后他又会把这种感受转换成颜色予以释放。他曾说，失聪带给了他一定的补偿，改变了他的空间构想方式，并赋予了他对光和影更敏锐的感觉。

　　20 世纪 90 年代后期，为了照顾生病的母亲，霍克尼在布里德灵顿（Bridlington）自己童年生活的地方附近一处旧海边度假胜地买了一座房子——"东约克郡的马利布"，伦敦《观察家》的一位记者

374

1949 年，《生活》（*Life*）杂志的摄影师琼恩·米利（Gjon Mili）拜访了巴勃罗·毕加索并向他展示了一些滑冰者的照片，照片上的冰刀在黑暗中跳动，反射出细微的光线——毕加索很快就开始在暗室里用小电筒作画。

采访他时曾这样形容这个小镇。[20]记者到来时，霍克尼正躺在床上试图用一种名为"刷子"（Brushes）的 iPhone 应用捕捉升上窗外海湾的太阳。完成这些画后，他告诉《观察家》自己会把这些画用电邮发给 20 来个朋友。晴天他会在早餐前给每一位接收人发 6 幅原创作品。到访者通常在黎明前与他一起起来观察第一道阳光落在一片由他的近期作品构成的特别树丛上。

霍克尼曾受邀于 2012 年奥运会期间在为他一人准备的皇家学会—美术馆展出自己的作品，他计划为这场盛会献上一个"大大的"日出。"我很清楚多数日出画均是老生常谈，但我也清楚日出从来都不是自然界的陈词滥调。这就是挑战之所在。"已 73 岁高龄的霍克尼仍在积极地寻找灵感，几个月前他曾前往挪威最北端的特罗姆瑟附近的一个地方，那里"没有天黑……午夜也可以看到太阳，就像是地球的边缘"。他还去奥斯陆大学看了爱德华·蒙克的《日出》，并为蒙克的画技深深着迷。"他的画里有相机捕捉不到但我们能看出的线条——当然在 6 月的奥斯陆，蒙克可以观察太阳的时间远长于梵·高在阿尔勒可以观察太阳的时间。"

与之前很多画家相同，霍克尼长期以来也为视觉的工作机制所吸引，由此对照相术产生了兴趣——兴趣之浓有时能让他完全停止作画。看到画作中光线充盈的画家转而使用实际上意味着"用光记录"的器材，给人一种很合理很舒适的感觉。霍克尼的偶像（马蒂斯的老朋友兼伟大对手）毕加索曾于 1949 年用电筒在空气中作人物画，这种不同寻常而又转瞬即逝的艺术作品只能用慢速曝光胶片来记录。[21]当然最重要的是，在霍克尼的时代，摄像和摄影这两种艺术形式都已发展起来，二者均为艺术家提供了表达太阳的力量的新方法。研究太阳的光学效应的人现在有了另一套工具。

第 25 章

客体感受力①

太阳……太阳：它离我们如此遥远，阳光到达这儿时它可能已经不在那里了。

——约翰·休斯顿导演的《乱点鸳鸯谱》（*The Misfits*，1961 年）中艾力·瓦拉赫的对白

建筑是材料在光线中组合的一出需要技术和精确的大戏。我们的眼睛适合看光照下的形式。

——勒·柯布西耶，1923 年[1]

第一张照片出现很久以前，伟大的波斯科学家伊本·阿尔-海塞姆（约 965—约 1031 年）就发明了暗箱，即光线通过一个小孔照进去的"黑室"。如果里面放置一个反射面以反射入射光的话，暗室里的人就可以看到外面情景的全彩色运动图像——上下颠倒的图像。开普勒为提高图像的质量增加了一只透镜。

魔术幻灯（magic lantern）的发明是通往活动影像之路上的另一个里程碑，尽管阿萨内修斯·基尔舍（1601—1680 年）并不是这一装置的发明者，但他确

---

① 译注：Negative Capabilities，原为英国 19 世纪诗人济慈提出的一个诗学概念，指写诗时要排除"不安"、"迷惘"、"怀疑"以及"弄清事实"、"找出道理"这些主观精神状态和主观推理要求，不受这些东西的干扰，把自己变成太阳、月亮、大海……客观事物，即吟咏对象，然后才能忘我地进行创作实践。可对照王国维的观点："无我之境，以物观物，故不知何者为我，何者为物"（参考屠岸，《客体感受力》，《诗刊》2005 年第 19 期）。作者这里取其比喻义，指本章讲述的是"以物观物"的摄像术和摄影术。

实出版了一部研究其构造所涉及的一些原理的书。1646 年他这部探讨光学的
《光与影的伟大艺术》（Ars magna lucis et umbrae）面世。他描写的新玩意中有一
种投影装置，它装有一个透镜用来聚焦镜子反射的太阳光，并利用蜡烛或灯发出
的光来投影图像——这一技术后来改进成了魔术幻灯，放映机的前身。17 世纪
末，可移动的魔术幻灯已在欧洲主要城市出售。

　　考虑到人们在 18 世纪早期就已经知道了摄像术的化学原理和光学原理，摄
像术为何却经过那么长时间才面世成了文化史上的一个未解之谜。直到 1826 年
约瑟夫·尼塞福尔·涅普斯（1765—1833 年）才通过他所谓的 "heliogra-
phy"——"日光记写法"制作了第一张永久照片［《勒格拉斯窗景》（View from
a Window at Le Gras）］。这张照片的曝光时间至少有 8 小时，所以阳光来自左右 376
两侧。

　　之后几年，人们只能为几个小时不动的物体拍照。到了 1829 年，涅普斯开
始与刘易斯·达盖尔（1789—1851 年）合作，但 4 年后涅普斯去世，达盖尔继续
进行研究——给银基片涂上薄薄一层碘，形成一个感光面——所需曝光时间大为
缩短。到了 1839 年，这种"银版照相法"所需要的曝光时间已经缩短为 10 分钟
左右，而到了 1842 年经过感光步骤和透镜的改进，曝光时间已经缩短为 15 秒。
达盖尔还发明了他所谓的 "diorama"——由新设计的设备环绕以产生复杂光学
幻象的屋子。其中一种设备叫作 phantasmagoria（字面意思为"幽灵市场"）——
它最重要的作用之一是"重现"日出效果。

　　英国人威廉·福克斯·塔尔博特（1800—1877 年）是达盖尔的主要对手。
为了制作仅靠阳光与化合物的相互作用而得到的植物标本（约 1835 年），塔尔博
特把一片树叶放在一片感光纸上后放在太阳下晒：由太阳晒黑的周边区域围出来
的树叶的像不明显，几乎转瞬即逝。不用照相机就能制成的这种 "photogram"
（黑影照片，他为它们取了这么一个名字）似乎更是太阳自己而非摄影师的作品。
太阳确实成了"日光记写者"。

　　塔尔博特与达盖尔的路线相同，他在更早些时候发明了另一种固定银版相的
方法，但没有向他人透露。读了有关对手的发明的报道后，他改进了自己的技
术，缩短曝光时间以记录人像，并发明了一种产生负像的摄影法，他称之为卡罗
式摄影法（calotype process，源于希腊语 kalos，"漂亮"）。现存最早的负像照片
摄于 1835 年 8 月，拍摄的是塔尔博特位于威尔特郡的乡村住房拉考克修道院
（Lacock Abbey）南画室的凸窗。塔尔博特描写了自己是如何摄像的：

由于没有……尺寸足够大的暗室，我便用大箱子做了一个，一边装有一块很好的物镜好把像投射到对边。箱子里放有一张感光纸，夏日的一个下午我把箱子搬出来，放在距离一幢光照充足的建筑物一百码外的地方。大约一个小时后我打开箱子，发现感光纸上有清晰的建筑物的像，只是落在阴影中的部分没有呈现出来。[2]

377　　新发明前进的脚步在加速。伟大的天文学家约翰·赫舍尔是另一位重要的贡献者，他利用多种金属盐和植物色素做了大量的感光试验，开发出了彩色照相技术，并创造了现在已成为标准用语的术语，比如 "negative"（负的）、"positive"（正的）、"snapshot"（快照）和 "photographer"（摄影师）等等。最初的彩色照片叫作 "heliograph"，仍在暗示太阳是其创造者。①

很快摄像与绘画之争就爆发了。比如，塔尔博特就为相机捕捉玻璃反射光的特性的能力所深深吸引，他相信这一现象给最优秀的画家都带来了挑战。另一位早期的摄影师罗杰·芬顿把镜头对准太阳——似乎违背了所有已知摄影原则——以获取早期的透纳效应。在摄像术发展的早期阶段，一直有人希望用这种新技术去挑战绘画这一古老的艺术技巧，这些摄影师努力让自己的艺术形式获得人们的认同。芬顿的《从南袖厅拍摄的索尔兹伯里大教堂正厅照》（*Salisbury Cathedral，the Nave，from the South Transept*，1858 年）展示了摄影师如何捕捉室内空间的光与影：把百叶窗打开，这样影子的边缘会因太阳的运动而模糊不清，由此他拍摄的教堂更为漂渺，并记录了哥特式建筑物内部特有的半暗色调。[3]难怪罗兰·巴尔特认为相机从根本上讲是"目视之时钟"（clocks for seeing）。[4]

曝光时间开始为摄像术带来机遇，同时也是一个弊端。1867 年伟大的人像摄影师朱利亚·玛格丽特·卡梅伦为约翰·赫舍尔拍摄了一张著名的照片，但室内的光线实在太差，赫舍尔不得不一动不动坐在那，长达几分钟；不过这也让他嶙峋的肖像照更有深度。不过，下一节摄像术与太阳的故事的上演地要从英国迁往巴黎了。多少年来，很多城市都标榜自己为"光之城"，从印度中北部的瓦拉纳西到法国南部的里昂。但 19 世纪 90 年代巴黎已经首次提出了这一说法，当然

---

① 原文注：19 世纪 50 年代一位获有"十年"剑桥学位的多赛特（Dorset）农民威廉·巴恩斯试图清理英语中的拉丁语，并推动用 "sun print" 一词代替 "photograph"。但他失败了，尽管多年来《钱伯斯英语词典》（*Chambers English Dictionary*）一直都收录 "sunpicture" 词条，释义为"媒介在阳光的作用下产生的图片或印刷品——照片"。"Heliograph" 直到 19 世纪初还保有自己的原意；之后就特指一种军用信号传递装置。

赋予了自己。*Lurnière* 一词含有"光"的意思，但其含义比英语中的"light"丰富很多，还暗含有欢乐、热情和艺术世界的意味。不过讽刺的是，历史上的大部分时期巴黎都是一座黑暗之城。13 世纪，巴黎曾自夸有 3 盏公用灯；在 15 和 16 世纪，巴黎的法律要求每户人家都在临街的窗户摆上一支蜡烛，但这一法令从没有得到贯彻。光之城巴黎，实际上只不过是影之城。①

不过，在重头戏为埃菲尔铁塔的 1900 年世博会的准备阶段，两万盏煤气灯改变了巴黎，夜间摄影成为可能，而在法国北部城市里尔郊区，一家新工厂正在大批量处理照片。正是在这座刚刚被点亮的城市，伟大的尤金·阿特热（1857—1927 年）花了大量的精力为法国宏伟的建筑物和花园拍照，首次探索了摄影作为一种艺术形式的潜力。在其职业生涯的早期，他通常中午拍照，这样他所谓的"记录文件"才能捕捉更多的细节。而在后来的研究中，他却在早晨工作，这时一切都蒙上了柔和的光线，有一种和平的感觉。在古罗马文献中，*lux* 不只意味着"光"，还意味着"生命"。"Light"并不是一个具有物理学意义而是具有生理学意义的词。阿特热的作品赋予了这些词新的意义。

378

伟大的匈牙利艺术家布拉赛（1899—1984 年）于 1936 年在里维埃拉拍摄了这个男人的照片。照片上所有的光——以及所有的影——似乎都不是直接来自太阳而是由伞发出来的。[5]

379

---

①　原文注：詹姆斯·乔伊斯（1882—1941 年）最后的时光是在巴黎度过的，期间他的视力逐渐丧失，于是他便身着牙医夹克坐在窗边，把阳光反射到打开的书本上。他常常把脑袋凑到书桌上以看清自己写的是什么——他最后的手稿严重向右倾斜，表明他在努力捕捉每一束光线。

瑞士出生的美国人罗伯特·弗兰克是现代摄影界最接近阿特热的人。他的《美国人》（*The Americans*）系列捕捉了 20 世纪 50 年代中期乡人的生活片段，随队记者杰克·凯鲁亚克在这部经典著作的引言中称弗兰克不仅能够表达"影的奇怪秘密"，还能表达"太阳炙烤着街道……音乐从留声机或附近的葬礼上传过来时美国人的疯狂情感"。就其中一张照片（*Restaurant，U. S. I Leaving Columbia，South Carolina*，1955）凯鲁亚克指出，它表现了"阳光照进窗户落在椅子上，给椅子披上了一层我觉得不可能用相机捕捉的神圣光芒"。[6]

Heliography、heliograms、sun pictures、photograms——所有这些术语均强调了太阳在早期的摄像术中所起的巨大作用。1932 年埃德温·兰德（1909—1991年）大大改善了第一种实用的人工分光材料的性能，不但催生了用于分光的廉价滤光器（1953 年兰德的公司每周生产 600 万对硬纸框 3D 电影眼镜），还导致了宝丽来拍立得（Polaroid camera）的诞生，进一步放大了太阳的作用。不过，它们成了摄像术史上与太阳相关的最后两个重要创新；[7]随着 20 世纪 70 年代数字摄像技术的到来，摄像的本质发生了巨变。数码相机用二进制数据记录图像，便于在个人电脑上储存和编辑图像及删除不需要的图像。按照一位历史学家的说法，一种"存在主义疑问"已经"潜入我们对这些图像的理解"，因为数码世界"消除了真实印象……与电脑产生的'图像'之间……的区别"。戴维·霍克尼曾如此形容 19 世纪 50 年代古斯塔夫·勒·格雷的两张负片之结合：用单张照片进行"有意欺瞒"，等同于某种形式的"斯大林主义摄影"。[8]另一位评论者曾指出："普遍认可的摄影器材的内在和本质目的是记录真实这一假定已完全被推翻。"在传统摄影中：

> 有可能追踪从要拍摄的物体，到它反射的光，再到光线照射的感光乳剂……直至拍摄的图像的物理路径。而对于数码成像来说，这一路径已无法追踪，因为多了一步：把图像转化为数据，因此也打破了图像与被拍摄物之间的联系。图像的任何复制都可能发生改变，而且不存在我们能从中知道在何种层面上发生了改变的"代差"。[9]

像阿特热和芬顿这样的创新者可能曾回答说摄像术是一种骗术；但有些人确实认为，尽管太阳和摄像术还没有正式离婚，但二者的确正在临时分居。

《塞特港的巨浪》（*The Great Wave，Sète*，1857 年），古斯塔夫·勒·格雷通过拼接一天内不同时间曝光的两张底片得到了这张具有开创性意义的照片。正好能看到海天相接处的拼接痕迹。

我们这个时代的主流媒体形式是动态影像——20 世纪出现的一种全新的艺术形式。摄像术成长为一种独立的艺术时，人们也正在开发移动影像所需的技术。1824 年英国博学者彼得·马克·罗热发表了一篇文章，认为在一幅图像消失后，它在人眼中仍会维持一会儿，有几分之一秒的时间；受此启发，一些发明家开始尝试将这一原理在实际生活中展示出来，他们发现如果将在 1 秒钟内发生的动作制成 16 张图片并在相当的时间里展示出来，人眼就会认为这些图像是一个连续的动作。[10]

1832 年比利时人约瑟夫·普拉托发明了"幻视器"，一种模拟动作的装置。把描绘一串动作（杂耍、舞蹈）的一系列图片放在开有小孔的圆盘边上。把这样一个装置放在镜子前并转动起来后，从开孔看过去，就能"感觉出"一连串的动作。30 年后，英国摄影师埃德沃德·迈布里奇（1830—1904 年）用 12 部相机为一匹正在小跑的马——"西方"（Occident）——拍下了 24 张连贯的照片，来观察它的四蹄是否有同时腾在空中的时候。通过捕捉"西方"腾空的四蹄，他证实

381

了"无支撑通过"理论,同时这一实验也是摄像术上的一个重大突破。1879 年,在这次试验及更早一些试验的基础上,迈布里奇发明了动物实验镜,用它投影为捕捉极小的运动增幅而用多部相机拍摄的连续照片,形成动态影像。

1882 年,巴黎生理学家艾蒂安-朱尔斯·马雷制作了一把"摄影枪"(photographic gun),以期实现每秒钟拍摄多张照片("shooting a film"的说法可能就起源于此),1888 年他制作了第一部成功的动态影像相机,能把目标运动的简短几个画面记录在同一张底板上,而不是像迈布里奇那样拍下多张独立的照片。同年,托马斯·爱迪生(1847—1931 年)赶在法国路易斯·吕米埃和奥古斯特·吕米埃兄弟之前拍摄了有史以来第一部电影,而法国这两兄弟曾于 1895 年把打印机、照相机和投影仪结合起来,向观众展示动态影像。[11]

早期的电影制作几乎完全依赖太阳和自然光照射的无顶棚片场。1893 年爱迪生在新泽西州的实验室建起一座顶子用沥青纸做的摄影棚——黑色玛利亚(Black Maria),成立了第一个电影制作小组;黑色玛利亚的舞台设置在一个可移动的平台上,以追踪在天上运行的太阳。阴雨天气,爱迪生就利用温室样的玻璃棚,因为这种棚子能保证最充足的光线。

1897 年,美国第一家全力运营新媒体的公司比沃格拉夫(Biograph,在该公司的资金支持下,其明星导演 D. W. 格里菲思导演了 400 多部电影)在曼哈顿一幢办公楼楼顶开了一间工作室,几年后又迁往第 14 大街东 11 号的一个改建的褐砂石房,这是比沃格拉夫的第一间室内工作室,也是全球第一间完全依赖人造灯光的工作室。1910 年初,比沃格拉夫委派格里菲思带领包括莉莲·吉什、玛丽·璧克馥和莱昂内尔·巴里莫尔在内的剧组前往当时还是人口不足 10 万的小镇的洛杉矶拍摄电影《蕾梦娜》(Ramona)——此行部分是为了追求更好的采光,但更多地是为了躲避东海岸常常导致影片流产的专利纠纷。① 拍摄完成后,格里菲思和剧组受以花闻名(如果这么说的话)的北部小村——好莱坞的吸引迁往了那里,并为其魅力所征服。

到 1911 年时,另有 15 家电影公司来到好莱坞,就像电影历史学家戴维·汤姆森所说,"向西前进,去往太阳亮堂得不真实的浪漫之地"——而且这片土地还真是生机勃勃,第一次世界大战结束时它已经成了工业之都。[12]

384

---

① 原文注:当时,东岸的爱迪生几乎拥有所有与电影生产相关的专利,且经常起诉不与其电影专利公司(Motion Picture Patents Company)合作的电影人。而在加州,电影人可不受爱迪生的羁绊:爱迪生当真派代理过来的话,消息也总比代理来得快,他们可以逃往墨西哥。

太阳在电影的成长初期起着决定作用，因为在这些开路架桥的日子里，太阳是唯一胜任的光源。后来出现了特制的"弧光灯"来模拟需要的太阳光。1923年1月号的《大众科学》（*Popular Science*）介绍的一款弧光灯直径1英尺，是当时全球最大的灯泡。这些30千瓦的怪物功耗相当于有轨电车的1/3，而且每一个所用的钨丝都相当于5.5万支家用灯泡。

　　起初人们的目标只是有足够的光来拍电影。不过，一位电影人更关注他们拍摄的影片的美感，这不仅关系到光线的强度还关系到光线的质量。摄影技师钟爱的"魔幻时刻"（the magic hour）——薄暮与全黑之间的短暂时刻，此时的光线具有一种深沉、温暖的色调，有时因其神奇效果而被称为"甜美之光"（sweet light）。正如文化历史学家迈克尔·西姆斯所说："最常被忽视的普通场景——生锈的篮板、因飓风而埋入沙堆的栅栏、脏乱的街道上湿漉漉的八哥——突然有了新的意义，仅仅因为朝阳或夕阳的光芒触到了它们，给它们蒙上了一层壮观的色彩。"[13]

　　正如绘画史上发生的那样，太阳自身也开始在电影中扮演角色。对于几代导演来说，让镜头迟迟不肯离开初升或西落的太阳都是他们钟爱的主题。西姆斯曾指出："具有强烈象征意义的初生黎明对于电影人具有像对于作家一样的不可抗拒的吸引力。这种场景在像 F. W. 穆尔瑙的《日出》这样的电影中提供了一种强力的视觉比喻手法（和一种给人带来幸福的摄制手段）……甚至在伍迪·艾伦的电影《曼哈顿》（*Manhattan*）中，由黑渐白的新一天的晨光涌过哈德逊河上的巴格达这一镜头也有这种作用。"[14]事实证明，艾伦对故乡纽约的光线极其敏感，正如评论家霍兰·科特所说，纽约是"一座岛城……拥有岛的光线，时而冷漠时而浪漫。它也会过于坦白……但它的坚韧是一视同仁的：任何人任何物都展现了这种坚韧"。[15]

　　吸引摄像机镜头的不仅仅是黎明和日落。很多著名的电影均有直接拍摄太阳的镜头：电影摄影师宫川一夫（1908—1999年）是把镜头对准太阳的第一人，尽管他是透过树林里的树叶对准太阳的，当时是为了拍摄黑泽明执导的《罗生门》（1950年）中的镜头；康拉德·霍尔是用彩色摄像机直接拍摄太阳的第一人，当时拍摄的是《铁窗喋血》（1967年）中的镜头。其他为了烘托气氛或表达一定的含义而拍摄太阳的还有埃里克·冯·施特罗海姆（Erich von Stroheim）导演的《贪婪》（1924年），这部影片最后的加州死亡谷镜头精彩地表现了沙漠热浪的力量以及死于干渴的悲惨、绝望；尼古拉斯·罗格视觉上很耀眼的电影《小姐弟荒原历险记》（1971年），是在人烟稀少的澳大利亚内陆拍摄的；米开朗琪罗·安东

383

尼奥尼的《旅客》（1975 年）是把主演杰克·尼克尔森（Jack Nicholson）拉到非洲沙漠拍摄而成的；甚至还有丹尼斯·霍珀 1969 年上映的哀伤公路电影《逍遥骑士》；这些只是其中四个例子。我个人最喜欢的对太阳的电影刻画有两个，其一是莱尼·里芬施塔尔导演的 1936 年柏林奥运会纪录片《奥林匹亚》第二部分中的"美之节日"露天场景。先是心情烦躁的运动员在准备一天的比赛，之后光芒万丈的太阳唤起了男女运动员内心深处的平静，场面十分动人。其二是奥逊·威尔斯（Orson Welles）导演的《安伯森情史》（The Magnificent Ambersons，1942 年）中的一个情节：理查德·班尼特（Richard Bennett）临终在病榻上讲了一番话，说所有的生命均来自于太阳，死亡后又重返太阳；这一幕威尔斯给老人的脸庞来了个太阳一样的特写，同时伴有声音慢慢淡入寂夜。这两部都是黑白电影。

所有的艺术都与大自然有关，但对于建筑来说这点尤为突出，有时是好事，有时则不然。本书已经讲过有些建筑造型独特，目的是为了记录太阳的运动，或反射其光线，或为了健康而收集其光线。但太阳有时也是建筑的敌人。比如，早在 1902 年，曼哈顿就已经建起了 181 座 10 层到 19 层的高楼，另有 3 座 20 层以上的。约翰·托兰克在帝国大厦历史中描写了带来的后果：

> 曾经沐浴在中午阳光下的大街成了黑暗狭窄的峡谷，金融区成了所谓的"华尔街峡谷"……峡谷出现了，阳光从不曾到达下面的人行道的峡谷，崖壁高耸 200 英尺、300 英尺或更高的峡谷，不是由地理侵蚀而是由经济造就的峡谷。[16]

这一问题在美国已十分严重，其他国家也不能幸免，而全球的建筑设计师已充分认识到了这个问题。20 世纪最有影响力的建筑设计师之一勒·柯布西耶（1887—1965 年）曾写道："都市设计的材料按重要性排序分别为：太阳/天空/树/钢筋/水泥……空间、光线和秩序。这些都是像面包或休憩之所一样的必需品。"[17]

1922 年，他提出了一个容纳 300 万居民的"现代城"的方案，其中心便是一群 60 层高的摩天大楼。之后数年，他修改了自己的都市规划理念，并最终在建于 1946—1952 年间的马赛公寓身上得到了实现：这是一座 18 层高的公寓，具有很多日光病诊所的特点。他曾说："发射宇宙能量的太阳具有身体上和道德上的

双重功效，但近来人们都忽视了这些功效。"——这话体现了他对肺结核之危害
的关注。"从墓地和疗养院就可以看出这种忽视的结果。"马赛公寓全天都能接受
到阳光，其中的阳台起着遮阳棚的作用，冬天阳光可以照进公寓，夏天阳台则带
来阴凉。①

公元 333 年建于法国布拉姆的罗马镇。它的布局让人想起了古代中亚的拜火教
城镇，后者往往设计成环形或十字环形。

　　在印度的昌迪加尔——喜马拉雅山山脚下一个占地 44 平方英里的大城市，
他对这些理念的贯彻更上了一个台阶。

　　这座城市的很多设计工作都是他做的，从 1951 年起，他一直在做规划，直
到 1965 年去世。昌迪加尔是一个在平地上建起的新城市，目的是容纳 1947 年印
巴分离后从巴基斯坦逃离的众多难民。它的设计旨在体现一个独立国家的理想，
但对于勒·柯布西耶来说，考虑旁遮普的气候也很重要，5 月和 6 月那里的气温
高达 115℉。

385

---

　　① 原文注：见理查德·霍布迪，《日光理论和太阳建筑》，《医学历史》第 42 期（1997），第 470
页。高温国家的建筑设计往往会考虑安装于窗外或开在在整个建筑物正面上的百叶窗（或者叫作
brise-soleils）。不同的国家尝试了不同的遮阳方式：泰姬陵装有格栅（*shīsh*，或者 *mushrabīyah*）、纱
窗（*qamariyah*），日本有珠帘（*sudare*）。勒·柯布西耶应用最广泛的创新之一是 1933 年开始应用后
来风靡全球的一种更坚固的百叶窗。

位于洛杉矶商业区的沃尔特·迪士尼音乐大厅，2003 年 10 月 23 日启
用。它的一些墙壁呈凹面形，增强了反射光的威力。

他的设计有三大元素，即部分考虑雕塑艺术，部分考虑建筑艺术，再加上对
太阳的强调：该市的"几何山"（Geometric Hill）50 码宽的斜面上雕刻有 24 太
阳小时（24 SOLAR HOURS）；"影之塔"（Tower of Shadows）占据了 17 码见方
的一块土地，正面的设计保证了最大限度的阴凉；"太阳路径"（Course of the
Sun）则是伫立在水池中的两根抛物线形钢柱。该城市的其他地方也同样包含太
阳因素；高级法院大楼的设计特别考虑了热带多雨气候——甚至还带有勒·柯布
西耶标志性的"太阳伞"楼顶，即一种伸出去的水泥卷盖，具有排雨和遮阳的
功能。①

386　　　在所有的现代建筑设计师中，勒·柯布西耶对日常生活中太阳对人们的影响
的认识最为深刻。而当前的设计师会希望更上层楼。很能说明问题的一个例子就
是弗兰克·格里造价 2.74 亿的作品——位于洛杉矶的沃尔特·迪士尼音乐大厅，
大厅不锈钢正面反射的阳光给驾驶员带来了隐患，并导致附近人行道的温度高达

---

①　原文注：一直以来人们都渴望住在朝阳的房屋里，有时候这样会带来一些始料不及的结果。
18 世纪，巴思城即将完成重建时，主管建筑设计师之一小约翰·伍德设计了皇家新月（Royal Cres-
cent），30 个标准的帕拉第奥式房间中有一些无法面朝南方，结果由于沐浴早晨的阳光十分重要，数
年之内这些房间都无人居住。另一方面，有些房间的阳光太过充足，产生了简·奥斯汀在《诺桑觉
寺》（Northanger Abbey）中所说的"白色炫目光"（white glare）。

　　带着密特拉神花冠的自由女神像，高达 151 英尺。从 20 世纪 40 年代起，就有说法认为自由女神的花冠上的七根尖代表的并不是密特拉神，而是七大海和七大洲；不过它也可以代表罗马皇帝所戴的皇冠，后者是无敌太阳神（Sol Invictus）崇拜仪式的一部分，或者说是太阳神阿波罗的头盔。没有人能给出确定的解释——那么干吗不把它视为受太阳启发而想出的花冠呢？

138℉——足以融化塑料交通锥标并导致垃圾箱里的垃圾自燃。在洛杉矶著名的太阳照射下，在这幢最新式建筑物的反射光中暴晒 10 分钟足以造成严重的晒伤。投入使用仅仅 2 年后的 2005 年，这一音乐大厅的表面做了打磨处理以分散反射光。现在类似的建筑物，特别是具有凹形表面的建筑，在设计阶段都要进行测试，确保不会因聚光导致高温。建筑设计师们已经把太阳的影响分成三个等级：光幕反射（veiling reflection）、不适眩光（discomfort glare）和失能眩光（disability glare）。在作者创作本书期间，格里正在设计费城艺术馆的扩建部分——完全位于地下。

第 26 章
白日谈

> 日出之时，我要胜利！我要胜利！
>
> ——普契尼《图兰朵》中王子的台词

> 在新奥尔良有一座房子，
> 人们称它为"旭日初升"。
> 很多穷人家的女孩在那里毁掉了自己，
> 哦，天呐！我也曾沦落其中。
>
> ——乔治亚·特纳和伯特·马丁作词，约 1934 年

　　2003 年秋我写了一封信给《纽约时报书评》，概括地介绍了我在太阳知识方面的研究。几天后这封信发表了，新校（New School）——1919 年在格林尼治村（Greenwich Village）创立的一所大学——的歌剧教授加布里埃拉·勒普克打来电话，带着旧世界（Old World）的礼貌建议我研究一下歌剧和经典音乐中的太阳。我向她表示感谢并同她约定时间见面，同时也注意到了她浓重的外国口音。我能去她在纽约上西区的住处吗？

　　她的寓所是三间小屋，到处都堆满了书和纪念品。她是一位八十五六岁高龄但行动敏捷的智利老太太，曾经是一位剧作家：她写的九部剧之一《白色蝴蝶》（A White Butterfly）曾为 1960 年的《年度最佳短剧》（*Best Short Plays of the Year*）收录，但她已经不再创作剧本了，歌剧成了她的最爱。由于身体欠佳，她不便出门，所以之后的几个月我常常去她位于 22 楼的住所，等她慢慢地泡茶，然后我们才坐下来讨论歌剧，观看她的众多纪录片，而她总能精准地快进到她想讨论的镜头。

　　她解释说歌剧是一种很纯粹的艺术形式，是为数不多的几个国家——意大

利、法国、德国、英国和俄罗斯——的作曲家保留下来的成果，其黄金时代是 19
世纪中后期，瓦格纳和威尔地（Verdi）是当时的大腕。勒普克说，太阳常常会 ³⁸⁸
出现在他们及同期作曲家的作品中，且往往出现在描述年轻人的爱情的情节中。
其中最具悲剧意味的当数尼古拉·里姆斯基-科萨科夫的《雪姑娘》（1880—1881
年），而且她想不起来还有别的歌剧曾把太阳当作剧中一个真实的角色。注定悲
剧的女主角，温特（Winter）的女儿，不可救药地爱上了太阳。在第四幕中，黎
明降临太阳神的山谷，雪姑娘拜访她的妈妈，妈妈警告她要远离太阳的光芒。但
就在雪姑娘进入保护她的森林之前，当地商人米兹吉尔（Mizgir）出现了，不久
他就把雪姑娘作为自己的新娘介绍给沙皇；就在她宣布自己的爱情时，一道阳光
落在她身上，于是她融化掉了。

传统日本戏中的太阳和月亮

里姆斯基-科萨科夫在回忆录中曾提到自己对民歌的兴趣，以及他如何"为
太阳崇拜诗性的一面所吸引，并从曲调和歌词中寻找它……结果这一行为对于我
作为作曲家的创作方向产生了巨大影响，只是这种影响后来才体现出来"。悲哀
的是，直到完成 15 部歌剧中的最后一部《金色公鸡》（源自普希金讲过的一个民
间故事，于 1909 年上演，当时日本皇后在唱"太阳颂歌"），他关于自己的太阳
热情的描述也就只有这些。[1]

为了更深入地向我介绍太阳与爱情悲剧的关系，勒普克播放了她录制的吉亚
卡摩·普契尼（1858—1924 年）的歌剧《波西米亚人》（La Bohème）。第一幕，

死于咳嗽的女主角裁缝咪咪（Mimi）遇上了楼上的落魄诗人罗多尔佛（Rodolfo）。咪咪的蜡烛熄灭了；她请罗多尔佛帮她点亮，之后就回到自己房间，不过几秒钟后又回来了，说她丢了钥匙。他们的蜡烛都被气流吹灭了，两个年轻人在黑暗中跌跌撞撞，不可避免的事情发生了。"是的，他们叫我咪咪，"她说，"但我的名字是露西亚（光）……天气渐暖时，四月的第一个吻就是我的。我是第一个见到太阳的人。"他们发誓春天到来万物复苏后仍在一起。第四幕咪咪在临终的咏叹调中唱到："*Sono andati? Fingevo di dormire*。"（它们走了吗？我要假装去睡了。）咪咪再现了他们相遇的时刻（"第一个太阳是我的！"）。在斯卡拉大剧院（La Scala）上演时这一幕一定非常精彩，五排演员在红色和黄色的晨曦中累得精疲力竭。《波西米亚人》并非普契尼唯一一部用到太阳意象的作品。与其他作曲家的作品不同，普契尼的作品中散布着太阳意象——《玛侬·莱斯科》（*Manon Lescaut*，1893 年）、《托斯卡》（*Tosca*，1900 年）、《蝴蝶夫人》（*Madama Butterfly*，1904 年）和（值得回味的）《图兰朵》（1926 年）中均有这样的咏叹调。

再次拜访加布里埃拉时，她正从一次摔倒事故中康复，从椅子迈向不过几英尺外的影像收集室都很吃力。这次她放映的是普契尼的单幕剧《安祖利卡》（1880 年），而我泡了茶。女孩安祖利卡生了个私生子，因此被送往一座修道院，终生都要苦修。这部剧是在 5 月一个美好的夜晚演出的。安祖利卡和其他修女聚集在一起，庆祝一年中落日把院子里的喷泉变成金子——代表着"圣母玛利亚慈祥的微笑"——的三天中的一天。到了结尾，听到自己的孩子已经死了的消息后，安祖利卡吞下了毒药——自杀当然是一种不可饶恕的大罪。但正如开始的场景由太阳照亮，高潮也是——安祖利卡恳求圣母玛利亚原谅时，代表饶恕的标志发出了耀眼的光芒。

另一位以太阳为创作主题的剧作家也把太阳视为上帝无尽慈善的象征：理查德·瓦格纳（1813—1883 年）。在歌剧《尼伯龙根的指环》的第一部《莱茵河的黄金》（1869 年）中，好色的矮子阿尔贝里希（Alberich）向守护莱恩河底的黄金的三位少女求爱："姑娘们，看，太阳照得这么深……仙女们，是什么在那里闪闪发光？"少女们很清楚自己要保护的是什么，但尽管她们拒绝了矮子的进攻，仍吟咏道："莱茵黄金！我们在你的光芒里感受快乐！"阿尔贝里希的欲望受挫，便偷走了少女们珍视的密藏，并用这黄金打造了一只魔法指环。就这样，太阳和黄金融合成了一个具有无穷魔力的法宝。

英雄西格弗里德（Siegfried）在第三部分登上了中心舞台，他碰到了熟睡的

布伦希尔德（Brünnhilde），并在日出的时候吻醒了她。西格弗里德大部分剧情的
配乐均为小三和弦，但此刻小提琴演奏的却是高音，且前两个和音是由管乐器奏
出的，在布伦希尔德为晨光所惊奇，高喊"太阳，我欢迎您，光芒，我欢迎您，
灿烂的一天"时引出了音域更高、音调更尖的弦乐器。瓦格纳为庆祝荣耀万丈的
太阳而采用了丰富的乐器组合，这在其歌剧中极其罕见。[2]

　　而在其伟大的早期作品《特利斯坦与伊索尔德》（1857—1859 年）中，这位
独树一帜的剧作家让自己的主人公把太阳痛骂了一番：

> 该死的天！撒满光的天！
>
> 你会永远看着我痛苦吗？
>
> 这光，会永远照耀，
>
> 夜晚也将她与我隔离吗？
>
> 啊，伊索尔德，心爱的美人！
>
> 最终何时，何时，何时你才会熄灭这闪光，
>
> 什么时候我才能知晓自己的命运？
>
> 这光——何时才会熄灭？

　　太阳可能确实是文明和正确的生活方式的象征，但特利斯坦却完全反对它，
他把自己献给了晚间的太阳 *Nachtzicht*。这里瓦格纳引用了一个至少可上溯至埃
及神话的著名矛盾，即光（Horus）的力量与性（Seth）的力量相互对立。①

　　特利斯坦和伊索尔德的爱情注定受一个不能接纳它的世界所限而无法绽放。
二人只有在黑夜的掩盖下才能像情人一样幽会——多次交流他们对白天的憎恨和
对 *das Wunderreich der Nacht*（奇妙的夜国度）的热爱。导演查尔斯·马克拉斯
（Charles Mackerras）曾指出，音乐与歌词相匹配："管弦乐的明亮而粗俗配白天
的空虚和欺瞒，之后突然转为朦胧的夜曲风格。"[3]

　　加布里埃拉解释说这对恋人诅咒白天的叠句遍布整个歌剧，因此获得了一个

---

　　①　原文注：有些人步其后尘。在查尔斯·古诺创作的歌剧《罗密欧与朱丽叶》（1867 年）中，
罗密欧有这样的唱词："爱在阴影中苗壮成长，让爱引领他前进的脚步！"流行音乐中也有这样的例
子："白天是我的敌人，夜晚是我的朋友。太阳落山后……完全孤独的我……与你一起……度过这夜
晚"——出自艾拉·菲兹杰拉尔德（Ella Fitzgerald）演唱的一首歌；歌剧《红男绿女》（*Guys and
Dolls*）中斯凯·马斯特森（Sky Masterson）唱道："一天中，夜晚才是我的时间"；而夜猫子伊迪
斯·琵雅芙（Edith Piaf；法国歌手——译注）则对早晨的阳光骂道："*Voilà，le salop！*"（看那婊子
养的！）

专名：*Tagesgespräch*——"白日谈"。亚瑟·叔本华（1788—1860 年）的作品，尤其是《作为意志和表象的世界》（*The World as Will and Representation*，1819 年）启发了瓦格纳进行这种讨论光明/黑暗辩证关系的创作，他在自传中称叔本华的这本书"对我的余生具有巨大的决定性影响"。[4] 阅读叔本华的作品两年后创作的《特利斯坦》把光明和黑暗与书中两个最重要的概念，即现象和本体的概念等同了起来：现象是我们关于这个世界的（虚假）表象，而真实的世界则是本体，在真实的世界里，万物都不可分割，都是一体。大多数人生活在"白天的世界"；一小部分的精英，其中包括特利斯坦，则超越幻想看到了另一个更惊人、更真实的世界，最终这个世界也让他们获得了更深层次的满足，因为特利斯坦在这个世界里能与自己的爱永不分离。特利斯坦认识到，只有他和伊索尔德都死去之后，才能从最圆满的意义上享受黑夜国度：因此他的心是一颗 *todgeweihtes Herz*（奉献给死神的心）。他兴高采烈地唱道：

> 现在我们皈依夜晚。
> 嫉妒而恶毒的白天，
> 仍能像骗子一样不让我们相见
> 但却再也不能把我们哄骗。

那么，所有西方文化中最伟大的歌剧是对太阳的直接攻击？可能是这样，这可能也是《特利斯坦》被指责为一部"反文明作品"的原因。加布里埃拉建议下一次会面我们把讨论的内容回溯至莫扎特（1756—1791 年）时代，莫扎特对一则童话的很多元素进行了深入的改编，目的是将它改成一曲太阳赞歌，最终创作了自己最伟大的一部歌剧：《魔笛》。

莫扎特在去世那年创作了这部歌剧。而他的老朋友约翰·约瑟夫·席卡内德（1751—1812 年）创作的剧本，则是以埃及的一则故事为基础，故事中黑夜女王代表正义的力量，而黑皮肤黑心脏的莫诺斯塔托（Monostatos）则代表邪恶的力量。莫扎特和席卡内德反转了女王的角色，把她塑造成了恶行的象征，并增加了萨拉斯特罗（Sarastro，源于 Zoroaster/Zarathustra，即琐罗亚斯德/查拉图斯特拉）这一角色，他是太阳（Isis）的全能牧师。为了把帕米娜（Pamina）公主从她母亲黑夜女王的邪恶影响力下解放出来，萨拉斯特罗把她带到了太阳神殿。黑夜女王则引诱高尚的年轻王子塔米诺（Tamino）去寻找帕米娜，找到后把她放走

朱迪丝·贾米森（生于1943年）在1968年重演的卢卡斯·霍温的《伊卡洛斯》中
饰演太阳一角。尽管鲜有芭蕾舞以太阳自身为角色，伊莎多拉·邓肯（1877—1927年）
却写道，这部芭蕾剧"完全是为重生而死的节奏；它是永在上升的太阳"。

了，并承诺将娶她为妻。在经历了萨拉斯特罗为测试其性格而进行了多方面试验
之后，塔米诺不仅看清了凶恶女王的真实面目，还让帕米娜获得了自由并赢得了
她的芳心；后来二人前往太阳神殿并受到了欢迎，本剧达到高潮。

南非导演威廉·肯特基曾说过，"这部描写把黑暗转化为光明的歌剧中，处
处都提到了阳光驱逐黑暗"，而且太阳所起的作用不仅仅是"照亮"。第二幕开场
是一片长有金色叶子的棕榈林，林中竖有一座巨大的金字塔，周围环绕着太阳十
八牧师的宝座；这一舞台在最后一幕变成了一个太阳。太阳甚至还有自己的角
色，C大调（C major）一直代表太阳的光芒。莫扎特和席卡内德都是共济会会
员，而共济会元素并没有在歌剧中起到太阳在共济会体系中所起的中心作用。音
乐史学家威廉·曼认为莫扎特对"在当时的共济会纲领与共济会所宣称的纲领源
头古埃及之间建立联系"感兴趣。[5]这部歌剧因太阳对这一存在已久的秘密社团意
义重大而对其赞颂有加。1912年出版的一部共济会百科全书解释了原因：

> 共济会的所有标志中再没有比太阳更重要，应用更广泛的了。作为物质
> 之光的光源，它提醒共济会会员坚持不懈追求智慧之光……因此，太阳对共

济会来说首先是光的象征，其次更重要的是君主权威的象征。[6]

393　　这一说法精确地诠释了莫扎特的歌剧——当然，有人完全沉浸在音乐中也是可以理解的。

　　尽管很多其他作品也开创了某种向太阳致敬的方式，但加布里埃拉和我讨论的主要是经典歌剧（部分因为这是她的爱好，部分因为她的身体正从那次摔倒中慢慢恢复，我不希望她太累）：朱尔斯·马斯内的歌剧《少年维特之烦恼》名字取自歌德的小说，其第二幕主要的独唱曲为苏菲的 "*Du gai soleil，plein de flamme*"《灿烂的太阳，熊熊燃烧》；彼得罗·马斯卡尼的《艾丽斯》（世纪之交京都的无辜与期望，创作于 1897 年，比《蝴蝶夫人》早了几年）中的独唱曲为 "*L'Aurora—Son lo la Vita*!"（《极光——生命之子》）；翁贝托·乔达诺 1898 年创作的歌剧《安德烈·谢尼耶》讲的是一位很有才华的青年诗人在恐怖统治下凋谢的故事；还有莱奥什·雅那切克的《狡猾的小狐狸》中对日出时一系列事件的描写。让人难以忘怀的是贝多芬的《费德里奥》，剧中从地牢钻出的囚徒被阳光照得看不见东西：太阳被视为具有赋予生命的功能，所以弗洛雷斯坦（Florestan）在第二幕中唱到，不见了太阳后他感觉自己就像生活在地狱。

　　在歌剧中寻找与太阳的关联当然比在没有歌词的音乐形式中寻找更为容易——仅仅用音符难以表达太阳——但很多曲作的名字中都提到了太阳。弗雷德里克·戴流士（1862—1934 年）的作品中弥漫着大自然的气息，比如《海上漂流》（*Sea Drift*）中的海洋，《生之弥撒》（*Mass of Life*）中的群山和草原。他还是一位崇拜太阳的异教徒，描写过大自然的变化［《致黄水仙》（*To Daffodils*）］、破裂的关系［《日落之歌》（*Songs of Sunset*）］、简单的死亡［《离别之歌，迟来的云雀》（*Songs of Farewell，A Late Lark*）］，而且他对春天和夏天同样痴迷：甚至从他那些未命名的曲作中都能听出太阳的意味来。在戴流士创作的时代，人们认为给标题音乐创造出感官效果是一种庸俗行为；但这并没能阻止他同时代的简·西贝柳斯（1865—1957 年）。他的第五交响乐最终章出现了强有力的太阳表象，亚历克斯·罗斯在发表于《纽约客》的一篇加长批评性赏析文章中这样描述了贯穿整部交响乐的"天鹅赞歌"的高潮：

　　　　天鹅赞歌现在（最终章）在小号的带领下，经历了痛苦的转变，重生为一种可怕的新事物。其音程拉得很长，破成碎片，并重新进行了组合。交响乐以六个漫长的和声收尾，通过这些和声，主题像一股能量一样迸射了出来。天鹅变成了太阳。[7]

太阳还启发西贝柳斯创作了其他作品，包括一首《日出》赞曲。

还有一些经典作品中也出现了太阳元素，包括莫里斯·拉威尔（1875—1937 年）、克劳德·德彪西（1862—1918 年）和伊戈尔·斯特拉温斯基（1882—1971 年）的作品。一天下午，加布里埃拉给我列了一个名单：从莫杰斯特·穆索尔斯基（Modest Mussorgsky）的《黄昏下的莫斯科河》（*Dawn on the Moscow River*，成于 1880 年）到理查德·斯特劳斯 1896 年创作的《查拉图斯特拉如是说》（简短的开场白为"日出"），再到约翰·塔夫纳基于威廉·布莱克的诗歌创作的《永恒的日出》（*Eternity's Sunrise*，1999 年），还有我的最爱——德弗札克（Dvorak）第九交响乐（1893 年）开篇的日出乐章、埃尔加的《间奏曲》（*Chanson de Matin*，1899 年），以及卡尔·尼尔森的《赫利俄斯》序曲（1903 年），创作时间前后相差不超过 20 年。[①]

这些作品多数是在日出而非日落的启发下创作的，或者受太阳内部机理的启发；但某一作品仅仅在标题中提到了太阳并不一定意味着它实际上就一定与太阳相关——海登把他的弦乐四重奏歌剧 20 号（1772 年）命名为《太阳四重奏》——尽管它不含任何与太阳相似的因素。古斯塔夫·霍尔斯特（1874—1934 年）把他最著名的作品——管弦乐组曲《行星组曲》（1914—1916 年）中的太阳因素都删除了。这一作品部分是在他的天宫图的启发下创作的，而天宫图的内容是"灵魂之命理和组成的七种影响"，但他用天王星和海王星代替了太阳和月亮。不过，在早期作品《取自梨俱吠陀的合唱圣歌》（*Choral Hymns from the Rig Veda*，1908—1912 年）中，他确实加入了"韦娜赞歌"（Hymn to Vena，"太阳穿过薄暮升起"）。

过了几周我才再次去拜访加布里埃拉，这段时间里我碰到了一个相信她会感兴趣的珍品：谢尔盖·普罗科菲耶夫（1891—1953 年）留下来的，尽管不是音乐作品。1916 年，在创作了最初两个钢琴协奏曲之后不久，普罗科菲耶夫入手了一个太阳色的笔记本，他让人们在笔记本中写下他们就一个简单的问题——"对

---

① 译注：名单中的第一项是作者后加上去的，同时也把本段最后一句由"创作时间依次相差不超过 10 年"改为现在的"创作时间前后相差不超过 20 年"，显然这里作者没有把约翰·塔夫纳的《永恒的日出》考虑在内。

《魔笛》第二幕最后一个场景的舞台布置，约 1730 年。

于太阳你是怎么想的？"——给出的答案，并一直坚持到 1921 年，此时《赌徒》（*The Gambler*，1916 年）和《三橘之恋》（*The Love for Three Oranges*）已经让他声名鹊起。笔记本共有 48 页，每一页都写下了留言（现存于莫斯科一家博物馆），其中的答案不只来自他的朋友和熟人，还有他在旅途中遇到的人，以及像阿图尔·鲁宾斯坦、费奥多尔·恰利亚平、弗拉基米尔·马雅可夫斯基和伊戈尔·斯特拉温斯基这样的名人。其中很多答案我都喜欢，比如马雅可夫斯基的"我将离开仅仅为了简单的乐趣而泡在太阳底下的人，你哭啼时他也泪洒千年的人，并任由阳光照进我睁大的眼睛"，还有斯特拉温斯基直接的回答，"德国人认为太阳的性别为女性非常愚蠢"。

　　怀着向加布里埃拉介绍笔记本中内容的盼望，我在她公寓楼一层做了登记，并询问能否上楼去她的房间。接待人员一脸迷惑地看着我说："勒普克小姐不在这里。三周前她把自己的物品都打包好，回智利了。她不会回来了。"

　　我转身向门外走去。我知道她为什么回家了。

依靠 Google 强大的搜索能力，我了解到名字中含有"太阳"的版权歌曲共有 2462 首——这是 2009 年的数据，现在更多。创作者包括从贝多芬到欧文·柏林（Irving Berlin）的众多人，而且其中还有 99 首歌的名字为"日出"。

20 世纪 70 年代早期，海滩男孩乐队（Beach Boys）发行了唱片《我将追逐太阳》（*I'll Follow the Sun*），反映的正是 10 多年狂热地追逐太阳风潮，这一风潮主要上演地为南加州广阔的冲浪海滩。

在海滩男孩看来，太阳代表着自由。从 20 世纪 60 年代中期到 80 年代中期，太阳成了表达恋爱中分分合合的象征物，摇滚乐团卡特里娜与波浪（Katrina and the Waves）的赞歌《走在阳光下》（*Walking on Sunshine*，1985 年）用阳光来表达爱情的浓烈；比尔·威瑟斯（Bill Withers）的《不是没有阳光》（*Ain't No Sunshine*）抓住了失恋的痛苦；甲壳虫（Beatles）的《晴日阳光》（*Good Day Sunshine*）把恋爱的感觉比作了与整个世界合而为一的感觉。

这一时期一首著名歌曲采用了一种不同的比喻。乔治·哈里森（George Harrison）于 1969 年创作的《太阳出来了》（*Here Comes the Sun*）是甲壳虫的专辑《艾比路》（*Abbey Road*）B 面的第一首歌，这首歌发端于哈里森与朋友埃里克·克莱普顿（Eric Clapton）的合作，是对他在那段诸事烦扰的时间里一直渴盼的解脱的庆祝，诸事中他耗费精力最多的是为赶在甲壳虫乐队解散之前把专辑赶出来而进行的轮班倒；专辑每一段都完成后哈里森终于长出了一口气，"太阳出来了"这句话反映的就是他这种心情。如他所说，这首歌"是在苹果唱片公司变得很像学校时写的，我们必须赶过去跟他们做生意：'签这里'、'签那里'。不管怎么说，似乎英国的冬天没有尽头，春天到来时你会说'可算来了'。所以，一天我决定臭骂苹果唱片公司一顿，便来到了埃里克·克莱普顿家里。再也不用见那些笨蛋会计的轻松感很爽，我拿起埃里克的一把原声吉他去花园漫步，写下了《太阳出来了》"。[8]

流行音乐时代第二大经典太阳歌曲是《日升之屋》（*The House of the Rising Sun*）。这首歌源于一首英国民谣，歌名是妓院的一种委婉说法，从这个意义上讲这首歌跟我们的太阳没有一点关系；但作为一种文化参考点，它是独一无二的。2005 年的一项关于英国有史以来所有歌曲的民意调查显示，这首歌的受欢迎度排名第四，全球范围内其受欢迎程度也差不太多。《日升之屋》原来指什么？可能是指美国南方的奴隶围栏，或者是指种植园房屋，甚至种植园本身。至于它是不是指新奥尔良的某个地方，则并不确定。[9]

除那些引用了太阳或受太阳启发而创作的音乐外，还有不少当代作曲家试图捕捉太阳真正的声音。位于加利福尼亚的斯坦福太阳研究中心（Stanford Solar Center）列出了 12 位曾做过这种努力的艺术家：比如，史蒂芬·泰勒曾创作了《破碎力太阳》（*Shattering Suns*），这是一首"受天文灾变启发"而创作的交响乐，其音乐"是根据由斯坦福的太阳研究人员记录并由他人合成的太阳的呼吸——声音创作的"。音乐人已经从他们想象力的内部世界——比如，莫扎特用 C 大调来表现太阳，据推测是因为他觉得这个琴键触发的声音具有太阳的能量和乐观——转向了科学给出的表象。这并不一定意味着此类创作顾及了数据精确性或其他任何方面，即便现在我们通过先进技术已经得知太阳发出什么样的声音。

1992 年，多产的丹麦作曲家波尔·鲁德斯在卡尔·尼尔森的《赫利俄斯》序曲的启发下，创作了交响乐式戏剧《锣》（*GONG*），其乐谱旨在表达科学家告诉我们的科学知识。他解释说，近来的研究表明太阳表面像锣一样回响，这种回响是按四种不同但同步的节拍进行的。形式上这一作品展现了太阳的一生，从通过我们现在所知的能量大释放实现爆炸性诞生一直到最终的坍缩，结尾是从这个戏剧中段选取的一个和音，持续了几个小节，从真正的虚无到全部力量的爆发。我坦诚，我觉得这一交响乐很难听；而且从任何方面讲它都算不上一种精确的诠释。

2006 年以来，新日震学一直在测量太阳内部的超低频回声，它们是在这个巨大的气体球内部四周来回反射的波以及具有不同声调和振动模式的对流泡产生的，音高都比地球上的铃声低数千倍。这些振荡子触发太阳表面的小运动——小，当然是相对于太阳来说的——从而导致惊人的上吹风和下吹风，发出形形色色的低沉噪音，就像风吹过瓶口发出几个调子的声音一样。只是在太阳上，这种音调有数百万种，有的像铃声，有的像管风琴。研究人员一直在跟踪这些声波，它们从太阳的一面传播到另一面最快只需要 2 小时，速度是声波的 400 倍。[10]

2003 年我参观了位于圣彼得堡郊外著名的老天文台，台长问我："你想听听太阳的声音吗？"不久我就来到了主观测塔，听到的声音像一窝受惊而发怒的蛇——根本就不像锣的声音，或者说实际上像呼吸的声音。几个月后我在肯尼斯·泰南的《日记》（*Diaries*）中读到了这样的话："太阳发出的回声一点都不绅士。那是一种嘶嘶声。"所以说，数年后我们可能会欣赏到为定音鼓和眼镜蛇创作的音乐作品。[11]

第 27 章
忙碌的老傻瓜

巨大的红日沉了下去，沉入了金光闪闪的氤氲之气
在他脸上蒙了一层霞光，仿佛先知从西奈山下凡。

——亨利·华兹华斯·朗费罗，

《伊凡吉琳》（*Evangeline*）[1]

正如喜欢这种情景的人所说——太阳仍在黄铜色的天空中燃烧着怒火。

——迪克·弗朗西斯，

《烟幕》（*Smokescreen*）[2]

一位 20 世纪的小说家、诗人兼随笔作家在创作中对太阳形象的运用格外出色。他称自己是一位科学家——蝴蝶专家：弗拉基米尔·纳博科夫。我对他的作品并不是很熟悉，但记得在他最后一部小说《阿达》中，女主角和哥哥凡·文（Van Veen）在他们家老房子的花园里漫步时玩了一个游戏。阿达解释了游戏规则：

> 沙地上树叶的影子上点缀着点点光斑。游戏参与者挑选出自己的光斑——他能找到的最圆最亮的——然后用树枝清晰地画出这个光斑的轮廓；之后黄色的圆光斑将充盈起来，就像满溢的金黄色染剂的表面一样。之后游戏参与者要用树枝或自己的手指小心地挖出光斑里的泥土。挖出来的土坑高脚杯里闪闪发光的黄色染剂液面将不断下降，直至变成珍贵的一滴。谁能在一定时间内，比如说 20 分钟内挖出最多的高脚杯，谁就赢得了这个游戏。[3]

这段话吸引了我，因为库尔特·冯内古特 1963 年的小说《猫的摇篮》书名

就取自爱斯基摩儿童玩的一种用绳子捕捉太阳的游戏：相同的主意，一样的办法。后来读了更多纳博科夫的作品后我才发现，太阳形象在他所有的作品中屡屡出现。

399

弗拉基米尔·纳博科夫（1899—1977 年），热衷于太阳，还是热心的鳞翅类学者兼语言学大师；就连《微暗的火》（1962 年）中的故事讲述者也被他赋予了约翰·影子的名字。

《黑暗中的笑声》中被情妇欺骗了的男子发现她不忠的那一刻大声呼唤的就是阳光；《庶出的标志》中主人公克鲁格（Krug）认为"忠诚"就像阳光下金色的叉子一样；而《微暗的火》则与太阳的反光一起闪烁。[4]其他还有很多例子。

纳博科夫对阳光的品质拥有少见的敏感，他在回忆录中写道："所有的颜色都令我开心，甚至太阳灰暗的血红色亦如此。"[5]纳博科夫患有牛皮癣，有时候这种皮肤病"难以描摹的折磨"让他想干脆自杀了事，太阳能够减轻这种症状，因此他对太阳的感觉更加强化了；日光浴和射线治疗帮他度过了晚年。[6]他还有通感：他的传记作家布里安·博伊德曾提到他小时候"热爱颜色和光"——他和母亲都能从鲜艳的颜色读出字母来——第一次诗歌创作他就写到了"母亲的首饰和彩色玻璃、棱镜、光谱和彩虹"：

> 它（阳光照射的事物这一主题）在他第一首诗所描绘的场景中闪耀着各种各样的光芒。在维拉（Vyra）的一座展馆躲避了一场雷雨后，纳博科夫看到太阳重新探出头，并透过展馆窗户上的菱形彩色玻璃在地板上投下了明亮的彩色菱形，外面的天空挂着一道彩虹，他就在这一时刻萌发了诗兴。[7]

400 　博伊德指出了纳博科夫为何"会注意到不期而至的事物的细节：煎锅冒出的

烟雾、影子的颜色和形状……他拥有画家的光感"。即便如此，阅读他的名作《洛丽塔》仍给了我太多意外，这部小说充满了太阳描写，就好像作者在开一个私人玩笑。但这种太阳描写的泛滥根本就不是刻意的玩笑：通过其他文学作品无法比肩的对太阳的运用，获得了不同寻常的效果。

这里还需要举些例子来证明这一点。这部小说的前 1/3 充满了对阳光的描写，以烘托故事的氛围，并象征亨伯特·亨伯特（Humbert Humbert）早期简单而乐观的希望。小说开篇就称亨伯特称洛丽塔是"照亮我生命的光"，然后又谈到已经落山的"我童年的太阳"。[8]他第一次（透过"墨镜"）窥视洛丽塔时感到了"太阳的一道闪光"。她是"屏幕上的投影……已经在冲向初升的太阳"。洛丽塔的母亲"折腾着调整拍照的光线"，亨伯特则"透过五颜六色的光线"盯着正在日光浴的洛丽塔，不过他也行走在"洒满阳光"的人行道和"午后阳光的反光中，火热的太阳像一颗耀眼的白色钻石，反射在一辆停着的汽车尾部，颤抖着放射五颜六色的光"。几页后纳博科夫写道，亨伯特躺在一张矮椅上时，洛丽塔爬到他身上，用手捂他的眼睛，"她遮住阳光的小手成了一种发光的深红"。她玩闹着把一颗苹果抛向"漂浮有散射着阳光的灰尘的空中"，而不久后亨伯特则沉浸在"富于刺激但健康的热气中，这种热气就像缭绕着小海伊兹（Haze）的夏日迷雾一样"——海伊兹是洛丽塔的姓。"阳光在杨树的柔枝间跳动"；"阳光照在她的唇上"——前 60 页的所有这些描写都十分出色。

这些描述与浪漫主义文学中大量的比喻截然相同。在浪漫主义文学中，太阳主要是经典神话的一种标准承载。纳博科夫敏感得过分，他会注意到阳光照射的任何事物。或许他利用太阳是看重它的象征意义，比如他描写亨伯特梦到"欲望和决心（二者创造了活生生的世界）的红太阳"，但——作为一位自然主义者——纳博科夫对周围的物质世界做到了最细微的观察，观察到"荡漾在白色冰箱上的阳光和树影透露出来的美和生气"，观察到"正午这些南方林荫道一侧是轮廓分明的影子，一侧是平滑的阳光"。"我知道太阳在闪耀，"亨伯特说，"因为挡风玻璃上有点火开关的影子。"纳博科夫对光线的兴趣至少在一个场景中与他毕生对蝴蝶的痴迷融合了起来：我们注意到"一辆黑色的大派卡德"——后来这辆车撞死了洛丽塔的母亲——停在草坪上，"在太阳下泛着光，车门打开有如翅膀"。

纳博科夫编制的这一想象之网不但就其本身来说很成功，也有效地支撑了它所服务的更大的目标：用各种形式的阳光及影子和黑暗来反映中心人物的活动。[401]惊人的是，该书前 1/3 部分每 3 页都会提到一次太阳。"电影女郎的肩膀像被太阳吻过一样"；性高潮的那一刻犹如"太阳的最终爆发"；洛丽塔在夏令营时像"一个被太阳晒黑了的小孤儿"。但像这样的阳光灿烂的日子是有数的，第一部分结束时的文字描述则衬托了低落的情绪。"但狂喜背后却隐藏着阴影"——这是亨伯特的首次狂喜，"她是我的，她是我的。"他的"彩虹血液"可能像第一部分结尾处那样在全速奔流，但阳光不见了，阴影笼罩过来。重要的一个转折是"可怕的落日的到来，但疲惫的小女孩没有注意到它"，且在短暂、残忍、近于强暴的情节发生之前，亨伯特疯狂地追踪"她不贞的阴影"。这标志着他无法看清他虐恋的对象：因耀眼的阳光照在他行驶的高速公路上，他不得不在加油站停车，换一副新的太阳镜。但洛丽塔最终的"拯救者"克莱尔·奎尔蒂（Clare Quilty）当时正在疯狂地追求"我们的影子"。[与奎尔蒂一同创作的剧作家是维维安·达克布鲁姆（Vivian Darkbloom）——"弗拉基米尔·纳博科夫"字母交换重组而成的名字——而奎尔蒂喜剧小组成员之一则在一部名为《日耀》的戏剧中首次登场演出。]

　　显然洛丽塔代表太阳，或太阳代表洛丽塔。洛丽塔对亨伯特厌倦后，后者坦诚地说："我听到自己从门口对着太阳哭喊。"不久他又说："太阳已经退出了游戏。"在他的挚爱逃遁之后，有一刻亨伯特以为自己瞥见了她的身影——"丑角似的光线玩的把戏"——而且他还为她写了一首诗，提醒她别忘了一种名为"新鲜阳光"（Soleil Vert）的老式香水。但她已经永远离开了他，他不得不承认"我完全不了解心爱的人的内心，那里很可能……有花园和黎明"。落日已经"脏掉了"，亨伯特不得不驱车在"渐浓的暮色"中继续前行。多年后他再次找到洛丽塔时，她已经窘迫不堪，有孕在身，大腹便便，笑容成了"冻结在脸上的一小片阴影"。要她回到自己身边遭拒后，亨伯特深夜出发，想追踪奎尔蒂并杀掉他。残忍地杀掉奎尔蒂之后，"太阳又出现了，像人一样在燃烧"。亨伯特"在斑驳的日影中"离去，身后留下的是洛丽塔最后的诱骗者的尸体。

　　所有这些可能说明小说第二部分仍执着地采用了象征主义，但实际上并非如此——至少我所引用的太阳和影子描述没有明显的象征意义（我一定是着眼于太阳意象而读完《洛丽塔》的第一人；奇怪的是，在纳博科夫已出版的 565 页信件中，根本就没有提到过太阳）。我们不妨只是简单地喜欢纳博科夫对阳光的痴迷及对其象征意义的运用。

　　如果说纳博科夫是个特例，就应该回想一下马克斯·米勒的评论：人类从开始讲故事时就采用了太阳意象。到了史诗时代，整个天空都被用作比喻和象征。

比如荷马在《伊利亚特》一书中星化大约 650 个人物角色，并把这么多星星分成了 45 个星座或星型，每个都是一个独特的战士，而像铠甲、战车和矛这样的装备则与天体关联起来。荷马甚至还利用了二分点的进动：各路英雄间史诗般的战斗和决斗则寓意春秋分当天太阳升起的路径。可以说，《伊利亚特》是全世界最古老的大部头天文学教材，书中用黄道来象征上天的运动。著名的《荷马神秘的伊利亚特》(Homer's Secret Iliad)一书也持这种观点。来自堪萨斯东南部的埃德娜·约翰斯顿是一位图书管理员出身的业余文学评论家，她用 30 年左右的时间写就了这份手稿，但直到她去世后的 1999 年手稿才得以出版。①

约翰斯顿的研究表明，荷马史诗可能是第一批融入了对太阳表观运动的深入研究的文学作品，好像荷马刻意把当时已知的天文知识通过其作品流传给后人。这种观点很有说服力。约翰斯顿说，不止《伊利亚特》展示了深厚的天文学功底，《奥德赛》中奥德修斯 19 年后回家的情节可能表明荷马已经知道时长 19 年的默冬周期，即月相重归相同日期所需的时间。在《奥德赛》最著名的隐喻中，荷马利用太阳的位置来点明奥德修斯离家的时间②："玫瑰色的早晨之子——黎明出现时，他们再次扬帆起航。"[9]

《荷马神密的伊利亚特》面世次年，另一位业余批评家对另一部经典作品做出了评论，表明后者至少部分涉及天文学。已至中年的多洛雷斯·卡伦在加利福尼亚读大学时才首次接触乔叟的作品，并深深为他的作品所吸引。1998 年她出版了一本讨论《坎特伯雷故事集》中宗教寓言的书。但她并不满足。"读这本书

---

①　原文注：弗洛伦斯·伍德和肯尼思·伍德，《荷马神秘的伊利亚特：破译夜空史诗》(伦敦：约翰·默里出版社，1999 年)。约翰斯顿出生于 1916 年，就读于堪萨斯州立教师学院，研究主题之一是神学，并学习古希腊语。接下来的 30 年里她反复阅读了《伊利亚特》和《奥德赛》，直到可以背诵大段的内容。她在某些方面做出了自己的发现——她说自己无意把这两部诗作贬为角色血肉丰满、情节令人信服，不乏"悲怆、恐怖、刺激、平静的桥段又富含哲学、历史等内容"(第 5 页)的记叙文，但她发现这两部伟大的作品都有一个宏伟的目标：保存天文学知识。由于担心遭到孤立，她从未公开过自己的发现。在她去世后，女儿弗洛伦斯和女婿花了 7 年时间订正、丰富她的各种笔记，她的研究结果终于得以面世。

②　原文注：400 多年后，至少有一位著名的希腊戏剧家热衷于使用太阳。在欧里庇得斯(Euripides)的作品中，俄瑞斯泰斯(Orestes)杀死母亲克吕泰涅斯特拉(Clytemnestra)后逃走了，找到了一个太阳照不到的地方来掩盖自己的罪行，以躲避复仇女神；后来的《酒神的女伴儿》(The Bacchae)中，底比斯年轻的国王彭透斯(Pentheus)被酒神巴克斯整疯了，眼中出现了两个底比斯和两个太阳。后来神话变成了现实：1783 年法国科学院放了一只气球到天上，气球驾驶员是历史上一天之内看到太阳落山两次的第一人——并发现太阳很可怕。见威廉·郎亚德(William Longyard)的《宇航史名人录》(Who's Who of Aviation History, Novato, Calif.：Presidio Press, 1994)，第 41 页。

时有关朝圣者的问题让我不能集中精力阅读。为什么描写这么一群人？乔叟名气太大了，他的写作技巧也为世人所认可，我无法想象对这一群体的描写只是出于偶然。为什么会有一对兄弟——亲兄弟而非某宗教组织里的兄弟？为什么不是三兄弟或者单独一个人？为什么会有一个妻子——而并非丈夫和妻子？为什么没有孩子？为什么女人那么少？"[10] 在《乔叟的朝圣者：寓言故事》（*Chaucer's Pilgrims：The Allegory*）一书中，她把这些问题归因于作者对天文学的兴趣，并认为每个朝圣者都对应着夜空中的一个或多个天体，后者的名字和外观则是以星座命名的神话人物的体现。这一研究结果获得了广泛认可。

大家都知道，乔叟精通天文学，甚至 1391 年还就送给小儿子刘易斯的星盘写了一篇文章；卡伦证明，《坎特伯雷故事集》中满是这种兴趣的痕迹，不仅仅对朝圣者的身份，还对他们的故事产生了影响。从"乡绅的故事"及其中关于潮汐和近日点效应的理论，到"教区长的故事"（关于三角学的应用）、"自由农的故事"（关于一个伪炼金术士的故事）、"地主的故事"（讲到了太阳与火星的关系）等等，乔叟大量运用了天文学及相关原理。但与荷马不同，他这样写作更像是出于兴趣而非流传知识的目的，相信在那个人人都应熟悉天体运行的时代，读者同样也对天文学感兴趣。

404　　早期圣经作者们为解释天体的本质下了那么多的功夫，现在对经典作品中天文学内容的分析不会超越他们的聪明才智。比如，天主教教会对创世纪中提到的两盏"灯"——太阳和月亮——做出的解释是二者分别代表了罗马教皇皇权（大灯）和帝国，亦即古罗马帝国或当时的神圣罗马帝国（小灯）。这就意味着正如月亮从太阳接收光芒一样，皇帝的皇权是教会赐予的，因此教皇皇权高于皇帝皇权。但丁·阿利吉耶里（1265—1321 年）在《帝制论》（*De Monarchia*）一书中勇敢地驳斥了这一解释，并侥幸逃脱了处罚。① 但他这部最伟大的著作表明了他深受当时的基督教符号学说和对天文学的理解的影响，而基督教符号学说的诸多意象正来自当时对天文学的理解。《神曲》三篇《地狱》、《炼狱》、《天堂》即以中世纪天文学学说为基础创作的，所以说《天堂》中的灵魂按次序排列，其次序反映了亚里士多德和托勒密的行星球学说，而《地狱》基本上精确地描绘了假想

---

① 原文注："路西法"（"Lucifer"，光之使者，集中了其所有积极含义）给早期的基督教徒带去了一个特殊的问题。这个名字出现在以赛亚书《旧约》第 14 章的第 12 节——其他地方再没有出现过。它是一个拉丁名字，不过出现在《旧约》里的是早于罗马语的希伯来语。其解释出现在最初的希伯来版本中，它所指的并不是一个坠落的天使，而是一位巴比伦国王，他曾迫害过以色列的儿童；早期的基督教抄写员改变了这个词的含义。

的九重天。《神曲》对太阳也做了充分的描写——比如《地狱》的开头部分拐弯抹角地提到了山边的晨曦，这里太阳就起到了指示时间的作用（"当时正是早晨之初，太阳在天上冉冉上升"）。在另一章节但丁曾写道，在通往天堂的路上，他已经走过了天球环绕地球一天所行经路径的 1/4。所以说他已经在双子宫待了 6 个小时，大致相当于亚当被逐之前在伊甸园里所待的时间。现在到了地中海最西岸附近的加的斯，他看到浩瀚的大西洋，而向东他几乎看到了腓尼基海岸。他只能看到地球的这部分，因为太阳位于两个黄道宫之后（最西方），在白羊宫下面。

《地狱》篇多次提到太阳的位置，因为但丁把太阳当作为该篇中各事件的中心计时工具。而《地狱》篇则相反，只用月亮和恒星的位置来计时，因为太阳是上帝力量的表现，不会指示地狱中的时间，而地狱的无底深渊也是一个恐怖之处。在《天堂》篇，但丁来到了太阳的天堂。太阳的独特优点是智慧。有两点值得大家留意：《地狱》篇的第 33 章在文学史上首次把太阳当作本质上的恒星（"我没有作答／一整天又一晚上都一言不发／直到次日太阳从天边升起"）；而在《炼狱》篇（炼狱被描绘成位于荒凉的南半球的一个巨型山岛），众多魂灵见到活着的但丁，发现他有影子后都大吃一惊。

几个世纪以来，有关太阳的写作都要面对两大问题。其一，主题太大，难以抵制住壮观描写的诱惑。诗人自己承担运用太阳这一素材的风险：不过有些诗人的运用手法的确高于他人。托马斯·马洛礼（1405—1471 年）在《亚瑟王之死》（约于 1485 年出版，此时作者已去世）一书中创造了太阳骑士高文（Gawain，"白发"之译文）这个角色，其力量随日中日昃①而增强减弱。埃德蒙·斯宾塞（1552—1599 年）在《婚曲》（*Epithalamion*，1485 年前后）一书中就以出色的技巧走了一回"太阳大题材"的钢丝。这部诗作与荷马的作品一样，也可以视为天文学教材。而弥尔顿的《耶稣诞生的清晨》（*On the Morning of Christ's Nativity*）这首诗则描绘了一个荒谬的意象：

> 太阳还在床上，
> 红云为它围上纱帐，
> 下巴枕着东方的波浪，
> 细碎灰白的倒影

---

①　译注：原文此处为"月盈月亏"，翻译时根据《亚瑟王之死》情节更正为"日中日昃"。

　　　　依次挺向无尽的牢笼。[11]

　　马弗尔在《阿普顿小屋》（*Upon Appleton House*）中也做了这样的比喻，[12]不过他在《致羞怯的情人》（*To His Coy Mistress*）中对此做了弥补："我们无法让太阳静止不动/却能让它奔跑如风。"罗伯特·赫里克（1591—1674 年）比喻"太阳，明亮的天灯/奔向高高的天空，/越高脚步就越快/越高就越接近西倾"。[13]

　　第二个问题是所有有关天文学的描写都必须服从教会的相关教条。弥尔顿创作《失落园》期间描写创世纪时就必须解决一个难题：如果太阳是在第四天创造出来的，那光是从哪里来的呢？弥尔顿说在最初几天里，光是从上帝御座下面的角落里发出来的，直到太阳诞生后光才找到自己合适的位置。他之所以采用托勒密天文体系，可能是因为后者与教会经典著作符合得更好，也更适合史诗创作；但他显然备受困扰，并没有完全否定日心宇宙的可能性。[14]他可谓一位推诿大师：第 10 卷写到，人类的堕落"从二分点之路"推了太阳一把——这句话既可以解读为（像托勒密体系所要求的那样）使太阳轨道偏离天赤道，或（像正在稳步成型的哥白尼体系中那样）使地球自转轴倾斜。

　　在托勒密学说盛行的 1500 年时间里，作家们通常满足于为描写漂亮女孩的舞蹈偶尔卖弄似的引用太阳意象［约翰·萨克林，"节日里的太阳并不是那么好的一道风景"（The Sun upon a holiday is not so fine a sight）]；① 或为了复述著名的神话［菲利普·锡德尼的系列十四行诗《爱星者与星星》（*Astrophel and Stella*）]；或描述其他天体时作为参考点。

　　意大利思想家朱利奥·卡米洛（1480—1544 年）是个例外，他对后世产生深远影响的著作《剧院的思想》（*L'idea del Theatro*，*The Idea of the Theater*）完全是一部宇宙史，其中太阳占据重要位置。弗朗西丝·耶茨在对卡米洛的研究中解释了其作品如何"展示了一个文艺复兴时期的人思想和记忆中的太阳，它神秘、感性并具有魔力，渐渐有了位居中心的新的重要性；展示了人们的想法在向太阳靠拢，这也是导致日心革命的一个因素"。[15]从卢梭（Rousseau）到泰德·休斯（Ted Hughes）诸作家的作品均引用过卡米洛的话。

　　很快整个欧洲都把太阳视为王室的象征，在卡米洛的同乡多明我会修道士托马索·坎帕内拉（1568—1639 年）著名的《太阳之城》（*City of the Sun*）一书

---

　　① 原文注：我对萨克林有特别的好感，因为他在短暂的一生中（1609—1642 年）发明了纸牌游戏。

中，寓言中的国王是太阳光辉的体现；该书是在柏拉图的《理想国》（*Republic*）启发下创作的一部哲学对话录，成书于 1602 年，就在坎帕内拉因煽动罪和异端罪被判处无期徒刑之后。书名所指的城位于塔普拉班岛（Taprobane，现在的斯里兰卡），城中居住着仁慈的牧师兼国君，名叫太阳。[16]

　　莎士比亚（1564—1616 年）和约翰·多恩（1572—1631 年）都是坎帕内拉同时代的人。莎士比亚对太阳的运用特别与众不同：他曾经热衷于观察天空，仅后期的剧作对太阳的描写就有 40 多次。很多描写都出现在一种源于古代诗歌后经中世纪普罗旺斯的行吟诗人和德国爱情诗诗人完善而成的文学形式中：晨曲，一种充满爱情描写的抒情诗，通常在黎明时吟诵（相反，小夜曲则由女性的仰慕者在傍晚吟唱），且内容通常是哀悼必须向夜晚之欢说再见的情侣。也曾有人认为这种文学形式是由守夜人宣布白天到来时的高呼发展而来的。莎士比亚对晨曲这一文学形式的运用非常精彩，通常在情节的转折点运用它，《罗密欧与朱丽叶》是这方面的代表。[17]

407

　　在几百年的时间里，晨曲这种文学形式还被用于其他目的，比如在维多利亚时代就用作挽歌，如丁尼生的《悼念集》（*In Memoriam*）。或许所有用英语写就的挽歌中，最著名的一首就是多恩的《太阳升起》，其开篇富有感染力：

> 忙碌任性的太阳，你真是个老傻瓜
> 为什么要透过窗帘，穿过窗户，
> 来把我们招呼？
> 难道情人们的季节，也得随你的节奏变化？

　　如果说这是自古以来诗人第一次嘲弄太阳（我没有发现还有更早的），那么多恩是有其原因的。1601 年他已经与身材矮小、脾气暴躁的伦敦塔中尉乔治·莫尔爵士（多恩的最后一位传记作家称之为"短引信小身板男人"）17 岁的女儿安妮结了婚。多恩给愤怒的岳父写信道："爵士阁下，我知道自己已犯下大错，不敢为了自己向您祈求什么，只是相信自己的目的和手段均无半点虚妄……我恳求您不要让她承受您的愤怒。"乔治爵士的回答是把多恩扔在弗里特监狱（Fleet Prison）关了几周（同时被关的还有主持婚礼的牧师），试图瓦解这段婚姻（但未能成功），并让多恩的雇主解雇了他。之后的 10 年里多恩和自己的家庭一直挣扎在贫困边缘；直到 1609 年他才与岳父大人重归于好。但就赢得不朽这点来说，显然多恩成了最后的赢家。乔治爵士曾出版了自己关于日出的赞美诗，与多恩的

大不相同：①

> 谁看到了灿烂的日出，太阳像新郎官一样从自己的房间奔出，欢喜如参加赛跑的健将？……太阳围绕地球旋转的路径，他的光芒会照射到任何人类可能到达的地方。[18]

408 《太阳升起》这首诗带给了多恩应有的回报。

多恩还写了不少以太阳做比喻的诗，不过他也写了一部讽刺诗《伊格内修斯的教皇选举会议》（*Ignatius His Conclave*），这部诗作在抨击耶稣会会士（多恩是从罗马教派转化而来的虔诚的国教信徒）的同时也把很多新的科学理论嘲笑了一番，特别是地球绕太阳运转的理论。下面这节强力地表达了他的观点：

> 新哲学给一切都打上了问号，
>
> 元素火②停止了燃烧；
>
> 太阳丢了，地球也已隐身，
>
> 没有人知道，该去哪里把它们找寻。[19]

这首诗于 1611 年面世，同年伽利略发现了太阳黑子和月球上的山谷。

17 世纪 90 年代，牛顿已经解释了引力的机制、阳光的组成和彩虹产生的原因。不管诗歌界喜欢与否，科技革命正在如火如荼地进行。显然确实有一些诗人不喜欢科技革命。比如，威廉·布莱克（1757—1827 年）就从不曾用到过科学，而且视科学为当时的一大恶魔。他的一首诗描写过太阳，但并没有提到任何后哥伦布时代的相关知识：

> 啊，向日葵，细数太阳行进的脚步，
>
> 对时间已经心生厌恶；

---

① 原文注：另外，1601 年一位久在国会的议员在就垄断组织进行的辩论上宣称："所以说想一想，我们完全可以做相同的记录，就像在太阳底下手持蜡烛要把阳光比下去一样。"250 年后，法国政治经济学家弗雷德里克·巴斯蒂亚在历史讽刺短文《蜡烛生产者的请愿书》（*A Petition of the Candle-makers*）中用一个著名的比喻对贸易保护主义进行了讽刺，即蜡烛生产者请求熄灭太阳，因为它的光芒影响了他们的生意。

② 译注：古希腊哲学认为，物质世界由土、气、水、火四种元素组成。

　　追逐着甜蜜的金秋

　　而旅人的行程至此便告结束。

　　对这首诗有不同的解读。人们通常认为，这一节描绘的画面代表人们渴望逃离这个世界的短暂，而向往下一个世界金色的永恒。或许布莱克也暗指古希腊一则关于向日葵的神话：一个女人因"渴慕"太阳神而"憔悴不堪"，变成了向日葵。不过，不管我们如何解读，布莱克都是一位仅将太阳用于象征目的而又不涉及任何科学发现的重要诗人。

　　塞缪尔·柯勒律治（1772—1834 年）是当时一位更典型的诗人。"我将像鲨鱼一样攻击化学"。1800 年他在前往伦敦聆听科学报告之际曾写下如此激烈的话，而他此行的目的主要是为了享用一场全新比喻素材大餐。[20] 他和众多同期浪漫主义诗人一样，试图打入数学家、物理学家、化学家或生物学家把玩的科学魔法环。他们没有对宇宙学的新知识视而不见，而是希望理解这些新知识。比如，这些 19 世纪的英文诗人中，拜伦勋爵（1788—1824 年）对科学知识极感兴趣，特别是天文学和地质学知识；罗伯特·布朗宁（1812—1889 年）亦如此，他称雪莱为"踏日行者"（the Sun-treader），并因《阿波罗之歌》（*Hymn to Apollo*）而对他称赞有加。珀西·比希·雪莱（1792—1822 年）的确像化学家一样，在像《麦布女王》（*Queen Mab*）和《被解放了的普罗米修斯》（*Prometheus Unbound*）这样的诗作中引入了科学参考书目，而在《阿波罗之歌》中，太阳神称自己为"宇宙得以审视自己/认识自己之神圣的宇宙之眼。"约翰·济慈（1795—1821 年）则学习医药学，经常引用天文学元素，长诗《海伯利安》（*Hyperion*）和《海伯利安的陨落》（*The Fall of Hyperion*）均以经典太阳神命名。

　　以太阳为主题进行文学创作的还有爱默生、霍姆斯、坡、丁尼生、阿诺德、哈代（"太阳把下巴枕在草地上"）、考文垂·帕特莫尔和查尔斯·狄更斯〔通常在描写天气时写到太阳，但《荒凉山庄》（*Bleak House*）一书和《小杜丽》（*Little Dorrit*）的开篇均对太阳做了特别严肃的描写〕。艾米丽·狄更生甚至写了一首诗取笑后哥白尼时代对宇宙的理解："人们曾以为/地球绕轴转动，为了向太阳致敬/用体操的技巧。"实现"日落西山（Sic Transit Gloria Mundi，本意为'世间的荣耀就此消失'）！"

　　不过实际情况是，由于他们所谓对科学的兴趣并非出于真心，1750 年之后的 150 多年时间里，诗人创作时仍更喜欢较安全的古代神话元素。代表太阳形象的仍是阿波罗、赫利俄斯、海伯利安或福玻斯：银河系众恒星之一的咆哮气态球的形象并不适合诗歌创作。尽管如此，科学新发现非但没有被忽视，还起着人们所认为的负面影响。甚至后来记录了这一过程的麦考利也认为诗歌的衰落是科技发展的必然结果，而黑格尔则认为随着社会在理性方面的不断发展，人们想象力方面的高超技艺则往往会逐渐生疏。世纪之交时 A. E. 豪斯曼（1859—1936 年）已是经典天文知识方面的巨擘。步入老年后他曾在向《泰晤士报文学增刊》（*The Times Literary Supplement*）的供稿中写道："昆体良①说只有学习天文学才能理解诗歌。"[21] 对于豪斯曼的研究对象，即古代诗人来说这句话可能是对的，但对于他同期的诗人来说却未必如此。

不过，至少有一则古老的神话一直是诗歌创作的素材。长生鸟的传说象征着太阳的重生，即太阳每天都会在西天死去，次日在东方复生，像一只以天为拱的鸟一样在天上飞行。赫西俄德首次赋予了长生鸟"长生"的特性，而且他还引入了循环时间的概念：长生鸟重生时，历史也在重演。直到 17 世纪，仍有很多人相信长生鸟是存在的。莎士比亚（"长生鸟和乌龟"）、阿波里奈（名字意为太阳之子）、拜伦、尼采（自称"长生鸟"，并把自己描写为再生者）、马拉梅和叶芝均引用过这一神话。在 E. 内斯比特的儿童书《长生鸟与魔毯》（*The Phoenix and the Carpet*）中，长生鸟成了一种非常虚荣而又具有相当多电能的生物。近来的哈利·波特（Harry Potter）则遇到了老师阿不思·邓布利多（Albus Dumbledore）的长生鸟福克斯（Fawkes），而漫画书《X 战警》（*X-Men*）中的变异女英雄琴·葛雷（Jean Grey）则拥有强大的长生鸟力量。最著名的当数西拉诺·德·贝杰拉克未完成的著作《月亮帝国和太阳帝国史》（*Histoire des estats et empires de la lune et du soleil*，约 1661 年），其中的讲述者到达太阳帝国，在那里碰到了一只长生鸟。这则故事强调了西拉诺的一个想法，即人体内有一个燃烧的灵魂，它与这个世界伟大的灵魂——太阳相连。

这一理论深深吸引了 D. H. 劳伦斯，他的诗歌"长生鸟"探讨的就是这一想法。劳伦斯还把这一神话写入了小说，甚至有段时间他还把"长生鸟"当作自己的象征。他可能很荒唐，甚至可恶（波特兰·罗素认为他的反闪米特主义和以性为中心的哲学预示了纳粹主义的诞生）。他很早就开始了对太阳的关注（他的出生地诺丁汉是一个灰蒙蒙的煤矿城市）并终其一生都保持着这种关注。他最伟大的小说《儿子与情人》（1913 年）最后一页这样描写了保罗·莫瑞尔（Paul Morel）忍痛放弃情妇并埋葬了母亲的那个夜晚：

---

① 译注：Quintilian，约 35—96 年，古罗马修辞学家兼教育家。

D. H. 劳伦斯（右侧，1885—1930 年）和奥尔德斯·赫胥黎（1894—1963 年）——二人都热爱太阳，但方式不同。

　　到处都是辽阔的空间和恐怖的黑夜，黑夜只有在白天会惊醒片刻，但沉睡后会最终陷入永恒……黑夜吞尽万物向周边伸展开去，超越了星星和太阳，星星和太阳只是几个寥寥可数的小亮点，在黑暗中恐惧地旋转不停，互相抱成一团，在一片不可抵抗的黑暗里，连星星和太阳都显得渺小和恐惧。这一切，包括他自己，全都是那么微不足道，几近于无，可又不是没有……但是，不行，他不愿就这样屈服。他猛地转过身来，朝着城市那片繁华灿烂的金光走去。他决不会随她而去，走上那条通向黑暗之路。他加快了步伐，朝着远处隐约有声、灯光辉煌的城市走去。[22]

　　这里的太阳具有重生的象征意义，这是劳伦斯的惯常用法。城市的繁华所回响的金色在召唤莫瑞尔重新回到生活中去。这层意义在其短篇小说《太阳》（Sun）得到了最充分的体现。这篇小说是对太阳唤起生命的力量的赞歌，由哈里·克罗斯比的黑太阳出版社于 1928 年出版，讲述了一位优雅的纽约女人患上了产后抑郁症，前往西西里岛海边进行治疗的故事。她母亲问她："你知道，朱丽叶（Juliet），医生让你晒裸体日光浴，你为什么不这样做呢？"她就去了，不久太阳就"逐渐看穿了她，从全宇宙普适的肉体意义上了解了她"，[23]而且并没有被她拒绝。当地一位与她年龄相仿的农民，突然出现在她租住的花园紧邻的山谷里。二人四目相对⋯⋯

陌生男子的蓝眼睛就像蓝太阳的心脏一样不可抵挡，里面流露出来的挑战意味控制了她。她已注意到他薄裤子里阴茎强烈的兴奋：为她而兴奋。他的脸庞红红的，身材高大，在她看来就像太阳一样，散发着大量光和热的太阳。

朱丽叶不想主动采取行动，她的仰慕者则以"地球一样顽固的被动姿态"等待着她的主动。她的丈夫，"外表阴柔"且"在为人处世方面怀有一颗温柔羞怯之心"的莫里斯（Maurice）意外来到她的身边，"已经非常阳光开朗的"朱丽叶"根本看不到他，视他的阴柔为无物"。但她认识到，自己必须与阴柔的丈夫一起生活："她没有足够的勇气，她没有充分的自由。"即便她的欲望没有得到满足，这篇小说仍不啻为文学作品中对日光浴的色情力量表达最纯粹的一篇。

412　　但劳伦斯并没有就此止步。1929 年复活节期间，他看到托斯卡纳一个村庄商店的窗户上有一个正在下蛋的白色玩具公鸡，受此启发创作了小说《逃跑的公鸡》（*The Escaped Cock*），后来这部小说被他人违背劳伦斯意愿重新命名为《死了的人》（*The Man Who Died*，1929 年）予以出版，讲述的是复活后并具有强大性能力的太阳之子的故事。故事中的莲花代表女性生殖器："没有其他的花向死后又重生的泛滥的紫黑色太阳⋯⋯献上她黄金般的柔软深度⋯⋯供其深入。"这种联想有一种惊人的傻气，这种亵渎只是最轻的挑衅：

> 他跪着向她爬去，感觉到了自己男性的光芒，感觉到腰间升起了巨大的力量。
>
> "我升起来了！"壮丽、耀眼、不屈的太阳，在他腰间深处升起。

之后不久，劳伦斯就创作了《中产阶级》（*The Middle Classes*），诗中这样描写了这个世界上的莫瑞斯们："不阳光。/他们只有两种财富：/人和钱，/他们与太阳完全无关。"但劳伦斯的作品鲜有不碰触这些主题的。

413　　他在对自己作品的一片谴责声中死去的那个冬天，即 1929—1930 年的冬天，创作了毕生最后一部作品《启示录》（*Apocalypse*），其中写道：

> 不要认为我们眼中的和古人眼中的是同一个太阳。我们所看到的只是科

诺曼·梅勒正与第六任妻子在诺里斯教堂漫步。他曾写信给她说："而你，淑女一样站立，散发着太阳一样的金色。"后来她用诗句回应："你在那/我也在那/在那一口袋阳光里。"《纽约时报》评论说："几乎从各方面来说，二人都过着充满阳光的生活。"

学意义上的一个发光天体，一个炽热的气态球。在以西结（Ezekiel）和约翰的时代之前，太阳仍是一个壮观的存在，人们从太阳获取力量和荣耀，并报以崇敬和感恩。[24]

在这部书中，劳伦斯敦促人类重建与宇宙的原初联系——没有科学的调停的联系；或者正如他所说：人类的还原。"从太阳开始，其他方面会缓慢稳步地跟进。"他在书末如此说。

另一位更狂热的太阳信徒（也是一位劳伦斯迷兼劳伦斯的太阳崇拜伙伴）是美国一位百万富翁，也是 20 世纪 20 年代一位享乐主义诗人，31 岁死于一次相约自杀——"从斯科特·菲兹杰拉尔德的烂小说里跑出来的亡命之徒。"一位讣告作者如此描述他。[25]这是对哈里·克罗斯比的一种戏剧性介绍，但有关他的一切均能从情节剧中找到。马尔科姆·考利在《流亡者归来》（*Exile's Return*）一书中，杰弗里·沃尔夫在《黑太阳》一书中均对他作了深入描写，而在保罗·富塞尔眼中，他是"终极疯狂的美国人"，他的生活表明了"太阳完全征服一个易变的思想的能力"。[26]克罗斯比自己的作品则由其巨额财富支撑，完全源于法郎低迷时他在欧洲的生活并深受这种生活的影响——前卫、试验性、超现实，且十分令人讨厌。充足的财富让他能够把巴黎郊外一座中世纪磨坊〔名字当然叫作"太阳磨坊"（Le Moulin du Soleil）〕重新装修为豪华的乡村住房，能够随心所欲前往异国他乡领略当地风情，能够做摄影术试验，把他的布加迪轿车改装至极致，甚至在飞机"还是个没人愿意投资的……新玩意"时就开始学习飞行单人飞机了。

作为旧新英格兰银行家族后人（J. P. 摩根是他的一个叔叔），他在第一次世界大战初期参加了战地救护军团，在凡尔登和索姆河服役，获得了英雄十字勋章（Croix de Guerre），并挺过了一次致命伤。他曾获得哈佛大学一个"速成"学位，在与经自己引诱与原配离婚的大自己 6 岁的女人结婚后，前往法国定居，买赛马，吸鸦片，酗酒，旅行，并开始写作。1927 年，他成立了黑太阳出版社（Black Sun Press），自己后背上纹了一个太阳脸以示对太阳的挚爱，第一篇短片小说抄袭了劳伦斯的作品，为此他在"阳光下"付给了劳伦斯 20 美元金币。

克罗斯比对以太阳为中心的意象有一种痴迷，他在自己的作品中报复性地运用了这些意象。"黑太阳"象征着他试图把生命的力量和死亡的力量统一起来的努力，但作为一种图案它还具有性的意义。一位传记作家曾说："克罗斯比签名时随手画的'黑太阳'都带有一个箭头，它从克罗斯比的姓 Crosby 中的'y'向上引出，指向太阳的中心：一处唤起了性欲的区域乐意承接的一股雄性喷射。"[27]

大家几乎都讨厌克罗斯比，不过从劳伦斯在《启示录》中的高声疾呼来看，他在众人眼中也并非完全一无是处：

> 人最渴望的是存在完整性和存在一致性……生命此时此刻在于肉体的华美是我们的，是我们自己的，而且只是暂时属于我们。我们应当为自己活着且存在于肉体，是有生命有人性的宇宙的一部分而欢欣、舞蹈。

截至 20 世纪 20 年代中期，克罗斯比已经出版了 1922—1926 年间详细记录的日记《太阳的影子》（*Shadows of the Sun*）和两部诗集，其中第一部名为《太阳的战车》（*Chariot of the Sun*）。哈特·克莱恩、詹姆斯·乔伊斯、T. S. 埃利奥特和曼·雷也创作过以黑太阳为主题的作品。在对事物的观察方面，克罗斯比并非没有天赋，可以说是一位观察天才。①

　　此时他对自杀的哲学应用很感兴趣，在人生最后 5 年确实对死亡有一种毫不隐讳的痴迷（"时间是一种将被废止的暴行"）。最后一次古怪之旅呼之欲出。他创作第二部诗集《转运维纳斯》（*Transit of Venus*）曾受到约瑟芬·洛奇（新晋艾尔伯特·史密斯·比奇洛夫人）的启发，他人生的最后一周就是与这个女人度过的。1929 年 12 月 9 日，他去世的前一天，约瑟芬给他写了一封充满感情的诗信，信的末尾坚称"太阳是*我们*的上帝／死亡是*我们*的婚姻"。

　　克罗斯比在第二故乡逗留期间及之后一段时间，文学界对太阳的热爱正处于一个高峰。一批作家在对这一素材进行再利用，但没有了浓重的哲学意味。新的口号是：太阳存在于一切。W. H. 奥登讲一个飞向太阳的男孩距离其火焰太近的故事"1939 年 9 月 1 日"中有这样一句话："以伊卡洛斯为例"，它一定是文学作品中关于太阳的最著名的一句话。叶芝的《流浪的阿格斯之歌》（*The Song of Wandering Aeugus*）中也有有关太阳的名言："月亮的银苹果／太阳的金苹果"；以及《忧郁中写下的台词》（*Lines Written in Dejection*）；还有让人难以忘记的《第二次到来》（*The Second Coming*）中的"像太阳一样空洞无情的凝视"；而在谐趣诗领域，最著名的当数约翰·贝奇曼的《中尉的情歌》（*A Subaltern's Love Song*，1940 年），其中的"J. 亨特·达恩小姐，J. 亨特·达恩小姐／奥尔德肖特的太阳把你装饰，把你照亮"最令人难忘。所有贝奇曼的诗歌中，这首诗在把乡村琐事转化为欢快慌乱的色情方面是最成功的。[29] 或许，正如约瑟夫·布罗德斯基所说："所有最优秀诗人的能力均由太阳注入"。[30]

　　几乎所有文明的文学均涉及太阳意象。比如，亚瑟·兰波（1854—1891 年）和保罗·魏尔兰（1844—1896 年）就都对太阳怀有一种矛盾心理。正如魏尔兰奖获得者马丁·索雷尔所说："兰波试图揭示宇宙，所以他为自己膜拜的太阳的力量所同化，所引导；魏尔兰的诗……表明他对太阳几乎同样痴迷，但他痴迷的太阳把力量隐藏了起来，守护了起来，十分谨慎，所以也难以捉摸。换个形象的

415

---

　　① 原文注：黑太阳还有其他含义。俄国伟大的象征主义诗人奥西普·曼德尔斯塔姆（1891—1938 年）曾写道："回忆普希金葬礼（1837 年普希金死于一次决斗）的画面，以唤起你记忆中夜间太阳的意象。"[28] 曼德尔斯塔姆的《特里斯蒂亚》（*Tristia*，1922 年）中也有这样的话："为了挚爱的母亲／黑太阳将会升起。"太阳的角色似乎在变化，最终与基督教的末日传统联系了起来。曼德尔斯塔姆对布尔什维克革命的矛盾态度也与黑太阳意象有关，他想支持这一革命，但后者似乎会带来黑暗而非光明；太阳作为一种绝望的力量，不仅仅代表着个别人的死亡，也是俄国自身的一个象征。

说法就是，两位诗人对太阳的关注其实是同一枚硬币的两个面。"[31]

对于早在 20 岁之前就创作了几乎全部最优秀作品的兰波来说，太阳揭露了社会丑恶现象，或者说给世人带来了痛苦。"太阳是感情和生活的壁炉，它向开心的地球倾泻炽热的爱意。"他如此写道。他最后的作品是一系列最为散文化的诗歌，名为《灵光》（*Illuminations*），指的是真主显容或开悟的闪光，因为他把自己变成了——如他所想象——纯粹的光。他人生的最后几年是在东非沙漠中度过的，那里的热浪给他烘烤出了一个显然更不善于接收的心境。"我看见低垂的太阳，沾染了神秘的恐怖色彩，"他曾如此向朋友痛苦地吐露心声，"我们置身于春季的蒸汽浴池。皮肤在滴落，胃在泛酸，脑子变成了一团糊糊。"[32]但最终"像一口锃亮的大锅在闪耀"的太阳赢了，[33]他在临终的病床上向当时的同伴伊莎贝拉哭诉说，自己再也感受不到太阳的光芒了。"我会沉入地下，你会行走在太阳底下！"

安德烈·纪德（1869—1951 年）的小说都带有一定的自传性质；他的第一部作品《背德者》（*The Immoralist*，1902 年）是借早年生活在法国北部的学者米歇尔（Michel）之口讲述的。米歇尔在北非结的婚并在那里度过了蜜月——发现自己的世界变了。"我觉得活着是一件非常惊人的事，每一天都因我而闪亮。"与劳伦斯一样，太阳在米歇尔这里也成了一种释放力量。米歇尔踏上一艘驶往地中海的船，把新婚妻子抛在了身后。一到意大利他就为那里的男孩"太阳晒成的美丽棕色皮肤"所吸引，对自己白色的皮肤"羞愧得流下了眼泪"，开始把自己裸露在太阳底下，希望自己的皮肤也变成棕色："我把全身都暴露给太阳的烈焰。我坐下、躺下、来回翻转……很快一种快意的烧灼感就把我包裹了：整个自己都涌向了皮肤。"挣脱了束缚的米歇尔变成了书名所讲的棕色皮肤的背德者。奥斯卡·王尔德曾告诉纪德太阳痛恨或遏止思想，果然，米歇尔很快就得出了"存在已足以将你占据"的结论。[34]

在艾尔伯特·加缪的《局外人》（*L'Étranger*，1944 年）一书中，主人公默尔索（Meursault）在北非一个热得烤人的沙滩上杀了一个当地人，显然是无缘无故杀的——这是重点，而且加缪还把自己在炎热的阿尔及利亚的经历称作无理（Unreason）。他在《反抗者》（*The Rebel*，1953 年）中宣扬了这种哲学："历史专制主义（historic absolutism）尽管取得了胜利，但与人类不可抑制的本性需求之间的冲突却从未停息，而当地人的智慧与耀眼的阳光密切相关的地中海则守护着人类本性的这一秘密。"当萨特被问及密友加缪是不是存在主义者时他回答说："不，这是一种严重的误解……如果你记得太阳内部是多么黑的话，我更倾向于称他的悲观主义为'太阳悲观主义'。"加缪自己的评论则是"为了改变自然的漠不关心，我被置身于痛苦与太阳之间。痛苦让我不再相信太阳底下一切都好，而太阳则告诉我历史并非一切"。

到了 20 世纪中期，太阳几乎在为所有的文学目的服务：它可以是一种象征手段、比喻手段，也可以代表灵感、戏剧性力量，或象征悲惨的结局，或扮演亲密伴侣、强劲的对手，有时也会成为漫画嘲讽的对象、救赎力量或哲学信仰之源。《洛丽塔》之所以如此著名是就是因为纳博科夫在书中几乎把太阳应用于所有上述目的。

文学创作对太阳这一素材的发掘还在继续。2008 年美国小说家伊丽莎白·斯特劳特出版了《奥丽芙·基特里奇》（Olive Kitteridge）一书，该书由 13 篇相互关联的故事构成，主人公是居住在虚构的缅因州海边小镇克洛斯比（Crosby）的一位退休教师。这本获得了普利策奖的书，对于爱和接受进行了深入的探讨，不过它并没有像纳博科夫那样把太阳用于比喻、象征，而是将其视为影响克洛斯比所有居民的一种存在——或非存在，特别是对尖刻、难相处的基特里奇夫人有着重要影响。"日光浴者的放任"、穿过雾气的阳光，以及装有红玻璃的梳妆台，都体现了斯特劳特独特的观察力。[35]木地板在"一块冬日"下闪着"蜜一样"的光，后来太阳又缓缓溜过"一块雪地，照得雪地呈现紫色"。更有甚者：她在这本小书中 70 次提到太阳，用于引出角色或预示角色的行为。在小说的末尾，刚刚丧偶的奥利弗（Olive）突然发现当地一位鳏夫似乎爱着自己。她会抓住这个机会吗？在她就要拒绝对方时，太阳给了她"突然涌起的对生命的贪欲……她想起了希望是什么，而这就是希望……她想起来充满阳光的房间、洒满阳光的墙壁，以及屋外的月桂。她被这个世界难倒了。她还不想离开它"。

第 28 章
冉冉升起的政治太阳

> 如果我们允许自己一瞥我们称之为我们的灵魂的阴影地带，那就是现在我们在这里的原因？我们两个？在寻找一条回去的路？一条回太阳的路？
>
> ——彼得·摩根的电影《对话尼克松》（*Frost/Nixon*）[1]
> 理查德·尼克松的台词

> 之前这里是有光的。为什么又暗下来了呢？我们曾有过早晨。现在我们必须表现得就像又有了光一样。
>
> ——亚历山大·杜布切克，1989 年在布拉格瓦兹拉夫广场欢迎天鹅绒革命的演讲

在耶鲁大学读书期间，乔治·W.布什有一次天文学得了个 D⁻。[2] 在他竞选总统期间，下面这个故事流传开来：一天，急于改善自己民意形象的布什向顾问们讲了他的新主意："我们将登陆太阳。"有人礼貌地指出太阳十分炙热。总统考虑了一下，说："没问题，我们在晚上着陆。"不过这个故事并非始于布什；10 年前就有了米哈伊尔·戈尔巴乔夫版本，之前还有尼基塔·赫鲁晓夫版本。

纵观整个人类历史，太阳一直都有着政治和宗教政治方面的影响，而且没有哪一代人例外。当今时代的斯里兰卡，诞生了一位把自己标榜为太阳神的"猛虎解放组织"领导人。20 世纪 90 年代早期创立秘鲁共产党的一个恐怖主义分支"光明之路"的堕落哲学教授，就因健康原因一直不敢见太阳。而路易十四对太阳的利用更是登峰造极，法国大革命后太阳作为全新社会秩序的有力象征继续发挥其影响——正如激进的贵族兼新国民制宪议会议员康斯坦丁-弗朗索瓦·沃尔内（1757—1820 年）在作品里所描述的那样。在半小说半散文作品《帝国革命中的毁灭和沉思》（*Les Ruines，ou méditations sur les révolutions des empires*）中，

沃尔内敦促读者用主要信仰太阳而非基督的理性而平等的新世界秩序来取代衰退
文明的残余。这本书在法国禁止发行，反而催生了民众的追捧及国外的无数版
本。1792 年一个未署名的译本在英国出版，激起了 35 名国教主教的谴责。在法
国期间曾是沃尔内好朋友的托马斯·杰弗逊曾为一个美国版本翻译了前 20 章，
但他这么出众的人物却失去了继续翻译下去的勇气，并要求书商烧掉了他的
手稿。

全球最著名的门——唐宁街 10 号顶着初升太阳图案的门。

　　本书（中的几卷）指责基督教剽窃了太阳信仰，敦促人们重新把太阳视为自
主精神的首要标志——这些想法将出现在很多著作中。到了 19 世纪，很多艺术
家和思想家在浪漫主义运动和民族主义兴起的启发下，宣称人类挣脱宗教的束缚
后将实现终极满足。在英国，"太阳即上帝"理论成了激进的泛神主义的主题思
想，全国上下都在鼓吹诸神的太阳属性。"太阳的历史就是耶稣基督的历史"，典 ⁴¹⁹
型的激进分子戈弗雷·希金斯（1772—1833 年）如此宣扬[3]——这里他并不是指
太阳"等同于"基督，而是说基督教已经吸收了太阳象征主义。通过反驳这一次
要信仰，人类可以重新发现自身最重要的东西。
　　在 19 世纪最后 25 年里，（除达尔文外）最具影响力的学者要数语言学家转
行为哲学家的弗里德里希·尼采（1844—1900 年）了。在 1876 年末到 1877 年初
的那个冬天，还只是一个 32 岁的多病学者的尼采前往那不勒斯南方的索伦托，
那里的肉欲主义文化启发他把人的身体放在中心地位来思考。访问波斯太阳神密

特拉神①浮雕所在的山洞后，他激动地说："我抖落了心头长了九年的青苔。"在意大利期间及回国后那段时间里，他都写下了把太阳赞为情人的诗篇。他在疯掉之前的最后一本著作《瞧，这个人》（*Ecce Homo*）中写道："在这完美的一天，一切都在成熟，不止葡萄在转成棕色，太阳之眼也刚刚落在众生身上：我前看后看，从没有一下子看到过这么多美好的事物。"4

在创作《快乐的科学》（*The Gay Science*，1883 年）一书时，尼采主张应该学习太阳的上升并达到日中的顶点。5（这有点儿虚伪，因为他有偏头痛，常常要躲在阴影里。）6 在《查拉图斯特拉如是说》（1885 年）一书中他引入了 *Übermensch*，即获得自制能力和自主能力的超人，他把这些全都与太阳联系了起来。

这些书是赞美太阳的艺术家、音乐家和作家的一种全面性运动的组成部分。与尼采同期的画家爱德华·蒙克（1863—1944 年）做出了一项极为重要的贡献。作为老家克里斯蒂安尼亚（当时的名称，现名奥斯陆）的激进自然主义运动成员，他于 1892 年受邀前往柏林举办一次画展，并在那里待了 3 年。他的朋友包括亨里克·易卜生，他曾多次为易卜生画像，第一幅画像是 1897 年为《约翰·加布里埃尔·博克曼》（*John Gabriel Borkman*）的一次演出画的海报。这位剧作家了不起的脑袋突显在画作中，右侧是一座将一束光柱射向空中的灯塔。其象征意义十分明确：易卜生是光的搬运工，照亮了人类经验中的隐蔽区域。蒙克还为《幽灵》（*Ghosts*）绘制了一系列速写画，剧中主人公画家奥斯瓦尔德·阿尔文（Osvald Alving）遭受了遗传性梅毒这一致命诅咒，却仍在渴求生命。同为梅毒患者的蒙克，从阿尔文对光明和救赎的渴望中看到了自己的感受，并从阿尔文的呐喊"给我太阳！"中听到了自己饱受折磨的灵魂的声音。他这样评价画作《春天》（*Spring*）："一个患有不治之症的病人对光明、温暖和生命的热望。《春天》里的太阳……就是从窗户照进来的阳光。这是阿尔文的太阳。"7 此时他已经相信，他的艺术应当追求"太阳王国的天堂"。

在柏林逗留期间他还会见了尼采作品的首要德语译者，并于 1905—1906 年

---

① 原文注：Mithraism（源于波斯语"白日之光"），是近代诞生的一个词：古代罗马的波斯追随者称自己的宗教为"波斯人的秘密教义"。这一迷信于 1 世纪前后传播到罗马，4 世纪达到顶峰，在皇帝卫士中尤其流行。他们的仪式以一座密特拉神殿为中心举行，神殿是指一种人工开凿过的自然山洞或一个类似山洞的场所，被布置成一种"宇宙的图像"。信徒分为七等，第六等是海路德米斯（*heliodromus*），或者说太阳信使，且这种迷信与太阳密切相关，他们认为太阳从夏至点到冬至点的行走路径与灵魂从前世到现世的肉体，再到后世的路径平行。不过，后来密特拉教却迅速衰落了，因为基督教开始吸纳其他异教神。太阳神阿波罗被视为基督的先驱，瞬间光亮使者阿波罗则演化成了圣灵（Holy Spirit）。

间为尼采恶魔般的妹妹伊丽莎白（Elisabeth）作画。他与另一位朋友，同时也是尼采迷的奥古斯特·斯特林堡一起创作了一系列画作和诗歌，这些作品占据了整整一期以赞颂太阳为主的《奎科伯恩》（Quickborn）杂志，斯特林堡甚至吹嘘曾与尼采交换过图书："尼采给我的精神生活里射入了太多的精液，我都觉得自己有了一个妓女的肚子。尼采是我的配偶！"[8]

1909 年，蒙克受命为奥斯陆大学宴会厅创作 11 幅壁画。他最初的想法是创作"人类之山"，这一意象直接来自于《查拉图斯特拉如是说》，不过却被否决了，于是他就画了恢宏的《太阳》（The Sun），这也是受到了尼采的启发，主画两侧装饰的版画展示了太阳是如何在各种艺术创作形式的核心中燃烧的。他在一篇未标注日期的笔记中做了详细记录：在大厅的一侧，光线成了原始而不可见的力；在另一侧，尽是智慧的火花：

> 前两幅（版画）光线满溢——光线透过版体——并照入水晶体并从水晶体射出……还有像 X 光一样传播的光线——另一侧的画——化学画——表现了隐藏的能量——火与温暖的车间——另一侧阳光传播的距离更远。[9]

这些画耗时 9 年才完成，画中头发乱糟糟的上帝坐在自己创造的太阳前面。蒙克最后的自传描述："这个巨大的燃烧着的球很像太阳，你会自发地将目光转离中心的白圈，正如你避免直接看太阳一样。"[10] 向尼采致敬的韵诗《查拉图斯特拉如是说》的作者理查德·斯特劳斯看了这些画后宣称它们反映的正是他想通过音乐表达的思想。

1893 年蒙克完成了他的名作《尖叫》（The Scream），后来又记录了这灵感是如何迸发出来的。一天日落后，他登上奥斯陆东面一座小山，奥斯陆的大屠宰场就在那里，还有精神病院，面临屠刀的动物的尖叫声与精神病人的嚎叫声汇集在一起，极其难听。蒙克继续前行，走过了通往市区的桥梁。正在此时：

> 太阳正沉入地平线。我感到了满心的忧愁。突然天空变成了血红色。我停了下来，俯在栏杆上……站在那里，因恐惧而颤抖着。我感到一声巨大的、无尽的尖叫充斥天地之间。[11]

我们无从得知，在太阳哲学空前兴盛的那段时间，蒙克的画作和尼采的著作具有多么大的影响力，但一定十分巨大。音乐也起到了一定的作用，不只是瓦格纳的歌剧或斯特劳斯的韵诗，还有亚历山大·斯克里亚宾的色情创作，他的第四首也是最著名的交响乐创作于 1905 年，名为"狂欢（高潮）诗"——不过从一开始他就把它视为关于对太阳而不是对肉体的渴求的作品，并曾告诉朋友："聆听这曲交响乐时，你就是在直视太阳。"

与蒙克和斯特林堡一样，斯克里亚宾也是一个尼采迷，他的第三鸣奏曲的主人公直接就是尼采的超人。他的第五也是最后一部交响曲《普罗米修斯：火之诗》（*Prometheus*：*The Poem of Fire*）创作于 1909—1910 年，也刻画了一个超人形象。按照斯克里亚宾的指导，这最后的交响曲应该在一个完全黑暗的礼堂里演出，普罗米修斯寻找到太阳时再逐渐亮堂起来。

尼采、蒙克、斯特林堡和斯克里亚宾是一次艺术家和思想家运动的组成部分，在这场运动中，艺术家和思想家均宣扬类似的内容：超人的天性，太阳的象征意义的重要性，以及人类对力量的渴望。乔治·伊万诺维奇·葛吉夫（约 1872—1949 年）的神秘主义吸收了瓦格纳关于艺术的外延的概念，以及叔本华的哲学思想，成了对已经可疑的"最适者生存"教条的一种曲解。这种神秘主义走向了何方？不可避免地走向了纳粹主义。不过我们首先还得给这锅大杂烩添加些其他材料。

422

唯心主义和神秘主义于 19 世纪下半叶兴盛起来。占星家提出了宝瓶座时代（Age of Aquarius），即太阳于 3 月 21 日（年份不明）在宝瓶座升起预示着基督的二次到来，一个新时代将揭开帷幕。之后布拉瓦茨基夫人的《秘密教义》（*The Secret Doctrine*，1888 年）面世。具有英雄色彩的布拉瓦茨基夫人创立了通神学会，深深影响了德国和欧洲其他地区。她的崇拜者包括莫汉达斯·甘地、阿尔弗雷德·金茜、鲁道夫·斯坦纳、阿莱斯特·克劳利、詹姆斯·乔伊斯和威廉·巴特勒·叶芝（称她为"最具人性的人"）。[①]

---

① 原文注：乌克兰贵族、探险家、嫌疑间谍兼无可争议的神秘学者海伦娜·彼得罗芙娜·哈恩（1831—1891 年）根据出生时的婚约，于 17 岁那年嫁给了一个 40 岁的副省长。后来她偷了一匹马，骑马翻山越岭回到了位于第比利斯的祖父身边。不出几周她又嫁给了在敖德萨河上运货的一艘不定期英国货船船长，并开始了长达 10 年的旅行。她抽烟最多的时候每天 200 支，像战马一样进食，像战士一样骂人。1871 年在开罗期间，她成立了一个神秘主义社团。她的下一站是纽约，那里传说着她拥有经验证的悬浮、千里眼、顺风耳、灵魂投射、心灵感应、空手来物等功能。1875 年她创立了通神学会，奉行通过宗教间相互剽窃而把所有宗教统一而成的新时代（New Age）思想。（她也读过沃尔内的著作。）起初她把通神学会转到了印度，后来又转到了伦敦，并在伦敦吸纳了广泛的信徒。正如她的一位传记作家所说，全世界激烈争论她是否是"一个天才，一个高明的骗子，或仅仅一个疯子……一个突出事例说明她三者都是"。[12]

"居于中心地位的、精神的、不可见的太阳,"她写道,"普照着无边无际的太空。"我们源自"永恒的中心太阳"的内在,在时间的尽头将重新被这个中心太阳吸收。[13]太阳是一面透镜,不可见的太阳(亦即上帝)的精神之光经其照耀着我们的感觉。攻击基督教把太阳从生命的象征变成了死亡的象征的英国作家杰拉尔德·马西(1828—1907年)详细阐述了她的理论。她的另一位虔诚信徒艾伦·利奥(1860—1917年)把太阳放到了占星术解释的中心地位,在这种可疑的科学于17世纪急剧衰落后,几乎凭一己之力又将它复兴了。

这锅大杂烩的最后一种成分是民族运动。甚至在尼采、瓦格纳、蒙克等人之前,在最终于1871年统一起来的德国北部和中部的那些州,古日耳曼人的骄傲在燃烧,正如罗马史学家塔西佗在他伟大的先驱性民族志作品《日耳曼》(Germania)中所说:

> 就个人来讲,我赞同这样的观点,即在德国的诸民族中,有一个种族不曾因与其他种族通婚而失去纯粹性,这是一个独特的民族,纯粹的民族,不与任何其他民族相类似,无论他们的身体特征从何而来,对于这么多人的群体来说,完全一致的身体特征有:深蓝的眼睛、红色的头发、高个头、有力气。[14]

塔西佗对生活在溪流潺潺、风景如画的古代森林里的祖先的描述充满了自封的民族荣耀,从19世纪70年代起,民族的概念开始流行。如西蒙·沙玛所说,这一概念含义广泛,包括候鸟协会(Wandervogel)和远足学会(Ramblers)的青年运动,"他们在森林密布的小山上围着篝火进行西格弗里德(Siegfried)式的密谈",还有很多后来支持第三帝国的狂热分子。[15]但刚开始时这一概念完全没有政治意味。

正如海因里希·普多尔《裸体的人类:迈向未来的一步》(Naked Mankind: A Leap into the Future,1893年)中所称赞的那样,民族主义(Völkisch)包括裸体主义(如前所述,是太阳崇拜的一种形式)。这本取名贴切的书是一部无耻的反犹太主义著作。尼采对待民族传统的态度尤其亲切,带有一种惊人的崇敬。这也带来了回报。理查德·诺尔写道:"(民族主义者)从尼采的宣言'上帝已死'中得到启发,创造了他们自己的个人信仰。"[16]这种个人信仰中交织着神秘主义、古代神权政治的思想和标志、秘密社团、玫瑰十字会、犹太教神秘哲学(Cabbalism)和共济会纲领(Freemasonry)。[17]任何有用的思想都吸纳了进去。

太阳就要登上中心舞台了。到 19 世纪 90 年代，很多民族主义者相信它是"真正的德国人唯一的上帝"[18]并重新采用异教节日来代替基督教圣日。诺尔还写道：

> 或许在德国民族运动中占据中心位置的新异教元素是被视为真正的古日耳曼信仰的太阳崇拜，而太阳崇拜起初是一种文学产物，是对上帝的一种强大的修辞比喻，真正的太阳崇拜仪式从没有出现过。[19]

德国在第一次世界大战中战败后，政府开始承认一些民族主义运动符合其宣传路线，民族主义者开始变成更为狠毒的沙文主义者；民族主义思想家开始把他们眼中的英雄的国度德国与堕落的现代物质主义的缩影——"商人之岛"英国做比较。视自己为运动一员的希特勒——他在《我的奋斗》（*Mein Kampf*）一书中写道："国家社会主义（Nationalist-Socialist，纳粹主义）运动的基本思想是民族主义"——也欢迎形式为"卐"的太阳形象[①]，1920 年 8 月 7 日纳粹党将该符号定为其正式标志。

纳粹党掌权后，废除了一些传统的基督教节日，另立了一些更适合"新德国"的节日。夏至日就是其中一个。汉诺威西南方有外来石（Externsteine rocks），亦称"太阳石"。四根风化了的石灰岩石柱可上溯至 7000 万年前，上面支撑着一个新石器时代的观测台，观测台的圆窗在夏至日这天正对着东方日出。对可能会给日耳曼民族先祖带来荣耀的任何事物都很珍视的希特勒对这个地方十

---

① 原文注：卐（swastika，源于梵语中意为"好"的 *su* 和意为"成为"的 *asti* 加后缀 *ka*）在全球各种文化中都有用到（撒哈拉以南的非洲和澳洲除外）。古代生活在印度河谷的居民相信太阳是方的，构想出了"卐"符号作为太阳的标志，其中的弯臂代表太阳在天上行驶的轮子，每年这轮子都会在天上划出一道轨迹。布拉瓦茨基夫人在通神学会会徽中加入了这一符号，自己的头饰上也有这一符号。[20]爱尔兰的农民在门上画上这一符号，称为"布丽吉德十字"（Brigid's crosses）。第一次世界大战期间，美军第 45 兵团士兵的肩章上缝有这一标志，甚至第二次世界大战后芬兰空军制服上还有这一标志。所有这些社会都视"卐"（顺时针）代表着生命和好运。而卍（逆时针）则代表卡莉（Kali），恐怖的黑暗死亡女神，据信她具有黑色魔力。据说希特勒更喜欢"卍"，但"卐"和"卍"均为纳粹分子所采用。这一字符在德国的流行始于 19 世纪 70 年代，当时考古学家海因里希·希利曼（Heinrich Schliemann）在其发掘出的古特洛伊和古迈锡尼遗迹上发现了很多这种符号，并在解释自己的发现的两本畅销书中写到了这些符号。很多排斥团体和军国主义团体自国家社会主义分子采用这一符号时起就开始使用它了。这一通常被称作 *Hakenkreuz*——"带钩十字"，或 *Thorshamar* 的符号成了德国体操运动员联盟的官方标志，而太阳符号则开始出现在整个中欧的海报、臂章、旗帜、图书和杂志封面上，俯拾皆是。（1933 年采购化妆品的一位德国犹太人曾记录道，甚至牙膏管上也有这一标志。[21]）

分热心，SS（纳粹党卫军）把它吹捧为古德意志最神圣的地方，是举行宴会、婚礼的场所，而希特勒青年团在春分秋分和夏至冬至日会在这里举行仪式。

所有这些信仰都需要智慧支撑，于是国家社会主义者开始寻找合适的著作。第一次世界大战期间，他们总共印发了 15 万份《查拉图斯特拉如是说》发放给德皇军队；后来纳粹分子又分发给希特勒青年团，并于 1934 年在坦能堡纪念碑（Tannenberg Memorial，为了纪念在 1914 年大胜利中阵亡的德军而设的纪念碑）供奉了一部豪华版本。令他们喜出望外的是，他们发现歌德也提出过"自然的"异教信仰的荣耀，就在去世前 11 天歌德写下了下列内容：

> 如果有人问我是否发自内心地崇拜（基督），我会说"完全崇拜！"我视其为最高道德准则的神圣体现而对他鞠躬礼拜。但如果你问我是否发自内心地崇拜太阳，那么我也会说"完全崇拜！"因为太阳也是至上的体现，无疑是我们这些凡夫俗子能够思考的最强大保证。[①]

425

为他们所利用的不止歌德和尼采。自 1901 年起，卡尔·荣格的一个病人相信太阳拥有可以控制天气的巨大阴茎，这激起了卡尔·荣格对民族思想的兴趣，开始表达对这种思想的热心。荣格注意到他的病人的错觉与异教太阳崇拜之间存在相似之处，并把这些相似之处视为他所谓的集体无意识存在的证据。1909 年末到 1910 年间，荣格开始痴迷拜火教（Zoroastrianism）和密特拉教（Mithraism）方面的文字以及这两种宗教的根源，即古伊朗的太阳崇拜，提出了"太阳即上帝"的主题，并把"性欲"和"英雄"加进了已经存在的太阳关联物名单（光、神、父、火、热）。[22]

1912 年荣格出版了《无意识的哲学》（*The Psychology of the Unconscious*），诺尔称之为"民族主义礼拜仪式……对米勒太阳神学的当代神秘贡献"。[23]现在看来，可以说太阳的忠实信徒马克斯·米勒的很多著作文章都与荣格这位伟大的瑞

---

①　原文注：约翰·沃尔夫冈·冯·歌德，五卷本《与艾克曼对话录》（*Gespräche mit Eckermann*）（莱比锡，1909 年）第 4 卷，第 441～442 页。歌德年轻时就认为上帝最伟大的象征就是太阳，并决定自己进行火祭，而且这火必须直接由太阳来点燃。为了让这一仪式的意义更为深刻，他没有用木头或煤块做燃料，而是采用了熏香柱，因为如他所说，"这种轻缓的燃烧和蒸发似乎比明火能更好地表达人的思绪"。他把一些香柱固定在一个小桌子上，在太阳出现在邻居房顶上时用放大镜点燃了它们。由于太过投入，他并没有注意到香柱已经烧完，毁掉了桌上漆的花。见奥托·F. 希莱德的《歌德的信仰》，《阿达亚小册子》（*Adyar Pamphlets*）第 38，神学出版社，阿达亚·西耐（Adyar Chennai，马德拉斯），1914 年 2 月。

士分析师的想法完全契合，那后者在这本书里除了复活前者的著作外，还能写怎么呢？米勒曾沉思："一切都是黎明吗？一切都是太阳吗？其他人问我这个问题之前我已经自问过很多次。"[24]荣格在这本书里切实表达了这些想法——英雄太阳是具有自我牺牲精神的上帝。米勒复活了，成了新德国的模范教授。①

426　　米勒的著作赋予纳粹分子的远不止一个建立太阳神话的机会，因为他的思想也有两个方面：太阳在语言文字和神话中的中心地位、雅利安文明的至高地位。他自己可能从来都不是一个种族主义者，但他是新的等级划分的绝佳辩护者，很快他在雅利安文明起源方面的著作就被用来为纳粹所宣扬的排犹主义的科学基础提供支撑。

　　对太阳的滥用是多方面的，其中最恶毒最牵强的是海因里希·希姆莱编造的党卫军全国总指挥（Reichsführer SS）。希姆莱是追求曾为基督教会压制的先祖传统和异教文化方面的排头兵，全心全意推崇黑太阳（Black Sun，*Schwarze Sonne*）信条②——这一概念源于古苏美尔人和阿卡德人，认为太阳体现了两种力量，一种是位于我们行星系中心的"白太阳"，另一种是虽隐匿起来却发着精神光芒的"黑太阳"，是"上帝最强大最直观的表象"。这个不可见或者说燃尽了的太阳，是能够再造雅利安民族的神奇力量之源，显然与布拉瓦茨基夫人通神理论

427（这一秘密教义 1901 年初版于德国）中的太阳、荣格的"内在太阳"，以及叔本华提出的本体和现象这两个相对的概念都存在着密切的联系。"Schwarze Sonne"这个词也将成为希特勒党卫军的高级将军们秘密入会仪式上的中心元素。在党卫军的普通成员（约有 5 万人）看来，字母缩写"SS"代表 *Schutzstaffel*，意为特殊人员或特别军事单位；但对于党卫军的发起人来说，却代表着 *Schwarze Sonne*。

　　查理·卓别林在讲述托马尼亚（Tomania）疯狂大独裁者阿迪尼奥·海因克尔（Adenoid Hynkel）的电影《大独裁者》中扮演了阿道夫·希特勒，他坐在一

————————————

　　① 原文注：相反，其学校被纳粹分子关闭的鲁道夫·斯坦纳称犹太人为 *der Sonnenwiese*——太阳人（Sun Beings）——这不是一种种族主义者的诋毁，而是有关个人的哲学"人智学"的一部分，这种哲学认为基督是最终的太阳（Sun Being）。源于 1913 年的斯坦纳体系以灵魂可以与精神世界互通为前提，以转世和业的概念为中心。位居体系中心的还有另一个概念：基督是一种宇宙力量，是在人的精神修炼达到转折点时附身于人体的"太阳"。1919 年天主教会对人智学进行了批判。

　　② 原文注：黑太阳近来有复活的迹象，成了右翼极端势力的一号召符号。在奥地利和德国，前 SS 成员威廉·兰迪格（Wilhelm Landig，1909—1997 年）试图在 20 世纪 80 年代晚期把民族运动中的黑太阳符号、"卍"字饰及其他标志发展成为"反对西方民主和自由的一个重要政治符号"。[25]他这一运动还在继续。

电影《大独裁者》中的查理·卓别林

张大桌子后面办公，头顶悬挂着圈在一个圆中的两个更大的十字，代表"双十字子女"党。太阳的光线从这个中心图像射出。1940 年上映的这部电影很有预见性。

　　日本不需要借助荣格或歌德的思想就注意到了太阳的政治意义。很早以前，日本的神话就是围绕着太阳女神天照大神和被视为太阳嫡系后代的天皇的神性展开的："就像太阳是宇宙的中心一样，帝国王朝是日本种族生活的中心。"[26]① 日本国旗上的初升太阳图案有一千多年的历史了，强化了日本民族祖先为太阳的概念，日本的国教神道教亦如此。第二次世界大战爆发后，太阳图像成了日本最明显的标志：士兵出发上前线时会在胸脯上斜挂一面国旗，头上扎着带有初升太阳图案的扎带。天皇与太阳的关系也鼓舞了神风敢死队。

　　著名的美国记者约翰·根室深入描述了太阳女神、天皇与 20 世纪 30 年代日

---

　　① 　原文注：日语中表述太阳的词语和汉字代表着人们对太阳的多种态度。汉字为"日"，在日语中既表示"太阳"，也表示"天"。词源学解释表明，当前使用的这一抽象的象形文字源于太阳图像。现在这个字的读音与"火"相同，表明在使用汉字之前，日本人认为太阳与火是大自然中的姻亲。"日"这个汉字，与自然力量有着密切联系，在日本最古老的文字记录《古事记》（712 年）中出现的次数远多于其他表示"太阳"的汉字。"日本"这个词读作 nihon，是"日"的另一读音 nichi 简化后与"本"的读音 hon 组合而成的，"本"意为"源"，所以说"日本"一词可理解为"太阳升起的地方"。日本人对中国文化抱有浓厚兴趣，而中国人却把这一小伙伴的国名误读作 zipango（日潘各），这一读音最终演化成了 Japan。

本的侵略野心之间的关联，他在第二次世界大战刚刚结束后写道："（有关天皇
是）太阳女神直系后裔的传说及由此赋予他的'神性'……使得天皇成了神圣不
可侵犯的至尊，并利用臣民对皇室强烈而盲目的忠诚和亲属感把国家统一了起
来。"1945 年日本投降后，盟军占领军司令道格拉斯·麦克阿瑟将军开始着手把
天皇拉下神坛，他告诉裕仁天皇必须向自己的子民宣布自己不是神。这一要求并
非毫无意义。根室评价说：

> 回想一下。战前，一名交警在天皇出行时发错了交通信号；为此他自杀
> 谢罪。皇室裁缝只能远远地测量天皇的衣服，因为天皇的身体禁止碰触。天
> 皇出行时，沿整个出行路线都要拉起帷帐，因为直视上天之子会导致失明。[27]

裕仁知道很多西方人都乐见将他作为战犯进行审批，表面上答应了麦克阿瑟
的要求。在 1946 年元旦这天发表的历史性的"改进国家命运的诏书"中，这位
日本历史上最长寿的天皇（1901—1989 年）否认了自己的神性。

果真是这样的吗？自前一年 8 月下令臣民们投降之后天皇首次向他们发布的
这一声明，一直都很难传达到臣民那里。这一声明最初是美国占领军起草的，后
来裕仁的朝臣进行了巧妙的修改，目的是为了让占领者满意而不是便于民众理
解；尽管西方把裕仁的声明视为重大妥协（《纽约时报》一位编辑说这一声明挫
伤了神道教"原始信仰"的元气，使之永远无法恢复），但直到今天很多日本人
都不知道裕仁曾放弃了自己的神性。日本国立媒体从没有讨论分析过天皇的这一
"人间宣言"。麦克阿瑟希望的是强调与战前的体系决裂；而裕仁及其顾问们的目
的则是尽可能地降低这一声明的影响。其中最关键的三句话是：

> 我们与子民之间的紧密联系一直都是由相互的信任和感情形成的。这种
> 联系不是单纯依靠神话传说维系的，也不能据这种联系断言天皇具有神性或
> 产生日本民族优于其他种族，注定要统治世界的错误观念。[28]

这段话只在 1946 年元旦那天的报纸上刊印过一次；与之前天皇的投降诏书
（1945 年 8 月 14 日）不同，这段话从来没有广播过。而且，全篇声明都刻意进行
了模糊化处理，每个单句的主语都不是裕仁天皇自己而是"我们与子民之间的联
系"。天皇放弃神性的前提就一个形容词："假"。为了进一步混淆这一概念，该
宣言所采用的语言为皇室所用的古代正式日语。"天皇是神的概念"只用一个含

义不明的词"现御神"（*akitsumikami*）来表示，甚至很多受过教育的日本人都不认得这个词：12 月 30 日一个接近最终稿的草稿提交给日本内阁时，为帮助内阁大臣理解，还在汉字旁边标注了假名。难怪裕仁的顾问们把理解这篇诏书比作"剪刀断烟"。[29] 天皇神话实际上悄悄地取得了这场文字对抗的胜利。裕仁获准保留象征君权的三种神器：八咫镜、八尺琼勾玉和天丛云剑，这三者为天皇是神的后裔的证明。任何具有实际意义的退神化都应把这些神器交给统治集团，至少由一个公认的博物馆收藏。后来天皇神性之风又曾吹起。1946 年 6 月，裕仁正式免于侵略罪和战争罪的起诉。①

　　近些年来，传统主义者已经开始利用裕仁所玩的把戏。据报道，裕仁的儿子，即当今的明仁天皇（生于 1933 年）已经私下里在皇宫恢复了崇拜太阳的仪式。整个日本的保守派政客已经在为爱国主义重返校园而殚精竭虑。民族主义运动助长了天皇的神秘性，同时也让这个国家对第二次世界大战没有悔过之心。在日本最大的民族主义者组织"日本会议"（Nippon Kaigi）组织的一次集会上，一位前首相曾说，天皇一家人"是日本民族的宝贵财富，也是世界的财富"。[30]

　　尽管历史学家把日本天皇制度的起源追溯至 4 世纪或 5 世纪，但根据神话传说，第一位天皇，即天照大神之子神武天皇的统治始于 2665 年以前。现在的日本政客断言这一神话是事实，且始终推崇主张日本人是优越民族的神话，并为以前的侵略行为寻找一种修正主义解释。一位观察家于 2006 年秋写道，在选出了一位民族主义者首相②之后，"日本的爱国者觉得，经过几十年的耻辱，他们的太阳正在升起"。③ 430

---

　　①　原文注：俄罗斯导演亚历山大·索库罗夫 2005 年导演的电影《太阳》就以裕仁的抗争为主题，这部引人入胜的电影是关于强权领导人之没落的系列电影中的最后一部。在这部电影中，44 岁的天皇被软禁在皇宫中，来回踱步，思考着如何应对麦克阿瑟的最后通牒。后来他直白地对男仆说："我不再是神了。"之后又带着刻意的嘲弄说："我已经宣布放弃我的神性。"受命负责无线广播的音响工程师切腹自杀了，而头戴礼帽身着晨装，打扮成平庸的卓别林式形象的裕仁最终宣布："太阳会在人们完全陷入阴影之前隐去。"由于裕仁的诏书并没有进行有效的广播，这部影片还对历史事实进行了哪些歪曲不得而知；毫不奇怪的是，虽然这部电影在日本的开幕式招致了诸多指责，但仍观者如潮。

　　②　译注：指 2006 年 9 月 26 日首次当选首相的安倍晋三。

　　③　原文注：迈克尔·谢里丹（Michael Sheridan），《日本展示军力肌肉》（*Japan Flexes Its Military Muscles*），伦敦《星期天泰晤士报》，2006 年 9 月 17 日，第 31 页。在这个严苛的男性主导社会，偶尔也会有女性的声音直接把太阳带入政治活动中。日本刚刚起步的女性运动发起人之一，作家兼社会活动家平冢雷鸟（Hiratsuka Raicho，1886—1971 年）试图把太阳解释为一个女性形象。她的宣言"日本历史之初，太阳是一位女性"举国闻名，在诗作《隐藏起来的太阳》（*The Hidden Sun*）中她对此进行了深化，坚称"起初女人是真正的人；但现在女人是月亮"。日本女人追求自由的斗争是"为了再次成为太阳而进行的斗争"。

　　试图与太阳联系起来的不只是国家领导人。很多宗教信仰也吸收了太阳形象，几千年来这方面最出色的是罗马天主教会。2000 年教皇约翰·保罗二世最强有力的助手，后来成为本笃十六世教皇的约瑟夫·卡迪纳尔·拉青格（1927—）出版了《礼拜仪式之精神》（*The Spirit of the Liturgy*）一书。拉青格在第二次梵蒂冈大公会议上赢得了最著名神学家的盛名，这本书是他在担任信理部（Congregation for the Doctrine of the Faith）部长——在决定天主教徒应该信仰什么方面仅次于教皇的一个职位——期间创作的。

　　拉青格认为礼拜仪式是上帝传下来的，在推广礼拜仪式的过程中，他讨论了太阳在基督教中的形象——它的起源、它的意义、它的重要性，最重要的是它是基督的象征，这点在他看来对非基督信徒没有什么影响。于是他便声称，由于"太阳代表着"基督，且"我们发现基督存在于初升太阳这一形象中"，我们就应该改变祈祷的朝向，甚至教会建筑的朝向，这样"十字架的象征意义才能与东方的象征意义融合在一起"。圣彼得教堂"因地势原因"而面朝西方，但按神学标准看这是一种不幸。他清楚当前的神学家认为"现在我们不能把面朝东方初升的太阳引入礼拜仪式"，于是便提出了质疑："事实真的这样吗？我们不再关注宇宙了吗？"他主张生活在西方的人必须关注宇宙，也应当把祈祷的方式改为面朝东方祈祷。[33]

目前备受指责的本笃十六世教皇约瑟夫·拉青格

　　拉青格在"神圣的时间"一章中考虑了为何"每周第一天（星期日，Sunday）被视为太阳之日"——也是基于同样的宇宙象征意义，即"太阳宣明基督"。他继续阐述道，"我们已经看到，基督教深深打上了太阳象征的烙印"，而太阳则成了"基督的使者"。每年圣诞节和主显节的盛宴标志着"历史新光芒、真正的太阳新的开始"，他很有目的性地补充说："这本小书不再为两个节日来源复杂而有争议性的细节而耽误大家的时间……之前的观点是，把 12 月 25 日定为圣诞节是为了对抗密特拉神话，或者说是基督教对公元 3 世纪罗马皇帝发起的迷信——为建立一种全新的帝国宗教而发起的对不可征服的太阳的迷信——的一种回应。不过，这些旧理论都无法维系。"在他看来，有充分的理由给出这一论断。

　　他自信地否认了异教的冬至日与圣诞节之间存在的所有联系，同样也自信地 434 否认了异教的春分日与复活节之间存在的所有联系："从圣诞节和复活节与太阳的运行规律和象征意义之间合理而常见的关系中，恰好可以看出上帝化身基督和基督复活之间的紧密交织。"到了该章末尾太阳已经成了"基督之形象"。如果我们的老朋友 M. 德·沃尔尼（M. de Volney）读了这种诡辩，一定会哈哈大笑（更有可能勃然大怒）：两百年过去了，教会仍在盗用古代异教徒的习俗，同时又坚称没有盗用。但古代的宗教信仰并不像后来的那样视太阳为己有。任何人都可以利用太阳，而且也都会利用太阳。政治活动，不管是宗教的还是国家的，都不过是管理的艺术：还有什么能比决定着我们的生存的太阳更有助于管理，更具有象征意义的呢？所有的领导人，均以自己的方式借助太阳强化自己的统治地位。

第六部分
太阳与未来

17 世纪手稿《(温度之) 热》[*De Thermis (Of Temperatures)*] 中离奇的插画。太阳看起来正在沉思,很恰当。

第 29 章
超越地平线

> 有人认为太阳的发光机制已经很清楚了。实际上，这才刚刚开始。
>
> ——乔治·埃勒里·海耳，1893[1]

> 你代表他所做的一切
> 都让可爱的太阳笑声不绝。
>
> ——阿尔伯特·爱因斯坦，1929[2]

1930 年秋，罗斯柴尔德勋爵在萨伏伊酒店（Savoy Hotel）用一顿在他自己看来都很丰盛的晚餐招待了逃离日渐不安全的祖国来到英国的西欧犹太难民。仪式主持乔治·伯纳德·肖介绍贵宾后如此结语："托勒密的宇宙模型维持了 1400 年。牛顿也给出了一个宇宙模型，持续了 300 年。爱因斯坦也给出了一个，我猜你们希望我说这一模型永不会被推翻，但我确实不知道它能维持多久。"台下的爱因斯坦放声大笑，轮到他发言时，他责备肖引用了与他同名的神秘人士的话，"这个人把我害苦了。"[3]

爱因斯坦的宇宙迄今为止已经持续了 100 多年。这个宇宙始于 1905 年，当时爱因斯坦在不到 12 个月的时间里写出了 4 篇改变了整个科学图景的论文。第一篇论文于他 26 岁生日之后第 3 天发表，为打下量子物理学的基础提供了帮助。第二篇改变了原子理论和统计力学的发展方向。另外两篇介绍的是后来我们所谓的狭义相对论，1915 年他又创立了广义相对论。这些论文掀起了一场革命，改变了我们对引力本质、光传播路径的理解，以及我们的时空概念。爱因斯坦的宇宙还能持续多久确实还不明了：2005 年《纽约时报》引用了一位领军物理学家的预测："内行说将会出现新情况：广义相对论不会再持续 200 年。"[4]其终结过程
可能伴随着先于爱因斯坦 1905 年和 1906 年的论文出现的一个概念已经开始了：

在众多理论中一枝独秀的量子理论，引领了理解太阳能量的一个全新路径。

这一新的思考方式早在爱因斯坦奇迹之年前 5 年就已成形，当时伟大的德国物理学家马克斯·普朗克提出了所有能量均以离散的单元发射出来的想法，他称这种离散为"量子"（quanta，源于拉丁语中的"多少"），用乔治·伽莫夫的话说，这就像"要么喝一品脱的啤酒，要么一点都不喝，不能喝介于二者之间的量。"其他物理学家，比如尼尔斯·玻尔、埃尔温·薛定谔、沃尔夫冈·泡利（Wolfgang Pauli）、马克斯·波恩（Max Born）和沃纳·海森堡，均为这一重新定义了能量本质并让人感到不安的新视角做出了贡献。

正如爱因斯坦的广义相对论适用于宇宙中最大物体之间的相互作用，量子物理描画的是原子和亚原子层面的风景，这一层面上发生的事与我们的日常体验大不相同。比如，量子粒子（比如光子，一种无质量无电荷的离散粒子）的实体性很差，能够不经过任何间隔空间从一处转移到另一处：它在某处停止存在的同时便出现在另一处——"量子跃迁"。这似乎推翻了我们的常识：无疑从 A 处转移到不相邻的 C 处需要经过某处。正如尼尔斯·玻尔对其在哥本哈根大学一位抱怨量子力学让他头晕的学生所说的名言："如果有人说他思考量子问题时不头晕，只能说明他连问题的皮毛都没理解。"⁵ 布赖恩·卡思卡特在其原子物理书中给出了这样的解释：

> 普朗克的技巧有一个重要的缺点：只有不考虑经典定律中的一个基本元素时它才成立，即不考虑连续性原则时才成立。连续性有一个厨房类比：烤奶酪时，任意量的牛奶都能测量出来并加入进去，从这一意义上说牛奶是"连续的"，而鸡蛋则是"不连续的"——建议你加入 1/4 颗鸡蛋的烹饪书一定是不靠谱的……一种惊人的可能性初露端倪：适用于可观察世界的物理定律可能并不适用于原子层面。⁶

但量子理论确实成立：它解释并预测了没有其他理论能够解释预测的物理现象。经典物理是确定性的：如果 A 成立，就有 B 成立——射向窗户的子弹会打碎玻璃。而在量子层面，这只是通常正确。量子物理表明，量子的行为模式不像粒子而像波，有时会穿过势垒，"就像加农炮弹不碰触堡垒就能穿过堡垒一样"，⁷这一现象被称为"量子隧穿"。1909 年进行的一个关键试验证明了这一点：把一些放射性元素放在一张薄金箔前，结果却有少量的放射粒子被反弹回来，恩斯特·卢瑟福这样描述这一现象："几乎就像你把一颗 15 英寸的炮弹射向一片面巾纸，炮弹却被弹回来击中了你自己一样不可思议。"[8]之后的 40 年里，科学家从对构成原子核的质子和中子有了最基本的了解，直到弄清楚了作为太阳能量来源的热核反应过程。这一过程只有量子物理才能解释，因为涉及原子核的融合，而经典物理则认为这不可能实现，因为所有的原子核都带有正电荷，带正电的粒子彼此相互排斥。正如一位领军物理学家所说："根据经典物理，带有同性电荷的两个粒子互相排斥，好像为彼此的'口臭'所排斥一样"。[9]

经典理论认为恒星内部两个质子的相对速度不足以打破它们的电磁场势垒，无法融合为一个原子核。但量子隧穿则允许质子穿过由电磁排斥形成的势垒。在高温高密度下——太阳质量收缩产生的引力能的结果——质子将克服排斥力而碰撞，形成稳定的氦核；质量以能量的形式释放出来。这样就有了一直炽热的太阳，证明了经典物理的解释是错误的。

在量子理论为大家普遍接受之后，人们又发现了很多不同种类的粒子，为此物理学家必须查阅一本名为《粒子特性数据手册》才能跟上这方面的发展，（而普通大众的最终反应则是生产印有"光子具有质量？我都不知道它们信仰天主教①"的 T 恤衫。）有人制作了一张表：16 种基本粒子，其中有 12 种物质（称为费米子）和 4 种量子（称为波色子），量子传递粒子之间的相互作用。费米子是构成物质的基本材料，分为轻子（lepton，源于希腊语"轻"）和夸克②。

从没有发现过夸克孤立存在的现象，它们总是三个一组（三个一起时称为重子）或两个一组（比如介子）；夸克的界态统称为强子。更复杂的——光子、中子、原子、分子、建筑物、人——由费米子构成。"如果能记住所有这些粒子的名字，我就是一个植物学家了"，恩里科·费米抱怨道，因为这么一大批粒子冠有他的名字。费米子也包括中微子，后者与其他粒子的相互作用十分微弱，所以很难探测，而实际上每秒钟都有数万亿的中微子穿过我们的身体。正如最著名的中微子研究者约翰·巴赫恰勒所说，"穿过整个地球的一个太阳中微子被地球物质挡下的几率低于万亿分之一……每秒钟约有一千亿个太阳中微子穿过你的拇指甲，但你根本感觉不到"。[10]难怪约翰·厄普代克写下了这样的话：

441

---

①　译注：英语中"质量"为 mass，后者同时具有"弥撒"的意思。

②　原文注："夸克"一词由其构想者加州理工大学的物理学家默里·盖尔曼从《芬尼根的苏醒》中一只喝醉的海鸥的台词中借用得来。这只醉鸟说的不是"给马克先生来三夸脱"，而是"给马克先生来三夸克"；由于该理论最初假设存在三种夸克，这一名称也就有点含义了。于是"夸克"这一名称就永远流传了下来，但夸克的寿命却非常短暂，估计最长寿命不超过 1×10^{-24} s。

中微子，很小很小，

相互作用根本发生不了。[11]

最近获得确认的粒子是 1983 年确认的 W 波色子和 Z 波色子、1995 年确认的顶夸克、2000 年确认的 τ 中微子，所以说亚原子世界仍有很多精彩有待发现。[①]

从伽利略时代以来，我们知道了太阳的形状、大小、运转和黑子；它的质量和密度；以及它运动的规律。我们继而估算了它的年龄，发现了它的紫外和红外射线、黑线光谱、放射性射线、活跃周期、日珥和色球层、日冕、化学成分、亮线光谱、无线电辐射、X 射线辐射、中微子放射、日冕洞，以及整体震荡。尽管这一列表很长，但让人类感到羞耻的是，太阳的很多基本过程才刚刚揭开面纱：比如，它的磁场是如何产生的，它的大气层是如何被加热的？既然太阳自身并没有在燃烧，为什么仍有火焰喷出？而且有些问题距离解答还十分遥远。日冕是如何产生的，又是怎样被加热至如此高的温度的？是什么在改变太阳的磁极？为什么太阳大气的温度会在低日冕层和色球层之间薄薄的过渡区域陡然升高？太阳风是在哪里产生的，铺展的范围又有多远？太阳的磁性气团又屏蔽了些什么？为什么存在太阳黑子？我们还有很长的路要走。

有三个层次的研究在寻找这些问题的答案——"层次"是指地面、天空和地下；关于它们的讨论是本章的三大组成部分。

科学家普遍认同一个观点，即太阳的能量来自于由把轻元素燃烧为重元素并把质量转化为能量的热核反应过程。不过，要证明这一事实却很困难，因为核反应炉在太阳内部很深处，而传统的仪器仅能观测太阳最外层发出的粒子。[13]这些能量的 97％以光子的形式发出，大约 3％以中微子的形式洒向太空——每秒钟 200 万亿亿亿亿个中微子；对中微子的分析是了解这种燃烧机制最好的方法。

---

① 原文注：的确，事实已经表明，在这个奇怪的新世界里，在光子（构成光束的微小实体）的超微观层面，我们就这个世界如何运作所做的设想再告失效。所以是，20 世纪 70 年代有人提出一种被称为光需要数月或数年才能透过的"慢玻璃"的假设并不奇怪。如果光需要一年才能穿透玻璃，那么玻璃一侧所看到的任何事物都要一年后才能在另一侧看到。将由等离子体的复合形态制成的"慢玻璃"至今还没有成为现实。不过哪怕能把光速降低 10^{18} 倍或更多，就是一种"慢玻璃"，而且很快就会实现：1999 年哈佛大学的罗兰科学研究所（Rowland Institute for Science）把光速降到了 1m/s。诚如科学历史学家布赖恩·克莱格所说："如果我们能够控制光速，也就能控制事实本身。不同寻常的科学正在发展，将使得像慢玻璃这样的科技奇迹成为可能……而且这将在短短几年内让光学成为所有科技领域中最令人振奋的一个。"[12]

不过，探测中微子极其困难。它们的质量非常小（很长时间里人们都认为它们没有质量），以光速传播，而且传播过程中特性会发生改变。它们穿普通物质（不只是人体，地球也一样）而过，就好像后者完全透明一样。理想的探测设备一直没有开发出来，直到 20 世纪 60 年代后期雷蒙德·戴维斯和约翰·巴赫恰勒利用南达科他州利德（Lead）镇外一座废矿建造了一台探测器：位于地下 4850 英尺深处的一个大罐子，装有 10 万加仑四氯乙烯——一种简单的清洗液，却对中微子十分敏感，每个中微子与氯发生反应的话，都会产生一个氩同位素原子。这种探测方式只有在地下才有用，因为要屏蔽掉其他无数亚原子粒子，它们很多来自太阳系之外。

　　一个中微子撞入一个中子并产生微弱闪光的事件每天在这个黑暗球体里大约发生 20 次。管道上安装的由

443

建于日本一座废矿地下半英里深处的一台中微子探测器。宽高均达 40 码的巨型不锈钢管中装有 5 万吨高纯度水，而且内壁上装有 1.3 万个感光器用于记录中微子在水中碰撞所致电子反冲（electrons recoiling）所产生的闪光——探索太阳工作机制所必须的一种复杂方式。

9600 个光电倍增器构成的网络负责探测这种闪光，通过分析闪光得出有关激发闪光的中微子的数据。就是在这里，巴赫恰勒做出了被称为"中微子问题"的发现。简单说就是到达地球的中微子数量不够——只有预测值的 1/3 到 1/2。这一差额非常惊人：其他的中微子哪里去了？太阳的科学侍者们算错了吗？巴赫恰勒写道："最具想象力的想法（是）中微子具有某种双重身份……验证这种不寻常的假设并不容易，但也不应轻易置之于不顾。"[14] 他继续说到最具想象力的解决方

案是史蒂芬·霍金提出的：太阳核心处可能存在一个小黑洞。

实际上，在之后的 30 年里，太阳物理学家、宇宙学家和天体物理学家一直都在努力寻找这一问题的答案。（这一问题更麻烦的地方在于，中微子只有一种特性：边传播边自旋，但自旋方向与行进方向相反，就像左利手瓶塞钻一样。正如长期担任《自然》杂志编辑的约翰·马多克斯所问的那样，"为什么我们的世界里只存在左利手中微子？"）[15] 人们已经给出了一些答案，其中就有人认为现在的太阳模型是错的，太阳内部的温度和压力与现存理论给出的值大不相同；也有人认为日核的核反应过程暂时停掉了：由于热能需要数千年的时间才能从日核传至外层，所以数千年后我们才会发现日核处核反应的中断。①

444　　2001 年有科学家假设了另一种答案。中微子在奔向地球的过程中，可能从我们所设想的还在太阳内部时的态转变成了旧设备探测不到的另外两种态。科学家们已经考虑了这三种态：诞生于太阳体内的电子，以及 μ 子、τ 子。（μ 子被发现时，一位物理学家问了一个著名的问题："谁订的它们？"）大量的统计分析表明，到达地球的中微子大约有 35% 是电子中微子（electroneutrino），剩下的是 μ 子和 τ 子。能精确追踪这三类粒子之后科学家发现，总数与先前的预测值符得合很好，证明了太阳物理学是正确的。一位太阳物理学家曾这样跟我说："过去人们认为我们很笨，因为我们研究的不对。理解了中微子的反应，我们就什么都知道了，所以说，如果我们无法追踪它们从太阳过来的这段行程，那么，这就不是一个物理学问题了，而是一个太阳物理学问题——'这些太阳物理学家没把事情做好！'你看，结果却恰恰相反：我们有办法追踪它们。"[16]

不过 2001 年假设的答案仍只是一个"最佳理论"，谁能说得准它能否被证实，又何时能被证实呢？一个更深层次的问题是我们研究的这种物质太小了。正如汤姆·斯托帕德的《哈普古德》中一个人物所说："东西很小很小时，真的会很疯狂，你不知道它们可以有多小，你觉得你知道但其实你并不清楚……每一个原子都是一座大教堂。"[17] 路过科学界的另一位游客比尔·布赖森的《万物简史》（A Short History of Nearly Everything）开篇就抱怨质子"太小了……这个字母 i 上面那一点的墨中就含有 5×10^{11} 个原子，这个数字比 50 万年的时间里所含的

---

①　原文注：当前的中微子探测器更为精密。它们会实时记录，这样就可以研究日夜效应：穿过地球（晚上探测到）的与没有穿过地球（白天探测到）的中微子略有不同。1934 年恩里克·费米向《自然》杂志投了一篇关于中微子的论文，其中提出了一个假设，即中微子因某种放射性衰变而离开太阳，却因"含有距离现实太过遥远的假设，读者们不会感兴趣"而被拒稿了。

秒数还要多。"① 最小的事物居然能与最大的事物如此联系起来，的确很惊人。

　　已经到了哪一步尚无定论。第二次世界大战以来太阳天文学的进展所要求的跨越步伐很大，相应的挑战至少与亚原子领域的挑战一样惊人。现在火箭是人类接近太阳最有效的工具。20 世纪 20 年代，罗伯特·戈达德（1882—1945 年）制造的火箭原型曾被取笑，广为人知的嘲弄来自《纽约时报》，该报曾宣称戈达德似乎"连高中生的知识水平都没有"，并戏称其实验为"戈达德蠢行"。任何这种飞天努力都被视为空想，最好留给电影制片厂和连环漫画家去做：不可能在真空 445 中运动，因为没有任何东西可资推动。不过，1936 年 11 月 15 日，加州理工大学的一个被称为"敢死队"的学生小组拼凑了一些很便宜的发动机零件，带到圣加布里埃尔山（San Gabriel Mountains）山脚下一个名为阿罗约塞科（Arroyo Seco）的偏僻峡谷，在那里试射了一枚小火箭。他们挤在沙包后面，发动机大约燃烧了 3 秒钟，之后一根氧气管老化松脱，把整片试验场烧成火海。没过几周他们又

1936 年 11 月 15 日：被称为"敢死队"的加州理工大学学生尝试把一枚火箭发射升空时经历了一些挫折。多亏了他们的坚持，我们现在才能发射太阳探测火箭。

测试了一次。1937 年 1 月 16 日第四次测试时，发动机燃烧了 44 秒钟——把金属喷嘴都烧红了。升空了。

　　最终，先行者们噪音很大且有爆炸危险的实验被认定为不适合在校园里做，不过此时已有可以提供财政支持的人对此产生了兴趣。1938 年，美国陆军航空队领导访问了加州理工大学的航空实验室，两年内在帕萨迪纳山脚下就建起了一

---

　　① 原文注：布赖森罕见的一次计算错误：应该是 15000 年，而不是 50 万年：$60 \times 60 \times 24 \times 365 \times 15000 = 473040000000$。比尔·布赖森，《万物简史》（*A Short History of Nearly Everything*，New York：Broadway，2003，第 9 页）。

个基地。三座静止试验架和油毡房是这座未来的喷气推进实验室（JPL）的第一批建筑。当时陆军航空队想要一种能帮助重载飞机从短跑道上起飞的小型火箭，于是 JPL 便得到了第一笔可观的资金。在他们的成功开发——及珍珠港事件之后，部队有了其他型号需求，JPL 开始研发导弹。但这些都是早期的开发，还没有人想到用于太阳研究。

446　　第二次世界大战从很多方面限制了太阳物理学的发展，但也为后来的繁荣打下了基础。英国和美国雷达方面的科学家发现，太阳会发射无线电波（最初误以为是德军干扰），而轴心国和同盟国的太阳物理学家都参与了天气预报，一些德国太阳物理学家还曾尝试过利用"惩罚武器 2"——V-2 火箭从大气层外观测太阳。他们失败了，但这种尝试却为后来的探测打下了基础。

　　1942 年春，V-2 火箭的技术指导沃纳·冯·布劳恩（1912—1977 年）试图赋予该项目某种科学意义，便要求物理学家埃里希·雷格纳（Erich Regener）开发一种特殊装载物和整流罩。[18]雷格纳考虑过的最复杂的仪器是一种紫外光谱仪，目的是寻找大气层臭氧含量与高度之间的关系。他们一直都有数百枚火箭待命，随时可以用于他们首要的毁灭性目的。3000 多枚 V-2 火箭中的第一枚于 1944 年 9 月发射，没有经历过闪电战的英国战时内阁开始讨论撤离伦敦。（每枚携带 1700 磅爆炸物的 V-2 火箭带来了极大恐慌，因为它们的飞行速度超过声速，声音没到火箭就先到了。）

　　同年 12 月，没有意识到帝国即将毁灭的冯·布劳恩计划于次年 1 月份发射一枚研究火箭原型。探测仪器于 1 月中期装弹准备发射，但一直没有发射。最后一枚 V-2 火箭于 3 月末飞向英国；6 周后红军占领了柏林。德国投降后，美国一个特别情报分队接收了冯·布劳恩的 118 名科学家和所有可用的组件——足以组装 100 枚火箭。西方领导人并没有忘记这一发现的重要意义。后来出任 NASA 首席研究员的利奥·戈德堡曾向同事写道：

　　　　如果有人问你什么样的科技进展能让天文学教科书中几乎所有的技术都成为历史，我确信你给出的答案将与我一致，即在地球大气层外所做的太阳光谱分析……V-2 火箭曾达到 60 英里的高空，加上战争期间发展的大量控制技术，有可能让火箭对准太阳。[19]

　　1944 年喷气推进实验室正式成为军方机构，交由加州理工大学负责运作。1945 年到 1957 年间，确实把一些小设备发射到了大气层外以观测太阳的远紫外和 X 射线光谱（所有的设备在观测过程中都因太阳炙烤而损坏严重）。一个 V-2 火箭小组成立了，这个非正式委员会后来发起了气压变化、无线电传播、宇宙射线、温度和太阳辐射等方面的研究实验。仅仅 1946 年到 1947 年间，物理学家们就给发射升空的 28 枚 V-2 火箭中的 11 枚安装了探测仪器来观测太阳的紫外光谱：从这些开创性工作中诞生了紫外天文学，而这个领域则被称为太阳物理学。[20]

同时英国和美国的科学家也在利用太阳的数据来预报磁暴和电离层（亦即，地球大气层中太阳会对无线电传播产生影响的区域）的活动。美国海军利用这些预报来计算监视苏联潜艇所用的无线电频率。这些行动在冷战中都起不到决定性作用，但其重要性却促使各国出于军用目的建立了太阳物理学。

截至 1953 年，全球 55 个进行太阳光学研究的天文台中有 14 个装备了日冕观测仪（遮挡特定的太阳光以更清晰地观测太阳的特制望远镜）；1945 年到 1951 年间，新兴学科射电天文学领域的出版著作中有 70％ 与太阳相关。1955 年美国政府宣布计划在"国际地球物理学年"（即从 1957 年 7 月到 1958 年 12 月的 18 个月）期间发射一颗卫星，全球共有 95 个天文台和观测站参与这一项目。然后就响起了一声炸雷。

1957 年 10 月 4 日，苏联发射了"斯普特尼克"（*Sputnik*，俄语中意指"随从"或"伴侣"）号人造地球卫星——一个 184 磅重、直径不足 2 英尺的简单圆球，用《纽约时报》的话说，"改变了一切：历史、地缘政治、科学界"。[21]"全世界都能听到的哔哔声"[22]让美国陷入了自信危机，刺激了美国突击制造大量的导弹，投入大量的资金进行科学和工程研究，所有这一切都是为了维护美国的安全和威信。"斯普特尼克"发射之后，政客和军人们把人类的太空探索提上了议程。①

1958 年 1 月，艾森豪威尔总统创立了国家航空航天局（NASA），JPL 归其管理。

同月，"探测者 1 号"卫星进入轨道，"焦虑的美国民众舒了口气"。[24]这颗卫星每 113 分钟绕地球一周，并发回温度、陨石和辐射方面的数据。更多研究太阳

---

① 原文注：1961 年苏联宇航员尤里·阿列克谢耶维奇·加加林（Yuri Alekseyevich Gagarin）进入太空，成了第一个看到地球全貌的人。在 108 分钟的飞行时间里，他的在轨时间不到一个半小时，但足以震撼他了："地球有一个十分独特十分美丽的蓝色光环，你朝地平线望去时会看得很清楚。从浅蓝色，到蓝色，到深蓝色，到紫色，再到太空完全的黑色，颜色有一个平滑的渐变过程。"讨论了那么久从地球上看太阳是什么摸样，突然之间反过来，开始讨论从太阳上看地球是什么样子了。[23]

的设备则安装在平流层气球、高空飞机和火箭上，同时太阳科学家们则在地面上研制新型望远镜，或大大改进现有的望远镜。[25] 1957 年到 1975 年间，研究太阳物理学的人员数量大约翻了一番；《太阳物理学：太阳研究和日地物理学期刊》(*Solar Physics：A Journal for Solar Research and the Study of Solar Terrestrial Physics*) 于 1967 年面世，很快每年就刊载 200 多篇文章。从 1959 年起，美国和苏联开始发射更大型更复杂，飞行时间更长的太空飞行器。[①]

1962 年 3 月 7 日，NASA 发射了轨道太阳观测站 1 号，它由光伏太阳能电池提供电力，中间部分是特制的，保证观测站对准太阳。这一计划取得了绝对的成功；但 1964 年早些时候这一太空计划却被打乱了，起因包括经费争论、肯尼迪太空中心一次牺牲了 3 名工程师的卫星故障，以及后来因火箭过早点火导致的第三个观测站未能入轨。到了 1965 年底，先进轨道太阳卫星（Advanced Orbiting Solar Satellite）计划被取消，之后不到 4 年的时间里尼克松政府中止了已经建造了土星 5 号月球火箭的计划——让人类的"足迹遍及太阳系"的目标遭到了沉重打击。[26]

幸运的是，利用太空飞船进行太阳观测的前景实在让人难以抗拒，NASA 很快又恢复了这方面的计划，在接下来的 10 年里发射了太阳观测站 3 号，并启动了其最具雄心的计划，即有人太空观测站——阿波罗太空望远镜（Skylab Apollo Telescope Mount）。无人的太空实验室（Skylab）于 1973 年 5 月发射，搭载了四大主要的太阳观测仪器——紫外光谱仪兼太阳单色光照相机（价值 4090 万美元）、紫外太阳光谱仪（价值 3460 万美元）、白光日冕观测仪（价值 1470 万美元）和 X 射线望远镜（相对便宜一些，价值 830 万美元）。如此高额的花费意味着天文学领域几乎所有的物质财富在过去 40 年里都得到了资金支持。

不过，从 1971 年到 1980 年这 10 年里，科学不再是美国最优先的战略方向了，主要原因有两个。首先是经济上的原因：越战的开销、OPEC 大幅抬高油价、更迫切的社会和环保项目所需资金引起了民众对联邦政府投入到太空科技的资金带来的回报产生了质疑。其次是政治上的原因：科学家常常站在反对美国海外政策和军事政策的前沿，这就引出了在这些人身上花钱是不是在助长非爱国因素的问题。太阳物理学受到的打击尤其沉重：一份政府报告显示，到了 20 世纪

---

① 原文注："探测者 1 号"在喷气推进实验室里属保密项目，被称为"发牌工程"。由于爱玩纸牌的项目主管杰克·弗勒利希在"斯普特尼克"升空后解释说："赢了一把大牌后，赢者团坐着讲笑话，输者则痛哭流涕。'发牌!'"名称不一定合适；后来美国发展载人登月的计划则被称为"阿波罗"（"Apollo"，太阳神）。

70 年代末太阳物理学已经成了一个孤立的研究领域，经费不足，研究疲软。天
文学界对此"普遍了解却又熟视无睹"。[27] 财政问题仍在继续，仍有预算在取消，
这一情况因 1986 年"挑战者号"航天飞机在佛罗里达州上空爆炸航天员全部罹
难而进一步恶化。NASA 把从太阳极点上空观测太阳输出的宇宙飞船"尤里西斯
号"的发射推迟了 4 年，并完全中止了之前计划的大型太阳望远镜的开发工作。
美国在削减项目方面最为瞩目。欧洲也在削减：甚至早在 1976 年，格林威治天
文台就暂时中断了持续了 102 年的太阳黑子摄像活动，而 4 年后瑞士政府关闭了
他们的太阳黑子统计中心。不过研究人员没有屈服，从 20 世纪 70 年代以来又做
出了一些重大发现。其中最著名的发现就是"太阳风"。

这要再向前回溯一段时间。1951 年，德国天文学家路德维格·比尔曼
（1907—1986 年）在太阳不止辐射能量还喷射物质的假设的基础上，提议说彗星
的彗尾被不停地吹离太阳，并非像先前假设的那样是由已知的光压导致的，而是
向外飞出的粒子流导致的，它们改变了彗尾的方向。芝加哥大学著名的理论家尤
金·N. 帕克（1927—）在比尔曼的基础上，主张这种粒子流源于日冕每小时百
万英里的不断膨胀，他把这种膨胀称为"太阳风"，以强调其动力学特性。帕克
认为，这种风从太阳的北极吹入，从南极吹出，而太阳的表面亮度对竖直方向上
的物质流极其敏感。太阳风对地球的影响可能比不上太阳辐射（太阳风吹不起你
的头发），但它会把源自日冕的力线拉向太阳系深处，从而影响行星际空间的磁
场。按照帕克的假设，地球的磁场受到太阳风的"拉伸"，使其更像水滴而不是
呈球状。

到了 20 世纪 50 年代末，德国地球物理学家朱利叶斯·巴特尔提出了一个观
点，认为这种风源于太阳的"M 区"——"M"可能表示"神秘的（Mystery）"——
很可能就是非常弱的日冕发射区。MIT 的科学家决定对它们进行探测，所采用
的测量仪器是 1961 年 2 月 25 日发射升空的"探测者 1 号"（*Explorer 1*）所搭载
的一个测量流、速度和方向的探针。一年后发射升空的"水手 2 号"（*Mariner 2*）
证实了太阳不断以每秒 248～434 英里的速度向外喷射等离子体，偶尔喷射的速
度还会达到每秒 775 英里，温度则随速度不同而不同。日冕确实具有足够的能量
飞向太空。

之后出现了一个研究的空档期，可能是因为经费的削减，但肯定与很多科学
家不接受帕克的理论有关。1977 年 8 月"旅行者 2 号"发射升空，穿越距离太阳
更远的行星轨道时发现了更强烈的太阳风。显然有稳定的粒子流不断从日核涌
出。事实证明帕克是正确的：有物质像"水从草坪洒水器的旋转喷头喷出"一样

450

从太阳喷射出来。①

1978 年帕克在递交美国科学院空间科学委员会（National Academy's Space Science Board）的一份报告中宣称："我们的太阳距离（揭示）很多乍看上去并不合理……但最终会促进对物理学和天体物理学其他领域……的新效应的理论理解的很多现象已经很近了。"他在稍后一篇论文中总结说，太阳物理学是"天体物理学之母"。[28]而且，

> 在确认遥远的恒星是太阳之前，必须知道太阳的温度、亮度、质量和半径。必须先搞清楚太阳的气态性质，才能定量地考察这个具有自引力、自支撑的发光气态球，进而探索太阳内部深处的环境条件。[29]

简而言之，我们了解太阳的手段有其固有的发展过程。半个世纪里的发现已大大加速了这一过程。就在帕克讲出上述观点时，研究人员已经建立了三维模型，绘制了行星际磁场图，并开始探索太阳风暴的动力学了。"旅行者 1 号"（在其继任者"旅行者 2 号"发射两周后于 1977 年 9 月 5 日发射）虽然已经偏离了太阳 87 亿英里，但现在仍在运行。它于 2004 年 12 月 16 日穿过了一个被称为"终端激波"（termination shock）的边界，这一边界类似于音爆，来自太阳的粒子流的速度于此处因其他粒子给太阳系施加的压力突然从超声速（每小时 700000～1500000 英里）降至亚音速。"旅行者 1 号"飞船现在进入了一片被称为"太阳风鞘"的区域。2015 年它将到达太阳喷出物质与星际风的交界处（太阳风层顶），即太阳系真正的边界，这里它将真正离开太阳系，进入星际空间。②

---

① 原文注：卡尔·赫夫鲍尔，《探索太阳》（巴尔的摩：约翰斯·霍普金斯大学出版社，1993 年），第 245 页。2005 年夏，我访问了北京天文台，与年轻活泼的研究员陈洁（Chen Jie）进行了一番交谈，当时她正在攻读博士学位，研究方向是穿过太阳赤道的日冕环。她恭敬地提起了帕克博士："如果给太阳物理学颁发诺贝尔奖的话，一定要颁给他。"不过截至目前他还没有获得诺贝尔奖，可能因为他没有取得"非常突出的成果"，也许因为太阳物理学似乎永远入不了斯德哥尔摩评委们的法眼。

② 原文注：参见肯尼斯·常《'旅行者 1 号'正飞向太阳系边缘》，《纽约时报》，2005 年 5 月 31 日，F3 版。离开太阳系的旅行者飞船（旅行者 2 号将在 1 号之后于 2017 年离开太阳系）给任何发现它们的外星智慧生命带去了一条信息。在 JPL 期间，他们向我展示了旅行者搭载的镀金唱片的复制品，它不及餐盘大小，安装在每艘飞船的一侧。光盘中含有 87 幅人类图像：我们的身体、生活方式、与地球之间的相互影响，以及如何制作播放机的说明。来自联合国的代表录下了几乎所有国家工作语言的问候语，内容从"欢迎方便时来访"到"祝你有个美好的早晨"不等。其中的音乐包括从贝多芬到摇滚（恰克·拜瑞，Chuck Berry）和澳大利亚土著颂歌再到蟋蟀和青蛙的叫声等多种——还有接吻的声音。

现在几乎每年都有一艘飞船发射升空。可以说，所有与太阳相关的航天发射451中，最重要的当数 SOHO（1995 年 12 月），而其众多使命中最重要的是预警可能会影响到宇航员的质量喷射，并提前 3 天预报对准地球方向的扰动。[30] TRACE（太阳过渡区与日冕探测器，1998 年）则拍摄太阳的光球、过渡区和日冕。"星尘"号宇宙飞船（1999 年）于 2006 年早些时候返回地球，带回了绕太阳三圈收集的 100 万粒尘埃——总重不过相当于几粒盐而已，而 2000 年 NASA/欧洲联手进行的"星簇"2 号空间探测计划则把 4 艘飞船送入了太空，以分析太阳黑子的形成过程和太阳风与其他磁性粒子之间的相互作用。

2003 年 8 月，经过 23 年的准备工作后，斯皮策太空望远镜进入轨道。它是 NASA 的第四个也是最后一个大型观测站，旨在监视天体辐射的热量，并记录原生物质是如何形成星系的：据说草帽星系（Sombrero）中含有 8000 亿颗太阳。[31] 后来，仅仅在 2006 年末的几个月里，日地关系天文台（STEREO：NASA 两艘相互补充的宇宙飞船，用于追踪大规模太阳电磁暴）和日本的现在被称为"日出"（Hinode：日本有个习惯，只有在卫星发射升空并开始工作后才对其命名）的卫星加入了它们。"日出号"望远镜很快就发回了壮观的太阳黑子和太阳风暴照片，有些是迄今为止最漂亮的照片。还有更多的照片：2010 年 NASA 有望利用"大力神 5 号"火箭发射太阳动力学天文台，目的是用来研究太阳变化的成因及其对地球的影响，它同时也是"与恒星共存"计划的第一个发射任务。

自 1957 年"斯普特尼克 1 号"发射升空以来，人类在太空留下的通常被称为"太空垃圾"的碎片已多达 50 万以上。我们不知道有多少天体（比如说，至少有中型房屋那么大的天体）在围绕太阳旋转，甚至连近似的数据都没有，因为我们仍不具备这种观测能力。目前，大约有 40 个在轨人造观测天体，仍在使用的少于 6 个，其余的都成了无用的垃圾。电视转播卫星和其他卫星很多，而且太空中的设备已经很多了，操作人员必须小心翼翼。比如 2003 年 9 月，成功完成对木星及其（当时）已知的 63 颗卫星的探测任务并发回有关太阳风的重要信息后，14 岁的"伽利略"号空间探测器主动撞入这颗大行星火热的大气层，以免452污染了据信生命可以在上面生存的木卫二。[①]

自 2004 年以来，全球已经发射了至少 80 颗商业卫星，而下一个 10 年里至

---

① 原文注：伦敦《星期日泰晤士报》，2003 年 9 月 7 日，新闻 P9 版。但弄脏了太空的并不是人类：数十亿颗"太空石头"在围绕太阳旋转，从大个头的木星到不可胜数的流星群。此外还有万亿颗彗星和大约 1.4 颗已知的小行星：曾经只由太阳、月亮和五大行星构成的很有条理的太阳系，已经变成了一个拥挤不堪的小宇宙。

少要发射 100 多颗。新一代热衷于太空的超级富豪企业家正在为各种型号、大小的火箭投入资金。奖励在没有政府财政支持情况下把人送入太空的"安萨里 X"奖的设立者彼得·迪亚曼迪斯说，太空中有很多能量和矿藏有待发掘，"第一位万亿富翁将诞生于太空"。在推动星际开发方面，经济上的考虑所起的作用将大于政治上的考虑。[32] 为在 2004 年赢得 X 大奖的小飞船"太空船 1 号"买单的是微软的创始人之一保罗·G. 艾伦。PayPal 的创始人埃隆·马斯克正在通过他的空间探索技术公司 (Space Exploration Technologies) 开发火箭；Amazon. com 的创始人杰弗里·P. 贝索斯正在西德克萨斯的一个基地开发火箭。

不过，目前 NASA 仍处于领导地位。2007 年访问 JPL 时，我受邀参加了一个筹划在月球上建立太阳检测装置的委员会。国会目前正在考虑在月球建立有人持续居住的太阳能基地的计划，基地将建在月球的北极或南极，那里一直有阳光，而且可能有水存在。[33] 但还有另一个更大胆的冒险，它或许是有史以来最具挑战性的载人卫星计划，也是我前往帕萨迪纳的一个重要原因。

"喷气推进实验室"这个名字并不正确，但其成员却引以为自豪——"这是同类单位中唯一一个不以人名命名的，"一位雇员这样告诉我，并罗列了戈达德、约翰逊、肯尼迪、乔治·C. 马歇尔和约翰·C. 斯坦尼斯 (John C. Stennis) 太空中心。"这很酷。"整个地方都很酷：坐落在距离洛杉矶商业区 14 英里的国家森林边上，占地 177 英亩，并与帕萨迪纳和拉肯纳达石岭 (La Cañada Flintridge) 这两个竞争地址优越性的小镇有边界重叠。JPL 约有 5000 名全职雇员，此外每天还有几千人的分包商在实验室工作，所以这地方有一种小镇的感觉，并有其自己独特的传统（其中包括 1970 年没来由中断的年度"导弹小姐"及后来的"外太空皇后"评选）和几乎严格得可笑的安全密码［公平地说，一位瘾君子年轻雇员的确把一个侦察卫星项目的情报卖给了苏联，这一故事可见图书和电影《猎鹰和雪人》（*The Falcon and the Snowman*）］。

我要采访"太阳探测器＋"团队的两位科学家：团队主管尼尔·墨菲博士，他出生于曼切斯特，四十五六岁，是一位天体物理学家，在"伽利略"号空间探测器项目上工作一段时间后于 1999 年来到帕萨迪纳；另一位是被墨菲誉为"JPL 最聪明的家伙"的马尔科·韦利，过去 4 年里团队的首席科学家，不过仍是弗罗伦萨大学的终身教授。我和墨菲在 JPL 研究区深处一间没有窗户的小会议室见的面。他告诉我："数百年来我们一直在说，历史远比我们想象的更长久。"

　　接下来我们又说：太阳的能量从何而来？其中有很多束缚在磁场中；后来发现太阳所有激动人心的方面都存在于磁场。

　　所以接下来的问题就是：我们知道了太阳的能量之源；能搞清楚这些能量产生的机理吗？

　　我们所要寻找的实际上是束缚在太阳内部的波动。我们开发"太阳探测器"大约已有 30 年时间，因为理解太阳产生热量过程的唯一方法就是近距离靠近它——没有简单的公式来描述太阳内部这台大发电机的工作机制。[34]

"太阳探测器"有其自己的起起落落，而且常常被认为*超出*了 NASA 的能力范围；但尼尔·墨菲认为当前的蓝图最终会演变为一个财政支持的探测等离子体的计划。天文学家用"太阳半径"为单位来表示行星和恒星的大小。尼尔解释说，10 个太阳半径略少于 4360000 英里——这个距离太近了，我们会认为任何设备距离太阳这么近时都会在一毫秒内出现故障。不过，"太阳探测器＋"却要克服这一难题。

　　我开始有点摸不着头脑了，他露出了同情的神色，解释说等离子体是"物质的第四种态"，固体、液体和气体是更常见的 3 种。等离子体由离子化的原子构成，是宇宙中最常见的物质形式，太阳、其他活动恒星及星际气体均由等离子体构成。"太阳的循环本质上是个不断绕拧等离子体直至它们冲出太阳表面的过程。

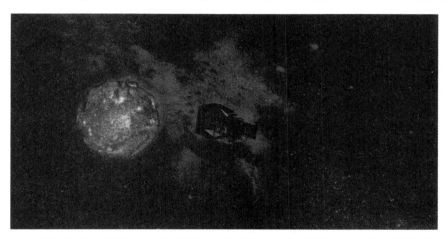

1933 年约翰·梅纳德·凯恩斯警告说："我们可以关掉太阳和恒星，因为它们不支付红利。"2015 年 NASA 的"太阳探测器＋"将进入距离太阳 430 万英里的区域——并带回最大的红利。

454　就像拧橡皮圈：如果你一直拧，一直拧，最终橡皮圈将会弹开，就是这个过程为太阳黑子提供了能量。"

讲到这里尼尔已经停不下来了，只见他舞动着双手来说明他的卫星将会观测什么。"过去 10 年里不断发展的一项就是，"他继续道，

> "我们对太阳和作为整个大系统的太阳系的看法。我们已经看到了磁暴对阳光和太阳黑子数量的影响。我们小组在过去 10 年里的重要突破就是研究了太阳风及其与行星的相互作用，还有太阳扰动对地磁环境——或者我们所说的地球空间的影响。"

他继续描述"差旋层"（tachocline，源于 tachos 和 clene，意思分别为"快"和"突破"），这是位于光球层和太阳内部旋转速度一致的区域之间的一个固态层。尼尔解释说，这里就是产生太阳能量的等离子体通过离子化过程而产生运动的地方。"如果你在等离子气体中植入磁场并推动气体前进，磁场将随等离子体运动。等离子体几乎是理想导体，且如果磁场确实很强的话，将会导致等离子体运动：但等离子体的是高能物质，可以推动磁场——这是太阳所特有的现象，物理学中则并不多见。我们所研究的就是这些粒子这样磁化之后彼此将如何相互作用。"

455　那么我们希望发现什么呢？"接下来的 50 年里，我们将去揭示是什么样的过程在驱动太阳的电动机等问题的答案。我们有希望具有某种预测能力，可以说'在这种情况下，10 天后我们将看到一个太阳黑子出现'。"我点点头，向他询问太阳风。尼尔俯身向前，咧嘴笑道：

> 我们发现光球层外有一些奇怪的现象。由温度的上升可知这里存在大规模的能量传输，但我们还不确定其平衡是如何实现的。有两个过程可以从这个磁场带走能量并加速太阳风。其一，当你把两个方向相反的磁场都指向等离子体并把它们推向彼此时，这两个磁场将重整并释放一定的能量。这就是能量爆发性泄露的两个过程之一——把能量输入太阳风的机理。
>
> 　其二，做个粗糙的类比的话，就像一个微波炉。从太阳流出的物质以亚音速向外流去，但在更远处变成了超音速——加热的同时它们也被加速——到达地球时的速度就达到了 300～400 千米/秒。这个过程的机理我们还不理解；但现在我们正处于信息汇总阶段。

　　尼尔即将出发前往南极去分析那里劲吹的太阳风的外部结构（那天上午晚些时候我与 JPL 另一位科学家保莉特·利沃一起观看了一些影音资料，内容是一颗彗星被太阳风吹偏了轨道，从中世纪的一幅化作中可清楚地看出几缕淡云就是彗尾和太阳风）。但此刻响起了敲门声，一个比团队领导年轻几岁的纤瘦入时的男人走了进来：马尔科·韦利。

　　马尔科告诉我他参与尝试到达太阳的项目已有 30 多年的时间，"我们终于有希望到达那里了"。他解释说，最初的计划是"太阳探测器＋"将到达距离太阳表面 3 个太阳半径处：距太阳表面约 1297356 英里。"现在我们讨论的方案是距离太阳表面 10 个太阳半径，但这仍意味着热辐射将难以承受。"这颗卫星应于 2015 年具备发射条件，他说。之后他递过来一张全息图，这是"太阳探测器＋"在轨道上将呈现的模样：巨大的红色熔炉的一部分占据了图片的 2/3，左下方是从一片厚厚的保护盘后面射过来的一个激光锥，保护盘后面是一个黄色金属塔，内有录像装置。移动卡片时，光束将向太阳更深处移动，而太阳风和粒子将从太阳汹涌而出。这只是一个模型，但已让我屏住了呼吸。①

456

　　卫星发回的照片可能会呈什么样子呢？马尔科说，向日核前进的过程中，你会发现太阳斑驳的颗粒状结构逐渐变得致密；那里磁场的强度有时候是地球磁场的 6000 倍。

　　　　"太阳探测器"的设计目的是尽可能深入太阳，对粒子和太阳大气层进行测量。我们会问：太阳所有的能量都储存在哪里？又如何如此迅速地释放出来？太阳风为什么是这样的？一个显而易见的矛盾：太阳如此遥远，需要如此复杂的技术去探测它；同时它就在天上，我们随时都能看到它。在接下来的 20 年时间里，我们将搞清楚日冕的能量由何而来，太阳风又是如何形成的，而且我们还将开始了解气候系统和气象学的极限，以及太阳风是如何引起太阳反应的。[35]

　　他继续道，太阳风并不一致，而是有快有慢：在太阳赤道附近，它以 200～250 英里/秒的速度吹出，太阳黑子附近的太阳风的速度则没有这么高，而两极

---

　　①　原文注：耗资 7.5 亿美元的"太阳探测器＋"研制的同时，欧洲航天局正在开发"太阳轨道器"，计划于 2017 年发射。飞行 3 年半时间、7500 万英里距离后，它将进入距离太阳 2000 万英里的轨道，并将首次从太阳的两极拍摄照片。"太阳轨道器"前缘的温度将高达 600℃，而内部温度仍将维持在室温。

的太阳风速度则更高，约为 500 英里/秒。马尔科现在像刚才尼尔那样正在兴头上，对等离子和光球的定义做了解释，并介绍了哪些因素可能会导致两极的磁性反转，直到我要离开时问了最后一个问题："以前有过更复杂的课题让你沉浸其中吗？"小身量的马尔科却发出了低沉的男声"呵呵呵呵"，像商场里的圣诞老人。"我怀疑。"

卫星在高高的天上飞行是件很激动人心的事，但也提出了很多难题。比如，一颗携带着大型望远镜的卫星到达距太阳 10 个太阳半径的区域后将需要特殊的保护措施，而且费用十分高昂。

457 　　相比之下，地基望远镜则正在取得卫星偶尔才能取得的成果。结果，人们在不断开发越来越大的地基望远镜：比如安装在南加州帕洛玛山上的"探求号"相机和塞缪尔·奥斯钦望远镜这些庞然大物，用一位作者的话说，能让天文学家"像一层层扒洋葱那样揭开宇宙历史的真相"。[①]

上述设备可以观测已知最遥远的类星体——距离我们 135 亿光年远，相应地观测到的也是 135 亿年以前的情形。2009 年 12 月以来，科学家已经在太阳系外发现了 347 颗行星，其中最小的一颗（命名为 Gliese 581，毫无诗意）是地球的 5 倍重。过去穿过地球大气层仰望星空就像从游泳池底观察飞过的一架飞机，但美军开发的一项新技术能补偿空气波动的损失，获得清晰的图像，这就是自适应光学，现在天文学领域得到了广泛的应用。

最新的这种地基望远镜为先进技术太阳望远镜（Advanced Technology Solar Telescope，简称 ATST），目前正在新墨西哥州的太阳黑子（Sunspot）建造，最终将安装在夏威夷的海雷阿卡拉山（Haleakala），还有主镜面直径达 83.3 英尺的"巨型麦哲伦 T"（Giant Magellan T），目前在智利建造，将于 2013 年投入使用，它的聚光能力是之前聚光能力最强的望远镜的 4 倍，能直接观测太阳系外的行星。这些巨型望远镜不但收集太阳系外太空深处的信息，对研究太阳来说也很重要。比如 ATST〔全球 22 个研究机构组成的联盟——全球震荡监测网（GONG）的产物〕就用来揭示色球层内小磁流管纤维的性质，人们认为它们是太阳磁结构的基础组成部分。大型磁场往往会分解为分立的压缩磁流管；这台新望远镜将解

---

　　① 原文注：丹尼斯·奥弗比，《纽约时报》，2003 年 7 月 29 日，F4 版。尖端科技将用到更大型的仪器，不过 90 年代的技术进展已经让外行对天空进行数字成像变成了可能。现在，很多观星者的装备变成了数码相机而不再是望远镜。

释其原因。

这类创新不仅仅包括研究太阳的地基望远镜。计算机也可以对太阳系从月球到太阳风的关键部分做出模拟，且越来越具有实际意义。另一个新领域——实验室天体物理学方面的研究人员在实验室创造了等离子体，这些等离子体的行为可模拟恒星的爆发、银河系的形成、日冕喷射和日珥——从太阳表面延伸开去的巨大气态弧。与此同时，在 GONG 的帮助下，全球成立了 6 个速度成像器站①，分布方式保证随时都有两个站可观测太阳。

458

尽管列举当前所有太阳研究项目有点像主席的年度报告，但在这些之外是我们正处于重大突破边缘的事实。1952 年，天体物理学家 G. P. 凯珀自信地写道："太阳物理学的黄金时代还没有到来。"[36] 60 年后，黄金时期到来了。早在 1979 年，卡尔·萨根也提到了即将到来了黄金时代：

> 在人类历史上将只有一代人首次探索太阳系。这代人孩提时，行星还只是在夜空中行进的遥远而模糊的圆盘；而这代人年老时，行星已经成了探索途中的景点、不同的新世界。[37]

"我们正处在探索太阳及其影响地球生命的微妙方式的新时代。" GONG 给出了权威的评价。位于英国东北部的杜伦大学的卡洛斯·弗伦克告诉《国家地理》："说我们正在经历一个类似于哥白尼发现新大陆的大变革时代并不为过。"[38] 尼尔·墨菲这样告诉我："我们现在正在收集超出先前全部想象的信息，这些数据十分丰富，最终我们应能推测出这一无法接触的天体的特性！我们正试图找出最终将完成一个谜题拼图的所有碎片；我认为我们能够找出。"尤金·帕克带有一点并不讨厌的尖酸总结说："太阳的活动给传统实验室物理学之外的领域带来了那么多影响，以至于太阳的凝视对于严肃的科学家来说是一种耻辱，因为太阳在不停地揭露我们最好的想法和解释的错误本质。"[39]

---

① 原文注：位于夏威夷的莫纳罗亚山（Mauna Loa）天文台、位于南加州的大熊天文台（Big Bear Observatory）、位于印度西北部拉贾斯坦邦一座小岛上的乌代布尔（Udaipur）天文台、位于澳大利亚西北角（North West Cape）的利尔蒙斯（Learmouth）天文台、位于智利的赛拉托洛洛（Cerro Tololo，圣地亚哥向北 310 英里）天文台，以及位于加那利群岛的泰德峰（EI Teide）天文台。

第 30 章
地球微恙

> 汤姆（布坎南）亲切地说："以前曾在哪里读到过说太阳会一年比一年热，地球似乎很快就会坠入太阳——或者呢，等我想一下——完全相反。太阳的温度在逐年降低。"
>
> ——F. 菲兹杰拉尔德
> 《了不起的盖茨比》[1]

> 有人说世界将终结于火
> 有人说终结于冰
> 从体味过的渴望来说
> 我认为最终还是归结于火。
>
> ——罗伯特·弗罗斯特
> 《冰与火》[2]

千百年来，我们一直认为世界永远存在下去的希望很渺茫。艾萨克·阿西莫夫在《选择灾难》一书中研究了威胁美国的灾难的种类，[3]并按危险程度将它们分为五个级别：整个宇宙会发生巨变导致我们的世界不再适合居住；地球发生大震动，生命无法存活；某些（或许是人造的）东西毁灭我们；我们现在所谓的文明发生崩溃，人类回到原始社会；还有，太阳会发生什么变故。他一共列举了 66 种不同的大灾难，从扩张宇宙和收缩宇宙、黑洞、类星体，到彗星、陨石、小行星，再到火山、地震、宇宙射线、流行病、核弹、污染和资源枯竭等。这个名单看到最后会让人头昏脑涨，看到后面回到了战争和人口爆炸这样早已存在的担忧才让人松了一口气。

30 多年后再看阿西莫夫的这份名单，值得指出的是其中并不包含"臭氧层空洞"和"全球变暖",前者在书中只出现过一次,后者则从没有提到过。虽然两者都涉及有害气体,不过热量的大幅增长和全球毁灭还是有很大区别。在大多数科学家看来,臭氧层已经修复了很多;全球变暖则不然。[①]

460

臭氧(ozone,源于希腊语 *ozein*,"散发臭气")是氧的一种不稳定形态,阳光把一个标准的氧气分子(O_2)分解成两个氧原子,后者再与两个氧分子结合,就生成了两个臭氧分子(O_3)。人们发现 12~16 英里的高空这一薄层中——以及在地面上,当有电荷(比如闪电)经过氧气时,就会产生强烈的金属气味。可能是因为臭氧具有氯的气味,多年以来人们一直认为它具有清洁作用;维多利亚时代有种说法,即在海边"吸入臭氧"以保持健康(但实际上他们闻到的只是同样刺鼻的腐烂海藻气味)。肺结核患者通常被送到山区的度假胜地疗养,因为人民相信那里的臭氧浓度较高;而为了吸引消费者,这些度假胜地也称自己为"臭氧吧"。1865 年,伦敦《泰晤士报》上刊载的一封信称臭氧为"大自然的清洁工"并对其"杀菌功效"大为称道。地面上也能找到臭氧,但它并不能让人心旷神怡。在城市中,它会导致烟雾,会刺激眼睛、鼻子和肺,而且还与哮喘有关。它对庄稼、昆虫和真菌也有损害,会导致树木在光合作用过程中吸收温室气体的能力降低一半。这就是一位科学作家所说的它的"海德先生一面"。[②]

另一方面,由物理学家查尔斯·法布里和亨利·比松于 1913 年首次发现的"臭氧层"则是它的哲基尔博士一面:它保护地球上的生命免受各种紫外线的伤害,而且已经保护了 10 亿年。然而,环绕地球的臭氧层,厚度平均只有 3 英里,按比例来说还没有网球上的漆膜或泥巴厚。臭氧层也很脆弱。1985 年 5 月,英国南极考察队的随队科学家发现了臭氧层的一个空洞,次年美国的研究证实了这个坏消息:极地的臭氧层会季节性变薄,不过这些缺口的面积是前所未有的——的确,1978—1985 年,全球的臭氧层破坏掉了 2.5%。很快又有预测结果称,在不久的将来,这种破坏会蔓延到全球 30% 以上的极地地区,随之而来的太阳辐射危

---

① 原文注:2006 年 3 月,伦敦《泰晤士报》的"答与问"栏目刊载了来自苏格兰边境小镇加拉希尔斯(Galashiels)的桑顿(Thornton)先生的一封信,信中问道:"'全球变暖'一词最早是什么时候开始使用的呢?"几乎所有其他的问题都得到了回答,但这一问题却没人给出答案。按照我查找的结果,这个词最早出现于华莱士·S. 布勒克发表在《科学》(1975 年 8 月 8 日)上的一篇文章中。布勒克是哥伦比亚大学一名资深研究员,这篇文章的名字是《气候变化——我们正面临一场显著的全球变暖?》——这个词便流行开来。

② 译注:海德先生(Mr. Hyde),小说《化身博士》中哲基尔博士恶魔的化身,是一个邪恶、毫无人性且人人憎恶的猥鄙男子。哲基尔博士喝下药水后便会变成海德,人格心性发生转变,身材样貌也会随之改变。

2010 年 4 月 17 日，闪电穿过冰岛艾雅法拉火山的火山灰。在整个地球表面，平均每秒会发生大约 100 次闪电——每天 8640000 次。

461　害不可计量。

现在看来，几十年来一直被赞为上世纪最伟大发明之一的含氯氟烃（CFCs）是导致臭氧层空洞的主要原因。CFCs 是美国人小托马斯·米奇利（1889—1944 年）发明的；米奇利原本是一位机械工程师，后来转行成了一位化学家兼发明家，拥有 100 多项专利。（曾有评论说米奇利"是地球历史上对大气层影响最大的单个有机体"。）[5]1930 年，他发明了一种无毒的家用制冷剂——二氯二氟甲烷，他称这种氯化碳氟化合物为"氟利昂"。CFCs 取代了之前冰箱热泵使用的有毒或爆炸性物质。这种无味、无色、无反应的神奇气体，不仅是冰箱的冷却剂，也是灭火器所用的泡沫发生剂和气溶胶推进剂。

在 40 多年的时间里，CFCs 一直被视为完全无害的。由于活性低，它们的寿命长达 100 多年，这就给了它们足够的时间扩散至平流层。20 世纪 70 年代，（共享 1995 年诺贝尔奖的）3 位化学家——来自荷兰的保罗·克鲁岑以及来自美国的马里奥·莫利纳和 F. 舍伍德·罗兰联手做了一项纯学术的研究，研究 CFCs 漂上天空后会出现什么状况：他们发现，虽然 CFCs 在地面附近相对稳定，但进入平流层后紫外线会导致氯原子分离，而单个的氯原子具有很强的活性，会分解臭氧层。南极的这种情况尤其严重，因为极端的气候、超冷的冬天和冰态云大大加强了这种效应；但 CFCs 的扩散导致臭氧层变薄现象已经蔓延到了中纬度和赤道。[6]

虽然有关 CFCs 之危害的第一篇普通研究文章早在 1978 年就发表了，即与阿西莫夫的书同一年面世，但各国政府一直都置若罔闻。[7]里根政府的内政部长曾提出，如果 CFCs 果然具有这样的破坏性，担心的人应该带上太阳镜再买一顶帽子："不站在太阳底下，太阳就影响不到你。"

最终 1987 年在蒙特利尔签订的一份联合国公约对 CFCs 的生产提出了严格的限制。这份公约曾被誉为"环保问题方面最重要的监管立法"；[8]但考虑到 CFCs 的长寿命，形势还要恶化一阵子。1993 年 1 月，地球平均臭氧层浓度达到了最低纪录（这一纪录保持至今）；1999 年 3 月，研究人员声称南极的鱼类很快就有晒伤的危险。据说太阳辐射在极地之外的地区会引起其他问题，导致严重的畸形，比如有 60 多种青蛙和蟾蜍长出了多余的后腿。[9]

直到近年来这份联合国公约开始生效后，臭氧层才有恢复到自然水平的迹象。即便如此，很多科学家仍认为大气层中的 CFCs 还需要很多年才能分解掉（不少国家还在使用），而且臭氧层的厚度仍比正常水平低 10%。中纬度地区的臭氧层直到 2050 年前后才能完全恢复，而南极的臭氧层则要等到 2080 年。2002 年的卫星图片显示南极的臭氧层空洞已经从 900 万平方英里缩小到 600 万平方英里，这是 1987 年联合国公约签署以来的首次明显收缩；但空洞的面积并非一直在缩小，而是有增有减，2006 年 9 月空洞的面积达到了 2003 年的大小——比整个北美洲还要大。这个病人还处于康复期。

当然，这首先意味着诊断结果是正确的。因为太阳似乎在臭氧层衰减方面也起着一定的作用。2004 年我与亚利桑那州基特峰太阳研究中心的科学家进行过交流，并在当地一家报纸《图森公民报》（*Tucson Citizen*）的图书馆里待了一个上午，发现这份报纸曾于 1986 年刊登了美联社的一篇关于卫星观测结果的报道，报道称破坏臭氧层的不只是 CFCs，还有太阳。这篇报道并不否认 CFCs 负有特别的责任——显然如此——但该报道还指出 1979 年末和 1980 年初太阳活动异常强烈，引发了一系列化学反应，导致了全球范围的臭氧层衰减，南极洲上空尤其明显，不过太阳活动变弱后，臭氧含量开始上升。换句话说，太阳的活动在影响臭氧层，而且还会继续影响——记住这一点，在我们讨论 1978 年的艾萨克·阿西莫夫并不感兴趣的另一现象——全球变暖——时会有所帮助。

463

很久以来，人们一直在怀疑人类的活动会对气候（文字专家将其定义为"30年的天气"，很有用）产生影响。但是影响有多大？这种影响与已经确认的各种自然因素［太阳辐射的波动，火山喷出的烟、灰和硫，云的影响（仍是气候专家的阿喀琉斯之踵），[10]还有水蒸气——而且，从更长的历史来看，还有山脉的崛起及侵蚀（会改变风和洋流）——甚至空气自身成分的变化〕有什么关联？

第一种与人类有关的温暖效应大约出现于 1 万年前，源于早期农人对火的使用，对植被的清理和对土壤的扰动。1827 年，曾在埃及为拿破仑服务的数学家让-巴蒂斯特·傅里叶（1768—1830 年）认识到，大气中的气体可能会导致地球变暖。傅里叶指出了大气层与温室之间的相似之处，即入射阳光把植物和土壤温暖起来的速度快于热量逃离植物或玻璃墙建筑的速度。如果没有温室气体，地球表面的平均温度将只有 −40℉（−40℃；摄氏度与华氏度在这一温度相等）。不过，直到 19 世纪末，仍不清楚这些气体有多少是人类的活动产生的。[11] 1896 年伟大的瑞典化学家斯万特·阿雷纽斯（1859—1927 年）指出了工业革命期间及之后煤炭的燃烧可能会改变碳平衡和气温的原因；这种燃烧过程把累积了数百万年的植物财富所固化的碳释放了出来。CO_2（他称之为"碳酸气"，是当时的名字）的增加会截留本应该辐射回太空的太阳红外能量，因此会导致全球平均气温上升。这就是同时期但年长很多的约翰·廷德耳（他与傅里叶相熟，解释了为什么我们看到的天空是蓝色的）几年前所说的"温室效应"。"我们正在蒸发我们的煤矿"，阿雷纽斯曾如此写道——煤 70% 的成分是碳。但这样的警告没有多少支持者，大多数科学家都认为人类无论做什么都不足以对环境产生什么影响。他们还补充说，大部分的二氧化碳来自于火山喷发和其他自然源，而不是人类活动。

在之后的 30 年时间里，温室效应的观点并没有获得大的发展；但到了 20 世纪 30 年代，科学家给出报告说北极和美国在之前的 50 年里变暖了很多，不过他们猜测这只是某种自然循环过程中的一个阶段。唯一不同的声音来自于专业的煤炭工程师兼业余气候学家盖伊·斯图尔特·卡伦德，1938 年他在伦敦的皇家气象学会摆出之前 100 年的二氧化碳测量记录，警告说温室效应应当引起重视。不过之后又是一段沉默期。到了 20 世纪 50 年代，研究人员改进了技巧以深入研究这个问题。1959 年，加州地球化学家查尔斯·基林（1928—2005 年）证明，随着北半球陆地植物在不同季节的枯荣，二氧化碳水平也会发生涨落（南半球的陆地少很多，因此二氧化碳含量的变化也小得多）；但他也证明了碳含量是逐年上升的，这一趋势后来被称为基林曲线。①

接下来的 10 年里，对古代花粉和贝壳化石的研究证实了气候在短短几百年

① 原文注：基林用到了一台气体分析仪，后者的原理是，用红外光照射空气样品并测量红外光的透过率有多高。样品中的二氧化碳越多，红外光的透过率就越低。当时每台分析仪的价格是 ＄20000（现在约为 ＄145000）。

甚至几十年的时间里都有可能发生重大变化。1967 年，邀请基林前往位于圣地亚哥附近的斯克里普斯海洋研究所（Scripps Institution of Oceanography）与自己一同进行研究的科学巨人罗杰·雷维尔（1909—1991 年）——身高 6 英尺 4 英寸，"巨人"称号也有字面意思——首次系统地测量了地球大气中的二氧化碳含量，他在太平洋上空释放气象气球并在太平洋里投放采集瓶，分别测量了大气中和海洋里的放射性碳的含量。此前科学家们一直相信，不管 CO_2 增加多少，广袤的海洋能够吸收，但基林的计算结果表明，海洋需要上千年的时间才能吸收人类导致的 CO_2 增量。数月之内，另有科学家评估了热带雨林燃烧、家畜饲养和稻米栽培、城市垃圾和管道损失释放出来的气体后认为，全球平均气温在过去一个世纪的时间里可能已经明显上升。不过，这种变暖似乎还有很长一段路，并不是一个清晰的、目前面临的危险。

在相对较短的时间里真正要发生什么大家还没有形成一致的看法。比如，对北半球的气象统计资料的分析表明，自 20 世纪 40 年代起就有一种降温趋势。大多数科学家都同意一个观点，即他们对拥有太多影响因素的这个复杂系统还知之甚少。表面上看气候保持着非常精微的平衡，任何小扰动都会引发大变化——先进的计算机模型开始模拟这种跳跃是如何发生的，比如通过洋流循环的改变来模拟。不过，建模者也说这种模拟需要做很多不确定的假设，而且一些著名的科学家还在争论他们的模拟结果具有什么样的价值；还有科学家提出了农业和森林砍伐对 CO_2 含量的影响的问题，指出人们对生态圈与气候的相互影响所知甚少。[①]一个意料之外的发现是其他一些气体的含量正在增加，其中一些（那些处处存在的 CFCs）还会破坏臭氧层。

20 世纪 70 年代，气温再次开始上升，国际科学委员会首次发布警告说人类面临着一个严重的威胁：一个 CO_2 分子在整个生命中截留的能量是它诞生时释放出来的能量的 10 万倍（的确，我们工业文明的副产品所截留的能量几乎相当于我们实际上消耗的能量的 100 倍）。[12]大气层中超过一半的 CO_2 源于人类活动，平均下来我们每个人每年都会向空气中排放一整吨的碳。阿尔·戈尔在 2006 年的

465

---

① 原文注：简·奥斯汀在《爱玛》（Emma）一书中描述过苹果树错时开花的现象，这一直被视为是她自己的错。甚至奥斯汀的哥哥爱德华也质疑过她细致入微的观察，他曾写道："我希望你能告诉我你这些 7 月开花的苹果树是从哪来的。"不过，奥斯汀创作《爱玛》时的 1814—1815 年气温很低，H. H. 兰姆在《气候、历史和现代世界》（Climate，History and the Modern World）一书中曾提到这个 10 年是 17 世纪 90 年代以来最冷的 10 年。它处于因火山灰而导致气温降低的"小冰河世纪"（1350—1850 年）期间。

纪录片《不可忽视的真相》（*An Inconvenient Truth*）中对即将到来的危机做了总结："地球生态系统最脆弱的部分就是大气层，因为它太薄了。我们正处在改变其基本成分的危险中。"①

466

工作人员在乔治亚州一次防雹作业中释放气象气球。

科学家的警告首次获得广泛关注距离这部纪录片还有很远一段路要走——1988 年那个夏天是有记录以来北半球最炎热的夏天，在令人窒息的热浪中，詹姆斯·E. 汉森（1941—）告诉汗涔涔的美国参议院委员会说全球变暖给人类带来了威胁。但仍然存在的不确定性、气候的复杂性引起了激烈的争论，汉森则成了大惊小怪者。即便如此，各国政府仍十分担心，于同年建立了一个特别的政府间组织——联合国气候变化政府间专家委员会（IPCC），后者分别于 1990 年、1995 年、2001 年和 2007 年发布了报告。

前三份报告用词均小心谨慎，这样成员之间才可能达成某些一致：他们说，我们地球"更有可能"面临着严重的变暖；但其原因既可能是自然的，也可能是人为的。1991 年，美国国家科学院的一份报告声称，"还没有证据"表明正在发生危险的气候变化，这一报告引起了众多争议：有传言说克林顿政府曾要求采用更强的措辞。2001 年度的 IPCC 报告称有 66％的变暖可能归因于人类。上一次全球如此温暖出现于 5000 万年以前，正如伊丽莎白·科尔伯特在 2005 年的《纽约客》上所刊，那时候"鳄鱼在

---

① 原文注：尽管否认全球变暖的人从没有就这些数据给出过令人满意的反驳，但奥利弗·莫顿的评论仍在告诉我们："对于像二氧化碳这种对于生命来说十分基本，可以说像血液和呼吸一样基本的物质，英语却只给了一个技术名字，这种不幸令我震惊。由于不用仪器就无法觉察它，所以它从未点缀过我们的感性世界。我不得不用一个即便说没有不友好，但的确没有任何感情意义的词来描述它。'水'这个词就非常富于意象；而仅仅诞生于 200 年前的'氧'（oxygen），引起的联想就少多了，但仍有需要、能量、新鲜等一些普通的意味。'二氧化碳'只是一种化学物……语言自身可以遮蔽科学揭示的大量现象及相互关联，这一点值得注意。"13

科罗拉多咆哮，海平面比现在高近 300 英尺"。[14] 2007 年发布的那一份报告共有 1572 页，引用了来自 154 个国家的 2000 多位科学家的工作，风格和数据都变了：据评估人类活动负责任的可能性为 90%，且该委员会直接断定 20 世纪后期的全球变暖是温室气体的结果，其影响远超太阳的影响，经估算二者之比为 13：1。[①] 467 同年末，该委员会与阿尔·戈尔一起获得了诺贝尔和平奖。

公众的观点显然改变了。谈到二氧化碳以及像甲烷、一氧化氮这样的温室气体的高含量（1997 年的京都议定书涵盖了至少 24 种这类气体），英国《国务新人》（New Statesman）周刊的环境通讯员马克·莱纳斯说："温室气体具有温升效应，就像给地球裹了一个大毯子，这一点不容置疑，而且在 100 多年的时间里已经导致了相应物理现象的发生。"[②] 来自基尔世界经济研究所（Kiel Institute for World Economy）的 IPCC 成员赫尔诺特·克莱珀曾直率地说："就太阳辐射而言，世界已经陷于或接近最糟糕的境地。"[15]另一位专家，来自普林斯顿大学的乔治·菲兰德近来告诉《国家地理》说："我们现在成了地质营力（geological agents），能够影响那些决定着气候的过程。"[16]以上都是个人观点——但迄今大多数专家都认同这些观点。

我们如何知道 CO_2 的增长？伊丽莎白·科尔伯特这样写道："18 世纪 80 年代的冰芯记录显示，大气中的二氧化碳含量约为 280 毫克/升。这一水平与 2000 年前的朱利乌斯·凯撒时代和 4000 年前的巨石阵时代均相当，上下相差不超过 10 毫克/升。"[17]工业化后二氧化碳含量开始上升，起初上升比较缓慢，后来速度加快

①　原文注：CO_2并不一定非要排向大气层不可。碳收集与储存（CCS）过程会吸收它，比如把发电厂或类似的大型释放源释放出来的 CO_2 收集起来通过高压注入到像废弃油田这样便于操作的空间。全球从事 CCS 业务时间最久的是挪威国有能源公司 Statoil，它从 1997 年起就开始利用北海一个天然气田储存 CO_2。哥伦比亚大学正在悬赏 20 万美元，奖励给能提出将 CO_2 控制在可接受水平方案的人，而 2007 年维珍集团的理查德·布兰森宣布设立一项金额高达 2500 万美元的奖金，如果有人研究出每年可将大气中的 CO_2 减少 10 亿吨的切实可行的技术，就可获得这笔奖金。同时还存在一个神秘的现象：每年都有约 10 亿吨的 CO_2 排放至大气中，但其中却有 43% 消失不见了——没人知道它们哪里去了。

②　原文注：马克·莱纳斯，《六度：展望我们在更热的地球上的未来》（Six Degrees：Our Future on a Hotter Planet，伦敦：Fourth Estate，2007），第 xix 页。2008 年 1 月，莱纳斯参与了一场关于全球变暖是否已经停止的激烈争论。此前《国务新人》曾发表了戴维·怀特豪斯［《太阳传记》（The SUN：A Biography）的作者］写的一篇网络文章，声称过去的 10 年里地球的平均气温已经平稳下来，不再上升。莱纳斯严厉抨击了这位伙伴撰稿人。但在网络上激起的争论（《国务新人》网站上共有 1200 多条回复，另外一个网站上还有 12000 条，这个话题成了网上评论最多的讨论主题）却在批判莱纳斯，说他论证混乱，统计数据运用失当，且支持怀特豪斯观点的网友更多一些。见《国务新人》网站 www.newstatesman.com，2007 年 12 月 19 日和 2008 年 1 月 14 日的内容。

468　了很多。到 20 世纪 50 年代后期我们开始测量时，这一比例已经增长为 315 毫克/升。2005 年 5 月这一数字达到了 378；2007 年 4 月份的《科学美国人》称这一数字为 379。到 2008 年 2 月已经增长为 383。据推测可忍受的最高 CO_2 含量为 445 毫克/升。即便为了保持这一水平，全世界也要在 40 年内把 CO_2 的排放减少 80%——考虑到所需费用，这个目标几乎不可能实现。2009 年 6 月，詹姆斯·汉森宣布 CO_2 的含量已经达到了 385 毫克/升，且 CO_2 的排放速度约为自然过程消耗它的速度的 1 万倍。[18] "所以说现在人类决定着大气成分。" 而 CO_2 虽是 "最常见的污染物"，[19] 却也只是温室气体中的一员，其他温室气体还包括水蒸气（地球上最常见的温室气体）、甲烷、氟氯化碳、一氧化二氮和甲烷。

　　即便所有这些温室气体的排放一夜之间完全停掉，由于海洋已经吸收的能量仍在释放，到本世纪（20 世纪）末全世界的平均气温仍将上升 0.2℃；过去 150 年间的实际温度升高累计已达 0.6℃。随着全球不断变暖，清理多余的 CO_2 会越来越难。IPCC 预测到 2100 年地球平均气温可能会升高 3.5℃～8.0℃，而 2009 年 5 月 MIT 的研究人员则把这一数字提高到了 13.3℃。[20] 库尔特·冯内古特在散文《末日回望》（*Armageddon in Retrospect*）中绝望地呐喊："我们能怎样防止全球变暖呢？我猜我们可以把灯关掉，但请不要这样。我想不出任何修复大气层的办法。太晚了。"——了解到他的兄弟是美国领军气象学家后你会更明白他这种爆发的分量。[21] 难怪近来建造某种巨大的遮阳伞的想法已经汇入了主流。①

　　所有这些又把我们带回了太阳。这颗 "变化温和的恒星" 应该负多大责任？[23] 粗略平均来说，照到地球表面的太阳光约为 $288W/m^2$——相当于 3 只大白炽灯。太阳的直径大约比 45 亿年前大了 15%，所以辐射的热量也比它诞生时大约多了 25%。但按照所谓的 "黯淡太阳悖论"（faint Sun paradox），地球在幼年时表面温
469　度更高——当时的大气层的主要成分是二氧化碳和水。目前的 "全球黯化"（global dimming）是各种污染物引起的，它们把太阳辐射反射了出去，或者把空气中的水蒸气凝结成了更多的水滴，形成了更厚、更暗、遮蔽性更强的云层，阻碍了太阳能量到达地面。

----

　　①　原文注：按照苏联气象专家米哈伊尔·布迪克（Mikhail Budyko）的观点，我们只需要把气态二氧化硫排放到大气中就行了：它们会形成硫酸滴，经过平流层风数月的携带，它们会遍布全球，形成一个白色的防护罩。从 2000 年起，美国政府消息人士开始提倡这样的技术，比如巨型太空反射镜、泵入大气层的反射尘埃、大量的反光小气球，或者采用某些措施增强云层的反射性。IPCC 认为这些想法 "冒险、费用低，且具有未知的副作用"。但 2009 年 7 月，美国能源局发布了一份报告，分析了利用悬浮微粒把短波太阳辐射反射回太空的可能性。地质工程似乎是未来的方向。[22]

从 1960 年前后到 20 世纪 90 年代早期，到达地球表面的太阳光从持续时间和强度两方面来说平均都减少了 10％。在像亚洲、美国和欧洲的某些区域，减少了更多：香港的阳光减少了 37％。[24] 到达地面的阳光减少的现象处处都有发生，并不只是发生在城市。空中飞行可能加重了这一效应：2001 年 "9·11" 事件发生后的几天里，商业航班停飞，当地昼夜温差就增大了好几度，因为没有了白天吸收阳光，晚上起着毛毯作用（又用到了这一比喻）的飞机凝结尾流。所以，可能太阳并不是全球变暖的原因，而是——正如阿尔·戈尔所说——"科学导致了这一切"。

我倒愿意接受这一观点，不过后来我听说了皮尔斯·科尔宾这个人，他是一位气候学家，专长是 30 天、45 天和 12 个月预报。他是 "天气行为" 预报公司的老板，还是英国气象办公室一位强有力的敌手，他曾毫不客气地批评英国气象办公室掌控在误认为温室气体是全球变暖的唯一原因的那些人手中。气象办公室可能很希望他闭嘴或走开，但不能把他当作怪人不予理会，因为令他们尴尬的是，他的预测结果往往比他们自己的更准确。

科尔宾六十五六岁，瘦长，结实，像一个长跑运动员（他曾经是）；留着茂密的胡须和一头蓬松的黑发，都有点斑白了。近来一位记者称他像 BBC 的 "神秘博士"（Dr. Who）。他的办公室位于柏罗高街（Borough High Street），这是穿过伦敦东南部一条稍显破败的主干道。这间办公室是我曾经进过的最小的一间办公室，文件、茶杯、书和打印资料中几乎都没有两张椅子的容身之地。墙上挂着装裱了的一份《卫报》，头条是 "这人所有的云朵都透射着曙光"（ALL THIS MAN'S CLOUDS HAVE SILVER LININGS）。还在读高中时他就发表了 3 篇天文学和气象学论文，并建起了自己的气象站。后来他在赢得伦敦帝国学院的一份奖学金后获得了物理学一等学位，并继续他的研究工作——研究方向依次是超导、宇宙平均物质密度、银河系的形成和太阳活动。

科尔宾有段时间对气象历史感兴趣，1982 年他开始转向天气预报。两年后爆发了煤矿工人抗议撒切尔夫人政府的大罢工，他受邀预测当年是不是冷冬。他的推测是：会的，当年会更冷——他的科学意见和政治愿望均如此，因为他相信冷冬有助于罢工取得胜利（他有一个兄弟叫杰瑞米·科尔宾，是一位狂热的极左议员）。他的政治眼光不够敏锐——罢工失败了，但他的气象预报却很准确：1984 年圣诞节的气温还算温和，但从新年开始变得非常冷。"到了 1 月 12 日，天气冷得可怕——呼吸都会在胡子上冻成冰——非同寻常的经历"，科尔宾大笑着说。

1988 年夏，他觉得可以与英国三大博彩公司之一威廉希尔就天气赌一把了，后者是唯一会接受这种赌局的博彩公司。他们赌的是当年 7 月是 20 世纪最潮湿的 7 月，赔率为 10：1。科尔宾下了注，并赢得了这一赌局。很快他一年就能赚上 2500 多英镑，不过 2000 年威廉希尔博彩公司就不再接受他的赌注了。科尔宾说，现在威廉希尔博彩公司接受除女王之死——法律禁止以女王之死设赌，因为这种赌局会让参赌者对王位的传递感兴趣——和科学大师兼皇家天文学会会员皮尔斯·科尔宾设的任何天气赌局之外的任何赌局。

作为气象预测方面的大师，科尔宾要直面大多数预测所根据的他所谓的坏科学。"全球变暖观点的支持者们声称 CO_2 是主因，不过仔细研究过去的数字就会发现，他们错了"，他四处翻找袋泡茶的同时如此解释道。他的研究结果表明，水蒸气、火山和高空云所起的作用都大于 CO_2。[25]①

他还说，地磁场向地理北极的移动也更为重要，导致的温度下降足以抵消上世纪大部分的净温升。实际上部分科学家已经在推测，我们可能正面临一个冰河世纪，而不是全球变暖，可能这个冰河世纪仅仅是几百年之后的事。2005 年俄罗斯天文学家哈比布洛·阿卜杜萨马托夫就曾做出预测，太阳将在 2011 年达到一个太阳黑子活动高峰，会导致气温发生"引人注目的变化"——下降而非上升。[28]

471　　在过去的 200 万年时间里，地球已经经历了 20 多次冰川增长与消退，在像海洋、山脉和风这些因素的作用下，不同区域有的变暖有的变冷。最后一次冰河世纪爆发于约 1.1 万年前，当时覆盖了北美洲、斯堪的纳维亚半岛和北亚洲大部的冰川开始消退，方向大致朝向它们目前的位置。

新的冰河世纪可能上演的一种剧情将包含墨西哥暖流停滞——出人意料的是，这也将会是全球变暖的结果。这是因为，墨西哥暖流流动时，其后续洋流——向东北方向穿大西洋而过的北大西洋洋流，将用温暖的赤道海水把欧洲高

---

①　原文注：我意识到自己忽视了"云"——漂浮在头顶上空的水塘——的作用；它们在调节地球的基本辐射平衡方面起着至关重要的作用。"所有的云朵都具有分裂的人格。"科学家兼记者理查德·莫纳斯特尔斯基曾这样说，"它们既具有给地球降温的脾性，也具有让地球变暖的特点。"[26]或者正如尤涅斯库（Ionesco）的《王者退位》（*Exit the King*）中濒死的君主所抱怨的那样："它们听不进话——它们为所欲为。"其他环境变量会对云朵产生的影响方面的数据还很少，不过近来两位丹麦科学家揭示了地球云量的变化与一种已知与太阳周期有关的现象保持同步。他们称自己的发现是"太阳-气候关系中被忽视的一环"。[27]

纬度地区包围，并向那里的空气中释放相当于 100 万座中型发电站年发电量的热量。温暖的海水和暖风一起造就了欧洲如此温和的气候。驱动这一气候系统的因素之一是每年冬天都有大片的海水结冰，形成冰架，从而析出盐分，导致周围的海水浓度上升，沉向海床，并在热天到来之前沿海床流向加勒比海。不过，自 1977 年以来，冰架不再形成（可能是因为全球变暖），海水也不再下沉。到 2005 年，科学家宣称墨西哥暖流停止流动的可能性几乎高达 50%。欧洲的气温将大幅下降，比方说，英国冬季的温度将降为－22℉（－30℃）。[29]（当然，与全球变暖方面的所有问题一样，这一问题也存在相反的看法：2009 年 9 月《科学》杂志发表了新的证据证明人类活动不仅导致全球变暖，特别是北极地区变暖，甚至还会推迟不可避免的冰河世纪的到来。）[30]

　　另一个与全球变暖相关的因素是南极几千米厚的冰盖，看起来自相矛盾的是，这一因素还可能促进地球进入新的冰河世纪。冰层缓慢地向海洋推进时，边缘的薄层会产生阻滞作用。海平面的上升会破坏这些边缘薄层，导致大面积的冰山脱落入海，从而导致温度大幅下降。不过还有其他不涉及全球变暖的冰河世纪剧情——由人类或其他因素所导致。"冰河世纪循环是由地球轨道轻微的、周期性的振动导致的"，科尔伯特写道，这种"按一种时长 10 万年的复杂周期而发生的"振动"改变了不同季节不同纬度上的阳光分布"。[31]

　　考虑到当前技术水平，我们仍无法确定，应该为全球变暖做准备，还是为由全球变暖或其他因素间接导致的新冰河世纪做好准备。[直到 16 世纪，*weather*（天气）和 *whether*（是否）这两个词的拼写仍然通用。]时至今日，不同的全球气候计算机模型都还不够精确。正如一位模拟者所抱怨的那样，"我们亟须测量数据……大自然的变量太多了，把任何一种变化归因于任何一种原因都是危险的"。[32]《天气发生机》（*The Weather Machine*）的作者奈杰尔·考尔德称气象变化为"现代科学最杂乱无章的领域之一"。[33]或者，正如乔伊斯（在《尤利西斯》一书中——译注）创作的人物角色利奥波德·布卢姆（Leopold Bloom）所打的巧妙比方，天气"跟娃娃的屁股一样没个准"。[34]

　　这一领域正是古怪的皮尔斯·科尔宾（英国气象局曾称之为"最疯癫的科学家"）发挥的地方。与英国气象局不同，科尔宾相信太阳对于气候变化起着中心作用。尽管对自己的方法保密，但他的预测结果都有一个基础——太阳粒子和日地磁关联控制着从数天到几十万年所有时间跨度上的气候这一假设。地磁场，特别是磁极的变化和近赤道的粒子漂移，对太阳粒子的影响很大。科尔宾画出了太阳耀斑和其他日冕层大爆发的图表，并标出了每一次重大影响。"存在一个22年的周期，月亮，太阳磁场——这些都会影响天气。还应该提到的是一种被称为'红色尖峰'（red spike）的太阳风冲击波，以及地球倾角的变化。"地磁场越强，俘获的太阳风粒子就更多；俘获的太阳风粒子越多，地球就越温暖。科尔宾指出，太阳的磁活动自1901年以来已经增强了一倍，自1964年以来已经导致地磁场增强了40%；且越来越多的证据表明太阳磁场活动已经达到了8000年以来的最高峰。

当然他的预测也出现过错误，比如他曾预测1989年的复活节是白色复活节[①]，并预测1997年9月的天气"很极端"：这两段时间的天气都很温暖，也没有大风。但英国气象局的记录更是差多了：自1923年起他们就一直为BBC提供天气预报，但2009年后这一特权便向投标者开放了，因为他们这一年的表现特别差：他们预测这年夏天"很可能是个野餐夏天[②]"，结果这个夏天却又湿又冷，他们不得不道歉；之后他们又预测这年的冬天是个暖冬——结果这个冬天却成了23年来最冷的一个。近期的一个调查结果显示，74%的民众认为气象局的预测普遍不准。[35]全球各国的天气预报的记录都不怎么好。

473在这场日渐激烈的争论中，科尔宾喜欢的一个观点——在我看来——是IPCC的第一份报告忽视了太阳的变化，而且其近来"为政策制定者所做的总结"对阳光仍只是一笔带过，还没有提及太阳粒子和磁场的影响。[36]2009年12月召开的哥本哈根会议再次把重点放在了人类导致的全球变暖上，太阳因素只提到了一次——近来太阳的能量辐射处于低潮。[37]

不过，在科尔宾看来，对于预测地球上的气候来说，太阳的任何行为都很重要。2009年3月我最后一次见他时，他已经开始了两个新的研究方向，对此他非常兴奋：第一个方向是月亮对太阳风和地球磁场的影响，这种影响有时足以截断太阳到地球的磁通路；第二个方向是他所谓的"有效粒子加热"，即带电荷的太阳粒子改变赤道到两极的热流，从而影响全球的热循环。

科尔宾的预测记录（他预测自己2010年的胜算高达80%；ABC新闻曾说，"他并不完美，但非常优秀"。）表明他是对的，IPCC确实低估了太阳的影响；只是低估的程度有多大难以估量。位于德国卡特伦布尔格—林道（Katlenburg-Lindau）著名的马克斯·普朗克研究所主任萨米·索兰基则持中立态度："太阳的辐

---

① 译注：指复活节当天或前几天是下雪天气，大地一片白茫茫。
② 译注：指天气很好，适合野餐。

射更强，所谓的'温室气体'的含量更高，都会导致地球大气层的变化，但哪一方的影响更大则不好说。"加拿大克莱登大学（Carleton University）渥太华—克莱登地球科学中心的蒂莫西·帕特森主任则更明确地站在科尔宾一侧："太阳活动影响大于之前 CO_2 的任何影响，而且很可能还会这样。如果我们将赶上一个中等水平的太阳极小期，"他用了一个表示太阳黑子活动最弱期的术语，"我们将会看到很多远比'全球变暖'更严重的效应。"[38]这个重量级选手列表最后还有一位，即哈佛—史密松天体物理学中心的太阳和气候学家威利·苏恩，他曾在给我的邮件中写道："比尔·克林顿曾这样总结过政治：'那是经济，傻瓜！'现在我们也可以这样总结气候变化：'那是太阳，傻瓜！'"[39]

那么，我们应该相信哪一方呢——是支持 IPCC 的一方（在他们看来，人类活动导致全球变暖就像"手里握的石头一样确定的事实"[40]），还是认为这种警报就是谎言的另一方呢？我们即将面对的是另一个冰河世纪还是全球变暖呢？抑或是二者都有？回想一下伟大的数学哲学家阿尔弗雷德·诺思·怀特海德的话"没有百分百的真理。真理都是半真理。把它们当作百分百的真理对待就错了"。两个极端的观点很明了。一方描画了罗杰·雷维尔"我们处于历史的转折点"这句话所暗含的悲惨画面；另一方则近于完全否认。一方聚集了相信是人类活动导致了气候灾难的科学家，还堆满了图标和研究数据，另一方则集结了自己的一批专家，他们用不同的图表和研究成果论证一个不同的结论成立——两方都嚷嚷说对方完全错了。①

我们可以确定的是科学并没有完全明了——我们还有那么多未知领域，科学又怎么可能完全明了？过去 8 年里我从在图森和威尔逊山观测太阳的研究人员那里，从甘道尔夫堡的基督教天文学家和东安格利亚大学的天气分析人员那里，从帕萨迪纳大学的物理学家和来自中国、日本、印度、西欧、俄罗斯和南非的科学家那里了解到很多信息，但显然这些信息中并不存在一个差强人意的理论。我们仍在理解气候的路上。我的确相信我们对温室气体排放的控制是失败的，这会给我们留下隐患；不过，正如罗伯特·孔齐希在他研究全球海洋的著作中所指出的："可能一个世纪以后，我们的重孙辈会嘲笑我们对碳污染的焦虑，正如我们现在嘲笑机动车兴起之前关于城市街道将会被马粪埋没的预测一样。"[41]可能把像气候变化这样的现象归因于人类活动是一种自大行为。

₄₇₄

———————————

①　原文注：2009 年一位黑客披露了东安格利亚大学气候研究所的上千份邮件和文件，表明那里的研究人员一直在掩盖或左右证据，但他们的疾呼却言过其实：还有很多好的方面的证据可以考虑。

　　不过这场争论中有一点显而易见，不容置疑：显然太阳在拥抱着我们，太阳的大气和太阳风在包围着我们，它的物质在冲刷着地球，我们必须承认，主宰我们的这颗恒星仍是对生物，对气候最大的影响来源。除此之外的其他方面，我们仍在探寻。

第31章
不可能与超越不可能

> 定律 1：一位年长而又权威的科学家说某件事是可能的，他几乎一定正确；但他说某件事是不可能的，就很可能错了。
>
> 定律 2：发现可能的极限的唯一办法是跨出一小步到达不可能。
>
> 定律 3：任何足够先进的科技都与魔术无异。
>
> ——亚瑟·C.克拉克[1]

> 我们只能感到惊奇，而无法做出选择。
>
> ——H.G.韦尔斯，《时间机器》[2]

近两千年的时间里，我们所谓的科幻小说的作家们一直在构想有关太阳的情景。早期的科幻故事往往反映的是当时的价值观和关注点，与我们今天所说的科学相同之处并不多。随着时间的推移，人类关于宇宙的知识不断增长，科幻小说（science fiction，他们坚持不能简称为"sci-fi"）作家开始预测未来的——有时上百年后的——科学发现，就这样学术研究与文学创作似乎在预测将来方面轮番超越彼此，有时候还互为重要基础。

已知最早的科幻小说出自叙利亚—罗马雄辩家萨莫撒塔的吕西安（约120—180年）之手，在模仿《奥德赛》中更离奇的故事的作品中，吕西安描写了星际战争、被外星人绑架和月球旅行等情节。这部作品名为"真实的历史"，因为整篇故事没有一句真话。一个名叫恩底弥翁（Endymion）的角色描述了自己睡着时是怎样被带往月亮并逃离的。他计划向太阳居民开战，因为他们的国王法厄同（Phaethon）不允许他殖民金星。太阳居民赢得了接下来的大规模战争，法厄同修建了一道高墙阻挡从他的领地发出的阳光射向月亮，从而把月亮打入了永恒的黑暗。

另外两位早于吕西安的古代文学巨擘西塞罗和普卢塔赫分别在《西庇阿之梦》(*The Dream of Scipio*)和《月轮里的脸庞》(*Of the Face in the Moon Disk*)中也曾有对天体做出过推测，但都是非小说式的。为了寻找其他古代（据我们判断，差不多与吕西安同时代的）科幻小说作家，我们要环绕地球半圈来到中国，那里有伟大的宫廷天文学家张衡（78—139 年），他在《灵宪》(*Meditation on the Mystery*)一书中描述了超越太阳之旅。[3]1000 多年后，开普勒在一篇名为《梦》的故事的开篇再次提到了太空旅行的概念（讲到了一个男孩的月球之旅）。

17 世纪涌现了大量描写星际旅行的长篇故事，[4]这一潮流是在科学研究的爆发及各方面作家对科学研究的关注推动下产生的，一直汹涌到 18 世纪。1705 年，丹尼尔·笛福出版了《集运人，或来自月球世界的杂项交易记录》(*The Consolidator; or Memoirs of Sundry Transactions from the World in the Moon*)，书中提到一种足以到达当时看来还很遥远的月球的机器。

20 年后，乔纳森·斯威夫特出版了《格列佛游记》，书中提到了地球和太阳的寿命都是有限的，尽管只是以开玩笑的口吻，但这或许仍是第一次有人提出这样的观点。[比如，小人国（Lilliput）的国民的担心之一就是"太阳的脸庞会渐渐被自己的废料所覆盖，不再有阳光普照世界"。]参观位于拉格多伟大的学院时，格列佛发现其中的学员都在担心一个尾巴"一百万零十四英里长"的彗星会距离太阳太近，获得"万倍于烧红的铁块的热量"——足以烧掉地球。格列佛报告说："他们早上一见到熟人，第一个问题就是关于太阳的：日落和日出时看起来怎么样？他们逃过正在迫近的彗星炙烤的希望有多大？"[5]但这并不是唯一困扰小人国国民的事情；斯威夫特还讽刺了他们对太阳因燃料耗尽而死亡这种可能性的担心，这一想法极具前瞻性，不过斯威夫特自己并没有认真考虑它。

到了 19 世纪，大胆的作家开始把太阳视为一个普通的天体。比如威廉·赫舍尔（1738—1822 年），虽没有刻意去写科幻小说，却提出了太阳可能适宜居住的想法，这一科学思想大为超前。E. 沃尔特·蒙德（"蒙德极小期"为纪念他而得名）对赫舍尔的想法有如下评价：

477　　　他设想太阳的光和热有可能储存在外侧大气层里的一个薄层内，这一薄层之下有一层云阻挡了自上而下的阳光，这样就可能存在一个低温的固态内核。这个臆想的太阳内球必然只有白天，而且气候都一样。对于上面的居民来说，整个天空都发光，而不是只有某一部分发光；他还假定有一个种族在这片广阔的太阳土地上欢快地繁衍、耕作，永远没有黑夜……但现在我们知道，他所假想的与事实完全不符。[6]

看起来太阳是比较被看好的一个科幻小说题材，但作家们对它却没有描写太多。我们可能猜想儒勒·凡尔纳会对太阳很感兴趣，实际上他很少提到太阳，只是在《海底两万里》及续篇《神秘岛》（1874 年，更像一部浪漫小说而非科幻小说）中（稍稍）有所提及；凡尔纳写了二分点的影响、太阳平均时间和地球平均时间的不同性质、地球的自转，并提到了日晷计时，但没有提到星际旅行。

还有不少 19 世纪的小说家至少尝试过一次科幻小说创作——吉卜林［《晚间邮件》（*With the Night Mail*）和《非常简单》（*As Easy as A. B. C.*）］、爱伦·坡、詹姆斯·费尼莫尔·库珀、马克·吐温、赫尔曼·梅尔维尔，甚至亨利·詹姆斯——但要等到 1895 年才能读上一部关于太阳的重要科幻小说，这年一位伦敦书商为一篇 3.8 万单词的小说付了 100 英镑的稿费（对于刚从大学毕业的年轻人来说可不是小数字）——历史上最著名的科幻小说之一：《时间机器》。

赫伯特·乔治·韦尔斯（1866—1946 年）为不同的杂志撰写了至少 3 个版本的《时间机器》，不过深深吸引读者的却是以书的形式出版的版本。之前从没有人写过类似的小说。《时间机器》作为时代的产物，作为作者敏锐洞察力的结晶，已然成了作者的信念——未来将会是现存社会力量的直接结果——的传播者。它既是科幻小说，也是敌托邦社会学家[①]的宣言。书中韦尔斯设想一位发明家发现了把自己送到未来以及回来的方法，他从 19 世纪 90 年代看似稳定的日子出发，最终来到 3000 万年后的未来。在这遥远的未来世界里，没有名字的时间旅行者看到了正在死去的地球和上面的最后一批生物，此时地球"已经静止不动，一面朝向太阳"，半个地球一直为太阳所照射，另外半个地球一直处在寒冷黑暗中。478 在太阳照射的半球，危险的蟹状生物在"茂密的绿色植被"间血红的海滩上溜达。时间旅行者继续前行，看到太阳越来越暗，越来越红：

> 最后，稳定的微光笼罩着大地，这是亮度只相当于偶尔划过夜空的彗星的微光。太阳所独有的光环早已消失不见；因为已经不再有日落——太阳只是在西天上升、下降，且变得更大更红……最终，在我停下之前的某个时刻，又红又大的太阳静止在地平线上，像一片巨大的暗淡的穹顶在散发余

---

① 译注：敌托邦，dystopian，乌托邦的反义词，指虚构的地方或国家，那里的一切都是丑恶的，尤其指环境恶化或存在极权主义。

热，时不时地向毁灭迈上一步两步。某一时刻它又变得更加明亮，但很快就回到黯淡的红热状态。我意识到太阳的上升下落是潮汐作用的结果。地球已经静止下来，一面对着太阳，就像我们那时候月亮的一面对着地球一样……

为了一探地球神秘命运的究竟，我就这样进行时间旅行，每隔1000年或更长时间停下一次，带着奇怪的痴迷，看着西天的太阳越来越大，越来越暗，地球上原来的生命渐渐衰绝。[7]

实际上韦尔斯至少从斯威夫特开始就在探讨一个深深吸引了众作家的课题：太阳能持续多长时间（及由此得出的我们地球的寿命）。韦尔斯时代的不少作品——比如著名天文学家卡米耶·弗拉马里翁的《欧米伽》（*Omega*，1893—1894年），乔治·C.沃利斯的《地球最后的日子》（1901年），以及威廉·霍普·霍奇森的《边境线上的房屋》（*The House on the Borderland*，1908年）——都假定太阳的能量来自于化学燃烧，而且在可预见的将来，太阳的燃料将燃烧殆尽。[8]

温斯顿·丘吉尔在小说《萨伏罗拉》（*Savrola*，1899年）中也考虑过枯竭的太阳，但他认为这个逐渐毁灭的过程只是一种可能，人类具有特定的道德和心理特征才能遇上的一个大挑战。在其中一节，他的主人公（高度理想化的他自己）通过一部望远镜观察木星，并考虑了"木星在表面因温度降低而可能出现生命之前要经过的漫长时间"，可以想象，这样一来就会产生某种形式的外星乌托邦。不过他最后总结说，即便这样，"生命的完美进化将以死亡终结；整个太阳系，整个宇宙自身，终有一天将变得寒冷荒凉，就像燃尽的烟火"。[9]这一情形可能正是韦尔斯故事的结局——两个悲观结论都是由既是有抱负的抑郁症患者，又是致力于提升公众智慧的伟人给出的。①

20世纪30年代，人们已经知道了太阳通过热核反应产生热量且其燃料终有耗尽的一天。克莱尔·阿什顿是当时紧跟这一方向的少数女性之一，她创作了小说《凤凰》（*Phoenix*），讲的是为了使一颗枯萎之星重新燃烧起来而进行的一场空间之旅——吉恩·沃尔夫的系列小说《新太阳之书》（*The Book of the New*

---

① 原文注：丘吉尔是韦尔斯作品的忠实拥趸，偶尔还会借用其中的短语，比如"聚集的风暴"；1931年他还宣称自己甚至能够"通过关于这位偶像的考试"。1947年，他幽默地称赞韦尔斯："是一位预言家。他的《时间机器》是一本伟大的著作，与《格列佛游记》处于同一级别。这是我去炼狱时想带的书之一。"而韦尔斯则在《神一样的人》（1923年）中创作了一幅丘吉尔的漫画。

丹尼·博伊尔 2007 年导演的电影《阳光》设想了这样的场景：太阳正在死去，人类
向它发射一枚携带热核炸弹的火箭重新将其激活。

Sun，1980—1983 年）也用到了死星复燃的想法。[①] 尽管 19 世纪 80 年代人们就
知道了太阳的表面温度，约翰·马斯丁还是在《乘坐飞船穿越太阳》（*Through* 480
the Sun in an Airship，1909 年）中描写了这种空间之旅，而 H. 卡纳的《太阳皇
后》（*The Sun Queen*，1946 年）讲的则是太阳黑子。

　　从 20 世纪 30 年代起，人们开始不再把科幻小说创作者仅仅视为业余发烧
友：1945 年 11 月，很有影响力的杂志《超科学惊骇志》（*Astounding Stories of
Super-Science*）的主编，伟大的科幻小说编辑约翰·W. 坎贝尔对过去几十年做
了一个全面的总结："其他类型的作家突然不再像以前那样，把科幻小说创作看
作是做白日梦，而且就带给人们心灵上的满足来说，很多情况下科幻小说创作者
还成了其他创作领域的专家。"[10] 克利福德·D. 西马克的《消除太阳黑子》
（*Sunspot Purge*）（1940 年）和菲利普·莱瑟姆的《干扰太阳》（*Disturbing Sun*）
（1959 年）建立了地球上的事件与太阳黑子周期之间的联系。1950 年罗伯特·海

---

　　①　原文注：电影界电视界也对这一想法很感兴趣。但太阳自身并不是一个关注点［尽管《星球
大战》（*Star Wars*）中有一幕是天行者卢克（Luke Skywalker）看到自己行星家园广袤荒凉的土地尽
头有两个太阳正在沉下地平面］，电影主要关注于空间旅行和空间战争。2007 年由《贫民窟里的百万
富翁》（*Slumdog Millionaire*）的导演丹尼·博伊尔导演的电影《阳光》（*Sunshine*），就假设太阳迅速
失去能量，人类向太空发射一枚火箭去激活太阳的热核反应：正如一位科学家所说，"太阳正在死去；
我们的目的——在恒星内部创造一颗恒星"。编剧亚历克斯·加兰带我参观了片场，那是伦敦东南部
一片几英亩大小的仓库：每一处细节，包括飞船的供氧花园，都经过了天文学家的确认——很可能这
是第一次。

因莱因所撰的 6 个连续故事《卖月亮的男人》（"未来勇敢男人的大胆探索……那是一个可直接利用太阳能的世界"）的结尾就是一张"未来历史年表 1951—2600"，预测了 2075 年的气象控制和 2100 年的星际旅行，之后是太阳系的统一。[11]

20 世纪 50 年代科幻小说的另一个黄金时代拉开帷幕，考德维那·史密斯（伟大的反华心理学斗士保罗·莱恩巴格的笔名，1913—1966 年）和波尔·安德森（1926—2001 年）都是这一时期的作家。在史密斯的小说《航行在心灵之海的女人》（*The Lady Who Sailed the Soul*，1960 年）中，航行家乘太阳风在天上穿行。[①][12]同样乐于创作经典科幻小说或新科幻作品的安德森的兴趣点在于可能存在的非类地行星、空间探索带来的益处，以及在他视为"不友好而又贫瘠的一团糟"的太阳系之外进行的超光速旅行。在他的小说《隐形的太阳》（*A Sun Invisible*，1966 年）、《没有星星的世界》（*World Without Stars*，1966 年）和《燃烧之日》（*Day of Burning*，1967 年）中，空间旅行者去了其他星系，而在小说《漫长归乡路》（*The Long Way Home*，1955 年）里，他设想太阳系变成星际皇帝的宝座，地球因温室效应而变成伊甸园，太阳变成无辜旁观者的情形；不过他从不曾把太阳设定为罪恶的角色。

西奥多·L.托马斯在《天气预报员》（*The Weather Man*，1962 年）一书中也展现了对人类创造力的这种自信，书中的科技人员乘坐"固着式飞船"掠过太阳表面去修正其辐射——本书是这位化学工程师转行的专利律师的代表性乐观主意作品。在菲利普·E.海伊的《挥霍的太阳》（*Prodigal Sun*，1964 年）一书中，强烈的太阳辐射爆发射向地球，科学家不得不在外大气层构造一个气态屏蔽层。

另有一些作家想象了太阳变热，而不是冷却或消失的情形。《潜日者》（*Sundiver*，1980 年）一书中对人类与恒星近距离相遇的描写，体现了作者戴维·布林对当代科学的出色把握。在《三百中之一》（*One in 300*，1954 年）一书中，约翰·D.麦克唐纳与其他 10 个人在人们发现地球注定要毁灭后不久一起前往火星："现在地球已经死了，成了一片被蒸熟了的不毛之地。"（关于火星的科幻小说多于关于其他天体的。）罗伯特·西尔弗伯格的小说《声明人托马斯》（*Thomas the Proclaimer*）是构成《太阳静止之日》（*The Day the Sun Stood Still*，1972 年）

① 原文注：2009 年 11 月，《纽约时报》的科学通讯员报道："如果一切顺利，大约一年后，一枚火箭将在距离地面 500 英里处释放面包大小的一个盒子。这个盒子将在太空中展开 4 块月光一样明亮的三角形帆。之后它将乘太阳光缓慢上升，在星际间穿行……它将是一个始于火箭时代的浪漫梦想的里程碑：乘星光在星际间航行。"读到这样的报道时，科幻小说就变成科学事实了。

的三篇独立署名的小说之一，其中讲到太阳在轨道上止步不前，成了潜在的飞船捕获器。

这些作家对探讨太阳本身或因太阳内部事件而把它作为故事中心都没有太多兴趣；甚至对于休·金斯米尔的《世界末日》（*The End of the World*，1924 年）和拉里·尼文的《善变的月亮》（*Inconstant Moon*，1971 年）来说也这样，这两个故事都是基于太阳可能会爆发为新星的想法撰写的。雷·布雷德伯里是个例外，他在 1953 年的小说《太阳的金苹果》（*The Golden Apples of the Sun*）中把

2005 年 5 月 19 日，NASA 的火星探测器"精神号"（Spirit）捕捉到太阳从这颗红色行星的古谢夫坑（Gusev crater）边缘落山的壮丽景色。由于火星到太阳的距离比地球远，太阳看起来只有地球上的 2/3 大。

另一个伊卡洛斯送往太阳"去触摸它并把其中一部分偷走，不再还回"。[13] 为了让 482 故事中的这一壮举得以实现，布雷德伯里做了一个并不能令人信服的设想，一个奇怪的机器手持巨大的金属杯子，舀取所需量的"珍贵气体"。杯子完成了这一工作，故事结尾火箭返航，"带给地球一团永远燃烧的火"。飞船船长问道，这趟太阳之旅目的何在，"玩捉迷藏，打游击战吗"？布雷德伯里给了我们一个生动的答案："地球上我们所能利用的原子很可怜；原子弹也很可怜，很小，只有太阳清楚我们想了解的。"赋予太阳以意识，并非只此一例，但这个比较令人信服。

点燃新太阳以替代现有太阳的想法，既不能说是痴人说梦，也算不上是科学

展望。1957—1958 年，弗雷德里克·波尔和 C. M. 科恩布卢特合著了《狼毒》（*Wolfbane*）一书。故事年代为 2203 年，一颗由被称为棱锥（Pyramids）的机器所盘踞的流氓行星绑架了地球和月球，并把它们带回了自己的星际空间。"太阳太遥远了，无法利用。棱锥在天空中用旧月球建造了一颗新的小太阳——寿命为 5 年，燃尽后再用新的太阳替换，如此永远持续下去。"[14] 这部小说的开头是一个角色在反思最新的这颗太阳可否再生：

> 　　一周后天文学家知道有什么事情要发生。一个月内月亮喷出火焰，变成一颗新太阳——需要这样一个开始，因为母太阳显然更加遥远，几年后它就成了一颗不起眼的星星。
>
> 　　小太阳燃成灰烬后，他们……将会在天空挂上一个新的小太阳；每 5 年左右一次。新的小太阳仍是原来那个月亮所变的小太阳；只是原小太阳熄灭了，需要重新点燃。第一个这种小太阳诞生时，地球上的人口是 100 亿。随着这一系列太阳的熄灭、重燃，会发生一些变化；气候出现波动；新光源的辐射量和辐射种类都有巨大不同，一切都发生了改变。

　　这就是波尔和科恩布卢特的奇思妙想，之后故事很快又落入俗套；但它仍不失为太阳耗尽这个主题上一个有趣的变奏——20 世纪科幻小说二"王"，艾萨克·阿西莫夫和亚瑟·C. 克拉克后来在他们的作品中更深入地讨论了这个主题。

　　艾萨克·阿西莫夫（1920—1992 年）出生于苏联斯摩棱斯克州的 Petrovichi shtetl，不过 1923 年父母带着一家人来到了美国，并买下了一批糖果店，在老式低劣科幻小说最火爆的年代，他家的糖果店大多也都做这方面的生意。到了 11 岁，阿西莫夫开始自己创作科幻小说（总共撰写或编辑了 500 多本书、约 900 封信件和明信片，出版作品涵盖了杜威十进制图书分类系统中除心理学之外的所有主要学科）。到 21 岁时他已创作了 31 篇小说。"我……充其量不过是一个稳步创作，（或许）有可能成功的三流角色。"[15] 后来他于 1941 年 3 月 17 日拜访了《超科学惊骇志》的办公室，编辑约翰·坎贝尔告诉这位初出茅庐的作家一个想法：

> 　　他引用了拉尔夫·沃尔多·爱默生共 8 章内容的《自然》（*Nature*）中的一段话。爱默生在第 1 章中说："如果千年时间里只有一个晚上星星会出现在天空，人们的信仰和崇拜又从何而来？上帝之城的记忆又怎么能经历数代人保留下来呢……"坎贝尔要我读这部书，并说："阿西莫夫，如果千年

以来人类首次看到星星，你觉得将会怎样？"

我想了一下，却毫无头绪："我不知道。"

坎贝尔说："我想他们会发疯。希望你能就此写个故事出来。"[16]

次日阿西莫夫开始创作 28 页的《日暮》（*Nightfall*，共 13300 个单词），23 年后这一故事被美国科幻作家协会评为同类故事中最优秀的一篇（此次投票人数相当多）。而且这一故事重刊十分频繁，阿西莫夫自己都说："它的知名度太高了，不会再有作品可与之比肩。"（后来阿西莫夫将这一故事扩充为一部小说，丰富了很多细节，包括最终的大劫难。）我承认，我不喜欢其中的人物角色，觉得故事情节也不精彩，但这一故事确实提出了一些有意思的想法，特别是关于多太阳行星存在的可能性的想法。

故事场景设在了拉盖什（Lagash）行星上的萨罗城（Saro City）。长期以来该行星一直沐浴在 6 个太阳的光辉里。6 个太阳的运行轨道是恒定的，所以任何时候都至少有 1 个太阳在闪耀；不过故事一开始，6 个太阳中的 5 个都依次熄灭了。当最后一个太阳贝塔（Beta）熄灭时，整个行星将陷入让人发疯的黑夜。拉盖什人民缺乏应对这一时刻的精神装备，准备成为 9 个在最高点陨落的文明中的最后一个。[17]

我们现在知道，现实宇宙中存在拉盖什的多太阳。

UFO 发烧友相信在日食的特殊时刻尤其容易看到飞碟。照片中两个圆泡被援引为证据（1954 年 6 月 30 日由芝加哥的米尔德丽德·梅尔拍摄）。

484 　　2006 年一位天文物理学教授报告说，研究人员们不断在银河系外发现有星系至少存在一颗有一个以上恒星的行星：最近发现的一个名为 HD 188753 的行星，位于天鹅座，距离地球 149 光年，有 3 个太阳为它提供热量。[18]

　　重燃或更换濒死的太阳这一主题——实际上指把卫星转化为太阳的想法（正如《狼毒》中那样）——先前曾为亚瑟·C. 克拉克（1917—2008 年）所采用，创作了 1951 年出版的小说《火星之沙》（*The Sands of Mars*）。克拉克这部小说中，科学家在进行一个"黎明工程"，要把卫星佛波斯（Phobos）点燃，并持续燃烧至少 1000 年，成为火星的第二个太阳，希望多余的热量加上大量产生氧气的植物，会让火星大气变成可呼吸大气。《火星之沙》中的科学思想在某些方面早于《狼毒》，考虑到其作者的才华，这并不奇怪。

　　克拉克出生于英国西南部的萨默塞特郡，与阿西莫夫一样是伴随着大量美国通俗科幻作品成长的。他以一名雷达专家的身份参与了不列颠空战，负责早期预警防御系统，继而迷上了空间飞行。他早期写的故事发表于 1937 年到 1945 年的科幻杂志，第一篇专业作品创作于 1946 年，而从 1951 年起他开始了全职写作。他的很多后期作品（他创作或编辑了 70 多部作品）写的多是科技发达但视野狭

485 隘的人类面对高级外星智慧生命的故事，不过大体上他的态度还是积极的，认为人类依靠科技发展能够进行宇宙探索。[①]

　　他的故事有 7 篇直接与太阳相关。早期的一篇故事《恒星》（*The Star*）于 1955 年 11 月入围伦敦《观察家》（*Observer*）短片故事赛（且其价值完全被低估）后获得出版。故事开始于一艘飞船（"没有其他飞船曾离地球如此遥远"），飞船的使命是探索一颗超新星的残骸，船员们发现"一颗小行星在远距离上围绕这颗恒星旋转"，这一行星上曾经存在过智慧生命。消亡已久的居民留下了一座巨大的拱顶，这是"很多方面都比我们先进的某种文明"存在过的证据。离开这颗超新星时，首席天文物理学家兼耶稣会牧师思忖道：

　　　　我知道同事们将在回到地球后给出的答案。他们会说宇宙没有目的没有

---

　　① 原文注：1972 年前后，阿西莫夫和克拉克在曼哈顿同乘一辆出租车后，一起发表了《公园大街约定》（*Treaty of Park Avenue*），声称阿西莫夫必须坚称克拉克是全球最优秀的科幻小说作家（第二留给阿西莫夫自己），而克拉克必须坚称阿西莫夫是最优秀的科学作家（第二留给克拉克自己）。于是就有了克拉克《三号行星报告》（*Report on Planet Three*，1972 年）中的献词："按照克拉克—阿西莫夫约定，第二优秀的科学作家将本书献给第二优秀科幻作家。"不过作为科幻作家克拉克更优秀一些的说法是合理的。

计划，由于银河系每年都会有 100 颗太阳爆发，此刻太空深处必然有某一种族正在灭亡。这一种族存活期间作恶行善最终结果没什么两样：没有神的审判，因为没有上帝。不过，我们所看到的当然证明不了什么。[19]

利用满船计算机生成的信息，他计算出了超新星爆发发生的确切日期，这次爆发产生的光芒一定盖过了"该星系里的所有恒星"，而故事的结尾则告诉大家伯利恒的牧羊人和智者所看到的也是这次爆发。故事情节的确别出心裁，不过最吸引人的是克拉克早期对尚未揭开面纱的世界和其他太阳存在的可能性的痴迷。

1958 年克拉克发表了《中暑小事》（*A Slight Case of Sunstroke*）——虽只是一个短篇，但其中却提到了反射阳光的强大威力。在玻利维亚拉丁共和国的首都，一场重要的足球赛正在进行，气氛高涨。此时显然收受了客队贿赂的裁判判定玻利维亚队的一个进球无效。他犯了一个错误：主队支持者所买的"帅气的纪念品"由锡箔制成，很快 5 万块临时镜子对准了这位裁判：

> 直到此刻我才知道阳光中蕴藏着多么巨大的能量；正对太阳的 1 平方码面积接收的阳光的能量远超 1 马力。投射在巨大体育馆一侧的热量大部分都转向了裁判所占据的一小块面积……他至少承受了 1000 马力的热量……他们在玻利维亚踢球可是动真格的。[20]

克拉克其他一些以太阳为主题的故事分散在他的 2001 系列长篇故事中：《2001：太空冒险》（*2001：A Space Odyssey*）、《2010、2060：太空冒险 Ⅲ》（*2010，2060：Odyssey Three*）和《3001：最终冒险》（*3001：The Final Odyssey*），所有这些长篇故事均著于 1968 年到 1997 年间。1960 年的故事《伊卡洛斯的夏日时光》（*Summertime on Icarus*）更为严肃，它是在原版希腊神话①的基础上写就的，讲述了一艘名为"普罗米修斯（*Prometheus*）"的太空飞船试图搭乘附近环绕的被称为"太阳系中最热的房地产"的小行星伊卡洛斯靠近太阳的故事：

---

①　原文注：代达罗斯（Daedalus）与儿子伊卡洛斯被弥罗斯（Minos）王出于报复囚禁在一座高塔中。代达罗斯制作了两组翅膀，用蜡黏在自己和儿子的肩膀上。代达罗斯警告儿子说不要飞得太高，否则蜡会熔化。父子俩飞离高塔而去。获得自由后的儿子欣喜若狂，不断飞向高处；毫无疑问，炽热的太阳把蜡熔掉了，伊卡洛斯一头扎向了大海。

486

这是探索飞船在由石块和铁构成的 2 英里厚保护层的保护下，飞入距离太阳仅 1700 万英里范围内的唯一机会。飞船可以躲在伊卡洛斯的阴影里，围绕着太阳火球安全飞行。[21]

这种紧密接触看似注定会失败，但克拉克一定心怀愧疚，因为即便失败了他仍让主人公宇航员谢拉尔德（Sherrard，在一大块金属辐射屏蔽箔的帮助下）活了下来——尽管他距离被活活烤死仅一步之遥，这也告诉了我们读者靠近这一巨大热源的危险性。

克拉克的下一篇太阳之旅《太阳吹来的风》（*The Wind from the Sun*，1964年），写的是半平方英里大小的太空帆船在太阳风暴中开展的一场"别开生面的帆船竞赛"。克拉克再次走在了大多数太阳科学家前面：

487

> 太阳深处，巨大的能量正在聚集。每时每刻都可能有相当于百万颗氢弹的能量在被称为太阳耀斑的大爆炸中释放出来。一颗大小是地球数倍的隐蔽火球以每小时数百万英里的速度冲向太阳表面，最终离开太阳，飞向太空。[22]

在整个成年阶段，克拉克一直极力主张人类的命运并不局限于地球（于是就有了他的 2001 系列）。他的作品通常是预言书，比如 1945 年他发表在《无线电世界》（*Wireless World*）杂志上的作品对通信卫星做了详尽的说明，比人类首次步入太空早了 10 多年。借用 19 世纪心理学家兼哲学家威廉·詹姆斯的一句话，探索太阳系可能在"伦理上"起到"等同于战争"的作用，因为它给了本来可能带来核屠杀的能量一个释放的出口。[23]如果你觉得这种想法很牵强，不妨想想乔治·W. 布什总统 2004 年曾提议把人类送上火星，而理查德·布兰森目前正在提议付费太空旅行。①

克拉克最让人难忘的太阳故事是 1958 年发表的《太阳之外》（*Out of the Sun*）。故事中的讲述者搭乘（当时所相信的）在水星半阴影区中飞行的一艘飞船，作为小组一分子在太阳黑子最活跃期探索太阳的内部情况："从远 X 射线到

---

① 原文注：见杰拉尔德·乔纳斯的亚瑟·C.克拉克讣告，刊于《纽约时报》2008 年 3 月 19 日 C12 版。Virgin Atlantic 的一个子公司 Virgin Galactic 拟于 2011 年发射太空船二号（*SpaceShip Two*），这是一枚载有 6 名乘客的混合动力火箭。不过，距离太阳还远着呢：火箭只会到达 68 英里的高度，乘客将在人均花费 20 万美金、耗时 2 个半小时的旅程中体验 4 分半钟的失重——并欣赏壮观的景色。布兰森承诺 10 年内将把费用降至 4 万美金以下；已经有 340 个舱位预定了出去。

最长的无线电波，我们布下了天罗地网；无论太阳有什么动作，我们都严阵以待。我们就是这样想的。"接下来的内容更像是就人类对太阳的态度所做的思考，而不是一则故事，但仍值得一听：

> 这些远远飞离太阳的大团离子气体云肉眼完全看不见，甚至最敏感的感光片也无法捕捉它们的踪影。它们是在短短几小时生命周期内出没于太阳系的幽灵；如果它们没有反射我们的雷达波或扰动我们的磁力仪，我们永远不会知道它们的存在。[24]

他在雷达扫描仪上发现了一个"不同于以前所有的太阳现象记录的……细微回波"，他将其归因于一片长 500 英里宽 250 英里的气云——而且这气云还展现出了智慧生命的特征：

> 现在看来……这一想法不再奇怪。什么是生命？不就是有组织的能量吗？能量呈什么形式重要吗——像我们所知道的地球上的化学形式，抑或纯粹的电能？……只有形式才重要：物质自身毫无意义。但当时我没有想到这一点；看到这一太阳生物走到生命尽头时我只感觉到这是一个震撼人心的巨大奇迹。

这片云触到水星面向太阳一侧后，就永远消散了：

> 它有智慧吗？它能理解自己无法抗拒的宿命吗？或许，在最后几秒钟，它知道有什么奇怪的事在等着它……因为它开始改变……可能我所研究的是一个临终因恐惧而抽搐的无思想怪兽的大脑——或者是一个与宇宙和平相处的神一样的生物的大脑。

不管你怎么看克拉克天马行空的想象力，都不能否认这篇科幻小说带给人们的是高度震撼（尽管总长度还不到 6 页），其科学上的精确已达到极限，提出的问题今天的天文学家仍觉得很中肯。J. G. 巴拉德（J. G. Ballard）曾断定，科幻小说的所有预言在不久的将来都将变成现实，[25]虽显夸张，却可以体谅；更准确的是克拉克的看法："大部分科技成就都以人们的作品和想象为先导。"我们如何对待太阳——或者说逃离它——将来很可能就会印证科幻小说中所描述的内容。

第 32 章
太阳之死

如果太阳抛弃了白天，/生命又将如何？

——科尔·波特，《我爱你吗，爱吗？》

太阳接连下沉，系统彼此碰撞
一窝蜂陷落于黑暗中心，消逝不见。
而黑暗、黑夜、混沌则把一切混缠！

——伊拉斯谟斯·达尔文[1]

在 C.S.刘易斯的《纳尼亚传奇》最后一卷，被施加了魔法的王国在太阳爆炸时灭亡了："最后太阳升起来了……他们马上就知道太阳也正在死去。太阳是本来大小的 3～20 倍——而且呈深度暗红色……在太阳的反光下整个毫无生气又无边无际的水面就像一片血海。"[2] 所以死亡必将降临所有的世界，也降临于我们的太阳。在这一时刻到来之前，如果可能的话，我们还必须忍受其他多种恐怖。比如，艾萨克·阿西莫夫在《大灾难的选择》一书中就曾考虑过，如果太阳和地球稍稍偏离了现在的轨道，它们会不会发生碰撞。他排除了这种可能性；但太阳是否会与另外一颗行星发生碰撞就要另说了。

太阳距离由 1000 亿颗恒星构成的银河系的中心 32000 光年，运行速度为 155 英里/秒，大约 2 亿年才能环绕一周，这意味着太阳自诞生以来共绕银河系中心运行了 24 周或 25 周。自宇宙诞生以来的 137.3 亿年里，我们银河系中的恒星的轨道已经充分演化，不会再发生碰撞；不过个别恒星或星团还有可能改变运行方向，即便不与太阳发生碰撞，近距离掠过也足以改变太阳的轨道，这无疑将会影响到地球上的生命。[3]

阿西莫夫承认，这种灾难的可能性"的确非常小"，并指出不管怎样我们都会有 100 万年的预警时间。不过，一颗漂移的黑洞（阿西莫夫划分的第二类可能的灾难）留给我们的预警时间可能只有几年：2005 年科学家发现一颗太阳系大 490 小的黑洞迄今已经吞噬了 3 亿颗太阳大小的恒星，幸运的是这颗黑洞距离我们 26000 光年（15.34 亿亿英里），或者说日地距离的 63000 倍。如果一颗小黑洞击中太阳，太阳可能吞没小黑洞而不会有大的影响；不过也有可能黑洞会导致太阳的最终坍缩或爆炸：对于地球人来说这可不是什么好消息。阿西莫夫进一步考虑了反物质星团和不发光星体（或称"自由行星"），二者都有可能闯进太阳的轨道，带来灾难性后果：不过这样的话，理论上讲布兰妮 · 斯皮尔斯（Britney Spears）可获得奥斯卡奖。人们觉得阿西莫夫列出的只是物理上可能的现象，实际上却不会发生。

　　自阿西莫夫的书面世以来，小行星撞地球这种可能性一直为人们所津津乐道，一直在影视作品中上演，无止无休。太阳系中有 110 万到 190 万颗小行星，足以让我们产生这种担忧，而且每个月还会新发现 5000 颗。[4] 科学家曾预测一颗 1000 英尺大小的小行星将于 2029 年与地球有一次距离 15000～25000 英里远的亲密接触，之后又绕回来，2034 年前后可能直接撞上地球。地球的大气层被各种篮球大小（一天数次）到汽车大小（一年 2 次）的天体冲击。现在 NASA 的大型综合巡天望远镜正在监视天外这种导弹，这里太阳所起的作用可不寻常：这台望远镜有一个盲点，缘于位于地球正前方或正后方的这些天体很容易为太阳的光芒所遮蔽。阳光也会影响到直径小于 1 英里的小行星环绕太阳的平均距离：吸收阳光会导致小行星自转的改变，使其像"风中的弹球"一样沿轴向加速。[6] 很多小行星因光压而分解：但如果是一颗朝地球飞来的小行星的话，根据近期的一个估算，我们必须提前 10 年使其速度改变 1mm/s 才能让其转向。①

　　天文学家已经对太阳系的稳定性问题着迷了 200 多年，也被它折磨了这么久。不过让当代专家尴尬的是，目前这个问题仍是天体力学问题中尚未解决的最 491 复杂的计算之一。但是很久以前迷信和无知的人们已经开始给出自己可怕的预测结果了。比如，北欧神话认为，太阳终将在三年芬布尔之冬（Fimbulwinter，末

---

　　① 原文注：2005 年 2 月《太阳》（The Sun）杂志打出了封面头条：世界末日施难者——杀手流星冲我们而来。由于 2012 年的碰撞，这颗流星"可轻易实现《启示录》中的'四骑士'预言"。按照这份权威杂志的说法，"这颗直径 4000 英尺的石冰球足以摧毁整个地球，外面还包裹有罕见的四层灰尘和碎片云，直径达数千英里"。不过这份杂志却建议读者："如果你能买得起，就装一个空气净化器吧。"这句话不啻为另一个威胁。

日寒冬）过后熄灭，这三年时间里，地球上处处刮着刺骨寒风；之后到来的是诸神的黄昏（Ragnarok），永恒的黑暗将会降临，太阳和月亮都被吞噬，宣告末日的到来。这一信念触到了一个人的痛处：查尔斯·达尔文，他在 1865 年写给朋友的一封信中说："他自己特别害怕……有一天太阳会凉下来，我们都将受冻。"[8]人们通常将世界的消逝与太阳的死亡联系起来，当然只是因为在达尔文时代，人们还没有发现核聚变，不清楚太阳能的来源。现在我们知道了太阳能从何而来，也清楚太阳的氢元素是有限的，从而可以描绘末日将如何到来。

太阳的寿命在于精确的平衡：在自身引力作用下收缩的同时，内核中的热核反应释放出膨胀力，二者彼此抵消。只有这两种力处于平衡状态太阳才能维持自己的形态，这又要求更快地消耗太阳体内的氢元素。燃料将会在某一时刻耗尽。太阳的光球层由 90% 的氢、9.9% 的氦，还有另外 67 种元素（比如铁、钙、钠）和 18 种化学成分构成，反映了太阳生成时的组分构成（尽管日核内的等离子体的高压高温所导致的热核反应会逐步改变日核的构成）。恒星越大，温度就越高，消耗氢的速度就越快。质量大于太阳的恒星消耗核燃料的速度远快于太阳，因为它们的温度也比太阳高得多。

这不过是一个已经持续了数十亿年并将再延续几十亿上百亿年的过程的一部分。至少 25 亿年以前，太阳才收缩为一个直径 1.86 亿英里的球体；这时它的直径才小于地球轨道。地球于之后的某一时间点生成（基本上就在太阳开始发光时生成的）。太阳继续收缩，但速度并不是很快，其生命不会很快走到尽头：每秒钟它都会损失数百万吨的物质，与它通过热核反应产生的能量相当。另有几百万吨的物质以太阳风及其他粒子排放的形式损失掉。

尽管太阳最终将冷下来，但在此之前它要先经历一个漫长的变热的过程。日核因氢变氦而收缩，导致太阳的引力场增强，内部温度升高，从而会出现轻微的膨胀。最终太阳将变得十分炽热，导致新的热核反应，日核里的氦核将结合形成分子量比其更高的原子核，比如碳、氧、镁和硅；此时至关重要的平衡将会被打破，太阳开始膨胀，最大直径将达到现在的 256 倍，最高亮度将达到现在的 2730 倍，从膨胀的表面将发出更强烈的辐射；最终太阳将变成一颗红巨星。

接下来的几十亿年里，太阳将稳步、安静地熔合原子核——只不过不再燃烧氢原子核，这一主要成分枯竭后太阳将重组自己的结构以燃烧次丰富燃料：氦核。为燃烧氦核太阳需要更高的内核温度，所以太阳的内层区域将会收缩，温度进一步升高。同时外层区域将大大膨胀。在生命的最后几十亿年里，太阳的亮度仍将增强 10%，地球表面温度将因此升高至 3600℉（2000℃），足以导致地球开始熔化。丹尼斯·奥弗比是这样描绘这一情景的：

> 　　掠过太阳的火焰时，光秃秃燃烧着的地球会在太阳表面鼓起一个包。但这个包会因摩擦力而跟不上地球的脚步。由于这个包的引力拖曳作用，地球将会旋转着向太阳内部而去，而太阳膨胀的大气带来的摩擦将进一步减慢地球的步伐。
>
> 　　之后地球将跌落（进太阳）。[9]

　　科学家一致认为，地球上的生命将会存在 50 亿～70 亿年——但不是人类，人类存在的时间要短得多。长期与我们为敌的将是高温和二氧化碳缺乏；距今 5 亿年后，二氧化碳的浓度会低到大多数植物都无法进行光合作用的水平，地球的平均温度将达到 120℉（49℃）。接下来的 10 亿年里，植物灭绝后大气层里将充满水蒸气，正如地球刚刚诞生时那样，而且还有强烈阳光的不断照射。距今 25 亿年后，最后的水分子将消失不见，地面上将流淌着岩浆，地球将成为一个炙热而没有生机的世界。

　　与水星和金星不同，地球有可能逃脱被太阳吞噬的命运——太阳在红巨星阶段膨胀到极限时将会吞没水星和金星。最新研究表明，尽管地球处于被吞没的临界点，但被吞没的可能性更大。不过即便地球确实位于太阳巨大的膨胀体之外，来自太阳的巨大热量也会导致它气化。

　　如果地球逃脱了被吞噬被蒸发的命运，对我们来说又意味着什么呢？人类仍能继续生存在这颗星球上吗？邻居星系里的一

493

一幅电脑制图，描绘的是 50 亿年后在太阳的炙烤下濒死的地球。海洋已经蒸发殆尽，只剩下包裹着盐层的石块。月亮行经已处于红巨星阶段且大大膨胀的太阳前面。

颗行星的命运可做参考。天文学家平均每个月都会新发现 2 个类地球天体；已经记录下来的有 330 个。2007 年，天文学家发现一颗被称为飞马座 V 391 的类地球行星，这颗大行星的质量至少相当于木星的 3 倍，围绕着飞马座里的一颗距其 1.5 亿英里的暗星旋转。这颗已进入红巨星阶段的暗星爆发了，损失了一半的质量，但并没有摧毁飞马座 V 391；飞马座 V 391 如果能幸存下来，或许地球也可以。①

至于其他可能，如艾萨克·阿西莫夫所说："至少会出现大量的告警现象。如果人类经历这几十亿年后仍能幸存下来，这几十亿年里他们就会意识到必须计划逃离方案。随着科技的发展……人类有可能成功逃离。"所以我们不仅要为太阳死亡过程的各个阶段建立时间表，还要探索从地球移民或把地球挪开的办法。对于人类来说尤其危险的时刻是第一红巨星阶段末期，此时太阳将十分明亮，其氦核将在一次大爆发中熔合。太阳掀掉外层时是另一个危险期；此时太阳的质量将减小，引力场将减弱，对行星（包括地球）的束缚将放松。行星不再紧紧束缚在原来的轨道上，新的轨道有可能彼此交错，更有甚者，行星有可能与太阳发生碰撞。为了找到一条出路，这里我要借用一下伍迪·艾伦对未来的预测："我自己想，如果我们的太阳突然爆炸，地球将会飞出轨道，驰入无穷——总是带上手机的另一个好理由。"10

但并不是一切都将失去。人类的智慧几乎是无穷的，而且我们也正在探索迁居太阳系其他行星，或行星的卫星——或彻底迁出太阳系的可能性。有一种或许还比较遥远的可能性，就是一连串的小型核武器推进星际飞船：这些核弹会接连爆炸，星际飞船将"乘"核爆闪光飞入一个远离地球的轨道或者更适宜居住的地方。加州大学的唐·库赛坎斯基和格雷戈里·劳克林、密歇根大学的桑塔·克鲁兹（Santa Cruz）和弗雷德·亚当斯 2001 年发表的一篇文章概括了另一个观点，即空间探测器可通过与金星或木星玩引力弹球的方式获得推进力向外飞驰，与此相同，我们人类或进化版人类可以利用普通物体在地球与彗星或小行星之间的碰撞来扩大我们的轨道，推动我们远离太阳。11 所需要的只是一颗直径大约 62 英里（100 公里）的小行星掠过地球并传递给地球一部分它的轨道能量。之后这颗小行星将飞向木星，获取更多的能量，再飞向地球并把能量传递给地球。但这就像

---

① 原文注：英国威廉·希尔博彩公司得知发现了这样一颗行星后，将外星生命存在的赔率由 1000：1 降为 100：1。这笔钱支付的条件是英国首相在赌局开始后一年内正式承认外星生命存在的证据。

靠黄蜂飞行十年来挪动一架飞机一样，甚至研究这一方案的科学家也说："我们也并不是百分百支持这种方案。"有人在想，如果亚瑟·C.克拉克想到了这个主意的话，会写出什么样的小说呢？

正如科学家所怀疑，我们讨论的是上亿年之后的事，到时候科技会多么发达我们无法预测，这一事实至少给了我们些许慰藉。尽管地球不可能无限期存在下去，但人类可能会逃过地球毁灭这一劫。

如果暂时假定我们的确通过一艘核动力驱动的星际飞船或未来某种飞行器离开了地球，那飞往哪里呢？2009 年 3 月"开普勒"太空望远镜发射升空，探测太阳系外的类地球行星，即大小、环境、距其恒星的距离等都与地球相仿的行星。同年 12 月"开普勒"发现了一颗行星——GJ 1214b，它的直径约为地球的 2.7 倍，正围绕一颗比太阳更小更暗的恒星旋转；它距离我们太阳系也比较近——大约 40 光年远——而且富含水元素。[12]2011 年 12 月，"开普勒"小组宣布他们发现了 1235 颗类地球行星，其中 54 颗的大小及到恒星的距离似乎都符合人类居住的条件。

使这样一颗行星适于人类居住的方法已经有了一个名称——"地球化（terraforming)"。而且地球化甚至也是可行的，因为到太阳膨胀到足以炙烤地球时，数十亿年已经过去了，我们应当已经掌握了迁居上百个这种"太阳系外"世界的技术。正如 H. G. 韦尔斯所书，"没有通往过去的道路。唯一的选择就是宇宙——或不做选择"。同为科幻小说家的汤姆·沃尔夫在纪念人类登月 40 周年时写道："我们何时开始搭建通往恒星的桥梁？一旦具备条件，我们就会动手，现在正当其时。我们决不能失败，一定要让我们所知道的唯一有意义的生命存活下去。"①

我们不应低估将要遇到的巨大挑战。或许我们可以移居太阳系另一颗行星（可能性很小，因为其他行星都不适宜生命存在），我们知道即便在太阳坍缩后，木星、土星、天王星、海王星、冥王星仍将围绕太阳旋转；尽管他们的轨道会增大，但不会增大太多（小于原来的 2 倍），所以它们不会距离我们更近，不会适宜生命居住。即便事实最终证明这种行星间移民是可行的，更可能出现的情况是那时我们已经在太空中建立了可供很多人居住的基地，每个基地都自给自足，自

①　原文注：汤姆·沃尔夫，《无处可迈的一大步》（*One Giant Leap to Nowhere*），《纽约时报》，2009 年 7 月 19 日，第 II 版。天文学家目前的估算结果是，银河系有 2×10^{11} 颗人类可居住的行星（尽管一些更悲观的专家相信地球是唯一一颗人类可居住的行星）。至于其他星系人类可居住的行星的数目据说高达 10^{100} 颗。

一位艺术家根据南极基地设想出来的火星人类基地，只不过这位艺术家把人类帐篷放在沙尘暴中心，所以发出一种怪异可怕的光。

成体系。在太阳温度不断升高的过程中，他们会调整自己的轨道，慢慢地螺旋式离开太阳。

根据科学预测，这种情形并非完全是科学幻想。天文学家卡罗琳·波尔科道出了当前的主流观点：

> 未来人类的生存环境不一定局限于地球。其他世界也在向我们招手，我们知道如何到达这些世界，将再次向外发展，突破界限……这与其说是一场空间竞赛，不如说是由国际社会组织的大移民……最恰当的一句总结：未来是无限的，而且属于我们。[13]

如果这一图景看起来还不够科幻，加来道雄在《不可能的物理学》中告诉我们，"物理学家已经证明，否定时间旅行可行性的定律超出了我们目前的数学能力范围……在给出什么是可能什么是不可能的结论之前，必须将千万年之后的技术考虑进去"。[14]换句话说，我们不能把任何无法证明的不可能排除在外。

尽管我们可能能够躲过这一劫——没人能确定以何种方式，因为时间跨度太大，到时候人类可能已为另一完全不同的物种所接任（或取代）——但太阳却躲不过。最终太阳表面温度会降低，发出的不再是早期的白光而是红光，进入第二阶段——红巨星阶段。到了氢燃料不再是主要能量源的阶段，太阳只能维持相对较短的时间。它将进入一个简短的不稳定期，期间将燃烧氦燃料并渐次燃烧更重、总量更少的元素——铍、硼、碳、氮和氧——每种元素的燃烧期渐次变短，释放的能量也越来越少。这颗新巨星的膨胀力在对抗引力的斗争中将渐渐处于下风，星体开始坍缩，在最后一次收缩之前不停地收缩、膨胀。2 亿年（相对于大多数恒星的寿命来说很短一段时间）后太阳将变得更加明亮，外层以密度更大的太阳风的形式吹向太空。太阳不够大，不足以剧烈爆发，所以不用担心整个太阳系里的生命在几小时的爆发里一扫而光。太阳将收缩为一颗白矮星，可能比火星还要小的一团灰烬，但密度高达每立方厘米 2 吨或更高——一小匙将有一辆劳斯莱斯重——留在外面的最多只是薄薄的外层，构成太阳的行星式星云。

坍缩为白矮星的太阳将是一个由碳和氧构成的致密球体，就连其系统内部的光亮也很微弱。从木星的卫星看去（假定人类在那里安营扎寨），太阳的亮度将只有现在的 1/4000，而且在接下来逐渐暗淡下去的过程中，太阳还将释放出部分能量。可以想象，在太阳演变成白矮星之前，未来的太空居住者已经开发出了某种形式的氢聚变能源站，不再依靠太阳了；更有可能的是，他们将整个迁出太阳系。

正如一位作家所想象的那样，太阳在最后的日子里，"发出的温度高达100000℃的针刺一样的白光……将持续闪耀几十亿年，在这强光的照耀下，来自被抛出的太阳外层的巨大气云将形成一团光彩夺目的星云——我们太阳的墓穴"。[15]

这并不是全部：漫长的死亡过程还将迎来一个最终阶段。不断冷却的太阳将演变成一颗黑矮星，周围环绕着行星的残骸。它不会爆发为一颗超新星——还是因为它太小了；也不会通过坍缩或别的方式变成一颗黑洞。我们这个伟大、可怕甚至可爱的同伴将萎缩成一团不发光的残骸，在真空中游荡，它孕育生命的旅程就此终结。

日落：恒河

当我坐在报告厅听着那位天文学家演讲、听着响起一阵阵掌声时，
很快地我竟莫名其妙地厌倦起来，
于是我站了起来悄悄地溜了出去，
在神秘而潮湿的夜风中，一遍又一遍，
静静地仰望星空。

——沃尔特·惠特曼，
《一堂天文课》[1]①

赐予我们太阳尊贵的光芒吧：
让它激发我们的思想。

——《梨俱吠陀》[2]

"*Soles occidere et redire possunt*②，"卡图卢斯写道：太阳还会东升西落。英语中的"日落（sunset）"一词至少可追溯至 15 世纪 40 年代。你或许已经猜到了，莎士比亚用过这个词；弥尔顿、拜伦、布朗宁、朗费罗、弗罗斯特、金斯伯格（Ginsburg）和爱默生，以及很多不太出名的作家也都用过。不同的语言采用不同的组合——比如法语中的 *soleil couchant*，或德语中的 *Abendrot*（意指"傍晚天空中的红色光芒"）；但几乎在所有的文化中，人们都会赞美日落时照亮了地平线的壮丽光彩并发挥它们的象征意义。

有的电影甚至图书以主人公消失于夕阳的余晖中结尾。临终遗言中通常会提到落日，从提比略轻蔑地遣散侍从的话（"你们清楚什么时候该放弃落日，转投

① 译注：选自《草叶集》，罗良功译本。
② 译注：拉丁文。

朝阳！"）到荣格的遗言"扶我下床；我想看看落日。"[3]史蒂芬·文森特·贝内（1898—1943 年）因其书一样的长诗《约翰·布朗的遗体》（*John Brown's Body*）获得了普利策奖，诗中他描述了布朗在被判处死刑时向法庭所作的庄严而真诚的致辞：

> 这里有无需乞求就能得到的和平，这里就是终点。
> 这里有太阳投下的傲慢无礼，
> 这里所说的话已经与夜晚凝为一体。

　　不管是从大海上还是广阔的草原上，从高山上还是从城市公寓里观看，日落都是十分动人的美好体验，有时给人带来悲伤，有时又让人欢喜。晚年的温斯顿·丘吉尔远赴阿特拉斯山（Atlas Mountains）写生，因为大漠边缘的落日实在是太美了。托马斯·哈代还是一个孩子时，就常常坐在父母房间里的椅子上，看着落日给楼梯间的威尼斯红墙壁涂上一层特别浓重的红色。[4]安迪·沃霍尔曾拍摄过一部全是落日的影片，没有剧情，只有渐渐暗淡的落日余晖和喷气式飞机的尾流划过天际。战争期间诗人在英属东非放映这些壮美的影片时，他的巨富表兄菲利普·沙逊爵士将英国国旗从大厦楼顶降下，因为国旗的颜色与傍晚天空的颜色不协调。有种说法是黄石国家公园的护林员的"薪水是用落日支付的"，而在加利福尼亚卵石滩高尔夫球场（Pebble Beach Golf Links）的第 18 洞，每天傍晚都有一位风笛手用笛声哀悼一天的结束。[5]不过，可能地球上没有人看到过比太空中看到的更为壮丽的日落。洒过地球表面灿烂的光芒让宇航员们震撼不已。

　　当然，日落特别能引起艺术家们的共鸣。梵·高在干冷的北风中是这样描绘日落的：

> 迎着落日通常需要稍微平静的色调，然后是灰白色香橼一样的高天效果，还要有突出哀松及落日衬托下其鲜明轮廓的精美的黑蕾丝效果。有时候天空是红色的，有时候带有极其柔和的中性色调，以及灰白色香橼色调，但要用柔和的丁香色进行中和。[6]

　　2007 年，一组科学家给出了一份关于 554 幅日落画作的报告（透纳 115 幅渲染图中的很多都在研究之列，还有洛兰、鲁本斯、伦勃朗、庚斯博罗、贺加斯、科普利、德加、卡斯帕·戴维·弗里德里希、亚历山大·科曾斯和古斯塔夫·克

里木特的作品。），以帮助研究气候变化。他们发现，1500 年到 1900 年间有 181
位画家画过落日，然后他们用计算机计算出每幅画中沿地平线所用红绿颜料的比
例。[7]正如我们现在所知，日落的壮美依赖于云朵的构型或空气中颗粒物的含量。
空气中的颗粒物越多，越多的阳光向红色频段散射；所以天空中灰尘越多，落日
的颜色就越红。红绿比最高的画作均作于一次有记录的火山爆发之后的三年时间
里，共有 54 副这种"火山性日落画"。透纳（在完全没有意识到的情况下）记录
了三次火山效应：坦博拉火山（Tambora），位于现在的印度尼西亚，爆发于
1815 年；巴布延火山（Babuyan），位于菲律宾，爆发于 1831 年；克西圭纳火山
（Cosiguina），位于尼加拉瓜，爆发于 1835 年。[8]尽管画家不是致力于精确描绘自
然的专家，但有趣的是认识到，像《斗志昂扬的"英勇号"》（1838 年）这样曾因
夸张的着色而受到尖锐批评的画作，可能比人们曾认为的更真实地表现了现实
情景。

一个日落网站公布了全球十大日落景点：

10. 基韦斯特，佛罗里达州

9. 伊帕内玛海滩（Ipanema Beach），里约热内卢

8. 马尔代夫

7. 天堂岛，巴哈马

6. 纳塔多拉海滩（Bahamas Natadola Beach），斐济

5. 大峡谷，亚利桑那州

4. 吉萨大金字塔，埃及

3. 安克雷奇，阿拉斯加州

2. 卡乌诺奥海滩（Kaunoao Beach），夏威夷

1. 奥亚（Oia），土耳其近岸受损的火山岛——圣托里尼岛上的一个村庄

　　我并不嫉妒上述每一处美景，但我想亲见一场除视觉上壮观外还有所意味的
日落。2006 年 10 月我出发了，不是去夏威夷或洛杉矶，而是前往恒河沿岸的瓦
拉纳西城，沿途再进行一些与太阳相关的旅行。

　　在新德里着陆并参观了斋普尔及其著名的古代天文台之后，我飞到了向南
250 英里之外的乌代布尔。十月是印度灯节——排灯节（Diwali）之月，该月 21
日，即我到达乌代布尔那天，正是印度新年。我已安排了当晚会见被称为 Sriji
（尊贵的领导者）的王公阿尔温德·辛格·麦沃尔，并在酒店接收一份发给我的
听众的打印邀请函，邀请函封皮上饰有一个太阳图案，太阳在玩弄厚重而卷曲的

胡须，后者是普遍认可的男子气概的象征。

晚上 6：50，我来到被排灯节的灯光映照得金碧辉煌的夏姆布·尼瓦斯宫（Shambhu Niwas Palace），并被带到一个俯瞰乌代布尔著名湖泊的大露台，Sriji 已在那里等我了。他身高 5.3 英尺出头，超大的脑袋垂着相宜的大胡子，懒散又警惕的眼睛下面全是络腮胡子。62 岁（如他所说）的他下穿浅色裤子，上穿条纹衬衫，脚踏平地便鞋，像在某个加勒比胜地度假一样。他问男服务生要了一杯兼烈鸡尾酒（杜松子酒加酸橙汁），我说不喝酒时他露出了失望的表情。

"现在，你想知道什么？"已经了解到他对太阳能有兴趣，我就问他能否租用他的 14 台太阳能车，从配有 2 块 75 瓦太阳能板的七轮脚踏人力车到配有 20 伏铅电池的小摩托车——还有河面上的太阳能水上出租艇。乌代布尔已经有了"印度的太阳能之邦"的称号。

Sriji 的回答很爽快。"哦，可以，全都租给你。这并不重要。"他转而讨论起了自己的家谱，这个家族可追溯至 569 年，"起源于太阳"，这就是他家族的徽章如此突出太阳的原因。"对我来说太阳就是一个人。"他从容地说。真的吗？一团气体，人？他毫不犹豫回答说："是的，太阳可能不是一个人，但从灵魂、能量方面来说，对，从他所赐予我们的方面来说，他是一个人。我的确认为，太阳以一种特殊的方式与人类相连。他是神，也是我们的一部分。我不是智者，但这些是我所感受到的，而且我也认为，我所讲的也是关于我们是如何与太阳关联的。西方人似乎失去了这种联系，迷失了他们的方向。"

"我觉得，我们需要重新定义'神性'。"他继续道，"因为太阳具有神性——并不仅仅从你们西方世界的'神性'的意义上来讲。他带给我们的光明没有带走的黑暗多。我们每个人都需要寻找我们自己的太阳。"

太阳一定赋予了他不同于常人的能量。年轻时他是一位优秀的板球运动员，曾代表拉贾斯坦邦（Rajasthan）参加比赛。近些年来，他建起 10 来座博物馆和图书馆，收藏老式汽车，建马球场，经营一座很成功的种马场，引领当地的音乐潮流，并得益于酒店管理博士后课程的帮助，把其宫殿规模提升了一倍，改造成了豪华酒店。他是 3 家宝石公司和几个宗教教育信托公司的总裁。在大多数印度王子都在为自己的地位和钱财发愁的年代（1971 年英迪拉·甘地褫夺了所有王子的爵位、待遇），他两者都不缺。

3 年后的 2009 年 7 月，印度总理签署了全球最具雄心的太阳能发展计划。到 2012 年所有的政府建筑都要安装太阳能板，到 2020 年 2000 万家庭将安装太阳能照明设备：为实现这类目标，政府计划投入 9200 亿卢比（约 200 亿美元）。Sriji

是这项运动的先驱。

接下来 4 天的时间里，我访问了位于古吉拉特邦的莫代拉（Modhera），去参
502 观一座大太阳庙，然后从那里去了艾哈迈达巴德（Ahmedabad）、德里，最后来
到了我最终的目的地，瓦拉纳西（Varanasi），在那里见到了我的导游拉维（Rav-
id，他告诉我"这个名字是太阳的意思"）。38 岁的拉维看起来像宝莱坞电影中的
一位主演，只是太瘦了，也没有双下巴，染过的头发红色太明显。他是我见过的
高个印度人之一，身材瘦长，四肢笨拙，右臂上带着银色手镯，不穿袜子，走路
大步流星。接下来 3 天他将见证我的受教历程。

瓦拉纳西是印度教最神圣的城市，出现时间比印度现代大城市——钦奈（马
德拉斯）、孟买、加尔各答和新德里——都要早至少 2000 年，与耶路撒冷一样古
老，是世界上最古老的城市之一，常住人口有 110 万。虔诚的信徒临终赶来这里
以求死于此处，或者他们尸体被带到此处火葬（像甘地夫人一样），这样才能免
除他们轮回（samsara，转世）的负担。没有别的城市更能代表印度文化了。印
度独立前瓦拉纳西被称为贝拿勒斯（Banaras 或 Banares，英国统治者将莫卧儿王
朝时的古印度名字英语化后的名字），也被称为卡西（Kashi）——源于梵语"发
光"，因此也被称为"光之城"。[9] 这个双关名称强调了其与教化之间的关系。印度
最著名的修道者乔达摩·悉达多（Siddhartha Gautama）就是在这里放弃奢侈的
生活，进行了第一次布道。不久之后，人们开始尊称他为佛陀。

当地人说，印度神殿里所有的神在卡西都有显灵——他们不需要去其他地
503 方；灵魂需要的一切这里都有。但尽管其第一角色是一座圣城——拥有 1500 座
神庙——它也因大学（外国游客称其为"印度的雅典"）以及名妓、诗人、强盗、
黄铜店、丝绸宫殿、芒果、蒌叶，甚至糖果而闻名。

第一天，拉维带我参观了洛拉卡·坎德（Lolarka Kund，"颤抖的太阳"），最
著名的古印度梵语史诗《摩诃婆罗多》（Mahabharata）中提到的两处佛龛之一。
它建在一个类似于威尼斯主广场后面的小广场那样的广场上。但从这个简单的方
形往下有一道十分陡峭的台阶，共 35 级，另一端落在 50 英尺下方的澡堂内。这
座佛龛由当地一位统治者于 19 世纪修建至现在的大小，当时他在这里洗了澡并
治好了麻风病。拉维解释说，在跋达罗钵柁（Bhadrapada）之月——八月或九
月——满怀虔诚和希望的人们就会成群结队赶来洗澡。不孕的妇人祈求能够生
育，怀孕的妇人祈求能生个儿子。为了能生儿子，夫妇必须一起洗澡，妻子的纱
丽（sari）要系在丈夫的缠腰布（dhoti）上。妇人洗澡时，应往水中抛撒些蔬菜

1831 年拍摄的达萨斯瓦麦德（Dasaswamedh Ghât，字面意思为"十匹祭祀之马的河滨"）的照片，这里是瓦拉纳西市最古老最神圣的恒河码头之一。

（生育的象征），通常是各种南瓜。患皮肤病的会扔掉自己的衣服。有多少人来这么小一个澡堂洗澡？"共两万人，在同一天，最多两天。"

带我穿行在这座城市最珍贵的建筑之间时，拉维很高兴地向我展示他的学识。印度传统文化是一生都学不完的——复杂的神话、众多的神祇、精细的仪式、关于生和死的教义。日子过得不错的人脸上都有一种光彩——*dhejas*。拉维继续道，太阳是慈悲的，友善的，能祛病除疾的，但印度人相信决不能跟着影子走，因为影子会带来不幸，也不能踩到别人的影子，不然被踩到影子的人会变疯。

现在将近晚上 6 点，附近的人很少，只有几个孩子在玩跳房子游戏，还有一条癞斑狗和几只猴子。日落之后，高等级的人待在家里，而贱民则从公共水井中汲取剩下的水，或者捡拾奶牛尚温的粪便作为燃料出售。是时候回酒店了。

次日早上我于 5:40 起床，不久拉维就过来了，前额用红粉点有吉祥痣（*roli*）：不同教派的颜色和标记不同，红色表示太阳崇拜者。我们在碎石巷里曲折穿行，很多巷子仅够一人通过；之后我们沿着河边台阶、码头而行，台阶树根一样地延伸到河里。一些码头（一边的河岸共有 84 座）几乎荒废了，其他的则挤满了人，我们一路穿行，路过正在醒来的苦行僧，还有小摊贩正在摆布他们的

小商品——鲜艳的橙色花环、灯用酥油、珠宝服饰、铜壶、盘子和碗、木制玩
504 具、塑料水杯、瓶装水。此前，我曾读过 19 世纪晚期一位旅行者的描述：

> 从早到晚，特别是早上，河坛①上上下下都是前不见头后不见尾的人
> 流：朝圣者、衣衫破烂不堪的流浪汉、年迈的老太太、可怕的乞丐、小贩、
> 婆罗门祭司、神圣的公牛母牛、印度教传教士、乘坐漂亮轿子的富裕王公
> （raja）或银行家、苦行僧、流浪狗，还有面带嘲弄的环球旅行者……10

看来过去 110 年的时间里并没有多少改变。

终于我们看到了拉维雇的小船，并小心翼翼地踩着沙岸上的硬泥登上了它。
我们的艄公大约 40 岁，身材矮小却结实，看起来对我的存在无动于衷：对于他
来说，这只是另一趟差事而已。尽管时间还没到拂晓，但天已经足够亮了，沿河
缓慢而下时，我已能看到岸上的种种风景：有的人已经开始晨祷，街上的理发师
在给几个人理发、剃须，其他人在为下恒河洗礼做准备。据说日出之前的河水不
只是温的，而是热的；日出之后水就变凉了。通常妇女于凌晨 4 点先来沐浴，地
点是河边的任一河坛。

瓦拉纳西位于两条河流之间——从北面流入恒河的瓦拉纳河（Varana，"避
祸者"）和从南面流入恒河的阿希河（Asi，"剑"），其中阿希河较小一些。恒河
受到的严重污染很出名，对此拉维做了辩解。他说，恒河中有类阿米巴菌，它们
以有害细菌为食。以全部有害细菌为食吗？大量有害细菌。

我们沿河而行，河坛上亭台楼阁、庙宇排屋鳞次栉比，清晨的日出给它们涂
上了一层珊瑚红，美得让人陶醉。处处看似都在萌发一种被称为 *Religios perseca*
的土著仙人掌。我们经过迪帕提亚河坛（Digpatiya Ghât）时，上面群集的朝拜
者唱起了颂歌。我们又溜过一座 12 世纪的废墟，这座令人印象深刻的废墟上面
满是流浪汉和山羊。一片宽阔的河岸已经晒满了纱丽，每条都有近 12 英尺
长——这真是一场色彩盛宴。马克·吐温也来过这里，并非刻意幽默地写道：

> 恒河岸边是贝拿勒斯盛大的舞台。高高的峭壁矗立在水面上，前面是绵
> 延 3 英里长的各色建筑，这些由大量风景画一样的砖石砌成的建筑包括美得
> 让人眼花缭乱的石头高台、庙宇、梯段、富丽堂皇的宫殿——紧紧相连，根

---

① 译注：ghât，指通向山顶或水边的台阶，特别指依圣山和圣河而建的台阶。

本看不到后面的峭壁；长长的峭壁被这些高台、高耸的阶梯、雕梁画栋的庙 505
宇、雄伟的宫殿遮得严严实实，并淡入远方；而且处处都是打扮得五光十色
的人，或走或跑——沿着高高的阶梯编织成一道道彩虹，或在河边绵延几英
里的高台上团簇成一个个花坛。[11]

　　太阳从东天升起时，我看到男女老少都在练习呼吸控制、冥想戒律，或者说
瑜伽日出仪式，拜日式（Surya Namaskar）。①
　　一些男人已经走出家门冲洗季节性洪水留下的淤泥，而另外一些则举起双手
捧着圣水，或攥着仪式上用的吉祥草（*kusha* grass）进行祈祷。大部分男人很健

恒河晨景，年轻人高举双手向太阳敬拜——而其他的印度教徒的敬拜方式则有所
不同，双手是交叠的。

壮，绝不瘦弱；拉维觉察到了我的关注点，解释说，瓦拉纳西因摔跤选手而闻 506
名。每个人似乎都沉浸在自己的世界里。一位 70 岁的老者，头发全秃，前额三
道深深的皱纹泛着黄光，痴迷地盯着地平线。三个妇女正忙于用塑料袋当布彼此

---

　　① 原注：自我到访以来，是否应通过法律要求在校学生参加拜日式已经成了一个严肃的话题。
2007 年 1 月，印度国大党领导的中央邦（Madhya Pradesh）政府推出了一项措施，要求公立学校学生
参加拜日式，并用梵文背诵圣歌，但穆斯林和基督教派提出了异议，指出圣歌本质上是一种印度教仪
式，这样做违反了宗教与国家分离的宪法精神。后来法院判定圣歌和拜日式都不应具有强制性，但关
于这一话题的争议仍在继续。[12]

清洗，两个女孩在开心地玩着水。一位身着小号纱丽沐浴的老妪正全力保住自己的体面。一位十八九岁模样的年轻妈妈抱着孩子，像圣书所说那样七次转身，在神的注视下清洁自己和孩子。一些沐浴者正弯着腰，用圣树上采下来的嫩枝清洁牙齿。净身礼结束后，这些人大部分都挤进河边的庙里，手里满是打算献给某个自己所拜的神的茉莉和糖，或者用抛光的壶将圣水带回家——这些壶都是用该城著名的黄铜制成的。

印度最伟大的诗人之一迦比尔（约 1440—1518 年）尽管居住在瓦拉纳西，仍忍不住爆发对故乡的不满：

> 世界死在了无尽的朝圣之路上，
> 太多的沐浴使之筋疲力尽。[13]

可能是这样的，但并不只是那些勇于在河中沐浴的人在利用这条河。我们沿河而下，拉维指出了玛尼卡尼卡河坛（Manikarnika Ghât，河边唯一一处禁止拍照的地方，四处都是焚烧的尸体），它是两个主要的火葬场中较大的一个。这座火葬场原来还有另一个名字：加拉萨伊河坛（Jalasai Ghât），"水上的沉睡者"，据说那里有一把有史以来从未熄灭的圣火。再往前走，是另一个主要的火葬场，哈哈里西钱德拉河坛（Harishchandra Ghât），过去是堆放焚尸柴的地方，现在建起了一座电火葬场。但多数人还是喜欢老式火葬方式。

拉维说，除了被蛇咬死的、孕妇、孩子和死于天花的，其他人的遗体都应该被火葬。柴堆火葬要花费 551 卢比，而机械化火葬花费 151 卢比。焚烧过程不间断，每次火葬耗时 3～4 个小时：河岸上高过房屋的大柴堆一直在大量消耗并源源不断地得到补充。小舟缓缓驶过，烟雾从低处柴堆升起，绕火葬场周围的庙宇盘旋而上。我都能闻到肉烧焦的臭味。

一具尸体运到后——拉维解释说，妇女用橘红色裹尸布包裹，男子用白色裹尸布包裹——先放到恒河里浸一下，然后再放到柴堆上，洒上檀香木油并围上花环。现场还插有高高的竹竿柱子，上面挂着装有油灯的小桶，用以向经过烈火焚烧的先辈致敬。只要有可能，死者的长子或幼子都会在葬礼中占据中心位置。他会将死者的头发和眉毛剃光，覆盖上一条无缝长白衫，并佩戴圣线，通常从左肩搭起，直到右肩。他将带领吊唁者逆时针绕未燃烧的柴堆五圈（因为在死后的世界，一切都是反转的），之后他将点燃柴堆。尸体将要完全焚烧时，这位首席吊唁者将举行"头盖骨仪式"，用一根竹棍敲开头盖骨，将里面的灵魂释放出来。

之后他将把一壶恒河水浇在自己的左肩上，熄灭余火，大步离去。

我想到河坛那边看一看，便和拉维下了船，在城市里穿行。在他离开之前，我邀请他晚上和我一起逛，以便宗教仪式进行过程中有什么不懂的地方他可以解释给我听。他咧嘴一笑，"当然好"。回到酒店后，我继续读戴安娜·埃克（Diana Eck）的经典历史书《贝拿勒斯：光之城》（*Banaras：City of Light*）。造访瓦拉纳西的这位名人写道："把黎明时的河岸称为'一座巨大的太阳庙'，这并不仅仅是对太阳的敬重。它是名字和形态众多的神，在这里，在温暖和光线里显形。"[14] 人们的这种虔诚，有多少是针对太阳的，又有多少是针对其他力量的呢？

几个小时候后拉维陪我去著名的梵语学者、教授苏哈卡·米什拉博士家里拜访他，趁此机会我问了这个问题。我们的主人十分诚挚、友好，在填补我的无知方面和拉维一样热情，开始从解释印度人对日食（可参见第 4 章）的态度讲起，只因责备他众多孩子之一而中断了一小会，这个孩子因家里来了一位稀罕客人而高兴得四处蹦蹦跳跳。

很快米什拉博士就讲到了太阳崇拜的三个层次：神话，其中太阳是一种仪式框架的一部分；天文学，其中太阳是众星之王（比如在印度南部，太阳是制定日历的基础）；以及日常生活，其中太阳是日常生活的一个固有的组成部分。"没有太阳崇拜，"博士总结说，"贝拿勒斯将一无所有。"他继续道，太阳具有灵魂——sutrama。我们每个人身体里都有一幅宇宙的小地图（位于鼻梁附近某处）：适当的冥想将把这种知识和我们体内的亿万个银河系释放出来。印度教认为共有 3.3 亿位神……

我插话说，这个数字太不可思议了，或许是对神的多面性的一种比喻——"不是的！"他突然向我靠来，打断了我的话。确实有那么多，而且印度教徒敬拜他们每一位。在广袤的宇宙中，这有那么不可思议吗？他继续补充道，西方人喜欢外在的干净，而不是内在的，所以他们不理解。"你的问题我们没有答案。实际上你是在问，神是什么？就像追问'痛苦是什么颜色的？'一样，不存在答案。"我也想象不出痛苦的颜色，尽管我的思维回到了火葬柴堆上的白色裹尸布。

等到我和拉维起身离开，一起散步回到城里时，太阳就要落山了，两个主要的河坛已经挤满了人，尽管纪念活动至少要到一个半小时后的 6：30 左右才开始。最大的码头达萨斯瓦米德河坛（Dasaswamedh Ghât）上已经聚集了大约 400 人，他们中很多人已经脱了鞋子，包括大多穿上了最好的纱丽的妇女。成排的朝圣者兼祭司挤在低矮木站台（*chaukis*）上的竹伞下。

七个裹着橘色精细丝绸（红色丝绸则留给了中心祭坛）的小祭坛沿河边排成

一排，侍祭们从一个祭坛到另一个祭坛，检查是否一切就绪：鲜花、香、每位祭司都将用到的特制扇子、号角、铃铛、燃料、普拉沙达（prasada，献祭的食品）。我想就这些问一下拉维，他却已经混入了人群。

我发现主祭坛正背后有一块空地，在那里可将整个场面尽收眼底。祭坛上已经放了一幅围有白色和红色花朵的大肖像：阿尔萨兰·巴普，当地一位圣人。在我旁边，一位约莫50岁的纤瘦信徒已经在祈祷了：偷看他我觉得心里很别扭。祭坛上一块大标语迎风招展：GAYA NIDHI SEV，赞助这次夜间仪式的大公司的名字。石阶成了板凳，但仍有很多人不得不站着。祭坛后面有很多载满游客的小船已开始抢占有利位置，而小扁舟则晃动着酥油和樟脑油灯，皎洁的新月下亮起银河一样的一长串灯光。沿河某处传来了爆竹的噼啪声。气氛浓烈犹如幕布升起前的剧院。最后7位年轻的祭司，身着橘色衬衫，浅橘色肩带、白裤子，还挂着念珠串，登上了祭坛。

拉维突然又在我身边出现了，一脸激动，对我尖叫"你一定要跟我来"，我便起身跟他过去。他把我带到早上那位艄公掌船的一条小船上。当时我以为他是要带我去一个利于观赏的位置，但稍后他平静下来做了解释：一年前一颗炸弹就在我刚才坐的地方被引爆了，20名祭拜者因此丧命。政府粉饰太平，把这件事描述为"煤气罐爆炸"一样简单的事件，但当地人确信这是巴基斯坦情报机构安插的内奸干的事。但没有别的证据。据说炸弹设置的爆炸时间为6:45，这样就可以炸死上百人，但炸弹却于16:45爆炸了。

我登上小艇后不久，7位黑发在灯光下泛光的祭司开始大声"唵唵（Ohhhmmm）"[1] 地念诵，而我则沉浸在这极不寻常的气氛中。每个都有8英尺见方的鲜艳巨伞，沿河岸一字排开——可能河坛一侧有20个，另一侧有30个。当时有1000多游客拥挤在岸边，河面上还有500人，小船密密麻麻，一个卖灯的小姑娘直接赤脚在小船间跳来跳去。

终于祭司停止了念诵，开始朝东、北、南（向其他神致敬）和西（向太阳致敬）四个方向吹海螺。拉维解释说，海螺声意味着对"唵唵"的回应。接下来他们擎起烛台开始以新的韵律念诵，烛台插有7支蜡烛，象征着物种的7个等级。这一段仪式结束后，他们举起用牛毛制成的大号扇状孔雀屏，拉维说孔雀屏是用

---

[1] 原文注：Om，有时写作 Aum，是"至高神的口语符号"，据说由5个独立的发音构成，分别为"A"、"U"、"M"加上鼻音（bindu）和回响（nada）。瓦拉纳西的一座庙就由5座神龛构成，每一座代表一个音。

来驱逐蜂虫和苍蝇以及疾病和细菌的。之后他们又转向东、北、南、西四个方向，祈求毗湿奴和湿婆神的保佑。

另一段不那么整齐的"唵唵"声之后一串铃声响起，祭司们为祈求世间和平——Om Shanti——而吟颂，之后最高祭司将花瓣撒向暗流，这是向其众多神灵致敬，包括太阳、月亮、行星和恒星等，这样仪式就结束了。人群散开，我们也撑船而去，首先沿河上溯，岸上火葬柴堆冒着烟，红红的火苗给夜空涂上了一层新的颜色。近岸的河面上漂着骨灰和碎骨头。现在将近 8 点钟，附近的河坛几乎都空无一人，只有零星的动物在那里徘徊，寻觅残食。

杰夫·戴尔最近有一部小说以瓦拉纳西为背景，其中一个人物对我刚刚目睹的仪式给出了一种悲观的看法："洞察力平平的游客也能看出，这是一场极致的盛典，由数百演员参演的声光表演，目的是为了招徕游客。它所应具有的意义已经消失殆尽，可能很久以前就这样了，或许昨天才这样，也许现在正消失在我们眼前。"[15]我并不否认游客们可能只是度过了快乐的一晚，对所见所闻的意义一无所知，但我感觉到了庆祝者们发自内心的崇敬。就像库斯科（Cuzco）的民众庆祝夏至日，纷纷攘攘的人群围绕巨石阵庆祝，甚至像一小群人站在南极冰面上观看月球凌日时的情形一样，人们向主宰生死的力量致敬献祭时，空气中弥漫着一种敬畏，甚至一种类似于恐惧的气氛。

不久艄公调转船头，奋力逆流而上，划向距离我的酒店最近的台阶。空气渐

510

冷。一幢大楼楼顶上打着一道英文横幅 "BANARAS IS BANARAS. BANARAS WAS BANARAS. BANARAS WILL BE BANARAS"①。我们经过达萨斯瓦米德河坛，年轻的祭司和帮手们像剧场里的勤杂工一样，正在清走各种器材设施。明天、后天傍晚他们还将上演相同的仪式。在他们的语言中，*kal* 既有"昨天"的意思，也有"明天"的意思。

511

① 译注：意为"今天的贝拿勒斯是贝拿勒斯。过去的贝拿勒斯是贝拿勒斯。明天的贝拿勒斯还是贝拿勒斯。"瓦拉纳西在 1957 年以前叫作贝拿勒斯。

致　谢

　　《追逐太阳》一书几乎花了我 8 年时间去调研、写作。在这 8 年的时间里，我访问了 18 个国家，大大拓展了最初我对这部书的构想。多亏了阿尔弗雷德·P. 斯隆基金会（Alfred P. Sloan Foundation）慷慨解囊，访问才得以成行。我对该基金会十分感激，特别是基金会董事多伦·韦伯（Doron Weber）。

　　完成这样一部也离不开很多人的帮助。特别需要指出的是：（来自日本英语社的）Yoshiko Chikubu、Junzo Sawa 和哈米什·迈克阿斯基尔（Hamish Macaskill）审阅了有关日本的内容；来自《华盛顿邮报》的玛丽·阿拉纳（Marie Arana）审阅了有关秘鲁的内容；布里斯托尔大学（Bristol University）的罗纳德·赫顿（Ronald Hutton）审阅了有关冬至、夏至习俗的内容；而有关北美舞蹈仪式的内容则由我在金斯顿大学的同事苏珊·加德纳（Susan Gardner）和《国家地理》的驻地探险家韦德·戴维斯（Wade Davis）审阅。还有托马斯·克伦普（Thomas Crump），他的书使我受益匪浅，而他和威廉姆斯大学的天文学教授杰伊·帕萨乔夫（Jay Pasachoff）审阅了有关日食的章节。

　　早些时候，大英博物馆古埃及法老文化方面的助理馆长理查德·帕金森（Richard Parkinson）及其同事克里斯托弗·沃尔克（Christopher Walker）、迈克尔·赖特（Michael Wright），以及剑桥圣凯瑟琳学院院长杰弗里·劳埃德（Sir Geoffrey Lloyd）、《迪奥报》（Dio）编辑丹尼斯·罗林斯（Dennis Rawlins）就有关古巴比伦、古埃及和古希腊太阳天文学的章节提出了宝贵建议，并鼓励我完成这本书。我还要特别感谢纽约大都会博物馆埃及艺术馆的前馆长詹姆斯·艾伦（James Allen）：我们约定，在他向我讲解埃及文化后我教他击剑，这样在博物馆闭关后，古埃及木乃伊就可以近距离欣赏我们的刀光剑影了。

　　中国太阳史是由宾夕法尼亚大学的中国文化和科学史教授内森·席文（Nathan Sivin）、近来为李约瑟作传的传记作家西蒙·温切斯特（Simon Winchester）和剑桥李约瑟研究所所长克里斯托弗·卡伦（Christopher Cullen）早些时候审阅的。讲述从哥白尼到牛顿的章节是由哈佛大学的天文学和科学历史荣誉教授欧文·金格里奇（Owen Gingerich）审阅的。金斯顿大学的新闻学教授、《大教堂里的苍蝇》（*The Fly in the Cathedral*）一书的作者布赖恩·卡思卡特（Brian Cathcart）就在制造原子弹过程中发挥过作用的科学家给出了宝贵建议。

贝尔法斯特女王大学的迈克·贝利（Mike Baillie）博士给出了年轮的细节知识方面的建议。关于太阳如何影响我们身体的章节是由纽约大学兰贡医学中心的皮肤科教授塞思·奥尔洛夫（Seth Orlow）博士审阅的，而来自挪威驻纽约领事馆的琳达·普赖斯加德（Linda Prestgaard）审阅了有关挪威的内容和有关 SAD 的其他内容。企鹅出版集团（Penguin Books）的戴维·达维达（David Davidar）曾向我介绍了他的小说《青芒果之家》（*The House of Blue Mangoes*）中所提到的印度皮肤漂白技术。有关光合作用及关于自然史的其他内容是由伦敦自然史博物馆馆长奥利弗·克里曼（Oliver Crimmen）博士和作家兼记者奥利维娅·贾德森（Olivia Judson）博士审阅的。有关动物迁徙的内容是由加拿大自然博物馆的安德烈·L. 马特尔（Andre L. Martel）博士和皮埃尔·波里尔（Pierre Poirier）博士以及美国渔业与野生动物服务局的亨利·布沙尔（Henry Bouchard）审阅的。

《维京人》（*The Vikings*）一书的作者罗伯特·弗格森（Robert Ferguson）、史蒂芬·沃尔顿（Steven Walton）教授、格林威治国家航海博物馆导航史馆长理查德·邓恩（Richard Dunn）博士和格林威治皇家天文台主任格洛里亚·克利夫顿（Gloria Clifton）校对了有关太阳导航的部分。有关日晷的章节则有赖剑桥大学丘吉尔学院的专家弗兰克·金（Frank King）博士的指正。我的弗莱堡之行和太阳能研究相关的内容则是由尼托尔太阳能（Nitol Solar）的拉里莎·卡赞赛娃（Larisa Kazantseva）和弗莱堡太阳能中心的托马斯·德雷泽尔（Thomas Dresel）校阅的，而有关我的西班牙之行的内容则是由阿梅利亚太阳能实验平台（Plataforma Solar de Almería）的若泽·索尔代（José Solder）校阅的。

透纳的传记作者詹姆斯·哈密尔顿（James Hamilton）仔细审阅了艺术中的太阳相关章节（用他的话说就是"逗弄一下这些文字"），而有关电影的篇章则是由《洛杉矶时报》（*Los Angeles Times*）的电影评论员肯尼斯·图兰（Kenneth Turan）审阅的。有关经典音乐的很多资料则仰赖新学院大学（New School）的歌剧教授加布里埃拉·勒普克（Gabriela Roepke）的指导。有关纳博科夫的内容由《在德黑兰读洛丽塔》（*Reading Lolita in Tehran*）一书的作者阿扎·纳菲西（Azar Nafisi）审阅，有关文学的思考是由作家朋友克莱尔·阿斯奎思（Clare

Asquith）和贝齐·卡特（Betsy Carter）审阅的。有关政治与太阳的关系的章节则是由作家兼汉学家理查德·伯恩斯坦（Richard Bernstein）审阅的，而剑桥大学国王学院的亚历克斯·库克让我首次接触了《废墟》（*The Ruins*）一书。托尼·卡塞（Tony Kasse）就有关日本文化的章节进行了指正，哥伦比亚大学的堂·科恩（Don Cohn）则帮我完成了有关毛泽东与太阳的关系的章节。

剑桥大学卡文迪许实验室的助理研究员安德鲁·布莱克（Andrew Blake）和剑桥大学的高级物理学家艾伦·沃尔顿（Alan Walton）博士向我解释了错综复杂的量子物理学；CERN 的凯蒂·约克维茨（Katie Yurkewicz）也给予了宝贵的帮助。喷气推进实验室的戴维·阿格尔（David Agle）和柯蒂斯·D. 蒙塔诺（Curtis D. Montano）给了我很多关于其当前项目及早期火箭的有用材料。"天气行为"的皮尔斯·科尔宾（Piers Corbyn）抽出了几小时宝贵时间介绍了他的工作；而关于全球变暖的章节则是由哈佛大学的威利·松（Willie Soon）和詹姆斯·库克大学海洋地球物理实验室教授罗伯特·卡特（Robert Carter）教授审阅的（恐怕他们二位不会喜欢我的全部结论）。有关科幻小说历史与太阳之间的关系的章节则是由编辑兼知名科幻小说作家戴维·康普顿（David Compton）审阅的，编剧兼小说家阿历克斯·加兰德（Alex Garland）也提供了帮助。本书结尾部分则是由印度方面的专家路易斯·尼克松（Louise Nicholson）审阅的，此外他还周到地安排了我的印度之旅。

大英博物馆史前兼欧洲部的西尔克·阿克曼（Silke Ackermann）是我在该馆的"管控者"，他带我走访了一位又一位专家。在做调研期间，我几乎查阅了从冈道尔夫堡图书馆到奥斯陆蒙克博物馆图书馆的十来个图书馆的资料。特别要提到的是，纽约市的社会图书馆（Society Library）和伦敦图书馆从没令我失望过，而纽约公共图书馆则成了我的另一个家，不管是艾伦厅（Allen Room）、沃特海姆研究室（Wertheim Study），还是公共阅览室（General Reading Rooms）都给了我这种家的感觉。NYPL（纽约公共图书馆）的戴维·史密斯（David Smith）对苦苦挣扎的作者们施以援手，为此《纽约时报》还刊登了他的照片；而我尤其喜欢他名片上的署名——"为众星服务的图书馆员"。

曾给予我各种帮助的还有：福特汉姆大学（Fordham University）哲学学院的芭贝特·巴比奇（Babette Babich）教授、巴斯斯巴大学（Bath Spa University）的蔡凯（Kai Cai）、尼古拉斯·坎皮恩（Nicholas Campion）博士（关于占星术方面的内容）、胡安·卡萨诺瓦（Juan Casanova）、莱斯利·张伯伦（Lesley Chamberlain）、艾尔·克莱门特（Al Clement）、玛格丽特·库克（Margaret Cook）、彼得·埃皮罗（Peter d'Epiro）、加州大学伯克利分校的名誉教授蒂莫西·费里斯（Timothy Ferris）、圣彼得堡的瓦莱丽·福明（Valerie Fomin）博士、阿尔梅里亚大学（University of Almería）的曼努埃尔·佩雷斯·加西亚（Manuel Pérez García）、卡罗尔·加克西奥拉（Carol Gaxiola）、约翰·杰拉德（John Gerrard）] [他与我分享了他的《不眠的肖像》（*Watchful Portrait*）] [卡罗琳（Caroline）])、中国科学院的艾国祥教授、鲍勃·海（Bob Hay）、亚利桑那州立大学的数学和天文学教授杰夫·海斯特（Jeff Hester）、迈尔斯·希尔顿-巴伯（Miles Hilton-Barber，他告诉了我失明时开飞机的感受）、带我参观了北京天文台的陈杰（Chen Jie）、东安格利亚大学的终身教授菲尔·琼斯（Phil Jones）、乔·基伊（Chow Kii）、布鲁内尔大学的亚当·库珀（Adam Kuper）、图森国家太阳天文台的比尔·利文斯顿（Bill Livingston）和约翰·赖巴切（John Leibacher）、韦德·梅塔（Ved Mehta）、奥利弗·莫顿（Oliver Morton）、帕萨迪纳威尔逊山天文台的堂·尼科尔森（Don Nicholson，在我做的所有调研中只有他说过我的一个问题是"愚蠢的"；我曾问他他的望远镜能看多远）、科林·皮尔斯（Colin Pearce）、阿尔贝托·里夫尼（Alberto Righini）、东京渡边国家天文台的哲也先生（Mr. Tetsuya）和奥斯陆蒙克博物馆的 Ingebjørg Ydstie。我还要感谢上海的天文学家，他们抽出宝贵时间向我介绍了他们的工作，以及位于萨里的穆拉德空间科学实验室（Mullard Space Science Laboratory）。

　　刚刚获得天文学一级学位的尼克·韦布（Nick Webb）、《雀之喙》（*Beak of the Finch*）和《渴望今生》（*Long for This World*）的作者乔纳森·韦纳（Jonathan Weiner），还有曾做过《财富》（*Fortune*）杂志科学编辑的皮特·派垂（Peter Petre）阅读了本书的初稿。开始撰写本书两年之后，我了解到焦德雷尔班克射电天文台（Jodrell Bank）的教授兼 BBC 的获奖科学记者戴维·怀特豪斯（David Whitehouse）已经出版了《太阳自传》（*Sun：A Biography*）一书。我们成了朋友。一天午饭时间他带了一个大纸袋过来，里面装满了书——他撰写自己的太阳之书所用到的书库。"这些都是给你的。"他说，然后递给我一张 DVD 光盘，补充道，"我所做的调研都在里面。"这份礼物是多么珍贵，多么有用，毋庸多言。他还审阅了本书早期的一个完整版本。

　　亲朋好友都伸出了援助之手：约翰·达恩顿和妮娜·达恩顿（John and Nina Darnton）、莉莎·达恩顿（Liza Darnton，帮助我进行了关于卡尔·荣格的早期调研）、杰米·达恩顿（Jamie Darnton，帮我调查了一些棘手的中国词汇的起源）、达雷尔·迈克劳德（Darrell McLeod）、莎拉·惠勒（Sara Wheeler）、希拉里·斯珀林（Hilary Spurling）、伊莱恩·肖卡斯（Elaine Shocas）、林登·斯塔福德（Linden Stafford）、布莱恩·布里瓦蒂（Brian Brivati）、我的大学好友科林·格利德尔（Colin Gleadell）、理查德·奥德考恩（Richard Oldcorn）、保罗·皮克林（Paul Pickering）、迈克尔·约翰逊（Michael Johnson）、艾伦·库日韦尔（Allen Kurzweil）、戴维·博达尼斯（David Bodanis，空闲时重新解释了十诫）、比尔·里奇和琳达·里奇（Bill and Linda Rich，提供了对海盗的看法）、我的大提琴老师约翰·德·斯特凡诺（John de Stefano）、劳拉·尤塞斯金（Laura Usiskin，感谢她从共济会到鸟类迁徙各方面的研究）、哈利·霍茨（Harry Hotz，感谢他贡献的温度比方面的知识）、安德鲁·迪·里恩佐（Andrew Di Rienzo，我与他乘公交时成了朋友，之后他教了我一些重要的物理学知识）、罗恩·罗森鲍姆（Ron Rosenbaum，教导了我一些关于莎士比亚的知识）、凯文·杰克逊（Kevin Jackson）、吉姆·兰迪斯〔Jim Landis，尤其是在奥古斯特·斯特林堡（August Strindberg）的下流话方面提供了帮助〕、伊丽莎白·西夫顿（Elizabeth Sifton，是她告诉了我里加的太阳博物馆）、本·奇弗（Ben Cheever，上次我忘了提他）、佩里格林·霍德森（Peregrine Hodson，他让我爬了富士山）、伍德罗·坎贝尔（Woodrow Campbell，我在南极时的同伴和摄影师）、南希·坎贝尔（Nancy Campbel，与伍德罗并非亲属）、澳大利亚的玛丽·坎南（Mary Cunnane）、我的老导师同时也是剑桥大学基督圣体学院的迈克尔·坦纳（Michael Tanner）博士、杰基·阿伯斯（Jackie Albers，与我分享了她的研究成果），以及——特别要提到是——托比、玛丽和盖伊·科恩（Toby, Mary, and Guy Cohen），有天托比手搭着我的肩膀问："爸爸，为什么你不赚点钱，写一本好的、短的书呢？"我会的。

我公寓大楼的门卫队长比尔·埃尔伯斯（Bill Albers）不忘定期把一叠杂志从门下溜进我房间，其中还有与本书相关的问题，使我得以避免相应的疏漏。在开始撰写本书的那段时间，安·葛道夫（Ann Godoff）和瓦妮莎·莫布利（Vanessa Mobley）都曾给过我热心的帮助。在兰登书屋（Random House），我的编辑贝丝·莱希鲍姆（Beth Rashbaum）运用她的组织能力大大改进了本书，她的原则是：不是人人都能读得懂的内容都不应出现在本书中。我还要向兰登书屋的其他人表示诚挚的谢意，他们熟练的技巧给了我不少帮助，包括蒂姆·巴特利特（Tim Bartlett）、汤姆·佩里（Tom Perry）、威尔·墨菲（Will Murphy）、芭芭拉·巴赫曼（Barbara Bachman）、伦敦·金（London King）、安吉拉·波利多罗（Angela Polidoro）、苏珊·卡米尔（Susan Kamil）和吉娜·森特雷罗（Gina

516　Centrello），得益于他们的协助，在他们出版社出书就像处理家事一样。英国的出版人在我老朋友伊恩·查普曼（Ian Chapman）的带领下，与迈克·琼斯（Mike Jones）、凯瑟琳·斯坦顿（Katherine Stanton）、罗里·斯卡夫（Rory Scarfe）、安娜·罗宾逊（Anna Robinson）、苏珊娜·巴巴尼欧（Suzanne Babaneou）和萨莉·帕廷顿（Sally Partington）一起，也给了我家一样的感觉。在德国，我很幸运拥有一位朋友兼出版人尼科·汉森（Niko Hansen），他对这一项目的耐心和热情从没有减退过（不是在我面前没有，而是从来就没有！）。凯瑟琳·塔利斯（Catherine Talese）一直都是理想的插图研究者，也是一位出色的啦啦队领袖，纽约游泳池的一位不可或缺的导游。

在罗宾斯办公室（Robbins office），雷切尔·伯格斯坦（Rachelle Bergstein）、卡伦·克洛斯（Karen Close）、迈克·吉莱斯皮（Mike Gillespie）、科拉莉·亨特（Coralie Hunter）、凯蒂·胡特（Katie Hut）和伊恩·金（Ian King）每人都阅读了部分或全部原稿，通常还不止一遍，并给出了宝贵的建议。他们的陪伴和支持给我带来了欢乐。蒂姆·迪金森（Tim Dickinson）正如我在撰写《仗剑而行》（*By the Sword*）时那样，一直陪伴着我，做我的共鸣板，还是各种相关不相关的知识的源泉，而且这些知识总是十分有趣；对他的感谢我无以言表。

最后要致以最诚挚谢意的是我的著作代理人凯茜·罗宾斯（Kathy Robbins），也就是我太太。多年以来我已经习惯了别的作者在书中感谢她的友谊、她的忠告、她无与伦比的幽默、她的鼓励和推动、她的谈判技巧、她的坚韧、她的热情以及她将好的和不太好的消息搭配起来告诉作者以获得最佳效果的独特能力。这些我都深有体会而且更为真切，但至少我还可以加上一条独家声明：是她，在凌晨被我喊醒并告知第 4 章，也可能第 14 章应该以另一种独特的方式开篇时，毫无怨言地说："那样真的很生动，宝贝。"之后转身又沉入了梦乡。

尽管有来自这么多人的帮助，本书中的任何错误当然还要归责于我。夸父逐日，终难追及。在这点上，是偶然读到的查尔斯·达尔文（Charles Darwin）自传（1882）中的一句话安慰了我："无论何时我发现自己犯了错误，或者我的著作不完美，或者受到了傲慢的批判，甚至被人过度称赞而感到羞耻时，我都会千百次地对自己说'我已经竭尽全力了，没有人能比我更尽力'，这是对自己最大的安慰。"

——理查德·科恩，纽约，2010 年 7 月

索　引

注　释

前　言

1. *Mother Earth News*，no. 41，September-October 1976.

2. *Encyclopedia of Astronomy and Astrophysics* （New York：Nature Publishing，2001），vol. 4，"Sun." Astronomers classify stars based on color, which relates to temperature, size, and longevity. Throughout the book, "Sun" appears thus, as astronomers and scientists prefer; when referred to in a nonspecific way, and often when mentioned in quoted matter, it is "Sun." The word also appears lowercase in most compounds, such as "sun-glazed" or "sun worshipper."

3. Arthur Conan Doyle，*A Study in Scarlet*，1897.

4. Ben Bova，The Fourth State of Matter：*Plasma Dynamics and Tomorrow's Technology* （New York：New American Library，1974）.

5. John Eddy，"Climate and the Role of the Sun," *Journal of Interdisciplinary History*，vol. 10，no. 4 （spring 1980），pp. 725 – 747.

6. See U. S. Scouting Service Project at www. usscouts. org，"Confidence and Team-Building Games," John Keats recalled a game at his school in which the boys whirled around the playground in a huge choreographed dance, trying to imitate the solar system; there is truly no new thing under the Sun.

日出：富士山

1. Wallace Stevens，"Notes Toward a Supreme Fiction." *The Collected Poems of Wallace Stevens* （New York：Random House，1990）.

2. Pink Floyd，"Time," from the album*Dark Side of the Moon*，Capitol Records，1973.

3. Gateways are associated with the Sun in many cultures, Japanese gateways probably deriving from Indian*torana*，or "celestial gates"; the palace of the god-emperor at Kyoto is entered by "The Gate of the Sun." See William Lethaby，*Architecture*，*Mysticiscm and Myth* （New York：Braziller，1975），pp. 186 – 189.

第 1 章：讲故事

1. Max Müller，*Lectures on the Science of Language*，1864 （reprinted New York：Kessinger，2007）.

2. John Donne, *Ignatius His Conclave*, 1611.

3. See the myth of Taios in Arthur Cook, *Zeus: A Study in Ancient Religion*, 3 vols. (Combridge University Press, 1914 — 1940), pp. 633 - 635 and 719ff.; see also W. K. C. Guthrie, *The Greeks and Their Gods* (Boston: Beacon Press, 1950), p. 211.

4. See Bruce Chatwin, "Art and the Image-Breaker," *The Morality of Things* (London: Cape, 1973), p. 179.

5. See Claude Lévi-Strauss, *Introduction to the Science of Mythology*, vol. 2, *The Origin of Table Manners* (New York: Harper and Row, 1978). p. 159.

6. Genesis xi: 16 - 17. See also William Tyler Olcott, *Sun Lore of All Ages: A Collection of Myths and Legends Concerning the Sun and Its Worship* (New York and London: Putnam, 1914), pp. 38 - 39.

7. See John A. Crow, *The Epic of Latin America* (Berkeley: University of California Press, 1992), p. 33.

8. Jon R. Stone, ed., *The Essential Max Müller* (New York and Basingstoke: Palgrave Macmillan, 2002), pp. 155 - 156.

"他们不让我进行宗教信仰活动。我是一名太阳崇拜者。"

9. Max Müller, *India: What Can It Teach Us?* (New York: J. W. Lovell. 1883), p. 216.

10. W. J. Perry and G. E. Smith, *The Children of the Sun: A Study in the Early History of Civilization* (London: Metheun, 1930), p. 164.

11. See Armin Kesser, "Solar Symbolism Among Ancient Peoples," *Graphics*, no. 100 (1962), p. 115.

12. Perry and Smith, *The Children of the Sun*, p. 141.

13. Ibid. , p. 160.

14. Carl Gustav Jung, *Memories, Dreams, Reflections* (New York: Pantheon, 1961), pp. 250 -

251. One is reminded of Rostand's Cyrano de Bergerac: "a lie is a sort of myth and a myth is a sort of truth."

15. Ibid., p. 252. Mountain Lake was the tribe's spokesman since he spoke the best English. He also told Jung that if the whites did not stop interfering with their religion, the Pueblos would make them regret their actions bitterly: they would stop helping Father Sun on his daily journey across the sky.

16. See Anthony Storr, *Jung* (New York: Routledge, 1973), p. 26.

17. Deirdre Bair, *Jung* (Boston: Little. Brown, 2004). p. 354

18. Mircea Eliade, *Patterns in Comparative Religion* (New York: Meridian, 1963), pp. 124 – 151. A recent book, sadly available only in German, is particularly good on early solar myths: Dieter Hildebrandt, *Die Sonne* (Munich: Hanser Verlag, 2008).

第 2 章：季节颂

1. John Donne, *A Nocturnall Upon St. Lucie's Day*, *Being the Shortest Day*, c. 1611. Donne believed December 13 to be the shortest day: in the Northern Hemisphere it is December 21 or 22.

2. Alan Furst, *Dark Star* (New York: Random House, 1991), p. 124.

3. Mark Twain, *The Adventures of Huckleberry Finn* (New York: Oxford University Press, 1999), p. 93.

4. Barry Lopez, *Arctic Dreams* (New York: Scribner, 1986), p. 20.

5. Macrobius, *The Saturnalia* (New York: Columbia University Press, 1969), book 1, sec. 17, p. 114.

6. See *Cambridge Medieval History*, vol. Ⅳ, part Ⅰ (Cambridge: Cambridge University Press, 1966), p. 43.

7. See J. M. Golby and A. W. Purdue, *The Making of Modern Christmas* (Athens: University of Georgia Press, 1986), pp. 123 – 124.

8. See Craig Harline, *Sunday: A History of the First Day from Babylonian Times to the Super Bowl* (New York: Doubleday, 2007), pp. 10, 17 – 24.

9. Ronald Hutton, *The Pagan Religions of the Ancient British Isles* (Oxford: Blackwell, 1991), p. 36.

10. John Brand, Observations on Popular Antiquities, ed, Henry Ellis (London, 1813), vol. Ⅰ, pp. 238ff. The practice recalls the famous lines from Andrew Marvell's "To His Coy Mistress": "Thus, though we cannot make our Sun / stand still, yet we will make him run" — though written with a very different end in view.

11. See *The Encyclopedia of Religion*, ed. Mircea Elinde et al., (New York: Free Press. 1987), vol. 14, pp. 139 – 140. See also john Matthews, *The Summer Solstice* (Wheaton, Ill. : Quest Books, 2002), pp. 20 – 21, 240 – 241, and 265 – 266.

12. Rune Hagan, private paper on midsummer witches, University of Tromsø.

13. Brand, *Observations on Popular Antiquities*, pp. 238 – 239.

14. Thomas Hardy, *The Return of the Native* (New York: Signet Classics, 1959), p. 23.

15. Ernmanuel Le Roy Ladurie, *Carnival in Romans* (New York: Braziller, 1979).

16. See David Cressy, "The Fifth of November Remembered," *Myths of the English*, ed. Roy Porter (Cambridge: Polity Press, 1992), p. 78.

17. Mona Ozouf, *Festivals and the French Revolution* (Cambridge, Mass: Harvard University Press, 1988), pp. 158 – 167.

18. Jack M. Broughton and Floyd Buckskin, "Racing Simloki's Shadow: The Ajumawi Interconnection of Power, Shadow, Equinox and Solstice," in *Prehistoric Cosmology in Mesoamerica and South America* (Washington, D. C.: Smithsonian Occasional Publications in Mesoamerican Anthropology, 1988), pp. 184 – 189.

19. Clyde Holler, *Black Elk's Religion: The Sun Dance and Lakota Catholicism* (Syracuse, N. Y.: Syracuse University Press, 1995), p. 60.

20. See Robert Lowie, *The Crow Indians* (Lincoln and London: University of Nebraska Press, reprint 1983), p. 215: "Most characteristic was the intertwining of war and religion. The Sun Dance, being a prayer for revenge, was naturally saturated with military episodes."

21. Claude Lévi-Strauss, *The Origin of Table Manners* (New York: Harper and Row. 1978), pp. 222 and 212.

22. Joseph Epes Brown, *The Sacred Pipe: Black Elk's Account of the Seven Rites of the Oglala Sioux* (Norman: University of Oklahoma Press, 1995), p. 12; quoted in Ronald Goodman, *Lakota Star Knowledge: Studies in Lakota Stellar Theology* (Rosebud, S. D.: Sinte Gleska University Press, 1992). For the importance of scalping and its link with solar myths, see Lévi-Strauss, *Origin of Table Manners*, pp. 404 – 405.

23. Wade Davis, *One River* (New York: Simon and Schuster, 1996), pp. 79 – 82; see also Peter Matthiessen, *In the Spirit of Crazy Horse* (New York: Viking, 1983), p. 47.

24. Holler, *Black Elk's Religion*, p. 201.

25. See Friedrich Nietzsche, *The Birth of Tragedy* (New York: Anchor, 1956), p. 22.

第3章: 三千见证者

1. This poem was actually written in Italy in May 1948 and first published in *Horizon* that July; it then appeared in *Nones* (1951) and, revised, in the last chronological section of Auden's *Collected Shorter Poems*, 1922 – 1957 (London: Faber, 1966).

2. See Caroline Alexander, "If the Stones Could Speak," *National Geographic*, June 2008, pp. 34 – 59.

3. Roger Deakin, *Wildwood: A Journey Through Trees* (London: Hamish Hamilton, 2007),

p. 120.

4. C. P. Stacey, *American Historical Review*, vol. 56, no. 1 (October 1950), pp. 1 – 18.

5. Jacquetta Hawkes, *Man and the Sun* (New York: Random House, 1962).

6. Ronald Hutton, *The Pagan Religions of the Ancient British Isles*, (Oxford: Oxford University Press, 1991), p. 36.

7. Ibid. , p. 112.

8. See Thomas Barthel, *The Eighth Land* (Honolulu: University Press of Hawaii, 1978), pp. 248 – 249.

9. Bruce Chatwin, *The Songlines* (London: Penguin, 1988), p. 136.

10. Frank Delaney, *Ireland: A Novel* (New York: HarperCollins, 2005), pp. 51ff.

11. See Alexandre Dumas, *The Man in the Iron Mask* (Oxford: Oxford University Press, 1998), chapter 47, "The Grotto of Locmaria. "

12. See John A. Eddy, *In Search of Ancient Astronomies*, "Medicine Wheels and Plains Indian Astronomy," pp. 147ff.

13. See Jay Atkinson, "America's Stonehenge: A Classic Whodunit and Whydunit," *The New York Times*, December 11, 2009, C38.

14. See Anthony Aveni, *Skywatchers* (Austin: University of Texas Press, 2001), p. 318; Gary Urton, *At the Crossroads of the Earth and the Sky* (Austin: University of Texas Press, 1981), p. 6; and R. T. Zuidema, "The Inca Calendar," in A. F. Aveni, ed. , *Native American Astronomy* (Austin: University of Texas Press, 1988), p. 219. Archaeoastronomy has its critics, whose oldest quip is that the discipline's main achievement to date is to create a word of four consecutive vowels.

15. W. G. Auden, *Selected Poems* (New York: Viking, 1990).

16. Barry Cunliffe and Colin Renfrew, eds. , *Science and Stonehenge* (Oxford: Oxford University Press, 1997), p. 572. The Great Wall had no major solar connections (although China is the other country to boast pyramids, such as those near Ch'ang, capital of the Western Han Dynasty of 206 B. C. -A. D. 220).

17. Martin Isler, *Sticks, Stones, and Shadows* (Norman: University of Oklahoma Press, 2001), p. Ⅲ. Even so, as the orientalist Kate Spence writes, "The Egyptians were almost certainly unaware that their orientation method was precession-dependent and that it was therefore initially inexact, otherwise they would have used a more accurate bisection method" (*Nature*, vol. 412, August 16, 2001, p. 700). Isler's book has been particularly useful to the second half of this chapter.

18. See J. L. Heilbron, "Churches as Scientific Instruments," annual invitation lecture to the Scientific Instrument Society, Royal institution, London, December 6, 1995, *SIS Bulletin* 48 (March 1996), 4 – 9.

19. See the *New York Review of Books*, December 15, 2005, p. 28.

20. See Leslie, V. Grinsell, *Folklore of Prehistoric Sites* (London: David and Charles, 1976), p. 25.

21. See Joe Rao, "Sky Watch," *The New York Times*, July 9, 2006, p. 26.

第 4 章：天空之骇

1. Stuart Clark, The Sun Kings: *The Unexpected Tragedy of Richard Carrington and the Tale of How Modern Astronomy Began* (Princeton, N. J.: Princeton University Press, 2007), p. 15.

2. Dorothy Jean Ray, "Legends of the Northern Lights," *Alaska Sportsman*, April, 1958.

3. Robert A. Henning, quoted in S.-I. Akasofu, *Aurora Borealis: The Amazing Northern Lights* (Anchorage, Alaska: Alaska Geographic Society, 1979), p. 5.

4. Leonard Huxley, *Scott's Last Expedition: The Personal Journals of Captain R. F. Scott, R. N., C. V. O., on His Journey to the South Pole* (London: Murray, 1941), p. 257.

5. Ernest W. Hawkes, *The Labrador Eskimo* (Ottawa: Government Printing Bureau, 1916), p. 153.

6. The explorer Samuel Hearne, quoted in Barry Lopez, *Arctic Dreams* (New York: Scribner, 1986), p. 235.

7. 2 Maccabees 5: 1 – 4, written about 176 B. C.

8. Sir Walter Scott, *The Lay of the Last Minstrel*, ii, 8. 5 (General Books, 2010).

9. R. M. Devens, *Our First Century, Being a Popular Descriptive Portraiture of the One Hundred Great and Memorable Events of Perpetual Interest in the History of Our Country, Political, Military, Mechanical, Social, Scientific, and Commercial: Embracing Also Delineations of All the Great Historical Characters Celebrated in the Annals of the Republic; Men of Heroisrn, Statesmanship, Genius, Oratory, Adventure and Philanthropy* (Chicago: C. A. Nichols, 1878), pp. 379ff.

10. See Warren E. Leary, "Five New Satellites with a Mission of Finding a Source of Color in Space," *The New York Times*, January 23, 2007.

11. Salvo De Meis, *Eclipses: An Astronomical Introduction for Humanists* (Rome: Istituto Italiano per l'Africa e l'Oriente, 2002).

12. See *The Eclipse Chasers*, three-part series originally broadcast on BBC 4 On March 31, April 9, and April 16, 1996.

"嗨，伙计，这是个自由的国度。崇拜太阳，你有你的方式，我有我的方式。"

13. The NASA claim may seem far-fetched, but see Cally Stockdale, "Agnihotra Ancient Healing Fire Practice," www. rainbownews. co. nz, August-September 2006; Dr. Shantala Priyadarshini, "Homa Fire Ceremony," AHC magazine, February 3, 2005; and "NASA and Cow Dung," available on the Internet. See also Hitesh Devnani, "Longest Solar Eclipse of the Century Shrouds Asia," *The Epoch Times* (July 23, 2009), A1, A3.

14. See Lévi-Strauss, *The Origin of Table Manners*, p. 42.

15. See J. P. McEvoy, *Eclipse: The Science and History of Nature's Most Spectacular Phenomenon* (London: Fourth Estate, 1999).

16. See Rev. A. H. Sayce, *Astronomy and Astrology of the Babylonians* (San Diego: Wizards Bookshelf. 1981), p. 29.

17. F. R. Stephenson, *Historical Eclipses and Earth's Rotation* (Cambridge: Cambridge University Press, 1997), chapter Ⅱ, "Eclipse Records from Medieval Europe," p. 226.

18. Joseph Needham, *Science and Civilisation in China* (Cambridge: Cambridge University Press. 1959), vol. 3, p. 188.

19. Niccolò Machiavelli, *Discorsi*, I: 56.

20. Plutarch, *Life of Pericles* (New York: Bolchazy-Carducci, 1984), 35. 1 – 35. 2.

21. Dio Cassius, *History of Rome*, book LX, chapter 26. He does not say how Claudius acquired his knowledge.

22. See BBC Radio 4 broadcast on Lawrence, narrated by John Simpson, October 16, 2005.

23. Shigeru Nakayama, *A History of Japanese Astronomy* (Cambridge: Harvard University Press, 1969), p. 51.

24. *Iliad*, book XⅧ, lines 266 – 268: "Nor would you say that the Sun was safe, or the Moon, for they were wrapt in dark haze in the course of the combat"; and *Odyssey*, book XX, Lines 356 – 357: "The Sun has utterly perished from heaven and an evil gloom is overspread. " Salvo de Meis makes the point in his *Eclipses: An Astronomical Introduction for Humanists* (p. 21) that such lines may reflect poetic license: "They contain no faithful descriptions or an eclipse, neither information which could lead to an acceptable dating. "

25. William Smith Urmy, *The King of Day* (New York: Nelson and Phillips, 1874).

26. Luke 23: 44.

27. See Stephenson, *Historical Eclipses*, p. 344.

28. J. A. Cabaniss, *Agobard of Lyons, Churchman and Critic* (Syracuse: Syracuse University Press, 1953), p. 18.

29. Barbara K. Lewalski, *The Life of John Milton* (Oxford: Blackwell, 2000), pp. 210, 259, and 278.

30. Quoted in Derek Appleby and Maurice McCann, *Eclipses: The Power Points of Astrology*

（Northampton，Mass.：Aquarian Press，1989），p. 11.

31. *Diary of Samuel Pepys*，ed. M. Bright，1879，vol. Ⅵ，p. 208.

32. Thomas Crump，*Solar Eclipse*（London：Constable，1995），pp. 115 – 117，Halley invited observations from those members of the public "with a pendulum clock of which many people are furnished"（De Meis，*Eclipses*，p. 167）.

第 5 章：最早的天文学家

1. Ralph Waldo Emerson，*Journal and Miscellaneous Notebooks*（Cambridge，Mass.：Belknap Press，1982），November 14，1865.

2. Gustave Flaubert，*Dictionary of Accepted Ideas*（New York：New Directions，1954）.

3. J. Norman Lockyer，*The Dawn of Astronomy：A Study of Temple Worship and Mythology of the Ancient Egyptians*（New York：Dover，2006；first published 1894）.

4. See Rev. A. H. Sayce，*Astronomy and Astrology of the Babylonians*（San Diego：Wizards Bookshelf，1981），p. 145：reprinted from vol. 3，part I of *Transactions of the Society of Biblical Archaeology*，1874.

5. See John Britton and Christopher Walker，"Astronomy and Astrology in Mesopotamia，" in Christopher Walker. ed.，*Astronomy Before the Telescope*（London：British Museum Press，1996），p. 42.

6. See J. G. Macqueen，*Babylon*（New York：Praeger，1964），p. 212.

7. See *Cambridge Ancient History*，vol. 3，part 2（Cambridge：Cambridge University Press，1969），p. 285.

8. Noel M. Swerdlow，*The Babylonian Theory of The Planets*（Princeton：Princeton University Press，1998）. I found this book very useful，but it received a critical mauling on publication. The world of Babylonian studies is a fierce one. It is worth recalling what was told me by Christopher Walker，the great expert on Babylonian astronomy："We have just the first few filaments of the spider's web. To my mind，the debate as to what the Babylonians knew is still wide open；we are all operating in a vacuum. "

9. J. P. McEvoy，*Eclipse：The Science and History of Nature's Most Spectacular Phenomenon*（London：Fourth Estate，1999），pp. 63 – 64.

10. See Ronald A. Wells，"Astronomy in Egypt，" in Walker，ed.，*Astronomy Before the Telescope*，p. 29.

11. See Jacquetta Hopkins Hawkes, *The First Great Civilizations : Life in Mesopotamia, the Indus Valley, and Egypt* (London: Hutchinson, 1973), pp. 230 – 231; see also Otto E. Neugebauer and Richard A. Parker, *Egyptian Astronomical Texts Vol. Ⅲ: Decans, Planets, Constellations and Zodiacs* (Providence, R. I. : Brown Egyptological Studies 3, 1969).

12. See Clemens Alexandrinus, *Stomata*, Lib. Ⅵ. See also *Encyclopedia of Religion*, p. 145.

13. See James P. Allen, *Genesis in Egypt: The Philosophy of Ancient Egyptian Creation Accounts* (New Haven. Conn. : Yale University Press, 1988), pp. 8 and 12.

14. Ibid. , pp. 13 – 14. Atum's seed becomes all life: "Atum is the one who developed growing ithyphallic, in Heliopolis. / He put his penis in his grasp / That he might make orgasm with it," Among the Greeks, the Stoic Zeno, too, chose a biological model. At first there is nothing except God, then God creates a difference within himself, such that he is "contained" in moisture. This is the living "sperm" that produces the cosmos.

第 6 章：古希腊登场

1. See Jacques Brunschwig and Geoffrey E. R. Lloyd, eds. , *Greek Thought: A Guide to Classical Knowledge* (Cambridge: Harvard University Press, 2000), p. 269.

2. See Christopher M. Linton, *From Eudoxus to Einstein: A History of Mathematical Astronomy* (Cambridge: Cambridge University Press, 2004), p. 15.

3. D. R. Dicks, *Early Greek Astronomy to Aristotle* (New York: Norton, 1970), p. 29.

4. Plato, *The Apology, Crito and Phaedo of Plato* (New York: Merchant, 2009), 26D.

5. See Will Durant, *The Life of Greece* (New York: Simon and Schuster. 1939), pp. 337 – 338, 627, and 161.

6. See Thomas Heath, *A History of Greek Mathematics*, vol. I (New York: Dover, 1981), pp. 176 and 178. Sir Thomas Heath was permanent secretary for administration of the British Treasury in the 1920s and in his spare time a formidable historian of mathematics.

7. See William Tarn, *Hellenistic Civilization* (London: Arnold, 1966), p. 299, and Michael Fowler, "How the Greeks Used Geometry to Understand the Stars," at http: //galileoandeinstein. physics. virginia. edu/lectures/greek _ astro. htm.

8. Aristotle, c. 340 B. C. /1960, 15, 23. This dualism lasted until the time of Galileo.

9. Durant, *Life of Greece*, p. 337.

10. See Otto E. Neugebauer, *Studies in Civilization*, p. 25.

11. Nathan Sivin and Geoffrey Lloyd, *The Way and the Word: Science and Medicine in Early China and Greece* (New Haven and London: Yale University Press. 2002), p. 101.

12. Timothy Ferris, *Coming of Age in the Milky Way* (New York: Anchor, 1989), p. 41. In a later footnote (p. 65) Ferris writes: "One could write a plausible intellectual history in which the decline of sun worship, the religion abandoned by the Roman emperor Constantine when he converted to

Christianity, was said to have produced the Dark Ages, while its subsequent resurrection gave rise to the Renaissance."

13. Dennis Rawlins, "Astronomy and Astrology: The Ancient Conflict," *Queen's Quarterly* 91/4 (Winter 1984), pp. 969 – 989.

14. Sec Robert R. Newton, *The Crime of Claudius Ptolemy* (Baltimore: Johns Hopkins University Press. 1997), pp. 76ff.

15. Colin A. Ronan, *The Astronomers* (London: Evans, 1964), p. 91.

16. Ibid., p. 95.

17. See "The Universe of Aristotle and Ptolemy," at http: //csepio. phys. utk. edu/astr16i/lect/ retrograde/aristotle. html.

18. Frederick Nietzsche, *The Will to Power*, in *Collected Works*, new edition, ed. O. Levy (London: T. N. Foulis, 1964).

19. Franz Cumont, *The Oriental Religions* (New York: Dover. 1956: first published 1911), p. 134.

第 7 章：黄色帝国的礼物

1. Quoted by Joseph Needham in *Science and Civilization in China* (Cambridge: Cambridge University Press, 1959), vol. 3, p. 171.

2. Zou Yuanbiao, "Da Xiguo Li Madou," in *Yuan xue ji* 3/39, quoted in Jonathan D. Spence, *The Memory Palace of Matteo Ricci* (London: Faber, 1985), p. 151.

3. See Simon Winchester, *Joseph Needham: The Man Who Loved China* (New York: HarperCollins, 2008), pp. 17 – 21. Winchester adds, "Also a chain-smoker and devastating womanizer."

4. See *The New York Times*, March 27, 1995.

5. See Horace Freeland Judson, "China's Drive for World-Class Science," MIT's *Technology Review* January 2006, When Needham's first volume appeared, eminent American academics published indignant reviews, calling rubbish the notion that Chinese science and technology played any consequential part in history and warning that the book was part of the Red Menace.

6. See C. Ronan, "Astronomy in China, Korea and Japan," in Christopher Walker, ed., *Astronomy Before the Telescope* (London: British Museum Press, 1996), pp. 245 – 268.

7. Quoted in Needham, *Science and Civilization in China*, p. 193.

8. See, for example. Article 110 in *The T'ang Code: Vol. II*, *Specific Articles*, trans. Wallace Johnson (Princeton. N. J.: Princeton University Press, 1997).

9. Needham, *Science and Civilization in China*, p. 406.

10. Ibid., p. 227.

11. See "Ancient Chinese Cosmology," at www. astronomy. pomona. edu/archeo/china/china3. html.

12. Vincent Cronin, *The Wise Man from the West* (New York: Dutton, 1955), p. 232.

13. Needham，*Science and Civilization in China*，p. xlv.

14. Christopher Cullen，"Joseph Needham on Chinese Astronomy," *Past and Present* no. 87 （May 1980），p. 42，Cullen ends his essay："Compilers of works of popularization and'cross-disciplinary syntheses' who try to treat Needham's work as a bran-tub will find a few mousetraps awaiting their fingers as they rummage. " Point taken.

15. Cronin，*The Wise Man from the West*，p. 11. Needham lists forty outstanding inventions over thirty thousand years up to 1500 B. C. ，and 287 inventions from then untill A. D. 1700.

16. Xue Shenwei，*Journal of Ancient Civilizations*，vol. 2 （Changchun，Jilin Province：IHAC Northeast Normal University，1987），"Brief Note on the Bone Cuneiform inscriptions," pp. 131 – 134.

17. Author's conversation with Christopher Walker，Department of Ancient Near East，British Museum，January 12，2006.

18. See Ivan Hadingham，"The Mummies of Xinjiang," *Discover*，vol. 15，no. 68 （April 1994）；see also Drauenhelm，"Ulghur-I Ulgur Mummies Say 'No' to China," *East Bay Monthly*，vol. 29，no. 3 （December 1998）；Edward Wong. "The Dead Tell a Tale China Doesn't Care to Listen To," *The New York Times*，November 19，2008，A6；Elizabeth Wayland Barber，*The Mummies of Ürümchi* （New York：Norton，1999） and Nicholas Wade，"A Host or Mummies，A Forest of Secrets. " *The New York Times*，March 16，2010，DI.

19. Cronin，*Wise Man from the West*，p. 100.

20. Ibid，pp. 192 – 193.

21. Needham，*Science and Civilization in China*，pp. 239，220.

22. See Edward Rothstein，"A Big Map That Shrank the World," *The New York Times*，January 20，2010，C1 and C7.

23. See "Eunuchs，Sleuths and Otherwise," http：//cruelmusic. blogspot. com/2008/04/eunuchs-sleuths-and-otherwise. html，April 21，2008.

24. Cronin，*Wise Man from the West*，pp. 140 – 142. This is largely Cronin's account，with just small changes.

25. Fan Tsen-Chung，*Dr. Johnson and Chinese Culture* （London：The China Society，1945）. p. 9.

第8章：苏丹塔

1. Qur'an，Surah 6，76 – 78.

2. Arthur Koestler，*The Sleepwalkers* （London：Hutchinson，1959），p. 105.

3. See article on Arab astronomy by J. J. O'Connor and E. F. Robertson，www-history. mcs. standrews. ac. uk/Biographies/Sman. html.

4. See Mohammad Ilyas，*Islamic Astronomy and Science Development：Glorious Past，Challenging Future* （Petaling Jaya，Selangor Darul Ehsan，Malaysia：Pelanduk Publications，1996），p. 22.

5. M. A. R. Khan, *A Survey of Muslim Contribution's to Science and Culture* (Ashraf, Lahore: Internet edition), p. 14. See also David A. King, *Astronomy in the Service of Islam* (Brookfield, Vt.: Variorum, 1993), p. 246.

6. Ilyas, *Islamic Astronomy*, p. 253. See also "Aspects of Applied Science in Mosques and Monasteries" in Science and Theology in Medieval Islam, Judaism, and Christendom international symposium, Madison, Wisconsin, April 15 – 17, 1993.

7. David A. King, "Islamic Astronomy," in Christopher Walker, ed., *Astronomy Before the Telescope* (London: British Museum Press, 1996), p. 160.

8. Ilyas, *Islamic Astronomy*, pp. 1 – 2. The office of the *muwaqqit*, or mosque astronomer, was developed during the thirteenth century in Egypt, Most Egyptian and Syrian astronomers of consequence for the next two centuries were *muwaqqit*.

9. See also Otto Neugebauer, "The Early History of the Astrolabe," in *Astronomy and History: Selected Essays* (Berlin: Springer, 1983), p. 279. A nice description of the astrolabe also appears in Edward Rutherfurd's novel *London* (London: Century, 1997), p. 340.

10. Abdul-Qasim Said ibn Ahmad, *The Categories of Nations*, quoted in Neugebauer, "The Transmission of Planetary Theories in Ancient and Medieval Astronomy," in Christopher Walker, ed., *Astronomy and History*, pp. 3 and 129.

11. See Christopher M. Linton, *From Eudoxus to Einstein: A History of Mathematical Astronomy* (Combridge: Cambridge University Press, 2004), p. 85.

12. Otto Neugebauer, *A History of Ancient Mathematical Astronomy* (Berlin: Springer, 1975), p. 127.

13. See David Pingree, "Astronomy in India," in Christopher Walker, ed., *Astronomy Before the Telescope* (London: British Museum Press, 1996), pp. 123 – 142.

14. See John Henry, *Moving Heaven and Earth* (Cambridge: Icon Books, 2001), p. 41.

15. Saint Augustine, *Works*, quoted in Linton, From *Eudoxus to Einstein*, p. 113.

16. John David North, *Stars, Minds, and Fate: Essays in Ancient and Medieval Cosmology* (London: Hambledon Press, 1989), p. 403.

17. Neugebauer, *A History of Ancient Mathematical Astronomy*, p. 943. He was known to friends and students alike as "the Elephant."

18. See *Encyclopaedia Brtannica*, 11ᵗʰ edition (1910), vol 3, p. 153.

19. See Koestler, *The Sleepwalkers*, p. 110, Much of this paragraph paraphrases his analysis.

第9章: 地球是动的

1. Nicolaus Copernicus, *On the Revolutions of the Heavenly Spheres*, 1543; reprinted in two vols, ed. Christina J. Moose (Pasadena, Calif.: Salem Press, 2005).

2. Martin Luther, *Works*, vol. 22, c. 1543.

3.　Groucho Marx, *The Groucho Letters* (London: Sphere, 1967), p. 10.

4.　Thomas A. Bailey, *The American Pageant: A History of the Republic*, 13th ed.　(Boston: Houghton Mifflin, 2006), chapter 1.

5.　William Manchester, *A World Lit Only by Fire* (Boston: Little, Brown, 1992), p. 89.

6.　See Christopher M. Linton, *From Eudoxus to Einstein: A History of Mathematical Astronomy* (Combridge: Cambridge University Press, 2004), p. 116.

7.　Dava Sobel, *Galileo's Daughter* (New York: Penguin, 2000), p. 59.

8.　See Thomas Heath, *A History of Greek Mathematics*, p. 301. The omitted passage runs: "Philolaus believed in the mobility of the Earth, and some even say that Aristarchos of Samos was of that opinion." One also wonders what Copernicus would have made of the assertion by Leonardo da Vinci that "the Sun does not move…. The Earth is not in the center of the circle of the Sun.

9.　See Joshua 10: 12 – 13 and Ecclesiastes 1: 4 – 5.

10.　Patrick Moore, in Christopher Walker, ed., Astronomy Before the Telescope (London: British Museum Press, 1996), p. 10.

11.　See Garrett Hardin, "Rewards of Pejoristic Thinking" (1977). See www. garrelhardinsoclety. org/art _ rewards _ pejoristic _ thinking. html.

12.　Otto Neugehauer, "On the Planetary Theory of Copernicus," in Otto Neugebauer, ed., Astronomy and History, p. 103. This essay sets forth in detail the many ways in which Copernicus adhered to Ptolemaic calculations. There is also an interesting discussion of the extent to which Copernicus may have plagiarized Arab theorems in Dick Teresi, *Lost Discoveries* (New York: Simon and Schuster, 2002), pp. 3 – 5.

13.　Arthur Koestler, *The Sleepwalkers* (London: Hutchison. 1959), p. 302.

14.　Tycho Brahe, "An Oration on Mathematical Principles," quoted in Linton, *From Eudoxus to Einstein*, p. 155.

15.　John Robert Christianson, *On Tycho's Island: Tycho Brahe and His Assistants*, *1570 – 1601* (New York: Cambridge University Press, 2000), p. 82.

16.　Koestler, *The Sleepwalkers*, p. 302.

17.　Johannes Kepler, *New Astronomy* (Cambridge: Cambridge University Press, 1992), introduction. The book's subtitle, "Celestial Physics: implies a program of investigation that struck Kepler's contemporaries as paradoxical. When the book was first published it was almost universally ignored. For more on this, and a contrary view, see Owen Gingerich, *The Book Nobody Read* (New York: Walker, 2004).

18.　Gingerich, *The Book Nobody Read*, pp. 168, 47. In his entertaining account, Gingerich not only writes off what he calls "the legend of epicycles upon epicycles," but is dismissive of Koestler's theory of scientific advance: "Some critics said his book should have been entitled *The Sleepwalker* because he had only one good example of a scientist groping in the dark, Kepler himself. A few even more perceptive critics said he had zero examples, an opinion borne out by recent scholarship" (p. 49). Maybe some scientists bridle at being likened to sleepwalkers, but the fact remains that many important discoveries come out of left field—and that was Koestler's point.

19. Bertholt Brecht, *Galileo* (New York: Grove, 1966), p. 51.

20. Brian Clegg, *Light Years: An Exploration of Mankind's Enduring Fascination with Light* (London: Piatkus, 2001), p. 74.

21. See Dennis Overbye, "A Telescope to the Past as Galileo Visit U. S.," *The New York Times*, March 28, 2009, A8. But Galileo's colleague Cesare Cremonini, a professor of natural philosophy, was paid two thousand florins a year: mathematicians were still regarded as inferior to philosophers.

22. Timothy Ferris, *Coming of Age in the Milky Way*, (New York: Anchor, 1989), p. 84.

23. Clegg, *Light Years*, pp. 54 – 55.

24. Noel M. Swerdlow, "Galileo's Discoveries with the Telescope and Their Evidence for the Copernican Theory," *The Cambridge Companion to Galileo*, ed. Peter Machamer (Cambridge: Cambridge University Press, 1998), pp. 244 – 245.

25. See *Discoveries and Opinions of Galileo*, trans. and ed. Stillman Drake (New York: Doubleday, 1957), pp. 87 – 144.

26. H. L. Mencken, *A Treatise On Right and Wrong* (New York: Knopf, 1934), p. 279.

27. Koestler, *The Sleepwalkers*, p. 483.

28. Ludovico Geymonat, *Galileo Galilei: A Biography and Enquiry into His Philosophy of Science*, trans. Stillman Drake (New York: McGraw-Hill, 1965), p. 73.

29. John Milton, *Paradise Lost*, book VIII, 11, 167ff.

30. See George Sim Johnston, "The Galileo Affair," www. catholiceducation. org/articles/history/world/whooo5. html. Roger Bacon, Giordano Bruno, and other scholars either imprisoned or put to death for their views would hardly agree with Whitehead; still, his main point holds: Galileo got off lightly.

31. See Richard S. Westfall, *Essays on the Trial of Galileo* (Vatican Observatory Foundation, 1989), p. v; and Richard Owen and Sarah Delaney, "Vatican Recants with a Statue of Galileo," London *Times*, March 4, 2008, p. 11, which quotes the current pope, while still a cardinal, making a speech in 1990 in which he described Galileo's trial as fair. The Vatican later said he had been misquoted.

第 10 章：奇异的思想之海

1. David Brewster, *Life of Sir Isaac Newton* (London: John Murray, 1831), vol. 2, chapter 27.

2. Leo Tolstoy, *War and Peace*, trans. Richard Pevear and Larissa Volokhonsky (New York:

Vintage, 2008), p. 606.

3. Richard S. Westfall, *Never at Rest: A Biography of Isaac Newton* (Cambridge: Cambridge University Press, 1983), p. 10.

4. Ibid., p. 581.

5. Albert Einstein, "What is the Theory of Relativity?" London *Times*, November 28, 1919.

6. John Herivel, *The Background to Newton's* Principia (Oxford: Clarendon Press, 1965), p. 67.

7. François-Marie Arouet de Voltaire, *An essay upon the civil wars of France* [...] *and also upon the epick poetry of the European nations*, reprinted in *Letters on England* (New York: Prentice Hall, 2000), p. 75.

8. William Stukeley, *Memoirs of Sir Isaac Newton's Life* (London: Taylor & Francis, reprint 1936), p. 20.

9. Quoted in David Whitehouse, *The Sun: A Biography* (West Sussex: Wiley, 2005), pp. 71 – 72.

10. See R. L. Gregory, *Eye and Brain: The Psychology of Seeing* (London: Weidenfeld, 1966), p. 16.

11. Mircea Eliade, *Patterns in Comparative Religion* (New York: Meridian, 1963), p. 128. Of all the memory aids for the colors of the rainbow, my favorite remains "Richard Of York Gained Battles In Vain."

12. See Gerald Weissmann, "Wordsworth at the Barbican," *Hospital Practice* (1987) 22: 84, quoted in Raymond Tallis, *Newton's Sleep*, p. 21. The original source is the *Diary of Benjamin Haydon*.

13. See Joseph Needham, *Science and Civilization in China*, vol. 3 (Cambridge: Cambridge University Press, 1959), p. 219.

14. Peter Dizikes, "Word for Word on the Web, Isaac Newton's Secret Musings," *The New York Times* June 12, 2003.

15. John Maynard Keynes, "Newton, the Man." *The Royal Society Newton Tercentenary Celebrations* (Cambridge: Cambridge University Press, 1947), p. 27.

16. John Milton, *Paradise Lost*, book 3, ll. 606 – 609.

17. James Gleick, *Isaac Newton* (New York: Pantheon, 2003), Gleik's concise study is the source for many of the biographical details in this chapter.

18. Donald Fernie, *The Whisper and the Vision: The Voyages of the Astronomers* (Toronto: Clarke, Irwin, 1976), p. 10.

19. See Richard Holmes, *The Age of Wonder* (London: Harper, 2008), p. 17.

20. Ted Kooser, *Delights and Shadows* (Port Townsend, Wash: Copper Canyon Press, 2004), p. 62.

21. See Karl Huffbauer, *Exploring the Sun: Solar Science Since Galileo* (Baltimore: Johns Hopkins

（下面的文字释义）自恋症：认为世界围绕着它转。

University Press，1993），p. 33

22. Fanny Burney，*Diary*，September 1786，pp. 169 – 170.

23. See Stuart Clark，*The Sun Kings：The Unexpected Tragedy of Richard Carrington and the Tale of How Modern Astronomy Began* (Princeton，N. J.：Princeton University Press，2007)，p. 35.

24. Christopher M. Linton，*From Eudoxus to Einstein：A History of Mathematical Astronomy* (Cambridge：Cambridge University Press，2004)，p. 360.

25. Pierre-Simon Laplace，*Oeuvres Complètes* (Paris：1884)，vol. Ⅵ，p. 478，and vol. Ⅶ. p. 121.

第 11 章：日食与启迪

1. James Joyce，*Ulysses：The Corrected Text* (New York：Random House，1986)，p. 136，ll. 364 – 370.

2. J. C. Beaglehole，*The Life of Captain James Cook* (Stanford：Stanford University Press，1974)，p. 87.

3. *Sky and Telescope*，April 2000，pp. 63 – 65.

4. See Agnes M. Clerke，*A Popular History of Astronomy During the Nineteenth Century* (London：A. & C. Black，1893)，p. 74.

5. Mabel Loomis Todd，*Total Eclipses of the Sun* (Boston，1894)，p. 110.

6. Mark Twain，*A Connecticut Yankee in King Arthur's Court* (New York：Barnes and Noble，1995)，pp. 86，34 – 35.

7. See John B. Duff and Peter M. Mitchell，eds.，*The Nat Turner Rebellion* (New York：Harper and Row，1971)，p. 19.

8. William Styron, *The Confessions of Nat Turner* (New York: Random House, 1967), p. 348.

9. Paul D. Bailey, *Wovoka, the Indian Messiah* (Los Angeles: Westerlore Press, 1957), pp. 93 – 94.

10. Virginia Woolf, *The Diary of Virginia Woolf*, Vol. Ⅲ, *1925 — 1930*, ed. Anne Olivier Bell (New York: Harcourt, 1980), pp. 142 – 143.

11. Isaac Asimov, "New Stars," in *The Relativity of Wrong* (New York: Doubleday, 1988), p. 138.

12. Stephen Jay Gould, "Happy Thoughts on a Sunny Day in New York City," in *Dinosaur in a Haystack* (New York: Harmony Books, 1985), p. 3.

13. John Updike, *The Early Stories, 1953 — 1975* (New York: Knopf, 2003), pp. 645 – 646.

14. See Jay M, Pasachoff, "Solar-Eclipse Science: Still Going Strong," *Sky and Telescope*, February 2001, pp. 40 – 45.

15. Albert Einstein. "Grundlage der allgemeinen Relativitätstheorie" ("The Foundations of the Theory of General Relativity"), *Annalen der Physik* vol. 49, (1916), pp. 769 – 822.

16. See Christopher M. Linton, *From Eudoxus to Einstein: A History of Mathematical Astronomy* (Cambridge: Cambridge University Press, 2004), p. 450.

17. A. S. Eddington, *Obituary Notices, Fellows of the Royal Society* no. 8, vol. 3, January 1940, p. 167.

18. Paul Johnson, *Modern Times* (London: Weidenfeld, 1999), pp. 2 – 4. See also the opening chapter of Nichalas Mosley, *Hopeful Monsters* (New York: Vintage, 2000), p. 26, where the episode is recreated.

19. See Ronald W. Clark, *Einstein: The Life and Tirnes* (London: Hodder, 1973), p. 225; see also Arthur I. Miller, *Empire of the Stars: Obsession, Friendship and Betrayal in the Quest for Black Holes* (Boston: Houghton Mifflin, 2005), pp. 51 – 52.

20. Thomas Crump, *Solar Eclipse* (London: Constable, 1995), p. 134; I have drawn in some detail from his description of the expedition.

第 12 章：失去神性的太阳

1. Tommaso Campanella, *A Dialogue Between a Grand Master of the Knights Hospitallers and a Genoese Sea Captain: The City of the Sun* (Berkeley: University of California Press, 1981).

2. Woody Allen, "Strung Out," *The New Yorker*, July 28, 2003, p. 96.

3. See *Catholic Encyclopedia* on CD-ROM, entry for Secchi.

4. See *The New York Times*, Science section, July 11, 2006.

5. Mark Haddon, *The Curious Incident of the Dog in the Night-time*, pp. 12 – 13.

6. Ron Cowen, "The Galaxy Hunters," *National Geographic*, February 2003, p. 16.

7. See A. E. Housman, *Selected Prose*, ed. J. Carter and J., Sparrow (Cambridge: Cambridge

University Press），1961.

8. Martin Gorst，*Measuring Eternity*：*The Beginning of Time*（New York：Broadway，2001），p. 11. See also Marcia Bartusiak，*The Day We Found the Universe*（New York：Pantheon，2009）.

9. Stephen W. Hawking，*A Brief History of Time*（NewYork：Bantam，1988），p. 7.

10. Gorst，*Measuring Eternity*，p. 95. I have made significant use of Gorst's excellent account in this section.

11. Timothy Ferris，*Coming of Age in the Milky Way*（New York：Anchor，1989），p. 246.

12. Gorst，*Measuring Eternity*，p. 187.

13. Ibid. ，p. 188.

14. Sir J. F. W. Herschel，*Treatise on Astronomy*（London：Longman，1933），p. 212.

15. George Gamow，*The Birth and Death of the Sun*：*Stellar Evolution and Subatomic Energy*（New York：Viking，1949），p. 12.

16. For a discussion of how "outsiders" contributed to solar physics from 1910 on，see Karl Hufbauer，*Exploring the Sun*，pp. 81ff.

17. Cecilia H. Payne，*Stellar Atmospheres*（Harvard Observatory Monograph No. 1，Cambridge，Mass. ，1925），p. 185. Eddington's own monograph. *The Internal Constitution of the Stars*，published a year later，became an instant classic.

18. See Owen Gingerich，"The Most Brilliant PhD Thesis Ever Written in Astronomy," Harvard Smithsonian Center for Astrophysics，p. 16，available at www. harvard-squarelibraryorg/unitarians/payne 2. html.

19. See Gamow，*Birth and Death of the Sun*，p. v.

20. See Finn Aaserud，*Redirecting Science*：*Niels Bohr*，*Philanthropy*，*and the Rise of Nuclear Physics*（Cambridge：Cambridge University Press，1990），p. 2.

21. David Kaiser，"A$\times$B $\neq$ B$\times$A：Paul Dirac," *London Review of Books*，February 26，2009，p. 21.

22. Letter to Bohr，April 1，1932，quoted in Aaserud，*Redirecting Science*，p. 55.

23. Aaserud，*Redirecting Science*，p. 7.

24. See "The Elements"（2007）；see seedmagazine. com/content/article/cribshcel＿8＿the＿elements/.

25. See Michio Kaku，*Physics of the Impossible*：*A Scientific Exploration into the World of Phasers*，*Force Fields*. *Teleportation*，*and Time Travel*（New York：Doubleday，2008），p. xv.

26. See Richard Rhodes，*Dark Sun*（New York；Simon and Schuster，1995），p. 222.

27. Reginald Victor Jones，*Most Secret War*：*British Scientific Intelligence*，*1939 – 1945*（London：Hamish Hamilton，1978）；published in the United States as *The Wizard War*：*British Scientific Intelligence*，*1939 — 1945*.

28. A full account of how Einstein's letter was drafted and how it reached the White House is given in Walter Isaacson, *American Sketches* (New York: Simon and Schuster, 2009), pp. 149 – 155.

29. See also Jeremy Bernstein, "The Secrets of the Bomb," *New York Review of Books*, May 25, 2006. p. 41.

30. See John Hersey, *Hiroshima* (Harmondsworth: Penguin, 1946), publisher's note, p. viii.

31. See the obituary of Charles Donald Albury (1920 — 2009) published in *The Miami Herald* from June 4 to June 29, 2009.

第 13 章：太阳黑子

1. William Smith Urmy, *The King of Day* (New York: Nelson and Phillips, 1874), pp. 8 – 83.

2. See Joseph Needham, *Science and Civilization in China* (Cambridge: Cambridge University Press, 1959), p. 435. Needham mentions several Arab observations, including those in 840 (mislaken for a transit of Venus), 1196, and 1457.

3. Fr. Juan Casanovas, "Early Observations of Sunspots," San Francisco: Astronomical Society of the Pacific Conference Series, Proceedings of a Meeting Held in Puerto de la Cruz, Tenerife, Spain. October 2 – 6, 1996, vol. 118, pp. 3 and19.

4. Ellen M. McClure, *Sunspots and the Sun King* (Chicago: University of Illinois Press. 2006), p. 1.

5. Heinrich Schwabe, *Astronomische Nachrichten*, vol. 20, no. 495 (1843).

6. Simon Mitton, *Daytime Star: The Story of Our Sun* (New York: Scribner, 1981), p. 122.

7. Sten F. Odenwald, *The 23rd Cycle: Learning to Live with a Stormy Star* (New York: Columbia University Press, 2001), p. 54.

8. See essay on Schwabe and Wolf by Dr. David P. Stern: contact education@phy6. org.

9. Stuart Clark, *The Sun Kings: The Unexpected Tragedy of Richard Carrington and the Tale of How Modern Astronomy Began* (Princeton, N. J.: Princeton University Press, 2007), p. 23.

10. Sea *Encyclopedia of Astronomy and Astrophysics*, p. 3203.

11. See Mitton, *Daytime Star*, p. 130. See also William Livingston and Arvind Bhatnagar, *Fundamentals of Solar Astronomy* (New Jersey: World Scientific Publishing, 2005).

12. W. Livingston, J. W. Harvey, O. V. Malenchenko, and L. Webster, "Sunspots with the Strongest Magnetic Fields," *Solar Physics*, vol. 239, nos. 1 – 2, December 2006, pp. 41 – 68.

13. See F. E. Zeuner, *Dating the Past* (London: Sutton, 1952), p. 19.

14. Harlan True Stetson, *Sunspots and Their Effects* (New York: Whittlesey House [McGraw-Hill], 1937), p. 43.

15. Samuel Johnson, *Rasselas, Poems, and Selected Prose*, ed. Bernard H. Bronson (New York: Henry Holt, 1965), pp. 592 – 593.

16. Stuart Clark, "Quiet Sun Puts Europe on Ice," New Scientist, April 14, 2010.

17. See J. A. Eddy, "Climate and the Role of the Sun," in J. A. Eddy, ed. , *The New Solar Physics*

(Boulder. Col. : Westview Press, 1978), pp. 11 – 34; Andrew E. Douglass, *Dictionary of American Biography*; and *Nature*, vol. 431, p. 1047.

18. See Spencer R. Weart, *The Discovery of Global Warming* (Cambridge, Mass. , and London: Harvard University Press, 2003), p. 131.

19. Nigel Calder, *The Weather Machine* (London: BBC. 1974), p. 131.

20. See William F. Ruddiman, "How Did Humans First Alter Global Climate?" *Scientific American*, March 2005, pp. 46 – 53; also Donald Goldsmith, "Ice Cycles," Natural History, March 2007, pp. 14 – 18.

21. See William James Sidis, "A Remark on the Occurrence of Revolutions," *Journal of Abnormal Psychology* 13 (1918), pp. 213 – 228. See also Martin Gardner, *Mathematical Carnival* (New York: Knopf. 1977).

22. See *Citizen Cohn*, scripted by Nicholas von Hoffman, HBO film for television, Breakheart Films/ Spring Creek Productions, 1992; von Hoffman's book of the same title (New York: Doubleday, 1988), p. 180; and Wayne Phillips, "Harassing Feared by 'Voice' Suicide," *The New York Times* March 7, 1953, p. 10.

23. Urmy, *King of Day*, p. 79.

24. See Odenwald, *The 23rd Cycle*, pp. 8ff, and 70.

25. See Roger Guesnerie, *Assessing Rational Expectations: Sunspot Multiplicity and Economic Fluctuations* (Cambridge, Mass. : MIT Press, 2001), p. 1.

26. Valmore C. La Marche, Jr. , and Harold C. Fritts, "Tree-Rings and Sunspot Numbers," *Tree-Ring Bulletin*, vol. 32 (1972), pp. 19 – 33.

27. See Mike Baillie, "Tree-Rings Focus Attention on Global Environmental Events That Could Be Caused by Extraterrestrial Forcing," School of Archaeology and Palaeoecology, Queen's University, Belfast. See also P. D. Jones and E. Mann, "Climate over Past Millennia," *Review of Geophysics*, May 2004, p. 21.

28. See Paul Simons, "Summer 1816," London *Times*, October 1, 2008, p. 9.

29. See *Science News*, April 10, 2010, p. 8.

30. See Paul Simons, "Weather Eye," London Times, April 10, 2010, p. 85.

第 14 章：光的性质

1. Quoted in Michael Sims, Apollo's Fire: *A Day on Earth in Nature and Imagination* (New York: Viking, 2007), p. 29.

2. Graham Greene, *The Power and the Glory* (London: Penguin, 1940), p. 70.

3. Galileo Galilei, *Dialogue Concerning the Two Chief World Systems* (Philadelphia: Running Press. 2005).

4. See Katie McCullough, "Speed of Light Formal Report (The Foucault Method)," http: //njas.

org/projects/speed _ of _ light/cache/2/lightspeedformal. htm.

5. Michio Kaku, *Physics of the impossible* (New York: Doubleday. 2008), p. 19.

6. See Dorothy Michelson Livingston, *The Master of Light* (Chicago, 1973), and Joel Achenbach, "The Power of Light", *National Geographic*, October 2001, p. 15.

7. John Lloyd and John Mitchinson, *The Book of General Ignorance* (London: Harmony, 2007), p. 57.

8. See David Attenborough, *The Private Life of Plants* (Princeton, N. J.: Princeton University Press, 1995), p. 102.

9. Stuart Clark, *The Sun Kings* (Princeton, NJ.: Princeton University Press, 2007), p. 94.

10. See Duncan Steel, *Marking time*, pp. 145 – 150. See also Mick O'Hare, ed., *Why Don't Penguins' Feet Freeze? And 114 Other Questions* (London: Profile, 2006), pp. 154 – 155.

11. Clark, *Sun Kings*, p. 96.

12. See Richard M. Bucke, *Cosmic Consciousness* (Secaucus, N. J.: University Books, 1961), quoted in Peter Matthiessen, *The Snow Leopard* (New York: Viking, 1978), p. 98.

13. Elizabeth Wood, *Science for the Airplane Passenger* (Boston: Houghton Mifflin, 1968), p. 60.

14. Encyclopaedia Britannica, 10th edition, "Meteorology," pp. 278 – 279.

15. *Natural History*, October 2005. p. 11.

16. Anthony Holden, *Big Deal* (London: Abacus, 2002), pp. 49 and 120. In Charles Bock's breakout first novel, *Beautiful Children* (New York: Random House, 2008). Las Vegas is "The neon. The halogen. The viscous liquid light. Thousands and millions of watts, flowing through letters of looping cursive and semi-cursive, filling then emptying, then starting over again. Waves of electricity, emanating from pop-art facades, actually transforming the nature of the atmosphere, creating a mutation of night, a night that is not night—daytime at night. "

17. See Christopher Hibbert, *The Great Muting: India, 1857* (London: Penguin, 1980), p. 147, and Bernard Cornwell, *Sharpe's Rifles: Richard Sharpe and the French Invasion of Galicia, January 1809* (London: Penguin, 1989), p. 86.

18. Edith Nesbit, *The Wouldbegoods* (London: Puffin, 1996), chapter 3, "Bill's Tombstone. "

19. See Air Vice Marshal J. E. Johnson, *The Story of Air Fighting* (London: Chatto, 1964), pp. 24 – 25.

20. See Geoffrey Bennett, *Coronel and the Falklands* (Edinburgh: Birlinn, 2000), pp. 13 and 28.

21. Sam Shepard, "A Short Life of Trouble," originally published in *Esquire*, 1987, reprinted in Jonathan Cott, ed., *Bob Dylan: The Essential Interviews* (New York: Wenner Books, 2006), p. 365; John Dos Passos, *The Fourteenth Chronicle: Letters and Diaries of John Dos Passos*, ed. Townsend Ludington (Boston: Gambit, 1973), p. 567.

22. For a discussion of how shadow and glare have affected baseball in the United States, see John

Branch, "Postseason's Afternoon Start Times Put Shadows in Play," *The New York Times*, October 7, 2009, B17.

23. C. P. Snow, *Variety of Men* (New York: Scribner's, 1967), p. 22.

24. See Edward Marjoribanks, *For the Defence: The Life of Sir Edward Marshall Hall* (New York: Macmillan, 1929), pp. 147 and 408 – 412.

25. A. Roger Ekrich, *At Day's Close: Night in Times Past* (New York: Norton, 2005); see also *The New Yorker*, May 30, 2005.

26. Anisha Vranckx, in an interview with the author, October 2006. Ms. Vranckx, of Greek extraction but now based in Udaipur, is a Romany, and has twice represented Gypsy Interests at the United Nations.

27. W. Sangster, *Umbrellas and Their History* (London: Cassell, 1870), p. 15.

28. Edmund C. P. Hull, *The European in India, or The Anglo-Indian's Vade Mecum* (London: 1871), p. 61.

29. Robert Louis Stevenson, *The Strange Case of Dr. Jekyll and Mr. Hyde and Other Tales of Terror*, ed. Robert Mighall (London: Penguin, 2002), p. 23.

30. See J. K. St. Joseph, "Air Photography and Archaeology," *Geographical Journal*, vol. 105, no. 1 – 2 (January-February 1945), pp. 47 – 59.

31. G. W. F. Hegel, *Philosophy of Right*, trans. T. M. Knox (New York: Oxford University Press, 1967; first published 1820).

32. Jill Nelson, *Sexual Healing* (Chicago: Agate Publishing, 2003); see review of this first novel by Beverly Lowry, *The New York times Book Review*, June 22, 2003, p. 20.

33. Vladimir Nabokov, *Speak, Memory* (New York: Putnam, 1960), p. 81; see also Margaret Wertheim, "The Shadow Goes," *The New York Times*, June 20, 2007, and Charles Champlin and Derrick Tseng, *Woody Allen at Work: The Photographs of Brian Hamill* (New York: Abrams, 1995), p. 29, photo caption showing Allen on a beach in Southampton, Long Island, during the shooting of *Interiors* (1978).

34. A belief promulgated by Rabbi Jacob Emden (1697 — 1776), who cited the biblical verse (Joshua 1:8) "You will study [the Torah] day and night," leaving room for secular studies during hours that are neither truly day nor truly night.

35. See John Goldstream, *Dirk Bogarde* (London: Weidenfeld, 2005), p. 517.

36. Carl Gustav Jung, *Memories, Dreams, Reflections* (New York: Pantheon, 1961), p. 269.

第 15 章: 在炙热的太阳下

1. Rudyard Kipling, "Dear Auntie, Your Parboiled Nephew," holograph letter to Edith Macdonald, June 12, 1883, in *Early Verse by Rudyard Kipling*, 1879 — 1889 (New York: Oxford University Press, 1986), p. 19.

"这叫'可见光光谱外的天文学'。"

2. Thurston Clarke, *Equator* (New York: Avon, 1988), pp. 11, 137, and 143.

3. Jonathan Spence, *The Memory Palace of Matteo Ricci* (London: Faber, 1985), pp. 37 and 84.

4. Leo Tolstoy, *War and Peace*, trans. Richard Pevear and Larissa Volokhonsky (New York: Vintage, 2008), p. 1013.

5. Ruth Prawer Jhabvala, *Heat and Dust* (London: John Murray, 1975), p. 71.

6. Noël Coward, *The Complete Illustrated Lyrics* (New York: Overlook, 1998).

7. Rudyard Kipling, *Kim* (London: Penguin, 1987), pp. 110 and 330.

8. See David Grann, *The Lost City of Z* (New York: Doubleday, 2009), p. 56.

9. See Sara Wheeler, *Too Close to the Sun: The Audacious Life and Times of Denys Finch Hatton* (New York: Random House. 2007), pp. 55, 69, and 95.

10. Richard Collier, *The Sound of Fury: An Account of the Indian Mutiny* (London: Collins, 1963), pp. 120 and 14 – 15.

11. Ibid.

12. Robert Burton, *The Anatomy of Melancholy* (New York: New York Review of Books, 2001), p. 378.

13. Jonathan Weiner, *The Next One Hundred Years* (New York: Bantam, 1990), p. 154.

14. Barack Obama, *Dreams from My Father* (New York: Three Rivers Press), 2004.

15. Babette Babich, "Reflections on Greek Bronze and 'The Statue of Humanity,'" *Existentia*, vol. 17 (2007), p. 436.

16. William Shakespeare, sonnet 62, line 10. There are 253 references to the Sun in Shakespeare.

17. Miranda Seymour, "White Shoulders," review of Deborah Davis's biography *Strapless John Singer Sargent and the Fall of Madame X* in *The New York Times Book Review*, September 28, 2003,

p. 19.

18. Paul Fussell, *Abroad: British Literary Travelling Between the Wars* (Cambridge: Cambridge University Press, 1980), p. 137. Several of the details on these pages come from this study, notably the chapter "The New Heliophily," pp. 137 – 141.

19. F. Scott Fitzgerald, *Tender Is the Night* (London: Grey Walls Press, 1953), p. 83. Sun worship also appears in *The Beautiful and Damned*. He called the beach at Antibes "a bright tan prayer mat."

20. See the review of Emily W. Leider's *Dark Lover: The Life and Death of Rudolph Valentino*, "We Lost It at the Movies," by Barry Gewen. *The New York Times Book Review*, May 11, 2003, p. 15.

21. See Bennetta Jules-Rosette, *Josephine Baker in Art and Life* (Chicago: University of Illinois, 2007).

22. Mary Blume, "Vive the Vacation: The French Look Back," *International Herald Tribune*, July 20, 2006, p. 20.

23. Stephen Potter, *Some Notes on Lifemanship* (New York: Henry Holt, 1950), pp. 18 – 20.

24. Thurston Clarke, *Ask Not: The Inauguration of John F. Kennedy and the Speech That Changed America* (New York, Henry Holt, 2004), pp. 41 – 42. Clarke may have chosen not to stress the effects or the Sun in his travel book, *Equator*, but he makes his point here.

25. Gore Vidal, *Palimpsest: A Memoir* (New York: Random House, 1995), p. 355.

26. John Fowles, *Wormholes: Essays and Occasional Writings* (New York: Henry Holt, 1998), pp. 284 – 287.

27. Jane Austen, *Persuasion* (Cambridge: Cambridge University Press, 2006), p. 110.

28. Thomas More Madden, *On Change of Climate* (London: 1874), p. 32.

29. See R. A. Hobday, "Sunlight Therapy and Solar Architecture," *Medical History* (1997) 42: 455 – 472. See also Richard Hobday, *The Light Revolution: Health, Architecture, and the Sun* (Forres, U. K.: Findhorn Press, 2006), p. 12.

30. A. Ransome, *The Principles of "Open-Air" Treatment of Phthisis and of Sanatorium Construction* (London: Smith. Elder, 1903), pp. 72 – 73.

31. See Thomas Stuttaford, London *Times*, February 2, 2006, section 2, p. 9.

32. See Martin Burgess Green, *Children of the Sun* (New York: Stein and Day, 1976), p. 6. Green openly acknowledges taking his title from W. J. Perry and Grafton Elliot Smith's 1930 study.

33. Fiona MacCarthy, London Times, December 19, 1991.

34. "The Solar Revolution" is a phrase of the British critic John Weightman's (1915 — 2004).

35. See Robert Mighall, *Sunshine: One Man's Search for Happiness* (London: Murray, 2008), p. 46.

36. Stephen Spender, *World Within World* (London: Hamish Hamilton, 1951; reissued by Faber, 1997).

37. Fowles, *Wormholes*, p. 285.

38. Quoted in Fussell, *Abroad*, p. 136.

39. See Mighall, *Sunshine*, p. 39.

40. Albert Camus, *Lyrical and Critical Essays* (New York: Knopf, 1968), pp. 352, 80 – 83. After his death, his longtime publisher, Blanche Knopf, wrote an appreciation in the *Atlantic* (February 1961, pp. 77ff.) entitled "Albert Camus in the Sun": "Camus was born of the Sun and always had a yearning to be in it."

41. See *Tucson Star*, August19, 1986.

第 16 章：深肤色

1. See Joel L. Swerdlow, "Unmasking Skin," *National Geographic*, November 13, 2002, pp. 36 – 63.

2. Alice Hart-Davis, "Take More Cover," *London Evening Standard*, May 20, 2009, p. 29.

3. See Steve Jones, *In the Blood* (London: HarperCollins, 1996), p. 194.

4. Jeffrey Gettleman, "Albinos, Long-Shunned, Face Deadly Threat in Tanzania," *The New York Times*, June 6, 2008, pp. 8 and 20; see also Donald McNeil, "Bid to Stop the Killing of Albinos," *The New York Times*, February 17, 2009, D5, and "The Enduring Curse of African Witchcraft," *The Week*, April 11, 2009, p. 16.

左一："不要把他烤化了！" 左二："他是我的朋友！ 他是个好人！ 请不要把他烤化了！！！" 左三："拜托！ 他一辈子都没有伤害过别人！ 拜托！ 拜托！" 左四："老鼠！"

5. See G. P. Studzinski and D. C. Moore, "Sunlight: Can It Prevent as Well as Cause Cancer?" *Cancer Research* (1995), 55: 4014 – 4022, and Paul Vitello, "Skin Cancer Up Among Young; Tanning Salons Become Target," *The New York Times*, August 14, 2006, B1. See also Kaur Mandeep, M. D., and others, *Journal of the American Academy of Dermatology*, part 1, July 2004.

6. See *The New Yorker*, December 6, 2004, p. 52.

7. G. K. Chesterton, *The Annotated Innocence of Father Brown*, ed. Mar Lin Gardner (New York: Dover, 1997), p. 215.

8. Mick O'Hare, ed., *Why Don't Penguins' Feet Freeze? And 114 0ther Questions* (London: Profile,

2006), pp. 4 - 5.

9. Jane E. Brody, "A Second Opinion on Sunshine: It Can Be Good Medicine After All," *The New York Times*, June 17, 2003, F7. See also *Science News*, April 24, 2010, p. 9.

10. See Michael Holick and Mark Jenkins, *The UV Advantage: New Medical Breakthroughs Reveal Powerful Health Benefits from Sun Exposure and Tanning* (New York: iBooks, 2003). In 2007 the London *Independent* gave up its whole front page to tell its readers, "A new study reveals that vitamin D, unlocked by sunlight on our skin, can ward off colds and flu. It also halves the risk of cancer, combats heart disease and fights diabetes. Now scientists are calling it the 'wonder vitamin'" (April 14).

11. Jones, *In the Blood*, pp. 177 - 197.

12. See J. L. Cloudsley-Thompson, "Time Sense of Animals," in L T. Fraser, ed., *The Voices of Time: A Cooperative Survey of Man's Views of Time as Expressed by the Sciences and by the Humanities* (New York: George Braziller, 1966), p. 299.

13. Morag Preston, "Children of the Moon," London *Times*, *Saturday Magazine*, date unknown.

14. Lisa Sanders, "Perplexing Pain," *The New York Times Magazine*, November 1, 2009, pp. 24 - 25.

15. See Elizabeth Kostova, *The Historian* (New York: Little, Brown, 2005), p. 55; also p. 148, "He is not going to jump on you in broad daylight, Paul" —discussing a modern-day vampire.

16. See Jones Denver, *An Encyclopedia of Obscure Medicine* (New York: University Books, 1959).

17. See also Nick Lane, "New Light on Medicine," *Scientific American*, January 2003, vol. 288, no. 1, p. 38, and "The Straight Dope," *Washington City Paper*, "Did Vampires Suffer from the Disease Porphyria—or Not?"

18. See Mel Sinclair. http: //www. eczemasite. com.

19. John Updike, *Self-consciousness: Memoirs* (New York: Knopf, 1989), pp. 42 - 78.

20. See "Winter Depression," Harvard Mental Health Letter November 2004, p. 4

21. See Abigail Zuger, "Nighttime, and Fevers Are Rising," *The New York Times*, September 28, 2004, F5.

22. Nigel Hawkes, "Why We Get So Gloomy in Winter," London *Times*, February 17, 2004, p. 5. See also Jane Brody, "Getting a Grip on the Winter Blues," The New York Times, December 5, 2006. F7. Ms. Brody had articles appear on Sun-related matters for four consecutive months that year, none of which questioned the SAD lobby's findings.

23. Rick Atkinson, *The Day of Battle: The War in Sicily and Italy*, 1943 — 1944 (New York: Henry Holt, 2007), p. 55.

24. Ken Chowder, "Copenhagen," *The New York Times Magazine*, November 21, 2004, p. 92.

25. O. Lingjaerde and others, *Journal of Affective Disorders* 33 (1995), pp. 39 - 45.

26. Ted Reichborn-Kjennerud, *Patients with Seasonal Affective Disorders: A Study of the Clinical Picture, Personality Disorders, and Biological Aspects* (Oslo: University of Oslo Press, 1997), p. 119.

27. Judith A. Perry, David H. Silvera, Jan H. Rosenvinge, Tor Neilands, and Arne Holte, "Seasonal Eating Patterns in Norway: A Non-clinical Population Study," *Scandinavian Journal of Psychology* (2001), 42: 307 – 312.

28. Andrés Magnússon and Johann Axelsson, "The Prevalence of Seasonal Affective Disorder Is Low Among Descendants of Icelandic Emigrants in Canada," *Archives of General Psychiatry*, December 1993, vol. 50, pp. 947ff.

29. Tim Brennen, Monica Martinussen, Bernt Ole Hansen, and Odin Hjemdal, "Arctic Cognition: A Study of Cognitive Performance in Summer and Winter at 69°N," *Applied Cognitive Psychology* vol. 13 (1999), pp. 561 – 580.

第 17 章：生命的呼吸

1. Quoted in *The New York Times*, November 16, 2002.

2. Galileo Galilei, *Dialogue Concerning the Two Chief World Systems*, (Philadelphia: Running Press, 2005).

3. Bill Bryson, *A Short History of Nearly Everything* (New York: Broadway, 2003), p. 298.

4. Oliver Morton, *Eating the Sun: How Plants Power the Planet* (London: Fourth Estate, 2007), pp. xvii and 56. See also Peter H. Raven, *Biology*, 7th edition (New York: McGraw-Hill, 2007); David Williams, *Lessons from Joseph Priestley: The 2004 Essex Hall Lecture* (London: Lindsay Press, 2004).

5. See Georg Hartwig, *The Subterranean World* (New York: Scribner, 1871), p. 88, and Mark Twain, *The Innocents Abroad, or The New Pilgrim's Progress* (London: Hotten, 1870): "Our author makes a long, fatiguing journey to the Grotto del Cane on purpose to test its poisoning powers on a dog—got elaborately ready for the experiment, and then discovered that he had no dog."

6. Stephen Hales, *Vegetable Staticks* (1727).

7. Thomas S. Kuhn, *The Structure of Scientific Revolutions* (Chicago: University of Chicago Press, 1962), pp. 53 – 56.

8. Jan Ingenhousz, *Experiments upon Vegetables, Discovering Their Great Power of Purifying the Common Air in the Sun-shine, and of Injuring It in the Shade and at Night* (London, 1779).

9. Nancy Y. Kiang, "The Color of Plants on Other Planets," *Scientific American*, April 2008, pp. 48 – 55.

10. See John Maddox, *What Remains to Be Discovered* (New York: Free Press, 1998), p. 147.

11. See Morton, *Eating the Sun*, pp. 168 – 175.

12. See Mikolaj Sawicki, "Myths About Gravity and Tides," *Physics Teacher* 37, October 1999, pp.

438 – 441.

13. *Excursions*: *The Writings of Henry David Thoreau*, vol. 9 (Boston: Houghton Mifflin, 1893), p. 292.

14. David Attenborough, *The Private Life of Plants* (Princeton: Princeton University Press, 1995), pp. 45ff.

15. Morton, *Eating the Sun*, p. 222.

16. Attenborough, *Private Life of Plants*, p. 1.

17. Vernon Quinn, *Stories and Legends of Garden Flowers* (New York: Frederick Stokes, 1939), pp. 116 – 117. In alchemy, both the lily and the holm oak are associated with the Sun, the lily embodying purity, the holm oak strength and glory.

18. See Peter Tompkins and Christopher Bird, *The Secret Life of Plants* (New York: Harper, 1973), pp. 58 and 170 – 171.

19. Dan Morgan, *Merchants of Grain* (NewYork: Viking, 1979), p. 16.

20. See William J. Broad, "CIA Revives Data Sharing on Environment," *The New York Times*, January 5, 2010. A1.

21. See "Night Schools for Fish," *The Washington Post*, March 30, 2009, p. A5.

22. See C. Claiborne Ray, "Birds of a Feather," *The New York Times*, October 3, 2006, F2, and Natalie Angier, "Some Blend In, Others Dazzle," ibid. , F1.

23. See D. V. Alford, *Burnblebees* (London: Davis-Poynter, 1975), p. 75.

24. Frisch's account is authoritative but a little leaden; here I have paraphrased the excellent description in David Attenborough, *Discovering Life on Earth* (Boston: Little, Brown, 1981), p. 103.

25. See Edward O. Wilson, *The insect Societies* (Boston: Harvard University Press, 1971).

26. See M. Dacke and others, "Built-in Polarizers Form Part of a Compass Organ in Spiders," *Nature*, September 30, 1999, pp. 470ff.

27. Wilson, *Insect Societies*, p. 216.

28. See Norman R. F. Maier and T. C. Schneirla, *Principles of Animal Psychology* (New York: McGrawHill, 1935), p. 188.

29. See Leland Crafts, Theodore C. Schneirla, Elsa E. Robinson, and Ralph W. Gilbert, "Migration and the 'Istinct' Problem," in ibid. , pp. 25 – 39.

30. See also Kenneth P. Able, ed. , *Gatherings of Angels*: *Migrating Birds and Their Ecology* (Ithaca, N. Y. : Cornell University Press, 1999), pp. 14 – 15, and David Attenborough, *The Life of Birds* (Princeton N. J. : Princeton University Press, 1998), p. 62.

31. See *Nature Neuroscience Reviews*, February 2005, and *The New York Times*, February 1, 2005, F1.

32. See Frank P. Gill, *Ornithology* (New York: W. H. Freeman, 1995), chapter 13, and P.

Berthold，*Bird Migration：A General Survey* （New York：Oxford University Press，1993），pp. 156 – 157.

33. See David Attenborough，*Life on Earth*，DVD，vol. 7，"Victors of the Dry Land," and *Life on Earth* （Boston：Little. Brown，1979），p. 152.

34. See David Attenborough，*The Trials of Life：A Natural History of Animal Behavior*，DVD，vol. 6，"Homemaking."

35. See James Lovelock，*Gaia：A New Look at Life on Earth* （Oxford：Oxford University Press，1979），and *The Ages of Gaia* （Oxford：Oxford University Press，1988）.

36. Morton，*Eating the Sun*，p. 256.

第 18 章：黑暗中的生物圈

1. Robert Kunzig，*Mapping the Deep：The Extraordinary Story of Ocean Science* （New York：Norton，2000），p. 207.

2. James Hamilton-Paterson，*The Great Deep：The Sea and Its Thresholds* （New York：Henry Holt，1992），p. 165.

3. E. A. allis Budge，tr. of Pseudo-Callisthenes，1933；see Hamilton-Paterson，*Great Deep*，p 167.

4. See David Grann，"The Squid Hunter," *The New Yorker*，May 24，2004，pp. 56 – 71.

5. W. J. Broad，"Deep Under the Sea, Boiling Founts of Life Itself," *The New York Times*，September 9，2003，F1 – 4.

6. See Julie A. Huber，David A. Butterfield，and John A. Baross，*FEMS Microbiology Ecology*，vol. 43 （2003），pp. 393 – 409.

7. See Kunzig，*Mapping the Deep*，p. 53. In *The Ecological Theater and the Evolutionary Play* （New Haven：Yale University Press，1965），the famous Yale ecologist G. Evelyn Hutchinson suggested that it might be possible in theory for organisms to make a living off the internal heat of the Earth rather than off sunlight，but he had no idea how they might do it.

8. David Attenborough，*Discovering Life on Earth* （Boston：Little，Brown，1981），p. 22.

9. See Peter Whitehead，*How Fishes Live* （London：Phaidon，1975），pp. 111 – 112.

10. Rachel Carson，"The Sunless Sea," in *Great Essays in Science*，ed. Martin Gardner （New York：Prometheus，1994），pp. 287 – 304.

11. See Hamilton-Paterson，*The Great Deep*，pp. 112 – 113.

12. See Peter Herring，*The Biology of the Deep Ocean* （Oxford：Oxford University Press，2002），chapter 8，"Seeing in the Dark."

13. Hamilton-Paterson，*The Great Deep*，p. 203.

14. Charles Q. Choi，"Thousands of Strange Sea Creatures Discovered," LiveScience. com，November 22，2009，www. livescience. com/animals/091122-deep-sea-creatures. html.

15. See M. F. Moody and J. R，Parris. "Discrimination of Polarized Light by Octopus," *Nature* 186，

839 – 840 (1960), and Nadav Shashar, Phillip S. Rutledge, and Thomas W. Cronin, "Polarization Vision in Cuttlefish—A Concealed Communication Channel?" Journal of Experimental Biology 199 (1996), 2077 – 2084.

16. See Bruce Robison, "Life in the Ocean's Midwaters," *Scientific American*, July 1995, p. 60.

17. "Deep-Sea Fish Sees Red," *BBC Wildlife*, August 1998, p. 59.

18. See J. T. Fraser, ed., *The Voices of Time: A Cooperative Survey of Man's Views of Time as Expressed by the Sciences and by the Humanities* (New York: George Braziller, 1966), p. 309.

19. See N. Angier, "Out of Sight, and Out of a Predator's Stomach," *The New York Times*, July 20, 2004, F4. See also Sonke Johnsen, "Transparent Animals: Scientific American, February 2000, pp. 80 – 90, and K. Madin and D. Kovacs, *Beneath Blue Waters: Meetings with Remarkable Deep-Sea Creatures* (New York: Viking, 1996).

20. Kunzig, *Mapping the Deep*, p. 8.

21. See Piers Chapman, "Ocean Currents," www. waterencyclopedia. com/Mi-Oc/Ocean-Currents. html.

22. See William J. Broad, "Rogue Giants at Sea," *The New York Times*, July 11, 2006, F1 and F4.

23. See Stephen H. Schneider, ed., *The Encyclopedia of Climate and Weather* (Oxford: Oxford University Press, 1996), vol. 2, p. 734.

24. William Whewell, *The Philosophy of the Inductive Sciences: Works in the Philosophy of Science*, 1830 — 1914 (New York: Continuum, 1999).

25. Broad. "Rogue Giants at Sea," F4.

26. See Kenneth Chang, "Findings," *The New York Times*, August 8. 2006.

27. See *Dictionary of National Biography* 1910 — 1911, Darwin, Sir George Howard, supplement to main dictionary

28. *Encyclopaedia Britannica*, 11 th ed. , p. 944, "Tides," It is a very Darwin family deprecation, though: Charles Darwin is constantly saying that subjects are too difficult to tackle.

第 19 章：天庭向导

1. Herman Melville, *Moby-Dick* (New York: Random House, 1930), p. 716.

2. Letter to Thomas Wentworth Higginson, 1862, *In Selected Letters*, ed. T. Johnson (Cambridge, Mass. : Harvard University Press, 1971).

3. Daniel Boorstin, *The Discoverers* (New York: Random House, 1983), p. 46.

4. Ibid. , p. 219.

5. *Konungs Skuggsja, or The King's Mirror*, trans. Laurence Marcellus Larsen (New York: Twayne Pil. , 1917). In another place and time, Samuel Pepys would set up an examination for naval officers that included navigation, and naval schoolmasters were put on board ships to instruct the crew in mathematics: see also J. T. Fraser. ed. , *The Voices of Time: A Cooperative Survey of*

Man's View of Time as Expressed by the Sciences and by the Humanities （New York： George Braziller， 1966）， pp. 216 – 217.

6. Robert Ferguson， *The Hammer and the Cross： A New History of the Vikings* （London： Allen Lane， 2009）， p. 62.

7. See "The Viking Sunstone： Is the Legend of the Sun-Stone True?" atwww. polarizaUon. com/viking/ viking. html， and Bradley E. Schaefer， "Vikings and Polarization Sundials," Sky &. Telescope， May 1997， p. 91.

8. See Kenneth Chang， "Etched in Lava， Diary of the Earth's Magnetic Field Shows a Temporary Calm," *The New York Times*， May 16， 2006， F3.

9. Timothy Ferris， *Coming of Age in the Milky Way* （New York： Anchor， 1989）， p. 128.

10. Miguel de Cervantes， *Don Quixote*， trans. J. M. Cohen （Harmondsworth： Penguin， 1950）， part Ⅱ， chapter 29， p. 58. In the original Catalan， "Quixote" translates as "horse's ass. "

11. See Jonathan Spence， *The Memory Palace of Matteo Ricci* （London： Faber， 1985）， pp. 66 – 69.

12. Fernand Braudel， *The Mediterranean and the Mediterranean World in the Age of Philip* Ⅱ， vol. 1， trans. Sian Reyolds （London： Collins， 1972）， p. 104.

13. See Michael Grant， *The Ancient Mediterranean* （New York： Penguin， 1988）， p. 146.

14. Braudel， *The Mediterranean and the Mediterranean World*， p. 138.

15. *Encyclopaedia Britannica*， 11 th ed. ， p. 284， "Navigation. "

16. See V. Gordon Childe， *What Happened in History* （Harmondsworth： Penguin， 1946）， pp. 246 – 247.

17. See Richard Hakluyt, Epistle Dedicatorie to Charles Howard, second edition of *Principal Navigations* (1598); see also Derek Howse, *Greenwich Time and the Discovery of Longitude* (London: Oxford University Press, 1980), p. 12, and Lisa Jardine, *Ingenious Pursuits: Building the Scientific Revolution* (New York: Random House, 1999), pp. 137 – 138 and 159.

18. See David Grann, "the Map Thief," *The New Yorker*, October 17, 2005, p. 68.

19. See John Burt, *History of the Solar Compass* (Detroit: O. S. Gulley's Presses, 1878).

20. See Harry M. Ceduld, ed., *The Definitive Tim Machine* (Bloomington: Indiana University Press, 1987).

21. Melville, *Moby-Dick*, pp. 740 – 743.

22. From time to time in the writing of this book, I have consulted Wikipedia, but with considerable trepidation, its account of the longitude problem, however, is hard to improve on, and I am duly grateful.

23. William Watson, *Ode on the Coronation of King Edward* Ⅶ, 1902 (Whitefish, Mont.: Kessinger, 2009).

第 20 章：历法和日晷

1. Sir Hermann Bondi, quoted in Paul Davies, *About Time: Einstein's Unfinished Revolution* (New York: Simon and Schuster, 1996), p. 1.

2. E. J. Bickerman, *The Ancient History of Western Civilization* (New York: Harper & Row, 1976).

3. Umberto Eco, "Times," in *The Story of Time*, ed. Kristen Lippincott (London: Merrell, 1999), p. 11.

4. See *Encyclopaedia Britannica*, 11 th edition.

5. Allan R. Holmberg, quoted in Charles C. Mann, 1491: *New Revelations of the Americas Before Columbus* (New York: Knopf, 2005), and in David Grann, *The Lost City of Z* (New York: Doubleday, 2009), p. 30.

6. See *The Cambridge History of Islam*, p. 98, and Mohammad Ilyas, *Islamic Astronomy and Science Development: Glorious Past, Challenging Future* (Petaling Jaya, Selangor Darul Ehsan, Malaysia: Pelanduk Publications, 1996), pp. 97 – 107.

7. See Tim Weiner, "Hailing the Solstice and Telling Time, Mayan Style," *The New York Times*, December 23, 2002.

8. See R. T. Zuidema, "The Inca Calendar," in Anthony F. Aveni, ed., *Native American Astronomy* (Austin: University of Texas Press, 1977).

9. See Duncan Steel, *Marking Time: The Epic Quest to invent the Perfect Calendar* (New York: Wiley, 1999), p. 10.

10. See Christopher Hirst, "A Thousand Years of Tinkering with Time," *The Week*, March 8, 2008,

pp. 44 – 45.

11. J. R. R. Tolkien, *The Lord of the Rings*, pp. 1140ff.

12. William Hazlitt, "On a Sun-Dial," first published in *New Monthly Magazine*, October 1827, reprinted in G. Keynes, ed., *Selected Essays of William Hazlitt* (New York: Random House, Nonesuch Press, 1930), p. 345.

13. See Geoffrey Chaucer, *The Parson's Prologue*; also the Introduction to *The Man of Law's Tale*, when he calculates the hour as ten o'clock by the same method. The original runs:

Foure of the clokke it was tho, as Igesse,

Forellevene foot, or litel moore or lesse,

My shawe was at thilké tyme, as there,

Of swiche feet as my lengthé parted were

In sixe feet equal of proporcioun.

14. Joseph Needham, "Time and Knowledge in China and the West," in J. T. Fraser, ed., *The Voices of Time* (New York: George Braziller, 1966), p. 106.

15. See Albert E. Waugh, *Sundials: Their Theory and Construction* (New York: Dover, 1973), pp. 4 – 5.

16. J. V. Field, "European Astronomy in the First Millennium: The Archaeological Record," in Christopher Walker, ed., *Astronomy Before the Telescope* (London: British Museum, 1996), p. 121.

17. Dava Sobel, "The Shadow Knows," *Smithsonian*, January 2007, p. 91. There are two distinctive terms for sundials: the "style," a straightedge whose shadow is a straight line on a plane dial, which shadow normally identifies a *direction* on the dial; and the "nodus," a small ball or disk whose shadow identifies a *point* on the dial. See Gerhard Dohrn-van Rossum, *History of the Hour: Clocks and Modern Temporal Orders* (Chicago: University of Chicago Press, 1996). The gnomon as a whole serves as a style and its tip as a nodus.

18. *Horam non possum certam tibi dicere: facilis inter philosophos quam inter horologia convenient.* Seneca the Younger (attrib.), *Apocolocyntosis*, stanza 2, line 2.

19. *Julius Caesar*, Act Ⅱ, scene Ⅰ, Ⅱ. 4ff.; *Cymbeline*, Act Ⅱ, scene ii; *Richard* Ⅱ, Act V, scene v. See also *As You Like It*, Act Ⅱ, scene vii, Ⅱ. 20 – 22.

20. Frank W. Cousins, *Sundials: A Simplified Approach by Means of the Equatorial Dial* (London: John Baker, 1972), p. 9.

21. Dava Sobel, "The Shadow Knows," p. 91.

22. *Henry* Ⅵ, *Part* Ⅲ, Act Ⅱ, scene v, Ⅱ. 21 – 30. As so often with Shakespeare, these lines bear a second reading; "quaint" also signifies female genitalia.

23. Hazlitt, "On a Sun-Dial," p. 336.

24. See Tad Friend, "The Sun on Mars," *The New Yorker*, January 5, 2004, pp. 27 – 28.

第 21 章：时间如何流逝

1. James Joyce, *Ulysses: the Corrected Text* (New York: Random House, 1986), p. 47.

2. *The Taming of the Shrew*, Act Ⅳ scene ii, Ⅰ. 197.

3. Anthony Burgess, *One Man's Chorus* (New York: Carroll and Graf, 1998), pp. 120 – 123.

4. Jackson, *Book of Hours*, p. 15.

5. Daniel Boorstin, *The Discoverers* (New York: Random House, 1983), p. 40.

6. *History Magazine*, February-March 2008, p. 12.

7. Lisa Jardine, *Ingenious Pursuits: Building the Scientific Revolution* (New York: Random House, 1999), p. 133.

8. Virginia Woolf, *Mrs. Dalloway* (London: Hogarth Press, 1915, reprinted Granada, 1979), p. 91. The novel was originally entitled "The Hours"; in a book where so much is given a precise time and place, critics disagree about the hour when it opens—9 A. M. or 10 A. M. —while the hour of Ⅱ A. M. to noon fills nearly a quarter of the novel.

9. Valentine Low, "The King of Clocks," *the Week*, January 10, 2009, p. 37.

10. See Peter James, *Dead Simple* (London: Macmillan, 2005), p. 318.

11. Clark Blaise, *Time Lord: Sir Sandford Fleming and the Creation of Standard Time* (New York: Pantheon, 2000), p. 170.

12. T. E. Lawrence, *Seven Pillars of Wisdom: A Triumph* (London: Cape, 1973), p. 573.

13. See Blaise, *Time Lord*, pp. 69, 129, and 35.

14. Burgess, *One Man's Chorus*, p. 123.

15. Blaise, *Time Lord*, pp. 142ff.

16. Mark M. Smith, *Mastered by the Clock: Time, Slavery, and Freedom in the American South* (Chapel Hill: University or North Carolina Press, 1997).

17. See "Q+A," *The New York Times*, May 8, 2007, F2.

18. See Jackson, *Book of Hours*, pp. 188 – 189.

19. See David Prerau, *Seize the Daylight: The Curious and Contentious Story of Daylight Saving Time* (New York: Thunder's Mouth Press, 2005), and Michael Downing, *Spring Forward: The Annual Madness of Daylight Saving Time* (Emeryville, Calif.: Shoemaker & Hoard, 2005).

20. Anahad O'Connor, "Really?" *The New York Times*, March 10, 2009, D5.

21. Gail Collins, "The Great Clock Plot," *The New York Times*, August 23, 2007, A21.

22. See Cecil Adams, "The Straight Dope: Why Is India 30 Minutes Out of Step with Everybady Else?" *Washington City Paper*, June 5, 1981, p. 18.

23. Ibid.

"现在我们能辨别出时间了，建议我们开始争取赶在最后期限之前完工。"

24. See Marlise Simons，"Synchronizing the Present and Past in a Timeless Place," *The New York Times* (*international edition*)，*September* 12，2005.

25. See www. yeswatch. com.

26. See *The Week*，February 21，2009，p. 17.

27. Christopher Hirst，"A Thousand Years of Tinkering with Time," *The Week*，March 8，2008，p. 44.

第 22 章：我们口袋中的太阳

1. Jonathan Swift，*Gulliver's Travels*，Part Ⅲ，"A Voyage to Laputa."

2. More recently，researchers at MIT and the University or Arizona have reached similar conclusions：see Ian Sample，"Doubts Cast on Archimedes' Killer Mirrors," *The Guardian*，October 24，2005.

3. Frank T. Kryza，*The Power of Light：The Epic Story of Man's Quest to Harness the Sun* (New York：McGraw-Hill，2003)，p. 53.

4. Ibid. ，p. 30.

5. Stuart Clark，*The Sun Kings：The Unexpected Tragedy of Richard Carrington and the Tale of How Modern Astronomy Began* (Princeton，N. J. ：Princeton University Press，2007)，p. 60.

6. See www. californlasolarcenter. org/history _ solartherrnal. html.

7. See Charles Smith，"Revisiting Solar Power's Past," *Technology Review*，July 1995.

8. George Gamow，*The Birth and Death of the Sun：Stellar Evolution and Subatomic Energy* (New York：Viking，1949)，p. 1.

9. See Mary Archer，"Hello Sunshine," Royal Institute Proceedings no. 66，p. 10.

10. See Eisuke Ishikawa，*O-edo ecology jijo* (*The Edo Period Had a Recycling Society*) (Tokyo：

Kodansha, 1994); see also "Japan's Sustainable Society in the Edo Period (1603—1867)", Japan for Sustainability newsletter, April 6, 2005, www. energybulletin. net/node/5140.

11. Mary Jo Murphy, "Becoming the Big New idea: First, Look the Part," *The New York Times*, August 24, 2008, p. 4. As recently as 1976, *Nature* thought it necessary to inform its readers, "The Sun can be used for a variety of energy-related purposes," in an editorial titled "Is the Sun Being Oversold?" (May 20. 1976).

12. Arthur C. Clarke, *Astounding Days* (New York: Wiley, 1984), p. 203.

13. *The New York Times*, August 3, 2006, CI. Tidal and wave projects are currently under way in Rhode Island. Cantabria (Spain), Daishan (China), northern Portugal, and at least three sites in the United Kingdom.

14. See Elizabeth Kolbert, "The Car of Tomorrow," *The New Yorker*, August 11, 2003, p. 40.

15. See Henry Alford, "Solar Chic," *The New Yorker*, September 24. 2007, p. 128.

16. *Gourmet*, January 2005, p. 8; *The New York Times Magazine*, August 21, 2005, p. 51.

17. Paul D. Spudis, "Why We're Going Back to the Moon," *The Washington Post*, December 27, 2005.

18. See Elizabeth Kolbert, "The Climate of Man—Part Ⅲ," *The New Yorker*, May g, 2005. p. 57. And W. Wayt Gibbs, "Plan B for Energy," *Scientific American*, September 2006, p. 84—an issue devoted to alternative sources of power; but then the magazine devoted an issue Lo energy problems as far back as 1913. *Plus ç a change.* See also Chris Smyth, "'Sailing' on Sunlight May Help Polar Observations," London *Times*, September 11, 2009, p. 26.

19. See Craig Whitlock, "Cloudy Germany a Powerhouse in Solar Energy," *The Washington Post*, May 5, 2007, A1 and A14.

20. Keith Bradsher, "China Tries a New Tack to Go Solar," *The New York Times*, January 9, 2010, B1 and B4; and Keith Bradsher, "China Leading Race to Make Clean Energy," *The New York Times*, January 31, 2010, p. 1.

21. James T. Areddy, "Heat for the Tubes of China," Marketplace, *The Wall Street Journal*, March 31, 2006, p. 1. The article's title is a play on a ramous 1930s book (and Later film), *Oil for the Lamps of China*, by Alice Tisdale Hobart.

22. *Mother Earth News* 41 (September – October 1976).

23. See *The New York Times*, September 1, 2003.

24. "(Solar) Power to the People Is Not So Easily Achieved," *The New York Times*, January 23, 2008. B2, and K. Zweibel, J. Mason, and V. Fthenakis, "Solar Grand Plan," *Scientific American*, January 2008, p. 66.

25. See "As Earth Warms, the Hottest Issue is Rethinking Energy," The New York Times, November 4, 2003.

26. See Neil deGrasse Tyson, "Energy to Burn," *Natural History*, October 2005, pp. 17 - 20.

27. Oliver Morton, *Eating the Sun: How Plants Power the Planet* (London: Fourth Estate, 2007), p. 395.

28. Since I wrote this chapter, these words were quoted back at me—by Al Gore, addressing the Democratic Convention in Denver in August 2008.

第 23 章: 重要符号

1. Fyodor Dostoyevsky, *The Brothers Karamazov* (London: Penguin, 1967), p. 628.

2. William Blake, *A Vision of the Last Judgment*, c. 1810.

3. See "The Netherlands: Anne Frank's Chestnut Tree to Be Cut Down," Associated Press, November 15, 2006.

4. Hilary Mantel, *Wolf Hall* (New York: Holt, 2009), p. 78. (Edward's words come from a different, contemporary source.)

5. See Ian Thompson, *The Sun King's Garden: Louis ⅩⅣ, André Le Nôtre and the Creation of the Gardens at Versailles* (New York: Bloomsbury, 2006), p. 48.

6. From the records of André Fé libien, quoted in Orest Ranum, "Islands of the Self," in *Sun King: The Ascendency of French Culture During the Reign of Louis ⅩⅣ*, ed. David Lee Rubin (London: Folger, 1992), pp. 30 - 31.

7. Thompson, *The Sun King's Garden*, p. 751.

8. See John Haffert, *The Peacemaker Who Went to War* (New York: Scapular Press, 1945), p. 196.

9. Craig Smith, "Nearly100, LSD's Father Ponders His 'Problem Child,'" *The New York Times*, January 7, 2006.

10. See Mircea Eliade, "A South American," in *Occultism, Witchcraft, and Cultural Fashions: Essays in Comparative Religions* (Chicago: University of Chicago Press, 1978).

11. See Olivia A. Isil, *When a Loose Cannon Flogs a Dead Horse there's the Devil to Pay* (New York: Ragged Mountain Press, 1996).

12. Joanna Pitman, *On Blondes* (London: Bloomsbury, 2003), p. 12.

13. Raymond Chandler, *Farewell, My Lovely* (London: Penguin, 1940), pp. 76 - 77.

14. Pitman, *On Blondes*, p. 13.

15. James Joyce, *Ulysses*, p. 50, Ⅱ. 240 - 242. Joyce famously makes reference to the Sun in Episode 14, "The Oxen of the Sun" (ll. 383 - 428), when the introductory Latin verses, the maternity hospital, the nurses, and Dr. Horn are all symbols of the fertility that the oxen of the Sun embody.

16. See R. R. Brooks, *Noble Metals and Biological Systems* (New York: CRC Press, 1992), pp. 13, 99, 111, 116, 121, 199, and 297.

17. Lyndy Abraham, *A Dictionary of Alchemical Imagery* (New York: Cambridge University Press,

1998），p. 130.

18. Victor Hugo，*The Hunchback of Notre Dame*（New York：Oxford University Press，1999），p. 235.

19. See Sarah Arnott，"What Is So Special About Gold，and Should We All Be Investing in It?" *The Independent*，September 10，2009，p. 34.

20. See David Grann，*The Lost City of Z*（New York：Doubleday，2009），pp. 148 – 149.

21. See Ben Goldberry，*The Mirror and Man*（Charlottesville：University Press of Virginia，1985），p. 37.

22. See Sabine Melchior-Bonnet，*The Mirror：A History*（New York：Routledge，1994），p. 46.

23. Ibid. ，p. 147.

第 24 章：为太阳作画

1. See Paul Simons，"Windmills Foretell a Thaw in the Air," London *Times*，March 14，2006，p. 64.

2. See *Encyclopaedia Britannica*，15ᵗʰ ed. ，1974，p. 695，column 1.

3. Graham Reynolds，*Turner*（London：Thames and Hudson，1969），p. 12.

4. See Anthony Bailey，*Standing in the Sun*（London：Sinclair-Stevenson，1997），p. 102.

5. Ibid. ，p. 248.

6. James Hamilton，*Turner：A Life*（London：Hodder，1997），p. 216. All unsourced quotations on Turner come from Hamilton's book.

7. See Bailey，*Standing in the Sun*，p. 385.

8. Ibid. ，pp. 343 – 344.

"海勒姆能给你打回来吗？他正在调整太阳能板。"

9. See the video recording *American Light：The American Luminist Movement 1850 — 1875*（Washington. D. C. ：Camera Three Productions and National Gallery of Art. c. 1980），and

Katherine Mansthorne and Mark Mitchell，*Luminist Horizons*：*The Art and Collection of James A. Suydam*（New York：National Academy Museum，2006）.

10. London Times，December 5，1926. See also Valerie J. Fletcher，"The Light of Art，" in *Fire of Life*：*The Smithsonian Book of the Sun*（New York：Norton，1981），p. 192.

11. See Reinhold D. Hohl，"The Sun in Contemporary Painting and Sculpture，" *Graphis*，vol. 18，no. 100，p. 228.

12. *The Complete Letters of Vincent van Gogh to His Brother*（New York：New York Graphic Society，1958），vol. 3，pp. 374，3，25–27，202，205.

13. Robert Mighall，*Sunshine*：*One Man's Search for Happiness*（London：Murray，2008），p. 235；see also John Updike，"The Purest of Styles，" *The New York Review of Books*，November 22，2007，p. 16.

14. Van Gogh，*Complete Letters*，pp. 204，298.

15. For this recollection of a Paul Nash painting I am indebted to my friend Nicola Bennett. She also reminds me that in *Guernica*，Picasso paints a lightbulb shedding jagged light onto horses and bulls，a scene that one might expect to be depicted outdoors—only it is too awful to take place under the healing Sun.

16. Hilary Spurling，*Matisse the Master*：*A Life of Henri Matisse—The Conquest of Colour*，*1909—1954*（London：Hamish Hamilton，2005）. The quotations here are drawn from the second volume of the biography，and my discussion of Matisse draws heavily on her observations.

17. See Spurling，*Matisse the Master*，pp. 216–217. Spurling dates their first meeting as January 16，1918.

18. See Michael Kimmelmann，"The Sun Sets at the Tate Modern，" *The New York Times*，March 21，2004.

19. Trip Gabriel，"David Hockney：Acquainted with the Light，" *The New York Times*，January 21，1993.

20. Tim Adams，"David Hockney：Portrait of the Old Master，" London *Observer* November 1，2009.

21. Michael Sims，*Apollo's Fire*：*A Day on Earth in Nature and Imagination*（New York：Viking，2007），p. 79.

第 25 章：客体感受力

1. Le Corbusier，*Towards a New Architecture*（New York：Praeger，1960），p. 16.

2. Robert Leggat，*A History of Photography*，Internet document，http：//www. rleggat. com/photohistory，15–32.

3. See Peter Galassi，*Before Photography*：*Painting and the Invention of Photography*（New York：Museum of Modern Art，1981），p. 11.

4. Roland Barthes，*Camera Lucida*：*Reflections on Photography*（New York：Hill and Wang，

1982）, P. 15.

5. This photograph, and the insight about how it captures light, are taken from Geoff Dyer, *The Ongoing Moment* (New York: Pantheon, 2005), pp. 131 - 132.

6. Robert Frank, *The Americans* (University of Michegan: Scalo, 1959). A French edition appeared the previous year.

7. See Mark Olshaker, *The Instant Image: Edwin Land and the Polaroid Experience* (New York: Stein and Day, 1978), p. 11.

8. Quoted in Paul Delany, *Bill Brandt: A Life* (Stanford: Stanford University Press, 2004), p. 281.

9. Patrizia Di Bello, "From the Album to the Computer Screen: Collecting Photographs at Home," in James Lyons and John Plunkett, eds. , *Multimedia Histories: From the Magic Lantern to the Internet* (Exeter: University of Exeter Press, 2007), p. 58.

10. See Ronald R. Thomas, "Making Darkness Visible," in Carol T. Christ and John O. Jordan, eds. , *Victorian Literature and the Victorian Visual Imagination* (Berkeley: University of California Press, 1995), pp. 134 - 156.

11. See David Bowen Thomas, *The Origins of the Motion Picture* (London: His Majesty's Stationery Office, 1964), pp. 7 - 21. See also Vito Russo, "Adventures in CyberSound": "A History of Motion Pictures," www. acmi. net. au/AIC/ENC-CINEMA. html, and *Edison: The Invention of the Movies*, 4-disc boxed set, Museum of Modern Art/Kino International, 2005 (see www. kino. com/edison). The first movie kiss occurred in 1896, taking up fifty feet of film and nineteen seconds.

12. David Thomson, *A Biographical Dictionary of Film* (London: Deutsch, 1975), p. 602, entry on Vincent Price.

13. Michael Sims, *Apollo's Fire: A Day on Earth in Nature and Imagination* (New York: Viking, 2007), p. 27.

14. Ibid. , p. 140.

15. Holland Cotter, "Full Constant Light," *The New York Times*, December 26, 2008, p. C39.

16. John Tauranac, *The Empire State Building* (New York: St. Martin's Press, 1995), p. 51.

17. Quoted in Jacques Guitton, ed. , *The Ideas of Le Corbusier on Architecture and Urban Planning* (New York: Ceorge Braziller, 1981), p. 104.

第26章: 白日谈

1. Nikolay Rimsky-Korsakov, *My Musical Life* (New York: Knopr, 1923), pp. 141 - 142.

2. See Richard Donington, *Opera and its Symbols* (New Haven: Yale University Press, 1990), pp. 125ff.

3. See Bryan Magee, *The Tristan Chord: Wagner and Philosophy* (New York: Henry Holt, 2000),

pp. 216 – 221.

4. See Michael Tanner, *Wager* (London: HarperCollins, 1996), p. 101.

5. William Mann, *The Operas of Mozart* (New York: Oxford University Press, 1977), p. 597.

6. A. G. Mackey, *An Encyclopedia of Freemasonry and Its Kindred Sciences: Comprising the Whole Range of Art, Science, and Literature as Connected with the Institution* (New York: Masonic History Company, 1912), p. 765.

7. Alex Ross, "Apparition in the Woods," *The New Yorker*, July 9 and 16, 2007, p. 55.

8. *The Beatles Anthology* (New York: Chronicle Books, 2000).

9. Interview with Tony Burrell, "Best of Times, Worst of Times," *London Sunday Times Magazine*, June 11, 2006. See also Ted Anthony, *Chasing the Rising Sun* (New York: Simon and Schuster, 2007), p. 230.

10. Recording of the Sun "singing" can be heard on the Internet at a number of sites including http: // solar-center. stanford. edu/singing/singing. html.

11. *The Diaries of Kenneth Tynan*, ed. John Lahr (New York: Bloomsbury, 2001), p. 76.

第 27 章：忙碌的老傻瓜

1. Henry Wadsworth Longfellow, *Evangeline*, Part 1, section iv.

2. Dick Francis, *Smokescreen* (New York: Vintage, 1990), p. 45.

3. Vladimir Nabokov, *Ada: A Family Chronicle* (New York: Vintage, 1990), p. 45.

4. See, for example, Vladimir Nabokov, *Pale Fire*, in *Novels 1955 — 1962* (New York: Library of America, 1996), p. 460: "The pen stops in midair, then swoops to bar/A cancelled sunset or restore a star, / And thus it physically guides the phrase / Toward faint daylight through the inky haze."

5. Vladimir Nabokov, *Speak, Memory* (New York: Putnam, 1966). The many solar references in *Speak, Memory* are often delightful, without either the perverse sensual clement or the doomladen significance they possess in *Lolita*. For Instance, as a boy Nabokov plays with some wax, "using a candle flame (diluted to a deceptive pallor by the sunshine that invaded the stone slabs on which I was kneeling)" (p. 58), and on another occasion he notes the lurid gleam cast by the Sun at the end or a rainy day on the fresh-picked mushrooms lying on a garden table (p. 44).

6. Brian Boyd, *Vladimir Nabokov: The Russian Years* (Princeton. NJ.: Princeton University Press, 1990), pp. 434 – 437 and 44.

7. Brian Boyd, *Vladimir Nabokov: The American Years* (Princeton, NJ.: Princeton University Press, 1990), pp. 159, 297, and 306.

8. See Vladimir Nabokov, *Lolita* (London: Penguin, 2006), pp. 7, 8, 182, 42, 68, 44, 184, 48, 60, 63, 65, 66, 66, 79, 86, 107, 109, 176, 125, 101, 215, 141, 141, 241, 244, 250, 269, 270, 300, 292 (a "green Sun," being over in an exquisite instant, may be a Nabokov

reference to orgasm), 324, 320, 326, 334 (the phrase "burning like a man" is terrifying as an image, but not easy to explain), and 348.

9. Iliad, 1, 472. See also D. R. Dicks, *Early Greek Astronomy to Aristotle* (Ithaca: Cornell University Press, 1985), pp. 29 – 32.

10. Dolores L. Cullen, *Chaucer's Pilgrims: The Allegory* (Santa Barbara, Calif. : Fithian Press, 2000), p. 15; see also Ameerah B. P. Mattar et al., "Astronomy and Astrology in the Works of Chaucer," www. math. nus. edu. sg/alasken/gem-projects/hm/astronomy _ and _ astrologyjn _ the _ works _ of _ Chaucer. pdf, and Owen Gingerich, "Transdisciplinary Intersections: Astronomy and Three Early English Poets," *New Directions for Teaching and Learning*, vol. 1981, issue 8, pp. 67 – 75. Chaucer's name, incidentally, means "shoemaker."

11. John Milton, "Ode on the Morning of Christ's Nativity," Ⅱ. 229 – 233.

12. Andrew Marvell, "Upon Appleton House," Ⅱ. 661 – 664.

13. Robert Herrick, "To the Virgins, to Make Much of Time," Ⅲ. 5 – 8.

14. See John Milton, *Paradise Lost*, Book 3, Ⅱ. 571 – 587. Other notable mentions in Paradise Lost are found in Book 1. Ⅱ. 594 – 599, when the Sun in eclipse is used as a simile for Satan's blasted appearance; Book 3, Ⅱ. 608 – 612, a reference to the Sun generating precious stones in the ground; Book 4. Ⅱ. 32 – 39, when Satan addresses the Sun; and Book 9. Ⅰ. 739, when Satan tempts Eve at high noon (in *Paradise Regained* [2: 292] he tempts Christ at the same ominous time of day). There are also references in *Paradise Lost*, Book 6, Ⅱ. 479 – 481, and *Comus*, Ⅱ. 732 – 736, to gems that are said to shine in the dark because they store solar fire within them.

15. Frances Amelia Yates, *The Art of Memory* (London: Routledge, 1966), p. 153.

16. See Alberto Manguel and Gianni Guadalupi, *Dictionary of Imaginary Places* (New York: Harcourt, 2000), p. 632.

17. *Romeo and Juliet*, Act Ⅲ, scene v, Ⅱ. 12 – 24. Another favorite poem about lovers and the Sun is from Catullus, *Ode to Lesbia*, Ⅴ, the lines beginning "Though the Sun each night expires, Morning renovates its fires…"

18. Sir George More, *A Demonstration of God in His Workes: Agaynst all such as eyther in word or life deny there is a God*, 1597, quoted in John Stubbs, *Donne: The Reformed Soul* (London: Viking, 2006), p. 178.

19. John Donne, "An Anatomy of the World, the First Anniversary." For a longer discussion of Donne's anti-Copernican views, see Arthur Koestler, *The Sleepwalkers* (London: Hutchinson, 1959), pp. 214ff.

20. Samuel Taylor Coleridge, letter to Humphry Davy, July 15, 1800, in *Collected Letters*, vol. 1 (London: Oxford University Press, 2002), p. 339.

21. Alfred Edward Housman, letter to *The Times Literary Supplement*, December 12, 1928. For his

own poetry mentioning the Sun, see *Collected Poems*, "The West," and *Last Poems*, "The Sun Is Down"; "The Welsh Marches," no. 28 0f *A Shropshire Lad* (published in 1896), "The vanquished eve, as night prevails," and no. 10. "The… golden wool of the ram." Best of all is "Revolution," "the golden deluge or the morn."

22. David Herbert Lawrence, *Sons and Lovers* (1913), ed. Helen and Carl Baron (Cambridge: Cambridge University Press, 1992), p. 464.

23. D. H. Lawrence, *Collected Stories* (New York: Knopf, 1994), pp. 981, 983, 990, 996, and 998. See also *The Letters of D. H. Lawrence*, ed. George J. Zytaruk and James T. Boulton (Cambridge: Cambridge University Press, 1982), p. 481, and N. H. Reeve, "Liberty in a Tantrum: D. H. Lawrence's *Sun*," *Cambridge Quarterly*, vol. 24, no. 3, pp. 209 – 220.

24. D. H. Lawrence, *Apocalypse* (London: Penguin, 1996), pp. 27ff.

25. Edward Brunner, "Harry Crosby: A Biographical Essay," *Modern American Poetry*, www. english. illinois. edu/MAPS/poet/a _ f/crosby/crosby. htm 2001.

26. Paul Fussell, *Abroad: British Literary Travelling Between the Wars* (Cambridge: Cambridge University Press, 1980), p. 139.

27. Brunner, "Harry Crosby.

28. The details about the Black Sun in Mandelstam are taken from an Internet essay of April 30, 2003, by "language hat," www. languagehat. com/archives/o03376. php and www. languagehat. com/ archives/2009 _ 01. php. Later contributors to the site quoted Nerval's writing about a Black Sun in "El Desdichado," "the Black Sun of melancholy," and Blake in "Marriage of Heaven and Hell": "By degrees we beheld the infinite Abyss, fiery as the smoke of a burning city; beneath us at an immense distance was the Sun, black but shining."

29. See Simon Jenkins. "Betjeman's Discreet, Dignified Muse Makes Today's Look Like Mere Groupies," *The Guardian*, April 18, 2008, p. 34.

30. Among novels offering solar passages of note are *Moby-Dick* (dying sperm whales turn their heads toward the Sun in chapter 116) and *The Wind in the Willows*, in which Rat and Mole are granted an epiphany at sunrise. Playwrights, too, have recorded the Sun as an overwhelming presence, from Tennessee Williams to Peter Shaffer, whose *Royal Hunt of the Sun* (1964) attempted to recapture the world of the Inca and the Spanish conquest—and whose *Equus* would have delighted Lawrence. *Hyperion* (1797 — 1799), the first novel by the German lyric poet Friedrich Hölderlin, is in large part an analysis of the Sun's role in Western philosophy. Colette (1873 — 1954) reveals in *Sido* that during her childhood her mother would reward good behavior by letting her see the dawn.

The division into poets and novelists is an artificial one, but the list of fiction writers would continue: John O'Hara ("Against the Game"), William Faulkner (*Light in August* and "That

Evening Sun"). Patrick White and Doris Lessing (both particularly good on tropical relentlessness), Elizabeth Bowen (*A World of Love*), William Golding (*The Scorpion God*), Frank O'Hara, Garrison Keillor (both *Wobegon Boy* and his parody "Casey at the Bat"), Updike again (stories such as "Deaths of Distant Friends" and "Leaves"), Norman Rush (*Mating* is about a Utopian community in the Kalahari that survives on solar power), and J. G. Ballard (especially *Empire of the Sun*). Among poets one adds Dylan Thomas, in *Under Milk Wood*, Matthew Arnold ("Is it so small a thing /To have enjoy'd the Sun"), Wak Whitman ("Give Me the Splendid Silent Sun"), Ezra Pound, Louis MacNeice ("The Sunlight on the Garden"), Wilfred Owen ("Exposure," "Futility"), Wallace Stevens ("Sunday Morning"), Philip Larkin ("Solar" and "High Windows"), Thom Gunn ("Sunlight"), Richard Eberhart ("This Fevers Me"), Simon Armitage (whose collection *Tyrannosaurus Rex Versus the Corduroy Kid* offers light as a metaphor for poetry), John Updike again ("Seven Stanzas at Easter," "Cosmic Gall"), Lisa Jarnot (*Ring of Fire*), and Amy Clampitt (particularly "The Sun Underfoot Among the Sundews," "A Baroque Sunburst," "What the Light Was Like," and "Winchester: The Autumn Equinox"). Deliberately omitted here, mainly for reasons of space, is the tradition of the "pastoral," in which the writer looks back to an idealized past when either it is forever summer or the characters are bathed in sympathetic light. Novelists such as Evelyn Waugh (in *Brideshead Revisited*), L. P. Hartley (*The Go-Between*), George Orwell (*Coming Up for Air*), and, supremely, Marcel Proust have all contributed to this form of solar deference, but it is an indirect form of homage. There also exists a galaxy of bad writing about the Sun; one has some sympathy with the bartender in the TV series *Cheers* who picks up his girlfriend's book and remarks, "*The Sun Also Rises*—well, that's real profound. "

31. See footnote 2 to the Introduction to *Paul Verlaine: Selected Poems*, trans. Martin Sorrell (Oxford World's Classics, 1999).

32. See Charles Nicholl, *Somebody Else: Arthur Rimbaud in Africa, 1880 — 1891* (London: Cape, 1999), pp. 356 and 439.

33. See Graham Robb, *Rimbaud* (New York: Norton, 2000), p. 93 Robb makes the point (p. 386) that Rimbaud exaggerated the heat of the Sun.

34. André Gide, *The Immoralist*, trans. Dorothy Bussy (Harmondsworth: Penguin, 1960), pp. 25, 51, and 26. Gide's sun-worship is discussed at length in Robert Mighall, *Sunshine: One Man's Search for Happiness* (London: Murray, 2008), pp. 86 - 88. For the remarks on Gide and Camus I have drawn on an unpublished essay by the novelist Lesley Chamberlain.

35. Elizabeth Strout, *Olive Kitteridge* (New York: Random House, 2008), pp. 176, 3, 80, 8, 103, 202 - 203, and 270.

第 28 章: 冉冉升起的政治太阳

1. Peter Morgan, *Frost/Nixon* (London: Faber, 2006), p. 66.

2. "Mr. Bush received one D in four years [at Yale], a 69 in astronomy [during his freshman year]" (*The New York Times*, June 8, 2005, A10). By comparison, John Kerry had four Ds in his freshman year, but in this area comedians prefer to target Republicans. Thus, during Ronald Reagan's presidency, the David Letterman show of August t2. 1987, featured "Top Ten Surprises in the President's Speech"; at No. 1: "Hysterical shouts or 'We're hurtling towards the sun!' made poor closing statement. "

3. See Nicholas Campion, "Prophecy, Cosmology, and the New Age Movement. " unpublished manuscript, chapter 3, p. 52.

4. Friedrich Nietzsche, *Ecce Homo : How One Becomes What One Is* (London: Penguin, 1992), p. 3.

5. Friedrich Nietzsche, *The Gay Science* (1882, reprinted Cambridge: Cambridge University Press, 2001). Its first translated title was *The Joyous Wisdom*, but "the gay science" was a well-known phrase at the time, derived from a Provençal expression for the technical skill required for poetrywriting, in Book 3, paragraph 108, Nietzsche first proclaims that "God is dead. "

6. From an unpublished article, "Philosophy Under the Sun," by Lesley Chamberlain.

7. Translated from the draft of a letter in the Munch Museum quoted in Patricia Gray Berman, "Monumentality and Historicism in Edvard Munch's University of Oslo Festival Hall Painting," a dissertation submitted to New York University, 1989, p. 62.

8. Quoted to me in a letter from James Landis, author of a novel about Strindberg.

9. Edvard Munch, Notebook OKK reg. no. N55, Munch Museum.

10. Sue Prideaux, *Edvard Munch : Behind the Scream* (London: Yale University Press, 2005), p. 276.

11. This is one of at least eight alternative texts Munch wrote in Norwegian and in German, as well as a version in French. The texts, written from 1895 t0 1930, are reproduced in Reinhold Heller, *Edvard Munch : The Scream* (London: Allen Lane, Penguin, 1973), PP. 105 – 106.

12. See Marion Meade, quoted in David Grann, The Lost City of Z (New York: Doubleday, 2009), p. 41.

13. H. P. Blavatsky, *Isis Unveiled : A Master Key to the Mysteries of Ancient and Modern Science and Theology* (Pasadena, Calif. : Theosophical University Press, 1877, reissued 1931); pp. 302, 502, 271, and 258.

14. Cornelius Tacitus. *Germania*, ch. 4, quoted in Simon Schama, *Landscape and Memory* (New York: Knopf, 1995), p. 82.

15. Ibid. , p. 117.

16. Richard Noll, *The Jung Cult : Origins of a Charismatic Movement* (Princeton. N. J. : Princeton University Press, 1994), p. 104. Noll attacks Jung again in *The Aryan Christ : The Secret Life of Carl Jung* (New York: Random House, 1997), branding him an ambitious charlatan. The case is

well argued, to the point that Noll has become a demon figure among Jungians.

17. See NicholasGoodrick-Clarke, *The Occult Roots of Nazism* (New York: New York University Press, 1985), p. 5.

18. George L. Mosse, *The Crisis of German Ideology* (New York: Howard Fertig, 1964), p. 59.

19. Noll, *Jung Cult*, pp. 80 – 81.

20. See Servando Gonzalez, *The Riddle of the Swastika: A Study in Symbolism*, privately published by the author, Box 9555, Oakland, Calif., 94613. See also the section on "Psyche and Swastika" in Geoffrey Cocks, *Psychotherapy in the Third Reich* (New York: Oxford University Press, 1985), pp. 50 – 86.

21. See Richard J. Evans, *The Third Reich in Power*, 1933 — 1939 (New York: Penguin, 2005).

22. See Carl Gustav Jung, *Symbols of Transformation* (New York: Bolingen Foundation, 1976, first published 1912), pp. 121 – 31 and 171 – 206.

23. Noll, *Jung Cult*, p. 133.

24. Max Müller, *Lectures on the Science of Language*, *Delivered at the Royal institution of Great Britain*, *February-May* 1863, second series (New York: Scribner, 1869), p. 520.

25. Nicholas Goodrick-Clarke, *Black Sun: Aryan Cults*, *Esoteric Nazism and the Politics of Identify* (New York: New York University Press, 2002), p. 4 See also Wilhelm Landig's lurid and racially repellent trilogy of novels beginning with *Götzen gegen Thule* (1971) and Goodrick-Clarke's *The Occult Roots of Nazism*.

26. David H. James, *The Rise and Fall of the Japanese Empire* (London: Allen and Unwin, 1952), pp. 50 and 181.

27. John Gunther, *The Riddle of MacArthur: Japan, Korea and the Far East* (New York: Harper, 1950), pp. 107 – 108.

28. See John W. Dower, *Embracing Defeat: Japan in the Wake of World War* Ⅱ (New York: Norton, 1999), p. 310. For a fuller discussion, see pp. 308 – 318. See also Herbert P. Bix, *Hirohito and the Making of Modern Japan* (New York: HarperCollins, 2000), pp. 560 – 562. The official translation appears in U. S. Department of State, *Foreign Relations of the United States*, 1946, vol. 8, pp. 134 – 135.

29. See Dower, *Embracing Defeat*, p. 307.

30. See Norimitsu Onishi, "Wanted: Little Emperors," The New York Times, March 12, 2006, p. 4.

31. Vincent Cronin, *The Wise Man from the West* (New York: Dutton, 1955), p. 97.

32. *Basic Theories of Traditional Chinese Medicine* (Beijing: Academy Press, 1998), p. 23.

33. Joseph Ratzinger, *The Spirit of the Liturgy* (San Francisco: Ignatius Press, 2000), pp. 24, 54, 42, 68, 69, 82, 96, 101, 103, 107, 109, and 128 – 129.

第 29 章：超越地平线

1. George Ellery Hale, *letter to H. M. Goodman*, March 5, 1893, quoted in H. Wright, *Explorer of the Universe: A Biography of George Ellery Hale* (New York: Dutton, 1966), p. 102.

2. Quoted in Helen Dukas and Banesh Hoffmann. eds., Albert Einstein, *The Human Side: New Glimpses from His Archives* (Princeton: Princeton University Press, 1979), p. 104. A whole industry exists, busily making up fake Einstein quotations. but this one appears genuine: on his fiftieth birthday, March 14, 1929, Einstein was showered with gifts, and as a way of thanking everybody, composed a humorous doggerel. These are its (translated) final two lines.

3. See Thomas Levenson, "Einstein's Gift for Simplicity," *Discover* magazine, September 30, 2004, http: //discovermagazine. com/zo04/sep/einsteins-gift-for-simplicity.

4. Dennis Overbye, "The Next Einstein? Applicants Would Be Welcome," *The New York Times*, March 1. 2005, F4.

5. Ruth Moore, Niels Bohr (Cambridge, Mass: MIT Press, 1985), p. 127.

6. Brian Cathcart, *The Fly in the Cathedral: How a Group of Cambridge Scientists Won The International Race to Split the Atom* (New York: Farrar, Straus, and Giroux, 2005), p. 70. (Boris Kachka, Roger Straus's current biographer, incidentally told me, "I've lost count of the number of times people have referred to him as 'the Sun King.'")

7. Timothy Ferris, *Coming of Age in the Milky Way* (New York: Anchor, 1989), p. 262.

8. See Elizabeth Kolbert, "Crash Course," *The New Yorker*, May 14, 2007.

9. John N. Bahcall, "How the Sun Shines," www. nobelprize. org/noble _ prizes/physics/articles/fusion/index. html, June 29, 2000.

10. Ibid, ironically, of course, the accepted solution to the neutrino problem was announced within the year.

11. Quoted in Kolbert, "Crash Course. "

12. BrianClegg, *Light Years* (London: Piatkus, 2001), p. 3.

13. See John N. Bahcall, "Neutrinos from the Sun," Scientific American, vol. 221. no. 1, July 1969.

14. Ibid. , pp. 28 – 37.

15. John Maddox, *What Remains to be Discovered* (New York: Free Press, 1998), p. 86.

16. Professor Marco Velli, author interview at the Jet Propulsion Lab, December 6, 2007. Velli added, with some feeling, "Solar physics has always been' in between: a subgroup of a subgroup. Some of the famous physicists of history haven't always given the right consideration to solar research. "

17. Tom Stoppard, "Playing with Science," *Engineering and Science*, Fall 1994, p. 10. He calls *Hapgood* "a play which derived from my belated recognition of the dual nature of light-particle and wave. "

18. Karl Hufbauer, *Exploring the Sun: Solar Science Since Galileo* (Baltimore: Johns Hopkins University Press, 1993), p. 123.

19. Quoted in ibid. , pp. 125 – 160.

20. See Michael J. Neufeld, *Von Braun: Dreamer of Space, Engineer of War* (New York: Knopf, 2007).

21. J. N. Wilford, "Remembering When the U. S. Finally (and Really) Joined the Space Race," *The New York Times*, January 29, 2008, F3.

22. "The Space Age," Science Times, September 25, 2007, F1.

23. Quoted in Michael Sims, *Apollo's Fire: A Day on Earth in Nature and Imagination* (New York: Viking, 2007), p. 14.

24. Wilford, "Remembering When the U. S. Finally (and Really) Joined the Space Race," The first American attempt, *Vanguard TV*$_3$, launched on December 6, 1957, was an embarrassing failure, shutting clown a few feet off the launching pad and at once nicknamed "Flopnik. "

25. See the online history of the Jet Propulsion Lab, editor and lead author Franklin O'Donnell, 2002, www. jpl. nasa. gov/jplhistory.

26. Carolyn Porco, "NASA Goes Deep," *The New York Times*, February 20, 2007, A19.

27. A. K. Dupree, J. M. Beckers, and others. "Report of the Ad Hoc Committee on the Interaction Between Solar Physics and Astrophysics, [June 18,] 1976. " See Hufbauer, *Exploring the Sun*, pp. 191 – 192.

28. See E. N. Parker, C. G. Kennel, and L. J. Lanzerotti, eds. , *Solar System Plasma Physics* (Amsterdam: North-Holland, 1979), 1: 3 – 49.

29. E. N. Parker, "Solar Physics in Broad Perspective" in *The New Solar Physics: Proceedings of an AAAS Selected Symposium* 17, ed. *John Eddy* (Boulder, Colo. : Westview Press, 1978), p. 3.

30. See Alex Wilkinson, "The Tenth Planet," *The New Yorker*, July 24, 2006, pp. 50 – 59.

31. See Adam Frank, "How Nature Builds a Planet," *Rochester Review*, Summer 2006, pp. 15 – 21, and Dennis Overbye, "Dusty Planet-Forming Process May Be Playing Out in Miniature. " *The New York Times*, February 8, 2005, F3. As recently as February 2008, the discovery was reported of a smaller version of our system five thousand light-years across the galaxy, with outer giant planets and room for smaller inner ones: two planets. one about two-thirds the mass of Jupiter, the other about go percent the mass of Saturn, orbit a reddish star of about half the Sun's mass (see *The New York Times*, February 15, 2008, p. A20). It did not even make the front page.

32. "The Space Age," *The New York Times*, February 11, 2010, F8.

33. Porco, "NASA Goes Deep," A19.

34. Neil Murphy, interview with the author, December 6, 2007.

35. Marco Velli, interview with the author, December 6, 2007.

36. Gerard Peter Kuiper, *The Solar System*, vol. 1, *The Sun* (Chicago: University of Chicago Press, 1953).

37. Prospectus ofthe Advanced Technology Solar Telescope, published by GONG, 2006.

38. *National Geographic*, p. 10.

39. Parker, "Solar Physics in Broad Perspective," p. 1.

第 30 章：地球微恙

1. F. Scott Fitzgerald, *The Great Gatsby* (New York: Scribner, 1925, p. 124).

2. Robert Frost, "New Hampshire" (first published in *Harper's Magazine*, 1920). *The Poetry of Robert Frost* (New York: Henry Holt, 2002).

3. Isaac Asimov, *A Choice of Catastrophes* (New York: Simon and Schuster, 1978).

4. Michael Sims, *Apollo's Fire: A Day on Earth in Mature and Imagination* (New York: Viking, 2007), p. 125. Further, "it has been known for a decade or more that at levels routinely encountered in most American cities ozone burns through cell walls in lungs and airways. Tissues redden and swell." David V Bates, "Smog: Nature's Most Powerful Purifying Agent," *Health & Clean Air*, fall 2002 newsletter, http: //healthandcleanair. org/newsletters/issue. html.

5. J. R. McNeill, *Something New Under the Sun: An Environmental History of the Twentieth-Century World* (New York: Norton, 2001), p. xxvi.

6. See Elizabeth Kolbert, *Field Notes from a Catastrophe: Man, Nature, and Climate Change* (New York: Bloomsbury, 2006), p. 183. See also note 14 below.

7. Harold Schiff and Lydia Dotto, *The Ozone War* (Garden City, N. Y. : Doubleday, 1978).

8. Aaron Wildavsky, *But Is it True? A Citizen's Guide to Environmental Health and Safety Issues* (Cambridge, Mass. : Harvard University Press, 1995), p. 334.

9. See Andrew R. Blaustein, *Scientific American*, February 2003, p. 60.

10. Jonathan Weiner, *The Next One Hundred Years* (New York: Bantam, 1990), p. 102.

11. See Sir john Houghton, *Global Warming* (Cambridge: Cambridge University Press, 1997), p. 12.

12. See *The New Yorker*, November 20, 2006, p. 69.

13. Oliver Morton, *Eating the Sun: How Plants Power the Planet* (London: Fourth Estate. 2007), p. 371.

14. Elizabeth Kolbert, "The Climate of Man—II ," *The New Yorker*, May 2, 2005, p. 70, *Kolbert's Field Notes from a Catastrophe* (New York: Bloomsbury, 2006) is an eloquent extension of her *New Yorker* articles.

15. See Andrew C. Revkin, "U. N. Report on Climate Details Risks of Inaction," *The New York Times*, November 17, 2007, A1. For several of the details of this history, see also Spencer R. Weart, "The Discovery or Global Warming," at http: //www. aip. org/history/climate.

16. *National Geographic*, September, 2004, p. 10.

17. Elizabeth Kolbert, "The Climate of Man—Ⅲ," *The New Yorker*, May 9, 2005, p. 54.

18. See Elizabeth Kolbert, "The Catastrophist," *The New Yorker*, June 29, 2009, p. 42.

19. Weiner, *Next One Hundred Years*, p. 70.

20. Gary Rosen, "More Heat than Light," *New York Times Magazine* July 8, 2007, p. 20; see also Bill McKibben, "Carbon's New Math," *National Geographic* October 2007, pp. 33 – 37.

21. Kurt Vonnegut, *Armageddon* in Retrospect (New York: Putnam, 2008), p. 26.

22. See John Tierney, "The Earth Is Warming? Adjust the Thermostat," *The New York Times*, August 11, 2009, D1.

23. See Weiner, *Next One Hundred Years*, p. 73

24. See K. Chang, "Globe Crows Darker as Sunshine Diminishes 10% to 37%," *The New York Times*, May 13, 2004.

25. See Cecil Adams, "The Straight Dope," *Washington City Paper*, April 20, 2007, p. 18.

26. Mark Lynas, *Six Degrees: Our Future on a Hotter Planet* (London: Fourth Estate. 2007), p. 6.

27. See Stuart Clark, *The Sun Kings: The Unexpected Tragedy of Richard Carrington and the Tale of How Modern Astronomy Began* (Princeton: Princeton University Press, 2007), p. 180.

28. "The Sun Also Sets," *Investor's Business Daily*, February 7, 2008.

29. See Jonathan Leake, "So, Are We Going to Freeze or Fry?" London *Sunday Times*, December 2005. p. 16; see also Richard N. Cooper, *International Approaches to Global Climate Change*, *World Bank Research Observer* 15: 145 – 172 (http: //wbro. oxfordjournals. org/cgi/content/abstract/15/2/145).

30. See A. C. Revkin, "Global Warming is Delaying Ice Age, Study Finds," *The New York Times*, September 4, 2009.

31. Kolbert, *Field Notes from a Catastrophe*, p. 32.

32. Wildavsky, *But Is It True?* pp. 352 – 353.

33. Nigel Calder, *The Weather Machine* (London: BBC, 1974), p. 76.

34. JamesJoyce, *Ulysses*, p. 75.

35. See *The Week*, February 20, 2010, p. 13.

36. See IPCC, *Summary for Policymakers*, *Climate Change* 2007: *The Physical Science Basis*, *Contribution of Working Group* 1 to *Fourth Assessment Report of the Intergovernmental Panel on Climate Change* (Cambridge and New York: Cambridge University Press, 2007).

37. See Elizabeth Kolbert, "The Copenhagen Diagnosis: Sobering Update on the Science," *Yale Environment* 360, November 24, 2009, available at http: //e360. yale/edu/content/feature/msp? id＝2214.

38. "The Sun Also Sets," *Investor's Business Daily*, February 7, 2008.

39. Willie Soon，letter to the author，May 7，2009.

40. Weart，*The Discovery of Global Warming* (Boston：Harvard University Press，2008)，p. 196.

41. Robert Kunzig，*Mapping the Deep*，pp. 318 – 319.

第 31 章：不可能与超越不可能

1. Arthur C. Clarke，*Astounding Days：A Science Fictional Autobiography* (London：Gollancz，1989)，p. 207.

2. H. G. Wells，*The Time Machine* (New York：Airmont，1964)，p. 125.

3. See Joseph Needham，*Science and Civilization in China* (Cambridge：Cambridge University Press，1959)，p. 440.

4. See Marjorie H. Nicolson，*Science and Imagination：Collected Essays on the Telescope and Imagination* (Ithaca：Cornell University Press，1965)，p. 71.

5. Jonathan Swift，*Gulliver's Travels*，part 3，chapter 2.

6. E. Walter Maunder，*Are the Planets inhabited?* (London：Harper & Bros. ，1913)，chapter 3.

7. Wells，*The Time Machine*，p. 111.

8. For a full list or such stories，see John Clute and Peter Nicholls，eds.，*The Science Fiction Encyclopedia*，2nd ed. (New York：St. Martin's Press，1993)，pp. 1177 – 1178.

9. See P. K. Alkon，*Winston Churchill's Imagination* (Lewisburg，Pa. ：Bucknell University Press，2006)，p. 150.

10. Quoted in Clarke，Astounding Days，p. 224.

11. Robert Heinlein，*The Man Who Sold the Moon* (New York：Signet，1950).

12. Dennis Overbye，"Setting Sail into Space，Propelled by Sunshine，" *The New York Times*，November 10，2010，D1.

13. Ray Bradbury，*The Golden Apples of the Sun：Classic Stories I* (London：Bantam，1990)，pp. 154 – 160.

14. Frederik Pohl and C. M. Kornbluth，*Wolfbane* (New York：Ballantine，1959)，pp. 28 and 11.

15. Isaac Asimov，*In Memory Yet Green* (New York：Doubleday 1979)，pp. 295 – 296.

16. Isaac Asimov，"Nightfall，" in *The Best of Isaac Asimov* (London：Sphere，1973)，PP. 37，40，and 60.

17. Isaac Asimov and Robert Silverberg，*Nightfall* (London：Pan，1990)，p. 352.

18. See Charles Liu，"My Three Suns，" Natural History，October 2006，pp. 70 – 71. On July 19，2005，*The New York Times* reported that astronomers had discovered a planet with three suns.

19. Arthur C. Clarke，*The C0llected Stories of Arthur C. Clarke* (New York：Tor，2000)，pp. 517 – 521.

20. Clarke，"A Slight Case of Sunstroke，" in *Collected Stories*，pp. 687 – 692.

21. Clarke，"Summertime on Icarus，" in *Collected Stories*，pp. 724 – 732.

22. Clarke，"The Wind From the Sun," in *Collected Stories*，pp. 828 – 842.

23. See *Saga* magazine interview with Nina Myskow，quoted in *The Week* (U. K. edition)，July 7，2007，p. 10.

24. Clark，"Out of the Sun," in *Collected Stories*，pp. 652 – 657.

25. J. G. Ballard，1987，quoted by John Strausbaugh，"Aiming for Life's Jugular in Deadly Verbal Darts," *The New York Times*，December 1，2004，E9.

第 32 章：太阳之死

1. Erasmus Darwin，*The Botanic Garden*，part 1，canto Ⅳ (Air)，Ⅱ. 380 – 383.

2. C. S. Lewis，*The Last Battle* (New York：Macmillan，1956)，p. 148.

3. Isaac Asimov，*A Choice of Catastrophes* (New York：Simon and Schuster，1978)，pp. 92 – 130.

4. See Dennis Overbye，"Sun Might Have Exchanged Hangers-On with Rival Star," *The New York Times*，February 12，2004，A25.

5. London *Times*，April 18，2005，p. 17.

6. Kenneth Chang，"Prediction Proved：Light Speeds Up an Asteroid as It Spins," *The New York Times*，March 13，2007.

7. *The Sun*，February 28，2005，pp. 8 – 10.

8. Quoted in Michael Sims，*Apollo's Fire：A Day on Earth in Nature and Imagination* (New York：Viking，2007)，p. 157.

9. Dennis Overbye，"Kissing the Earth Goodbye in About 7. 59 Billion Years," *The New York Times*，March 11. 2008.

10. Woody Allen，"Strung Out," *The New Yorker*，July 28，2003，p. 96.

11. Dennis Overbye，"Scientists' Good News：Earth May Survive Sun's Demise in 5 Billion Years," *The New York Times*，September 13，2007.

12. See "Scientists Spot Nearby 'Super-Earth' Planet," *Sphere News*，December 17，2009.

13. Carolyn Porco，"NASA Goes Deep," *The New York Times*，February 10，2007，A19.

14. Michio Kaku，*Physics of the Impossible：A Scientific Exploration into the World of Phasers，Force Fields，Teleportation，and Time Travel* (New York：Doubleday，2008)，pp. xvi – xvii.

15. Stuart Clark，"The Death of the Sun," *Focus*，January 1，2010，p. 34.

日落：恒河

1. Walt Whitman，*Leaves of Grass*.

2. Gayatri mantra，from Rig Veda (London：Penguin，1982)，book Ⅲ，62，10.

3. C. Bernard Ruffin，*Last Words：A Dictionary of Deathbed Quotations* (London and North Carolina：McFarland，1995).

4. Florence Emily Hardy，*The Early Life of Thomas Hardy* (New York：Macmillan，1928)，p. 19.

5. See Eric Blehm，*The Last Season* (New York：HarperCollins，2006).

6. *The Complete Letters of Vincent van Gogh to His Brother* (New York: New York Graphic Society, 1958), p. 238. Others who have written supremely well about sunsets are Jules Verne, in 20000 *Leagues Under the Sea* (London: Penguin, 2004), p. 239; Mark Twain, in *Life on the Mississippi* (London: Penguin), p. 396; Vladimir Nabokov, in *Speak, Memory* (New York: Putnam, 1906), p. 213; and T. E. Lawrence, in *Seven Pillars of Wisdom: A Trumph* (London: Cape, 1973), p. 575.

7. Michael Connolly, TheClosers (New York: Little, Brown, 2005), p. 270.

8. See David Adam, *The Guardian*, October 1, 2007, and the AP report by Kate Schuman, November 28, 2007.

9. See Diana I. Eck, *Banaras: City of Light* (New York: Columbia University Press, 1962), pp. 14 – 15.

10. W. S. Caine, *Picturesque India: A Handbook for European Travelers* (London: Routledge, 1890), p. 302.

11. Mark Twain, *Following the Equator: A Journey Around the World* (New York: Dover, 1989), p. 496.

12. See Somini Sengupta, "Debate in India: is Rule on Yoga Constitutional?" the New York Times, January 26, 2007.

13. See Charlotte Vaudeville, *Kabir* (Oxford: Clarendon Press, 1974), p. 267.

14. Diana C. Eck. *Banaras: City of Light*, p. 182.

15. Geoff Dyer, *Jeff in Venice, Death in Varanasi* (New York: Pantheon, 2009), p. 173.

"这样也好。"

插图列表

1857 年的太阳女神天照大神画像，背景是富士山。Minneapolis Institute of Arts 收藏，Louis W. Hill，Jr. 赠。

英雄射手后羿，他射下了十个太阳中的九个。© Mona Caron.

太阳神苏利亚的战车。Michaud Roland et Sabrina/Rapho/Eyedea Illustrations.

马克斯·米勒。Walker & Cockerell，ph. Sc.

全球太阳文化分布图。Graphis 杂志，1962 年。

《罗马假日》中奥黛丽·赫本和格利高里·派克站在罗马科斯梅丁圣母玛利亚教堂里巨大的大理石太阳盘前。派拉蒙影业。

阿尔萨斯庆祝夏至节的人群跳过一堆篝火。Photo Musées de la Ville de Strasbourg. M. Bertola.

墨西哥太阳球游戏。Reuters/Henry Romero.

曼丹印第安人的舞蹈仪式奥吉帕，乔治·卡特林绘图。©美国自然历史博物馆，图书馆。

巨石阵的大石柱。照片由 Madanjeet Singh 提供。

爱尔兰纽格莱奇墓的过道。照片由爱尔兰环境、遗迹和当地政府提供。

奇琴伊察金字塔。Damian Davies/Getty Images.

吉萨大金字塔。Carolyn Brown/Photo Researchers. Inc.

位于加利福尼亚州莱丁市乌龟湾的日晷桥，由圣地亚哥·卡拉特拉瓦设计。Alan Karchmer/ESTO.

发生于 1872 年 3 月 1 日的一次北极光。Étienne Léopold Trouvelot. Science, Industry & Business Library, The New York Public Library, Astor, Lenox and Tilden Foundations.

2003 年南极日食。照片由 Woody Campbell 拍摄。

米堤亚军队和吕底亚军队公元前 585 年 5 月 28 日的战斗中发生的日食。《业余爱好者的天文学》(*Astronomy for Amateurs*，New York and London：D. Appleton and Company，1910)，卡米耶·弗拉马利翁。Rochegrosse 绘图。

意大利北部卡莫尼卡山谷的壁画。Paul F. Jenkins 草图。

巴比伦天文学家在观察天空。引自约翰·F. 布莱克的《天文神话》(*Astronomical Myths*，London：Macmillan and Co.，1877)，第 187 页。

阿肯那顿家族向太阳神阿图姆献祭。Erich Lessing/Art Resource，N. Y.

毕达哥拉斯在亚历山大。Sheila Terry/Science Photo Library.

喜帕恰斯。SPL/Photo Researchers，Inc.

朱熹使用日晷。HIP/Art Resource，N. Y.

苏颂建造的水力天文钟塔。John Christiansen 绘图，引自李约瑟的《中国的科学与文明》© Cambridge University Press，经允许使用。

1688 年发生于暹罗的日食。Bibliothèque Nationale，Paris，France/Lauros/Giraudon/The Bridgeman Art Library.

17 世纪晚期的北京皇家天文台。SPL/Photo Researchers，Inc.

17 世纪早期的印度天文学家。HIP/Art Resource，N. Y.；British Library，London，Great Britain.

印度信徒向太阳致敬。Michaud Roland et Sabrina/Rapho/Eyedea Illustrations.

印度民间画，苏利耶曼荼罗和一条眼镜蛇。引自 Madanjeet Singh 的《神话和艺术中的太阳》(*The Sun in Myth and Art*，London：Thames and Hudson，1993)。

兰斯伯格的星盘。引自 Philips van Lansbergen，*Philippi Lansbergii Opera omnia* (Middleburgi Zelandi：Z. Roman，1663)。

乌拉尼堡城堡和天文台（第谷·布雷赫所建）。Bibliothèque Mazarine，Paris，France/Archives Charmet/The Bridgeman Art Library.

开普勒的《天文学之谜》（1596 年）中描绘的行星球。Mary Evans/Photo Researchers，Inc.

尼古拉·哥白尼。Science Source/Photo Researchers，Inc.

第谷·布雷赫。Hulton Archive/Getty Images.

约翰内斯·开普勒。Science Source/Photo Researchers，Inc.

伽利略·伽利雷。SPL/Photo Researchers，Inc.

1611 年伽利略拜访梵蒂冈。Louvre，Paris，France/Peter Willi/The Bridgeman Art Library.

艾萨克·牛顿爵士。Science Source/Photo Researchers，Inc.

艾萨克·牛顿用棱镜把白光分成光谱。Image Select/Art Resource，N. Y.

《工作间里的一位炼金术士》。Chemical Heritage Foundation Collections 供图。

2003 年南极日食期间的舞者。Woody Campbell 拍摄。

1892 年巴黎妇女观看日食。引自 *La Vie Illustrée*：*L'Eclipse Solaire du 30 Août*，*Rue de la Paix*（1905）.

透过伊斯兰堡萨尔清真寺上的新月标志观看日偏食。AP Photo/B. K. Bangash.

《五十只乌鸦》。照片由 Antonio Turok 拍摄。

Tho-Radia 面霜的一幅广告。SPL/Photo Researchers，Inc.

艾尔伯特·爱因斯坦与罗伯特·奥本海默。USIA/AIP Photo Researchers，Inc.

22.5 万吨级核弹"××- 28 乔治"于 1951 年 5 月 8 日在太平洋爆炸。U. S. Department of Energy/Photo Researchers，Inc.

日光浴。引自史蒂芬·波特的《人生的缺德》（*Lifemanship*，New York：Henry Holt and Co.，1950），插图为 Lt. Col. Frank Wilson 所绘。

伽利略的太阳黑子图。国会图书馆。

克里斯托夫·沙伊纳在观察太阳黑子。SPL/Photo Researchers，Inc.

苏格兰松的截面显示了太阳黑子活动极大年。亚利桑那大学年轮研究实验室供图。

印度东南部沿海小镇马哈巴利普拉姆的克里希纳巨球，1971 年。

柬埔寨一位农民替自己遮阳，1952 年。Werner Bischof/Magnum Photos.

水平光可用于发现村庄遗址。牛津大学阿什莫林博物馆。

《克利奥帕特拉在溶解珍珠》，1759 年乔舒亚·雷诺所绘。Kitty Fisher：Kenwood House：The Iveagh Bequest/English Heritage Photo Library.

约翰·F. 肯尼迪在进行日光浴，1944 年。约翰·F. 肯尼迪图书馆。

英国儿童在进行日光灯治疗。SVT-Bild/Das Fotoarchlv/Black Star.

一位母亲和她患有白化病的孩子，苏丹，1905 年。Michael Graham-Stewart/The Bridgeman Art Library.

罕见疾病 XP 的防护服。Sarah Leen/National Geographic Image Collection.

电影《诺斯菲拉图：恐怖交响乐》中的马克斯·史莱克，1922 年。Photofest.

花钟。U. Schleicher-Benz 绘图。

德克萨斯瞎螈螈。Dante Fenolio/Photo Researchers，Inc.

热水流火山口的数字模拟图像。David Batson/ DeepSeaPhotography. com.

深海琵琶鱼。David Batson/ DeepSeaPhotography. com.

《时间老人把教皇带回罗马》，1641 年。© The Trustees of the British Museum/Art Resource，N. Y.

乔治·安森司令环球航行地图，1740—1744 年。国会图书馆，珍本部。

乔纳斯·穆尔的《数学新体系》，1681 年。Lawrence H. Slaughter Collection，The Lionel Pincus and Princess Firyal Map Division，The New York Public Library，Astor，Lenox and Tilden Foundations.

埃塞俄比亚人庆祝新千禧年的到来，2007 年 9 月 12 日。Roberto Schmidt/AFP/Getty.

威廉·贺加斯的《选举餐》（1755 年）。Private Collection/Ken Welsh/The Bridgeman Art Library.

夏至日婆罗洲部落族人测量晷针影子的长度。引自查尔斯·霍斯（Charles Hose）和威廉·麦克杜格尔（William McDougall）的《婆罗洲的异教部落》（*The Pagan Tribes of Borneo*，London：Macmillan & Co.，1912）。

撒穆拉特曼陀罗，位于斋蒲尔天文台的巨型日晷。Science Museum/SSPL.

《贝里公爵的富贵》（1412—1416 年）中的一幅插画。Réunion des Musées Natronaux/Art Resource. N. Y.

20 世纪 20 年代一位因纽克猎人所用的日历。Revillon Frères Museum，Moosonee，Ontario.

原子钟。国家物理天文台。Crown Copyright/SPL/Photo Researchers，Inc.

阿基米德用镜子把阳光反射到罗马舰队身上。Archive Photos/Getty Images.

1878 年巴黎世界博览会上奥古斯丁·穆肖的太阳能印刷机。The Granger Collection，New York.

法国艾克斯莱班（Aix-les-Bains）的一座旋转日光浴室，1930 年 9 月。Fox Photos/Hulton/Getty Images.

2001 年 7 月"赫利俄斯"飞翼原型依靠太阳能飞翔在夏威夷上空。Nick Galante/PMRF/NASA.

卍字太阳符。

1674 年凡尔赛大运河上的烟花。Réunion des Musées Nationaux/Art Resource，N. Y.；Chateaux de Versailles et de Trianon，Versailles，France.

印度妇女赤身站在水中，面朝太阳。Michaud/Rapho/eyedea.

地狱天使帮旧金山分部秘书弗里威林·弗兰克·雷诺。Larry Keenan 拍摄。

20 世纪 50 年代中期 5 位吉普赛年轻人在向太阳致敬。《吉普赛人》（*Tziganes*，Frans de Ville，1956）。

日食期间的圣本笃。照片由本书作者提供。

透纳的《斗志昂扬的"英勇号"》。国家美术馆，London/Art Resource，N. Y.

莫奈的《印象：日出》。Erich Lessing/Art Resource，N. Y.

奥拉维尔·埃利亚松"气象工程"。Tate，London，2010.

巴勃罗·毕加索用光作画。Gjon Mili/Time Life Pictures/Getty Images.

布拉赛的《打伞的男人》。布拉赛。© Estate Brassaï-RMN：Agence photo RMN，10 rue de l'Abbaye，75006 Paris（France）.

古斯塔夫·勒·格雷的《塞特港的巨浪》。The Metropolitan Museum of Art/Art Resource，N. Y.

法国布拉姆的罗马镇。Irène Alastruey/Agefotostock.

位于洛杉矶商业区的沃尔特·迪士尼音乐大厅。Hufton＋Crow/View/Esto.

自由女神像。Bridgeman Art Library.

传统日本戏中的太阳和月亮。照片由作者本人提供。

朱迪丝·贾米森在 1968 年重演的卢卡斯·霍温的《伊卡洛斯》中饰演太阳一角。© Jack Mitchell.

18 世纪早期上演的《魔笛》第二幕最后一个场景的舞台布置。Bildarchiv Preussischer Kulturbesitz/Art Resource，N. Y.

弗拉基米尔·纳博科夫。Philippe Halsman/Magnum Photos.

D. H. 劳伦斯和奥尔德斯·赫胥黎。Topham/The Image Works.

诺曼·梅勒与第六任妻子在诺里斯教堂。照片由 Francis Delia 提供。

唐宁街 10 号。ImageState/age footstock.

《大独裁者》中的查理·卓别林。Photofest.

约瑟夫·拉青格，现在的教皇本笃十六世。照片由威腾堡大教堂提供。

17 世纪手稿《（温度之）热》中的插图。NOAA 图书馆收藏。

中微子探测器。东京大学 ICRR 的神冈天文台。

"敢死队"试图发射火箭上天。NASA 供图。

NASA 的"太阳探测器＋"。JHU/APL.

艾雅法拉火山爆发。照片由 Sigurdur Stefnisson 拍摄。

气象气球。Novosti.

电影《阳光》（2007 年）的一个镜头。Fox Searchlight/The Kobal Collection/The Picture Desk.

火星上的日落。JPL/NASA.

UFO。引自 Harold T. Wilkins，Flying Saucers Uncensored（New York：Pyramid Books，1955）。

50 亿年后，太阳炙烤正在死去的地球。Detlev van Ravenswaay/Photo Researchers，Inc.

艺术家想象的火星人类基地。Julian Baum/Science Photo Library.

印度瓦拉纳西的达萨斯瓦麦德河坛。照片来自国会图书馆珍本部。

印度恒河，年轻人高举双手向太阳敬拜。照片由 Madanjeet Singh 提供。

恒河日落。Art Wolfe/Getty Images.

《他们不让我进行宗教信仰活动》漫画。© Frank Cotham/The New Yorker Collection/www. cartoonbank. com.

"嗨，伙计，这是个自由的国度"漫画。Copyright © 2008 Leigh Rubin.

引自《花生》（Peanuts）漫画。Peanuts © United Features Syndicate，Inc.

《自恋症：认为世界围绕着它转》漫画。© Dolly Setton.

《可见光光谱外的天文学》漫画。© Dolly Setton.

引自《花生》（Peanuts）漫画。Peanuts © United Features Syndicate，Inc.

《日出、日落、正午》漫画。Copyright © The New Yorker Collection. Jack Ziegler, 2007，引自 cartoonbank. com. 版权所有。

《现在我们能辨别时间了》漫画。Copyright © The New Yorker Collection. Tom Cheney，2005，引自 cartoonbank. com. 版权所有。

《他正在调整太阳能板》漫画。© George Booth/The New Yorker Collection/www. cartoonbank. com.

《这样也好》漫画。Copyright © The New Yorker Collection. Danny Shanahan，2006，引自 cartoonbank. com. 版权所有。

彩图插图图释

NASA 的 SOHO 卫星在远紫外波段拍摄的太阳。SOHO（ESA & NASA）.

太阳剖面图。SOHO（ESA & NASA）.

日全食过程中的钻石环。SOHO（ESA & NASA）.

日冕物质抛射。SOHO（ESA & NASA）.

太阳黑子的黑眼。SOHO（ESA & NASA）.

太阳的磁环。SOHO（ESA & NASA）.

日冕物质抛射。SOHO（ESA & NASA）.

太阳的活跃区域。SOHO（ESA & NASA）.

1999 年 8 月 5 - 6 日 LASCO C3 拍摄的一次 8 小时日冕物质抛射过程。

极光（上、中、右下）。照片由 Sigurdur Stefnisson 拍摄。

极光（左下）。照片由 Photo Researchers，Inc. 提供。

富士山山顶的日出。照片由本书作者提供。

一张日落时颜色和亮度变化的延时照。Pekka Parviainen/Photo Researchers，Inc.

圣城伊势附近的二见浦海岸。照片由 Madanjeet Singh 提供。

落日生出的光柱。照片由 Michael Carlowicz 提供。

1653 年 2 月 23 日，14 岁的路易十四在巴黎上演的《夜之舞》（*Ballet de la Nuit*）中扮演太阳王的角色。照片：Bulloz Bibliothèque de l'Institut de France，Paris，France. Réunion des Musées Nationaux/Art Resource，N. Y.

拉脱维亚里加的太阳博物馆收藏的三副面具。经 Iveta Gražule 允许使用。

厄瓜多尔一副面具。Banco Central de Quito Ecuador/Gianni Dagli Orti/The Picture Desk.

印度乌代布尔城市宫殿博物馆 Surya Chopar 室中的太阳装饰。Richard l'Anson/ Lonely Planet Images.

岳敏君的《太阳》（2002 年）。

《手持向日葵的女孩》，克罗地亚天真派画家伊凡·拉布辛的作品。

印帝人的太阳祭，Théodore de Bry 所画。Bridgeman Art Library/Service Historique de la Marine，Vincennes，France/Lauros/Giraudon.

九个太阳传说。Bridgeman Giraudon. British Museum，London，U. K. /The Bridgeman Art Library.

伊凡·艾瓦佐夫斯基的《克里米亚海岸的日落》（1856 年）。© 2010 State Russian Museum，St. Petersburg.

日本二见浦海边的新年庆祝仪式。引自 Madanjeet Singh 的《神话和艺术中的太阳》（*The Sun in Myth and Art*，London：Thames and Hudson，1993）。

梵·高的《播种者》（1888 年）。Erich Lessing/Art Resource，N. Y.

J. M. W. 透纳的《海德堡城堡》（1840—1845 年）。Tate，London/Art Resource，N. Y.

罗伊·利希滕斯坦的《落日西沉》。© Estate of Roy Lichtenstein.

爱德华·霍珀的《临海的房屋》（1951 年）。Yale University Art Gallery/Art Resource，N. Y.

戴维·霍克尼的《更大的水花》（1967 年）。丙烯画，96×96。© David Hockney/Art Resource，N. Y.